“十四五”时期国家重点出版物出版专项规划项目

黑土质量演变与可持续利用

郝小雨　马星竹　著

中国农业科学技术出版社

图书在版编目(CIP)数据

黑土质量演变与可持续利用 / 郝小雨，马星竹著. --北京：中国农业科学技术出版社，2023.10
ISBN 978-7-5116-6464-8

Ⅰ.①黑… Ⅱ.①郝…②马… Ⅲ.①黑土-土地质量-研究-东北地区 Ⅳ.①S155.2

中国国家版本馆 CIP 数据核字(2023)第 194528 号

责任编辑 申 艳
责任校对 王 彦
责任印制 姜义伟 王思文

出 版 者 中国农业科学技术出版社
北京市中关村南大街 12 号 邮编：100081
电 话 (010) 82103898 (编辑室) (010) 82106624 (发行部)
(010) 82109709 (读者服务部)
网 址 https://castp.caas.cn
经 销 者 各地新华书店
印 刷 者 北京捷迅佳彩印刷有限公司
开 本 185 mm×260 mm 1/16
印 张 23
字 数 540 千字
版 次 2023 年 10 月第 1 版 2023 年 10 月第 1 次印刷
定 价 158.00 元

《黑土质量演变与可持续利用》

著 者

主 著

郝小雨 马星竹

副主著

周宝库 迟凤琴 姬景红 匡恩俊

参著人员

刘 杰 孙 磊 张喜林 刘双全 郑 雨 赵 月 高中超
张久明 陈 磊 刘 颖 张明怡 刘洪波 夏晓雨 陈丽娜
陈苗苗 丁建莉 秦 杰 周 晶 边道林 唐晓东 于 磊
郭 炜 夏 杰 杨忠生 孙小亮 张守林 王开军 张淑艳
薛 非 李 萍 王艳红 马晓明 李 丹 盖如春

序　一

东北黑土地是世界上仅有的四大黑土区之一，是我国重要的粮食主产区和商品粮供应基地，是保障我国粮食安全的“稳压器”和“压舱石”。近年来，由于对黑土资源的高强度利用，东北黑土呈现质量退化趋势，低产、障碍现象日渐严重，出现黑土层变薄、障碍层次增厚、耕层变浅变硬、有机质含量降低、土壤养分失衡、土壤酸化或碱化、土壤生物多样性下降等问题。东北黑土的“变薄、变瘦、变硬”，严重威胁国家的粮食安全和东北地区的生态环境，开展黑土保护与利用尤为重要。

长期以来，人们一直致力于探索维持和提高土壤肥力的方法。在时间和空间尺度上揭示土壤肥力的变化规律和驱动机制，是培育地力和促进农业可持续发展的重要基础，而农田长期定位试验是研究土壤肥力的基础平台和重要手段。长期肥料定位试验具有代表性、连续性、稳定性、数据丰富等特点，不仅有助于探索土壤质量演变规律，而且对应对气候变化、实现“双碳”目标具有重要作用。

1979 以来，黑龙江省农业科学院克服重重困难，持续运行哈尔滨黑土肥力长期定位试验，积累了丰富的数据，取得了大量基础性的研究成果，为研究黑土质量演变特征奠定了基础。《黑土质量演变与可持续利用》系统阐述了长期施肥黑土养分演变与作物产量特征、长期施肥黑土生态学特征、长期定位试验搬迁后黑土质量变化特征，以及黑土培肥和可持续利用技术等，弥补了我国关于黑土时间尺度上质量演变和黑土保护利用方面研究的不足。

该书的出版，为黑土健康培育及区域农业可持续发展提供了强有力的理论和科技支撑。下一步，强化与育种、植保、耕作栽培、农业机械等跨学科交叉，建立区域黑土联网平台以及区域农业长期肥料定位试验，强化顶层设计、加强组织协调、增加基础投入、推动资源共享，构建适于不同生态区域和农业生产需求的黑土地保护性利用典型模式，为实现黑土培肥、粮食增产、农民增收、农业增效，保护好利用好黑土地提供科技支撑。

中国工程院院士
中国植物营养与肥料学会理事长

序　二

黑土是最宝贵的土壤资源。中国东北黑土地作为世界四大黑土区之一，对保障区域生态环境安全、国家粮食安全和农业可持续发展发挥着不可替代的重要作用。黑土耕地主要分布在松嫩平原、三江平原和辽河中下游平原三大平原上，是我国农业生产规模化、机械化程度最高的区域，更是我国重要的粮食主产区、最大的商品粮供给基地和绿色食品生产基地。黑龙江地处东北黑土地核心区，现有耕地2.58亿亩，其中典型黑土耕地面积1.56亿亩，占东北典型黑土区耕地面积的56.1%。2022年，全省粮食总产量761亿kg，实现“十九连丰”，连续5年突破750亿kg，连续13年位居全国第一，为保障国家粮食安全做出了积极贡献。然而，在粮食连年丰收的背后也蕴藏着巨大的潜在危机，由于多年来对黑土资源的高强度利用，黑土地自然肥力有逐年下降趋势，主要表现在耕作土壤有机质含量逐年降低，耕层变浅、变硬，土壤水、肥、气、热协调能力下降；连作土壤出现酸化趋势；坡耕地水土流失严重，导致黑土严重退化，使东北由“生态功能区”逐步变成了“生态脆弱区”。针对东北黑土退化、恢复、利用与保护所面临的紧迫形势与严峻挑战，加强黑土地保护和治理已经刻不容缓。

哈尔滨黑土肥力长期定位试验自1979年设立以来，经过几代土肥人的辛勤建设和付出，紧紧围绕我国东北黑土质量演变和农业可持续发展的核心问题，开展了长期而卓有成效的科学研究、技术研发和示范推广，为建设东北黑土大粮仓和保障国家粮食安全做出了重要贡献。该书系统总结了长期定位试验的土壤肥力演变、作物产量变化、土壤生态学演变以及长期试验搬迁的影响等方面的内容，提出了土壤培肥技术和肥料减施增效技术，为黑土区土壤培肥奠定了坚实的理论基础和实践经验。

未来希望建立黑土保护与可持续利用长效机制，通过有机培肥、秸秆还田、碳氮平衡、水热协调、平衡施肥等措施，不断促进黑土耕地质量的稳定与提升。针对黑土开发、利用与保育过程中的关键问题开展长期系统研究，加强黑土演化过程与机理、退化黑土恢复与作物结构调整、耕作制度优化、化肥农药减施与粮食增产等农业关键技术研究与创新集成，形成有利于黑土保护的关键技术体系与综合配套政策。以期提高黑土耕地质量和粮食产能，为我国东北黑土地的保护利用和农业可持续发展提供科学依据。

北京学者
北京市农林科学院首席专家、研究员

前　言

作为世界著名四大黑土区之一，我国东北平原黑土区面积约103万km^2，占我国陆地总面积的10.7%，其中耕地面积3 000万hm^2，占全国耕地总面积的22.2%，区域内耕地多数集中在松嫩平原、三江平原、辽河平原和大兴安岭山前平原。黑土是耕地资源中最宝贵的土壤资源，是世界公认的最肥沃的土壤，具有肥力高、结构良好、质地疏松、适宜农耕、适合农作物生长等特点。东北黑土区是我国农业生产规模化、机械化程度最高的区域，更是我国重要的粮食主产区、最大的商品粮供给基地和绿色食品生产基地，粮食产量占全国的1/4，商品量占全国的1/4，调出量占全国的1/3，优势作物玉米、水稻、大豆产量分别占全国的41%、19%、56%。因此，东北黑土区被誉为我国粮食生产的“稳压器”和“压舱石”，为我国粮食安全提供了重要保障。

长期以来，不合理耕作、高强度利用及重用轻养的农田管理方式导致黑土面临着“量减质退”的窘境，东北黑土区正由“生态功能区”逐渐向“生态脆弱区”演变，黑土地质量呈渐进下降趋势，个别地区趋于稳定或回升，但总体仍处于退化发生、退化发展和退化危机阶段共存状态，严重威胁国家粮食安全和区域生态安全。黑土存在土层变薄、障碍层次增厚、耕层变浅变硬、有机质含量降低、土壤养分失衡、土壤酸化或碱化、水肥气热不协调等问题。黑土作为不可再生资源，其土壤质量下降将直接威胁东北乃至全国的粮食安全供给。

土壤质量的变化是一个相对缓慢的过程，只有通过长期定位试验才能连续监测土壤、作物、环境因子的演变规律及其交互作用。长期试验及其保存的样品记录了时间尺度的生态系统和环境变化信息，可以用来研究生态系统的长期变化过程以及生态过程对人为干扰和环境变化响应和反馈的长期效应。因此，长期定位试验是研究农田长期生态过程及其环境效应和调控措施的重要手段。黑龙江省农业科学院于1979年在哈尔滨市建立了黑土肥力长期定位试验，至今已持续44年，保存了历年的土壤样品，积累了大量的土壤肥力、作物产量、养分吸收、气象因子等数据，为研究黑土质量演变特征奠定了基础。

本书依托哈尔滨黑土肥力长期定位试验，系统论述了长期施肥土壤养分演变特征、作物产量特征、土壤生态学变化特征、长期定位试验搬迁后土壤性质变化以及黑土培肥技术等内容。全书共分7章，第一章介绍了黑土利用现状及长期定位试验的重要作用，由郝小雨、马星竹、刘杰、孙磊、匡恩俊、陈丽娜、陈苗苗、刘颖、张明怡、边道林、唐晓东、于磊、郭炜、夏杰、杨忠生、孙小亮、张守林、薛非、张淑艳、王开军、李萍、王艳红、马晓明、李丹、盖如春、夏晓雨撰写；第二章介绍了长期施肥土壤养分演变与作物产量特征，由郝小雨、马星竹、周宝库、张喜林、高中超、张久明、陈磊、匡恩俊、迟凤琴撰写；第三章介绍了长期施肥黑土生态学特征，由马星竹、郝小雨、郑雨、赵月、张喜林、丁建莉、秦杰、周晶撰写；第四章介绍了长期定位试验搬迁后黑土质量变化，由匡恩俊、迟凤琴、周宝库、郝小雨撰写；第五章介绍了典型黑土区肥力演变特征——以北安市为例，由郝小雨撰写；第六章介绍了基于黑土肥力演变的培肥及可持续利用技术，由姬景红、郝小雨、刘双全、刘洪波撰写；第七章进行了研究展望，由郝小雨撰写。

本书的撰写和出版先后得到国家农业重大科技项目“农田智慧施肥项目”（05）、科技基础资源调查专项子任务“三江平原区黑土农田土壤关键肥力调查与肥力评价”（2021FY100404-1）、国家重点研发计划“低洼易涝区黑土地水蚀阻控与产能提升协同技术模式示范”（2022YFD1500905-2）、黑龙江省农业科技创新跨越工程农业基础数据监测项目“黑土资源保护与持续利用长期定位监测”、国家重点研发计划子课题“黑土地耕地‘变薄’程度及空间格局”（2021YFD1500202）、国家大豆产业技术体系（CARS-04）、黑龙江省农业科技创新跨越工程农业科技关键技术创新重点攻关项目“黑土保护与可持续利用技术集成与示范推广”（HNK2023CXZD08）、黑龙江省农业科学院农业科技创新跨越工程专项“黑土耕地资源可持续利用技术研究与示范”（HNK2019CX13）、“十二五”国家科技支撑计划课题“东北平原北部（黑龙江）水稻玉米丰产节水节肥技术集成与示范”（2013BAD07B01）等项目的资助，在此表示衷心的感谢！

哈尔滨黑土肥力长期定位试验由李庆荣等专家于 1979 年设立，感谢老一辈科学家的高瞻远瞩！长期定位试验历经几代人辛勤建设，先后有李庆荣、解惠光、李秀南、张秀英、郑铁军、张军政、刘述彬、晏辉、周宝库、张喜林、袁恒翼、马星竹、高中超、郝小雨、赵月等专家参与工作。在此，向为哈尔滨黑土肥力长期定位试验无私奉献的各位老师致以衷心的感谢和诚挚的敬意！

在本书出版之际，谨向在百忙之中参与撰写、修改并辛勤付出的各位专家和老师致以衷心的感谢！向所有关心和支持长期定位试验工作的各位领导、专家表示衷心的感谢和诚挚的敬意！

由于著者水平有限，书中不足之处在所难免，敬请读者批评指正。

著　者

2023 年 8 月

目　　录

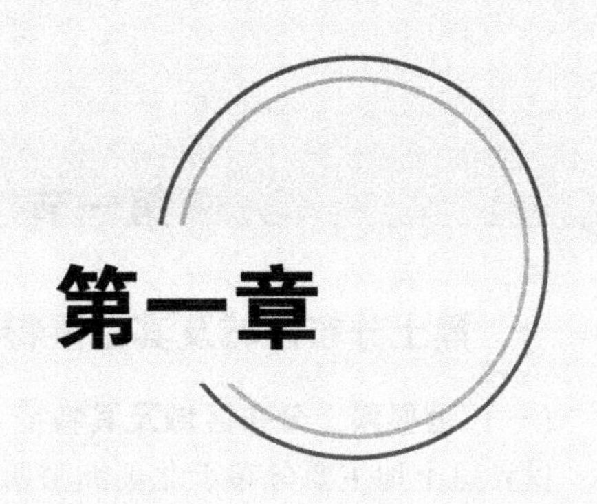

第一章

黑土利用现状及长期定位试验的重要作用

第一节　黑土利用现状

一、黑土分布区域及其主要特征

（一）世界黑土分布区域及其特征

世界黑土地主要分布于北美洲密西西比河流域、乌克兰大平原、南美洲阿根廷至乌拉圭的潘帕斯草原和我国东北平原，约占陆地面积的 7%（魏丹等，2017），占所有土壤类型的 28.6%（汪景宽等，2021）。具体分布如下。①北美洲密西西比河流域黑土地面积约 290 万 km^2，位于北纬 24°~50°和西经 90°~130°之间，北端起于加拿大草原诸省，纵贯美国大平原，并向南延伸至墨西哥东部的半干旱草原，呈南北带状分布，是世界面积最大的黑土分布区。其中，美国境内 2.0 亿 hm^2，加拿大境内 0.4 亿 hm^2，墨西哥境内 0.5 亿 hm^2。以美国为例，黑土地囊括了大部分玉米带和小麦带，是重要的商品谷物农业区，被称为美国的“面包篮”。②乌克兰大平原的黑土地面积约为 190 万 km^2，是世界面积第二大的黑土分布区。黑土区位于北纬 44°~51°和东经 24°~40°之间，主要发育在高地平原、低地平原和近海平原上，乌克兰的高地平原主要位于乌克兰西部，包括沃伦高地平原、波多利耶高地平原、第聂伯河沿岸高地平原、顿涅茨高地平原、亚速海沿岸高地平原及中俄罗斯高地平原，约占乌克兰平原的 25%。土壤类型从北到南分为淋溶黑钙土、灰化黑钙土、典型黑钙土、普通黑钙土和南方黑钙土 5 个亚类。乌克兰平原地区主要种植的农作物包括小麦、大麦和甜菜，因其较高的农作物产量而被称为“欧洲粮仓”。③潘帕斯草原黑土地约 76 万 hm^2，位于南纬 32°~38°和西经 57°~66°之间，处于南美洲阿根廷至乌拉圭的潘帕斯草原上，东起大西洋西岸，西至安第斯山麓，北达大查科平原，南接巴塔哥尼亚高原，其中阿根廷的黑土面积最大。该区东部为湿软土，西部为半干润软土，开垦已达 120 a 之久，大多用于种植粮食、油料、果树、饲料和纤维作物，是全球粮仓的重要组成部分。阿根廷种植作物主要有小麦、玉米、高粱、大麦、大豆和向日葵，乌拉圭黑土区主要是用于放牧牛羊（中国科学院，2021）。

（二）我国黑土分布区域及其特征

作为世界著名四大片黑土之一，我国的黑土地是指黑龙江省、吉林省、辽宁省、内蒙古自治区（以下简称“四省区”）的相关区域范围内具有黑色或者暗黑色腐殖质表土层、性状好、肥力高的耕地（刘春梅和张之一，2006；韩晓增和李娜，2018），其土壤类型按中国土壤发生学分类主要包括黑土、黑钙土、白浆土、草甸土、暗棕壤、棕壤等。我国东北平原黑土地面积约 103 万 km^2，占我国陆地总面积的 10.7%，其中耕地面积 3 000 万 hm^2，占全国耕地总面积的 22.2%，区域内耕地多数集中在松嫩平原、三江平原、辽河平原和大兴安岭山前平原，是我国最肥沃的土地。

东北典型黑土区位于北纬 43°~48°、东经 124°~127°的范围内，北起黑龙江省的嫩江县，南至辽宁省的昌图县，呈北宽南窄的带状分布，南北长约 900 km，西界直接与松辽平原的草原和盐渍化草甸草原接壤，东界可延伸至小兴安岭和长白山山区的部分山间谷地以及三江平原的边缘，东西宽约 300 km，分布地形为起伏漫岗。黑龙江省的黑土面积占全国黑土面积的 74.77%，主要分布在齐齐哈尔、绥化、黑河、佳木斯及哈尔滨等市（区）。

黑土区属于温带大陆性季风气候区。其特点是四季分明、冬季寒冷漫长、夏季温热短促。平均年降水量为 500~600 mm，大部分集中在 4—9 月的生长季，占全年降水量的 90%左右，其中 7—9 月最多，占全年降水量的 60%以上。作物生育期间降水较多，有利于作物的正常生长，并能促进土壤有机质的大量形成与积累。黑土区年平均气温为 1~8 ℃，由南向北递减；≥10 ℃积温由南向北递减，从 3 200 ℃降至1 700 ℃，相差很大。

黑土区多为波状起伏的漫川漫岗地，坡度一般为 1°~5°。由于不同坡向接受阳光的时间、冻融时间以及土壤侵蚀程度等的差异，地形地貌在很大程度上直接影响黑土的形成和土壤肥力状况。黑土母质主要有 3 种：①第三纪砂砾、黏土层；②第四纪更新世砂砾、黏土层；③第四纪全新世砂砾、黏土层。其中，第二种分布面积最广。黑土区多是过去的淤陷地带，堆积着很厚的沉积物。黑土区土壤的成土母质是黏土、亚黏土，机械组成比较黏细、均匀一致，以粗粉砂（0.01~0.05 mm）和黏粒为主。黑土母质粉砂占 30%左右，具有黄土特征，可称为黄土状黏土。

二、黑土特征及其重要性

黑土是耕地资源中最宝贵的土壤资源，是世界公认的肥沃土壤，具有肥力高、结构良好、质地疏松、适宜农耕、适合农作物生长等特点（魏丹等，2017）。黑土的主要特征是具有较深厚的暗沃表层（> 20 cm）、良好的团粒结构、丰富的有机质含量（>20 g/kg）、较高的盐基饱和度（>70%）、适宜的 pH（5.5~6.5）和适宜的土壤容重（1.0~1.3 g/cm^3）（汪景宽等，2021）。

黑土的形成过程：在温暖多雨的夏季，植物生长茂盛，使得地上及地下有机物年积累量非常大；而到了秋末，霜期到来早，使得植物枯死保存在地表和地下；随着气温急剧下降，残枝落叶等有机质来不及分解，等到来年夏季土壤温度升高时，在微生物的作用下，植物残体转化成腐殖质在土壤中积累，从而形成深厚的腐殖质层。数万年至几十万年前，草原和森林植被枯死后的残体在原先的砂砾层上逐渐堆积，形成厚重的腐殖质层，最终发育成养分丰富的黑土（汪景宽等，2021）。据估计，每形成 1 m 厚的黑土层，需要 3 万~4 万 a（阎百兴等，2008）。

黑土区耕地土壤类型中面积最大的是草甸土，占总耕地面积的 19.69%，其次为暗棕壤和黑土，分别占总耕地面积的 16.76%和 13.29%。水稻土的面积也越来越大，目前为 416.73 万 hm^2，占总耕地面积的 11.63%（汪景宽等，2021）。东北黑土区是我国农业生产规模化、机械化程度最高的区域，更是我国重要的粮食主产区、最大的商品粮供给基地和绿色食品生产基地，粮食产量占全国的 1/4，商品量占全国的 1/4，调出量占全国的 1/3（韩晓增和邹文秀，2018），优势作物玉米、水稻、大豆产量分别占全国的 41%、19%、56%（中国科学院，2021）。因此，东北黑土区被誉为我国粮食生产的

“稳压器”和“压舱石”，为我国粮食安全提供了重要保障（姜明等，2021）。此外，黑土养分含量较高、pH 适宜大多数微生物生长发育，黑土中的生物多样性高于其他类型土壤，因此它是更为重要的天然基因库；黑土固碳潜力巨大，对我国 9 省份土壤开展的固碳潜力研究表明，黑龙江省和吉林省 0~20 cm 黑土的固碳潜力为 191.5 万 t，占 9 省份总固碳潜力的 42.2%，深入挖掘黑土地土壤碳汇潜力，能有效发挥黑土碳库功能，缓解全球气候变化，助力碳中和（马常宝和王慧颖，2022）。

三、黑土资源利用现状及保护

（一）黑土区土壤利用现状

1. 黑土区农作物类型丰富

以黑龙江省为例，农作物类型丰富：粮食作物包括玉米、水稻、小麦、豆类、谷子、高粱、薯类（马铃薯、甘薯）等；经济作物包括油料（油菜）、甜菜、亚麻、药材（人参、甘草、枸杞、龙胆草、月见草、万寿菊、甜叶菊）、烟叶等；蔬菜包括白菜、黄瓜、萝卜、辣椒、葱、番茄、娃娃菜、结球甘蓝、麻椒、茄子、油豆角、食用菌（黑木耳、滑菇、平菇、香菇）等；瓜果类包括苹果、梨、葡萄、西瓜、甜瓜、李子、沙果、杏、毛酸浆（洋姑娘）等。

2. 黑土区农作物播种面积和产量较高

由图 1-1 可知，1990—2019 年黑龙江省农作物总播种面积呈“阶梯状”上升趋势，其中，1990—2004 年稳中有升，2004 年开始迅速增加，2005 年较上一年提高 17.4%；2005—2008 年缓慢上升，之后又迅速上升，2009 年较 2005 年提高 22.5%，从 2009 年开始趋于稳定。30 a 来黑龙江省农作物播种面积增长较快，2019 年达到 1 477.0 万 hm^2，较 1990 年提高 72.6%，年均增加 21.4 万 hm^2。从不同作物来看，1990—2019 年粮食作物（玉米、水稻、小麦、豆类、谷子、高粱、薯类）播种面积增长较快，其变化趋势与黑龙江省农作物总播种面积变化基本一致。经济作物（油料、甜菜、麻类、

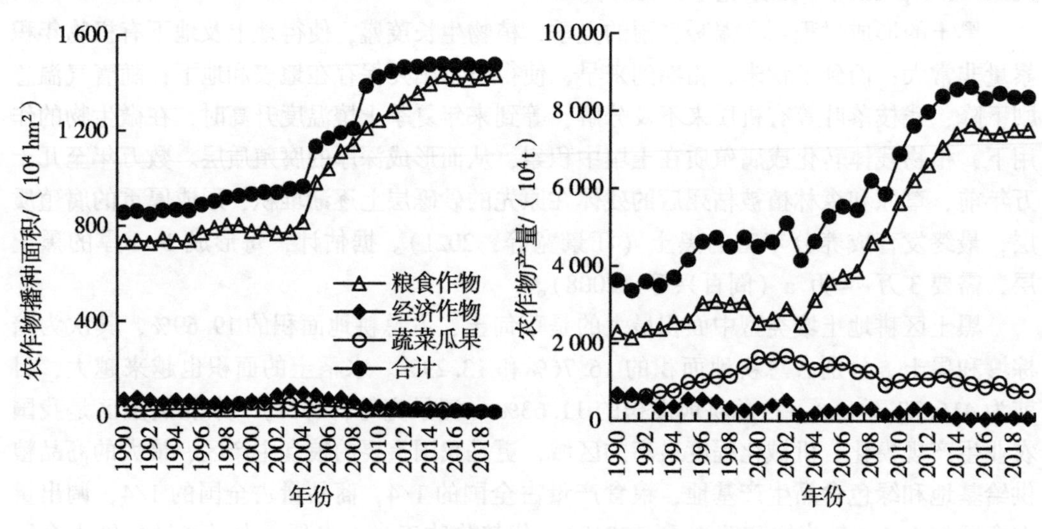

图 1-1　黑龙江省主要农作物播种面积和产量变化

药材、烟叶、饲料）和蔬菜瓜果类作物播种面积表现为“抛物线”变化趋势。从农作物占比来看，粮食作物最高，占 85.7%~97.0%，经济作物和蔬菜瓜果类作物占比较低。黑龙江省农作物播种面积的变化，受国家相关政策调控、农产品市场价格浮动以及种植结构调整等因素影响。

除个别年份波动较大外，黑龙江省农作物总产量变化趋势与总播种面积变化总体一致（相关系数 0.962，$P<0.05$），三大类作物产量变化趋势与对应播种面积变化基本一致（相关系数分别为 0.980、0.551、0.894，$P<0.05$）。2019 年，黑龙江省农作物总产量达到 8 356.7 万 t，较 1990 年提高 130.4%，年均增加 163.1 万 t。其中，粮食作物增长较快，较 1990 年提高 227.1%，年均增加 179.6 万 t；经济作物产量下降明显，较 1990 年下降 90.2%，年均下降 21.6 万 t；蔬菜瓜果类作物略有回升，较 1990 年增加 23.0%，年均增加 5.1 万 t。黑龙江省农作物产量变化受气候条件、种植面积、作物单产、田间管理（品种、施肥、植保、栽培）等因素影响。

（二）黑土利用中存在的主要问题

长期的不合理耕作、高强度利用及重用轻养的农田管理方式导致黑土面临着“量减质退”的窘境，东北黑土区正由“生态功能区”逐渐向“生态脆弱区”演变（姜明等，2021），黑土地质量呈渐进下降趋势，个别地区趋于稳定或回升，但总体仍处于退化发生、退化发展和退化危机阶段共存状态，严重威胁国家粮食安全和区域生态安全（黑龙江省政府参事室黑土保护利用课题组，2023）。黑土退化主要表现：黑土层变薄、障碍层次增厚、耕层变浅变硬、有机质含量降低、土壤养分失衡、土壤酸化或碱化、水肥气热不协调（魏丹等，2016；徐英德等，2023）。

1. 黑土变瘦

研究显示，黑土是我国农田土壤中有机质含量最高的土壤，开垦前黑土有机质含量高达 80~100 g/kg；据测算，开垦 20 a 的黑土地有机质含量下降 1/3，开垦 40 a 的黑土地有机质下降 1/2 左右，开垦 70~80 a 的黑土地有机质下降 2/3 左右，下降趋势显著，为每 10 a下降 0.6~1.4 g/kg（魏丹等，2016）。有机质含量降低导致黑土耕地地力越来越差，农业生产对化肥的依赖性越来越强，化肥越施越多，地越“喂”越“瘦”（马常宝和王慧颖，2022）。比较 1980 年代《中国土种志》和 2010 年代《中国土系志》土壤样点的土壤剖面属性，后者土壤有机质含量下降 31.0%，其中棕壤、暗棕壤和黑钙土分别下降了 35.4%、33.8%和 26.0%（王世豪等，2023）。

与第二次全国土壤普查（1982 年）相比，2011 年东北主要黑土区海伦、双城、公主岭 3 个县（市）土壤有机碳密度分别下降了 0.68 kg/m^2、0.18 kg/m^2、1.05 kg/m^2，土壤碳储量分别下降了 0.23×10^{10} kg、0.05×10^{10} kg 和 0.18×10^{10}kg（杲广文等，2015）。损失的碳经微生物分解，以 CO_2的形式从土壤释放到大气，导致大气中 CO_2含量增加，进而影响气候变化，使土壤从“碳汇”转为“碳源”。

2. 黑土层变薄

典型黑土区地形多为地势平坦的波状平原和台地低丘区，该区降水集中在夏、秋季节，且多以暴雨形式出现，降雨量大且集雨面积大，故径流集中，冲刷能力强，水蚀严重；春季土壤解冻时，表层土壤疏松，容易被积雪融化的融雪径流冲刷携出。此外，黑土质地松散，又发生在漫川漫岗上，加之东北地区属于温带半湿润季风区，每年 4—5 月正值黑土区干旱大风期，再加之人类不符合自然规律的生产经营活动，更加剧了黑土区的水土流失。可见，自然因素制约和人为高强度利用的双重作用导致黑土层变薄，初垦时黑土层为 80~100 cm，开垦 70~80 a，黑土层只剩下 20~30 cm。调查显示，黑龙江省土壤耕层厚度为 10.0~25.0 cm，平均耕层厚度为 18.7 cm；黑龙江农垦土壤耕层厚度为 14.0~42.0 cm，平均耕层厚度为 25.2 cm；吉林省土壤耕层厚度平均为 19.5 cm，辽宁省土壤耕层厚度平均为 25.4 cm，内蒙古东四盟（赤峰市、通辽市、呼伦贝尔市、兴安盟）平均为 22.0 cm（魏丹等，2016），黑土层厚度以年均降低 0.1~0.5 cm 的速度越来越“薄”（马常宝和王慧颖，2022）。据测算，黑土地区现有的部分耕地再经过 40~50 a，黑土层将全部消失（汪景宽等，2021）。

3. 黑土变硬

不合理机械化耕作导致的土壤压实，主要表现为土壤板结、机械阻力增加、理化及生物性状变差等，东北大部分黑土区机器翻耕深度不足 20 cm，且受农机具碾压、水蚀和风蚀等因素影响，犁底层上移加厚，土壤容重增加，土壤出现硬化、板结（马常宝和王慧颖，2022）。与 20 世纪 80 年代相比，目前黑土区耕层容重已由 1.08~1.15 g/cm^3增加到 1.21~1.27 g/cm^3（张志华和刘亚军，2012）。研究表明，开垦 20 a、40 a 和 80 a 的耕地表层土壤容重分别增加 7.59%、34.18%和 59.49%，总孔隙度分别下降 1.91%、13.25%和22.68%，田间持水量分别下降 10.74%、27.38%和 53.90%（马常宝和王慧颖，2022）。开垦 40 a 的黑土土壤容重由 0.79 g/cm^3增加到 1.06 g/cm^3，总孔隙度由开垦前的 69.7%下降到 58.9%，开垦 100 a 后的耕作土壤孔隙度下降到 51.3%，土壤田间持水量由 57.7%下降到 41.9%（韩晓增等，2009）。

4. 黑土微生物多样性变化

对黑龙江省中部和西南部黑土区荒地、玉米、水稻及马铃薯 4 种不同土地利用方式下土壤微生物多样性的变化分析发现，种植马铃薯的黑土可培养细菌数量最高，其次为水稻、大豆、玉米，荒地的细菌数量最少但其可培养细菌多样性指数最高，说明人为活动会对土壤微生物产生一定影响（贾鹏丽等，2020）。对开垦超过 100 a 的农田黑土进行苜蓿、自然恢复和裸地不同土地利用方式处理，发现自然恢复处理的细菌数量显著高于苜蓿和裸地处理，原因是自然恢复植被类型丰富、生物量较大、凋落物数量多，能有效地改善土壤的容重、有机质含量及孔隙度等性质。此外，自然恢复植被在生长季时会向土壤分泌不同的根系分泌物及代谢产物，为土壤微生物提供一个营养充足的土壤微生态环境，有利于细菌的生长和繁殖（严君等，2019）。

长期种植结构单一和作物连作导致黑土地土壤养分失衡、板结，病虫害为害程度加剧，进而导致土壤生物多样性和群落结构稳定性下降，土壤生物代谢功能改变，生物原始生态平衡遭到破坏，以及土传病害发生率提高（梁爱珍等，2021）。以大豆为例，重迎茬使根部病虫害严重，根系分泌物、根茬腐解物、根际微生物的变化，养分的单一消耗，导致根际环境恶化，有害微生物增加，加剧了重迎茬大豆的减产；同时，根的活力下降、土壤酶活性降低，使根的吸收能力降低、植株生理代谢失调，致使大豆生长发育不良，产量降低，品质变劣（魏丹等，2016）。

5. 土壤酸化日趋严重

黑土区农业生产中存在氮肥施用过量的情况，这虽能在短时间内使农作物产量有所提升，但长期过量施用会造成土壤酸化，土壤肥力降低（马常宝和王慧颖，2022）。施入土壤中的氮肥水解为 NH_4^+，之后 NH_4^+转化为 NO_3^-，产生过量的 H^+与土壤胶体上的盐基离子交换，盐基离子尤其是 Ca^{2+}不断淋失，导致土壤酸化（王继红等，2022）。黑土的酸化现象集中出现在黑龙江省东部和东北部地区的草甸黑土和白浆化黑土地带，该地域土壤矿物质的强烈风化和大量的盐基淋溶现象，导致土壤的钾、钙、镁、磷元素大量淋失，出现了缺素症状；同时，土壤酸性较强，导致土壤铁、铝、锰离子的过于活化和毒害作用，其他重金属（Pb、Cr、Cd）的活性与毒性也相应增加（魏丹等，2016）。从黑土区土壤情况来看，pH 为 5.5~6.5 的耕地占 46.89%，其中黑龙江省占本区域耕地面积的 54.90%，黑龙江省农垦总局（北大荒农垦集团有限公司）占 75.42%，都存在明显的酸化趋势；从耕地的土壤类型看，黑土 pH 平均为 5.98，暗棕壤为 5.91，棕壤为 6.26，草甸土为 6.70，白浆土为 5.84，水稻土为 6.32（汪景宽等，2021）。分析 2005—2013 年吉林省测土配方施肥数据发现，与第二次全国土壤普查相比，吉林省各种土类的 pH 普遍存在降低趋势，黑土下降约 0.5 个单位，酸化程度较大的草甸土和水稻土分别下降了 1.4 个和 1.6 个单位，而酸化程度较小的白浆土下降了 0.1 个单位（王寅等，2017）。吉林省黑土长期定位试验的结果显示，不施肥（CK）处理土壤 pH 无明显变化；施化肥处理土壤 pH 下降明显，其中，NP、NK 和 NPK 处理 19 a 土壤 pH 下降 1.5 个单位（高洪军等，2014），而在哈尔滨黑土肥力长期定位试验也有类似结果（张喜林等，2008）。

（三）黑土保护的相关举措

党中央、国务院高度重视东北黑土地保护。2016 年 5 月，习近平总书记在黑龙江省考察时强调，要采取工程、农艺、生物等多种措施，调动农民积极性，共同把黑土地保护好、利用好。2018 年 9 月，习近平总书记在黑龙江省考察时再次强调，要加快绿色农业发展，坚持用养结合，综合施策，确保黑土地不减少、不退化。2020 年 7 月，习近平总书记在吉林省考察时强调，采取有效措施切实把黑土地这个“耕地中的大熊猫”保护好、利用好，使之永远造福人民。在 2020 年底召开的中央农村工作会议上，习近平总书记强调，把黑土地保护作为一件大事来抓，把黑土地用好养好。习近平总书记重要讲话和重要指示批示精神体现了对保护好利用好黑土地的深刻认识和高度重视，凸显了对农业绿色生产、可持续发展的深刻认识。黑土地作为宝贵的农业战略资源，是维护国家粮食安全政治责任的重要物质基础，保护好利用好黑土地更是贯彻落实新发展理念、推进耕地资源永续利用的核心任务之一，事关全局、至关重要。国家相关部委和四省区认真贯彻落实习近平总书记重要指示批示精神，大力推进黑土地保护利用，取得了积极成效。

1. 科学规划黑土地保护利用

2017 年，农业部、国家发展和改革委员会等 6 部门联合印发了《东北黑土地保护规划纲要（2017—2030 年）》，明确到 2030 年在主要黑土区实施 2.50 亿亩（内蒙古自治区 0.21 亿亩、辽宁省 0.19 亿亩、吉林省 0.62 亿亩、黑龙江省 1.48 亿亩）黑土耕地保护任务；明确到2030年东北黑土区耕地质量平均提高1个等级（别）以上，土壤有机质含量平均达到32 g/kg以上、提高2 g/kg以上（其中辽河平原平均达到20 g/kg以上、提高3 g/kg以上）。2020年，农业农村部、财政部印发《东北黑土地保护性耕作行动计划（2020—2025年）》，明确到2025年在东北适宜区域实施以农作物秸秆覆盖还田、免（少）耕播种为主要内容的保护性耕作1.4亿亩。2021年，农业农村部与国家发展和改革委员会等7个部门联合印发了《国家黑土地保护工程实施方案（2021—2025年）》，明确"十四五"期间实施黑土耕地保护利用面积1亿亩（含标准化示范面积1 800万亩），其中，建设高标准农田5 000万亩，治理侵蚀沟7 000条，实施免（少）耕秸秆覆盖还田、秸秆综合利用碎混翻压还田等保护性耕作5亿亩次（1亿亩耕地每年全覆盖重叠1次）、有机肥深翻还田1亿亩。到"十四五"末，黑土地保护区耕地质量明显提升，旱地耕作层达到30 cm、水田耕作层达到20~25 cm，土壤有机质含量平均提高10%以上。此外，四省区针对本地区黑土地的现状和问题，因地制宜地提出了黑土地保护的指导办法、技术模式和保障措施，如《黑龙江省黑土耕地保护三年行动计划（2018—2020年）》《黑龙江省黑土地保护工程实施方案（2021—2025年）》《吉林省黑土地保护工程实施方案（2021—2025年）》《内蒙古自治区东北黑土地保护工程实施方案（2021—2025年）》《辽宁省2023年黑土地保护性耕作实施方案》等。

2. 实施黑土地保护工程

2023年中央一号文件，特别将黑土地保护放在"加强高标准农田建设"中，凸显高标准农田建设的重要性。高标准农田建设稳步推进，"十二五"以来四省区累计建成高标准农田17 987万亩（其中典型黑土区8 735万亩），农田基础设施不断完善，推动耕地质量进一步提升，夯实粮食安全基础。此外，加强水土流失治理，为减缓地表风蚀，大力开展农田防护林建设，开展四省区退耕还林还草10 071万亩，有效缓解风蚀水蚀，改善生态环境。

3. 稳步推进黑土地保护立法工作

农业农村部会同相关部门和四省区人民政府，积极探索推进黑土地保护立法工作。内蒙古自治区、吉林省、辽宁省、黑龙江省出台了《内蒙古自治区耕地保养条例》《吉林省黑土地保护条例》《辽宁省耕地质量保护办法》《黑龙江省耕地保护条例》《黑龙江省黑土地保护利用条例》等，以立法形式明确推动黑土地保护工作。2022年8月，《中华人民共和国黑土地保护法》正式颁布实施。将黑土地保护制度上升为法律制度，是贯彻落实以习近平同志为核心的党中央决策部署的重要举措，对于强化黑土地保护和治理修复、保障国家粮食安全和生态安全具有重要意义。

4. 创新黑土地保护技术

四省区积极探索工程与生物、农机与农艺、用地与养地相结合的综合治理模式，形成了以免耕、少耕、秸秆覆盖还田为关键技术的防风固土"梨树模式"，以秸秆粉碎、有机肥混合深翻还田为关键技术，结合玉米-大豆轮作的深耕培土"龙江模式"，以玉米连作与秸秆一年深翻两年归行覆盖还田为主的"中南模式"，以秋季秸秆粉碎翻压还田、春季有机肥抛撒搅浆平地为主的水田"三江模式"等10种黑土地综合治理模式。

第二节 肥力长期定位试验对土壤保护的重要意义

一、国外长期定位试验的发展

国外非常重视土壤肥力长期定位试验研究。早在1843年，英国J. B. Lawes和他的合作者J. H. Gilbert在洛桑（Rothamsted）建立了Broadbalk小麦长期肥料试验，至今持续了180 a，成为世界上历史最长的土壤肥力与肥料定位试验。Lawes的试验推动了化肥应用的试验研究，起初在欧洲各国，然后扩展到其他国家，许多长期土壤肥料试验站相继创立，其中有代表性的包括1861年巴黎的Vinennes、1873年德国的Goffingen、1876年美国Illinois大学的Morrow Plots和1894年丹麦的Askol试验站等。这些研究充分肯定了化肥在发达国家农业发展中的重大影响。据估计，全世界至今超过100 a的土壤肥料长期试验有50多个，而持续几十年的则更多。长期定位试验是农业科学诞生的最重要和最早的方法之一，为农学、土壤学、植物营养学、生态学与环境科学的发展做出了重要贡献。

二、我国长期定位试验的发展

我国系统的土壤肥料长期定位试验起步较晚。20世纪50年代开始，全国先后组织了3次化肥协作网试验，研究了施肥与土壤肥力和作物产量及品质、施肥制度以及主要营养元素循环的关系等重要问题，率先在全国范围内指导并推动了化肥的应用。但由于种种原因，这些试验都未坚持下来。直到20世纪70年代末，中国农业科学院土壤肥料研究所（现中国农业科学院农业资源与农业区划研究所）主持的全国化肥网在22个省（区、市）连续开展了氮、磷、钾化肥肥效、用量和比例试验，并布置了一批长期定位试验，有些延续至今。这些试验涉及黑土、草甸土、栗钙土、灌漠土、潮土、褐土、黄绵土、红壤、紫色土、水稻土等我国最主要的农田土壤类型。化肥网定位试验旨在研究不同种植制度下，化肥、化肥与有机肥配施对作物产量、肥料效益和土壤肥力的影响。试验采用两种设计方法，一是以化肥为主，采用因子设计，设置对照（CK）、氮（N）、磷（P）、钾（K）、氮磷（NP）、氮钾（NK）、磷钾（PK）、氮磷钾（NPK）8个处理。有的试验增加了有机肥（M）和氮磷钾化肥与有机肥配施（NPKM）两个处理，共10个处理。双季稻地区以这种设计为主。二是有机肥与化肥配施试验，采用裂区设计，主处理为不施有机肥和施用有机肥，副处理为氮磷钾肥配施，设CK、N、NP、NPK 4个处理。双季稻以外地区采用这种设计。试验用化肥以尿素、普通过磷酸钙和氯化钾为主。一般每公顷每季作物施氮肥（N）150 kg、磷肥（P_2O_5）75 kg、钾肥（K_2O）112.5 kg左右。有机肥北方以堆肥为主，每公顷30~75 t，大多每年只施基肥1次；南方以猪厩肥为主，每公顷施猪粪15.0~22.5 t或稻草4.5~6.0 t，大多每年施2次。磷、钾肥和有机肥作底肥施用，氮肥按当地习惯分2~3次施用。种植制度长江南为双季稻–冬季休闲；长江流域为一季中稻，冬季种小麦、油菜或大麦；华北地区为冬小麦和夏玉米一年两熟；东北和西北主要为春（冬）小麦、春玉米、大豆、马铃薯、蚕豆等，一年一熟（徐明岗等，2015a）。

20 世纪 80 年代后期，由中华人民共和国国家计划委员会立项，中国农业科学院土壤肥料研究所主持，在全国主要农区的 9 个主要土壤类型上建立了“国家土壤肥力与肥料效益长期监测基地网”。基地网包括黑土（吉林公主岭）、灰漠土（新疆乌鲁木齐）、塿土（陕西杨凌）、潮褐土（北京昌平）、轻壤质潮土（河南郑州）、紫色土（重庆北碚）、红壤（湖南祁阳）、水稻土（浙江杭州）和赤红壤（广东广州），覆盖了我国主要土壤类型和农作制度。基地网定位试验主要处理：①休闲 CK_0（不耕作、不施肥、不种作物）；②CK（不施肥但种作物）；③氮（N）；④氮磷（NP）；⑤氮钾（NK）；⑥磷钾（PK）；⑦氮磷钾（NPK）；⑧氮磷钾+有机肥（NPKM）；⑨氮磷钾（增量）+有机肥（增量）（1.5 NPKM）；⑩氮磷钾+秸秆还田（NPKS）；⑪有机肥（M）；⑫氮磷钾+有机肥+种植方式 2（$NPKM_2$）。每季作物施氮量 150 kg/hm^2 左右，N：P_2O_5：K_2O 为 1：0.5：0.5 左右，有机肥用量一般为 22.5 t/hm^2，秸秆还田量一般为 3.75~7.50 t/hm^2。施氮处理多为等氮量，其中有机肥氮：化肥氮为 7：3。有机肥和秸秆为每年施用 1 次，于第一茬作物播种前作基肥施用；磷、钾肥均作基肥施用，氮肥作基肥和追肥分次施用（徐明岗等，2015a）。

20 世纪 80 年代以来，中国农业科学院也在全国不同生态区布置了“土壤养分循环和平衡的长期定位试验”。另外，有关高等院校和地方科研院所，根据需要也布置了一些肥料长期定位试验。据初步统计，到目前为止，全国持续进行的肥料长期定位试验估计有 70 个左右，具有代表性的有 40 个左右。

自 1988 年以来，农业农村主管部门先后在我国有代表性的农田土壤上设置了一大批长期施肥监测试验。根据监测点自然地理区域和主要粮食主产区，并结合各省主要的种植制度，监测点主要包括：东北地区 158 个、华北地区 284 个、西南地区 118 个、长江中游地区 155 个、长江下游地区 137 个、华南地区 98 个。涉及的作物类型包括小麦、玉米、水稻、蔬菜等。各监测点面积不低于 334 m^2，基于当地农民习惯方式进行施肥、灌溉、除草等管理。各监测点试验设置不施肥区（空白区）和常规施肥区（农民习惯施肥管理）两个处理，进而探究与不施肥相比，常规施肥处理对作物产量、土壤肥力等的影响（韩天富等，2020）。

中国科学院于 1988 年建立中国生态系统研究网络（CERN），开展生态系统水分和养分循环的联网研究。CERN 由 42 个生态站、5 个学科分中心和 1 个综合研究中心构成，涉及农业生态系统的研究站有 14 个，分别是海伦农业生态实验站、沈阳生态实验站、禹城农业综合试验站、封丘农业生态实验站、栾城农业生态系统试验站、常熟农业生态试验站、桃源农业生态试验站、鹰潭红壤生态试验站、盐亭紫色土农业生态试验站、安塞水土保持综合试验站、长武黄土高原农业生态试验站、临泽内陆河流域综合研究站、拉萨高原生态试验站、阿克苏水平衡试验站。中国科学院从 1980 年起陆续建立了农田氮、磷、钾养分长期试验，在我国东部和西部农田生态系统中开展了养分循环和生产力研究（沈善敏，1998）。其中，位于陕西的长武黄土高原农业生态试验站的旱地轮作和施肥试验始于 1984 年，系统开展了轮作和施肥对作物产量、土壤肥力及水分利用率的影响。海伦农业生态实验站最早的长期定位试验是沈善敏于 1985 年设计的“农田养分循环利用”；其后由鲁如坤、林心雄和谢建昌分别设计了“氮磷钾”试验、“土壤有机质”试验和“土壤钾素”试验；再后来是韩晓增设计了耕地土壤自然恢复、母质初级成土过程与特征、施肥（包括秸秆还田）、耕作和轮作五大类 13 组长期定位试验；1985 年和 2004 年分别建立了 2 组耕地土壤自然恢复长期定位试验，用于系统研究耕地恢复为自然生态系统过程中黑土属性的可逆性及其演变速度；1989 年建立不同组合的耕作试验，目前已发展为免耕秸秆覆盖和组合耕法方面的试验；1990 年建立了基于大豆不同轮作、连作的试验；1993 年建立水肥耦合效应长期定位试验；2004 年建立黑土母质初级成土过程及其肥力演化机制试验（韩晓增等，2019）。

三、肥力长期定位试验的重要作用

长期试验及其保存的样品记录了长时间尺度（几十年至上百年）的生态系统和环境变化信息，可以用来研究生态系统的长期变化过程以及生态过程对人为干扰和环境变化响应的长期效应，如生态系统退化、全球气候变化、生物进化、酸雨和污染、农业可持续发展等。因此，长期试验是研究农田长期生态过程及其环境效应和调控措施的重要手段（孙波等，2007）。

以洛桑试验站长期定位试验为例，其是目前世界上历史最长和试验最多的试验体系。洛桑试验站的长期定位试验影响了世界各地的农业科研工作者，自始至今已经累计保存约 30 万份土壤、植物、肥料样品，这些样品为后人研究元素循环、环境变化提供了极为宝贵的材料。洛桑试验站的 Broadbalk 长期定位试验清楚地显示了肥料、育种、轮作和植保对作物产量的重要贡献。人们基于洛桑试验站发现和建立了一系列理论成果（赵方杰，2012）：①20 世纪 60 年代引入小麦矮秆品种，使产量跳跃性地增加，对肥料的反应也更为明显，这便是众所周知的“绿色革命”；②建立试验设计、方差分析等一系列现代统计方法；③建立了世界上第一个土壤碳循环模型（Roth-C），该模型被广泛应用于预测不同耕作系统土壤碳的变化以及全球气候变化中土壤碳的作用；④通过监测氮素循环过程及通量，为建立氮循环模型提供了关键的数据，且发现大气氮沉降会影响土壤硝酸盐淋失；⑤发现土壤有效磷（Olsen-P）含量达到 60 mg/kg 以上时，渗漏水的磷浓度迅速增加，土壤淋失的磷进入水体容易引发富营养化；⑥发现大气硫沉降对土壤-植物硫循环产生了深刻的影响，硫具有污染元素和植物营养的两重性；⑦通过 Park Grass 试验发现，植物物种的多样性受施肥影响，随着施肥和土壤酸化而下降；⑧通过大量样品监测土壤污染物多环芳烃和二噁英类污染物、土壤重金属及放射性核元素的变化；⑨利用 Broadbalk 长期定位试验促进了小麦纹枯病流行病学研究。

土壤肥力是指土壤为植物生长提供水、肥、气、热的能力，是土壤各种基本性质的综合表现。土壤作为植物生产的基地、动物生长的基础、农业的基本生产资料、食物生产的根本，为人类提供养分需要，其本质是肥力。因此，长期以来人们一直致力于维持和提高土壤肥力的探索。在时间和空间尺度上揭示土壤肥力的变化规律和驱动机制，是培育地力和促进农业可持续发展的重要基础。土壤肥力演变通常是一个漫长的过程，所以农田长期定位试验是土壤肥力研究的基础平台和重要手段（徐明岗等，2015b）。

长期耕作使土壤自然肥力不断下降，造成了土壤侵蚀严重，有机质含量下降，土壤理化性状恶化以及动物、植物、微生物区系减少等一系列严重后果。黑土是不可再生资源，其肥力下降将直接威胁东北乃至全国的粮食安全供给。通过哈尔滨黑土肥力长期定位试验，阐明土壤质量和肥力要素的演变规律、驱动因素及其相关机制，提出土壤质量提升技术方案，制定退化土壤改良技术措施与模式，为该区域土壤肥力提高及农业生产提供合理建议，并将为该区域农业的可持续发展提供科学依据。

四、哈尔滨黑土肥力长期定位试验概况

（一）试验地基本概况

哈尔滨黑土肥力长期定位试验建立在典型黑土上，旧址位于黑龙江省哈尔滨市黑龙江省农业科学院试验基地（126°35′E，45°40′N），海拔 151 m，属松花江二级阶地，地处中温带，一年一熟制，冬季寒冷干燥、夏季高温多雨，≥10℃有效积温平均 2 700 ℃，年日照时数 2 600~2 800 h，无霜期约 135 d。试验地为旱地黑土，成土母质为洪积黄土状黏土。长期定位试验始于 1979 年，1980 年开始按小麦–大豆–玉米顺序轮作。试验区土壤的剖面特征见表 1–1，土壤剖面的基本化学性状见表 1–2。

表 1–1　供试土壤剖面特征

土层深度/cm	特征
0~20	棕褐色，中壤质，疏松，有小粒状结构，稍湿，多量植物根系，下部有不明显的犁底层
20~54	浅棕褐色，黏壤质，稍紧实，有少量铁锰结核，稍湿，植物根系较少，无石灰反应
54~85	浅棕色，黏壤质，稍紧实，有铁锰结核，出现少量二氧化硅（SiO_2）粉末，稍湿，植物根系极少，小粒状结构至无明显结构
85~115	棕黄色，黏壤质，SiO_2粉末较多，比上层湿润，植物根系极微量，核状结构，有鼠洞，有小虫孔，有少量铁锰结核
115~165	暗棕色，黏壤质，紧实，大量SiO_2粉末形成花纹状，湿润，上部有铁锰结核，核块状结构
165~220	紧实，大块状结构，SiO_2粉末比上层少，有大量铁锈斑，靠底部偏黏，有大粒铁锰结核

表 1–2　供试土壤剖面的基本化学性状

土层深度/cm	有机质/(g/kg)	全氮/(g/kg)	碱解氮/(mg/kg)	全磷/(g/kg)	有效磷/(mg/kg)	全钾/(g/kg)	速效钾/(mg/kg)	pH
0~10	27.0	1.48	149.2	1.07	51.0	25.31	210.0	7.45
10~20	26.4	1.46	153.0	1.07	51.0	25.00	190.0	7.00
20~30	23.9	1.40	160.4	1.00	48.3	26.25	200.4	7.10

（续表）

土层深度/cm	有机质/(g/kg)	全氮/(g/kg)	碱解氮/(mg/kg)	全磷/(g/kg)	有效磷/(mg/kg)	全钾/(g/kg)	速效钾/(mg/kg)	pH
30~45	14.1	0.64	85.9	0.66	8.0	24.06	184.0	7.45
45~85	13.6	0.57	87.7	0.70	21.0	29.06	174.0	7.50
85~115	20.3	1.07	69.0	0.90	25.0	28.13	194.0	7.00
115~165	6.1	0.36	54.1	0.85	31.5	21.25	160.0	7.22
165~220	6.0	0.45	31.7	0.98	40.8	21.25	160.0	7.20

注：采样时间为1979年9月。

（二）试验设计

哈尔滨黑土肥力长期定位试验试验区面积8 500 m^2，每小区面积168 m^2。1980年开始时设16个常量施肥处理，1986年增加8个2倍量施肥处理和8个4倍量施肥处理，共32个处理，随机排列，无重复，其中8个4倍量施肥处理1992年以后不再施肥，改为观察施肥后效。常量施肥处理，在小麦和玉米上的施肥量为N 150 kg/hm^2、P_2O_5 75 kg/hm^2、K_2O 75 kg/hm^2，在大豆上为N 75 kg/hm^2、P_2O_5 150 kg/hm^2、K_2O 75 kg/hm^2，处理以N、P、K表示；有机肥为纯马粪，每轮作周期施1次，施于玉米茬，施用量为N 75 kg/hm^2（马粪约18 600 kg/hm^2），处理以M表示，2倍量组的施肥量为常量组的2倍，处理分别以N_2、P_2、M_2表示，各处理的施肥量见表1-3。玉米季50%氮肥和全部磷、钾肥在秋季一次性施入，剩余50%氮肥于翌年玉米大喇叭口期追施；小麦季和大豆季氮、磷、钾肥均在秋季一次性施入。每年秋季收获后采集田间土壤样品，在每小区中间位置随机选5点，用土钻取0~20 cm土层土壤，多点混匀。样品风干后，干燥条件下储存备用。

表1-3　长期定位试验处理及施肥量

处理	N/(kg/hm^2)			P_2O_5/(kg/hm^2)			K_2O/(kg/hm^2)	有机肥/(t/hm^2)
	小麦	大豆	玉米	小麦	大豆	玉米		
CK	0	0	0	0	0	0	0	0
N	150	75	150	0	0	0	0	0
P	0	0	0	75	150	75	0	0
K	0	0	0	0	0	0	75	0
NP	150	75	150	75	150	75	0	0
NK	150	75	150	0	0	0	75	0
PK	0	0	0	75	150	75	75	0
NPK	150	75	150	75	150	75	75	0

（续表）

处理	N/（kg/hm²）			P_2O_5/（kg/hm²）			K_2O/（kg/hm²）	有机肥/（t/hm²）
	小麦	大豆	玉米	小麦	大豆	玉米		
M	0	0	0	0	0	0	0	18.6
MN	150	75	150	0	0	0	0	18.6
MP	0	0	0	75	150	75	0	18.6
MK	0	0	0	0	0	0	75	18.6
MNP	150	75	150	75	150	75	0	18.6
MNK	150	75	150	0	0	0	75	18.6
MPK	0	0	0	75	150	75	75	18.6
MNPK	150	75	150	75	150	75	75	18.6
CK_2	0	0	0	0	0	0	0	0
N_2	300	150	300	0	0	0	0	0
P_2	0	0	0	150	300	150	0	0
N_2P_2	300	150	300	150	300	150	0	0
M_2	0	0	0	0	0	0	0	37.2
M_2N_2	300	150	300	0	0	0	0	37.2
M_2P_2	0	0	0	150	300	150	0	37.2
$M_2N_2P_2$	300	150	300	150	300	150	0	37.2

由于城市化进程的加快，黑龙江省农业科学院试验基地已经处于城市中心，与自然生产条件产生了冲突。在充分调研论证的基础上，2010年12月哈尔滨黑土长期定位试验在冻土条件下进行了搬迁（搬迁过程详见第四章），整体原位搬迁到距原址40 km的哈尔滨市民主镇（126°51′E，45°50′N），新址气候、土壤等自然条件与原址一致。搬迁后土壤实现无缝对接，对长期定位试验影响较小，并实现了数据的衔接。新址仍设24个处理，即常量化肥处理8个、有机肥加常量化肥处理8个、2倍量化肥处理4个、2倍量有机肥加化肥处理4个，分别为：①不施肥（CK）；②氮（N）；③磷（P）；④钾（K）；⑤氮磷（NP）；⑥氮钾（NK）；⑦磷钾（PK）；⑧氮磷钾（NPK）；⑨常量有机肥（M）；⑩常量有机肥+常量氮（MN）；⑪常量有机肥+常量磷（MP）；⑫常量有机肥+常量钾（MK）；⑬常量有机肥+常量氮磷（MNP）；⑭常量有机肥+常量氮钾（MNK）；⑮常量有机肥+常量磷钾（MPK）；⑯常量有机肥+常量氮磷钾（MNPK）；⑰2倍量氮（N_2）；⑱2倍量磷（P_2）；⑲2倍量氮磷（N_2P_2）；⑳不施肥（CK_2）；㉑2倍量有机肥（M_2）；㉒2倍量有机肥+2倍量氮（M_2N_2）；㉓2倍量有机肥+2倍量磷（M_2P_2）；㉔2倍量有机肥+2倍量氮+2倍量磷（$M_2N_2P_2$）。每个处理3次重复，随机排列，施肥、管理等条件不变，小区面积36 m²。无灌溉设施，不灌溉。

参考文献

高洪军，彭畅，张秀芝，等，2014. 长期施肥对黑土活性有机质、pH值和玉米产量的影响[J]. 玉米科学，22(3)：126-131.

杲广文，汪景宽，李双异，等，2015. 30年来东北主要黑土区耕层土壤有机碳密度与储量动态变化研究[J]. 土壤通报，46(4)：774-780.

韩天富，柳开楼，黄晶，等，2020. 近30年中国主要农田土壤pH时空演变及其驱动因素[J]. 植物营养与肥料学报，26(12)：2137-2149.

韩晓增，李娜，2018. 中国东北黑土地研究进展与展望[J]. 地理科学，38(7)：1032-1041.

韩晓增，邹文秀，2018. 我国东北黑土地保护与肥力提升的成效与建议[J]. 中国科学院院刊，33(2)：206-212.

韩晓增，邹文秀，王凤仙，等，2009. 黑土肥沃耕层构建效应[J]. 应用生态学报，20(12)：2996-3002.

韩晓增，邹文秀，严君，等，2019. 农田生态学和长期试验示范引领黑土地保护和农业可持续发展[J]. 中国科学院院刊，34(3)：362-370.

黑龙江省政府参事室黑土保护利用课题组，2023. 加强黑土保护利用 保障国家粮食安全[J]. 奋斗，676(2)：58-61.

贾鹏丽，冯海艳，李淼，2020. 东北黑土区不同土地利用方式下农田土壤微生物多样性[J]. 农业工程学报，36(20)：171-178.

姜明，文亚，孙命，等，2021. 用好养好黑土地的科技战略思考与实施路径：中国科学院“黑土粮仓”战略性先导科技专项的总体思路与实施方案[J]. 中国科学院院刊，36(10)：1146-1154.

梁爱珍，李禄军，祝惠，2021. 科技创新推进黑土地保护与利用，齐力维护国家粮食安全：用好养好黑土地的对策建议[J]. 中国科学院院刊，36(5)：557-564.

刘春梅，张之一，2006. 我国东北地区黑土分布范围和面积的探讨[J]. 黑龙江农业科学(2)：23-25.

马常宝，王慧颖，2022. 国内外黑土地保护利用现状与方向研究[J]. 中国农业综合开发，233(11)：7-11.

沈善敏，1998. 中国土壤肥力[M]. 北京：中国农业出版社.

孙波，朱兆良，牛栋，2007. 农田长期生态过程的长期试验研究进展与展望[J]. 土壤(6)：849-854.

汪景宽，徐香茹，裴久渤，等，2021. 东北黑土地区耕地质量现状与面临的机遇和挑战 [J]. 土壤通报，52(3)：695-701.

王继红，王洋，于洪波，2022. 吉林玉米带黑土酸化与有机质稳定性关系[J]. 吉林农业大学学报，44(6)：657-664.

王世豪，徐新良，黄麟，等，2023. 1980s—2010s 东北农田土壤养分时空变化特征[J]. 应用生态学报, 34(4): 865-875.
王寅, 张馨月, 高强, 等, 2017. 吉林省农田耕层土壤 pH 的时空变化特征[J]. 土壤通报, 48(2): 387-391.
魏丹, 匡恩俊, 迟凤琴, 等, 2016. 东北黑土资源现状与保护策略[J]. 黑龙江农业科学(1): 158-161.
魏丹, 李世润, 辛洪生, 等, 2017. 南美黑土保护措施解析与中国黑土可持续利用路径[J]. 黑龙江农业科学(5): 1-5.
徐明岗, 娄翼来, 段英华, 等, 2015a. 中国农田土壤肥力长期试验网络[M]. 北京: 中国大地出版社.
徐明岗, 张文菊, 黄绍敏, 等, 2015b. 中国土壤肥力演变[M]. 2 版. 北京: 中国农业科学技术出版社.
徐英德, 裴久渤, 李双异, 等, 2023. 东北黑土地不同类型区主要特征及保护利用对策[J]. 土壤通报, 54(2): 495-504.
严君, 韩晓增, 陆欣春, 等, 2019. 不同土地利用方式对黑土微生物群落功能多样性的影响[J]. 土壤与作物, 8(4): 381-388.
阎百兴, 杨育红, 刘兴土, 等, 2008. 东北黑土区土壤侵蚀现状与演变趋势[J]. 中国水土保持(12): 26-30.
姚东恒, 裴久渤, 汪景宽, 2020. 东北典型黑土区耕地质量时空变化研究[J]. 中国生态农业学报, 28(1): 104-114.
张喜林, 周宝库, 孙磊, 等, 2008. 长期施用化肥和有机肥料对黑土酸度的影响[J]. 土壤通报, 236(5): 1221-1223.
张志华, 刘亚军, 2012. 梨树县保护黑土地的做法与建议[J]. 科技致富向导(32): 383.
中国科学院, 2021. 东北地区黑土地白皮书(2020)[Z]. 北京: 中国科学院.

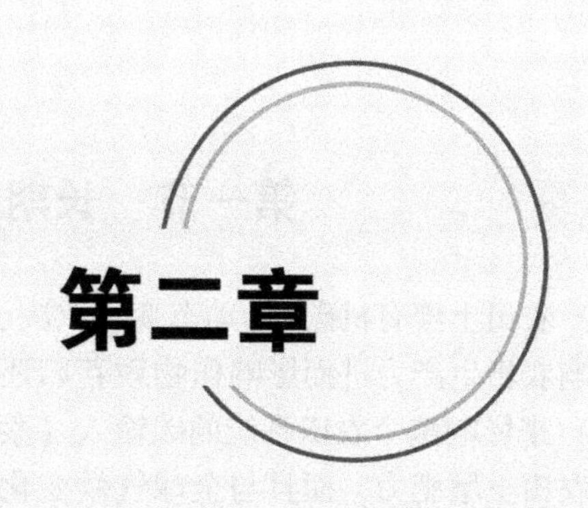

第二章

长期施肥土壤养分演变与作物产量特征

第一节　长期施肥黑土有机质演变

农田土壤有机碳[①]的动态变化取决于整个系统有机碳的输入和分解，而施肥是通过影响农田生产力进而影响作物残茬归还（秸秆还田）或直接增加外源碳的输入（有机肥）来影响整个农田系统的碳输入（蔡岸冬等，2015）。土壤有机碳的平衡不仅直接影响农田土壤肥力，而且与全球气候变化密切相关。农田土壤固碳是《京都议定书》第三、第四条款认可的固碳减排的途径之一，拥有巨大的固碳潜力（Lal 和 Bruce，1999）。土壤固碳是指利用推荐管理措施提高土壤的有机碳和无机碳含量，将大气中的 CO_2 固持在土壤碳库中（逯非等，2009）。由于土壤无机碳酸盐形成的速率较慢，目前农田土壤固碳的研究主要集中在土壤有机碳方面。

长期施用有机肥或有机肥与化肥配施均有利于土壤有机碳积累。樊廷录等（2013）指出，长期增施有机肥提高了黄土旱塬黑垆土的碳固定与积累，且固碳增量主要分布在砂粒和大团聚体中。对华北平原潮土的研究表明，有机肥与化肥配合施用是提高旱作潮土有机碳的最佳培肥措施，可以使土壤有机碳显著增加（高伟等，2015）。王雪芬等（2012）研究表明，施入分解快的有机肥不仅可提供矿质养分，而且有利于土壤有机质含量的提高；有机肥和化肥配合施用，可促进土壤微生物呼吸，能明显提高土壤养分的有效性，进而提升土壤的供肥能力。长期施用有机肥能够增加砂姜黑土的土壤有机碳含量，并可提升土壤有机碳活性，土壤的固碳能力显著增加（李玮等，2015）。长期施用有机肥显著增加了塿土团聚体的有机碳含量（特别是>0.5 mm 团聚体），加之大团聚体的分布比例变大，进而增加了土壤有机碳在大团聚体中的固持，有利于土壤固碳和减少温室气体排放（谢钧宇等，2015）。

土壤固碳效率定义为单位外源有机碳输入下土壤有机碳的变化量（Yan 等，2013）。研究指出，土壤有机碳含量与碳输入量呈线性正相关关系（高伟等，2015）。然而也有一些研究认为，土壤有机碳含量并未在大量外源有机物的投入下持续增加，土壤有机碳对外源碳投入的增加无响应，即外源碳不会被土壤固定下来，土壤有机碳接近或达到饱和状态（Stewart 等，2009）。综上所述，关于土壤的固碳效率已有大量报道，但因气候、土壤类型、施肥、种植制度等的差异研究结论不尽一致。

黑土具有质地疏松、肥力高、供肥能力强的特点，是我国农业综合生产能力最强的土壤，承担着国家粮食安全的重任，而随着黑土开垦年限的增加以及不合理的管理方式，土壤有机质水平迅速降低。为了保护东北黑土地这个“耕地中的大熊猫”，中央和地方政府先后实施了中低产田改造、沃土工程、测土配方施肥和黑土地保护工程，以多样化的方式开展了黑土地的保护和肥力提升工作。①秸秆还田：目前，黑龙江省农作物秸秆直接还田方式主要为翻埋还田、耕层混拌和覆盖还田。翻埋还田和耕层混拌主要通

① 土壤有机质是土壤中所有含碳的有机物质。通常情况下，土壤有机质含量=土壤有机碳含量×1.724。

过机械方式将收获后的作物秸秆粉碎并均匀抛撒在田间，之后进行翻埋或者混拌，达到改善土壤物理性质和提高土壤肥力的目的。覆盖还田分为秸秆粉碎覆盖、高留茬覆盖和整株覆盖，将粉碎的秸秆或整株秸秆直接覆盖于土表，实现抗旱保墒、控制水土流失及提升土壤肥力的目的（郝小雨等，2021）。将秸秆深混到0~35 cm全层，连续还田3 a，黑土地0~35 cm土层有机质含量增加了1.47 g/kg，平均增加29%以上（韩晓增和邹文秀，2018）。②有机肥还田：有机肥在黑土保护中的作用已经得到了广泛认可，其功能主要包括提高土壤养分含量、增加黑土表层腐殖质含量，从而改善土壤的肥力属性，有利于黑土层的保育。当有机肥的有机质含量>70.0%（烘干基）、施用量在（6 000±1 500）kg/hm^2以上时，连续施用3 a，黑土有机质含量能够增加0.9~1.8 g/kg，0~35 cm土层土壤腐殖质增加36.0%以上（韩晓增和邹文秀，2018）。③作物轮作：以连作玉米的产量为对照，大豆和玉米2区轮作使玉米增产8.8%；玉米-大豆-小麦3区轮作，玉米增产14.1%（韩天富和韩晓增，2016）。

在本地区不同施肥措施下，如农民长期习惯单施化肥或增施有机肥，土壤有机质变化情况以及固碳效应如何，目前还不是十分清楚。因此，借助1979年开始的哈尔滨黑土长期定位试验，分析长期不同施肥措施下土壤有机质（碳）的演变特征，探讨外源碳输入与土壤固碳量之间的相互关系，以期深入认识黑土的固碳效应，为切实提高黑土肥力、优化施肥管理措施和促进区域粮食可持续生产提供技术支撑。

一、土壤有机质演变

（一）有机质含量变化

不同施肥措施下黑土有机质的演变存在显著差异（图2-1）。长期不施肥和施用化肥下黑土有机质含量均呈下降趋势，不施肥下黑土有机质含量平均为25.3 g/kg，较试验前（26.6 g/kg）下降了4.9%，年均下降速率约为0.03 g/kg；氮磷配施和氮磷钾配施下黑土有机质含量平均值分别为26.6 g/kg和26.8 g/kg，土壤有机质含量变化不大。有机肥与化肥配施下黑土有机质含量呈上升趋势，其中氮磷配施有机肥和氮磷钾配施有机肥下黑土有机质含量平均值分别为29.2 g/kg和27.8 g/kg，较试验前分别增加了8.9%和4.3%，增加速率分别为0.05 g/(kg·a)和0.03 g/(kg·a)，施2倍量氮肥配施有机肥和施2倍量氮磷肥配施有机肥下黑土有机质含量平均值分别为29.3 g/kg和31.0 g/kg，较试验前分别增加了10.2%和16.4%，增加速率分别为0.06 g/(kg·a)和0.10 g/(kg·a)。这充分说明，施用有机肥可以显著提高黑土有机质含量。

（二）土壤固碳效应

不同施肥措施下土壤有机碳储量变化较大（图2-2）。不施肥和施化肥土壤有机碳储量呈现亏缺，亏缺量为3.5~6.1 t/hm^2。有机肥与化肥配施下土壤有机碳储量表现为盈余，且施2倍量有机肥和化肥处理的盈余量最高，特别是$M_2N_2P_2$处理，达到1.9 t/hm^2。进一步分析土壤累计碳投入（x）与土壤有机碳储量（y）的相关关系，其线性方程为$y=2.807x-73.48$，表现为显著的正效应（$P<0.05$），说明有机肥的持续投入是土壤固碳的有效措施。

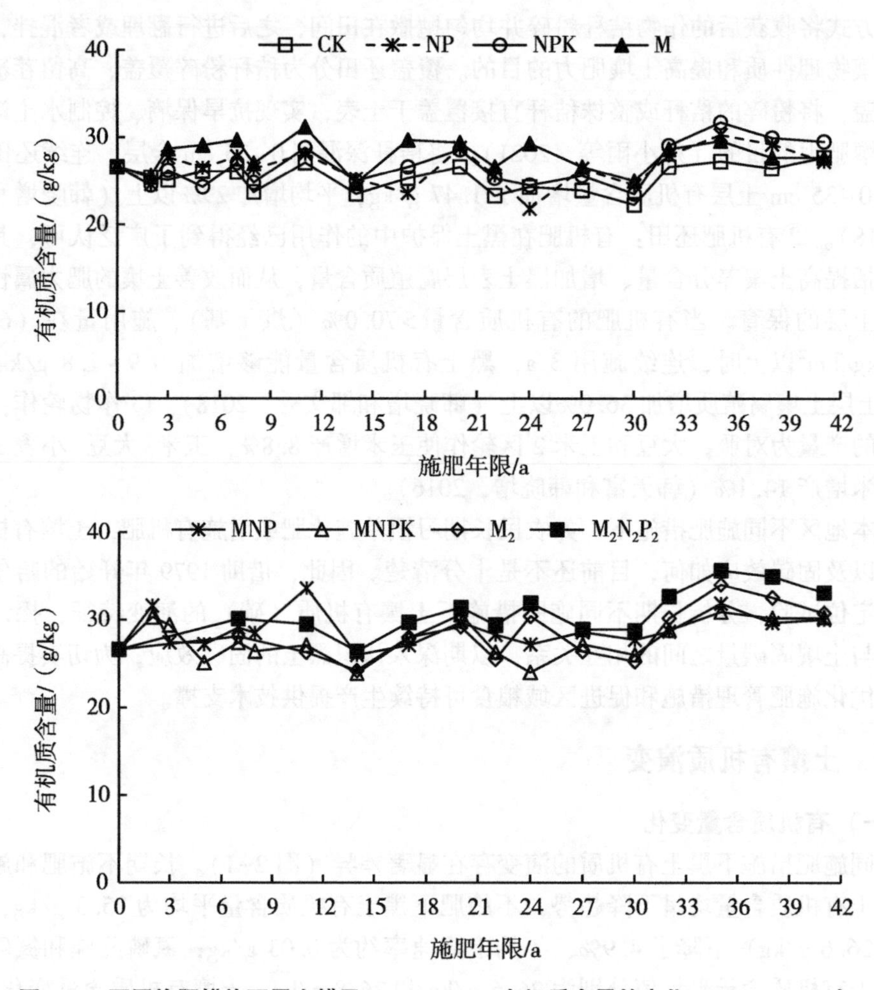

图 2-1　不同施肥措施下黑土耕层（0~20 cm）有机质含量的变化（1979—2021 年）

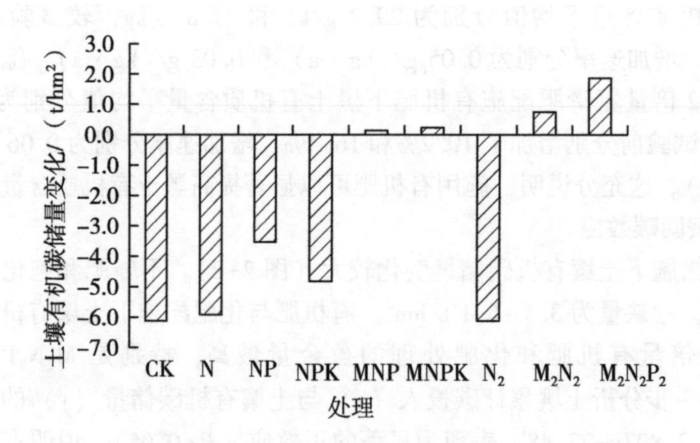

图 2-2　不同施肥措施下黑土有机碳储量变化（2014 年）

将不同施肥处理年均有机碳投入量（x）与对应的年均有机碳储量变化量（y）进行相关分析表明，二者符合显著的线性正相关（$P<0.05$，图 2-3），其线性方程为 $y=0.341x-0.483$。线性方程的斜率表示有机碳投入量增减 1 个单位时有机碳储量发生的相应变化，直线在 x 轴上的截距表示当土壤有机碳储量变化值为 0 时所需的有机碳投入量。可以看出，经过 34 a 的连续施肥，土壤有机碳转化率为 0.341 t/（hm^2・a），即每年投入 1 t 的有机物料，其中 0.341 t 能进入土壤有机碳库。若要维持黑土有机碳库平衡，则每年至少投入 1.416 t/hm^2有机碳。

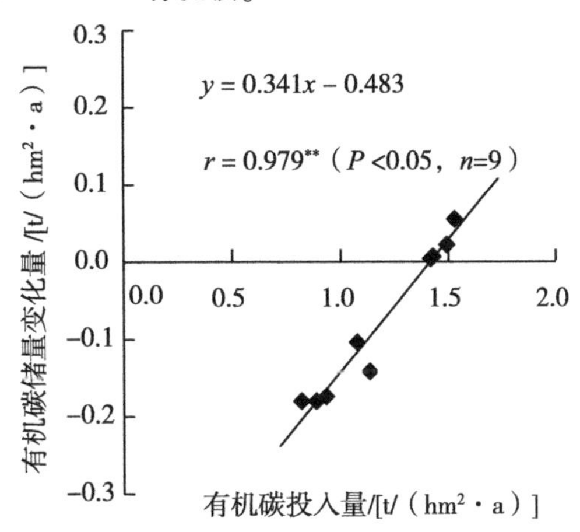

图 2-3 有机碳投入量与土壤有机碳储量变化量的关系

（三）土壤有机碳库特征

常量施有机肥及化肥有机肥配施能显著增加表层（0~20 cm）及亚表层（20~40 cm）土壤的可溶性碳（dissolved organic carbon，DOC）含量（图 2-4）。常量施肥处理表层及亚表层土壤可溶性碳含量均以 MNP 处理为最高，分别比对照提高了 110%和 87%。而 2 倍量施肥处理的 0~20 cm 土层可溶性碳含量略高于相应的常量施肥处理，其范围为 42.0 ~ 105.0 mg/kg，其中 $M_2N_2P_2$ 处理的可溶性碳含量最高，表层（0 ~ 20 cm）及亚表层（20~40 cm）的可溶性碳含量分别比对照提高了 143%和 85%。

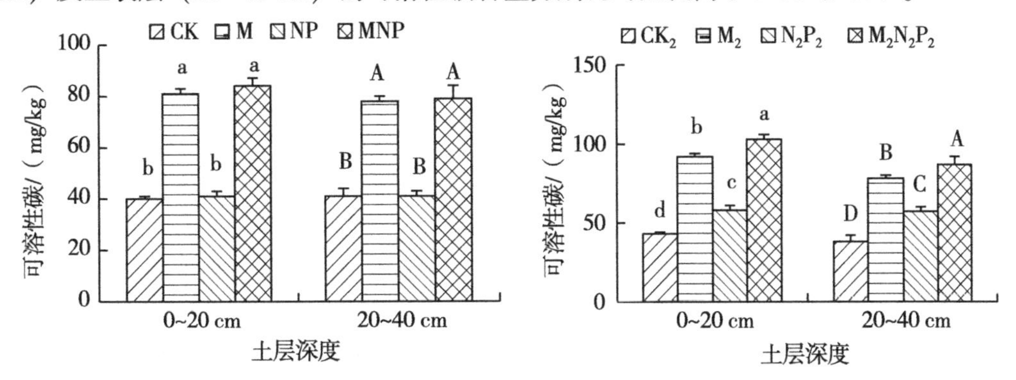

图 2-4 长期不同施肥黑土中可溶性碳含量（2010 年）

注：柱上不同小写字母表示 0~20 cm 土层各处理间差异显著（$P<0.05$）；不同大写字母表示 20~40 cm 土层各处理间差异显著（$P<0.05$）。

与对照相比，单施化肥、有机肥，化肥有机肥配施均能显著增加土壤微生物量碳含量（图2-5）。表层（0~20 cm）土壤微生物量碳含量明显高于亚表层（20~40 cm）。各处理土壤微生物量碳含量的大小顺序：化肥有机肥配施>单施有机肥>单施化肥>不施肥。对于常量施肥，MNP处理的表层及亚表层土壤微生物量碳含量最高，分别为272.60 mg/kg和198.68 mg/kg，比对照分别提高了57.8%和44.7%。2倍量施肥处理的微生物量碳含量略高于对应的常量施肥处理。而M_2、$M_2N_2P_2$处理则能显著提高微生物量碳含量，其中$M_2N_2P_2$处理的最高，为316.42 mg/kg，比对照提高了75.2%。亚表层土壤$M_2N_2P_2$处理的微生物量碳含量最高，为237.83 mg/kg，比对照提高了66.1%。

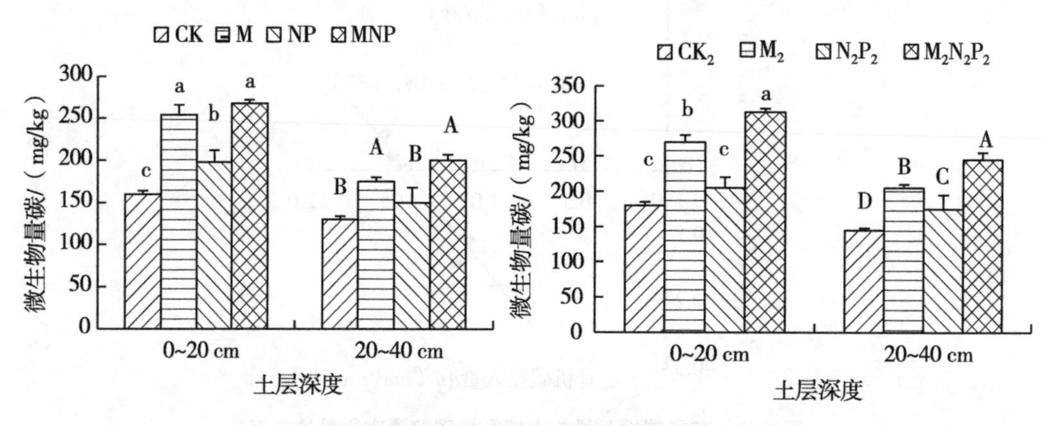

图2-5　长期不同施肥黑土中微生物量碳含量（2010年）

注：柱上不同小写字母表示0~20 cm土层各处理间差异显著（$P<0.05$）；不同大写字母表示20~40 cm土层各处理间差异显著（$P<0.05$）。

土壤团聚体颗粒分组结果见图2-6。不同施肥处理对各粒级团聚体在土壤中所占的比例影响很大。与长期不施肥的CK处理相比，单施化肥（NPK）增加了土壤中0.25~0.5 mm和0.5~1 mm粒级团聚体所占比例，分别增加了26.6%和12.1%。化肥有机肥配施（MNPK）增加了土壤中<0.053 mm、0.25~0.5 mm和0.5~1 mm粒级团聚体所占比例，分别增加了25.5%、36.1%和26.7%。单施有机肥（M）增加了>2 mm、1~2 mm和0.5~1 mm颗粒团聚体所占的比例，分别增加了10.7%、32.4%和26.3%。施有机肥可促进土壤中大颗粒团聚体的形成，尤其以1~2 mm粒级团聚体增加的比例最大，而化肥和有机肥配合施用主要是促进土壤中<1 mm粒级团聚体的形成，尤其对0.25~0.5 mm粒级团聚体形成的促进作用最大。统计分析结果表明，CK与NPK处理对>2 mm和<0.053 mm两个粒级团聚体所占比例的影响达到了显著水平（$P<0.01$）；NPK与MNPK处理仅对0.5~1 mm粒级团聚体所占比例的影响达到了显著水平（$P<0.01$）；而MNPK与M处理对所有粒级团聚体所占比例的影响均达到了显著水平（$P<0.01$）。

不同粒级团聚体中有机碳的分布：随着团聚体粒级的降低，团聚体中有机碳的分配出现两个峰值，分别在1~2 mm和0.053~0.25 mm两个粒级中（表2-1），而且随着单施化肥和化肥与有机肥配合施用，各粒级团聚体中有机碳的含量逐渐增加。在这两个粒

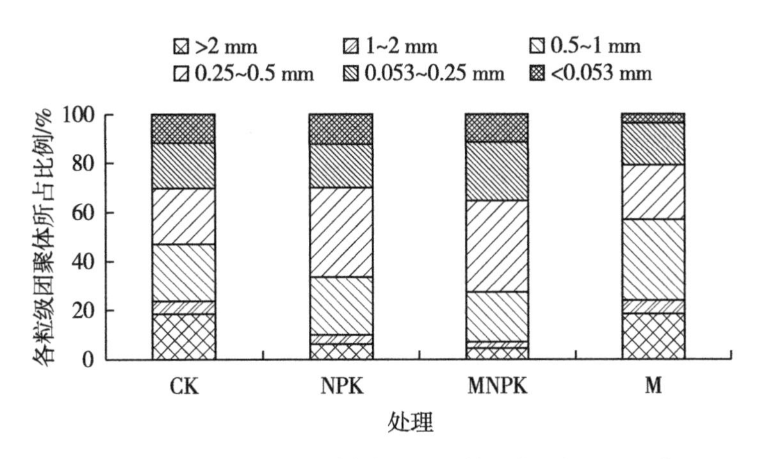

图 2-6 长期不同施肥土壤各粒级团聚体所占比例（2007 年）

表 2-1 土壤中各粒级团聚体中的有机碳含量（2007 年） 单位：g/kg

处理	团聚体粒径					
	>2 mm	1~2 mm	0.5~1 mm	0.25~0.5 mm	0.053~0.25 mm	<0.053 mm
CK	16.69d	18.83c	17.13c	16.34c	17.26b	10.10b
NPK	17.24c	20.10b	18.10b	17.07b	19.26a	11.15a
MNPK	18.20b	20.93a	18.48ab	17.06b	19.60a	11.27a
M	19.01a	19.46bc	18.90a	18.14a	19.99a	10.83ab
显著性	***	***	**	***	**	*

注：同一列不同小写字母表示各处理之间差异显著（$P<0.05$）；*、**、*** 分别表示在 0.05、0.01 和 0.001 水平上差异显著。

级中，NPK 和 MNPK 处理的有机碳含量分别较 CK 增加了 6.7%和 11.6%、11.2%和 13.6%。总体上，M 处理与 CK 相比增加了各粒级中有机碳的含量，增幅为 3.3%~15.8%（平均值 10.3%）；MNPK 处理与 CK 相比也增加了各粒级中有机碳的含量，增幅为 4.4%~11.6%（平均值 9.6%）；NPK 处理各粒级中的有机碳含量比 CK 增加了 3.3%~11.6%（平均值 7.0%）。CK 的土壤有机碳在各粒级团聚体中的分布差异较小，仅为 8.73 g/kg。而施肥处理土壤有机碳在各粒级团聚体中的分布差异增大，NPK、MNPK 和 M 处理的差异分别为 8.95 g/kg、9.66 g/kg 和 9.16 g/kg。显著性检验结果表明，>1 mm 的各粒级团聚体中有机碳含量在各施肥处理间均在 0.001 水平上差异显著；0.053~1 mm 各粒级中，施肥处理与 CK 的有机碳含量在 0.01 水平上差异显著；< 0.053 mm 粒级，仅单施化肥处理与 CK 在 0.05 水平上差异显著。

（四）小结

长期不施肥及施化肥土壤有机质含量呈下降趋势，有机肥与化肥配施土壤有机质含量呈上升趋势。不施肥和施化肥土壤有机碳储量呈现亏缺，亏缺量为 3.5~6.1 t/hm^2。有机肥与化肥配施土壤有机碳储量表现为盈余，$M_2N_2P_2$ 处理盈余量最高，达到

1.9 t/hm^2。土壤累计碳投入与有机碳储量之间为极显著的线性正相关关系。年均有机碳投入量与对应的年均有机碳储量变化量的相关分析表明，二者符合显著的线性正相关关系。黑土碳投入的转化效率为34.1%，若要维持黑土有机碳库平衡，则每年至少投入1.416 t/hm^{2}有机碳。有机肥的施入尤其是化肥有机肥配施能显著提高黑土表层和亚表层土壤有机碳活性，有利于提升土壤肥力和养分供应能力。可见，增加土壤碳投入（有机肥）仍然是黑土区最有效的土壤固碳措施。

二、土壤腐殖质组分及结构动态变化

土壤腐殖质是一类高度氧化的复杂有机物质，主要由C、H、O、N、P、S、Ca等元素组成，其中C 58%、N 3%~6%、H 3%~6%、O 30%~40%、灰分0.6%。土壤腐殖质是由腐烂的动植物残骸经过微生物新陈代谢作用产生再合成的物质，广泛存在于土壤、水域、海洋沉积物和煤炭矿藏等地质环境中。土壤腐殖质占土壤全碳含量的60%~70%（Griffith等，1975），土壤腐殖质的组成和特点在很大程度上反映了气候、植被、母质、农业措施和水热状况等生态环境条件的变化。腐殖质在土壤中呈现形态有两种，一是以游离态腐殖质存在；二是与矿质黏粒进行结合，以腐殖质胶体的形态存在。腐殖质对土壤理化性质、生物学性质影响很大，同时也是土壤中养分的来源，是表征土壤肥力的主要指标（唐晓红，2008）。

腐殖质按照其在酸碱溶液中的溶解度，可分为3个组分：胡敏酸（HA）、富里酸（FA）、胡敏素（Hu）。其中，在土壤腐殖质中较为活跃的，也是对形成腐殖质较为关键的是HA和FA，在土壤的养分保存、水分截留、结构形成过程中起到重要的作用（党亚爱等，2012）。FA既能溶于酸，又能溶于碱，活性高、移动性大、分子量小、氧化程度大。FA的一价盐、二价盐和三价盐都可溶于水，因此它在促进土壤矿物质分解以及营养元素释放中起着重要作用。在腐殖质中，FA是作用形成HA的一级物质，也是HA分解产生的一级产物，对HA起着形成和更新的作用（毛海芳等，2013）。腐殖质来源不同，其结构也不同，结构的复杂性导致其组成和化学结构尚不完全清楚，但分子中肯定存在高度不饱和脂肪链，以及芳香族羧酸和酚结构单元（Schnitzer等，1979）。

近年来，现代光谱学技术由于可以无损地分析样品，被广泛应用于有机物结构组成研究和结构表征。由于每种腐殖酸、水溶性有机物的光谱提供的分子结构信息不同，目前研究者多采用多种光谱联合分析手段，从不同方面阐明各种来源的有机腐殖酸类物质的组成及腐殖化程度（Fuente等，2006；Richard等，2009）。

以哈尔滨黑土肥力长期定位试验为基础，结合腐殖质元素组成分析方法和傅里叶变换红外光谱、差热分析、^{13}C核磁共振波谱等现代分析技术和手段，分析不同年份（1997年、2002年、2008年、2012年）典型施肥处理土壤腐殖质组分结构，从物质结构的角度分析不同施肥处理的土壤腐殖质组分有机化合物的分子结构动态变化。通过各种方法之间的相互补充验证，探索黑土腐殖质化学组成和结构性质的变化规律，为揭示轮作体系下黑土土壤养分平衡与土壤肥力演变提供理论依据。

（一）长期施肥黑土腐殖质组分变化

1. 黑土腐殖质含量变化

在土壤中可以使用碱性溶液提取出来的腐殖质组分称为可提取腐殖质（HE），HE是胡敏酸（HA）与富里酸（FA）的总和。长期不同施肥下黑土腐殖质含量为5.80~9.55 g/kg。不同施肥下黑土腐殖质平均值表现为MNPK>M>NPK>CK。MNPK处理土壤腐殖质含量较CK平均增加了35.1%，M处理较CK平均增加了20.8%，NPK处理较CK平均增加了12.9%。1997—2012年MNPK处理土壤腐殖质含量与CK差异显著（$P<0.05$），M和MPK处理与CK无显著差异（$P<0.05$）。

随着施肥年限的增加，施用有机肥（MNPK、M）的土壤腐殖质含量呈增加趋势（图2-7），MNPK处理土壤腐殖质含量在1997年、2002年、2008年和2012年分别为7.25 g/kg、7.08 g/kg、9.55 g/kg和8.31g/kg，2008年土壤腐殖质含量较高，1997—2012年平均含量较1997年增加10.9%；M处理土壤腐殖质含量在1997年、2002年、2008年和2012年分别为6.33 g/kg、6.13 g/kg、8.62 g/kg和7.72 g/kg，也以2008年腐殖质含量相对较高，1997—2012年平均含量较1997年增加13.7%；NPK处理1997—2012年土壤腐殖质含量整体呈下降趋势，1997—2012年平均含量较1997年下降2.2%；CK处理1997—2012年土壤腐殖质平均含量较1997年有较小幅度的增加（增幅为2.1%）。

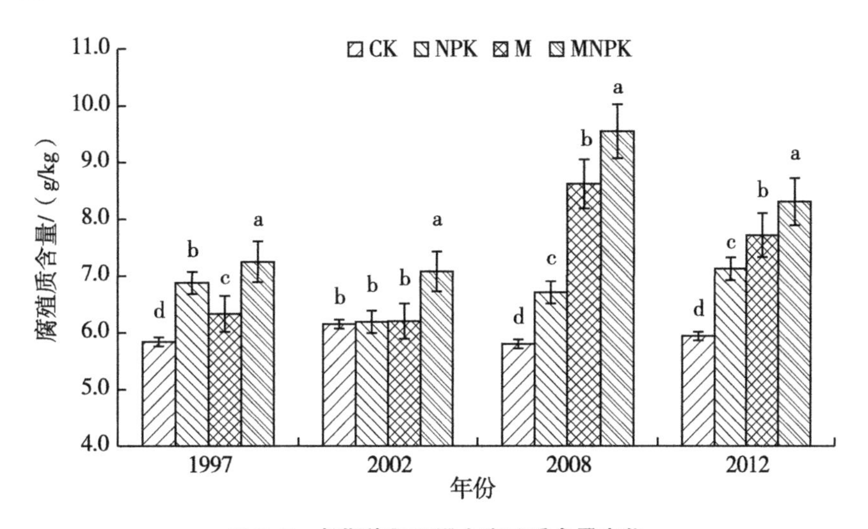

图2-7　长期施肥下黑土腐殖质含量变化

注：柱上不同小写字母表示不同处理在0.05水平上差异显著。

2. 黑土胡敏酸C含量变化

不同施肥对黑土胡敏酸C的含量有明显的影响。土壤胡敏酸C平均含量表现为MNPK>M>NPK>CK。MNPK处理土壤胡敏酸C含量为4.45~5.83 g/kg（表2-2）。与CK相比，MNPK处理土壤胡敏酸C含量在1997—2012年平均提高了48.5%，M处理土壤胡敏酸C含量平均提高了31.7%，NPK处理土壤胡敏酸C含量平均提高了15.7%。长期施用有机肥较单施化肥更能提高土壤中胡敏酸C含量。方差分析表明，

1997—2012 年 MNPK 和 M 处理土壤胡敏酸 C 含量与 CK 均存在差异显著（$P<0.05$），NPK 处理土壤胡敏酸 C 与 CK 差异不显著（$P>0.05$）。

随着施肥年限的增加，MNPK 处理土壤胡敏酸 C 含量在 1997 年、2002 年、2008 年和 2012 年呈动态增加的趋势（图 2-8），其含量分别为 4.54 g/kg、4.45 g/kg、5.83 g/kg 和 5.03 g/kg，以 2008 年胡敏酸 C 含量最高，1997—2012 年平均含量较 1997 年增加 9.3%。M 与 MNPK 处理变化趋势基本相一致，同样是以 2008 年胡敏酸 C 含量相对较高，1997—2012 年平均含量较 1997 年提高 13.7%。NPK 处理，1997—2012 年土壤胡敏酸 C 含量整体呈下降趋势，平均含量较 1997 年降低 6.2%；CK 处理土壤胡敏酸 C 含量 2012 年较 1997 年有较小幅度下降（降幅为 5.8%）。

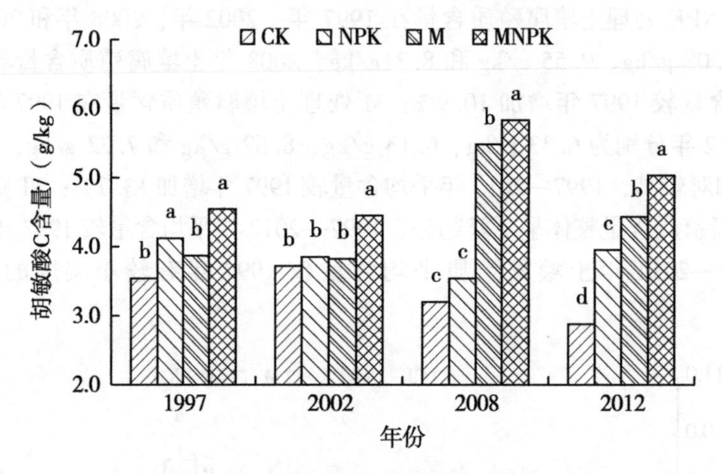

图 2-8　长期施肥下黑土胡敏酸 C 含量变化

注：柱上不同小写字母表示不同处理在 0.05 水平上差异显著。

表 2-2　不同施肥下黑土胡敏酸 C 含量及其占总有机 C 的比例

年份	处理	胡敏酸 C 含量/（g/kg）	占总有机 C 的比例/%	PQ/%
1997	CK	3.54±0.09b	27.23	60.62
	NPK	4.12±0.07a	31.31	59.88
	M	3.87±0.03b	27.62	61.14
	MNPK	4.54±0.05a	30.45	62.62
2002	CK	3.72±0.11b	27.82	59.52
	NPK	3.85±0.04b	26.81	62.20
	M	3.82±0.08b	26.29	62.32
	MNPK	4.45±0.07a	30.31	62.85
2008	CK	3.20±0.04c	22.55	55.17
	NPK	3.54±0.10c	23.57	52.76
	M	5.48±0.09b	35.29	63.57
	MNPK	5.83±0.07a	36.35	61.05

（续表）

年份	处理	胡敏酸 C 含量/（g/kg）	占总有机 C 的比例/%	PQ/%
2012	CK	2. 88±0. 08d	23. 21	48. 48
	NPK	3. 95±0. 09c	27. 45	55. 40
	M	4. 43±0. 08b	30. 55	57. 38
	MNPK	5. 03±0. 06a	34. 01	60. 53

注：同一年同列不同小写字母表示不同处理在 0. 05 水平上差异显著；PQ 为可提取腐殖质中 HA 的比例。

3. 黑土富里酸 C 含量变化

不同施肥对黑土富里酸 C 含量有显著的影响（表 2-3）。不同施肥下黑土富里酸 C 平均含量为 MNPK>MPK>M>CK。MNPK 处理黑土富里酸 C 含量为 2. 63～3. 72 g/kg。和 CK 相比，MNPK、M、NPK 处理土壤富里酸 C 含量分别提高 17. 9%、6. 9%、9. 2%。长期不同施肥土壤富里酸 C 含量占总有机 C 的比例为 15. 90%～29. 05%。不同施肥土壤富里酸 C 占总有机 C 的比例表现为 NPK 处理最高（21. 86%），MNPK 处理次之（20. 37%），CK 和 M 处理较低（分别为 19. 90%和 19. 09%）。

表 2-3　不同施肥下黑土富里酸 C 含量及其占总有机 C 的比例

年份	处理	富里酸 C 含量/（g/kg）	占总有机 C 的比例/%
1997	CK	2. 30±0. 03c	17. 69
	NPK	2. 76±0. 11a	20. 97
	M	2. 46±0. 03b	17. 56
	MNPK	2. 71±0. 02a	18. 18
2002	CK	2. 53±0. 02b	18. 92
	NPK	2. 34±0. 07b	16. 30
	M	2. 31±0. 02b	15. 90
	MNPK	2. 63±0. 04a	17. 92
2008	CK	2. 60±0. 03c	18. 32
	NPK	3. 17±0. 09b	21. 11
	M	3. 14±0. 05b	20. 22
	MNPK	3. 72±0. 02a	23. 19
2012	CK	3. 06±0. 04b	24. 66
	NPK	3. 18±0. 03a	29. 05
	M	3. 29±0. 02a	22. 69
	MNPK	3. 28±0. 03b	22. 18

注：同一年同列不同小写字母表示不同处理在 0. 05 水平上差异显著。

随着施肥年限增加，不同施肥下土壤富里酸 C 含量呈现增加趋势（图 2-9）。MNPK 处理土壤富里酸 C 含量在 1997 年、2002 年、2008 年和 2012 年分别为 2.71 g/kg、2.63 g/kg、3.72 g/kg 和 3.28 g/kg，1997—2012 年整体平均含量较 1997 年增加 13.8%。M 处理土壤富里酸 C 含量和 MNPK 处理变化基本一致，2012 年 M 处理富里酸 C 含量相对较高，1997—2012 年整体平均含量较 1997 年增加 0.34 g/kg，提高 13.8%。NPK 处理土壤富里酸 C 含量 1997—2012 年平均含量较 1997 年增加 0.10 g/kg，提高 3.7%。

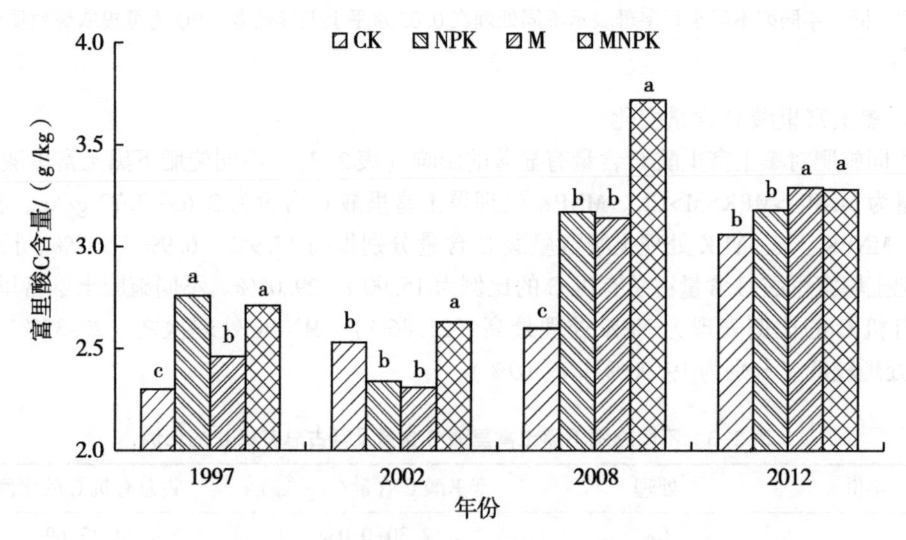

图 2-9　长期施肥下黑土富里酸 C 含量变化

注：柱上不同小写字母表示不同处理在 0.05 水平上差异显著。

4. 黑土胡敏素 C 含量变化

黑土不同施肥土壤胡敏素 C 在 1997 年、2002 年、2008 年及 2012 年的平均含量为 M>MNPK>NPK>CK（表 2-4）。MNPK 处理土壤胡敏素 C 含量为 6.35～8.08 g/kg，平均值比 CK 增加 5.5%；M 处理土壤胡敏素 C 含量为 6.64～7.85 g/kg，平均含量为 7.24 g/kg，比 CK 提高了 7.9%；NPK 处理土壤胡敏素 C 含量为 6.44～7.43 g/kg，平均含量为 6.86 g/kg，比 CK 提高了 2.1%。方差分析可知，有机肥施用（MNPK、M）均与 NPK 处理、CK 之间差异显著（$P<0.05$），而 NPK 处理与 CK 之间差异则不显著（$P>0.05$）。长期不同施肥下土壤胡敏素 C 含量占土壤总有机 C 的比例为 42.93%～54.76%，不同施肥下该比例为 CK>M>NPK>MNPK。

表 2-4　不同施肥下黑土胡敏素 C 含量及其占总有机 C 的比例

年份	处理	胡敏素 C 含量/（g/kg）	占总有机 C 的比例/%
1997	CK	6.03±0.2b	46.38
	NPK	6.44±0.5ab	48.94
	M	6.78±0.4a	48.39
	MNPK	6.89±0.6a	46.21

（续表）

年份	处理	胡敏素 C 含量/（g/kg）	占总有机 C 的比例/%
2002	CK	6.41±0.2c	47.94
	NPK	6.68±0.4b	46.52
	M	7.70±0.4a	52.99
	MNPK	7.03±0.3b	47.89
2008	CK	7.77±0.3b	54.76
	NPK	7.43±0.4b	49.47
	M	7.85±0.8b	50.55
	MNPK	8.08±0.2a	50.37
2012	CK	6.65±0.4a	53.59
	NPK	6.88±0.3a	47.81
	M	6.64±0.4a	45.79
	MNPK	6.35±0.3a	42.93

注：同一年同列不同小写字母表示不同处理在 0.05 水平上呈显著差异。

除 2012 年外土壤胡敏素 C 含量呈现逐年上升趋势（图 2-10）。MNPK 处理土壤胡敏素 C 含量在 1997 年、2002 年、2008 年和 2012 年分别为 6.89 g/kg、7.03 g/kg、8.08 g/kg 和 6.35 g/kg，平均含量较 1997 年提高了 2.9%；M 与 MNPK 处理土壤胡敏素 C含量变化基本一致，平均含量较 1997 年提高了 6.8%。NPK 和 CK 处理土壤胡敏素 C平均含量较 1997 年分别提高了 6.5%和 11.4%。

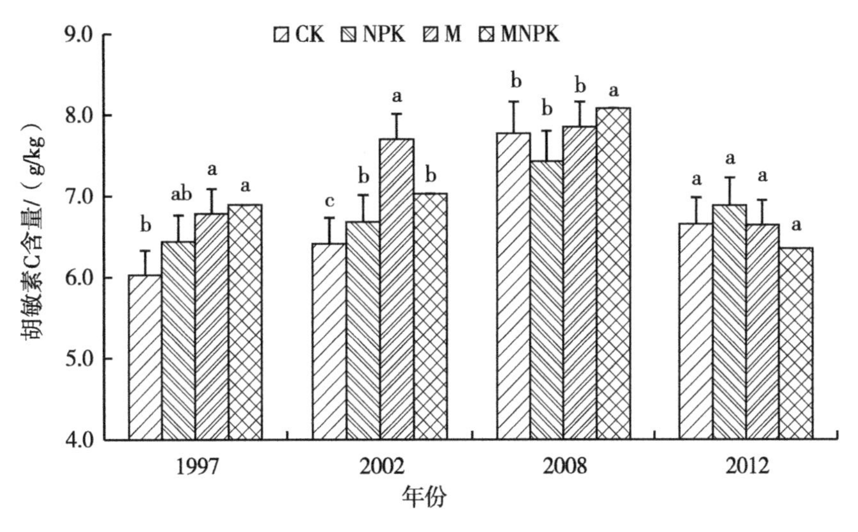

图 2-10 长期施肥下黑土胡敏素 C 含量变化

注：柱上不同小写字母表示不同处理在 0.05 水平上差异显著。

（二）腐殖质组分结构变化

1. 黑土胡敏酸结构变化

不同施肥下黑土胡敏酸 C 含量为 503.9～546.4 g/kg，氮（N）含量为 32.89～37.26 g/kg，氢（H）含量为 40.98～45.20 g/kg，氧和硫（O+S）含量为 377.9～420.2 g/kg（表 2-5）。不同施肥下黑土胡敏酸 C、N、H、O+S 含量呈动态变化。1997—2012 年，与 CK 相比，MNPK 处理黑土胡敏酸的 C、N、H 含量分别提高 0.6%、4.2%、2.2%，O+S 含量下降 1.4%；M 处理黑土胡敏酸的 C、N、H 含量较 CK 分别提高 0.6%、0.9%、1.8%，O+S 含量下降 1.0%；NPK 处理黑土胡敏酸的 C、N 含量较 CK 分别提高 1.7%、1.0%，H、O+S 含量分别下降 0.6%、2.3%；MNPK 和 M 处理可以提高黑土胡敏酸的 C、N、H 含量，降低 O+S 含量；NPK 可以提高黑土胡敏酸的 C、N 含量，降低 H、O+S 含量。

表 2-5　不同施肥下黑土胡敏酸的元素组成

年份	处理	C/ (g/kg)	N/ (g/kg)	H/ (g/kg)	O+S/ (g/kg)	H/C	O/C
1997	CK	537.7±3.87a	34.58±0.21a	41.37±0.80b	386.4±6.35a	0.923±0.01b	0.539±0.01a
	NPK	535.8±0.93a	35.22±0.89a	42.25±0.84ab	386.7±8.15a	0.946±0.02a	0.541±0.02a
	M	531.2±1.04b	35.37±0.12a	42.81±0.25a	390.6±1.15a	0.967±0.01a	0.551±0.01a
	MNPK	537.8±1.25a	34.85±0.33a	40.98±0.28c	386.4±4.49a	0.914±0.01b	0.539±0.01a
2002	CK	503.9±1.31d	34.36±0.48a	41.56±0.70a	420.2±4.63a	0.990±0.01a	0.625±0.01a
	NPK	529.3±1.21a	35.21±0.28a	41.64±0.69a	393.8±6.95c	0.944±0.02b	0.558±0.08a
	M	513.5±3.35c	32.89±0.66b	41.23±0.32a	412.4±9.25ab	0.964±0.01ab	0.602±0.04a
	MNPK	519.4±4.07b	35.07±0.16a	41.93±0.85a	403.6±3.58b	0.969±0.03ab	0.583±0.02a
2008	CK	537.4±4.40a	34.51±0.27b	43.49±1.03b	384.6±10.81a	0.971±0.01b	0.537±0.04a
	NPK	537.7±4.36a	34.84±0.28b	42.42±0.79b	385.1±4.30a	0.947±0.01b	0.537±0.03a
	M	541.4±2.44a	34.72±0.09b	42.78±0.41b	381.1±9.65a	0.948±0.02b	0.528±0.07a
	MNPK	537.3±4.33a	37.26±0.18a	45.20±0.54a	380.2±11.25a	1.010±0.02a	0.531±0.04a
2012	CK	534.9±0.55a	34.59±0.37b	42.52±1.39bc	388.0±4.26a	0.954±0.06b	0.544±0.05a
	NPK	546.4±0.92a	34.13±0.29b	41.56±0.47c	377.9±3.52a	0.913±0.18b	0.519±0.05a
	M	539.6±1.74a	36.30±0.17a	45.15±4.13a	378.9±6.37a	1.004±0.21a	0.527±0.07a
	MNPK	532.4±1.31a	36.72±0.55a	44.57±1.25b	386.3±3.74a	1.005±0.08a	0.544±0.09a

注：同一年同列不同小写字母表示不同处理在 0.05 水平上差异显著；元素比值为摩尔比。

随着施肥年限的增加，MNPK 和 M 处理黑土胡敏酸的 C、N、H 含量呈增加趋势，NPK 处理黑土胡敏酸的 C、H 含量呈降低趋势，N 含量呈增加趋势；施肥和不施肥条件下黑土胡敏酸的 O+S 含量均呈增加趋势。一般 H/C 和 O/C 是表征腐殖酸缩合度和氧化度的指标。H/C 高，说明缩合度低；O/C 高，表明氧化程度高。缩合度增加，氧化程度降低，结构趋于复杂化。MNPK 处理黑土胡敏酸的 H/C 平均值较 1997

年提高 1.6%，2012 年较 1997 年表现为增加趋势。M 处理黑土胡敏酸的 H/C 呈逐年增加趋势，平均值较 1997 年提高 1.2%。NPK 处理黑土胡敏酸的 H/C 平均值较 1997 年下降 2.3%，2012 年较 1997 年表现为降低趋势。CK 处理黑土胡敏酸的 C、N、H 含量均呈下降趋势，H/C 略有增加。

用红外光谱研究腐殖质含氧官能团特性优于核磁共振（NMR）波谱，而研究土壤整体的 C、H 结构则远不 NMR 波谱。不同施肥黑土胡敏酸的红外图谱具有相似的特征，但吸收强度不同（图 2-11）。不同施肥下黑土胡敏酸在 3 400 cm^{-1}、2 920 cm^{-1}、2 850 cm^{-1}、1 720 cm^{-1}、1 620 cm^{-1}、1 240 cm^{-1}、1 330 cm^{-1} 处均有吸收峰，在 2 920cm^{-1}（脂族聚亚甲基）和 1 620 cm^{-1}（芳香类）处振动最为强烈。

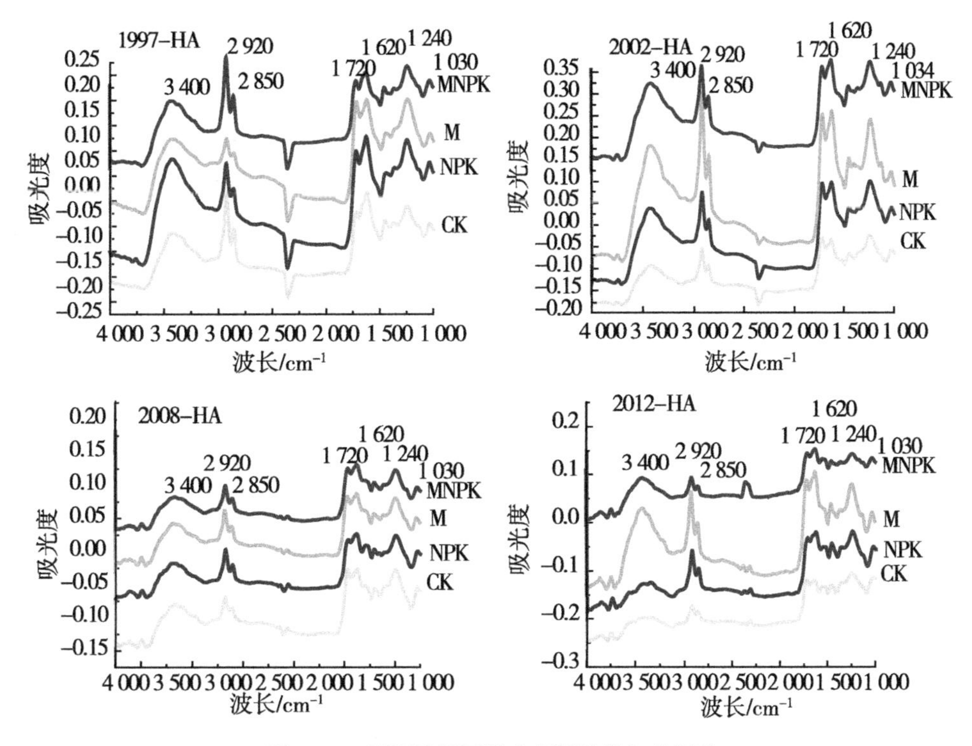

图 2-11　不同施肥下黑土胡敏酸的红外图谱

不同施肥下黑土胡敏酸的红外吸收峰 2920/1620 排序为 MNPK>M>CK>NPK，2920/1720排序为 MNPK>NPK>M>CK（表 2-6）。1997—2012 年，和 CK 相比，MNPK 和 M 处理黑土胡敏酸的红外吸收峰 2920/1620 分别提高 18.0%和 4.8%；NPK 处理提高 10.5%。MNPK、NPK、M 施肥处理 2920/1720 分别提高 2.4%、6.6%、7.2%。随着施肥年限的增加，MNPK 处理黑土胡敏酸的红外吸收峰 2920/1720、2920/2850 平均值较 1997 年呈现增加趋势，2920/1620 略有降低；M 处理黑土胡敏酸的红外吸收峰2920/1720、2920/1620、2920/2850 平均值均较 1997 年呈现增加趋势；NPK 处理 2920/1620、2920/1720增加，2920/2850 略有降低；CK 处理 2920/1620、2920/1720、2920/2850 平均值呈增加趋势。

表 2-6　不同施肥下黑土胡敏酸的红外光谱主要吸收峰的相对强度（半定量）

年份	处理	波数/cm⁻¹					2920/1720	2920/1620	2920/2850
		3 400	2 920	2 850	1 720	1 620			
1997	CK	24.556	2.568	1.614	1.916	5.639	2.183	0.742	1.591
	NPK	36.600	3.048	1.029	1.729	4.261	2.358	0.957	2.962
	M	42.775	2.582	1.641	1.843	4.566	2.291	0.925	1.573
	MNPK	20.209	2.119	0.803	2.220	1.854	1.316	1.576	2.639
2002	CK	19.863	2.158	0.815	0.740	1.827	4.018	1.627	2.648
	NPK	32.891	3.543	1.196	1.618	3.230	2.929	1.467	2.962
	M	42.846	3.507	2.907	1.672	5.200	3.836	1.233	1.206
	MNPK	29.675	3.497	0.805	1.555	3.014	2.767	1.427	4.344
2008	CK	15.430	1.032	0.470	0.934	1.032	1.608	1.455	2.196
	NPK	12.634	1.287	0.631	0.612	1.161	3.134	1.652	2.040
	M	19.767	2.599	0.836	1.672	1.529	2.054	2.247	3.109
	MNPK	22.820	3.077	1.115	1.108	2.706	3.783	1.549	2.760
2012	CK	11.310	0.905	0.310	1.112	0.888	1.093	1.368	2.919
	NPK	9.078	1.752	0.402	2.021	1.295	1.066	1.663	4.358
	M	24.124	2.059	1.077	2.304	3.033	1.361	1.034	1.912
	MNPK	23.997	2.180	0.369	2.032	1.622	1.254	1.572	5.908

注：2920/1720 为 2 920 cm^{-1}和 2 850 cm^{-1}处面积之和与 1 720 cm^{-1}处面积的比值；2920/1620 为 2 920 cm^{-1}和 2 850 cm^{-1}处面积之和与 1 620 cm^{-1}处面积的比值；2920/2850 为 2 920 cm^{-1}处面积与 2 850 cm^{-1}处面积的比值。

腐殖质的^{13}C核磁共振波谱图中 C 谱可划分为 4 个主要共振区，即烷基 C 区（0~50 ppm）、烷氧 C 区（50~110 ppm）、芳香 C 区（110~160 ppm）、羰基 C 区（160~200 ppm）。不同施肥下黑土胡敏酸的烷氧 C 吸收峰主要在 56 ppm 和 72 ppm 附近，归属为甲氧基 C 的吸收和碳水化合物 C 的吸收（图 2-12）。

不同施肥下黑土胡敏酸中烷基 C 所占比例为 17.8%~21.8%，烷氧 C 所占比例 16.2%~18.9%，芳香 C 为 41.1%~44.9%，羰基 C 为 17.8%~20.3%（图 2-13）。与 CK 相比，1997—2012 年 MNPK 处理黑土胡敏酸脂族 C（烷基 C+烷氧 C）和羰基 C 所占比例分别提高 2.1%和 7.7%，芳香 C 下降 5.2%；M 处理土壤胡敏酸脂族 C 和羰基 C 所占比例分别提高 1.9%和 14.2%，芳香 C 下降 2.5%；NPK 处理土壤胡敏酸脂族 C 所占比例下降 3.2%，芳香 C 提高 0.7%，羰基 C 提高 7.7%。

胡敏酸各官能团 C 相对比例的变化，导致胡敏酸的脂族 C/芳香 C、烷基 C/烷氧 C 和疏水 C/亲水 C 的值也产生了规律性变化。从表 2-7 可以看出，与 CK 相比，MNPK 处理黑土胡敏酸的脂族 C/芳香 C、烷基 C/烷氧 C 分别提高 8.0%、20.0%，疏水 C/亲水 C 降低 0.3%；M 处理脂族 C/芳香 C、烷基 C/烷氧 C 和疏水 C/亲水 C 分别提高 4.8%、

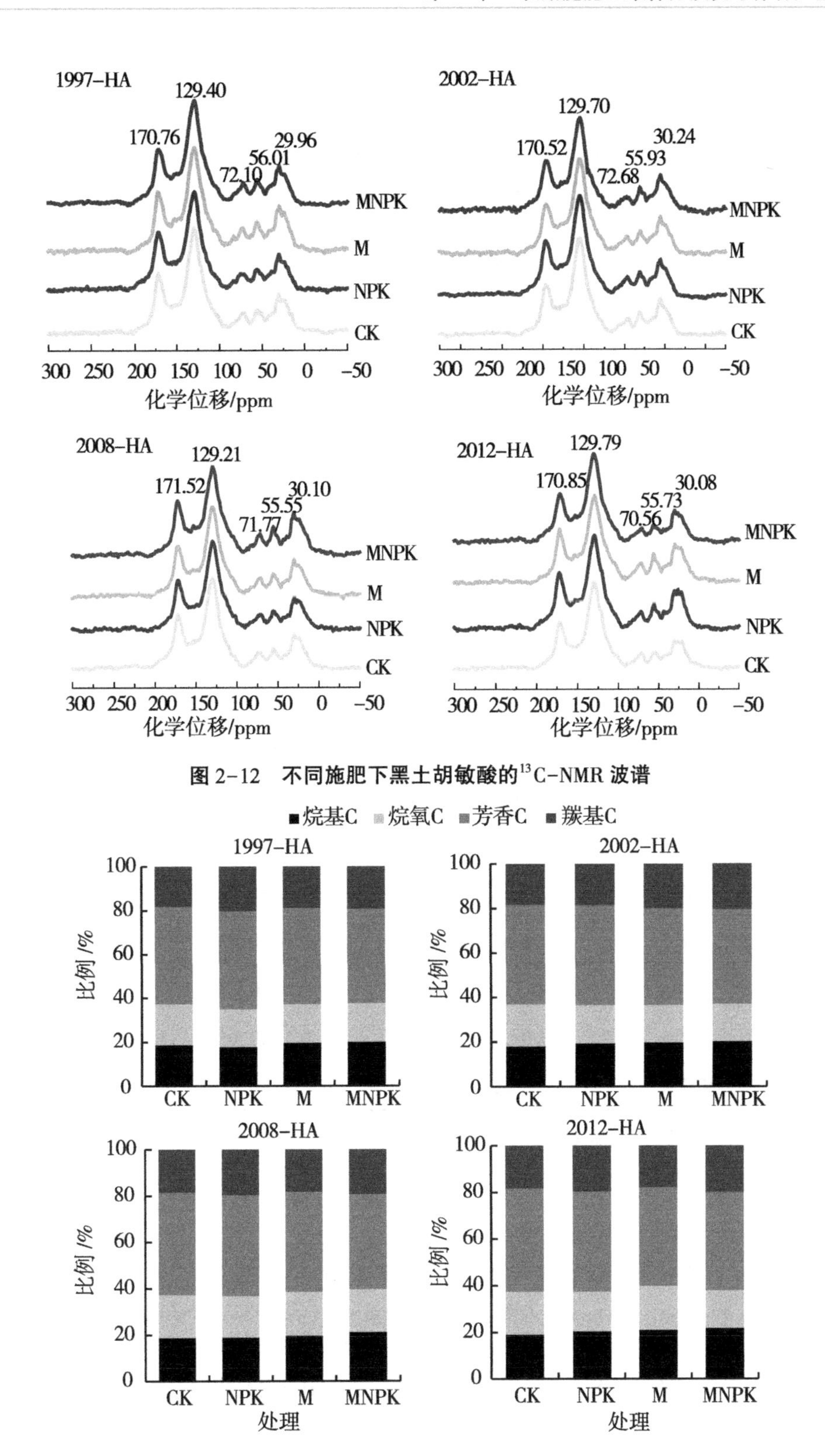

图 2-12　不同施肥下黑土胡敏酸的 ^{13}C-NMR 波谱

图 2-13　不同施肥下黑土胡敏酸各官能团 C 所占比例

11.6%和1.2%；NPK处理黑土胡敏酸的脂族C/芳香C和疏水C/亲水C分别降低2.4%和0.7%，烷基C/烷氧C增加8.4%。MNPK处理土壤胡敏酸的脂族C/芳香C在1997年、2002年、2008年和2012年分别为0.88、0.88、0.97和0.90；烷基C/烷氧C分别为1.14、1.22、1.15和1.34，疏水C/亲水C分别为1.71、1.70、1.65和1.77。

表2-7　不同施肥黑土胡敏酸各官能团C比值变化

年份	处理	脂族C/芳香C	烷基C/烷氧C	疏水C/亲水C
1997	CK	0.84±0.01a	1.00±0.07b	1.71±0.04a
	NPK	0.78±0.03b	1.04±0.05ab	1.67±0.05a
	M	0.85±0.02a	1.13±0.09ab	1.75±0.06a
	MNPK	0.88±0.03a	1.14±0.04a	1.71±0.02a
2002	CK	0.84±0.02a	0.97±0.02c	1.70±0.05a
	NPK	0.79±0.01c	1.07±0.04b	1.73±0.02a
	M	0.84±0.03a	1.20±0.06a	1.74±0.04a
	MNPK	0.88±0.01a	1.22±0.03a	1.70±0.05a
2008	CK	0.84±0.01c	1.03±0.04b	1.71±0.02a
	NPK	0.84±0.02c	1.07±0.02b	1.67±0.01b
	M	0.89±0.02b	1.05±0.03b	1.70±0.03a
	MNPK	0.97±0.01a	1.15±0.04a	1.65±0.01b
2012	CK	0.84±0.02c	1.04±0.03c	1.73±0.02a
	NPK	0.87±0.03bc	1.20±0.03b	1.73±0.07a
	M	0.94±0.01a	1.13±0.05b	1.74±0.02a
	MNPK	0.90±0.02ab	1.34±0.06a	1.77±0.05a

注：脂族C/芳香C=（烷基C+烷氧C）/芳香C；疏水C/亲水C =（烷基C+芳香C）/（烷氧C+羧基C）；同一年同列不同小写字母表示不同处理在0.05水平上差异显著。

2. 黑土胡敏素结构动态变化特征

不同施肥下黑土胡敏素C含量为394.6~506.8 g/kg，N含量为13.60~21.88 g/kg，H含量为29.92~42.56 g/kg，O+S含量为432.4~554.0 g/kg（表2-8）。不同施肥下土壤胡敏素的C、N、H、O+S含量呈动态变化，和CK相比，MNPK处理C、N、H平均含量分别下降10.6%、15.7%、10.0%，O+S含量增加12.6%；O/C和H/C分别提高16.2%和1.2%；M处理黑土胡敏素H、O+S含量分别提高3.0%和4.6%，C、N含量分别下降4.5%和8.8%；H/C和O/C分别增加7.7%和10.1%；NPK处理黑土胡敏素的C、N、H含量分别降低1.5%、6.9%、1.3%，H/C、O/C和O+S含量分别增加0.2%、3.2%和2.0%。

表 2-8　不同施肥下黑土胡敏素元素组成

年份	处理	C/ (g/kg)	N/ (g/kg)	H/ (g/kg)	O+S/ (g/kg)	H/C	O/C
1997	CK	506.8±5.33a	18.50±0.07a	34.81±0.42a	437.9±5.95c	0.825±0.01b	0.648±0.02b
	NPK	488.2±7.64b	17.25±0.12b	34.63±0.27a	459.9±11.50bc	0.851±0.03b	0.706±0.05b
	M	484.1±4.22b	17.67±0.08b	34.83±0.31a	463.5±6.42b	0.863±0.02b	0.718±0.02b
	MNPK	403.0±8.54c	13.60±0.14c	29.41±0.43b	554.0±7.43a	0.876±0.02a	1.031±0.06a
2002	CK	476.3±1.42b	18.30±0.05a	32.69±1.24a	472.7±2.88b	0.823±0.02b	0.744±0.03b
	NPK	483.1±4.25a	15.46±0.06c	29.92±2.42c	471.5±3.52b	0.743±0.03c	0.732±0.03b
	M	426.9±3.36c	17.34±0.04b	33.39±1.40a	522.4±4.52a	0.939±0.02a	0.918±0.04a
	MNPK	468.3±2.54bc	17.31±0.03b	31.65±0.87b	482.8±6.44ab	0.811±0.04b	0.773±0.02b
2008	CK	450.3±2.52a	17.48±0.03a	35.84±0.87ab	496.4±5.78b	0.955±0.03b	0.827±0.02a
	NPK	464.0±5.52a	17.67±0.04a	36.31±1.26a	482.0±8.66b	0.939±0.03b	0.779±0.04b
	M	432.4±3.25b	17.19±0.04a	35.96±0.52ab	514.4±11.25a	0.998±0.02b	0.892±0.04a
	MNPK	394.6±3.54b	17.28±0.05a	34.86±0.34c	553.2±12.24a	1.060±0.04a	0.745±0.07b
2012	CK	497.5±4.34a	21.88±0.16a	39.13±3.46b	441.5±8.52b	0.944±0.02a	0.666±0.02b
	NPK	466.8±6.02b	20.56±0.34a	39.76±4.66b	472.8±14.32a	1.022±0.04a	0.760±0.06ab
	M	500.8±5.47a	17.22±0.23b	42.56±2.14a	432.4±5.52b	1.020±0.05a	0.648±0.06b
	MNPK	459.9±4.83c	15.99±0.15c	32.36±1.52c	491.8±7.45a	0.844±0.04b	0.802±0.08a

注：同一年同列不同小写字母表示不同处理在 0.05 水平上差异显著。

不同施肥下黑土胡敏素的吸收峰主要在 3 400 cm^{-1}（—NH_2、—NH 游离）、2 920 cm^{-1}（脂肪族中—CH_2—的—C—H 的伸缩振动）、2 850 cm^{-1}（—CH_2）、1 620 cm^{-1}（C＝C，酰胺Ⅱ带）、1 520 cm^{-1}（酰胺Ⅱ带伸缩振动）、1 420 cm^{-1}（脂族 C—H 变形振动）、1 240 cm^{-1}（羧基上的 C—O 伸缩振动）、1 030 cm^{-1}左右处吸收峰（糖或脂族 C—O 伸缩振动）（图 2-14）。不同施肥下黑土胡敏素的红外图谱具有相似的特征，但吸收强度不同。不同施肥下黑土胡敏素在 2 920 cm^{-1}（脂族聚亚甲基）和 1 620 cm^{-1}（芳香类）处振动最为剧烈。部分施肥措施在 2 350 cm^{-1}出现吸收峰。

1997—2012 年土壤胡敏素的 2920/1620 表现为 MNPK＞M＞NPK＞CK，2920/2850 表现为 M＞MNPK＞NPK＞CK（表 2-9）。1997—2012 年 MNPK 处理黑土胡敏素的 2920/1620、2920/2850 较 1997 年呈上升趋势，而 M 和 NPK 处理两个比值则呈下降趋势。

表 2-9 不同施肥下黑土胡敏素的红外光谱主要吸收峰的相对强度（半定量）

年份	处理	波数/cm⁻¹ 3 400	2 920	2 850	1 620	1 520	1 420	1 240	1 030	2920/1620	2920/2850
1997	CK	0.844	0.787	0.606	2.594	1.565	0.424	1.163	0.680	0.537	1.299
	NPK	24.878	1.640	1.413	2.302	0.381	1.311	2.140	1.200	1.326	1.161
	M	9.818	1.301	0.329	1.091	1.441	0.581	1.914	0.975	1.494	3.954
	MNPK	20.027	2.093	1.808	2.871	0.585	1.082	0.414	1.163	1.359	1.158
2002	CK	—	0.148	0.690	2.398	1.204	0.425	1.397	0.889	0.349	0.214
	NPK	—	0.365	0.244	2.180	1.637	0.707	1.114	0.645	0.279	1.496
	M	14.676	1.482	0.524	4.077	1.152	0.686	0.210	2.731	0.492	2.828
	MNPK	11.634	1.127	0.740	2.696	1.163	0.506	1.632	0.685	0.693	1.523
2008	CK	1.198	1.636	0.675	3.621	1.260	0.731	0.319	2.359	0.638	2.424
	NPK	10.016	0.762	0.667	2.030	0.702	0.717	0.147	0.685	0.704	1.142
	M	16.510	5.013	2.190	4.192	0.521	0.936	1.472	1.658	1.718	2.289
	MNPK	2.518	5.296	2.966	4.038	0.563	1.092	0.336	5.379	2.046	1.786
2012	CK	22.002	1.075	0.620	3.729	0.903	0.702	0.211	2.191	0.455	1.734
	NPK	13.275	0.433	0.220	3.832	1.072	0.625	1.305	0.862	0.170	1.968
	M	3.399	1.356	0.455	3.718	1.471	0.508	1.720	0.773	0.487	2.980
	MNPK	17.983	4.367	2.495	4.106	0.815	0.671	1.210	1.007	1.671	1.750

注：表内数值峰面积百分比（%）；2920/1620 的值为 2 920 cm⁻¹和 2 850 cm⁻¹处面积之和与 1 620 处面积的比值；2920/2850 的值为 2 920 cm⁻¹处面积与 2 850 cm⁻¹处面积的比值。

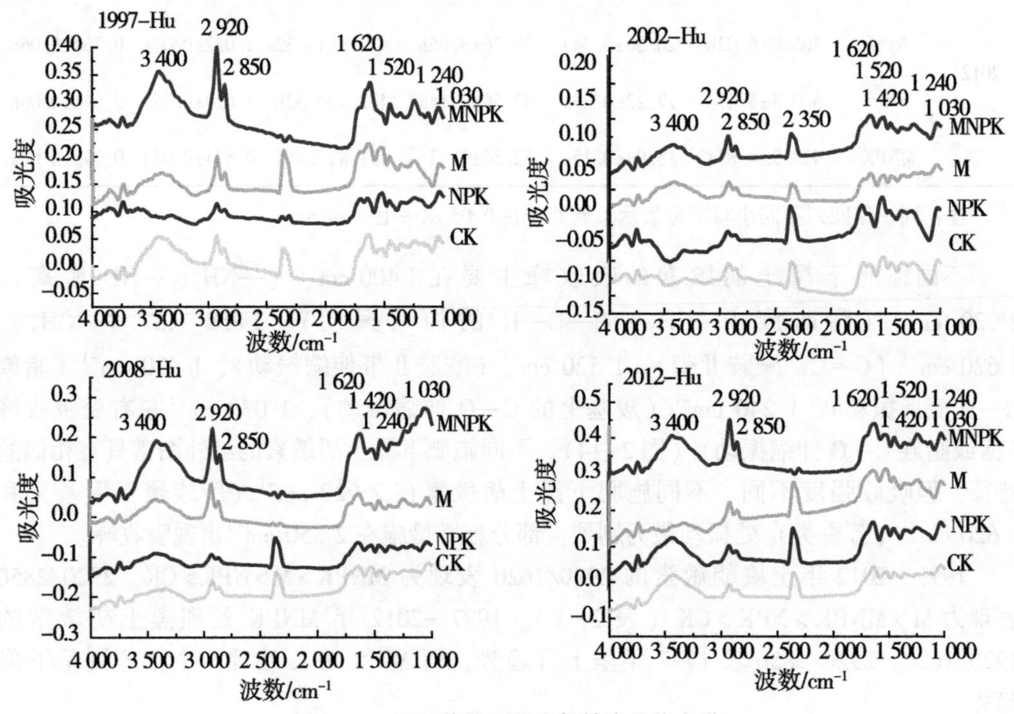

图 2-14 不同施肥下黑土胡敏素红外光谱

不同施肥下黑土胡敏素的烷基 C 吸收峰主要在 29~30 ppm 最为明显，这与黑土胡敏酸基本一致（图 2-15）。黑土胡敏素的烷氧 C 吸收峰主要在 73 ppm 附近，归属为碳水化合物 C 的吸收。黑土胡敏酸和胡敏素的固态 CPMAS ^{13}C-NMR 各共振区吸收峰的位置基本一致，胡敏酸在烷氧 C 区中 56 ppm 多出的 1 个吸收峰为甲氧基 C。

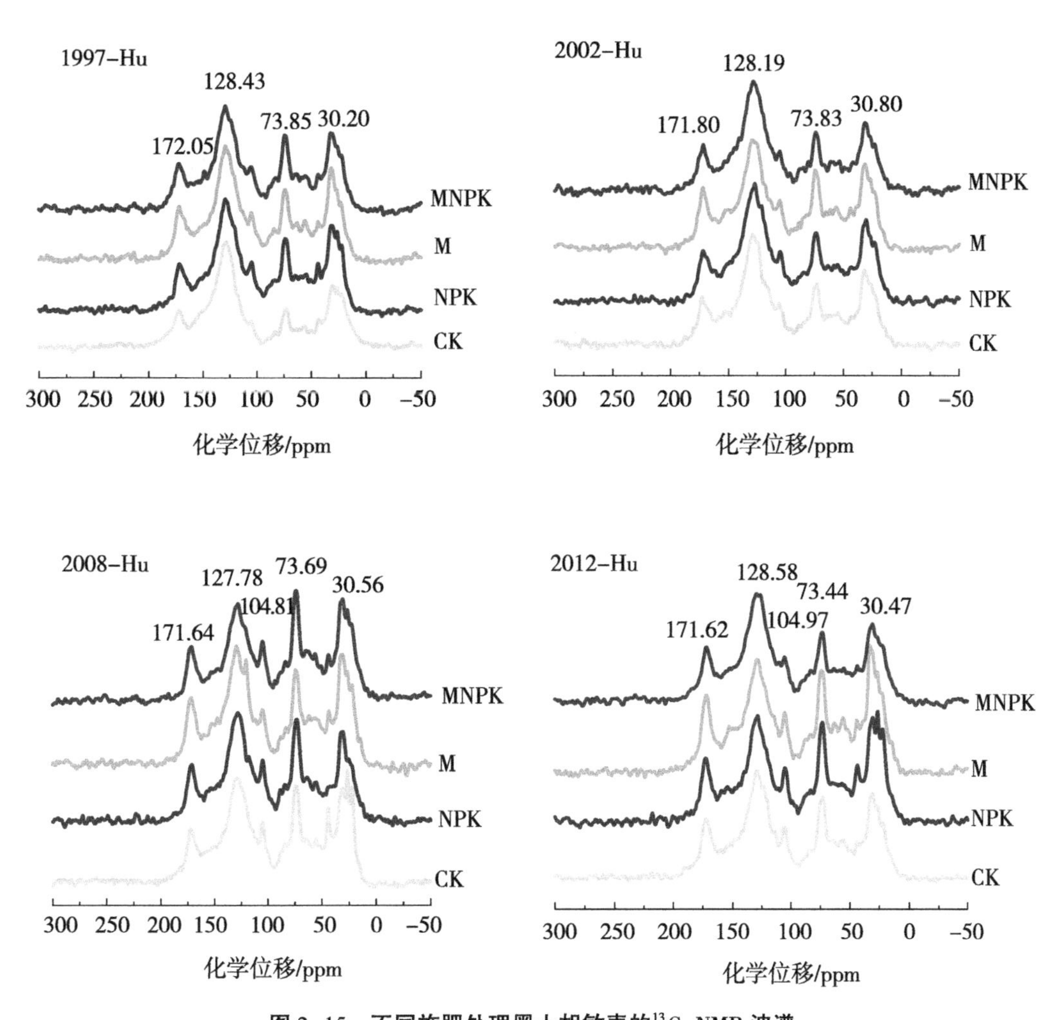

图 2-15 不同施肥处理黑土胡敏素的^{13}C-NMR 波谱

不同施肥下黑土胡敏素中烷基 C 所占比例为 21.7%~27.7%，烷氧 C 为 25.6%~31.1%，芳香 C 为 32.1%~41.2%，羰基 C 为 9.9%~12.9%（图 2-16）。各施肥处理土壤胡敏素的脂族 C/芳香 C、烷基 C/烷氧 C 和疏水 C/亲水 C 均较 CK 处理增加。随着施肥年限的增加，施入有机肥处理土壤胡敏素的烷基 C/烷氧 C 呈增加趋势，而 NPK 处理呈下降趋势（表 2-10）。

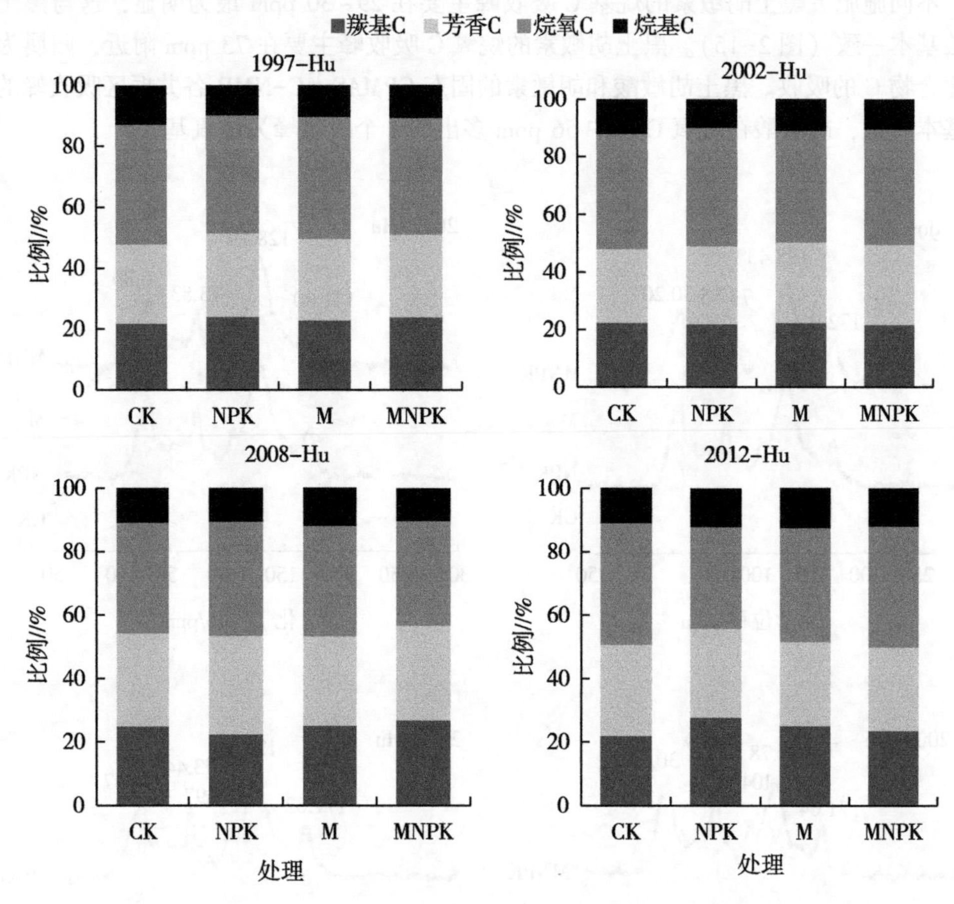

图 2-16　不同施肥下黑土胡敏素的各官能团 C 比例

表 2-10　不同施肥下黑土胡敏素的各官能团 C 比值

年份	处理	脂族 C/芳香 C	烷基 C/烷氧 C	疏水 C/亲水 C
1997	CK	1. 22±0. 01a	0. 83±0. 02a	1. 56±0. 06b
	NPK	1. 33±0. 02a	0. 87±0. 01a	1. 68±0. 12a
	M	1. 23±0. 02a	0. 85±0. 02a	1. 69±0. 10a
	MNPK	1. 33±0. 03a	0. 87±0. 02a	1. 63±0. 08a
2002	CK	1. 19±0. 01b	0. 87±0. 02a	1. 66±0. 03a
	NPK	1. 19±0. 02b	0. 80±0. 04a	1. 70±0. 12a
	M	1. 30±0. 04a	0. 79±0. 03a	1. 56±0. 07c
	MNPK	1. 23±0. 03a	0. 77±0. 06a	1. 61±0. 05b
2008	CK	1. 56±0. 02b	0. 84±0. 02b	1. 48±0. 04a
	NPK	1. 48±0. 02c	0. 72±0. 03c	1. 40±0. 12a
	M	1. 53±0. 04b	0. 88±0. 04b	1. 48±0. 08a
	MNPK	1. 72±0. 05a	0. 90±0. 05a	1. 49±0. 13a

（续表）

年份	处理	脂族 C/芳香 C	烷基 C/烷氧 C	疏水 C/亲水 C
2012	CK	1.32±0.02b	0.76±0.01b	1.51±0.05c
	NPK	1.73±0.06a	0.99±0.05a	1.49±0.12c
	M	1.44±0.04b	0.94±0.02a	1.55±0.09b
	MNPK	1.31±0.04b	0.89±0.03b	1.61±0.11a

注：脂族 C/芳香 C=（烷基 C+烷氧 C）/芳香 C；疏水 C/亲水 C=（烷基 C+芳香 C）/（烷氧 C+羧基 C）；同一年同列不同小写字母表示不同处理在 0.05 水平上差异显著。

（三）小结

黑土长期施肥提高了土壤 HE、HA、FA、Hu 含量，土壤施入有机肥后腐殖质各组分含量高于单施化肥处理。有机肥处理随着施肥年限的增加土壤 HE、HA、FA、Hu 含量均呈现增加趋势，而 NPK 处理土壤 HE 和 HA 含量呈下降趋势。土壤 HA 含量在 1997—2012 年 PQ 以及土壤 HA 占土壤总有机 C 的比例大小顺序均为 MNPK>M>NPK>CK，并且 HA 占土壤总有机 C 的比例在 MNPK、M 处理呈逐年增加趋势，而在 NPK、CK 处理呈降低趋势。随着施肥年限的增加各施肥处理 Hu 含量均呈现上升趋势。

HA 元素组成表明，MNPK 和 M 施肥处理 HA 的 H/C 较 CK 增加，说明缩合度降低，结构趋于简单化，而 NPK 处理 HA 的 H/C 降低，说明缩合度增加，结构复杂化。随着施肥年限的增加，MNPK、M 处理土壤 HA 的 H/C 呈增加而 NPK 处理呈降低趋势，表明 MNPK、M 处理随施肥年限的增加土壤 HA 的结构更加简单化。

HA 的红外光谱特征：施入有机肥后黑土 HA 组分的 2920/1620、2920/1720 和 2920/2850 较其他处理高，说明有机培肥后土壤 HA 脂族链烃比例增加，分子结构变得脂族化、简单化，而 NPK 处理土壤 HA 的 2920/1620 较 CK 低，表明其脂族 C 含量降低，结构复杂化。随施肥年限的增加，MNPK 处理黑土胡敏酸的红外吸收峰2920/1720、2920/2850 平均值较 1997 年呈现增加趋势，2920/1620 略有降低；M 处理均提高了土壤 HA 的红外光谱吸收峰的 2920/1620、2920/1720 和 2920/2850，NPK 处理为 2920/1620、2920/1720 增加，2920/2850 略有降低，表明施入有机肥后黑土 HA 的脂族结构和脂族链外围官能团含量高于单施化肥处理。

HA 的 ^{13}C-NMR 波谱特征：施用有机肥后土壤 HA 中脂族 C 较 CK 增加，芳香 C 的含量降低。各类型 C 相对比例的变化，导致 HA 脂族 C/芳香 C、烷基 C/烷氧 C 和疏水 C/亲水 C 均增加，表明施入有机肥后黑土 HA 的脂族性增加，芳香性下降，结构简单化；而 NPK 施肥处理土壤 HA 脂族 C 含量较 CK 下降，芳香 C 提高，并且脂族 C/芳香 C 和疏水 C/亲水 C 较 CK 降低，表明其芳香 C 增加，结构复杂化。

Hu 元素组成表明，MNPK、M 处理较 CK 氧化程度升高，缩合度降低，结构简单化，而 NPK 处理缩合度较 CK 增加，结构复杂化。随着施肥年限的增加，MNPK、M、NPK 施肥处理土壤 Hu 的 H/C 呈增加趋势，表明各施肥处理土壤 Hu 的结构有简单化的趋势。

Hu 红外光谱特征：各施肥处理较 CK 增加了 2920/1620 和 2920/2850，表明其脂族性和脂族链烃的比例增强，芳香性减弱。MNPK 处理可以提高土壤腐殖质组分 Hu 脂族性，随着施肥年限的增加其脂族性呈现上升趋势，并且 2920/2850 较 CK 有不同程度的提高，说明分子中脂族链烃比例增多，其他处理没有表现相同趋势。

Hu 的 ^{13}C-NMR 波谱特征：黑土腐殖组分 HA 和 Hu 具有相似的 C 骨架，但其各类型 C 的相对含量不相同。各施肥处理土壤腐殖质组分 Hu 结构中脂族 C 含量增加、芳香 C 含量减少，但变化幅度 NPK 处理较施入有机肥处理相对变小。同时，各施肥处理土壤 Hu 的脂族 C/芳香 C、烷基 C/烷氧 C 和疏水 C/亲水 C 均较 CK 增加。随着施肥年限的增加，施入有机肥处理土壤 Hu 的烷基 C/烷氧 C 呈增加趋势，而 NPK 处理呈下降趋势，这表明施有机肥可以提高黑土 Hu 的脂族 C 含量和 Hu 中难以降解的稳定有机 C 组分，而 NPK 处理使黑土 Hu 中稳定有机 C 组分降低。

三、根际有机碳稳定性

根际是植物-土壤生态系统进行物质交换的一个活跃微域（Dotaniya 和 Meena，2015）。Bais 等（2006）指出，根系分泌物是植物显著的碳支出库，植物光合作用固定的碳有高达 50%以根系分泌物或者呼出的 CO_2形式被存储在土壤中（Lee 等，2003），根际土壤微生物可以利用根际沉积碳进行快速生长和繁殖，是非根际土壤微生物数量的 19~32 倍（Kuryakov，2002），这造成根际微域中微生物聚集，活性强，土壤养分转化快，与非根际土壤中养分含量存在明显差异（Richardson 等，2009），对土壤肥力和作物产量的影响十分关键。在作物生长过程中，在根际微域中根系脱落物和分泌物可以改变有机碳的分解速率，可以提高 300%~500%或者降低 10%~30%（Kuzyakov，2002；Huo 等，2017）。土壤中碳、氮的内循环主要发生在根际微域中，碳、氮通过固持与矿化、固定与释放等作用在土壤、微生物和动植物体内不断迁移和转化（Liljeroth 等，1994）。因此，了解施肥下根系生长及其根际过程对土壤有机碳稳定性及其碳转化的刺激作用对阐明土壤碳转化机制具有重要意义（Phillips 等，2011）。

（一）根际和非根际土壤有机碳

图 2-17 显示，除单施氮肥（N）处理外，CK 处理根际土壤有机碳含量显著低于其他施肥处理，M_2N_2 处理根际土壤有机碳含量最高，显著高于其他施肥处理，比 CK 处

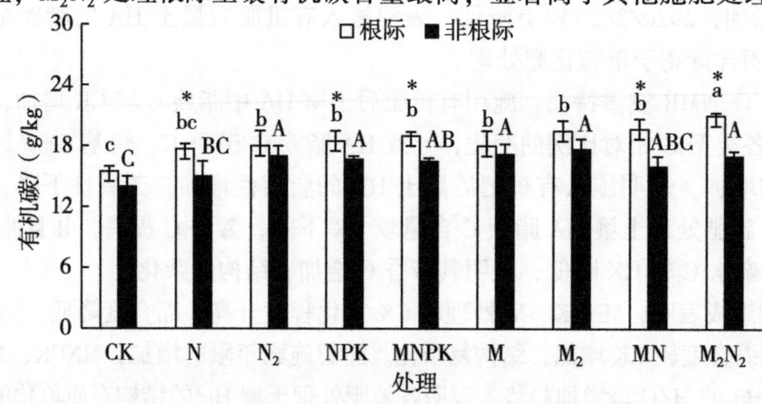

图 2-17 根际和非根际土壤有机碳含量（2017 年）

注：柱上不同小写字母表示根际土壤不同处理之间差异显著，不同大写字母表示非根际土壤不同处理之间差异显著（$P<0.05$）；* 表示根际与非根际土壤之间差异显著（$P<0.05$）。

理增加了 5.22 g/kg。施肥（N_2、NPK、MNPK、M 和 MN）处理根际土壤有机碳含量与 N 与 M_2处理差异不显著，与 N 处理相比，N_2、M、M_2、MN 和 M_2N_2 处理的根际土壤有机碳含量分别增加了 0.50 g/kg、0.52 g/kg、1.78 g/kg、1.70 g/kg 和 3.71 g/kg，显示 M_2 处理或者 M_2N_2 处理可以明显提升根际土壤有机碳含量。

在非根际土壤中，CK 处理有机碳含量最低，为 14.75 g/kg，与 CK 处理相比，N_2、NPK、MNPK、M、M_2 和 M_2N_2 处理显著增加了非根际土壤有机碳含量，N、MN 和 MNPK 处理间非根际土壤有机碳含量差异不明显。

所有处理中根际土壤有机碳含量均高于非根际，CK、M、N_2和 M_2处理的根际土壤有机碳比非根际分别高 1.2 g/kg、1.1 g/kg、1.3 g/kg 和 1.7 g/kg，但均未达到显著水平，而 N、NPK、MN、MNPK、M_2和 M_2N_2 处理均达到显著水平，MNPK 和 M_2N_2 处理的根际效应最显著，分别比非根际增加了 14.9%和 26.7%。

（二）根际和非根际活性有机碳

从图 2-18、图 2-19 和图 2-20 可知，土壤中主要以低活性有机碳为主，其次是中活性有机碳，最低的是高活性有机碳，其中高活性有机碳仅占 2.43%~4.66%。在根际土壤中不同施肥处理对低活性有机碳含量影响不明显。N、N_2和 MN 处理的非根际土壤低活性有机碳含量最高，显著大于 M 处理。MNPK、M、M_2和 M_2N_2 处理的根际土壤低活性有机碳高于非根际土壤，而 CK、N、N_2、NPK 和 MN 处理根际土壤低活性有机碳含量低于非根际，但均未达到显著水平（图 2-18）。

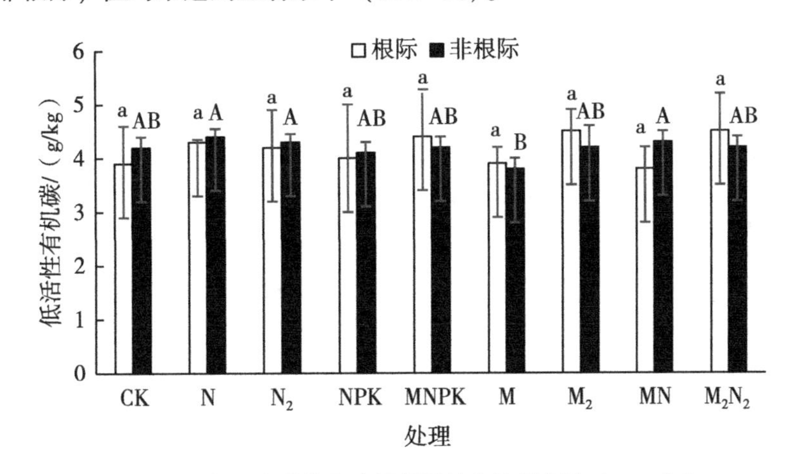

图 2-18 根际和非根际土壤低活性有机碳含量（2017 年）

注：柱上不同小写字母表示根际土壤不同处理之间差异显著，不同大写字母表示非根际土壤不同处理之间差异显著（$P<0.05$）。

不同施肥处理对根际土壤中活性有机碳含量影响不明显。CK、N_2和 M 处理的根际土壤中活性有机碳含量最高，显著大于 M_2N_2 处理。所有施肥处理的根际土壤中活性有机碳含量均高于非根际，但未达到显著水平。

长期不同施肥处理之间高活性有机碳含量差异不明显，未达到显著水平。所有试验处理中根际土壤高活性有机碳含量均低于非根际土壤，其中 N、NPK、MNPK、MN 和 M_2N_2 处理达到显著水平。

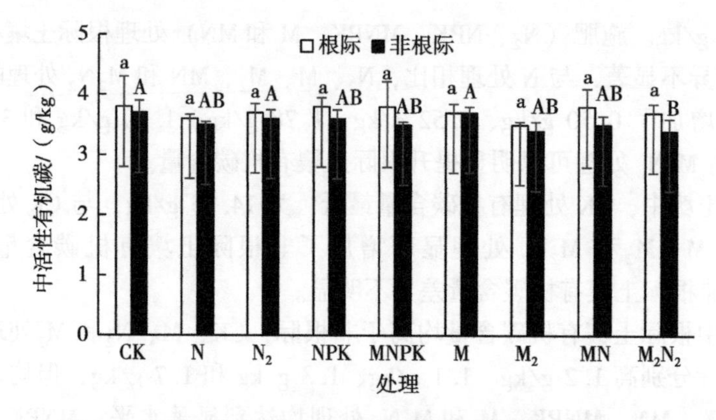

图 2-19 根际和非根际土壤中活性有机碳含量（2017 年）

注：柱上不同小写字母表示根际土壤不同处理之间差异显著，不同大写字母表示非根际土壤不同处理之间差异显著（$P<0.05$）。

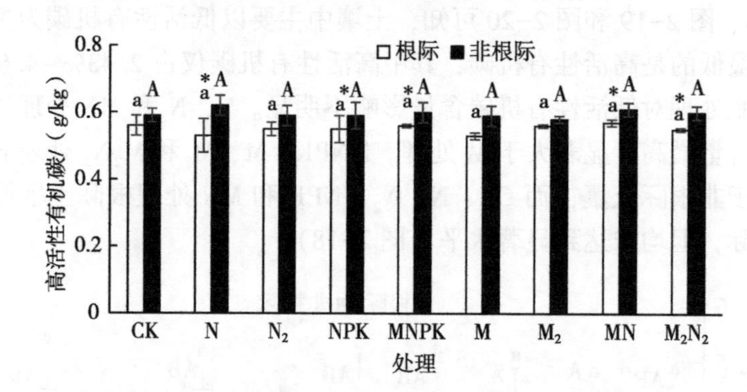

图 2-20 根际和非根际土壤高活性有机碳含量（2017 年）

注：柱上不同小写字母表示根际土壤不同处理之间差异显著，不同大写字母表示非根际土壤不同处理之间差异显著（$P<0.05$）。

从图 2-21 可知，根际土壤低活性有机碳/总有机碳比值在不同施肥间差异不明显。在非根际土壤中，N 处理的非根际土壤低活性有机碳/总有机碳比值最高，除 CK 处理外，与其他处理相比均达到显著水平。与 CK 处理相比，NPK 和 M 处理的低活性有机碳/总有机碳比值显著降低。除 M_2处理外，其他施肥处理均表现为根际土壤低活性有机碳/总有机碳比值低于非根际的趋势，其中 N 处理达到显著水平。

根际土壤中 CK 处理的中活性有机碳/总有机碳比值最高，相比于 CK 处理，除 NPK 处理外，其他处理均显著降低根际土壤中活性有机碳/总有机碳比值，其中 M_2N_2 处理最低。在非根际土壤中 CK 处理的中活性有机碳/总有机碳比值也是最高，其次是 N 处理，M_2、MN 和 M_2N_2 处理最低（图 2-22）。

在根际土壤中，与 CK 处理相比，其他处理均显著降低高活性有机碳/总有机碳比值（图 2-23），其中 M_2N_2 处理的高活性有机碳/总有机碳比值最低，显著低于 N、N_2、NPK、M_2和 MN 处理，而与 MNPK 和 M 处理差异不明显。在非根际土壤中，N 处理的高活性有机碳/总有机碳比值最高，除 CK 处理外，其他处理显著降低高活性有机碳/总有机碳比值。所有处理中根际土壤高活性有机碳/总有机碳比值均显著低于非根际土壤。

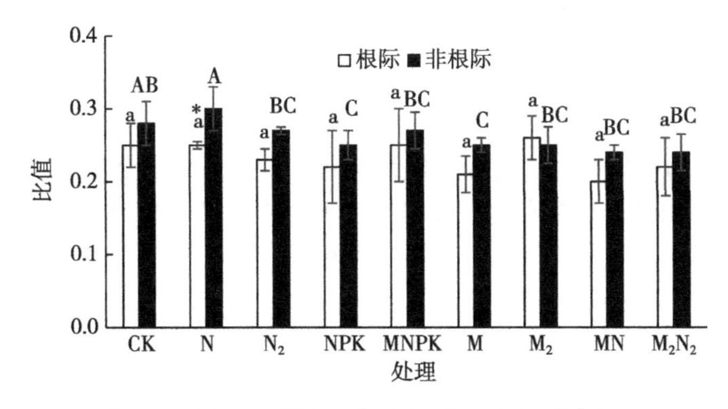

图 2-21　根际和非根际土壤低活性有机碳/总有机碳比值（2017 年）

注：柱上不同小写字母表示根际土壤不同处理之间差异显著，不同大写字母表示非根际土壤不同处理之间差异显著（$P<0.05$）。

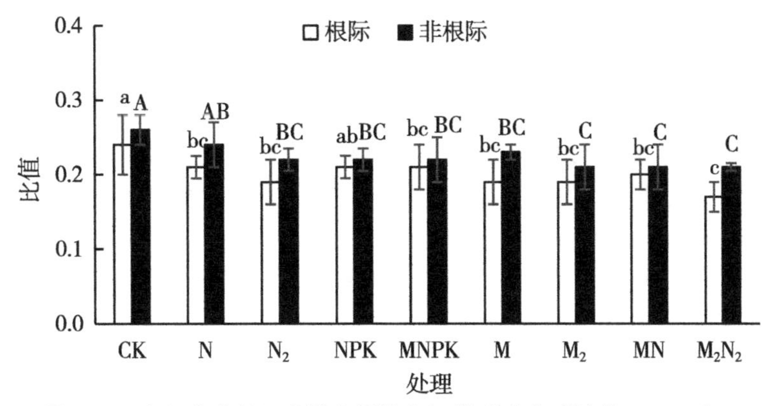

图 2-22　根际和非根际土壤中活性有机碳/总有机碳比值（2017 年）

注：柱上不同小写字母表示根际土壤不同处理之间差异显著，不同大写字母表示非根际土壤不同处理之间差异显著（$P<0.05$）。

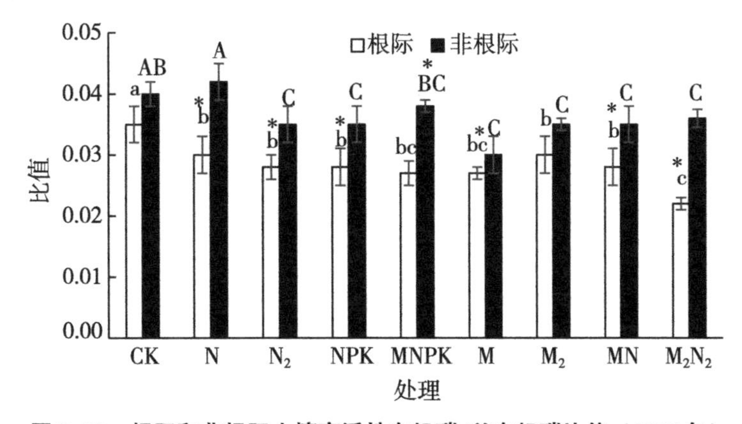

图 2-23　根际和非根际土壤高活性有机碳/总有机碳比值（2017 年）

注：柱上不同小写字母表示根际土壤不同处理之间差异显著，不同大写字母表示非根际土壤不同处理之间差异显著（$P<0.05$）。

（三）小结

长期施肥处理中根际土壤有机碳含量均大于非根际，且施肥处理能够进一步扩大根际微域效应，其中 MN 和 M_2N_2 处理根际土壤比非根际土壤有机碳分别增加了 18.3%和 26.7%，主要是因为在作物生长过程中根系不断向根际微域中分泌糖类、有机酸及高分子化合物等物质，同时，根系在生长过程中也不断将根尖和黏液中死细胞脱离，产生脱落物，因此，根际土壤有机碳含量显著高于非根际土壤。

第二节　长期施肥黑土氮素演变

土壤氮素是影响作物生长的主要限制因子之一，也是形成蛋白质的重要元素，是植物需求量最大的矿质营养元素。土壤中氮素形态可分为两大类，即无机氮和有机氮。土壤有机氮和无机氮可以反映肥力的即时和潜在能力，氮素的含量、分布状况和土壤对氮的固定、释放的能力可以直接反映土壤肥力。研究表明，在一定范围内，随着土壤施氮量的增加，生物量增大，土壤有机质的积累也随之增加（王斯佳，2008）。张夫道等（1996）研究认为，长期施用化肥，尤其是氮素化肥，可以提高土壤中全氮及有效氮的含量，这是因为施用氮肥可以增加根茬、根系和根分泌物的数量，即增加归还土壤的有机氮量，这部分氮比土壤中有机氮易矿化。但是，施入的无机氮肥在土壤中直接积累则很少，只有增加土壤有机质，才能增加土壤有机氮含量，并提高有机氮矿化作用，有利于作物吸收氮素。施用有机肥能够提高土壤氮素含量，但其作用不如施用氮肥见效快。有机肥与无机肥配合施用，既能快速提高土壤中速效氮的含量，又能长久保存土壤氮素。

表层土壤中的氮素主要以有机氮形式存在（文启孝和程励励，2002；Xu 等，2003）。土壤有机氮不仅在维持氮素肥力方面有重要意义，而且直接决定着土壤供氮能力（巨晓棠等，2004）。土壤有机氮的化学形态及其存在状况是影响土壤氮素有效性的重要因子（Ju 等，2006）。土壤活性氮是土壤有机氮中最活跃的组分，在土壤氮循环过程中具有重要作用（Chen 等，2005）。作为土壤活性氮的重要组分，尽管土壤可溶性有机氮在土壤全氮含量中所占比例很小，但却是土壤有机质中较为活跃的组分，与土壤能量和物质转化关系密切（Liang 等，2015）。土壤微生物量氮是土壤活性氮的主要“源”和“库”，是土壤硝态氮、铵态氮和可溶性有机氮 3 种氮库的中转站（李玲等，2013）。因此，了解长期不同施肥措施下土壤有机氮组成和典型活性氮组分的变化，可以更深入地了解土壤培肥和供氮的关系。

农业生产中，肥料氮（有机肥料、化肥）是土壤氮素的主要来源。有机肥是土壤有机氮的重要来源，相比于化肥其当季有效性低，但对土壤肥力提升和质量改良起重要作用（赵士诚等，2014）。化肥配合有机肥施用既可通过土壤微生物调节矿质氮的固持转化，又可增加有机氮比例以提高土壤肥力（Gentile 等，2011）。肥料管理措施还可影响土壤有机氮组成。高晓宁等（2009）指出，有机肥（猪厩肥）和化肥长期配施棕壤各形态酸解有机氮组分的含量都有不同程度的提高，而且非酸解态氮占全氮的比例降低而其他形态氮的比例有所提高。肖伟伟等（2009）指出，长期施有机肥（腐熟的小麦秸秆、大豆饼和棉仁饼）或有机肥与化肥配施显著提高了潮土酸解铵态氮、氨基酸态氮、非酸解有机氮的含量，并且施有机肥后氨基酸态氮、酸解铵态氮占全氮的比例减小，这与王媛等（2010）在水稻土上的研究结果一致。还有研究表明，不同施肥处理各形态有机氮占全氮的比例变化较小，处于动态平衡中（李树山等，2013）。上述结果表明，施肥对土壤有机氮含量及组分有着极为深刻的影响，但由于土壤类型、肥料类型及用量、耕作制度、试验时限等的不同，土壤有机氮对不同施肥的响应存在较大差异。

土壤氮素的矿化和固持大多是在土壤微生物的参与下进行的，许多反映土壤供氮能力的指标均直接或间接地与土壤微生物的数量和活性有关，且土壤微生物量氮也是土壤氮素周转中的活性库之一（郝晓晖等，2007）。同为土壤活性氮库组分的可溶性有机氮，不仅是供土壤微生物生长的氮源，也是氮矿化过程的基础物质（Schmidta 等，2011）。近年来，对黑土活性氮库的变化有一些研究（高强等，2009；骆坤等，2013），但土壤活性氮与土壤有机氮不同组分之间的关系则鲜见报道。借助 1979 年开始的哈尔滨黑土肥力长期定位试验，分析长期不同施肥措施下土壤活性氮和有机氮组分特征，探讨土壤活性氮和有机氮组分之间的关系，明确不同施肥措施下的黑土供氮潜力，对于评价黑土区土壤肥力、制定合理施肥措施具有积极意义。

一、长期施肥下土壤无机氮特征

（一）土壤全氮演变规律

长期定位试验研究结果表明，长期不施肥（CK），土壤全氮总体呈下降趋势（图 2-24），1979 年为 1.47 g/kg，1979—2021 年不施肥平均含量为 1.34 g/kg（图 2-25），全氮含量下降了 0.13 g/kg，下降幅度为 9.7%。单施氮肥及氮肥配合磷钾肥，土壤全氮也呈下降趋势，但与不施肥相比下降趋势变缓；施用氮肥与不施肥及不施氮肥相比，黑土氮素含量增加。长期施用有机肥能够保持土壤氮素平衡，M 和 M_2处理土壤全氮含量平均分别为 1.45 g/kg 和 1.48 g/kg；有机肥与氮肥配合施用，土壤全氮含量持平或略有增加，为 1.46~1.53 g/kg。大量施用有机肥配合化肥土壤全氮含量增加。其中，$M_2N_2P_2$ 处理土壤全氮由 1.47 g/kg 增加到 1.68 g/kg，增加了 0.21 g/kg，增加幅度为 14.3%。长期施用有机肥并配合化肥可以保持和提高土壤氮素含量，增加氮素的潜在供应能力。

施用氮肥及有机肥能影响整个土体的氮素含量，0~100 cm 土壤全氮含量见表 2-11。结果表明，随着土层深度的增加，土壤全氮含量下降；在 0~20 cm 土层，与不施肥相比施入氮肥能够提高土壤全氮含量，而且氮肥施入量增加，土壤全氮含量也大幅度提高；有机肥配合氮肥能够显著增加土壤全氮含量，与 CK 相比，M_2N_2 处理表层（0~20 cm）土壤全氮增加 0.39 g/kg；$M_2N_2P_2$ 处理表层（0~20 cm）土壤全氮增加 1.13 g/kg。在 60~80 cm 土层，N_2、M_2N_2、$M_2N_2P_2$ 处理土壤全氮有积累，含量比 20~40 cm 土层略高，表明长期施用氮肥土壤全氮在整个土体中有积累，并且随着氮肥施入量的增加土壤全氮在土壤中积累量增多，大量有机肥配合大量氮肥土壤全氮积累程度加大。

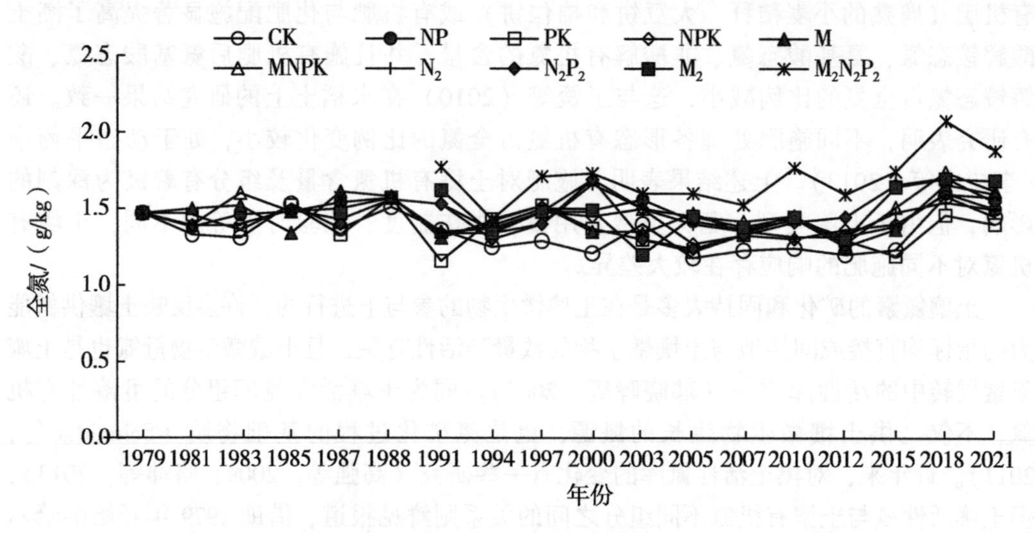

图 2-24　长期不同施肥处理下黑土全氮含量变化（1979—2021 年）

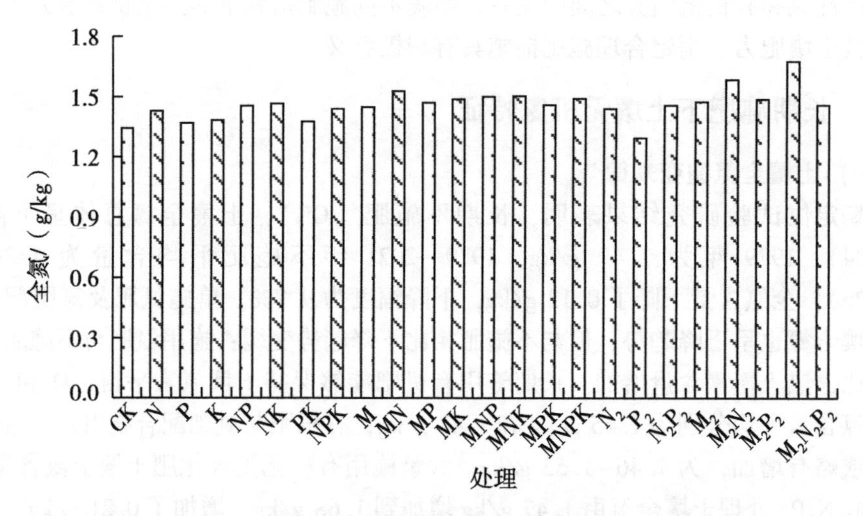

图 2-25　长期不同施肥处理下黑土全氮平均含量（1979—2021 年）

表 2-11　不同施肥处理下土壤全氮含量变化（2010 年）　单位：g/kg

处理	土层深度				
	0~20 cm	20~40 cm	40~60 cm	60~80 cm	80~100 cm
CK	1.27	1.20	1.18	1.06	0.86
N	1.36	1.42	1.36	1.31	1.02
NPK	1.49	1.40	1.27	1.22	0.97
M	1.31	1.34	1.47	1.26	0.92

（续表）

处理	土层深度				
	0~20 cm	20~40 cm	40~60 cm	60~80 cm	80~100 cm
MN	1.62	1.50	1.60	1.29	1.12
MNPK	1.39	1.53	1.45	1.48	0.98
N_2	1.51	1.62	1.48	1.68	1.23
M_2	1.27	1.31	1.45	1.38	0.89
M_2N_2	1.66	1.60	1.47	1.75	1.21
$M_2N_2P_2$	2.40	1.84	1.60	2.04	1.65

（二）土壤碱解氮演变规律

土壤碱解氮包括土壤铵态氮、硝态氮及部分小分子的有机氮，能反映土壤的供氮强度，一般认为土壤碱解氮是土壤能供应作物直接吸收的氮素，也称为土壤速效氮。长期不同施肥的土壤碱解氮年际变化较大（图2-26），但总的趋势是长期不施氮肥土壤碱解氮含量较低，施氮肥、施有机肥及有机肥与氮肥配施处理可增加土壤碱解氮含量。从各处理土壤碱解氮平均含量来看（图2-27），N、NPK、M、MNPK、N_2、$M_2N_2P_2$ 处理的土壤碱解氮含量为 140.1~175.0 mg/kg，较 CK 处理（133.7 mg/kg）提高了 4.8%~30.9%。

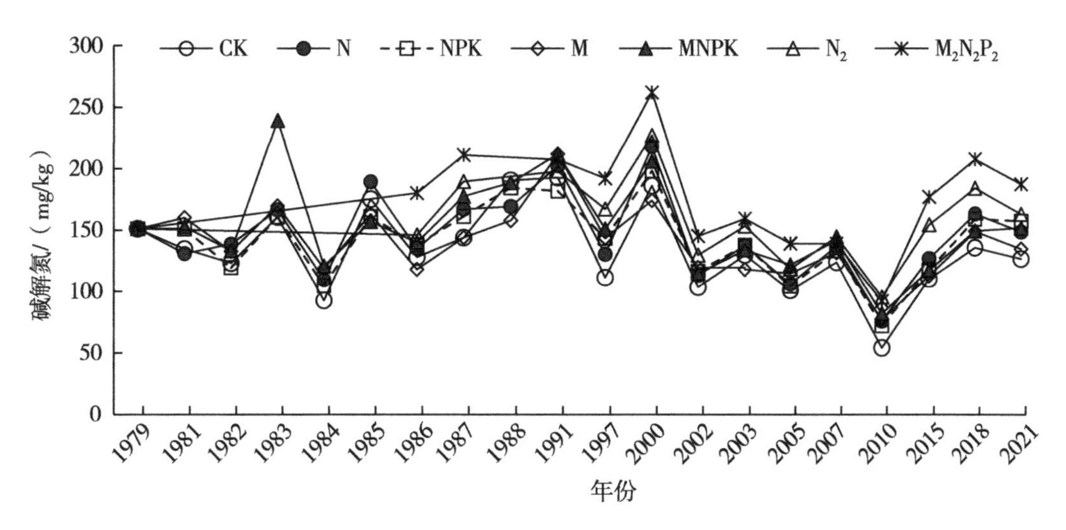

图 2-26　长期不同施肥处理下土壤碱解氮含量变化（1979—2021 年）

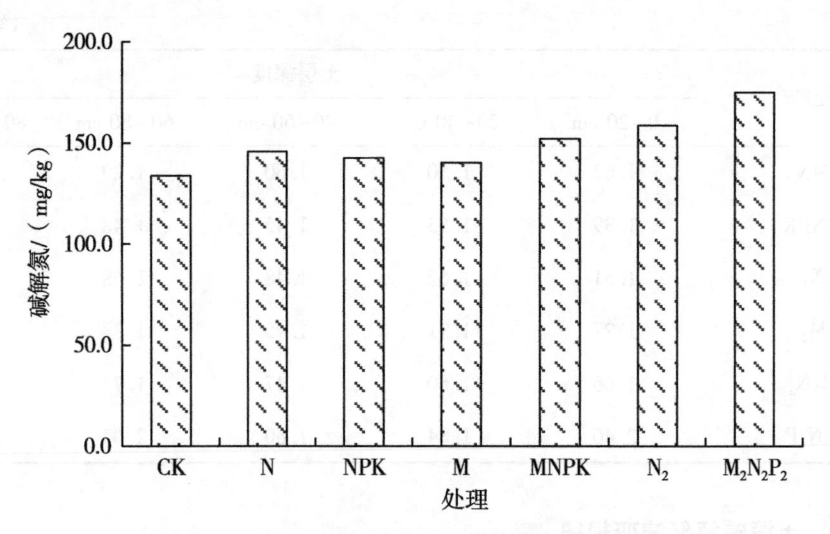

图 2-27　长期不同施肥处理下土壤碱解氮平均含量

（三）长期施肥下土壤剖面铵态氮和硝态氮演变规律

长期不同施肥对土壤铵态氮有显著影响。剖面土壤铵态氮结果表明（图2-28），随着土层深度的增加，土壤铵态氮含量下降，土壤铵态氮主要分布在0~60 cm土层，占60%~80%。施氮肥处理0~20 cm土壤铵态氮含量增加，随氮肥施入量增加土壤铵态氮含量明显增加，N_2 处理土壤铵态氮含量增加最多，与CK处理相比，增加了89.2 mg/kg；有机肥的施入也能够提高土壤铵态氮含量。

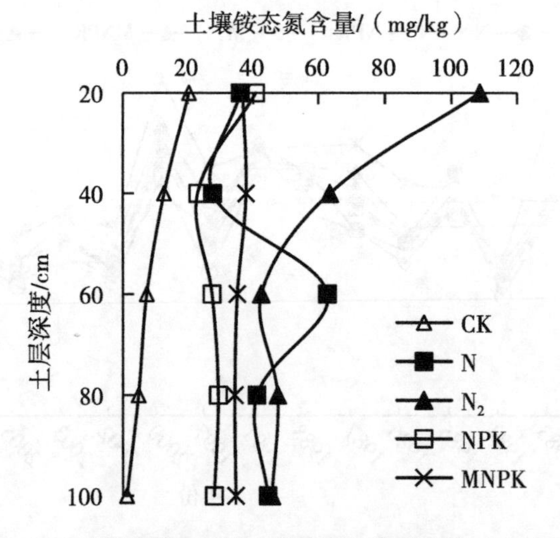

图 2-28　不同施肥处理下土壤铵态氮含量变化（2010 年）

长期施肥土壤剖面硝态氮含量变化见图 2-29，总体上土壤硝态氮含量随土层深度的增加而下降，土壤硝态氮含量 0~20 cm 土层最高。对于 0~20 cm 土层，N_2 处理土壤硝态氮增加最多，增加 9.1 mg/kg，有机肥配合化肥施用能降低土体硝态氮的积累。

大量施用氮肥土壤硝态氮含量有明显的积累，积累层主要集中在 80 cm 以下，土壤

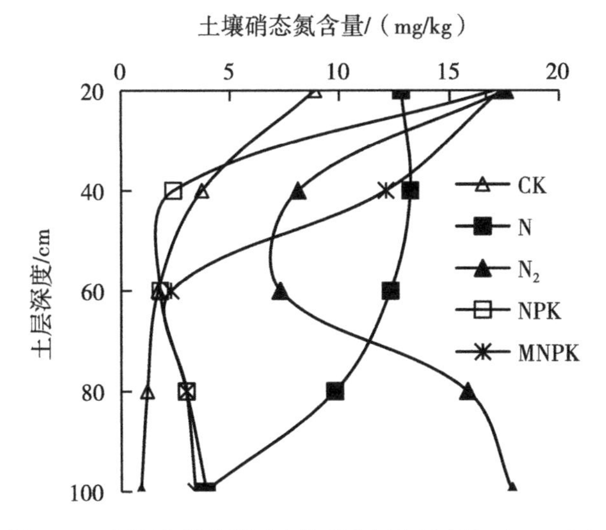

图 2-29 不同施肥处理下土壤硝态氮含量变化（2010 年）

硝态氮含量甚至比表层（0~20 cm）还高。说明随着时间的推移，土壤硝态氮会向土壤下层不断地移动，并在 80 cm 以下开始富集。上述结果说明，通过合理的施肥措施，减少硝态氮在土壤中的残留，对于提高土壤氮素利用效率、避免大量施用氮肥给土壤造成的危害及保护农业环境具有重要意义。

二、长期施肥下土壤有机氮特征

由表 2-12 可知，长期施有机肥可显著提高土壤酸解总氮（TAHN）含量（$P<0.05$），M 和 MNPK 处理较 CK 分别提高 31.3%和 40.8%，较 PK 处理分别提高 29.8%和 39.3%，较 NPK 处理分别提高 22.4%和 31.3%。从土壤有机氮各组分来看，与单施化肥处理相比，长期施用有机肥及化肥无机肥配施显著增加了酸解铵态氮（AN）、酸解氨基酸氮（AAN）、酸解氨基糖氮（ASN）和酸解未知氮（HUN）含量（$P<0.05$），增幅分别为 23.3%~29.1%、19.2%~33.2%、30.6%~47.6%和 20.2%~32.0%。施用有机肥对非酸解氮（NHN）含量影响不大。长期不施氮肥及单施化肥处理土壤有机氮各组分与 CK 无显著差异。

表 2-12 不同施肥处理下土壤有机氮各组分的含量（2014 年） 单位：mg/kg

处理	AN	AAN	ASN	HUN	TAHN	NHN
CK	265.1b	265.0b	103.7b	132.8b	766.6b	396.9a
PK	261.6b	267.7b	102.1b	143.8b	775.2b	403.4a
NPK	271.0b	285.3b	118.6b	147.5b	822.4b	414.6a
M	334.1a	340.2a	154.9a	177.2a	1 006.4a	416.1a
MNPK	349.7a	380.1a	175.1a	194.8a	1 079.7a	404.9a

注：AN，酸解铵态氮；AAN，酸解氨基酸氮；ASN，酸解氨基糖氮；HUN，酸解未知氮；TAHN，酸解总氮；NHN，非酸解氮；同列不同小写字母表示处理间差异显著（$P<0.05$）。

图 2-30 为不同施肥处理土壤有机氮各组分占全氮的比例。各处理酸解总氮占土壤全氮的 65.8%~73.1%，是黑土氮的主体。土壤有机氮各组分中，酸解铵态氮（AN）、酸解氨基酸氮（AAN）、酸解氨基糖氮（ASN）、酸解未知氮（HUN）和非酸解氮（NHN）分别占土壤全氮的 21.9%~23.5%（平均 22.7%）、22.7%~25.3%（平均 23.5%）、8.7%~11.6%（平均 9.9%）、11.4%~12.9%（平均 12.2%）和 26.9%~34.1%（平均 31.6%），有机氮各形态的分布趋势为 NHN> AAN>AN> HUN> ASN，其中 NHN、AAN 和 AN 为有机氮的主要组分。

施肥不仅对土壤各形态有机氮的含量有影响，同时土壤有机氮的组成也发生明显变化。图 2-30 表明，长期不施肥、不施氮肥及单施化肥对土壤有机氮组成无明显影响，而单施有机肥（M）和有机无机配施处理（MNPK）土壤非酸解氮（NHN）比例降低而其他形态氮的比例有所提高。与 NPK 处理相比，M 和 MNPK 处理酸解总氮占全氮比例分别增加了 4.3 个和 6.6 个百分点。

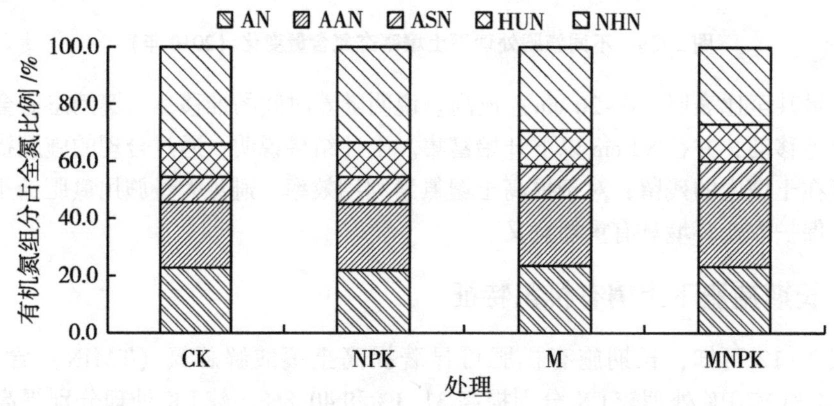

图 2-30　不同施肥处理下土壤有机氮组分占全氮比例（2014 年）

施入土壤中的氮素一部分经土壤微生物和作物同化吸收后以有机氮形态残留在土壤中，而土壤有机氮的化学形态和存在状况是影响土壤氮素有效性的重要方面，因此，不同施肥措施对土壤有机氮的含量及其组成会产生深刻影响（巨晓棠等，2004）。本研究中，不施肥、不施氮肥和单施化肥处理间土壤有机氮各组分无显著差异，表明施用化肥不影响土壤有机氮组成，这与棕壤（高晓宁等，2009）、潮土（肖伟伟等，2009）、水稻土（郝晓晖等，2007）等的研究结果不一致，说明土壤类型是影响有机氮组成的重要因素。与不施肥和单施化肥相比，长期施有机肥可显著提高土壤酸解态氮素含量，而不影响非酸解氮含量，非酸解氮比例降低而各酸解态氮的比例有所提高，说明施用有机肥显著增加了土壤有机氮的有效态组分，即提高了有机氮的有效性（高晓宁等，2009）。本研究还发现，长期施用有机肥不仅增加了土壤中易矿化的酸解铵态氮、酸解氨基酸氮、酸解氨基糖氮含量，也增加了较难分解的酸解未知氮含量，这说明有机肥在提高土壤供氮能力的作用表现为两个方面，易矿化部分在当季即可分解释放出矿质氮，难矿化部分的矿化持效时间则较长，但在长期连续施用时可以产生累积效应（朱兆良，2008）。有研究指出，土壤可矿化和植物吸收的氮素主要来自酸解氨基酸氮，其次为酸解铵态氮，再次为酸解未知氮和非酸解氮，酸解氨基糖氮的贡献最低（李菊梅和李生秀，2003），因此，施用有机肥对提高土壤氮素的矿化和潜在供应能力具有重要意义。从可持续性角度来看，有机肥和化肥合理配施具有协同效应，既能发挥有机肥肥效持久的优势，又可发挥化肥肥效快的优点，达到培肥地力和提高作物产量的目的（Bedadaa等，2014）。研究证明，化肥有机肥配施可提高土壤有机肥氮素的残留并促进其向土壤酸解铵态氮和酸解未知氮、铵态氮和硝态氮等有效形态转化，从而提高有机肥的有效性（李树山等，2013）。

三、长期施肥下土壤活性氮组分特征

从表2-13可以看出，长期不同施肥下土壤活性氮组分处理间存在显著差异。各处理土壤可溶性有机氮（SON）和土壤微生物量氮（MBN）含量的大小顺序均为MNPK> M > NPK > PK > CK。长期施用有机肥，显著提高了土壤SON含量（$P<0.05$），M和MNPK处理较NPK处理SON含量分别增加了34.9%和56.0%。与CK相比，NP和NPK处理土壤SON含量虽略有增加，但处理间无显著差异。土壤MBN变化趋势与SON含量变化趋势一致。M和MNPK处理较NPK处理MBN含量显著增加，增幅分别为89.9%和144.9%。长期施用化肥对土壤MBN含量影响较小。

施用有机肥后，土壤SON和MBN占全氮（TN）比例均有提高的趋势，特别是MNPK处理，其SON和MBN占TN比例均高于其他处理，主要原因是有机肥中含有大量的可溶性有机氮，此外有机肥中能源物质丰富，碳源的增加促进了土壤微生物活动，进而微生物固氮能力也明显增强。

表2-13 长期施肥对土壤活性氮组分的影响（2014年）

处理	可溶性有机氮		微生物量氮	
	含量/（mg/kg）	占全氮比例/%	含量/（mg/kg）	占全氮比例/%
CK	13.9b	1.2	12.8c	1.1
PK	14.0b	1.1	13.0c	1.1
NPK	16.6b	1.3	17.8c	1.4
M	22.4a	1.6	33.8b	2.4
MNPK	25.9a	1.7	43.6a	2.9

注：同列不同小写字母表示处理间差异显著（$P<0.05$）。

SON和MBN是土壤活性氮库的重要组分，它们的含量及变化对土壤氮素的转化和供应具有重要意义（Zhou等，2010；Long等，2015）。农田生态系统中，施入的有机肥料是土壤SON的主要来源（Chapman等，2001）。本研究显示，长期施用有机肥显著提高了土壤SON含量，M和MNPK处理较NPK处理SON含量分别增加了34.9%和56.0%。MBN是土壤氮素养分的重要活性源和库，含量轻微的变化就可引起土壤氮素循环过程及土壤供氮能力的改变（王斌等，2007）。本研究中，M和MNPK处理较NPK处理MBN含量显著增加，增幅分别为89.9%和144.9%。可以看出，有机无机配施对微生物量氮的影响效果非常突出，造成这一现象的主要原因有两方面：首先，化肥的施用促进了作物生长，根系分泌物相应增加，刺激了微生物的生长（井大炜等，2013）；其次，施用有机物料的能源物质丰富，提高了土壤的微生物活性，微生物通过同化作用将较多的氮素转移到微生物体内被暂时固定，减少了氮素的损失（Wang 等，2011）。

四、长期不同施肥措施下土壤全氮、活性氮与有机氮组分相关关系

相关分析表明（表2-14），土壤全氮、可溶性有机氮、微生物量氮均与酸解有机氮组分之间均存在显著的正相关关系（$P<0.05$），非酸解氮与其他形态氮间无明显相关性。为了进一步说明土壤活性氮与有机氮组分的关系，应用多元回归方法进行分析。多元回归的偏回归系数可指示某一变量对函数贡献的重要性，并判断各个变量的贡献。通过回归方程[式（2-1）和式（2-2）]可以看出，在土壤有机氮组分中，酸解氨基酸氮、酸解未知氮和酸解铵态氮对可溶性有机氮（SON）和微生物量氮（MBN）的影响最大。

$$y_1=-17.20+0.021x_1+0.063x_2+0.018x_3+0.027x_4+0.009x_5\ (R^2=0.959,\ n=15,\ P<0.05) \tag{2-1}$$

$$y_2=-42.17+0.091x_1+0.172x_2-0.057x_3+0.129x_4-0.065x_5\ (R^2=0.989,\ n=15,\ P<0.05) \tag{2-2}$$

式中，y_1为可溶性有机氮；x_1为酸解铵态氮；x_2为酸解氨基酸氮；x_3为酸解氨基糖氮；x_4为酸解未知氮；x_5为非酸解氮；y_2为微生物量氮。

表2-14 不同施肥处理下土壤全氮、活性氮与有机氮组分相关关系

指标	TN	SON	MBN	AN	AAN	ASN	HUN	NHN
TN	1.000	0.899**	0.917**	0.896**	0.902**	0.913**	0.952**	0.146
SON		1.000	0.971**	0.935**	0.972**	0.933**	0.898**	0.293
MBN			1.000	0.955**	0.976**	0.906**	0.923**	0.175
AN				1.000	0.930**	0.897**	0.861**	0.222
AAN					1.000	0.922**	0.878**	0.295
ASN						1.000	0.894**	0.364
HUN							1.000	0.132
NHN								1.000

注：TN，全氮；SON，土壤可溶性有机氮；MBN，微生物量氮；AN，酸解铵态氮；AAN，酸解氨基酸氮；ASN，酸解氨基糖氮；HUN，酸解未知氮；* 和 ** 分别表示在0.05和0.01水平上相关性显著。

本研究发现，土壤可溶性有机氮（SON）与酸解铵态氮、酸解氨基酸氮、酸解氨基糖氮和酸解未知氮均呈显著正相关关系。推测原因，一方面是有机肥施入导致土壤SON和酸解有机氮组分含量均同步上升；另一方面土壤有机氮组分中易于移动的酸解

氨基酸氮和酸解铵态氮进入土壤溶液进而发生径流或淋溶（杜晓玉等，2011）。从移出机理方面推断，首先是生物因素（土壤微生物的水解作用和吸收利用小分子化合物），其次是非生物因素（配位基交换和形成氢键）（Qualls 等，2000）。可见，土壤中 SON 含量的动态变化是土壤微生物分解释放 SON 以及 SON 被土壤吸附等过程综合作用的结果。当然，上述分析仅仅是估计或推断，难以从本质上揭示 SON 与土壤有机氮组分的相互作用机理，今后还需加强这方面研究。

相关研究表明，MBN 含量与有机氮组分之间的关系密切。党亚爱等（2015）分析了干润砂质新成土、黄土正常新成土和土垫旱耕人为土土壤有机氮组分，指出 MBN 除与酸解氨基糖氮没有显著相关外，与其余氮组分均达到极显著线性相关水平。在黄土高原红油土上的研究表明，长期施肥后 MBN 与酸解氨基酸氮和酸解铵态氮显著相关，而与酸解氨基糖氮和酸解未知氮之间没有达到显著相关（李世清等，2004）。在湖南水稻土的长期试验结果显示，土壤 MBN 与酸解有机氮和酸解氨基酸氮之间存在显著的正相关关系（郝晓晖等，2007）；同样在湖南水稻土的监测结果表明，土壤酸解态氮及其组分均与 MBN 存在极显著的正相关关系，其中酸解氨基酸氮和酸解未知氮对 MBN 的影响最大（彭佩钦等，2007）。本研究中，MBN 与酸解铵态氮、酸解氨基酸氮、酸解氨基糖氮和酸解未知氮均呈显著正相关关系，说明 MBN 与酸解有机氮组分密切相关。上述分析表明，土壤 MBN 与有机氮各组分之间的相关性在不同土壤上研究结论不一，可能与土壤类型、质地等有关。从上述研究结果还可看出，不同土壤类型 MBN 与酸解氨基酸氮均存在显著正相关关系，本研究回归分析也进一步验证了酸解氨基酸氮是 MBN 的首要贡献者。有研究发现，土壤中氨基酸的成分与微生物细胞壁和结构蛋白中所含的成分相似，而与加入有机物的成分有本质区别（黄东迈和朱培立，1986）。因此，土壤酸解氨基酸氮的变化与土壤微生物区系的变化紧密相关。有机无机配施显著改变了土壤的微生物区系，导致微生物量发生了变化，最终影响土壤酸解氨基酸氮的含量（郝晓晖等，2007）。

五、小结

长期不施肥土壤全氮含量下降了 9.7%，单施氮肥（N）及氮磷钾平衡施肥（NPK），土壤全氮也呈下降趋势，但与不施肥相比下降趋势变缓。长期施用有机肥能够保持土壤氮素平衡，长期施有机肥并配施化肥可以增加土壤全氮、碱解氮、有机氮和无机氮含量，保持和提高土壤氮素平衡，增加氮素的潜在供应能力。

长期施用有机肥显著提高土壤活性氮组分含量。单施有机肥和有机无机配施处理较单施化肥处理可溶性有机氮含量分别增加 34.9%和 56.0%，微生物量氮含量分别增加 89.9%和 144.9%。施用有机肥后，可溶性有机氮和微生物量氮含量占全氮比例均有提高的趋势，有机无机配施处理可溶性有机氮和微生物量氮占全氮比例均高于其他处理。

单施有机肥和有机无机配施处理显著增加了酸解铵态氮、酸解氨基酸氮、酸解氨基糖氮和酸解未知氮含量，增幅分别为 23.3%~29.1%、19.2%~33.2%、30.6%~47.6% 和 20.2%~32.0%，而对非酸解性氮影响不大。长期不施氮肥及单施化肥不影响土壤有机氮组分含量。酸解态有机氮是黑土氮的主体。有机氮各形态的分布趋势为非酸解氮>

酸解氨基酸氮>酸解铵态氮>酸解未知氮>酸解氨基糖氮，其中非酸解氮、酸解氨基酸氮和酸解铵态氮为有机氮的主要组分。长期单施有机肥和有机无机配施处理土壤有机氮各组分发生改变，非酸解氮比例降低而其他形态氮的比例有所提高，即增加了土壤有机氮的有效态组分，从而提高了有机氮的有效性。

第三节　长期施肥黑土磷素演变

磷是作物生长的必需营养元素之一，作物可直接吸收利用的磷主要来自土壤（陆景陵，2003；张丽等，2014），土壤磷素中的全磷和有效磷（Olsen-P）分别反映了土壤磷库和可供作物当季吸收利用的磷素水平，其中有效磷是评价土壤供磷能力的重要指标（曲均峰等，2009），有效磷水平过低会导致农作物减产，但过量累积则会增加土壤磷素流失风险，引发环境污染（张丽等，2014）。农业生产中磷肥的当季利用率较低（10%~25%），大量的磷肥以磷酸盐形式残留在土壤中（张福锁等，2008），土壤磷含量水平与作物产量和环境安全关系密切（鲁如坤，2003；王艳红，2008），不同土壤类型和施肥模式均对土壤磷素含量影响较大，樊红柱等（2018）指出，紫色水稻土磷素有效性随着土壤磷素盈亏的变化而变化，单施无机磷肥提升土壤磷含量的速率大于施用有机肥。李渝等（2016）指出，黄壤旱地不同施磷处理对有效磷的提升幅度主要与磷肥施用量有关，土壤每年磷盈亏和有效磷含量与磷肥施用量呈极显著正相关关系，西南黄壤旱地长期施用有机肥处理单位累积磷盈余量提升土壤有效磷的速率大于单施化学磷肥处理。潮土研究结果表明，长期不施肥处理土壤磷素常年处于亏缺状态，有效磷处于耗竭状态，长期常规施肥条件下多数监测点土壤有效磷含量随年份显著上升，土壤有效磷的变化量与磷的盈亏量呈极显著正相关（袁天佑等，2017）。长期施肥下红壤性水稻土磷素研究指出，化学磷肥和有机肥配施相比单施化肥或有机肥能够显著提高红壤性水稻土土壤有效磷、全磷含量（土壤有效磷含量增长速率为0.2~1.6 mg/kg，土壤全磷含量年变化速率为4.2~22.9 mg/kg），同时能够增加磷素活化效率（黄晶等，2016）。对18个黑土监测点土壤磷素进行研究，结果表明，土壤有效磷的变化量与土壤累积磷呈显著正相关关系，土壤每盈余磷100 kg/hm^2，有效磷可增加5.28 mg/kg，常规施肥条件下，经过8~25 a的种植，61%的监测点土壤累积磷表现为盈余，39%的监测点有效磷含量显著升高（张丽等，2014）。

综上所述，不同气候条件、施肥措施和土壤类型条件下，土壤磷素变化及其对累积磷的响应均不同。黑土作为我国重要的土壤资源之一，主要分布在我国东北地区，黑土面积为国家耕地面积的10%左右，而我国东北黑土区长期不同施肥条件下土壤磷素含量变化及其对磷盈余的响应关系尚不清楚，尤其是长期施用不同肥料如单施有机肥、单施化肥及有机无机配施下磷库演变与磷盈亏相关关系研究较少。以开始于1979年的哈尔滨黑土肥力定位试验为依托，根据长期不同施肥下土壤磷素年际变化特征、磷素表观平衡以及磷素盈亏变化，探讨有机肥和化肥对有效磷增加量的影响，明确黑土有效磷变化与磷平衡的关系，为黑土区合理施用磷肥和磷素资源的持续利用提供理论依据。

一、长期施肥下土壤全磷和有效磷的变化趋势及其关系

（一）长期施肥下土壤全磷的变化趋势

长期不同施肥下黑土全磷含量变化如图 2-31 所示。不施磷肥的两个处理为 CK 和 N，其土壤全磷含量呈缓慢下降的趋势，从开始时（1979 年）的 0.47 g/kg 分别下降到 2015 年的 0.32 g/kg 和 0.33 g/kg，分别下降了 31.9%和 29.8%，土壤全磷含量与时间呈极显著负相关关系（$P<0.01$）。施用磷肥后，不同施磷处理土壤全磷含量与时间分别呈现显著（$P<0.05$）、极显著正相关关系（$P<0.01$），随种植时间延长表现出上升趋势，升高原因为各处理磷的施用量大于作物携出磷量，使得土壤磷盈余。施用化学磷肥的处理（P、NP、NPK），土壤全磷含量随时间延长表现为缓慢上升趋势，由开始时（1979 年）的 0.47 g/kg 分别上升到 2015 年的 0.70 g/kg、0.58 g/kg 和 0.60 g/kg，分别上升了 48.9%、23.4%和 27.7%。有机肥配施化肥处理（MNPK），土壤全磷含量从开始时（1979 年）的 0.47 g/kg 分别上升到 2015 年的 0.64 g/kg，增加量为 0.17 g/kg。2 倍量磷肥施用、2 倍量氮磷肥配合施用以及 2 倍量有机肥与 2 倍量磷肥配施（P_2、N_2P_2、$M_2N_2P_2$）处理土壤全磷含量增加幅度较大，与施肥时间呈极显著正相关关系（$P<0.01$）。施用磷肥对于增加黑土全磷含量作用显著。土壤磷库的变化过程较缓慢。有研究表明，长期不施磷肥处理土壤磷含量呈现降低趋势，过量施磷肥使得土壤磷含量增加（Shen 等，2014；樊红柱等，2016），本研究中不施磷肥处理土壤全磷含量降低，与以往研究结果一致（裴瑞娜等，2010；黄晶等，2016；樊红柱等，2016）；而施用磷肥处理（P、NP、NPK）土壤全磷、有效磷含量随着施肥年限的延长而增加，红壤性水稻土和黑垆土上也有同样的研究结果（聂军等，2010；黄晶等，2016），说明磷肥的

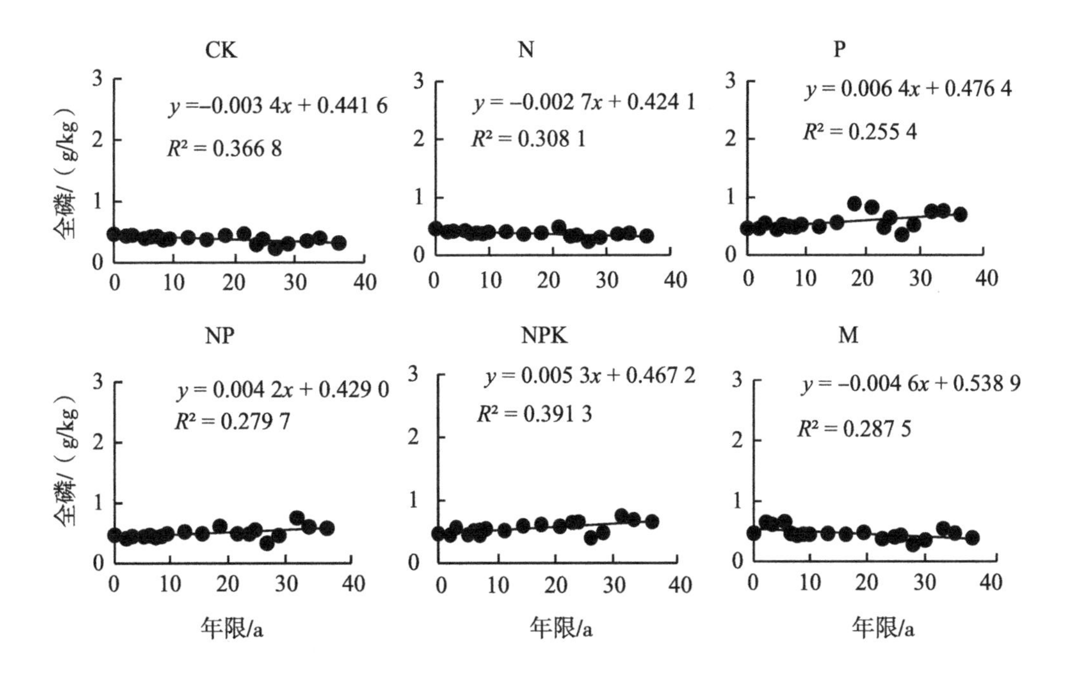

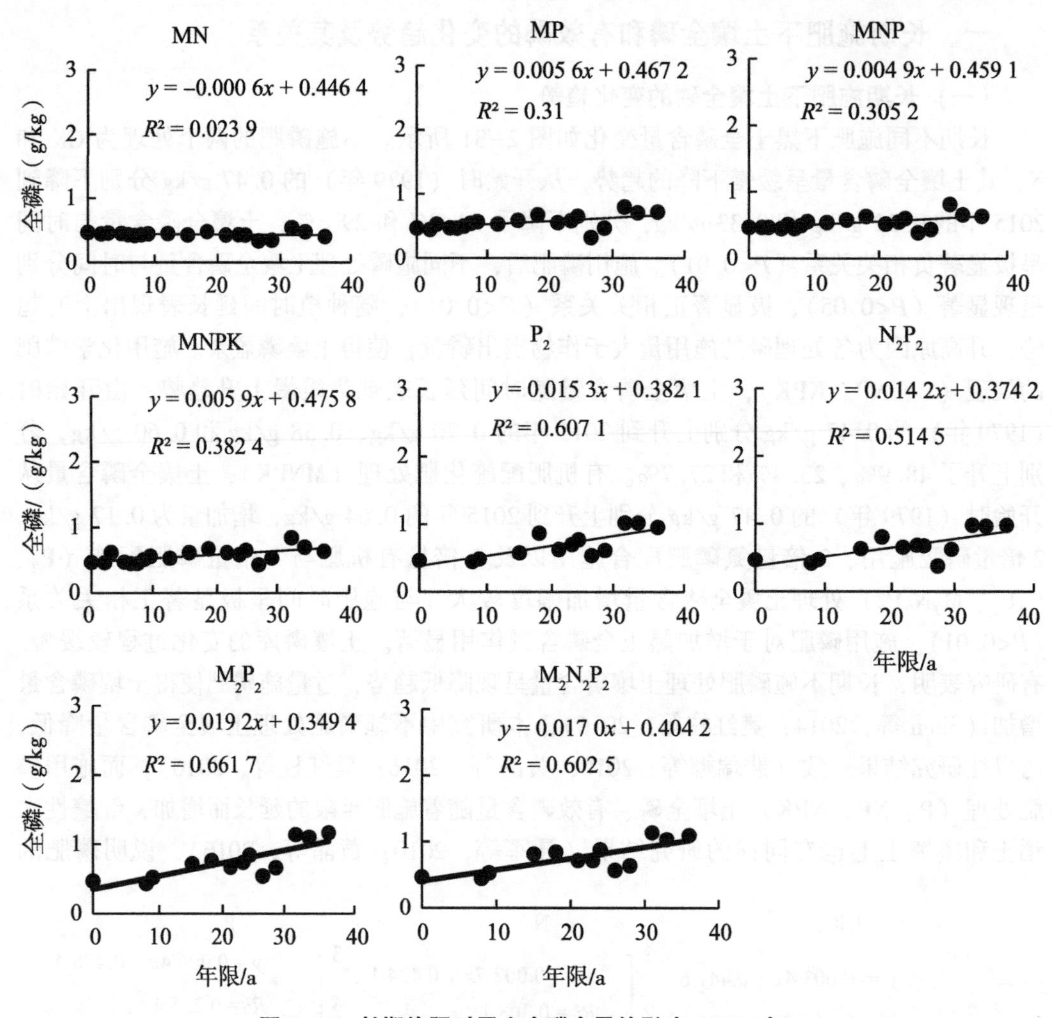

图 2-31　长期施肥对黑土全磷含量的影响（2016 年）

长期施用对于增加土壤全磷含量起到重要作用。

（二）长期施肥下土壤有效磷的变化趋势

如图 2-32 所示，长期不施磷肥处理土壤有效磷（Olsen-P）含量呈下降趋势，本研究中，CK、N 两个处理土壤 Olsen-P 含量从开始时（1979 年）的 22.2 mg/kg 分别下降到 2015 年的 2.4 mg/kg、2.2 mg/kg，土壤 Olsen-P 达到极缺程度。有机肥处理、有机肥配合氮肥处理（M、MN）土壤 Olsen-P 含量减少，从开始时（1979 年）的 22.2 mg/kg 分别下降到 2015 年的 5.0 mg/kg、4.7 mg/kg。施用磷肥之后，土壤Olsen-P 含量均随种植时间延长呈现上升趋势，其中单施磷肥、有机肥配施磷肥以及有机肥配合氮磷钾肥处理（P、MP、MNPK）与时间呈现极显著正相关关系（$P<0.01$）。2 倍量磷肥、2 倍量氮磷肥及其与有机肥配施的处理（P_2、N_2P_2、M_2P_2、$M_2N_2P_2$）土壤Olsen-P 随种植时间增加呈现极显著正相关（$P<0.01$），同时土壤 Olsen-P 年增量均很高，达到较高水平，土壤 Olsen-P 含量由开始时（1979 年）的 22.2 mg/kg 分别上升到 2015 年

的 84.9 mg/kg、124.0 mg/kg、117.2 mg/kg 和 133.6 mg/kg，Olsen－P 年增量分别为 1.74 mg/kg、2.83 mg/kg、2.64 mg/kg 和 3.09 mg/kg。总的来说，黑土有效磷的变化趋势与全磷相似，不施肥和不施磷肥处理土壤有效磷含量降低，施用磷肥处理土壤有效磷含量增加；同时，单施有机肥及其与氮肥配施处理（M、MN）土壤全磷和有效磷含量均呈现下降趋势，有机无机磷肥配施处理（MP、MNP、MNPK），土壤全磷和有效磷含量增加。黄晶等（2016）也曾经得出了相似的研究结果，主要原因可能是施入土壤中的有机质或残留在土壤中的有机质在腐化过程中产生有机酸根离子，有机酸活化了土壤磷素、降低了磷的吸附，使土壤中的磷素更易于向深层移动（Sharpley 等，2004；陈波浪等，2005；赵庆雷等，2009），进而降低了表层土壤全磷和有效磷的含量。这也是有机肥与无机肥配施土壤全磷和有效磷含量增加量少于单施磷肥的原因。

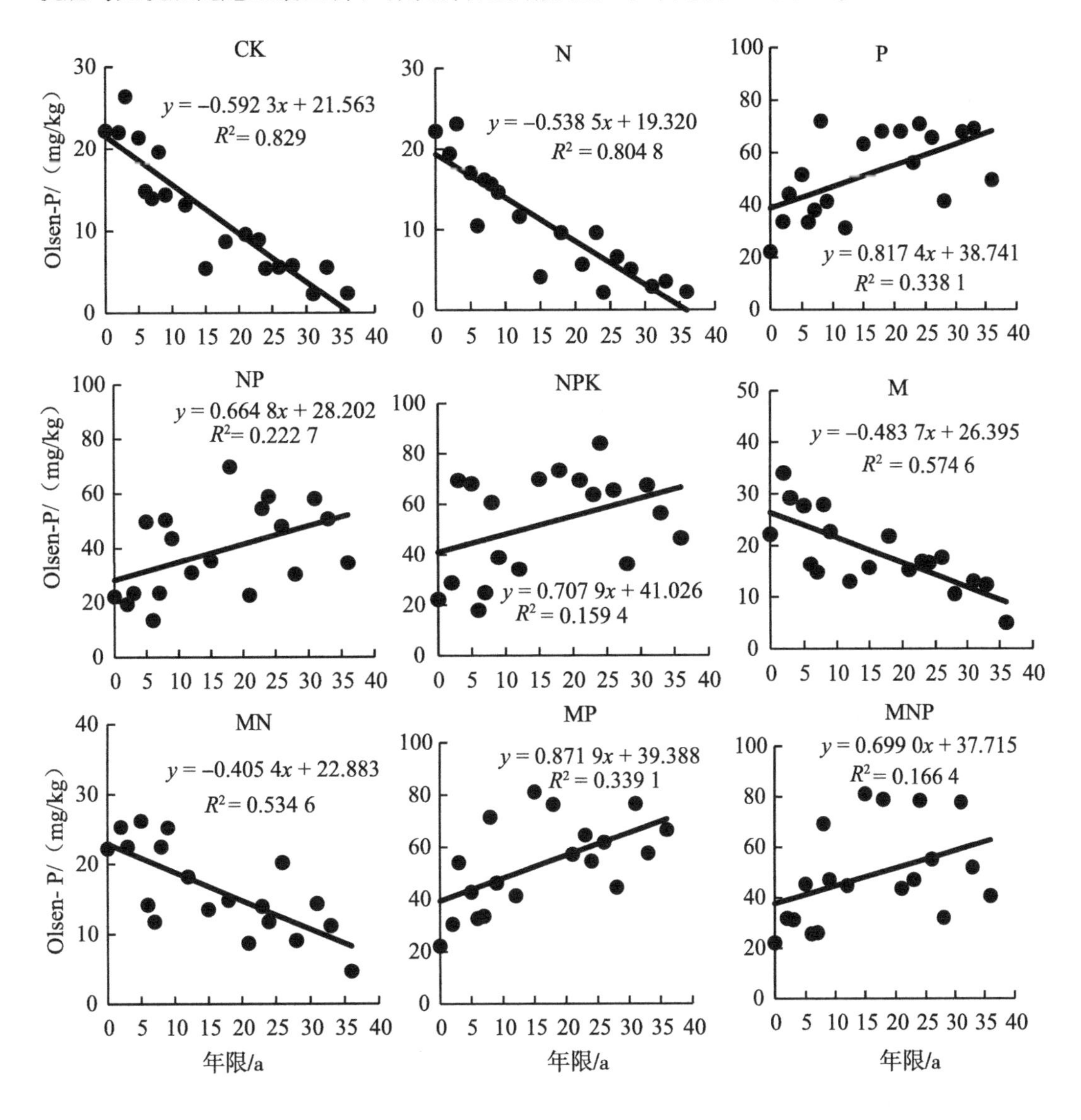

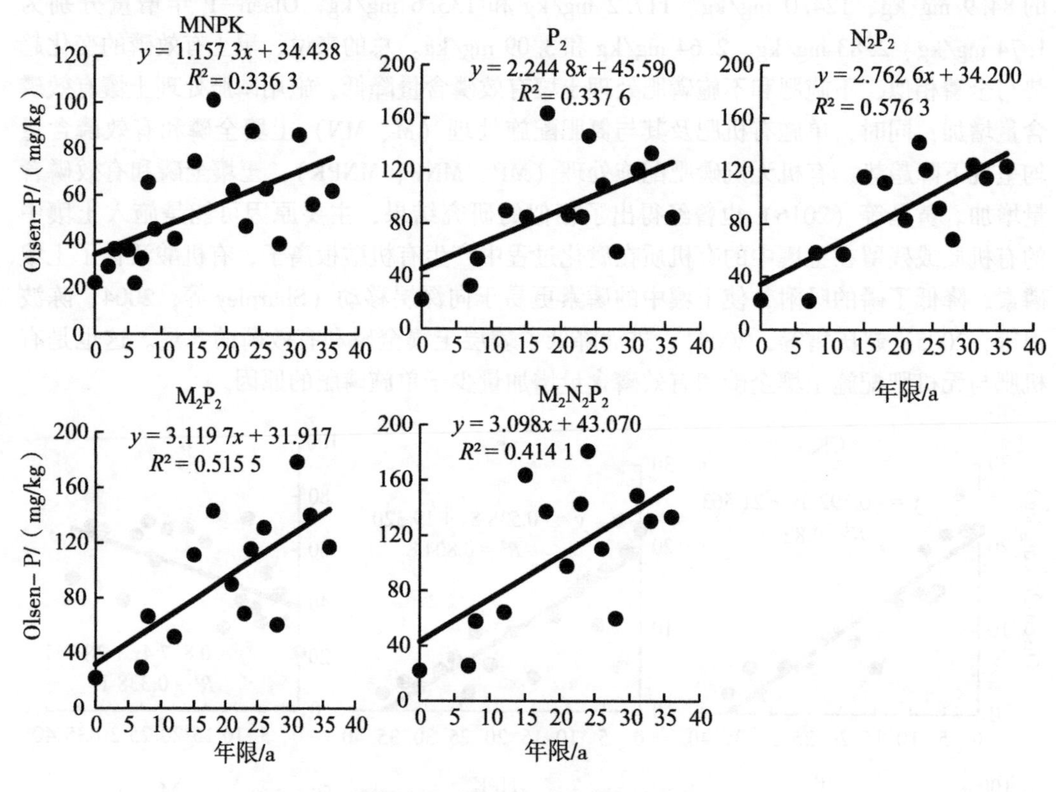

图 2-32　长期施肥对黑土有效磷含量的影响（2016 年）

（三）长期施肥下土壤全磷与有效磷的关系

用磷活化系数（PAC）用来表示土壤磷活化能力，长期施肥下黑土磷活化系数随时间的演变规律如图 2-33 所示，不施磷肥的处理（CK、N）和有机肥配施氮肥处理（MN）土壤 PAC 与时间呈现极显著负相关（P<0.01），有机肥处理（M）呈显著负相关（P<0.05），4 个处理的土壤 PAC 随施肥时间均表现为下降趋势，由开始时（1979 年）的 4.75%分别下降到 2015 年的 0.76%、0.67%、1.16%和 1.28%，CK、N、MN、M 4 个处理土壤 PAC 年下降速度分别为 0.011%、0.113%、0.099%和 0.096%，这 4 个处理的土壤 PAC 均低于 2%，当土壤 PAC 较低的时候，土壤全磷很难转化为有效磷供给作物生长需要。施用磷肥的处理，土壤 PAC 随施肥时间延长均呈现上升趋势，相关关系未达到显著水平（P<0.05），平均值均低于 10%。2 倍量磷肥、2 倍量氮磷肥及其与有机肥配施处理（P_2、N_2P_2、M_2P_2、$M_2N_2P_2$）的土壤 PAC 均高于不施磷肥处理和常量施用磷肥处理，这 4 个施肥处理的土壤 PAC 随施肥时间延长呈现先上升后降低的趋势。由开始时（1979 年）的 4.75%分别上升到 2015 年的 13.92%、15.48%、14.37%和 15.51%，这 4 个处理土壤 PAC 年上升速度分别为 0.255%、0.298%、0.267%和 0.299%，它们的土壤 PAC 总体上升，均值约为 14.8%。总的来说，施磷肥处理土壤 PAC 高于不施肥，有机无机配施土壤 PAC 高于单施化肥（黄晶等，2016；林诚等，2017）。不施磷肥处理的土壤 PAC 均较低，原因是化肥中的有效磷含量较高，施

用化学磷肥可大大增加土壤中的有效磷含量，增加土壤 PAC（王伯仁等，2005）；有机肥与磷肥配施处理的土壤 PAC 高于单施磷肥，主要与有机肥增加了土壤有机质含量，减少了有效磷在土壤中的固定有关（王小利等，2017；柳开楼等，2017）；另外，有机质中富含的有机酸可以将土壤溶液中的磷酸根离子置换出来，增加有效磷含量（Yusran，2010）。针对红壤的相关研究也表明，土壤 PAC 增加的主要原因是磷在土壤中的固定能力降低了（魏红安等，2012；黄晶等，2016）。

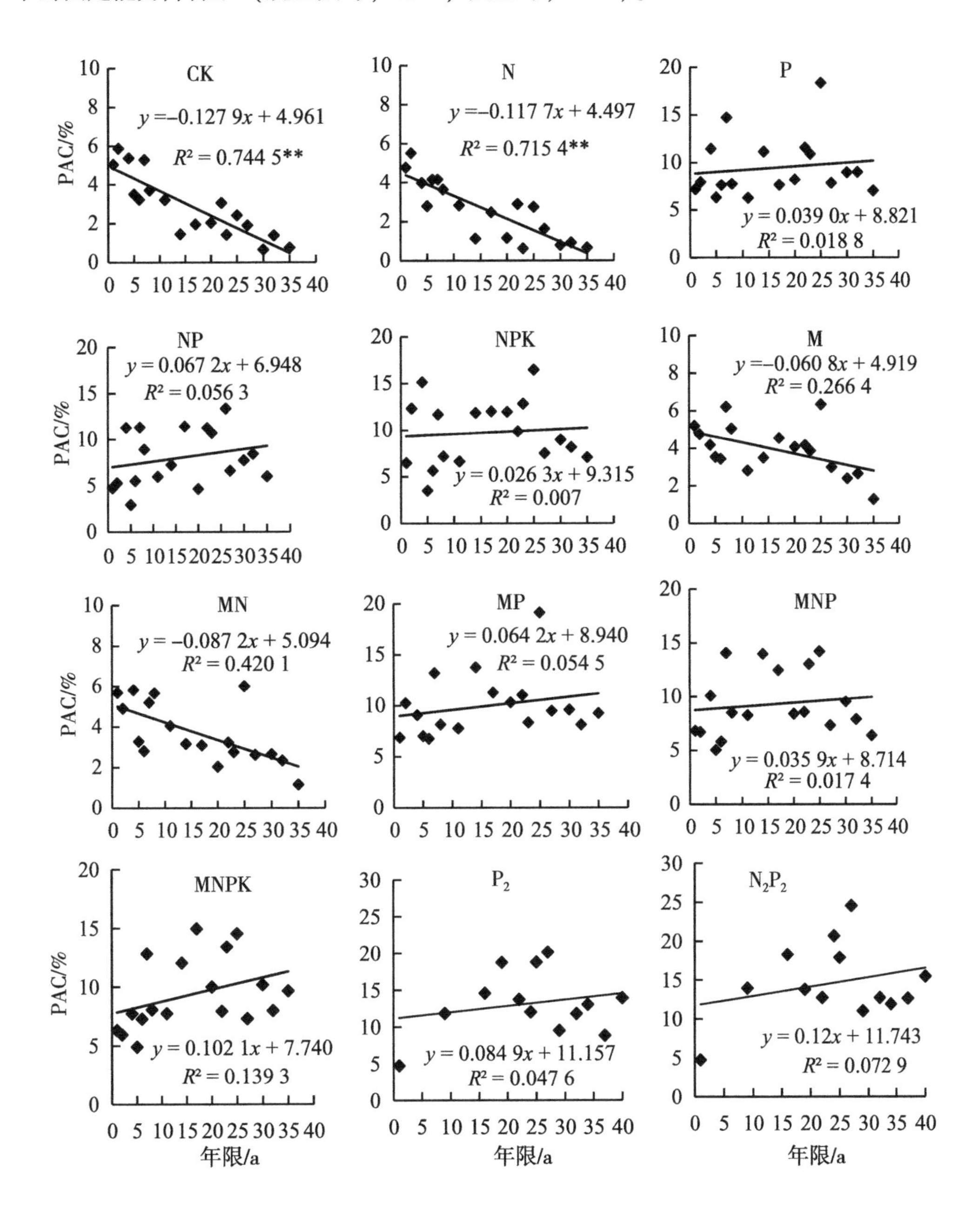

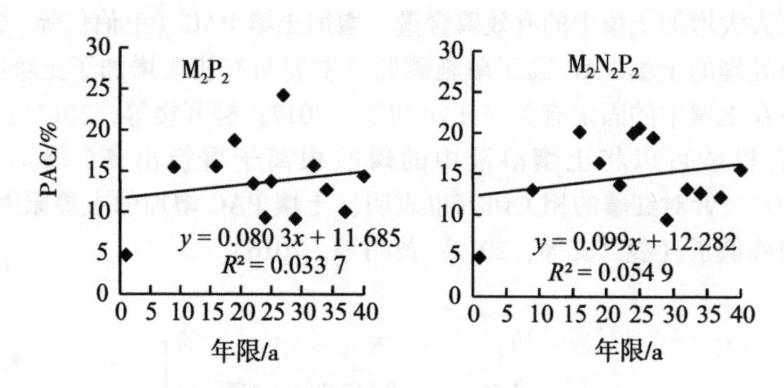

图 2-33 长期施肥对黑土 PAC 的影响（2016 年）

二、长期施肥下土壤磷盈亏

本试验采用的是轮作制度，即小麦-大豆-玉米轮作，因此在计算土壤磷素盈亏时采用轮作周期的磷素变化更能准确表达不同施肥处理间的差异。图 2-34 为各处理轮作周期土壤表观磷盈亏，其中常量处理为 12 个轮作周期，2 倍量处理为 10 个轮作周期。

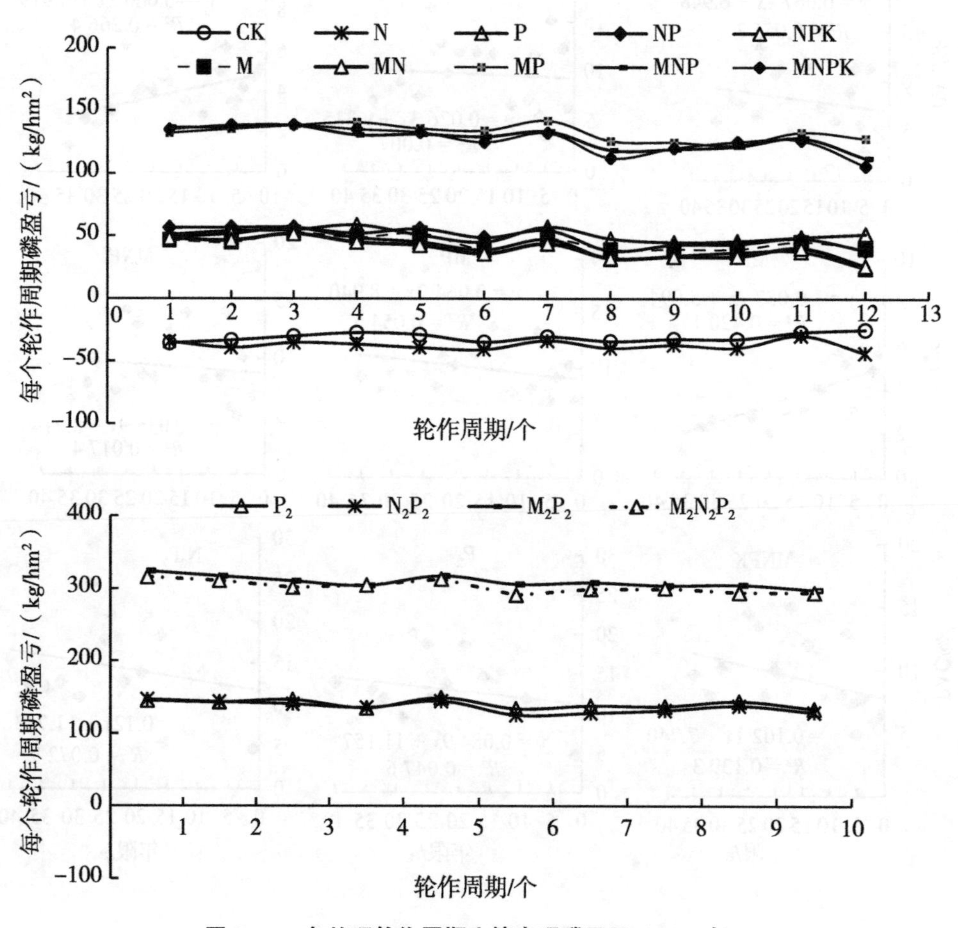

图 2-34 各处理轮作周期土壤表观磷盈亏（2019 年）

由图 2-34 可得，不施磷肥处理（CK、N）当季土壤表观磷盈亏一直呈现亏缺状态，施用氮肥处理土壤磷素亏缺量高于不施肥处理，当季土壤磷亏缺值的平均值分别为 30.8 kg/hm²和 37.3 kg/hm²。随种植时间延长不施肥处理磷亏缺值呈现减少趋势，而施用氮肥处理增加。有机肥配施磷肥处理（MP、MNP、MNPK）轮作周期内土壤处于表观磷盈余状态且平均值最高，分别为 132.7 kg/hm²、128.0 kg/hm²、127.2 kg/hm²，总体呈现下降趋势。其他施用磷肥处理（P、NP、NPK、M、MN）12 个轮作周期内土壤磷素表现为盈余状态，总体呈现下降趋势，平均值分别为 50.8 kg/hm²、49.3 kg/hm²、41.7 kg/hm²、44.6 kg/hm²、39.9 kg/hm²，且随种植时间延长没有较大的波动。2 倍量磷肥、2 倍量氮磷肥及其与有机肥配施处理（P_2、N_2P_2、M_2P_2、$M_2N_2P_2$）当季土壤磷盈余值均较高，平均值分别为 140.8 kg/hm²、136.5 kg/hm²、309.5 kg/hm²、302.6 kg/hm²，变化幅度较小。

图 2-35 为各处理土壤累积磷盈亏。由图 2-35 可知，未施磷肥处理（CK、N）土壤累积磷一直处于亏缺状态，且亏缺值随种植时间延长而增加，其中 CK 处理土壤磷亏

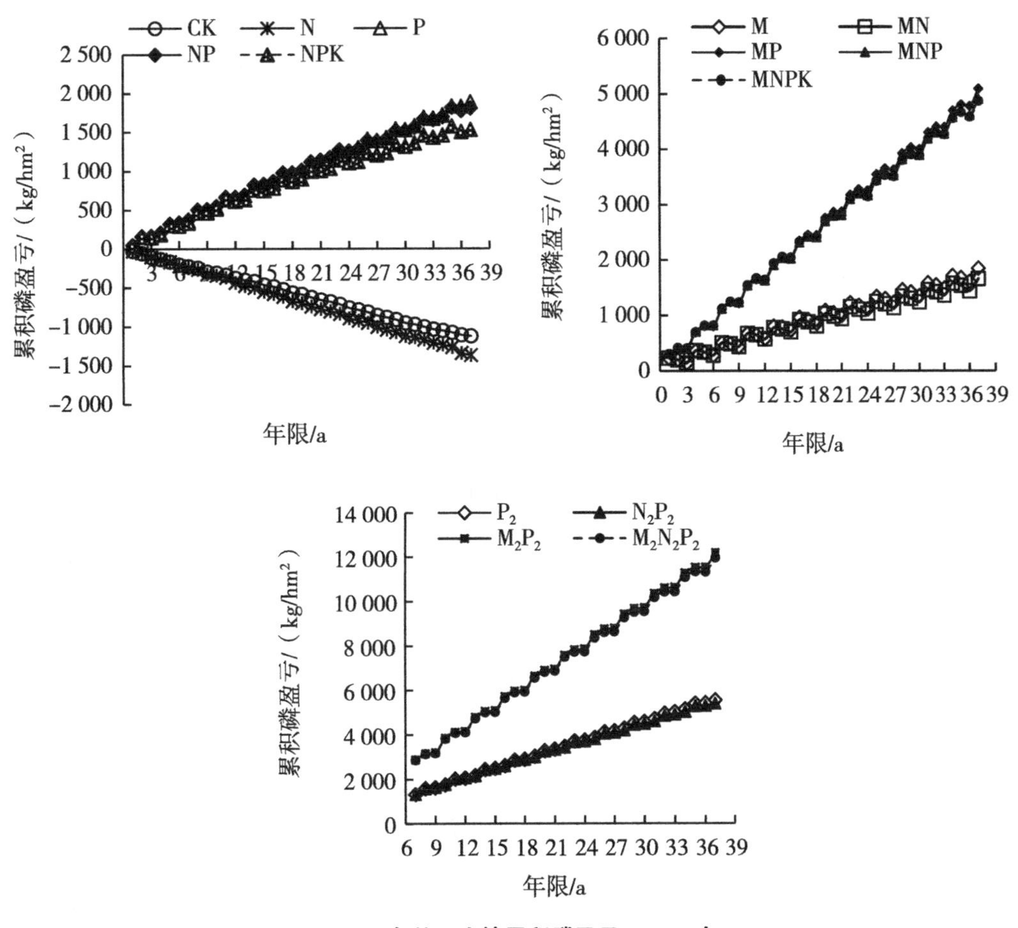

图 2-35　各处理土壤累积磷盈亏（2016 年）

缺值小于单施氮肥处理，主要是由于 CK 处理作物产量最低，从土壤中携出的磷量低。与之相比，仅施化学磷肥的 3 个处理（P、NP、NPK）土壤累积磷一直处于盈余状态，且随种植时间延长盈余值增加，土壤累积磷盈余值分别为 1 888.1 kg/hm^2、1 806.6 kg/hm^2 和 1 529.4 kg/hm^2。有机肥配施化肥处理（M、MN、MP、MNP、MNPK）土壤磷素均处于累积盈余状态，盈余值较高，其中 MP、MNP 以及 MNPK 处理磷累积盈余值高于 M、MN 处理，5 个处理土壤累积磷盈余值 2016 年分别达到 1 845.3 kg/hm^2、1 657.1 kg/hm^2、5 091.2 kg/hm^2、4 903.7 kg/hm^2和4 870.9 kg/hm^2。2 倍量磷肥、2 倍量氮肥磷肥及其与有机肥配施处理（P_2、N_2P_2、M_2P_2、$M_2N_2P_2$）土壤磷素也处于累积盈余状态，变化趋势与有机肥配施化肥处理相似，2016 年分别达到 5 553.4 kg/hm^2、5 402.3 kg/hm^2、12 175.8 kg/hm^2、11 951.0 kg/hm^2，说明有机肥配合化肥能够有效提高土壤磷平衡值。

三、长期施肥土壤磷素形态转化

在土壤无机磷分级方法中，Ca_2-P包括 $CaHPO_4 \cdot 2H_2O$ 等易溶于 0.25 mol/L $NaHCO_3$ 的磷化合物；Ca_8-P 主要包括 $Ca_8H_2(PO_4)_6 \cdot 5H_2O$ 和 β-$Ca_3(PO_4)_2$ 和部分易溶于 0.5 mol/L NH_4OOCCH_3 溶液（pH 4.2）的钙盐和吸附态钙磷；Al-P 主要包括易溶于 0.5 mol/L NH_4F 溶液（pH 8.2）的无定型和晶型磷酸铝盐以及部分黏粒吸附态铝磷；Fe-P 主要包括易溶于 0.1 mol/L NaOH+0.05 mol/L Na_2CO_3 溶液的无定型和晶型磷酸铁盐及部分黏粒吸附态铁磷；O-P 为包被在铁铝氧化物内的磷酸铁和包蔽态磷酸铝；Ca_{10}-P 为 $Ca_5(PO_4)_3OH$ 和 $Ca_5(PO_4)_7$等磷灰石类。在石灰性土壤上，6 种无机磷组分中，Ca_2-P 对植物有效性最高，Ca_8-P 为中间形态，可以转化为 Ca_2-P，也可以转化为 Ca_{10}-P，Al-P、Fe-P 也对植物具有较高的有效性；而闭蓄态磷（O-P），由于被 Fe_2O_3 包被，且 Fe_2O_3 胶膜抗蚀性很强，因此 O-P 很难作为植物的有效磷源；Ca_{10}-P是磷灰石类磷酸盐，化学活性低，不易被植物吸收利用，只能作为一种潜在的磷源。

分析了连续 3 年长期施肥条件下黑土磷素形态（表 2-15），结果表明，黑土无机磷以 Ca_{10}-P 为主，其次为 O-P，Ca_8-P 、Ca_2-P 含量最低。施用磷肥对有效性较高的 Ca_2-P、Ca_8-P、Al-P 影响较大，对活性较低的 Ca_{10}-P、O-P 影响较小。与不施肥相比，施用磷肥、有机肥都能使不同形态的磷增加，并随着施磷量的增加而增加。施用常量磷肥 Ca_2-P 增加 3.8~6.6 倍，施用有机肥 Ca_2-P 增加 1.8 倍，常量有机肥与化肥配合施用 Ca_2-P 增加 6.9~7.5 倍，而施用 2 倍量磷肥处理 Ca_2-P 增加 9.2~12.1 倍；长期施用磷肥处理土壤 Ca_8-P 增加 4~16 倍，Al-P 增加 1.6~11.8 倍，Fe-P 增加 1.4~4.4 倍，O-P 增加 0.6~1.7 倍，Ca_{10}-P 增加 0.3~0.7 倍。施用磷肥使不同形态的无机磷都有增加，但对有效性低的 O-P、Ca_{10}-P 增加的幅度较小，说明磷素大多以有效态的形式积累在土壤中，能够被作物吸收利用。

表 2-15　长期施肥黑土不同形态无机磷含量　　单位：mg/kg

施肥	Ca_2-P	Ca_8-P	Al-P	Fe-P	O-P	Ca_{10}-P	无机磷总量
CK	6.50	4.63	11.94	27.96	51.86	65.85	168.75
N	4.73	4.02	10.17	23.90	38.84	54.57	136.22
P	42.95	33.46	58.00	74.60	70.83	79.46	359.29
NP	24.43	20.23	26.56	58.29	64.07	72.63	266.22
NK	9.53	8.04	18.49	39.26	46.34	64.74	186.41
NPK	40.59	33.56	60.85	85.61	61.71	80.50	362.81
M	11.99	12.73	21.06	36.45	55.99	69.15	207.37
MP	44.77	37.32	55.74	70.23	83.84	78.51	370.41
MNPK	49.06	42.31	63.44	128.35	106.15	85.84	475.14
P_2	74.52	52.37	99.60	98.72	100.21	86.17	511.60
N_2P_2	59.89	44.62	118.13	102.85	85.66	84.97	495.78
M_2	14.82	12.09	23.39	42.74	65.35	73.89	232.27
$M_2N_2P_2$	78.42	69.73	130.26	103.78	96.53	94.50	573.22

注：数据为 1999—2001 年平均值。

四、小结

长期施用磷肥处理（P、NP、NPK、MP、MNP 和 MNPK）的黑土全磷、有效磷含量增加，不施磷肥处理（CK、N、M 和 MN）的土壤全磷、有效磷含量随施肥年限的延长而降低。不施磷肥处理（CK、N、M、MN）的土壤 PAC 随施肥时间的延长均表现为下降趋势，土壤 PAC 均低于 2%；施用磷肥处理（P、NP、NPK、MP、MNP、MNPK）土壤 PAC 随施肥时间的延长均呈现上升趋势，平均值均低于 10%；2 倍量磷肥、2 倍量氮肥磷肥及其与有机肥配施处理（P_2、N_2P_2、M_2P_2、$M_2N_2P_2$）的土壤 PAC 高于不施磷肥处理和常量施用磷肥处理，其土壤 PAC 随施肥时间的延长呈现先上升后降低的趋势。总的来说，施磷肥处理土壤 PAC 高于不施肥，有机无机肥配施 PAC 值高于单施化肥。

黑土无机磷以 Ca_{10}-P 为主，其次为 O-P，Ca_8-P、Ca_2-P 含量最低。施用磷肥对有效性较高的 Ca_2-P、Ca_8-P、Al-P 影响较大。施用磷肥使不同形态的无机磷都有增加，但对有效性低的 O-P、Ca_{10}-P 增加的幅度要小。

第四节　长期施肥黑土钾素演变

作为作物生理过程中的重要营养元素，钾素在作物耐胁迫过程中起着至关重要的作用（Wang 等，2013），且充足的钾素还可以增加作物的干重，促进作物植株健康生长。据报道，世界上很多农业地区土壤中缺乏可用性钾，尤其是在亚洲的稻田中（Römheld 和 Kirkby，2010）。大部分土壤钾（90%~98%），主要存现在于含钾矿物质的结构当中，并不能被植物直接吸收利用（Zörb 等，2014）。而在强降雨地区，特别是在淹水土壤中，土壤浸出钾会导致土壤中钾素的淋失，更不利于耕地供钾的可持续性（Römheld 和 Kirkby，2010）。此外，与施用氮肥、磷肥相比，农民经常忽略钾肥的施用（Das 等，2019）；长期钾肥投入不足和秸秆清除会提高作物对于土壤施钾后的反应，并且会加重种植系统的缺钾程度（Lu 等，2017），这都会影响土壤中的钾素可持续性。从全国水平来看，我国土壤的钾素盈亏水平随时间的增加而增加，已经由低水平增加到中等水平；总体上我国土壤钾素丰富，但随着农业的不断发展，农民群众对钾素补充意识不足，导致土壤钾素超负荷支出，得不到及时补充；1980—2015 年东北及长江中下游地区土壤钾素平衡虽稍有缓解，但始终处于负盈亏状态（刘迎夏，2017）。钾素成为限制当前农业发展的一大因素（李秀双，2016）。

在现代农业生产中，钾消耗是造成作物产量停滞以及土壤养分低利用率的因素之一（Regmi 等，2002），钾素是作物生长的必需营养元素之一（Cakmak，2010；Schneider 等，2013）。不同形态的钾在土壤中的状态、有效性、转化速率等各不相同。根据不同形态钾素对植物的有效性，土壤钾分为交换性钾、水溶性钾（二者统称为速效钾）；非交换性钾（又称为缓效钾），以及矿物钾（又称结构钾）（谢建昌，2000）。

土壤中的水溶性钾含量普遍较低，以离子态存在于土壤溶液中，能够被作物直接吸收利用（李小坤等，2008），其含量受多种因素影响变化快速，是一种易浸出的钾，但土壤钾的浸出不利于耕地维持可持续的供钾能力（Dianjun 等，2022）。交换性钾作为当季作物的主要钾素供应源，常被认为是土壤供钾能力的容量因子（李小坤等，2008）。与水溶性钾一样，可直接被作物吸收利用，主要受作物生长与施肥的直接影响，能够反映土壤当季供钾能力与供钾水平（Han 等，2019）。非交换性钾即土壤缓效钾，一般作为土壤有效钾的储备部分，其释放速率与释放总量是决定土壤供钾能力的主要因素（Wang 等，2013；郑志斌等，2017）。矿物钾是土壤钾的主要成分，一般占全钾的 92%~98%，是钾素中被束缚的部分，只有经过风化作用后，才可被作物吸收利用，其有效性远小于速效钾（谢建昌，1986）。土壤中的矿物钾转换成交换性钾，才能够被作物吸收利用，所以矿物钾的释放直接影响土壤的供钾水平（游翔等，2001）。此外，土壤中交换态与非交换态的钾素转换也是可逆的（徐晓燕和马毅杰，2001）。

土壤中钾素的固定与转换影响着作物的生长和土壤养分的有效性，但土壤中的钾素形态并不是一成不变的。游翔等（2001）研究表明，在不同岩层发育土壤模拟试验中，紫色土由矿物钾转换成交换性钾，随培养时间的延长，交换性钾含量越高；非交换性钾含量增加平缓。此外，成土母质对土壤中钾的形态、含量等也有很大影响。严红星等

(2017) 的研究表明，在不同成土母质中，石灰岩成土母质的土壤供钾能力高于第四纪红土、板页岩与紫色页岩。不同地区的土壤钾含量也不同，相同地区的土壤也可能由于施肥等不同各形态钾素含量存在显著差异（黄绍文，1998；Li 等，2021）。

随着世界人口不断增加，为提高粮食的生产安全，钾肥的需求大幅增加；亚洲的钾肥市场消费占全世界的40%，但其中70%的钾矿资源来自加拿大及欧洲地区；钾肥资源的短缺也威胁着世界的粮食生产安全（Pumjan 等，2022）。因此，合理施用钾肥，不仅可以促进粮食生产安全，还可为今后的钾肥资源利用提供保障，此外其他含钾物料的回收利用也十分关键。对于我国这样一个人口大国，粮食的安全生产及长期稳定性十分关键。

一、长期施肥土壤全钾含量的变化

土壤全钾与土壤的成土母质有关，黑土是在温带湿润气候条件草甸植被下发育的一种具有深厚腐殖质层的土壤，成土母质主要是第四纪黄土状黏土，以水云母和蒙脱石为主，含钾丰富。

由图 2-36 可以看出，CK 处理的全钾变化为-0.08 g/（kg・a），其土壤全钾含量的下降速率高于其他施肥处理；其次为 NP 处理，全钾变化量为-0.07 g/（kg・a）。各施肥处理中，土壤全钾的下降速率绝对值 NP 处理最大，NPK 处理变化最小，为 0.05 g/（kg・a），年下降速率 NP>M>MNPK>MNP>MK>K>NPK。NPK 处理全钾的年变化量小于 K 与 MK 处理，而 MNPK 处理的下降速率大于 NPK 处理。NP 处理相较于 CK 的下降速率较缓；而 MNP 处理的土壤全钾下降速率高于 NPK 处理，因此有机肥的施入不足以替代化肥钾，也可能是由于有机肥中氮磷养分含量较高，作物吸收带走更多钾素。尽管 MNPK 处理在施用的肥料中钾素含量更高，但其下降速率仍高于 MNP 处理。

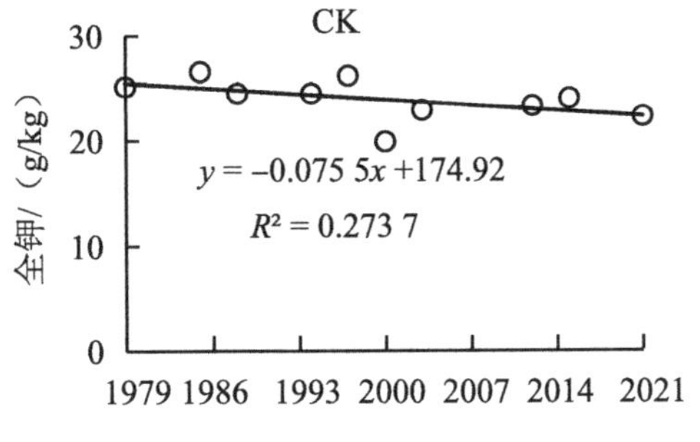

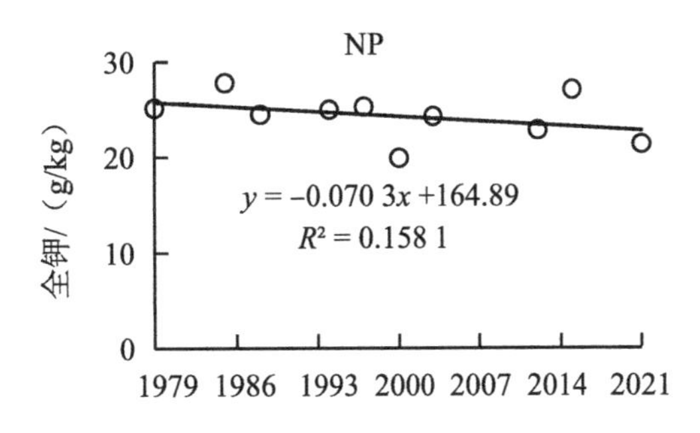

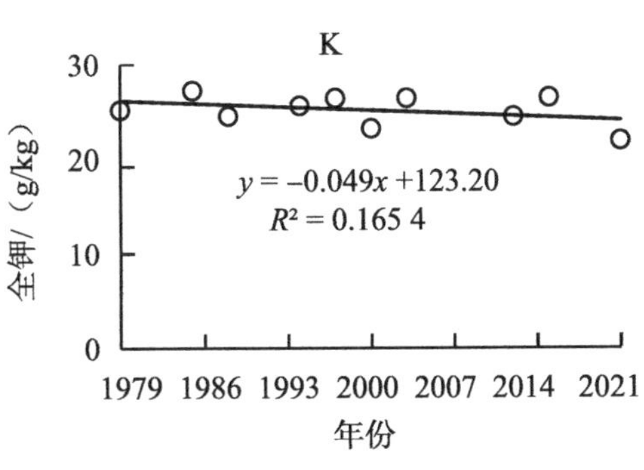

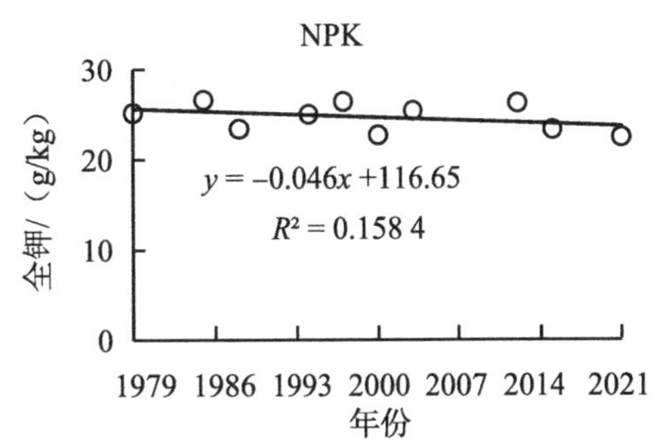

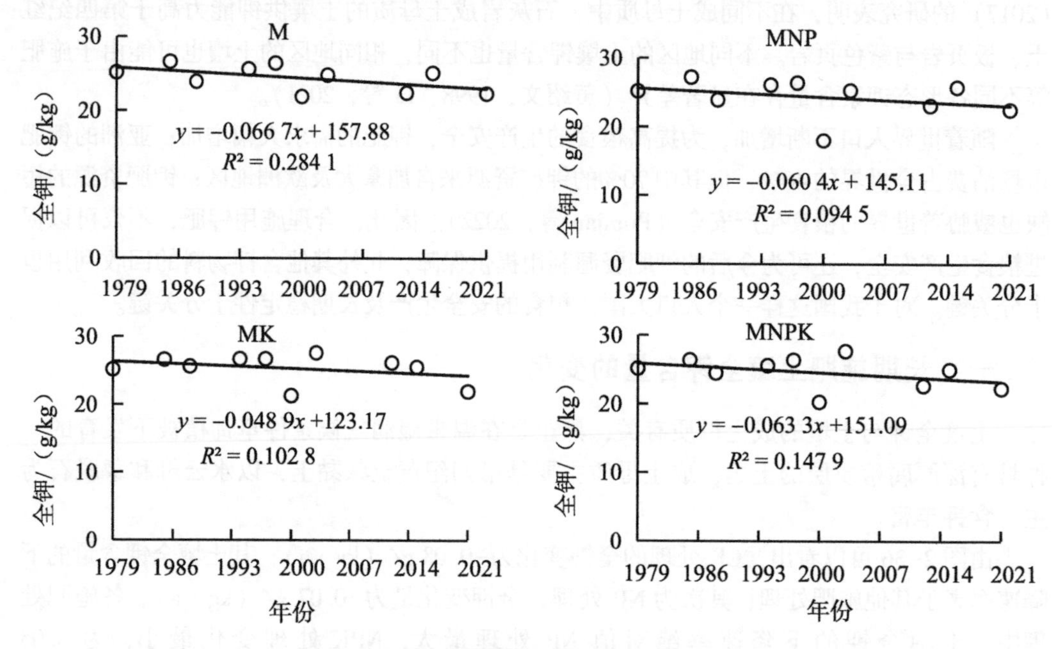

图 2-36 长期施肥黑土全钾含量变化趋势

总体来看，在均衡的施肥处理下，土壤全钾含量下降的趋势较缓。此外，额外增施有机肥（化肥配施有机肥）也不能维持土壤中全钾的平衡。从土壤全钾的变化趋势来看，氮磷钾化肥的合理配施，是缓解土壤全钾降低趋势的有效措施。

二、长期施肥土壤速效钾含量的变化

如图 2-37 所示，各施肥处理中，只有 K 与 MK 的速效钾呈缓慢增加趋势（k 为正值）。其中，K 处理的增长系数大于 MK 处理，这与 2021 年土壤速效钾含量 K 处理高于 MK 处理情况一致。NP、NPK、M、MNP 4 个处理的变化系数均小于 CK，其下降趋势（k 为负值）NP>M>MNP>NPK。施用钾肥和有机肥均能够缓解速效钾的下降。

长期不施肥处理，土壤速效钾逐年下降。NP 处理土壤速效钾下降速率最大，这可能是因为土壤氮磷元素相对充足，会促进作物对钾素吸收，导致土壤钾的进一步亏缺。NPK 处理的土壤速效钾下降速率为 1.17 mg/（kg・a），虽小于 NP 处理的 2.08 mg/（kg・a），但其下降速率仍高于 CK 处理的 1.03 mg/（kg・a）。初步分析是由于土壤钾素供应充足，作物对氮磷钾吸收利用存在一定比例。NPK 处理与 MNP 处理相比可以看出，以本试验中的有机肥施用量，有机肥中的钾素对于土壤速效钾的促进作用不及化肥钾，或是因为氮磷元素施入得较多，导致作物生产吸收钾量多。M 处理与 NPK 处理相比，两者的速效钾降低速率相差不多，分别为 1.18 mg/（kg・a）和 1.17 mg/（kg・a），但 M 处理还是不足以补充土壤速效钾。MNPK 处理在含量逐年下降的各处理中，土壤速效钾降低系数最低，为 0.99 mg/（kg・a）。因此，在实际的施肥应用中，氮磷钾化肥配施有机肥能够在一定程度上减缓土壤速效钾的下降趋势。

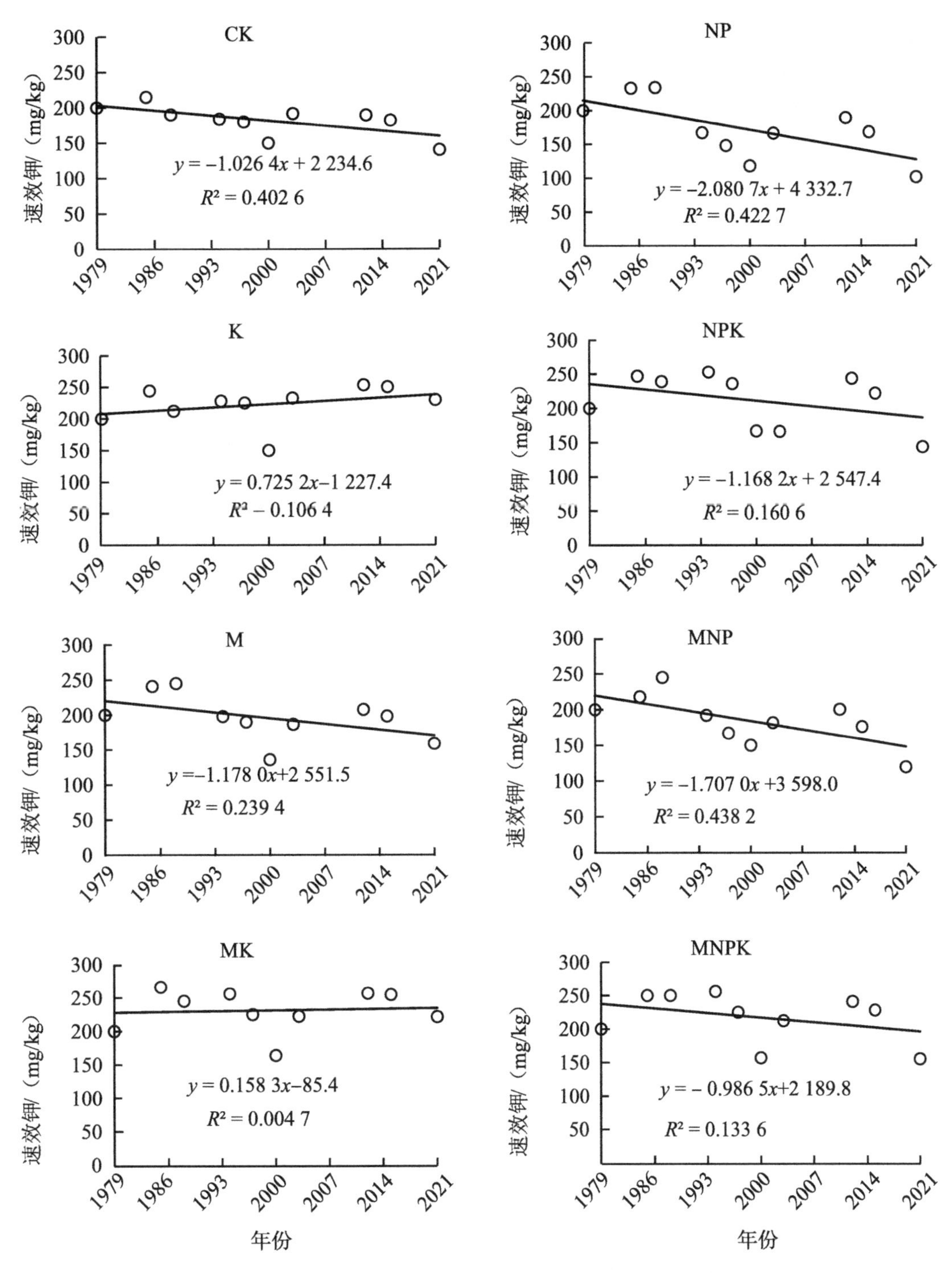

图 2-37　长期施肥黑土速效钾含量变化趋势（2021 年）

三、长期施肥黑土土壤团聚体钾含量的变化

（一）长期施肥对土壤团聚体组分比例的影响

如表 2-16 所示，长期施肥对于土壤中各粒级团聚体的比例分布具有影响。整体来看，土壤团聚体组分呈现随粒级减小，先降低后升高的趋势，其中以<0. 25 mm 粒级团聚体比例最高。

表 2-16　长期施肥土壤各粒级团聚体分布（2021 年）　　单位：%

处理	>2 mm	1~2 mm	0. 5~1 mm	0. 25~0. 5 mm	<0. 25 mm
CK	12. 05±0. 84bC	5. 68±0. 36cD	13. 37±1. 11abC	16. 85±0. 35bB	52. 04±1. 16cA
NP	6. 66±0. 41cD	3. 51±0. 20fE	11. 19±0. 71cdC	21. 71±0. 65aB	56. 93±0. 80aA
K	10. 99±0. 96bC	6. 99±0. 46bD	11. 87±1. 06bcdC	15. 93±0. 54bB	54. 22±1. 86abcA
NPK	11. 20±0. 26bC	3. 59±0. 03fD	12. 02±0. 93bcdC	20. 91±1. 38aB	52. 28±1. 12bcA
M	15. 54±0. 99aBC	8. 76±0. 42aD	14. 33±0. 11aC	16. 92±1. 00bB	44. 45±1. 67dA
MNP	5. 69±0. 15cD	4. 79±0. 38dD	12. 16±1. 19bcdC	20. 57±0. 37aB	56. 79±1. 22aA
MK	15. 42±1. 01aB	5. 98±0. 24cD	10. 61±0. 49dC	15. 98±1. 44bB	52. 01±0. 99cA
MNPK	6. 44±0. 50cD	4. 19±0. 26eD	12. 75±0. 65bcC	21. 68±1. 45aB	54. 93±2. 49abA

注：同列不同小写字母表示不同处理间差异显著（$P<0.05$），同行不同大写字母表示各粒级团聚体之间差异显著（$P<0.05$）。

从不同施肥处理对团聚体粒级组分比例的影响来看，M 处理能够促进土壤>2 mm 粒级团聚体组分；与 CK 处理相比，NP、MNP、MNPK 处理的土壤>2 mm 粒级团聚体均显著降低（>2 mm 粒级）。在 1~2 mm 粒级团聚体组分中，M 处理显著高于其他处理（$P<0.05$），K 处理也显著高于 CK 处理（$P<0.05$）。NP、NPK、MNP 和 MNPK 处理均显著低于 CK 处理（$P<0.05$）；因此，单施有机肥对于 1~2 mm 粒级团聚体的增加效果较好，而施化肥、化肥配施有机肥并不能增加 1~2 mm 粒级团聚体的比例。对于 0. 5~1 mm 粒级团聚体，K、NPK、M、MNP 和 MNPK 处理与 CK 处理差异不显著（$P>0.05$），各处理中，只有 NP、MK 处理显著低于 CK 处理（$P<0.05$）。对于 0. 25~0. 5 mm 粒级团聚体，NP、NPK、MNP、MNPK 处理显著高于其他处理（$P<0.05$），其余各处理的 0. 25~0. 5 mm 粒级团聚体比例相差不大。将>0. 25 mm 粒级大团聚体综合来看，与 CK 处理相比，M 处理能够显著增加土壤大团聚体比例（$P<0.05$），而 NP、MNP、MNPK 处理的大团聚体比例则显著降低（$P<0.05$）。因此，不均衡的化肥施用和化肥配施有机肥均不能提高土壤中大团聚体的比例，当施用肥料养分偏向于氮磷时，大团聚体比例降低更加显著。常规的氮磷钾化肥处理能够维持稳定的土壤大团聚体含量。

与 CK 处理相比，M 和 MK 处理显著增加了土壤中>2 mm 粒级团聚体的比例；K、M 处理显著增加 1~2 mm 粒级团聚体的比例（$P<0.05$）；NP、NPK、MNP、MNPK

处理能够显著增加0.25~0.5 mm粒级团聚体的比例（P<0.05）。在不同的施肥处理中，M处理能够降低微团聚体的比例、增加大团聚体的比例，其微团聚体比例为44.45%，比CK处理降低14.58%；NPK处理对于土壤团聚体影响不显著（P>0.05）。

（二）不同粒级团聚体水溶性钾含量

如表2-17所示，整体来看，水溶性钾含量在各粒级团聚体中，随粒级减小逐渐降低；且各处理的水溶性钾以MK处理表现较低。在>2 mm粒级团聚体中，M与MNPK处理的水溶性钾养分含量显著高于其他处理（P<0.05），其中M处理为41.02 mg/kg，MNPK为39.26 mg/kg；MK处理水溶性钾含量最低，为18.48 mg/kg。NP、K、NPK、MK处理的水溶性钾含量显著低于CK处理（P<0.05）。在1~2 mm粒级团聚体中，CK、NPK、MNP、MNPK处理的水溶性钾含量差异不显著（P>0.05）。在0.5~1 mm粒级团聚体中，MNP处理的水溶性钾含量最高，为37.82 mg/kg；MK处理最低，为21.98 mg/kg。在0.25~0.5 mm粒级团聚体中，NPK处理水溶性钾含量最高，为35.60 mg/kg，NPK、MNP、MNPK处理含量显著高于其他处理（P<0.05），且CK处理含量最低，为21.42 mg/kg。在<0.25 mm粒级团聚体中，MNPK处理水溶性钾含量最高，为35.34 mg/kg，其次为NPK处理；MK处理最低，为14.40 mg/kg。

表2-17　不同粒级团聚体水溶性钾含量（2021年）　单位：mg/kg

处理	>2 mm	1~2 mm	0.5~1 mm	0.25~0.5 mm	<0.25 mm
CK	35.47±0.39bB	38.60±0.66aA	30.14±1.03cC	21.42±0.51eD	26.54±0.01dE
NP	30.66±0.01cA	29.63±0.51bA	29.80±0.52cA	23.46±2.09deB	17.36±1.26fC
K	30.17±2.03cA	29.06±1.44bA	29.83±1.97cA	24.66±0.45dB	20.85±0.90eC
NPK	29.58±0.52cE	38.20±0.01aA	36.64±0.04abB	35.60±1.04aC	32.99±0.03bD
M	41.02±2.49aA	31.53±1.56bB	31.96±1.04cB	28.75±0.79cC	26.67±0.39dC
MNP	34.04±2.08bAB	36.91±3.14aAB	37.82±1.70aA	33.77±0.78abB	29.46±1.47cC
MK	18.48±0.12dC	25.39±2.21cA	21.98±1.13dB	22.48±1.38eB	14.40±0.25gD
MNPK	39.26±3.47aA	38.21±0.52aAB	35.07±0.52bBC	32.39±1.43bC	35.34±1.30aBC

注：同列不同小写字母表示不同处理间差异显著（P<0.05），同行不同大写字母表示不同粒级团聚体之间差异显著（P<0.05）。

水溶性钾在各粒级团聚体中的含量不同，NPK与MNPK处理一直呈现较高的水溶性钾水平。与CK处理相比，M、MNPKM、NPK和MNP处理能够较好地维持或提高土壤水溶性钾含量。因此，钾肥与有机肥的施入均可增加土壤中水溶性钾含量，土壤水溶性钾含量受土壤团聚体粒级的影响较大。

（三）不同粒级团聚体非特殊吸附性钾含量

如表2-18所示，不同处理各粒级团聚体的非特殊吸附性钾含量差异显著。非特殊吸附性钾在相同施肥处理的各粒级团聚体中含量变化没有明显的规律性。在各粒级团聚体中，K处理一直维持着较高的非特殊吸附性钾含量水平。

在>2 mm 粒级团聚体中，MK 处理土壤非特殊吸附性钾含量显著高于其他处理（$P<0.05$），为 33.69 mg/kg，比 CK 处理增加了 115.00%；K 与 M 处理也有较高的非特殊吸附性钾含量，分别为 27.84 mg/kg 和 26.38 mg/kg。NP 处理的非特殊吸附性钾含量最低，比 CK 处理降低了 57.18%。M 和 MNPK 处理的非特殊吸附性钾含量也显著低于 CK 处理（$P<0.05$）。在 1~2 mm 粒级团聚体中，K 处理的非特殊吸附性钾含量显著高于其他处理（$P<0.05$），为 32.24 mg/kg；M 和 MK 处理也有较高的非特殊吸附性钾含量，分别为 23.76 mg/kg 和 24.49 mg/kg；与>2 mm 粒级团聚体相同，NP 处理的非特殊吸附性钾含量最低，相比 CK 处理降低了 71.62%。在 0.5~1 mm 粒级团聚体中，K 和 MK 处理的非特殊吸附性钾含量显著高于其他处理（$P<0.05$），比 CK 处理分别增加了 17.51%和 14.86%；而 NP 处理最低，比 CK 处理降低了 96.56%。在 0.25~0.5 mm 粒级团聚体中，CK 和 K 处理非特殊吸附性钾含量显著高于其他处理（$P<0.05$），MK 处理次之。在<0.25 mm 粒级团聚体中，K 处理土壤非特殊吸附性钾含量最高，为 36.12 mg/kg，相比 CK 处理提高了 28.18%，MNPK 处理含量最低，为 13.17 mg/kg，比 CK 处理降低了 53.26%。

表 2-18　不同粒级团聚体非特殊吸附性钾含量（2021 年）　　单位：mg/kg

处理	>2 mm	1~2 mm	0.5~1 mm	0.25~0.5 mm	<0.25 mm
CK	15.67±1.06cD	14.66±0.80dD	21.53±1.44bC	30.87±1.08aA	28.18±0.01bB
NP	6.71±0.51eC	4.16±0.01fD	0.74±0.04fE	9.07±0.08fB	16.22±0.41eA
K	27.84±0.05bC	32.24±1.44aB	25.30±1.45aD	31.90±0.60aB	36.12±1.36aA
NPK	26.38±0.51bA	19.15±0.02cB	13.85±0.03dD	16.37±0.57dC	16.72±0.03eC
M	10.87±0.54dC	23.76±2.13bA	19.15±1.58cB	19.22±0.60cB	24.37±1.32cA
MNP	17.17±0.86cB	18.42±0.54cAB	7.86±0.75eD	12.66±0.89eC	19.10±1.08dA
MK	33.69±2.67aA	24.49±0.23bB	24.73±1.79aB	21.69±1.82bB	23.94±2.01cB
MNPK	10.58±0.62dB	9.57±0.05eB	6.96±0.40eC	10.22±0.69fB	13.17±0.96fA

注：同列不同小写字母表示不同处理间差异显著（$P<0.05$），同行不同大写字母表示不同粒级团聚体之间差异显著（$P<0.05$）。

在各施肥处理中，NP 和 MNPK 处理不同粒级团聚体中的非特殊吸附性钾含量均低于 CK 处理。NP 处理会显著降低土壤中非特殊吸附性钾的含量（$P<0.05$）；NPKM 处理也显著低于 CK 处理（$P<0.05$）。NPK 处理只在>2 mm、1~2 mm 2 个粒级团聚体中具有较高的非特殊吸附性钾含量。而只有施钾肥与施钾肥配施有机肥的处理能够在一定程度上维持较高含量的非特殊吸附性钾。因此，钾肥的施用仍是促进土壤非特殊吸附性钾含量的有效方法。

（四）不同粒级团聚体特殊吸附性钾含量

表 2-19 为土壤团聚体中的特殊吸附性钾含量变化情况。土壤中的特殊吸附性钾含量随土壤粒级的减小呈先升高后降低的趋势。

在>2 mm 粒级团聚体中，MK 和 K 处理的特殊吸附性钾含量显著高于其他处理（P<0.05），分别为 207.05 mg/kg 和 198.97 mg/kg；MNPK 处理也显著高于 CK 处理（P<0.05）。但 NP 与 NPK 处理特殊吸附性钾含量均显著低于 CK 处理（P<0.05），NP 处理最低，为 74.26 mg/kg。在 1~2 mm 粒级团聚体中，MK 处理的特殊吸附性钾含量最高，为 219.93 mg/kg。NPK 和 MNPK 处理也显著高于 CK 处理（P<0.05），其他处理与 CK 处理的特殊吸附性钾含量无显著差异（P>0.05）。而在 0.5~1 mm 粒级团聚体中，MK 与 K 处理显著高于其他处理（P<0.05），除 M、MNPK 处理与 CK 处理差异不显著（P>0.05）外，其余处理的特殊吸附性钾含量均低于 CK 处理。在 0.25~0.5 mm 粒级团聚体中，MK 处理特殊吸附性钾含量最高，为 214.54 mg/kg，NP 处理最低，为 83.45 mg/kg。此外，M 与 MNPK 处理的特殊吸附性钾含量显著大于 CK 处理。而在<0.25 mm 粒级团聚体中，MK 处理的特殊吸附性钾含量显著高于其他处理（P<0.05），为 193.15 mg/kg；K 处理次之，为 167.88 mg/kg。在这一粒级中，只有 NP 处理的土壤特殊吸附性钾显著低于 CK 处理（P<0.05）。

K 与 MK 处理在各粒级团聚体中均有较高的特殊吸附性钾含量，MNPK 处理各粒级团聚体中特殊吸附性钾也均显著高于 CK 处理。因此，施用钾肥可以促进土壤中特殊吸附性钾的养分含量，但氮磷钾肥配施有机肥是促进黑土土壤特殊吸附性钾的有效方法。

表 2-19 不同粒级团聚体特殊吸附性钾含量（2021 年） 单位：mg/kg

处理	>2 mm	1~2 mm	0.5~1 mm	0.25~0.5 mm	<0.25 mm
CK	111.17±5.46cdAB	97.91±0.10dBC	120.47±11.77bcA	104.54±9.56cBC	93.44±5.95dC
NP	74.26±1.43eC	107.46±8.27dA	86.17±5.233deB	83.45±2.99dB	66.40±1.80eC
K	198.97±10.03aA	198.57±5.13bA	197.97±7.93aA	205.08±3.66aA	167.88±14.31bB
NPK	103.20±2.28dA	107.41±8.85dA	93.77±3.68dB	94.04±0.59cB	88.12±0.65dB
M	118.14±5.20bcAB	111.38±7.24dB	115.46±3.34cB	125.64±4.09bA	108.95±5.21cB
MNP	81.48±2.57eC	105.02±4.33dA	76.04±4.00eC	100.42±7.43cA	90.75±4.37dB
MK	207.05±9.16aA	219.93±17.17aA	210.66±17.81aA	214.54±14.11aA	193.15±12.05aA
MNPK	128.16±11.12bAB	138.87±7.05cA	135.52±6.48bA	137.10±10.29bA	116.19±5.07cB

注：同列不同小写字母表示不同处理间差异显著（P<0.05），同行不同大写字母表示不同粒级团聚体之间差异显著（P<0.05）。

（五）不同粒级团聚体非交换性钾含量

表 2-20 为土壤团聚体中的非交换性钾含量变化情况。从不同粒级团聚体来看，同一施肥处理的土壤非交换性钾含量随土壤粒级的减小先升高后降低，其含量受粒级的影响较大。

表 2-20　不同粒级团聚体非交换性钾含量（2021 年）　单位：mg/kg

处理	>2 mm	1~2 mm	0.5~1 mm	0.25~0.5 mm	<0.25 mm
CK	612.52±36.03eC	721.58±50.74dB	784.48±14.27eA	847.53±31.05cAB	742.13±67.88cB
NP	632.83±24.22eB	718.69±23.82dA	770.74±42.92eA	760.59±15.18cA	708.95±56.72cdA
K	1 091.77±97.63aBC	1 213.61±64.22bAB	1 297.16±63.28bA	1 221.59±87.59aAB	1 032.80±41.81aC
NPK	752.41±1.47cdB	573.01±9.85eD	784.81±32.03eB	870.24±72.73cA	658.47±0.68deC
M	729.66±6.48dC	758.94±19.50dBC	869.92±43.26dA	830.21±63.86cAB	591.96±51.29eD
MNP	914.04±44.97bB	906.29±21.40cB	937.81±7.46cB	1 032.60±47.84bA	926.26±24.90bB
MK	1 137.61±51.90aC	1 389.44±60.64aAB	1 439.71±18.31aA	1 303.08±104.77aA	995.75±8.96abD
MNPK	816.21±34.99cC	884.27±58.66cBC	924.93±36.72cdB	1 056.84±77.04bA	699.48±2.97cdD

注：同列不同小写字母表示不同处理间差异显著（$P<0.05$），同行不同大写字母表示不同粒级团聚体之间差异显著（$P<0.05$）。

各施肥处理在>0.25 mm 的大团聚体中，MK 处理的非交换性钾含量最高，含量按粒级从大到小分别为 1 137.61 mg/kg、1 389.44 mg/kg、1 439.71 mg/kg、1 303.08 mg/kg；与 CK 处理相比分别提高了 85.73%、92.56%、83.52%、53.75%。在<0.25 mm 的微团聚体中，K 处理含量最高，为 1 032.80 mg/kg；比 CK 处理提高 39.17%；但 K 与 MK 处理非交换性钾含量差异不显著（$P>0.05$）。在>2 mm 粒级团聚体中，除 NP 处理外各施肥处理的非交换性钾含量均显著高于 CK 处理（$P<0.05$）。在 1~2 mm 粒级团聚体中，只有 M 处理显著低于 CK 处理（$P<0.05$）。在 0.5~1 mm 粒级团聚体中，NP、NPK 处理与 CK 处理相比，尽管差异不显著（$P>0.05$），但仍低于 CK 处理。在 0.25~0.5 mm 粒级团聚体中，以 NP 处理的非交换性钾含量最低，但 CK、NP、NPK、M 4 个处理的差异不显著（$P>0.05$）。在<0.25 mm 粒级团聚体中，NPK、M 处理非交换性钾含量显著低于 CK 处理（$P<0.05$）。

K 与 MK 处理能够显著增加土壤各粒级团聚体中非交换性钾的含量（$P<0.05$），但 NPK 处理对于非交换性钾含量的增加效果不显著（$P>0.05$），尤其是在 1~2 mm、<0.25 mm 粒级团聚体中；NPK 处理的非交换性钾含量显著低于 CK 处理（$P<0.05$）。M 处理可以维持土壤大团聚体中的非交换性钾含量；MNPK 处理也能够维持较高的非交换性钾含量，尤其在>0.25 mm 的大团聚体中，MNPK 处理非交换性钾含量显著高于 CK 处理（$P<0.05$）。但与土壤特殊吸附性钾、非特殊吸附性钾含量不同的是，与 CK 处理相比，NP 处理并没有显著降低土壤中非交换性钾的养分含量（$P>0.05$）。因此，考虑到各养分的平衡，氮磷钾肥配施有机肥是促进黑土中非交换性钾含量的有效措施。

（六）不同粒级团聚体交换性钾含量

如表 2-21 所示，各处理中的土壤交换性钾含量随土壤粒级的减小先增加后减少。

表 2-21 不同粒级团聚体交换性钾含量（2021 年） 单位：mg/kg

处理	>2 mm	1~2 mm	0.5~1 mm	0.25~0.5 mm	<0.25 mm
CK	126.17±5.29cBC	112.69±0.88dC	142.01±11.58bA	135.41±8.48bAB	121.62±5.96bBC
NP	79.43±0.61eC	111.62±8.27dA	86.48±4.83dBC	91.37±3.52dB	84.29±2.36dBC
K	228.80±7.20bA	230.81±4.97aA	221.67±6.80aA	234.69±6.69aA	204.00±13.36aB
NPK	129.29±2.28cA	126.55±8.86cdA	107.62±3.67cB	110.41±1.07cB	104.84±0.64cB
M	126.16±2.19cC	133.18±3.39cB	133.03±1.34bB	144.87±4.59bA	135.03±3.19bB
MNP	98.65±3.14dC	120.85±4.36cdA	84.85±5.26dD	113.08±7.75cAB	105.48±8.54cBC
MK	240.74±6.49aA	242.66±16.51aA	233.60±14.24aA	236.23±12.98aA	217.09±12.90aA
MNPK	127.97±4.83cB	148.45±7.08bA	140.22±4.50bA	143.45±7.53bA	124.77±1.25bB

注：同列不同小写字母表示不同处理间差异显著（$P<0.05$），同行不同大写字母表示不同粒级团聚体之间差异显著（$P<0.05$）。

K 与 MK 处理各粒级团聚体的交换性钾含量增加效果显著（$P<0.05$），且含量均大于 200.00 mg/kg。在各粒级团聚体中，MK 处理的交换性钾含量最高，按粒级从大到小，其交换性钾含量分别为 240.74 mg/kg、242.66 mg/kg、233.60 mg/kg、236.23 mg/kg 和 217.09 mg/kg；与 CK 处理相比，各粒级团聚体的交换性钾含量分别增加 90.81%、115.33%、64.50%、74.46%、78.50%。而 K 处理相比 CK 处理分别增加 81.34%、104.82%、56.09%、73.32%、67.74%。NP 和 MNP 处理的交换性钾含量相比 CK 处理均有所降低，在 0.5~1 mm、0.25~0.5 mm、<0.25 mm 3 个粒级团聚体中降低效果显著（$P<0.05$），分别降低 39.10%、32.52%、30.69% 和 40.25%、16.49%、13.27%。MNPK 与 M 处理各粒级团聚体的交换性钾含量与 CK 处理差异不显著（$P>0.05$）。

各处理中，黑土团聚体交换性钾含量以 K 和 MK 处理较高，NP 处理显著低于 CK 处理（$P<0.05$）。交换性钾含量是特殊吸附性钾与非特殊吸附性钾的和，它们的变化规律相似：NP 处理含量较低，而 K 与 MK 处理含量较高，但考虑到土壤养分的平衡，认为 MNPK 与 M 处理为增加土壤交换性钾含量的有效措施。

（七）不同粒级团聚体全钾含量

如表 2-22 所示，各施肥处理下的土壤全钾含量随团聚体粒级变化差异不大。

表 2-22 不同粒级团聚体全钾含量（2021 年） 单位：mg/kg

处理	>2 mm	1~2 mm	0.5~1 mm	0.25~0.5 mm	<0.25 mm
CK	18.90±0.29cA	18.73±1.55cA	18.78±0.71cdA	17.79±0.45dA	18.42±1.30eA
NP	17.14±1.28dB	18.88±0.08cA	16.18±0.94eB	19.30±0.59cA	19.00±0.71deA
K	22.29±0.35abA	21.98±0.18aA	21.66±0.45aA	21.86±0.29aA	21.66±0.71abA

（续表）

处理	>2 mm	1~2 mm	0.5~1 mm	0.25~0.5 mm	<0.25 mm
NPK	19.13±0.63cA	17.07±0.04dB	18.55±0.69dA	16.37±0.33eB	19.04±0.54deA
M	20.13±1.16cA	20.52±0.57bA	19.70±0.47cdA	20.23±0.90bcA	20.42±0.36bcdA
MNP	20.66±1.33bcA	19.37±0.98bcA	19.92±0.93bcA	20.50±0.39bA	19.95±0.98bcA
MK	22.63±0.37aA	22.20±0.80aA	22.32±0.68aA	22.42±0.66aA	22.61±0.51aA
MNPK	20.60±1.42bcA	20.61±0.11bA	20.37±0.60bA	20.38±0.54bA	20.89±0.62bcA

注：同列不同小写字母表示不同处理间差异显著（$P<0.05$），同行不同大写字母表示不同粒级团聚体之间差异显著（$P<0.05$）。

MK 与 K 处理对增加土壤中的全钾含量有显著的效果（$P<0.05$）。其中 MK 处理的全钾含量最高，按团聚体粒级由大到小分别为 22.63 g/kg、22.20 g/kg、22.32 g/kg、22.42 g/kg、22.61 g/kg；与 CK 处理相比，分别增加 19.74%、18.53%、18.85%、26.03%、22.75%。K 处理的增加效果次之。施用氮磷肥处理的土壤全钾含量低于不施氮磷的处理，这可能是因为氮磷养分能够促进作物对钾素的吸收，导致全钾含量降低。NPK 处理在 1~2 mm、0.25~0.5 mm 粒级中，土壤全钾含量显著低于 CK 处理（$P<0.05$）。MNPK 处理除>2 mm 粒级团聚体变化不显著外（$P>0.05$），其余 4 个粒级团聚体的全钾含量显著高于 CK 处理（$P<0.05$）。在>2 mm、0.25~0.5 mm 粒级团聚体中，只有 NP 处理的土壤全钾含量显著低于 CK 处理（$P<0.05$）；在 1~2 mm、0.25~0.5 mm 粒级团聚体中 NPK 处理显著低于 CK 处理（$P<0.05$）；在<0.25 mm 粒级团聚体中，其他处理的土壤全钾含量均大于 CK 处理。

在各施肥处理中，NP 与 NPK 处理部分粒级团聚体中的全钾含量低于 CK 处理。除 K 与 MK 处理外，M、MNPK 处理也能维持较高的土壤全钾含量。因此，土壤全钾与交换性钾规律相同，M、MNPK 处理是维持土壤全钾含量的有效措施。

（八）不同粒级团聚体矿物钾含量

如表 2-23 所示，不同处理的土壤矿物钾含量在各粒级团聚体中差异不大。

在不同粒级团聚体中，K 与 MK 处理的矿物钾含量均较高，其中 MK 处理含量最高，分别为 21.27 g/kg、20.72 g/kg、20.76 g/kg、20.89 g/kg 和 21.34 g/kg，与 CK 处理相比分别提高 17.84%、16.34%、16.50%、24.42%和 21.73%。K、MK、MNPK 处理的 5 个粒级团聚体中，矿物钾含量均显著高于 CK 处理（$P<0.05$）；M 处理在 1~2 mm、0.25~0.5 mm 和<0.25 mm 3 个粒级团聚体中，其含量也显著高于 CK 处理（$P<0.05$）。NPK 处理与 CK 处理相比，其矿物钾含量在 1~2 mm 和 0.25~0.5 mm 粒级团聚体显著降低（$P<0.05$），其他 3 个粒级团聚体的矿物钾含量与 CK 差异不显著（$P>0.05$）。M 处理的矿物钾含量均高于 NPK 处理，其中 1~2 mm、0.25~0.5 mm 和<0.25 mm 粒级团聚体矿物钾含量差异显著（$P<0.05$）。除>2 mm 粒级差异不显著外（$P>0.05$），MNPK 处理其他粒级团聚体矿物钾含量显著高于 NPK 处理（$P<0.05$）。

不同施肥处理下，土壤矿物钾含量以 K 与 MK 处理较高，这与交换性钾、非交换性钾和全钾情况相似。但是，考虑到土壤养分的平衡，M 与 MNPK 处理能够维持较高的土壤矿物钾含量。

表 2-23　不同粒级团聚体矿物钾含量（2021 年）　单位：mg/kg

处理	>2 mm	1~2 mm	0.5~1 mm	0.25~0.5 mm	<0.25 mm
CK	18.05±0.16cdA	17.81±1.38cA	17.82±0.71dA	16.79±0.44cA	17.53±1.37dA
NP	16.41±1.32dB	18.09±0.12cA	15.30±0.92eB	18.39±0.62bA	18.28±0.82cdA
K	20.94±0.29abA	20.51±0.15abA	20.18±0.32abA	20.38±0.26aA	20.40±0.68abA
NPK	18.27±0.67cA	16.26±0.10dB	17.65±0.66dA	15.34±0.34dB	18.15±0.61dA
M	19.28±1.22cA	19.48±0.45bA	18.66±0.43cdA	19.23±0.95bA	19.68±0.43bcA
MNP	19.61±1.30abcA	18.31±0.95cA	18.79±0.81cdA	19.33±0.42bA	18.95±0.91bcdA
MK	21.27±0.28aA	20.72±0.50aA	20.76±0.67aA	20.89±0.51aA	21.34±0.43aA
MNPK	19.63±1.36abcA	19.60±0.04abA	19.28±0.56bcA	19.16±0.46bA	19.94±0.61abA

注：同列不同小写字母表示不同处理间差异显著（$P<0.05$），同行不同大写字母表示不同粒级团聚体之间差异显著（$P<0.05$）。

四、小结

不同施肥处理对不同粒级团聚体比例的影响有很大差异，对不同粒级团聚体的钾素含量影响也不同。

与 CK 处理相比，只有 M 处理显著增加了土壤大团聚体的比例，这能够促进土壤结构的稳定性和土壤钾的吸收利用。与 CK 处理相比，K、NPK、MK 处理土壤大团聚体的比例变化不显著。因此，M 与 NPK 处理在提供相对均衡养分的同时，能够维持黑土土壤团聚体组分比例。

单从各粒级团聚体的钾素含量来看，K 与 MK 处理在大多数情况下为最优处理。化肥配施有机肥可以在一定程度上增加土壤各形态钾素的含量，施用氮磷化肥处理，会降低土壤中钾素的含量。土壤水溶性钾含量的变化与其他形态钾素含量的变化存在差异，但非交换性钾、交换性钾、全钾和矿物钾的含量的变化趋势相似。综合考虑土壤钾素有效性与储存量，以及各土壤元素的平衡，M 与 MNPK 处理能够维持较为稳定的土壤钾素水平。

第五节　长期施肥黑土硫素演变

硫（S）是世界上储量最丰富、使用最广泛的天然元素之一。硫主要以硫铁矿、伴生硫铁矿和硫黄矿的形式存在于地壳中。在矿物风化和土壤形成过程中，矿物态硫在化学和生物化学作用下，逐渐氧化为 SO_4^{2-}，被植物和微生物利用。瑞士最早发现施用含硫物质对作物具有增产效果，并在欧洲逐渐流行施用石膏等含硫肥料（刘崇群，

1980)。长期以来，硫一直作为原料和中间体广泛应用于工业和农业生产中。硫作为继氮、磷、钾之后第四位植物生长所必需的营养元素已被全世界广泛接受（刘洋等，2012)。

我国明朝就有施用硫肥的记载，20 世纪 50 年代后期开始有水稻土缺硫的报道，20 世纪 70 年代以后硫营养研究逐步得到重视。刘崇群（1981，1990）报道，我国南方许多省份施用硫肥有不同程度的增产效果，水稻增产 2%~20%，油菜增产 5.9%~36.8%，小麦和大豆分别增产 15.4%和 6.4%。安徽省黄潮土、灰潮土、红壤、紫色土、砂姜黑土，以及水稻土也都出现了不同程度的缺硫（张继榛等，1996）；在江西省施硫对水稻、花生、油菜有增产作用（范业成等，1997）；秸秆还田配施硫肥可以增加黑钙土春玉米对氮素的吸收，提高春玉米地上部的氮素积累量，增加产量并提高氮肥利用率（申凯宏等，2023)。目前高产栽培条件下需要施用大量的高浓度氮、磷、钾肥料，这就更加需要补充硫素才能保持养分平衡，提高各种肥料的利用率。我国对作物硫素营养研究起步较晚，20 世纪 90 年代，随着我国土壤缺硫面积逐渐扩大，硫素营养问题逐渐引起科学家的高度重视。

以往人们对长期施肥条件下黑土主要肥力指标变化的研究多集中在大量元素氮、磷、钾上，对中量元素硫的研究很少。陈国安（1994）研究了黑龙江省境内黑土的硫状况，结果表明，13 个黑土样本中有 8 个有效硫低于 10 mg/kg，土壤全硫与有机质的相关系数为 0.98，达到极显著相关。郭亚芬和陈魁卿（1995）研究了黑龙江省主要土壤类型的硫素组成和硫肥肥效，得出了当地几种主要土壤全硫含量的变幅为 202~597 mg/kg；有效硫含量变幅为 6.0~30.0 mg/kg，平均为 14.4 mg/kg，占全硫含量的 3.9%。但他们研究的样本仅为 4 个，难以代表整个黑土区土壤的硫素情况。李书田和林葆（2001）研究认为，在好气培养条件下黑土有机硫的矿化速率和褐土、黄棕壤、红壤相差不大（分别为 0.56、0.51、0.67、0.49)。虽然黑土全硫和有效硫含量高于其他土壤，但施用硫肥效果显著，尤其在水稻土上硫肥肥效更为明显（迟凤琴，1999)。黑土全硫的变化与土壤有机质、全氮的变化特征相类似，但随开垦年限的增加降低的幅度较有机质、全氮小。

黑龙江和吉林两省早在 20 世纪 50—60 年代就有施用硫肥的经验。自 20 世纪 80 年代以来，随着作物品种的更新、栽培技术的改进和作物产量的提高，作物每年从土壤中携走的硫不断增加，致使许多土壤和作物出现了缺硫现象。陈国安（1994）报道了在我国东北黑土上有缺硫现象发生和施用硫肥能够增产的研究结果。黑龙江省 7 种主要耕地土壤有效硫含量平均为 14.35 mg/kg，恰为全国土壤硫的临界值（郭亚芬等，1995)。近年来有关在黑土上施用硫肥的报道已有不少，其中亚麻和油菜的盆栽试验显示施硫的效果很好，大豆和玉米施用硫肥后，增产幅度达 5%~10%，水稻施用硫肥后增产幅度则达到了 13%（迟凤琴，1999；吴英，2002；迟凤琴，2002)。上述研究的重点在于硫肥肥效，所选择的区域较小，很难代表黑土区的土壤全貌，有关硫的增产机理及不同地区黑土硫素系统研究资料不多。

综上所述，目前对于土壤硫素的研究，无论是在研究方法还是在研究内容上都已取得了较大的进展，但土壤本身的复杂性，以及其他测试方法的限制给研究工作带来的诸多困难，使得对土壤硫方面的研究还远不及其他元素深入。其中，关于土壤无机硫有效性和有机硫在不同条件下分解、矿化的研究是当今和今后一段时间土壤肥力研究的重要内容之一，这对于阐明土壤硫素肥力的基本理论、科学培肥土壤、合理利用土地资源以及提高肥料利用率都是十分重要的。阐明黑土硫素形态及其在不同地区土壤、不同土壤层次上的分布规律，全面了解黑土硫的含量、组成和对作物的有效性，掌握土壤中硫素含量、形态与施肥条件的关系，是一项具有重要科学意义的基础应用研究。

为此，基于哈尔滨黑土肥力长期定位试验土壤状况对黑土硫的形态、分布、有效性以及与其他土壤性质的关系进行研究，探讨长期施肥下黑土硫素肥力的演变规律，明确黑土施用硫肥对作物产量和品质的影响，以期为提高黑土肥力、改善黑土质量、合理施用硫肥提供理论依据。

一、长期施肥黑土中有机硫的矿化

（一）测定方法

1. 土壤有机硫矿化培养试验

土壤有机硫矿化培养试验参照姜丽娜（2002）进行。称取土壤样品 30 g（以烘干土为基数，以下同），加入 30 g 石英砂（过 1～2 mm 筛），充分混合后置于淋滤管内，并尽量保持各处理间土壤松紧程度一致。每一土样设 3 次重复。为了去除土壤中已有硫酸盐的影响，先用 0.01 mol/L $CaCl_2$溶液润湿土壤，并平衡 12 h 以上，再用 0.01 mol/L $CaCl_2$溶液淋洗土壤至无 SO_4^{2-} 渗出；为防止添加溶液对土壤表面产生破坏作用，添加溶液前要在土壤表面铺设滤纸。为淋滤管加盖以防止水分蒸发并使之保持较好的通气条件，置于保温箱内在 20℃和 30℃下培养。分别在培养 2 周、4 周、6 周、8 周、10 周、12 周和 14 周后用 75 mL 0.01 mol/L $CaCl_2$淋洗土壤，淋洗液定容至 100 mL，过滤，用硫酸钡比浊法测定淋洗液中的 SO_4^{2-} 含量。14 周培养结束后，取出土壤，风干，过 0.25 mm 筛，测定土壤中的有机硫组分。

土壤有机硫的潜在矿化势、矿化速率常数利用矿化培养数据，采用一级动力学方程计算。

$$S_t = S_0[1-\exp(-kt)] \tag{2-3}$$

式中，S_0为潜在矿化势；S_t为一定时间土壤硫累积矿化量；k 为一级动力学常数（矿化速率常数）；t 为培养时间（周）；矿化半衰期是潜在矿化势 S_0 被矿化 50%所需的时间，用 $t_{0.5}$表示。

式（2-3）不能转变成直线，所以不能直接应用最小二乘法求出式中的参数 S_0和 k_0 参数用下述方法求得，先变形上式为：

$$S_0-S_t = S_0\exp(-kt) \tag{2-4}$$

变形后的公式：

$$\ln(S_0-S_t) = \ln S_0(-kt) \tag{2-5}$$

虽然式（2-5）是一直线型公式，但由于等式两端均含有欲求参数 S_0，所以需要先估算 $-S_0$，代入公式左端后，以最小二乘法计算出公式右端的两参数 S_0和 k；然后再将这一刚刚求出的 S_0代回等式左端进行第二次计算，以最小二乘法求得新的等式右端的

S_0和 k，如此反复迭代计算，直至前后两次求出的 S_0相对误差小于 0.000 1，计算结束，此时求得 S_0和 k 即为一级反应方式中的两参数。根据 S_0和 k 即可计算出 $t_{0.5}$（$t_{0.5}=0.693/k$）。

2. 硫素生物有效性试验

采集 CK、NPK、MNPK、M 4 个处理的土壤，风干过 2 mm 筛，一部分用作盆栽试验，另一部分用作养分测定；土壤的硫素含量见表 2-24。

使用采自长期定位试验 4 个不同施肥处理的土壤，做硫素耗竭盆栽试验。每个处理各设施硫 20 mg/kg 和不施硫两个处理，重复 3 次，共 24 盆。每盆播玉米种子（催芽）10 粒，出苗后每盆定植 6 株，保持盆内土壤适宜的水分含量状态。出苗 40 d 后分别收获玉米地上部和根系，分别称鲜重和干重，粉碎，做全硫分析。第一茬盆栽试验后，取出盆内土壤，风干过 2 mm 筛，取 50 g 土分析硫组分，其余的土样再装盆，按第一茬方法连续种 3 茬玉米。施硫的处理也仅在第一茬播种前施用了硫肥，第二茬和第三茬都不施硫。

表 2-24　长期定位试验不同施肥条件下黑土硫组分状况　　单位：mg/kg

处理	全硫	有效硫	无机硫	有机硫	H_2O-S	Adsor.-S	HCl-S	C—O—S	C—S	UO-S
CK	330	26.62	58.48	271.52	18.13	7.11	33.25	75.02	58.94	196.04
NPK	300	39.64	31.35	268.65	15.94	6.56	8.86	66.09	72.35	161.56
M	330	36.72	62.57	267.43	31.93	10.58	20.06	57.16	86.78	186.06
MNPK	500	38.33	54.08	445.92	16.67	8.75	28.66	83.94	107.40	308.66

注：H_2O-S 为水溶性硫，Adsor.-S 为吸附态硫，HCl-S 为盐酸可溶性硫，C—O—S 为酯键硫，C—S 为碳键硫，UO-S 为未知态硫。

（二）长期施肥对黑土有机硫矿化特性的影响

1. 长期施肥对黑土有机硫矿化的影响

有机硫累积矿化量与培养时间的关系如图 2-38 所示。本研究对哈尔滨黑土肥力长期定位试验不同施肥措施长期影响下的土壤进行 14 周的室内矿化培养试验，结果表明，施肥对黑土有机硫的矿化特征有明显的影响。在 20℃和 30℃条件下，CK 处理由于长期不施肥，作物主要吸收土壤中原有的硫素，使硫库遭到消耗，土壤有机硫矿化能力大大降低，在 14 周内有机硫的矿化仅为 7.58 mg/kg。4 个处理在 20℃下，有机硫的矿化速率 MNPK>M>NPK>CK，M 和 MNPK 处理的土壤有机硫矿化速率明显高于 CK 和 NPK 处理。在培养 14 周时的矿化量分别达到 17.68 mg/kg 和 18.12 mg/kg，是 CK 处理的 2 倍以上，其主要原因可能是在外界提供丰富的营养条件下，土壤微生物活动比较活跃，有机硫的分解速率随之加快。因此，合理施肥能促进有机硫在土壤中的矿化，为作物生长提供丰富的硫营养。在 30℃条件下，各处理的硫矿化速率与在 20℃条件下呈相同的趋势，M 处理的有机硫矿化速率略高于 MNPK 处理。

2. 不同施肥处理土壤有机硫矿化特征值

从表 2-25 可以看出，黑土有机硫矿化过程遵从一级化学反应方程，使用非线性最

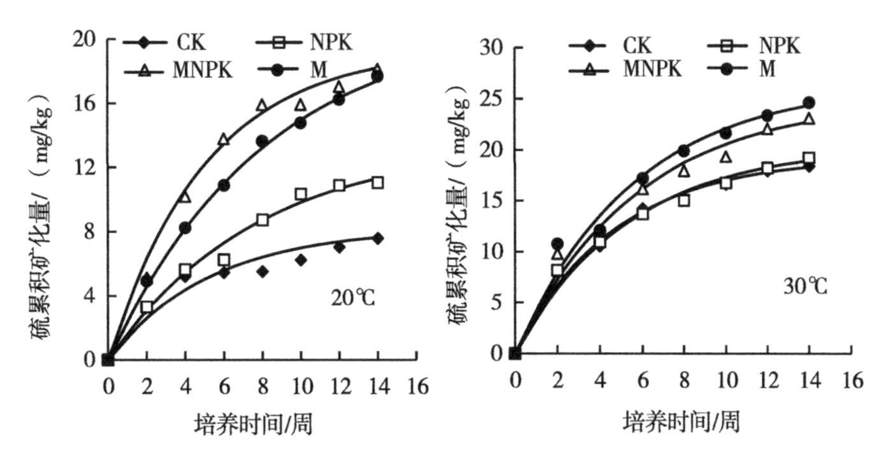

图 2-38　好气培养条件下长期施肥有机硫累计矿化量与培养时间的关系（2000 年）

小二乘法对两温度下的有机硫累积矿化量与时间的关系进行拟合。从所列相关系数可以看出，土壤有机硫矿化速率方程拟合良好，除 20℃条件下的 CK 处理黑土的相关系数为-0.968 外，其他相关系数的绝对值均在 0.980 以上。

表 2-25　在 20 ℃和 30 ℃条件下不同施肥处理黑土有机硫矿化一级动力学方程参数

处理	20℃			30℃		
	S_0/(mg/kg)	k/周	r	S_0/(mg/kg)	k/周	r
CK	8.22	-0.190	-0.968	19.26	-0.213	-0.992
NPK	13.56	-0.129	-0.983	20.40	-0.188	-0.985
MNPK	19.48	-0.196	-0.985	25.01	-0.172	-0.981
M	21.35	-0.121	-0.998	26.57	-0.178	-0.991

注：$r_{0.05}=0.576$，$r_{0.01}=0.708$，$n=12$。

在 20℃和 30℃条件下土壤有机硫的潜在矿化势以 M 处理最大，其次为 MNPK 处理，CK 处理最小，即施用有机肥数量越多，土壤中有机硫含量越高，其潜在矿化势也越大，即供硫潜力越大。可见，施用有机肥是土壤硫素供应的重要来源。

在 20℃条件下土壤有机硫矿化速率常数 k 在处理间无明显变化规律，而 30℃矿化试验的 k 值（绝对值）在不同施肥处理间为 CK>NPK>M>MNPK，这说明施用有机肥处理土壤有机硫的矿化速率较未施用有机肥处理慢，施用有机肥不仅可以增加有机硫潜在矿化势，增加土壤供硫潜力，且有机硫矿化速率相对较慢，这对于稳定土壤有效硫的供应具有积极意义。

表 2-26 为土壤有机硫潜在矿化势的半衰期。从表 2-26 中可以看出，有机硫潜在矿化势的半衰期随有机肥的施用而增长，30℃下 MNPK 处理比 CK 处理长 0.78 周（约 5.5 天），这也进一步说明施用有机肥对于提高黑土供硫能力、延长供硫时间具有一定作用。温度升高，半衰期缩短。

表 2-26 不同施肥处理黑土有机硫矿化势的半衰期 单位：周

处理	20℃	30℃
CK	3.26	3.25
NPK	5.38	3.69
MNPK	3.54	4.02
M	5.74	3.89

在 30℃条件下任何施肥处理的有机硫矿化势均较 20℃时升高，矿化速率常数 k 也表现出相似的趋势，即在其他条件相同的情况下，温度越高能被矿化的有机硫数量越多，矿化速率也越大。在土壤有机硫数量一定的情况下，温度增加有利于短期土壤有机硫的供应，但不利于有机硫的保存，即不利于硫的长期、稳定供应。

（三）有机硫矿化对土壤有机硫组分的影响

土壤中有机硫主要以 3 种形态存在：C—O—S（酯键硫）、C—S（碳键硫）和 UO-S（未知态硫）。C—O—S 主要是指能被含有氢碘酸（HI）、甲酸和 H_3PO_2 的混合液强烈还原为 H_2S 的那部分有机硫化合物，大部分以硫酸酯形态存在，如酚基硫酸盐等。一般认为，这部分硫主要与胡敏酸等的某些侧链相连接，存在于土壤有机质的高分子胡敏酸里（Freney，1986）。由于这部分硫能迅速被酸或碱水解为无机硫酸盐，所以 HI-S 被认为是土壤有机硫中最活跃的、最不稳定的部分（Spencer 和 Freney，1960；Cooker，1972），它较易转化为 SO_4^{2-} 供植物吸收利用，是植物吸收土壤有机硫的主要来源。C—S 是指不能被 HI 还原，但能被 Raney-Ni 还原的一类有机化合物，主要是一些含硫的氨基酸，也较易为植物所利用。C—S 在农业中的利用价值不如 C—O—S 高，但可以作为 C—O—S 的补给源，逐渐转化为 C—O—S，被植物吸收利用。它主要存在于富里酸中，也易被矿化分解和淋失。UO-S 是指既不被 HI 也不被 Raney-Ni 还原的含硫有机化合物，作物较难利用，但随着时间的推移和耕作措施的改变，也能慢慢分解一部分补给其他两种形态的有机硫。一般这部分有机硫容易被忽视。

从表 2-27 可以看出，0~20 cm 土层供试黑土 3 种形态有机硫含量占全硫的 78%。在有机硫中以 UO-S 为主，占全硫的 38%，C—S 较少，占 18%，C—O—S 占 22%。在 20~40 cm 土层，UO-S 占全硫的 47%，说明 UO-S 在土壤全硫中占大部分，因此不能忽视这部分硫的作用。

表 2-27 黑土有机硫的组分构成

土层深度/cm	有机硫/%				无机硫/%
	C—O—S	C—S	UO-S	总量	
0~20	22	18	38	78	22
20~40	17	15	47	79	21

不同施肥处理黑土硫组分含量的基本变化趋势是各处理都有所下降（表 2-28），C—O—S 和 C—S 下降的幅度相差不大。温度升高时，UO-S 下降明显，说明 UO-S 在一定条件下也可以转化为其他形态。在 4 个处理中，M 和 MNPK 处理土壤硫组分下降幅度高于 NPK 和 CK 处理。

表 2-28　好气培养 14 周后不同施肥处理黑土有机硫组分的净变化　单位：mg/kg

处理	20℃			30℃		
	C—O—S	C—S	UO-S	C—O—S	C—S	UO-S
CK	-7.79	-5.94	-3.78	-8.06	-10.20	-16.59
NPK	-1.97	-9.83	-4.53	-8.14	-7.34	-16.70
MNPK	-8.60	-8.27	-0.87	-10.09	-11.52	-12.43
M	-6.74	-13.50	-9.96	-14.22	-13.79	-10.59

（四）小结

在好气培养条件下，黑土有机硫累积矿化量随培养时间的增加不断增加，两者之间的关系遵从化学反应一级动力学方程，即前期有机硫矿化速率较快，后期硫矿化速率逐渐变慢；前 4 周的矿化量占 14 周矿化总量的 50%~62%。

黑土有机硫的矿化速率常数 k、潜在矿化势 S_0 和半衰期 $t_{0.5}$ 明显受到温度的影响，即温度越高土壤的有机硫潜在矿化势越大，矿化速率常数也越大，而半衰期越短。

长期定位试验土壤有机硫的潜在矿化势以 M 处理最大，其次为 MNPK 处理，再次为 NPK 处理，CK 处理最小，即施用有机肥数量越多，土壤有机硫含量越高，其潜在矿化势也越大，即供硫潜力越大。这说明施用有机肥是土壤硫素供应的重要来源。

有机硫潜在矿化势的半衰期随施用有机肥而增加，30℃下 MNPK 处理比 CK 处理长 0.78 周（约 5.5 天），这进一步说明施用有机肥对于提高黑土的供硫能力、延长供硫时间具有一定作用。

二、长期施肥黑土硫素的生物有效性

（一）玉米植株吸硫量的变化

作物吸硫量是土壤供硫能力的最直接表现。使用长期不同施肥处理的土壤进行玉米苗期硫连续耗竭盆栽试验，结果表明，无论施硫与否，从第一茬到第三茬玉米地上部吸硫量都逐渐下降，第一茬吸硫量最多，占 3 茬总吸硫量的 58%~72%；施硫处理地上部吸硫量明显大于不施硫处理（表 2-29）。在不施硫处理中，地上部吸硫量因所用供试土壤不同而表现出明显差异，表现为 MNPK>M>NPK>CK。

从玉米的根系吸硫量看（表 2-30），不施硫导致根系从土壤中吸收的硫量大于施硫处理，而且 CK 处理根系的吸硫量远大于施肥处理（与地上部正好相反），原因可能是作物根系所吸收的硫供给了地上部，CK 处理的地上部生长没有施肥处理的旺盛，所需要的硫减少，因而根系中含硫量相对较多；而施肥处理因为要满足地上部旺盛的生长，所需要的硫增加，根系中硫含量相对减少。

表 2-29　不同施肥处理黑土玉米地上部吸硫量　　单位：g/盆

处理		吸硫量			总吸硫量
		第一茬	第二茬	第三茬	
CK	不施硫处理	6.37	2.50	1.48	10.35
	施硫处理	6.88	2.55	2.03	11.46
NPK	不施硫处理	6.70	3.07	1.39	11.16
	施硫处理	6.76	3.27	1.64	11.58
M	不施硫处理	8.88	3.40	1.47	13.75
	施硫处理	9.57	3.76	1.57	14.90
MNPK	不施硫处理	10.52	3.57	1.77	15.86
	施硫处理	11.07	3.86	1.83	15.76

表 2-30　不同施肥处理黑土玉米根系吸硫量　　单位：g/盆

处理		吸硫量			总吸硫量
		第一茬	第二茬	第三茬	
CK	不施硫处理	3.71	1.62	2.17	7.50
	施硫处理	2.68	1.34	1.41	5.43
NPK	不施硫处理	4.96	1.03	1.31	7.30
	施硫处理	3.54	0.98	1.11	5.63
M	不施硫处理	3.35	1.80	1.54	6.69
	施硫处理	2.04	1.09	1.58	4.71
MNPK	不施硫处理	3.92	1.15	2.00	7.07
	施硫处理	3.12	0.71	0.95	4.78

施用等量的硫肥后各处理的地上部吸硫量都明显增加，其顺序为 MNPK>M>NPK>CK，即 NPK 和 CK 处理地上部的吸硫量低于 M 和 MNPK 处理。在同一个处理土壤上，施硫与不施硫玉米地上部吸硫量表现出明显差异，这说明在供硫不足的情况下施硫肥可以使作物硫素营养状况得到改善。随着生产水平的提高，和施用氮磷钾一样，施硫将成为保证作物高产稳产的重要技术措施。

（二）土壤有机硫和无机硫的变化

表 2-31 是连续种植 3 茬玉米后土壤各种形态硫含量的测定结果。从表 2-31 可以看出，在不施硫的情况下，CK、NPK、M 和 MNPK 处理土壤的全硫含量均呈下降趋势，以第二茬下降得最多。各施硫处理土壤的全硫含量都有所增加或基本保持不变，在全硫含量增加的各处理中以 M 处理增加得最多，由此可以进一步看出有机肥在保持和平衡

土壤硫素方面的作用。

土壤有效硫含量的变化与全硫含量不同，无论施硫与否各处理都有一定幅度的下降，以第三茬下降幅度最大。各处理之间比较，下降幅度顺序为 CK>NPK>MNPK>M。施硫与不施硫处理之间比较，施硫处理的土壤有效含量下降幅度明显大于不施硫肥处理，这可能是因为施硫以后促进了植株的生长，植株生长又增强了植物对硫的吸收，导致土壤有效硫下降较多。

无机硫由于易被植物吸收利用而常被用于表征土壤硫素肥力。在本研究中，连续种植 3 茬玉米后，无论施硫与否各处理无机硫含量都呈下降趋势，但以 NPK 和 CK 处理土壤无机硫下降得最多，有机肥处理土壤下降得最少。

有机硫含量无论施硫与否都以 CK 处理下降得最多，M 处理下降得最少；而 MNPK 处理的土壤有机硫含量下降幅度小于 NPK 和 CK 处理。说明如果长期没有有机物料的投入，土壤有机硫库变小，且得不到更新，作物对硫的吸收必然会消耗土壤有机硫从而使土壤有机硫含量下降。表 2-31 的分析结果表明，即使在施硫的条件下，土壤有机硫含量也有不同程度的下降，这说明种植作物可导致土壤有机硫矿化速率加快。

表 2-31　不同施肥处理玉米连作黑土硫组分变化　　单位：mg/kg

处理	硫组分	试验前含量	不施硫处理			施硫处理		
			第一茬	第二茬	第三茬	第一茬	第二茬	第三茬
CK	全硫	360	-10	-20	-20	0	-10	0
	有效硫	26.62	-3.70	-5.19	-11.76	-11.25	-15.18	-15.96
	无机硫	91.71	-20.18	-30.19	-40.2	-21.82	-21.55	-32.73
	有机硫	268.29	-41.10	-60.08	-70.25	-41.17	-48.22	-73.24
NPK	全硫	390	-60	-90	-70	+10	+30	+30
	有效硫	36.72	-2.34	-2.15	-5.82	-8.89	-10.68	-12.93
	无机硫	75.85	-19.06	-10.85	-17.54	-32.56	-18.77	-45.54
	有机硫	314.15	-30.58	-35.03	-46.52	-26.85	-41.07	-46.22
M	全硫	380	-10	-70	0	-30	-40	+60
	有效硫	39.64	-1.47	-1.26	-3.51	-8.43	-10.34	-11.85
	无机硫	98.25	-16.59	-13.44	-17.24	-13.92	-19.79	-27.23
	有机硫	281.75	-23.81	-33.69	-37.31	-48.66	-33.87	-40.62
MNPK	全硫	430	-50	-100	-20	-40	-30	+20
	有效硫	38.33	-1.94	-2.32	-7.99	-5.67	-13.30	-11.58
	无机硫	92.5	-10.27	-3.01	-12.76	-25.01	-31.92	-32.80
	有机硫	338.5	-56.44	-61.35	-69.16	-21.04	-38.18	-43.26

（三）小结

在长期施肥的黑土上连续种植 3 茬玉米，施硫和不施硫处理植株总吸硫量和地上部吸硫量逐茬下降，第一茬吸硫量最多，第三茬吸硫量最少。施硫能明显增加植株的吸硫量，增加的幅度为MNPK>M>NPK>CK。

在不施硫的情况下连续种植作物，CK、NPK、MNPK 3个处理的土壤全硫含量都是下降的，以第二茬下降得最多。M处理的土壤全硫含量能在连续种植3茬玉米的情况下维持不变。在施硫条件下，各处理的土壤全硫含量表现出增加的趋势，且以M处理增加得最多。

各处理土壤无机硫和有机硫含量无论施硫与否均表现为下降趋势，但以CK处理下降得最多，M处理下降得最少。另外，MNPK处理土壤有机硫下降幅度小于NPK和CK处理，这说明了化肥有机肥配施在维持土壤有机硫库方面起着重要作用。

第六节　长期施肥黑土pH演变

土壤酸化程度一般用土壤pH来评价，当土壤pH小于6.5时，便被认为是酸性土壤（黄昌勇，2000）。土壤pH作为土壤基本的理化性质，影响着土壤中许多化学反应和化学过程，从而影响植物和微生物所需养分的有效性，支配着化学物质在土壤中的行为，是影响土壤养分和重金属等污染物有效性和迁移性的重要因素，在土壤生态系统物质循环、能量流动、土壤质量及生产力的维持和保育，以及土地资源持续利用方面具有重要作用（高凤杰等，2018）。在各种人为因素中，化肥的大量施用显著地提高了粮食产量，对保障全球粮食安全发挥重要作用，但不合理的化肥施用严重影响了土壤健康和环境质量，特别是会导致土壤酸化（张北赢等，2010；Liang等，2013）。同时，工业生产和农耕活动产生的酸性气体随降雨进入土壤，即酸沉降，也会导致土壤酸化（许中坚等，2002）。研究表明，土壤结构越简单、缓冲能力越弱，土壤的酸化现象越严重（徐仁扣和Coventry，2002）。

黑土作为我国宝贵的耕地资源，其质量状况历来备受关注。黑土以中性和碱性居多，但是由于长期耕作和不合理的施肥措施，近年来黑土也出现了酸化的趋势。在黑龙江省东部、北部一些地区土壤pH为5.0~6.0，这说明黑土出现了酸化现象。据统计，土壤酸化可造成农作物减产20%，甚至更高，因此，土壤酸化已经成为影响土壤生产潜力的潜在因子，成为影响农业可持续发展的重要问题（张喜林等，2008）。研究长期施肥条件下黑土pH的变化规律，对于合理施用肥料、提高肥料利用率、保护和培肥黑土有着十分重要的意义。

一、长期施肥黑土耕层pH变化

如图2-39所示，随着氮肥（尿素）用量的增加，土壤pH降低的幅度加大。连续施用氮肥耕层土壤的pH显著下降，由1979年到2021年，N和NPK处理土壤pH由7.2分别下降到5.8和5.9，分别下降了19.4%和18.1%；N_2和N_2P_2处理土壤pH分别下降到5.3和5.1，分别下降了26.4%和29.2%，说明施化学氮肥可引起黑土酸化。施用有机肥及化肥与有机肥配施处理土壤pH下降趋势有所减缓，M和M_2处理土壤pH均为6.8，略降了5.6%；MNPK处理土壤pH为5.9，下降了18.1%，虽然施有机肥的土壤pH也都有所下降，但下降的速度明显减慢，施有机肥处理的pH均比单施化肥的pH高。

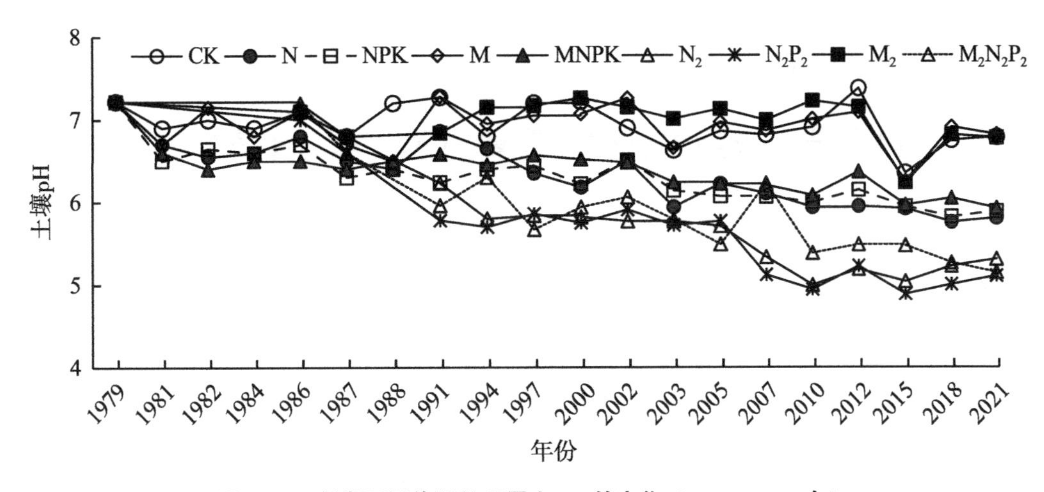

图 2-39　长期不同施肥处理黑土 pH 的变化（1979—2021 年）

二、长期施肥黑土剖面 pH 变化

从整个土壤剖面的 pH 变化来看，施肥不仅影响耕层土壤 pH，还影响耕层以下土壤的 pH（图 2-40）。施用氮肥（尿素）对 0~20 cm 土层的 pH 影响较大，对 40 cm 以下土层的 pH 影响较小。与 CK 处理相比，在 20~40 cm 土层 N 处理的 pH 降低了 3.3%，N_2 处理降低了 7.9%；在 80~100 cm 土层，N 处理的 pH 降低了 0.6%，N_2处理降低了 4.5%。下层土壤的 pH 受施入氮肥的影响小于上层，土壤 pH 变化幅度较大的土层为 0~40 cm。

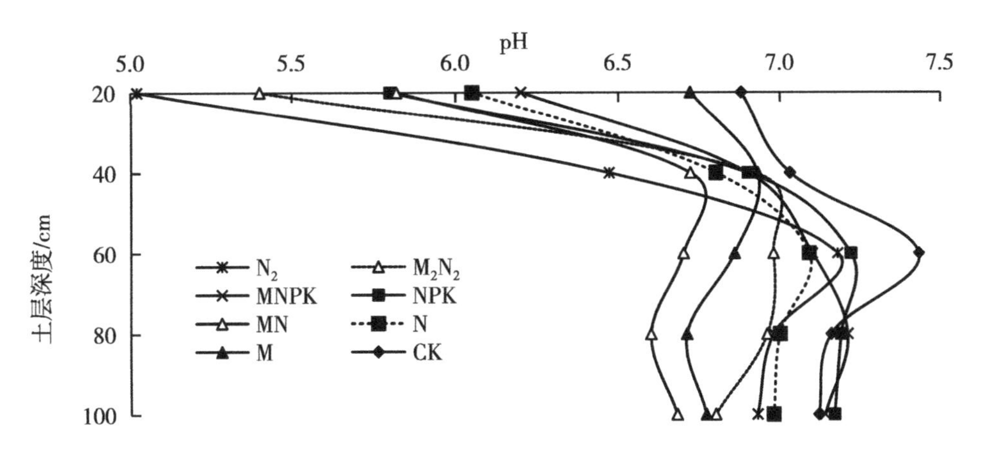

图 2-40　长期不同施肥处理黑土剖面 pH 的变化（2006 年）

三、小结

长期施用氮肥（尿素）会引起黑土酸化，随着氮肥用量的增加，土壤 pH 降低的幅度加大。有机肥及化肥与有机肥配施处理的土壤 pH 下降趋势有所减缓，单施有机肥（M 和 M_2）处理的耕层 pH 均为 6.8，略降 5.6%；MNPK 处理的耕层 pH 为 5.9，下降了18.1%，虽然施有机肥的土壤pH也有所下降，但下降的速度明显减慢，施有机肥处理的土壤pH均比单施化肥的土壤pH高。

第七节　长期施肥作物产量与黑土养分平衡特征

农业的发展历程证明，合理施用肥料尤其是化肥是作物持续增产的关键因素（朱兆良和金继运，2013），对提高粮食产量、保障粮食安全起到了不可替代的支撑作用（李书田和金继运，2011）。研究表明，化肥对作物产量的贡献率为35%~66%（奚振邦，2004）。适量施肥，可以促进作物的生长发育并增加产量（Yang等，2015）。但是，随着施肥量的逐渐增加，在施肥水平相对较高的农区已呈现报酬递减的现象（Cui等，2006；鲁艳红等，2015）。长期和过量施用化肥，会对土壤物理、化学性状和生物多样性产生不利影响，导致农田养分不平衡和土壤退化（周杨明等，2008），甚至会降低作物产量（Yaduvanshi，2001）。聂军等（2010）研究了长期施肥对红壤性水稻土物理性质的影响，指出长期施用化肥会增加土壤容重，降低土壤孔隙度。孟红旗等（2013）分析了我国6个长期施用酰胺态氮肥（尿素）的土壤，发现年施氮量为120~300 kg/hm^{2}时，N和NPK处理的耕层pH较不施肥处理均有较大程度的降低，降低幅度为0.64~1.51个单位。长期施用化肥，氮用量的增加使土壤有机碳含量降低，磷、钾用量的增加使土壤全氮含量下降明显，导致C/N上升（乔云发等，2007）。此外，化肥的施用可能导致富营养细菌代谢能力下降（Wei等，2008）。增施有机肥是培肥土壤、提升土壤质量的一项重要措施（温延臣等，2015）。有机肥中含有丰富的有机质和各种养分，它不仅可作为作物养分的直接供应库，又可活化土壤中潜在养分和增强土壤生物学活性，因而更有利于土壤理化特性的改善和养分的持续供应（韩晓增等，2010）。国内外长期定位试验研究表明，化肥有机肥合理施用可促进作物干物质累积和土壤养分吸收、增加农作物产量，是维持和提高地力、培肥土壤的重要途径（Bedadaa等，2014；高菊生等，2014；Zhao等，2014）。从养分输入-输出的角度分析农田养分的丰缺和平衡状况，对指导肥料生产、分配和施用具有一定的作用（Wang等，2014）。研究化肥有机肥配施条件下作物产量的变化和土壤养分平衡特征，对于指导养分资源合理配置、高效施肥和减少肥料损失等具有重要的理论和现实意义。

黑土主要分布于松嫩平原、三江平原、大兴安岭山前平原和辽河平原，具有质地疏松、肥力高、供肥能力强的特点，是我国重要的商品粮基地。随着开垦年限的增加以及不合理的管理方式，黑土肥力水平迅速降低，黑土层厚度变薄，甚至在少数地区出现了黄土母质裸露的现象，黑土呈现退化趋势，严重影响了黑土的生产能力。遏制黑土退化，探索提高土壤肥力、保证作物稳产高产的方法，是实现黑土区农业可持续发展的关键所在。本研究借助1979开始的哈尔滨黑土肥力长期定位试验，分析长期不同施肥条件下的作物产量演变特征，探讨土壤养分供应、作物养分吸收、作物产量之间的相互关系，探索实现黑土区耕地质量稳定提升、作物持续稳产高产的有效施肥模式，为促进区域粮食可持续生产提供技术支撑。

一、长期不同施肥作物产量效应

（一）长期不同施肥条件下轮作周期的作物产量

到2021年，哈尔滨黑土肥力长期定位试验已经进行了42个生长季，进行了14个完整的轮作周期，把每个轮作周期3种作物（小麦、大豆和玉米）产量相加，作为轮作周期产量，轮作周期产量能够综合反映作物产量的状况。经过14个轮作周期，不同施肥处理之间轮作周期产量的差异加大（图2-41），第1个轮作周期最高产量与最低产量差异为1 500 kg/hm^2，到第14个轮作周期产量差异为13 600 kg/hm^2，产量差异增加8倍，这也说明土壤肥力的差异加大。这种产量的差异与轮作周期数量符合对数关系（图2-42）。

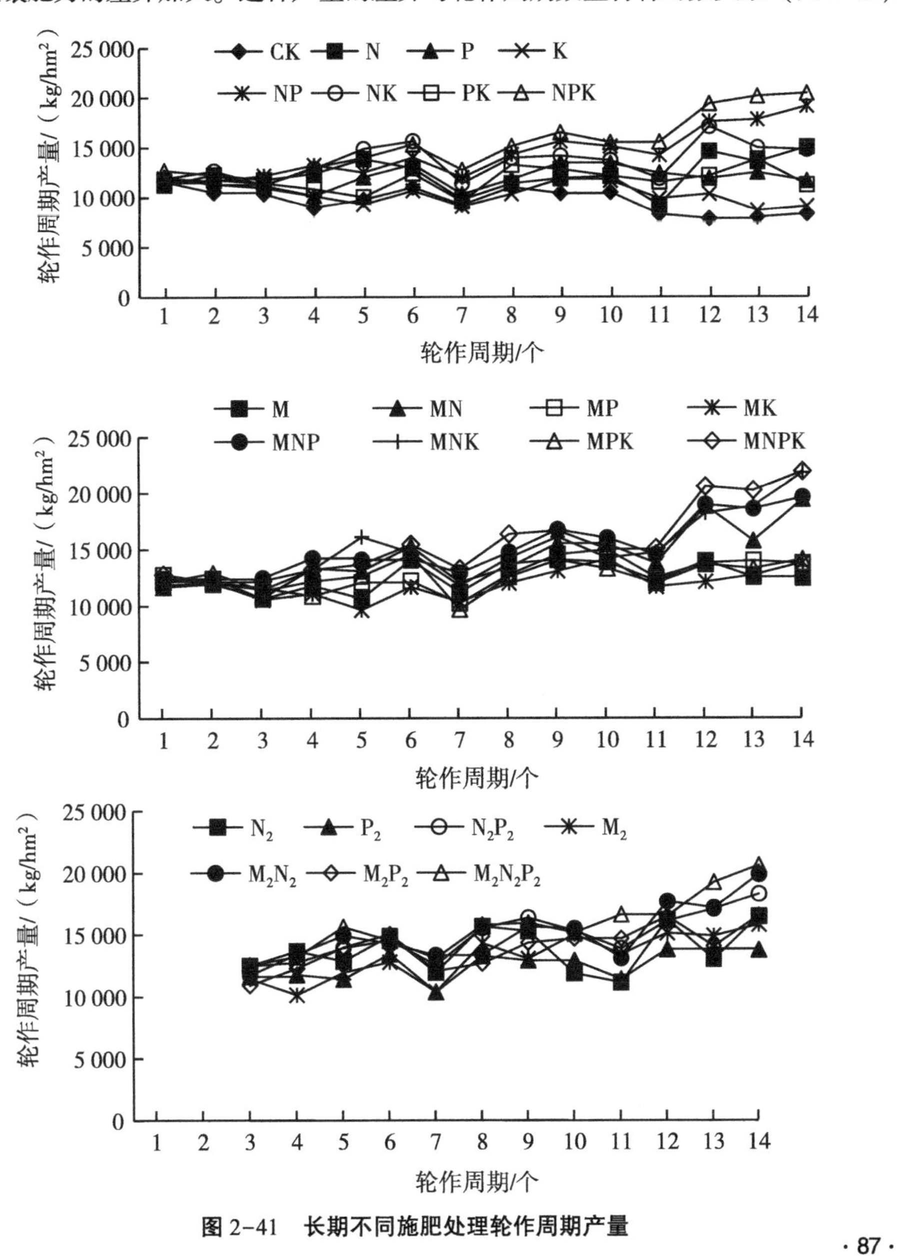

图2-41　长期不同施肥处理轮作周期产量

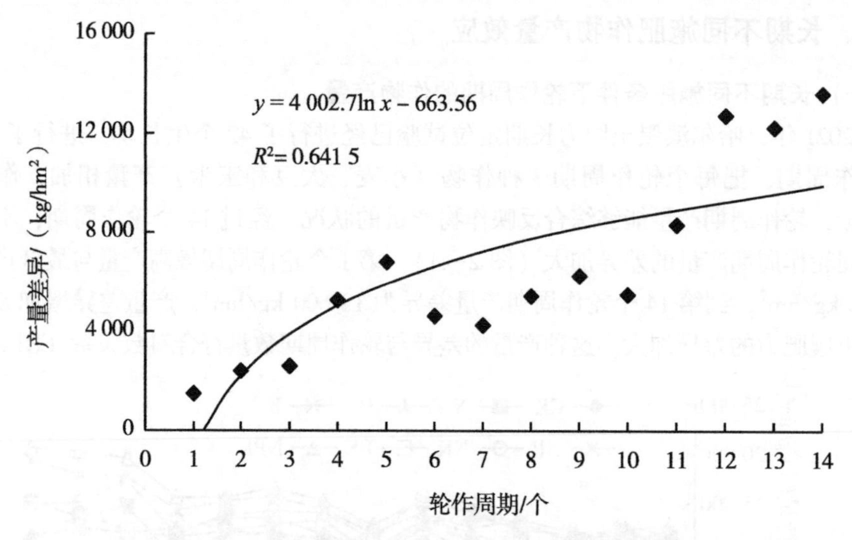

图 2-42　不同轮作周期最高产量与最低产量差异的变化

总的趋势是化肥及其与有机配施处理（NPK、MNPK、MNP）的产量较高，不施肥及偏施单一肥料（CK 、N、P、K）产量最低。经过 14 个轮作周期，长期不施肥（CK）条件下产量下降了 3 274 kg/hm^2，下降幅度为 28.2%，平均每个轮作周期下降 2.0 个百分点；单施有机肥（M 和 M_2）产量分别增加了 319 kg/hm^{2}和 4 339 kg/hm^2，增加幅度分别为 2.6% 和 38.0%；均衡施化肥（NPK）增产 7 704 kg/hm^2，增幅 60.6%，平均每个周期增加 4.3 个百分点；有机肥与化肥配施（MNPK）条件下轮作周期产量增加了 9 141 kg/hm^2，增产幅度为 71.5%，每个轮作周期增加 5.1 个百分点，说明在合理施肥（均衡施化肥、化肥有机肥配施）条件下，土壤肥力逐渐提高。

经过 14 个轮作周期，与不施肥相比，均衡施化肥（NPK）增产 87.6%，单施有机肥（M）增产 47.1%，有机肥与化肥配施（MNPK）增产 82.0%。有机肥对产量的贡献率低于化肥，单施有机肥不能使产量保持在高水平上，有机肥与化肥配施是保持和提高农作物产量的有效途径。

（二）长期不同施肥条件下小麦产量的变化

小麦是对肥料敏感的作物，小麦产量能更好地指示土壤肥力的变化。长期不施肥，小麦产量逐年下降，40 a 下降了 61.9%，也说明土壤肥力在逐年下降。单施有机肥（M 和 M_2）小麦产量呈增加趋势。均衡施化肥（NPK）小麦产量增加了 71.9%，偏施肥（NP、NK、PK）中只有 NP 处理小麦产量增加，NK、PK 处理小麦产量均下降。在偏施肥基础上配施有机肥（MNP、MNK、MPK），小麦产量增加；有机肥与化肥配施（MNPK）小麦产量呈上升趋势，产量增加了 83.5%。连续 40 a 2 倍量施用化肥（N_2、P_2、N_2P_2），小麦产量下降。与长期不施肥相比，均衡施化肥（NPK）小麦增产 316.3%，有机肥与化肥配施增产 378.6%（图 2-43）。

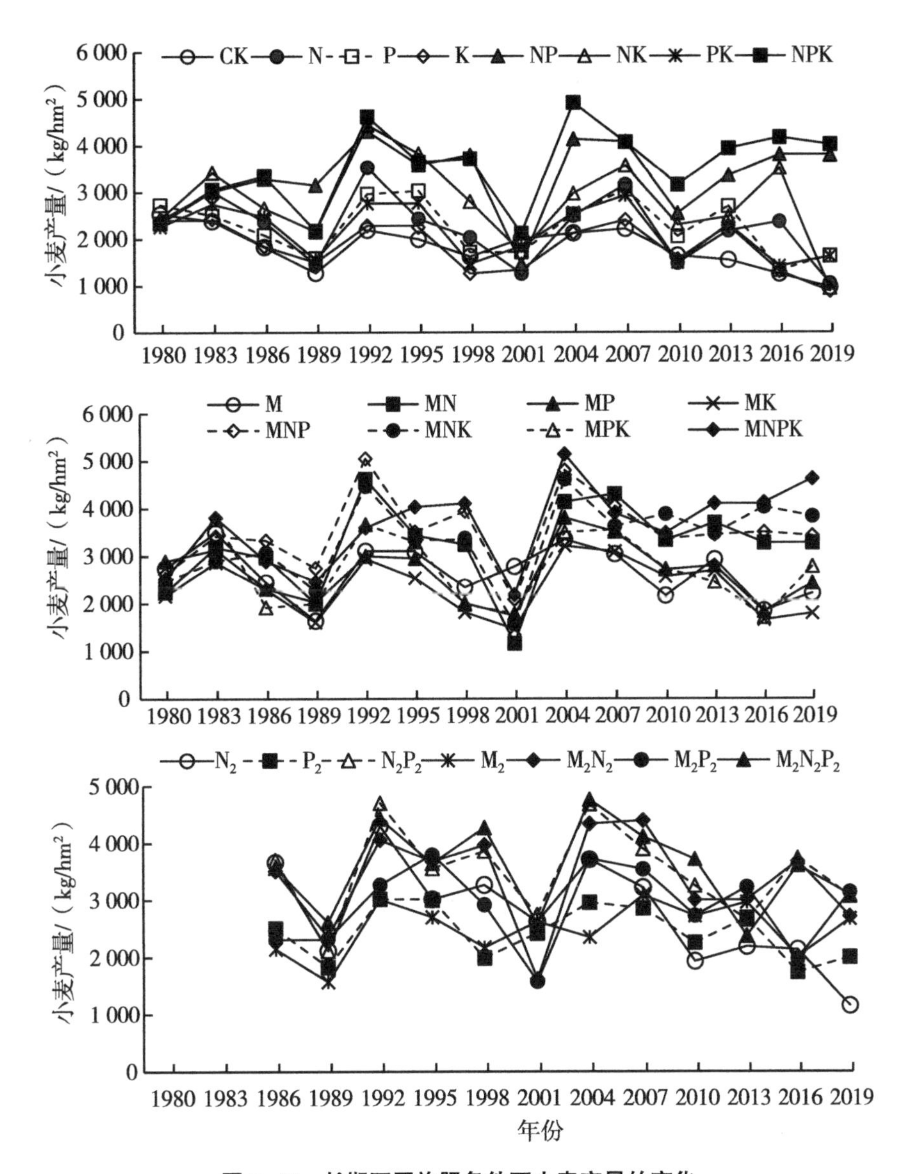

图 2-43 长期不同施肥条件下小麦产量的变化

随着试验年限的增加，不同施肥处理的小麦产量差异加大（图 2-44）。经过 14 季种植，小麦产量处理间的差异由 660 kg/hm^2 增加到 3 658 kg/hm^2，这种变化也符合对数关系。

（三）长期不同施肥条件下玉米产量的变化

长期不施肥处理的玉米产量逐年下降，种植 14 季玉米以后产量下降了 25.8%（图 2-45）；单施磷肥、单施钾肥及偏施磷钾肥，玉米产量均下降；单施有机肥玉米产量下降了 7.6%；均衡施化肥（NPK）玉米产量增加了 64.7%；有机肥与化肥配施（MNPK）玉米产量增加了 79.8%。与不施肥相比，均衡施化肥（NPK）玉米增产 147.1%，有机肥与化肥配施（MNPK）玉米增产 170.8%。

随着试验年限的增加，不同施肥处理间的玉米产量差异加大（图 2-46）。经过 14

季种植，玉米产量的差异由 975 kg/hm² 增加到 9 180 kg/hm²，这种变化也符合对数关系。

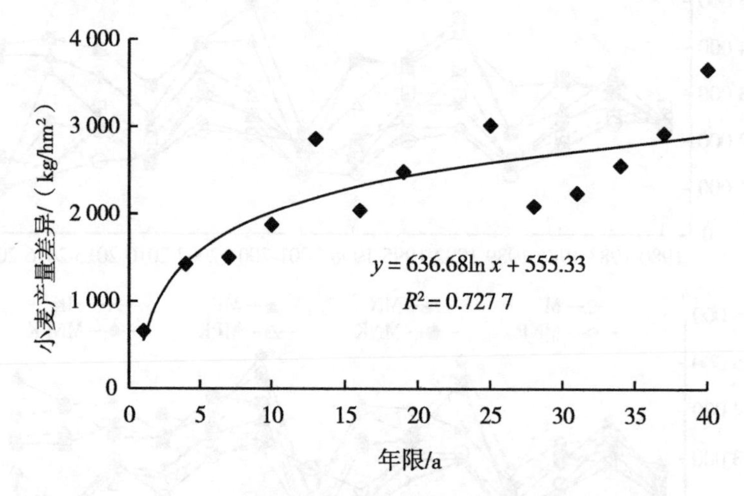

图 2-44 长期不同施肥小麦最高产量与最低产量差异的变化

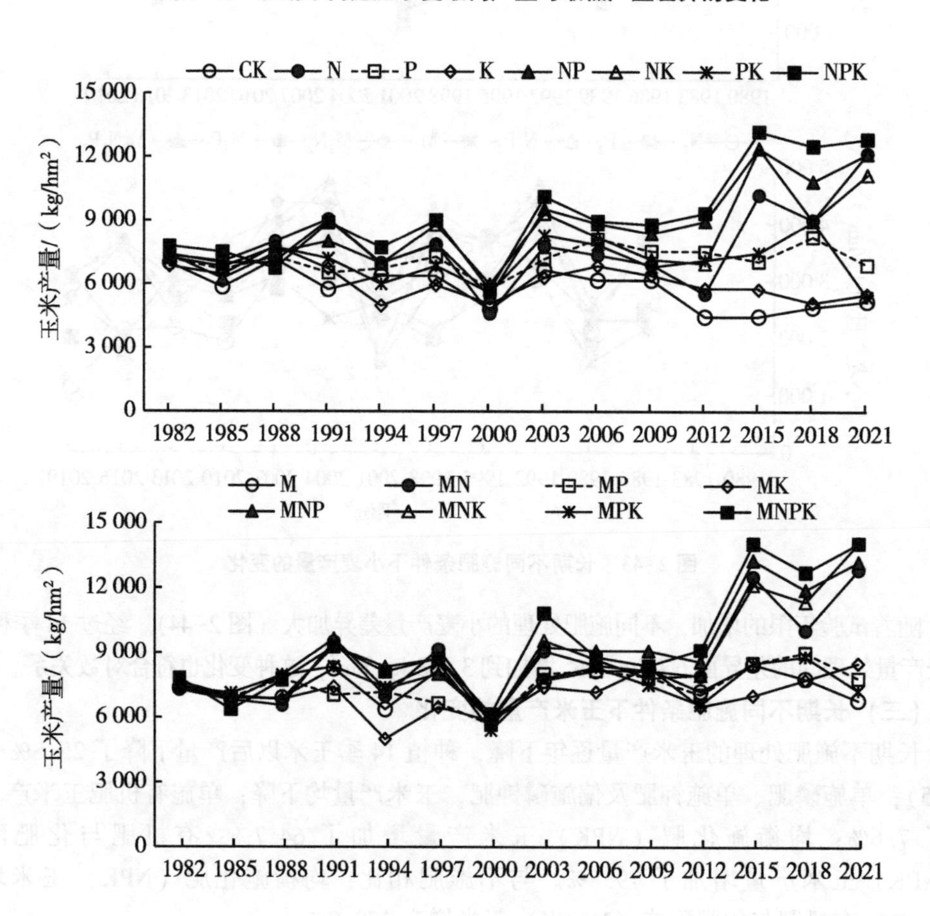

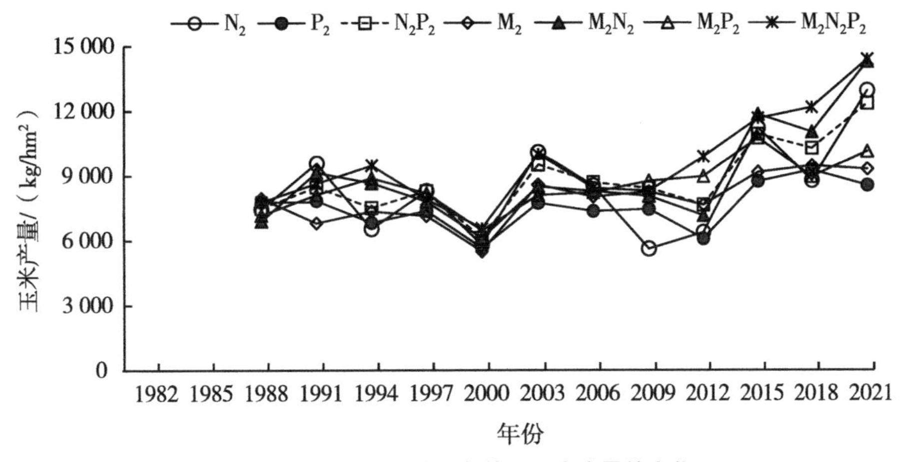

图 2-45　长期不同施肥条件下玉米产量的变化

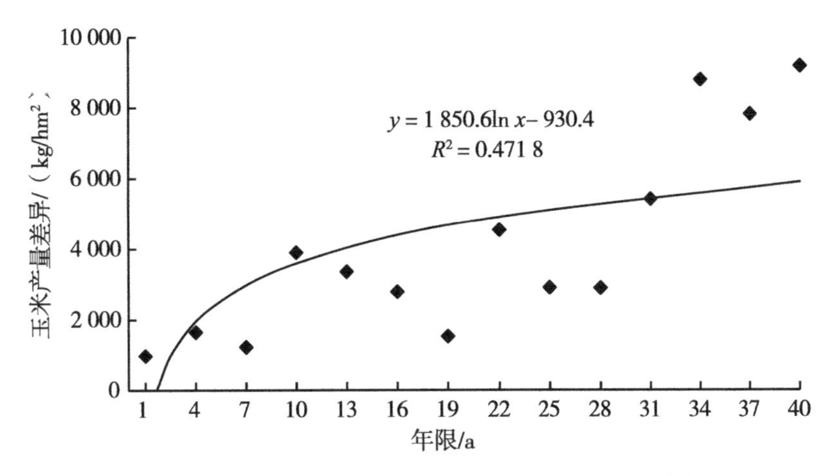

图 2-46　长期不同施肥玉米最高产量与最低产量差异的变化

（四）长期不同施肥条件下大豆产量的变化

大豆由于具有自身固氮作用，对氮肥需要量较低，对肥料反应不敏感。长期施肥大豆产量年度间变化较大，与长期不施肥相比，均衡施化肥（NPK）增产 38.0%，单施有机肥（M）增产 69.9%，有机肥与化肥配施（MNPK）增产 32.6%（图 2-47）。

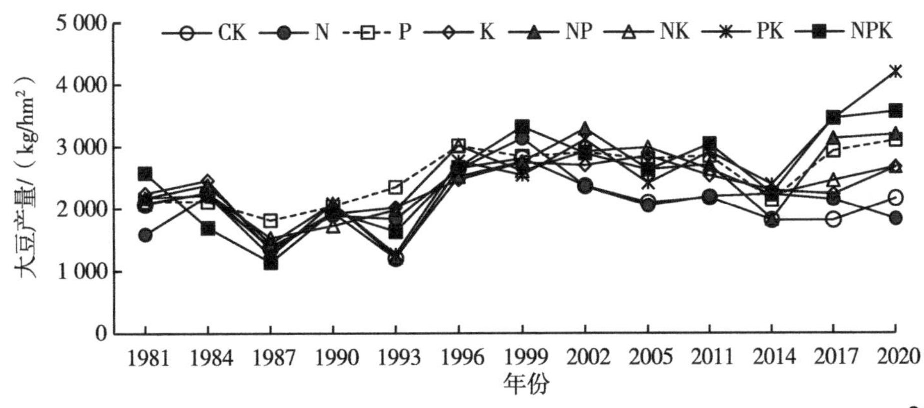

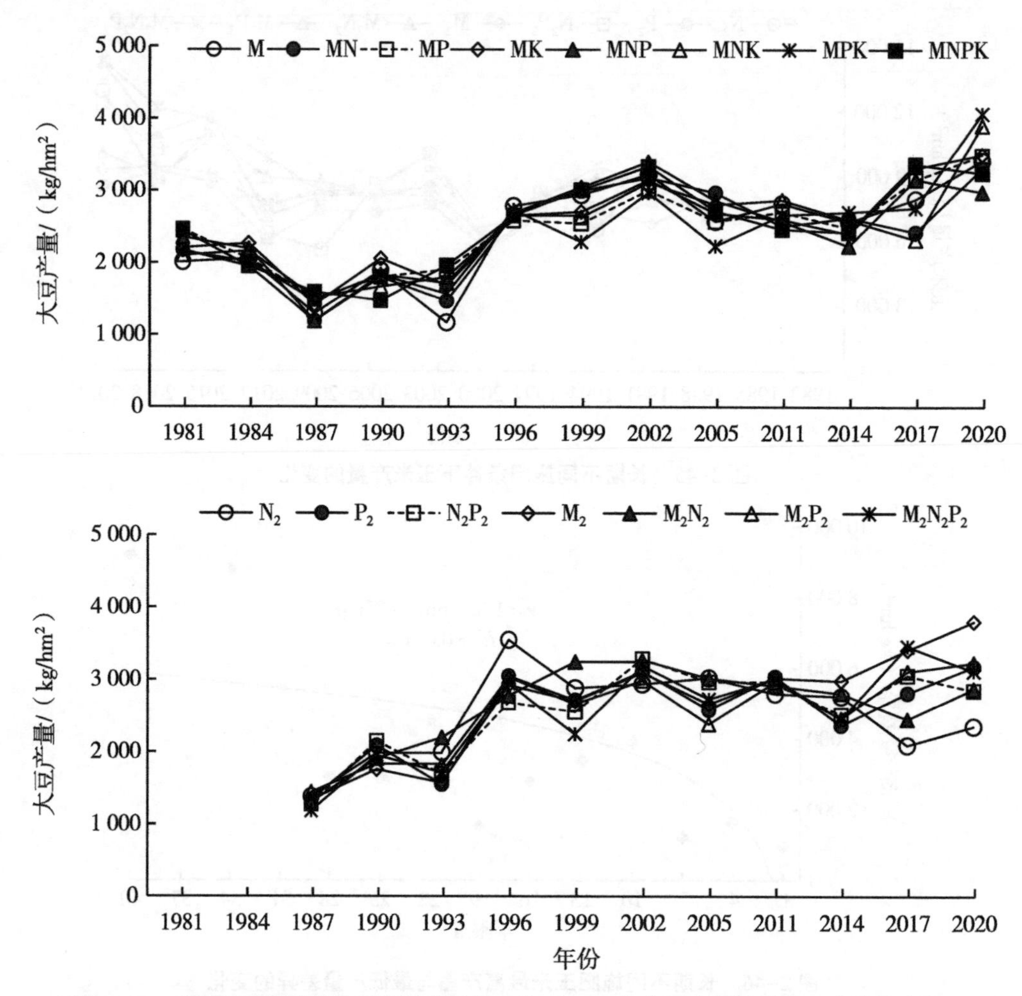

图 2-47　长期不同施肥条件下大豆产量的变化（2008 年大豆大面积倒伏，未统计产量）

（五）长期施肥条件下作物平均产量

从作物平均产量来看（图 2-48），长期施肥能提高作物产量，即各施肥处理较不施肥（CK）显著提高小麦和玉米的产量，但不同施肥措施的增产效应不同，表现为 $M_2N_2P_2$>MNPK>NPK>M，其中 $M_2N_2P_2$、MNPK 和 NPK 处理的增产率为 82. 5%~91. 6%（小麦）和 35. 6%~40. 9%（玉米）；单施有机肥处理（M）作物增产效果最低。小麦季和玉米季 M 处理与 $M_2N_2P_2$、MNPK 和 NPK 处理产量差异达显著水平（$P<0.05$），说明在养分供应量较低时不足以保证作物产量。均衡施化肥（NPK）及增施有机肥的 3 个处理小麦和玉米产量均表现为 $M_2N_2P_2$>MNPK>NPK，但处理间作物产量差异不显著（$P>0.05$）。可见，黑土过量施用有机肥和化肥并未表现出明显的增产作用。在施化肥（NPK）的基础上添加有机肥（MNPK），小麦和玉米产量分别增加 2. 8%和 0. 8%，未达到显著的增产效果。

肥料在不同作物上的增产效应也不同，其中对小麦和玉米的增产效果明显，4 个施肥处理小麦和玉米产量均显著高于 CK 处理（$P<0.05$）；施肥在大豆上的增产效果不明

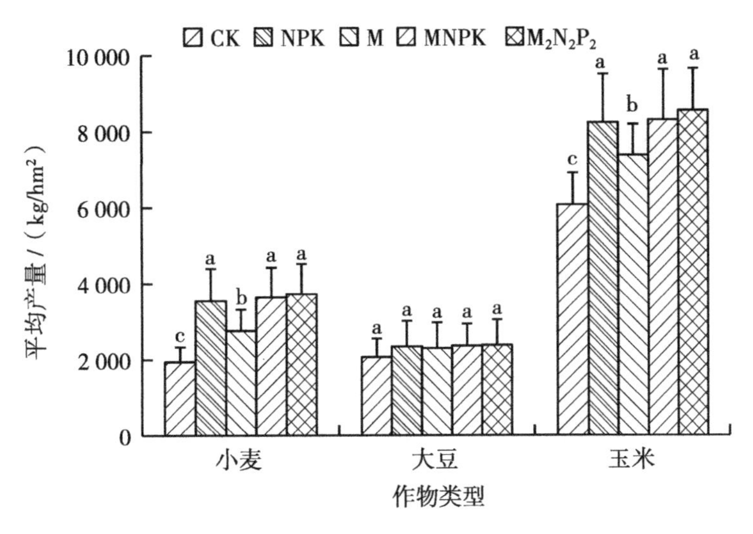

图 2-48　长期施肥条件下作物平均产量（2014 年）

注：2001 年小麦季严重干旱，2008 年大豆大面积倒伏，产量结果没有代表性，未进行统计；柱上不同小写字母表示不同处理在 0.05 水平上显著差异。

显，4 个施肥处理大豆产量虽高于 CK 处理，但未达到统计学意义的差异显著水平（$P>0.05$），且各个施肥处理间也无显著差异（$P>0.05$）。

施肥有利于养分的快速供应，是调控农作物生产力的重要手段。李忠芳等（2009）统计了我国 21 个长期定位试验的产量数据，发现施化肥和化肥配施有机肥小麦、玉米产量较不施肥分别提高 193%、219%和 78%、93%。本研究的结果也表明，施肥处理较 CK 处理均能提高小麦和玉米的产量。本研究中，在均衡施化肥（NPK）的基础上添加有机肥，产量虽略有提升，但未达到显著的增产效果，这也与前人研究结果一致（张喜林等，2008；罗龙皂等，2013；陈欢等，2014）。然而，从可持续生产的角度考虑，不能只注重产量而忽视土壤环境的变化。本定位试验前期的研究结果表明，均衡施化肥（NPK）的土壤 pH 从 1979 年的 7.2 下降到 2006 年的 6.4，下降近 1 个单位，而化肥配施有机肥土壤 pH 仅下降了 0.3 个单位（pH 6.9），说明施用有机肥可以减缓土壤酸化的速度，避免土壤酸化现象的加重（张喜林等，2008）。随着施肥年限的增加，均衡施化肥（NPK）的土壤 pH 进一步下降，到 2021 年下降到 5.9，长此以往，土壤酸化趋势加剧至土壤失去缓冲性能时，必然会影响作物产量。此外，化肥配施有机肥有利于黑土有机碳、全氮的累积，能够促进土壤有机碳、全氮在粗砂粒以及黏粒中的富集，对于土壤有机碳的固定具有非常重要的意义（骆坤，2012）。因此，生产中应当重视有机肥的投入。

（六）长期施肥条件下土壤养分表观平衡

从各处理轮作周期养分收支情况可以看出（表 2-32），施肥和作物吸收的差异导致土壤中氮、磷、钾表观平衡不同。长期不施肥（CK）土壤氮、磷、钾均表现出亏缺，氮、磷和钾年亏缺量分别为 87.5 kg/hm^2、33.2 kg/hm^2 和 73.0 kg/hm^2。单施有机肥（M）不能满足作物养分需求，同样表现出养分亏缺，氮、磷和钾年亏缺量分别为

89.7 kg/hm^2、17.7 kg/hm^{2}和55.6 kg/hm^2。均衡施化肥（NPK）处理，土壤氮、钾均表现出亏缺，年亏缺量分别为29.7 kg/hm^2、58.0 kg/hm^2，但磷素呈现盈余，年盈余量为33.4 kg/hm^2。有机肥与化肥配施（MNPK）土壤氮、钾供应状况有所改善，氮、钾年供应量较NPK处理分别增加12.2 kg/hm^2、27.6 kg/hm^2，但仍然表现为亏缺，分别亏缺17.5 kg/hm^2、30.4 kg/hm^2，而磷盈余趋势增大，较NPK处理增加83.2%。2倍量施肥（$M_2N_2P_2$）时，土壤氮、磷出现大量盈余，年盈余量分别达到133.0 kg/hm^2、175.6 kg/hm^2，养分供应充足的同时环境污染风险也大大增加，但钾依旧表现出亏缺，年亏缺量为69.6 kg/hm^2。从上述结果可以看出，无论施钾与否，各处理土壤钾均表现出明显的亏缺。与不施肥处理相比，钾肥和有机肥的施用减缓了土壤中钾的消耗。

表2-32　长期施肥条件下土壤氮、磷、钾表观平衡（2014年）　单位：kg/hm^2

处理	投入量			养分吸收量			养分表观平衡			年盈亏量		
	N	P_2O_5	K_2O	N	P_2O_5	K_2O	N	P_2O_5	K_2O	N	P_2O_5	K_2O
CK	0	0	0	262.6	99.7	218.9	-262.6	-99.7	-218.9	-87.5	-33.2	-73.0
NPK	375	300	225	464.2	199.9	399.0	-89.2	100.1	-174.0	-29.7	33.4	-58.0
M	75	85	117	344.1	138.0	283.9	-269.1	-53.0	-166.9	-89.7	-17.7	-55.6
MNPK	450	385	342	502.5	201.3	433.2	-52.5	183.7	-91.2	-17.5	61.2	-30.4
$M_2N_2P_2$	900	770	234	501.1	240.5	442.8	398.9	529.5	-208.8	133.0	176.5	-69.6

注：投入量、养分吸收量和养分表观平衡以轮作周期（每3 a为1个轮作周期）为单位，年盈亏量以年为单位；养分表观平衡=有机肥和化肥投入量-养分吸收量。

农田养分平衡的本质就是养分被作物消耗和施肥投入之间的平衡（刘芬等，2015）。在本研究中，均衡施化肥（NPK）土壤氮表现出亏缺，年亏缺量为29.7 kg/hm^2。有机肥与化肥配施（MNPK）土壤氮供应状况有所改善，氮年供应量较NPK处理增加12.2 kg /hm^2，但依然表现为亏缺，仍需每年补充约20 kg/hm^2。然而，考虑到大豆的生物固氮作用，实际可能不需补充氮就能维持土壤氮平衡。当然，黑土大豆季的固氮量及其对后茬作物的影响程度还需进一步研究。

本试验中，均衡施化肥（NPK）土壤磷呈现盈余，年盈余量为33.4 kg/hm^2，在施化肥的基础上增施有机肥（MNPK），磷盈余趋势增大，达61.2 kg/hm^2，较NPK处理增加83.2%，长此以往必然会导致土壤磷的积累，也会引起磷对水源污染的威胁(Hendricksa等，2014)。解决农田磷的不平衡问题，关键在于对磷合理有效地利用(Macdonald等，2011)。由于1个轮作周期只施1次有机肥，因此统筹轮作周期磷肥施用的时间和用量，根据有机肥（马粪）有效磷释放速度较快的特点（刘新民等，2011），可以在小麦季增施有机肥（上一季玉米收获后秋施）、减施大量化学磷肥，在大豆季和玉米季减施少量化学磷肥。然而，减施磷肥的量还需依据本地区有机肥的实际矿化特征来计算，另外还需观察减施肥料情况下作物的产量效应，以便进一步调整肥料统筹过程。

长期以来，黑土区施肥结构不合理，氮肥和磷肥用量偏高，忽视钾肥投入，造成土壤钾素亏缺严重（周米平等，2008）。本试验中，均衡施化肥（NPK）土壤钾表现出亏缺，年亏缺量为 58.0 kg/hm^2。有机肥与化肥配施（MNPK）土壤钾供应状况有所改善，钾年供应量较 NPK 处理增加 27.6 kg/hm^2，但仍然表现为亏缺，每年还需投入钾约 30 kg/hm^{2}才能保持土壤钾平衡。从降低成本的角度考虑，由于化学钾肥成本较高，生产中应充分利用有机肥和秸秆等替代资源来提升土壤钾水平。

综上，基于轮作周期和大豆固氮作用，在黑土区提出“稳氮、减磷和增钾”的施肥策略，通过增加有机肥或秸秆施用量、减少化学磷肥的施入来实现培肥地力和土壤养分平衡。

（七）作物产量与土壤养分、气候因子的关系

作物的产量变化在很大程度上受人为活动，特别是施肥的影响，反映到农田生态系统中即为土壤养分的变化。为了进一步探讨长期不同施肥处理对作物产量的影响，将小麦、大豆和玉米产量（yield，Y）与土壤有机质（organic matter，OM）、碱解氮（alkali－hydrolyzable N，AN）、有效磷（available P，AP）和速效钾（available K，AK）等主要养分指标做相关性分析（表 2-33）。长期施肥条件下，作物产量与土壤 OM、AN、AP 呈显著正相关（$P<0.05$），相关系数分别为 0.243（$n=169$）、0.361（$n=79$）、0.269（$n=75$），作物产量与土壤速效钾（AK）未达显著水平（$P>0.05$）。相关系数为碱解氮>有效磷>有机质，说明氮素是影响黑土作物生产力的首要肥力因子。

表 2-33 作物产量与主要影响因素的相关性分析（2014 年）

因素	Y	OM	AN	AP	AK	PR	TE
Y	1.000	0.243*	0.361**	0.269*	-0.139	0.307**	0.191*
OM		1.000	0.322**	0.411**	-0.161	-0.218*	0.190
AN			1.000	0.193	0.038	0.348**	-0.515**
AP				1.000	0.159	0.003	0.224
AK					1.000	0.312**	-0.304**
PR						1.000	-0.144
TE							1.000

注：* 表示在 0.05 水平上相关性显著，** 表示在 0.01 水平上相关性显著，Y 表示小麦、大豆和玉米产量，OM 表示有机质，AN 表示碱解氮，AP 表示有效磷，AK 表示速效钾，PR 表示作物生育期降雨量，TE 表示作物生育期日平均温度。

在养分充足的情况下，气象条件可能成为产量年际波动的关键因子（Campiglia 等，2015）。本研究分析发现，作物产量与作物生育期降雨量（accumulated precipitation，PR）呈显著正相关（$P<0.05$），相关系数分别为 0.307（$n=169$）。进一步统计表明，作物生育期（5—9 月）累计降雨量年际差异明显，超过平均值（449.4 mm）的达到 15

个年份，低于平均值的为21个年份，其中生育期最大降雨量达770.7 mm（1994年），最小仅为287.0 mm（1989年），相差近1.7倍，因此，降雨量年际差异很可能会造成作物产量波动（赵京考等，2011）。此外，降雨季节分布不均和瞬时强降雨也会影响作物产量，本试验在2001年小麦生育期严重干旱，2008年强降雨导致大豆大面积倒伏，造成当季作物严重减产。李辉等（2014）指出，东北地区玉米产量对气温变化较为敏感。在黑土区进行的玉米分期播种试验结果证明，平均气温升高1℃玉米产量增加8%，而气温下降1℃玉米产量降低10%以上（王琪等，2009）。本研究分析表明，作物产量与作物生育期日平均温度（mean daily temperature，TE）呈显著正相关（$P<0.05$），相关系数为0.191（$n=169$），表明温度对黑土区作物产量有显著影响。不同气象因子对于作物产量的影响程度还需结合历年的气象数据进行深入分析。

（八）小结

从作物平均产量来看，长期不同施肥措施对黑土作物产量具有显著影响，长期施用化肥或化肥配施有机肥有利于作物产量的提高，增产率为82.5%~91.6%（小麦）和35.6%~40.9%（玉米）。不同施肥措施的增产效果表现为$M_2N_2P_2$>MNPK>NPK>M，但有机无机配施与均衡施化肥处理间作物产量差异不显著。2倍量施肥增产效果不明显。肥料对小麦和玉米增产效果明显，对大豆的增产效果不明显。

不同施肥措施的作物产量变化趋势有所差异，长期不施肥处理小麦和玉米产量随试验年限的增加呈下降趋势，降幅分别为13.93 kg/（hm^2·a）和42.61 kg/（hm^2·a）；而大豆则相反，以7.41 kg/（hm^2·a）的速率增加。长期施肥处理的小麦、大豆和玉米产量总体上呈增加趋势。

长期施用常量化肥（NPK）和常量有机无机配施（MNPK）土壤氮表现为亏缺，磷为盈余。过量施肥（$M_2N_2P_2$）时，土壤氮、磷出现大量盈余，年盈余量分别达133.0 kg/hm^2和175.6 kg/hm^2。各处理土壤中钾均表现为亏缺。在常量化肥基础上增施有机肥（MNPK）氮、钾供应状况有所改善。

作物产量与土壤有机质、碱解氮、有效磷、生育期累计降雨量、生育期日平均气温呈显著正相关（$P<0.05$），氮是影响黑土作物生产力的首要肥力因子。

在黑土小麦-大豆-玉米典型轮作制度下，基于土壤养分平衡特征提出“稳氮、减磷和增钾”的施肥策略。

二、长期施肥下黑土基础地力演变特征与肥料效应

土壤基础地力是指土壤内在的支撑作物生产以及提供各种生态服务功能的能力，是土壤化学性质、物理性质以及生物特性的综合反映，通常可以用不施肥条件下的作物产量来估计土壤基础地力的状况（乔磊等，2016）。土壤基础地力是衡量土壤肥力最可靠、最直观、最易测定和最易接受的指标，是表征土壤肥力的重要指标（赵秀娟等，2017）。提升土壤基础地力可减少肥料用量，保持作物的持续高产，进而对保障国家粮食安全有积极意义（Fan等，2013；Zha等，2014）。土壤基础地力指标包括地力贡献率和基础产量，是衡量土壤基础肥力的综合指标（汤勇华等，2009）。土壤地力贡献率是指不施肥处理作物产量占施肥处理作物产量的百分比，土壤地力贡献率越高，表明土

壤肥力水平越高，越有利于作物高产稳产，还可降低作物对肥料的依赖性（马常宝等，2012）。研究表明，我国南方早稻、南方晚稻、南方单季稻和东北水稻的平均地力贡献率分别为65.6%、66.8%、66.7%和65.1%（汤勇华等，2009）。褐土区小麦和玉米产量的土壤地力贡献率分别为51.6%和54.5%（赵秀娟等，2017）。潮土区土壤地力对小麦和玉米产量的平均贡献率分别为51.4%和54.0%（马常宝等，2012）。黑土区旱作农业土壤基础地力的变化特征及其随时间的变化趋势目前尚不明确。长期定位试验具有时间的长期性和气候的代表性等特点，可系统监测土壤生产力对施肥的响应（林治安等，2009）。因此，通过哈尔滨黑土肥力长期定位试验研究长期不施肥和常规施肥下的作物（小麦、大豆和玉米）产量变化，探明黑土基础地力演变特征，同时进一步分析土壤养分供应能力及肥料效应，以期为黑土区地力培育和合理施肥提供理论依据。

（一）黑土连续38 a不施肥与常规施肥作物产量

长期不施肥及常规施肥下黑土小麦、大豆和玉米产量的变化趋势见图2-49。连续38 a不施肥，小麦和玉米产量呈下降趋势，产量随时间变化的拟合方程 r 值分别为0.535和0.627，下降趋势显著（$P<0.05$）。长期不施肥小麦和玉米产量变化范围分别为1 251~2 535 kg/hm^{2}和4 459~7 170 kg/hm^2。长期不施肥大豆产量年际波动较大，变化趋势不明显，可能与大豆的生理固氮作用有关。

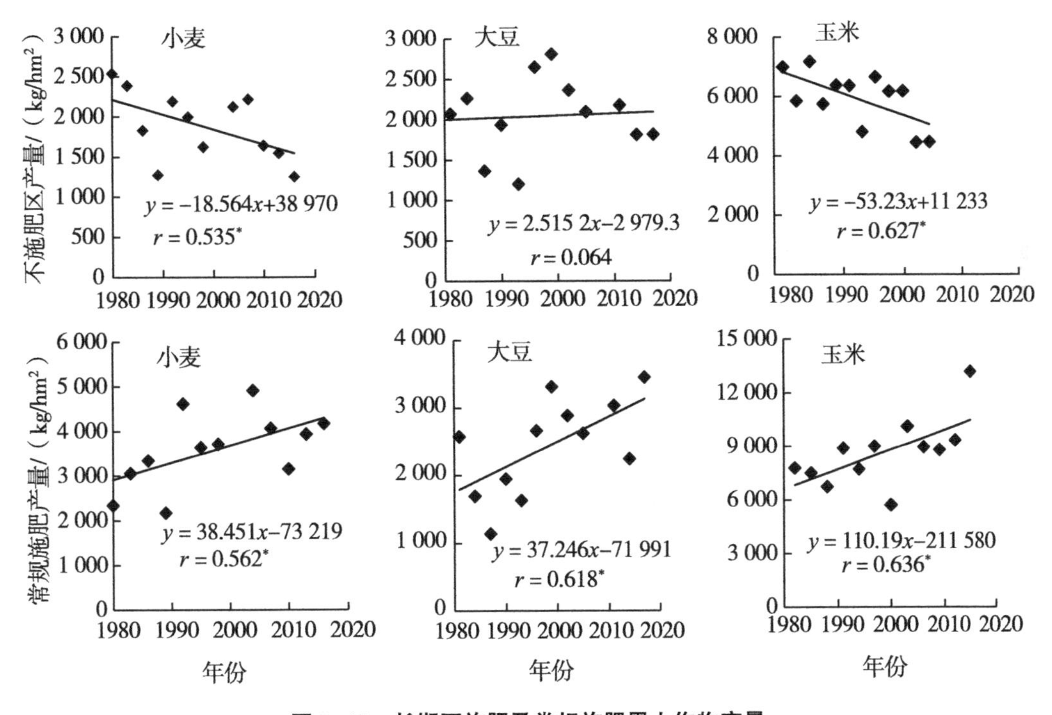

图2-49 长期不施肥及常规施肥黑土作物产量

常规施肥时，小麦、大豆和玉米产量均呈增加趋势，产量随时间变化的拟合方程 r 值分别为0.562、0.618和0.636，上升趋势显著（$P<0.05$）。长期施肥小麦、大豆和玉米产量变化范围分别为2 175~4 916 kg/hm^2、1 140~3 453 kg/hm^{2}和5 315~

13 177 kg/hm^2，降水、温度、低温冷害等气候条件及作物品种的变化是造成作物产量波动的重要原因。

（二）长期施肥下黑土基础地力的变化趋势

由图 2-50 可知，随着种植时间的增加，3 种作物土壤地力贡献率均逐步下降。土壤地力贡献率（y）随年限（x）变化的方程表明，长期不施肥小麦、大豆和玉米土壤地力贡献率年下降分别达到 1.280%、1.279%和 1.346%，下降趋势极显著（$P<0.05$）。小麦、大豆和玉米土壤地力贡献率变化范围分别为 30.0%~108.3%、52.6%~133.6%和 34.0%~106.5%，平均分别为 55.4%、88.1%和 71.9%。

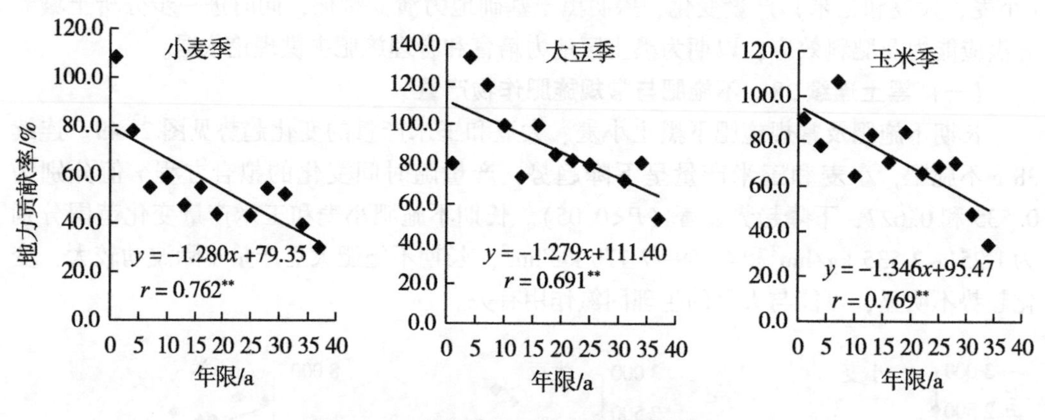

图 2-50　长期施肥下黑土基础地力变化

为了进一步明确土壤养分的供应能力，将小麦、大豆和玉米季土壤氮、磷、钾的贡献率与年限分别做相关分析（图 2-51）。小麦季土壤氮、磷、钾的贡献率随年限的延长而降低，其中氮和磷的拟合方程 r 值分别为 0.777 和 0.681，下降趋势显著（$P<0.05$）。大豆季土壤氮、磷、钾的贡献率随种植年限的延长而降低，但下降趋势不显著。玉米季土壤氮、磷的贡献率随年限的延长而降低，拟合方程 r 值分别为 0.641、0.541，下降趋势显著（$P<0.05$）；玉米季土壤钾的贡献率随年限的变化趋势总体较稳定，无明显的上升或下降趋势。计算土壤氮、磷、钾贡献率的平均值，小麦季分别为 64.3%、86.6%、98.3%，大豆季分别为 99.3%、101.7%、98.8%，玉米季分别为 84.2%、93.4%、94.2%。可见，小麦季和玉米季土壤养分供应能力为氮<磷<钾，大豆季为钾<氮<磷。

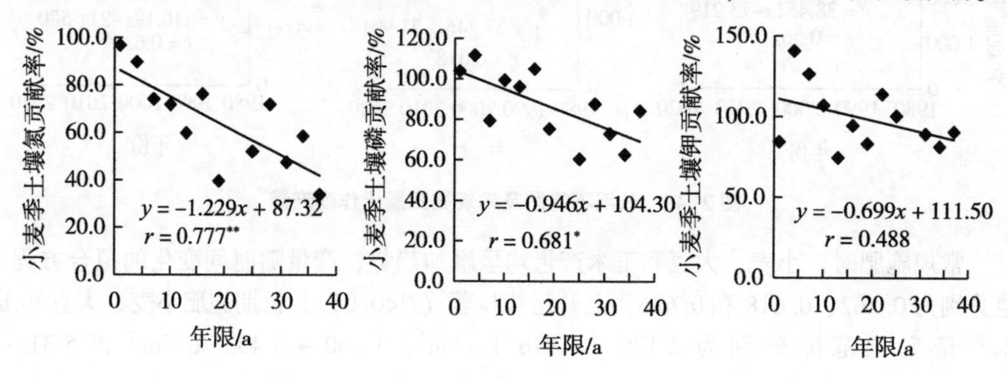

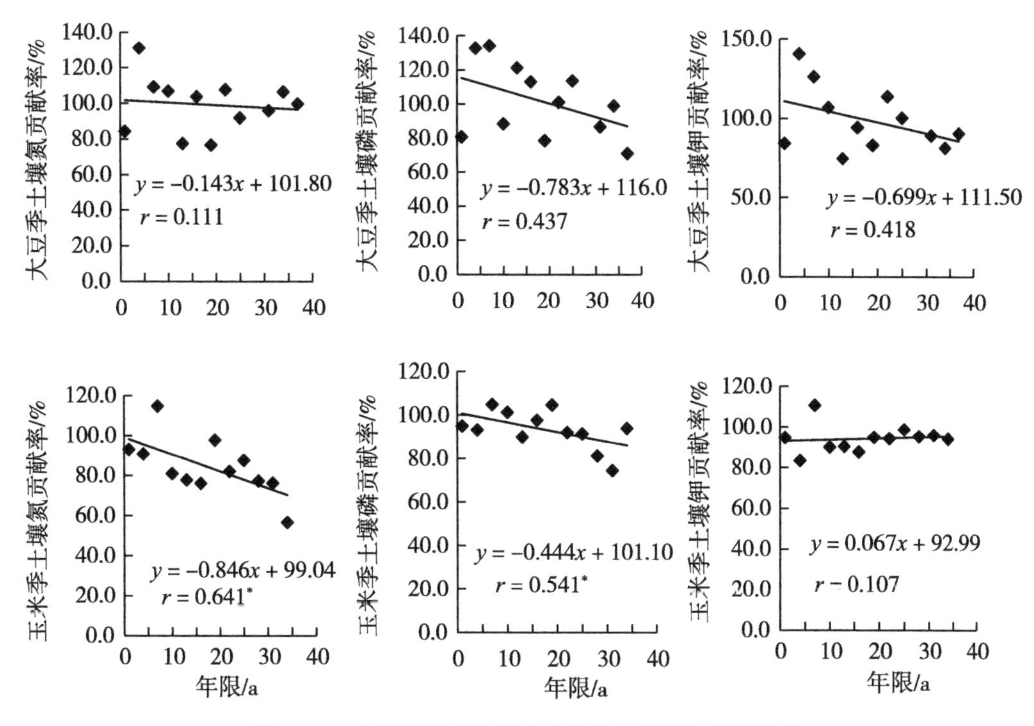

图 2-51 土壤基础养分供应对作物产量贡献率的影响

（三）不施肥与常规施肥作物产量的关系

小麦、大豆和玉米不施肥与常规施肥处理产量的相关分析表明（图 2-52），二者存在极显著的正相关关系，说明土壤地力显著影响作物的产量，即高肥力的土壤可提高小麦、大豆和玉米产量。

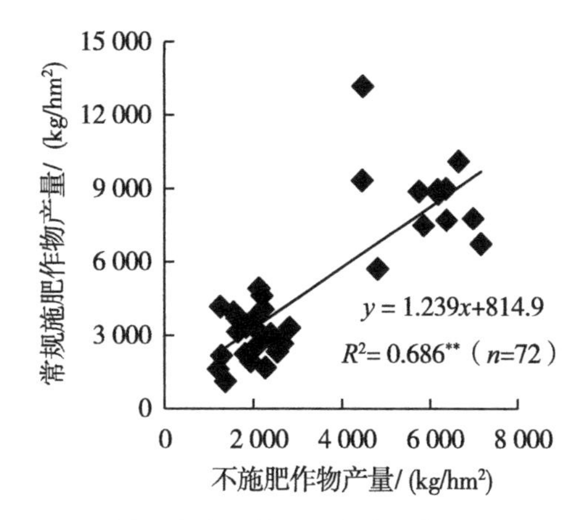

图 2-52 不施肥与常规施肥作物产量的关系（2020 年）

（四）小结

土壤地力贡献率取决于作物类型、气候和土壤特性。本研究中，小麦季、大豆季和玉米季土壤地力贡献率平均分别为 55.4%、88.1%和 71.9%，小麦季的土壤基础地力贡献率与褐土区（赵秀娟等，2017）、潮土区（马常宝等，2012）的研究较为接近，但玉米季的土壤地力贡献率远高于全国的平均值（51.0%）（汤勇华和黄耀，2008），这与黑土肥力水平较高、养分储量大有关，这也表明地力贡献率越高，作物对肥料的依赖性越低。从作物反应来看，大豆季和玉米季的土壤地力贡献率明显高于小麦，原因可能是大豆和玉米的生长期较长，依赖地力供肥的周期也较长。进一步分析土壤养分的供应能力，3 种作物在不同养分上的反应不同，小麦季和玉米季土壤养分供应能力为氮<磷<钾，大豆季为钾<氮<磷。

本试验中，随着年限的增加 3 种作物土壤地力贡献率均呈逐渐下降的趋势，这与土壤养分逐年下降、养分供应能力降低有关。此外，酸性土壤较低的 pH 也会影响地力贡献率。李忠芳等（2015）研究指出，福建省福州市白沙镇早稻、晚稻的地力贡献率随时间呈显著下降趋势，年变化速率分别为 0.72%和 0.56%。也有研究指出，试验前期土壤地力贡献率会逐步下降，但达到一定阶段后，会达到一个比较稳定的状态，可能与大气干湿沉降和灌溉等外源养分输入有关（赵秀娟等，2017）。

基础地力产量和施肥产量是构成作物产量的两个方面，农田土壤地力条件是影响作物生长的重要因素，土壤基础地力高的作物高产潜力较大，基础地力低的土壤只有在较高施肥水平下才能获得较高产量（贡付飞等，2013；梁涛等，2015；Zha 等，2015）。本研究中，小麦、大豆和玉米不施肥与常规施肥处理产量存在极显著的正相关关系，说明土壤地力显著影响作物的产量，即高肥力的土壤可提高小麦、大豆和玉米产量。乔磊等（2016）分析了南方早稻、南方晚稻、南方单季稻和东北水稻土壤基础地力现状及其对水稻产量的影响，指出土壤基础地力与最佳管理条件下的水稻产量呈显著正相关，而且在土壤基础地力高时水稻产量的变异系数降低，产量更加稳定。可见，较高的土壤地力有利于作物高产，基础地力对作物产量具有“水涨船高的效应”（鲁艳红等，2015），这也从另一方面说明，应加强中低产田基础地力的培育和提升，提高耕地质量和土地生产力，进而保障粮食的稳产高产，实现“藏粮于地”（廖育林等，2016）。

综上，黑土区小麦、大豆和玉米产量的土壤地力贡献率分别为 55.4%、88.1%和 71.9%。黑土区长期不施肥小麦、大豆和玉米土壤基础地力逐步下降，年下降率分别为 1.280%、1.279%和 1.346%。土壤氮、磷、钾的贡献率随年限的延长而降低，小麦季和玉米季土壤养分供应能力为氮<磷<钾，大豆季为钾<氮<磷。黑土区小麦、玉米土壤养分限制为氮>磷>钾，大豆为钾>磷>氮。土壤基础地力与常规施肥处理产量存在极显著的正相关关系，土壤基础地力显著影响作物产量。可见，提升土壤基础地力是保障黑土区粮食持续稳产高产的重要途径。

三、长期施肥下黑土肥力特征及综合评价

土壤肥力体现了土壤物理、化学和生物学的综合性状，是土壤作为自然资源和农业生产的物质基础（Mäder 等，2002）。单项肥力指标不能全面表征土壤肥力水平，更不能据此来拟定调节和提高土壤肥力的综合措施，这就要求在评价土壤肥力时不能限于单项肥力因素，而需要有评价土壤肥力的综合性指标（于寒青等，2010），正确地评价土壤肥力对构建合理科学的施肥制度具有重要的科学意义。如何科学评价土壤肥力成为研

究的热点，但迄今土壤肥力评价尚无统一标准，主要是因为土壤肥力水平差异较大，而且这种差异不仅体现在空间尺度上，也体现在时间尺度上，因此量化分级指标，在不同区域之间、不同时期之间很难比较（郑立臣等，2004）。近年来，研究者倾向于将主成分分析-聚类分析方法应用于土壤肥力综合评价中，即以标准化和定量化形式表现土壤理化性状的综合指标，应用主成分分析法将多个指标化为少数几个指标，再根据各主成分得分作为评价新指标进行聚类分析（Wander 等，1999；陈欢等，2014；温延臣等，2015）。这一方法不仅减少了计算量，降低了主观随意性，具备变量间的多重相关性和相互独立性，而且克服了聚类分析方法因原始数据量庞大、错综复杂而结果偏离实际较远的缺点，大大提高了综合评价结果的准确度（公丽艳等，2015）。

随着黑土开垦年限的增加以及不合理的管理方式，土壤肥力水平迅速降低，严重影响了黑土的生产能力。为保护黑土，提高黑土区耕地地力，有必要对不同施肥措施下黑土肥力状况有一个客观的认识，并进行综合评价。借助 1979 年开始的哈尔滨黑土肥力长期定位试验，监测不同施肥措施下土壤肥力特征，并对 13 种土壤物理、化学和生物学指标进行主成分分析-聚类分析，利用统计学方法评价不同施肥措施的培肥效果，以探索黑土区耕地质量稳定提升、作物持续稳产高产的有效施肥模式，为促进区域粮食可持续生产提供科学依据。

（一）黑土肥力特征评价方法

本研究选取长期定位试验的 9 个处理：$M_2N_2P_2$、MNPK、MNP、M_2、M、NPK、N_2P_2、NP、CK。试验数据（表 2-34）经 Excel 2007 整理后，应用 SPSS 13.0 进行多重比较、相关性分析、因子分析、聚类分析。无重复试验的多重比较方法参见文献 Zhang 等（2011）。利用 MATLAB 7.0 制作三维散点图。

表 2-34 长期不同施肥措施对黑土肥力的影响（2010 年）

处理	OM/(g/kg)	TN/(g/kg)	TP/(g/kg)	TK/(g/kg)	AN/(mg/kg)	AP/(mg/kg)	AK/(mg/kg)	pH	BD/(g/cm^3)	DOC/(mg/kg)	DON/(mg/kg)	MBC/(mg/kg)	MBN/(mg/kg)
CK	22.3	1.2	0.7	24.0	54.1	15.3	175.3	6.9	1.48	40.4	12.2	172.8	12.5
NP	24.5	1.4	1.4	22.3	69.1	133.1	167.0	5.9	1.45	42.6	14.5	197.7	15.2
NPK	23.5	1.3	1.4	27.5	72.2	154.3	202.9	6.0	1.53	43.4	14.6	202.3	16.4
M	25.0	1.4	1.0	27.8	77.0	29.8	201.9	7.0	1.48	79.9	20.7	254.7	32.1
MNP	27.7	1.6	1.5	25.8	75.3	178.3	195.5	6.0	1.43	84.9	22.8	272.6	39.8
MNPK	26.0	1.5	1.6	27.3	81.9	197.3	240.8	6.1	1.35	81.6	24.9	290.1	41.9
N_2P_2	23.6	1.4	1.8	26.7	95.6	286.1	154.1	4.9	1.58	58.5	16.8	204.4	14.3
M_2	25.3	1.4	1.0	26.8	202.0	53.8	222.2	7.2	1.49	91.3	22.9	270.5	37.1
$M_2N_2P_2$	28.8	1.8	2.1	27.1	92.1	341.3	229.3	5.4	1.21	103.7	27.6	316.4	38.7

注：OM 表示有机质，TN 表示全氮，TP 表示全磷，TK 表示全钾，AN 表示碱解氮，AP 表示有效磷，AK 表示速效钾，BD 表示土壤容重，DOC 表示土壤可溶性碳，DON 表示土壤可溶性氮，MBC 表示微生物量碳，MBN 表示微生物量氮。

利用 SPSS 13.0 进行数据分析的过程如下。

首先，利用描述统计（Descriptive statistics）模块进行数据的标准化。数据包括有机质（OM）、全氮（TN）、全磷（TP）、全钾（TK）、碱解氮（AN）、有效磷（AP）、速效钾（AK）、土壤容重（BD）、土壤可溶性碳（DOC）、土壤可溶性氮（DON）、微生物量碳（MBC）、微生物量氮（MBN）。本研究中各土壤肥力指标具有不同的含义，而且数量级和量纲差异很大，为保证评价结果的客观性和科学性，需将原始数据转换成标准正态评分值（标准化处理），继而以变量的形式进行相关性和主成分分析。

其次，利用 Correlate-Bivariate 进行指标间相关性分析。

再次，对标准化后的指标进行主成分分析，提取累积贡献率>85%的主成分。根据统计学原理，当各主成分的累积方差贡献率大于 85%时，即可用来反映系统的变异信息（孙德山，2008）。

最后，将提取到的主成分作为新指标，以欧氏距离作为衡量各处理土壤肥力差异的指标，采用最短距离法将各处理按土壤肥力水平的亲疏相似程度进行聚类分析（Classify-hierarchical cluster）。

（二）土壤肥力指标的相关性分析

表 2-35 为土壤肥力指标的相关系数。OM 与 TN、DOC 、DON、MBC、MBN 呈显著正相关，与 BD 呈显著负相关；TN 与 TP、DOC、DON、MBC、MBN 呈显著正相关，与 BD 呈显著负相关；TP 与 AP 呈显著正相关，与 pH 呈显著负相关；AP 与 pH 呈显著负相关；AK 与 DOC 、DON、MBC、MBN 呈显著正相关；BD 与 DON、MBC 呈显著正相关；DOC 与 DON、MBC、MBN 呈显著正相关；DON 与 MBC、MBN 呈显著正相关。其他土壤肥力指标间的相关性或正或负，但都不显著。上述分析表明，黑土肥力指标间存在一定相关性，但是这也增加了土壤肥力质量分析的复杂性，需进一步明确指标之间的相关关系以及各指标对土壤肥力的贡献。由表 2-35 还可看出，相关矩阵的绝大部分相关系数都大于 0.3，说明原始数据之间的相关关系较强，适合进行因子分析。为了简化上述分析过程，应用因子分析和主成分分析对黑土肥力水平进行综合评价。

表 2-35　土壤肥力指标的相关系数（2010 年）

指标	OM	TN	TP	TK	AN	AP	AK	pH	BD	DOC	DON	MBC	MBN
OM	1.000	0.963**	0.610	0.294	0.165	0.534	0.603	-0.245	-0.812**	0.856**	0.895**	0.909**	0.838**
TN		1.000	0.697*	0.232	0.162	0.636	0.435	-0.379	-0.796*	0.816**	0.832**	0.831**	0.702*
TP			1.000	0.268	-0.084	0.980**	0.155	-0.892**	-0.535	0.381	0.497	0.475	0.261
TK				1.000	0.291	0.244	0.587	-0.030	-0.090	0.565	0.556	0.550	0.507
AN					1.000	-0.097	0.349	0.316	0.057	0.493	0.395	0.365	0.379
AP						1.000	0.105	-0.920**	-0.511	0.327	0.436	0.404	0.184
AK							1.000	0.249	-0.618	0.714*	0.784*	0.818**	0.826**

（续表）

指标	OM	TN	TP	TK	AN	AP	AK	pH	BD	DOC	DON	MBC	MBN
pH								1.000	0.237	0.028	-0.085	-0.049	0.156
BD									1.000	-0.603	-0.686*	-0.717*	-0.579
DOC										1.000	0.971**	0.960**	0.921**
DON											1.000	0.995**	0.945**
MBC												1.000	0.955**
MBN													1.000

注：* 表示在 0.05 水平上显著相关（$P<0.05$），** 表示在 0.01 水平上显著相关（$P<0.01$）；OM 表示有机质，TN 表示全氮，TP 表示全磷，TK 表示全钾，AN 表示碱解氮，AP 表示有效磷，AK 表示速效钾，BD 表示土壤容重，DOC 表示土壤可溶性碳，DON 表示土壤可溶性氮，MBC 表示微生物量碳，MBN 表示微生物量氮。

（三）土壤肥力指标的主成分分析

将标准化后的数据进行主成分分析，提取综合指标，即特征值和特征向量。特征值在某种程度上可看成是表示主成分解释力度的指标。特征值<1，说明该主成分的解释力度还不如直接引入一个原变量的解释力度大，因此，一般可用特征值>1 作为主成分个数的提取原则。碎石图有助于确定最优的主成分数目，本研究中前 3 个主成分的特征值>1（图 2-53），即前 3 个主成分对解释变量的贡献最大，因此将前 3 个主成分作为最优主成分，其特征值分别为 7.577、2.959 和 1.113（表 2-36），方差贡献率分别为 58.281%、22.759%和 8.558%，累计贡献率达到了 89.598%，大于 85%，说明这 3 个主成分涵盖了原始数据信息总量的 89.598%，因此因子分析的适用性和可靠性较好。

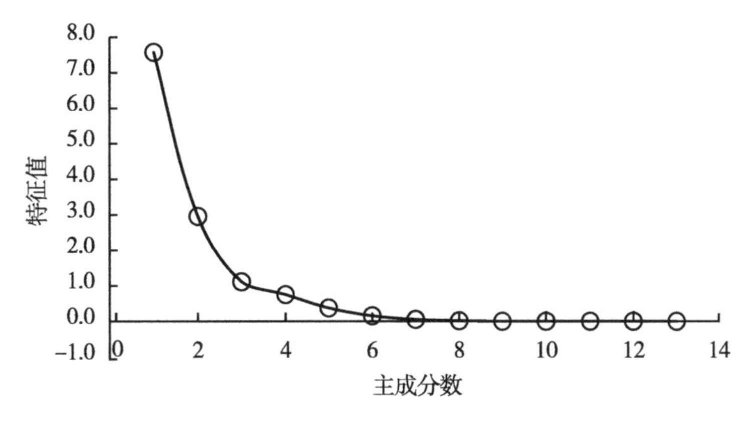

图 2-53　主成分分析碎石图（2010 年）

表 2-36　主成分分析的特征值与方差贡献率（2010 年）

成分	初始特征值			初始载荷因子平方和		
	特征值	方差贡献率/%	累计贡献率/%	特征值	方差贡献率/%	累计贡献率/%
1	7.577	58.281	58.281	7.577	58.281	58.281
2	2.959	22.759	81.040	2.959	22.759	81.040
3	1.113	8.558	89.598	1.113	8.558	89.598

原始变量与 3 个主成分的相关系数可用载荷值表征，载荷值绝对值越大的变量，与主成分关系越近，即可认为是该主成分的主要影响因子。为使因子更易于识别，将初始因子载荷矩阵进行最大方差法旋转，旋转后的因子载荷散点图如图 2-54 所示，第一主成分以 OM、TN、AK、BD、DOC、DON、MBC 和 MBN 为主要影响因子，第二主成分以 TP、AP、pH 为主要影响因子，第三主成分以 TK、AN 为主要影响因子。

用载荷值（表 2-37）除以主成分相对应的特征值开平方根，即 $A_i = Y_i/\sqrt{\lambda_i}$，便得到 3 个主成分中每个指标所对应的系数即特征向量 A1、A2 和 A3（表 2-38）。

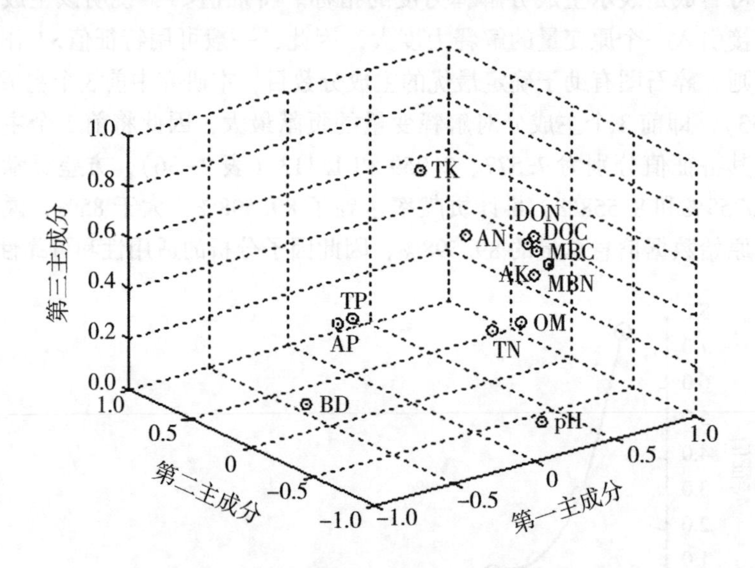

图 2-54　旋转后因子载荷分布（2010 年）

注：OM 表示有机质，TN 表示全氮，TP 表示全磷，TK 表示全钾，AN 表示碱解氮，AP 表示有效磷，AK 表示速效钾，BD 表示土壤容重，DOC 表示土壤可溶性碳，DON 表示土壤可溶性氮，MBC 表示微生物量碳，MBN 表示微生物量氮。

表 2-37　土壤肥力指标初始因子载荷矩阵（2010 年）

主成分	OM	TN	TP	TK	AN	AP	AK	pH	BD	DOC	DON	MBC	MBN
1	0.943	0.901	0.632	0.526	0.308	0.574	0.748	-0.235	-0.777	0.930	0.977	0.978	0.885
2	-0.084	-0.237	-0.739	0.233	0.529	-0.775	0.455	0.942	0.184	0.272	0.168	0.190	0.385
3	-0.245	-0.206	0.196	0.673	0.423	0.222	-0.004	-0.224	0.481	0.059	0.032	-0.019	-0.069

注：OM 表示有机质，TN 表示全氮，TP 表示全磷，TK 表示全钾，AN 表示碱解氮，AP 表示有效磷，AK 表示速效钾，BD 表示土壤容重，DOC 表示土壤可溶性碳，DON 表示土壤可溶性氮，MBC 表示微生物量碳，MBN 表示微生物量氮。

表 2-38　基于主成分分析的土壤肥力指标特征向量（2010 年）

特征向量	OM	TN	TP	TK	AN	AP	AK	pH	BD	DOC	DON	MBC	MBN
A1	0.343	0.327	0.230	0.191	0.112	0.209	0.272	-0.086	-0.282	0.338	0.355	0.355	0.321
A2	-0.049	-0.138	-0.430	0.136	0.308	-0.450	0.265	0.547	0.107	0.158	0.098	0.111	0.224
A3	-0.232	-0.195	0.185	0.638	0.401	0.211	-0.004	-0.213	0.456	0.056	0.030	-0.018	-0.066

注：OM 表示有机质，TN 表示全氮，TP 表示全磷，TK 表示全钾，AN 表示碱解氮，AP 表示有效磷，AK 表示速效钾，BD 表示土壤容重，DOC 表示土壤可溶性碳，DON 表示土壤可溶性氮，MBC 表示微生物量碳，MBN 表示微生物量氮。

（四）计算主成分得分、综合得分并排列肥力等级

主成分是原各指标的线性组合，各指标的权数为特征向量，它表示各单项指标对于主成分的重要程度并决定了该主成分的实际意义，因此可建立 3 个主成分与 14 个土壤肥力指标的线性数学模型。

$$F1=0.343OM+0.327TN+0.230TP+0.191TK+0.112AN+0.209AP+0.272AK-0.086pH-0.282BD+0.338DOC+0.355DON+0.355MBC+0.321MBN \quad (2-6)$$

$$F2=-0.049OM-0.138TN-0.430TP+0.136TK+0.308AN-0.450AP+0.265AK+0.547pH+0.107BD+0.158DOC+0.098DON+0.111MBC+0.224MBN \quad (2-7)$$

$$F3=-0.232OM-0.195TN+0.185TP+0.638TK+0.401AN+0.211AP-0.004AK-213pH+0.456BD+0.056DOC+0.030DON-0.018MBC-0.066MBN \quad (2-8)$$

式中，$F1$ 为第一主成分；$F2$ 为第二主成分；$F3$ 为第三主成分；OM 表示有机质；TN 表示全氮；TP 表示全磷；TK 表示全钾；AN 表示碱解氮；AP 表示有效磷；AK 表示速效钾；BD 表示土壤容重；DOC 表示土壤可溶性碳；DON 表示土壤可溶性氮；MBC 表示微生物量碳；MBN 表示微生物量氮。

将标准化的数据分别带入上述公式中，可得到 9 个不同施肥处理在第一主成分、第二主成分、第三主成分的得分，再计算每个主成分得分与其对应贡献率乘积的总和，即 $F=F1\times75.629\%+F2\times16.333\%+F3\times8.038\%$。由表 2-39 可以看出，各施肥处理土壤肥力水平依次为 $M_2N_2P_2$>MNPK、M_2、MNP>M>NPK、N_2P_2、NP>CK，即 $M_2N_2P_2$ 处理土壤肥力水平最高，MNPK、M_2 和 MNP 处理次之，M 处理为中等肥力水平，NPK、N_2P_2 和 NP 处理肥力水平中等偏下，CK 处理土壤肥力水平最低。

表 2-39　不同施肥处理土壤肥力的各主成分、综合得分及排序（2010 年）

处理	*F*1	*F*2	*F*3	综合得分	排名
CK	-4.11	0.72	-1.05	-2.32	9
NP	-2.28	-1.37	-1.41	-1.76	8
NPK	-1.86	-0.46	0.93	-1.11	6
M	-0.13	1.78	0.08	0.34	5
MNP	1.77	-0.27	-0.71	0.91	4
MNPK	2.16	0.46	0.15	1.38	2
N_2P_2	-1.41	-2.40	1.85	-1.21	7
M_2	0.94	3.08	0.77	1.31	3
$M_2N_2P_2$	4.93	-1.53	-0.61	2.47	1

（五）土壤肥力等级的聚类分析验证

以平方欧氏距离来衡量各处理肥力的差异，采用最短距离法对各处理进行系统聚类。根据聚类树形图（图 2-55），可将 9 个处理的土壤肥力水平分为 5 个等级：一等（$M_2N_2P_2$），肥力最高；二等（MNPK、MNP），肥力中等偏上；三等（M_2、M），肥力中等；四等（NPK、N_2P_2），中等肥力偏下；五等（NP、CK），肥力最低。结果表明，聚类分析与主成分分析结论基本一致。

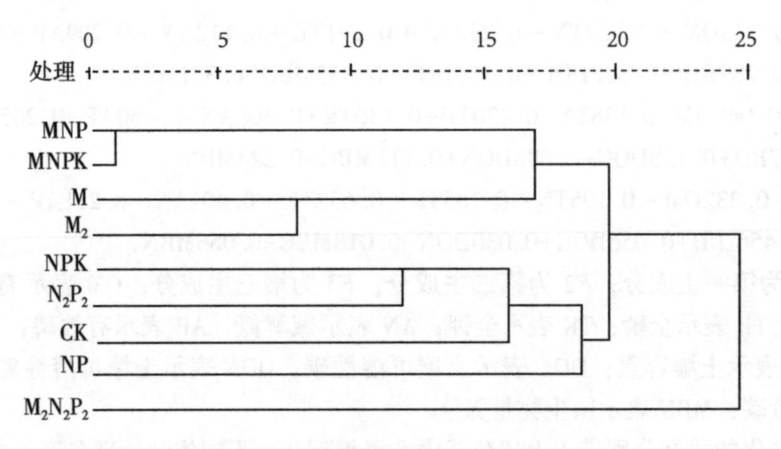

图 2-55　聚类树形图（2010 年）

（六）小结

有机无机配施可降低土壤容重，长期施肥可增加土壤有机质含量。施用有机肥处理的土壤有机质含量均高于施化肥处理。施肥可以提高土壤全氮、全磷、全钾、碱解氮、有效磷和速效钾的含量。长期单施化肥导致土壤酸化，单施有机肥土壤 pH 略有增加，有机无机配施可减缓土壤酸化的速度。长期施肥可明显提高可溶性碳、氮和土壤微生物量碳、氮含量，其中以有机无机配施处理最为显著。

运用主成分分析对 13 个土壤肥力指标降维，提取到 3 个主成分，涵盖了原始数据 89.598%的信息量，其中第一主成分以 OM、TN、AK、BD、DOC、DON、MBC 和 MBN 为主要影响因子，第二主成分以 TP、AP 、pH 为主要影响因子，第三主成分以 TK、AN 为主要影响因子。通过系统聚类，不同施肥措施的培肥效果为 $N_2P_2M_2$ > NPKM、NPM>M_2、M>NPK、N_2P_2>NP、CK，说明有机无机配施为黑土最佳的培肥模式。综合分析培肥土壤、作物产量和环境效应，推荐常量化肥和有机肥配施（MNPK）为黑土最佳培肥模式。

参考文献

蔡岸冬，张文菊，杨品品，等，2015. 基于 Meta-Analysis 研究施肥对中国农田土壤有机碳及其组分的影响[J]. 中国农业科学，48(15)：2995-3004.

陈波浪，盛建东，文启凯，等，2005. 不同施肥制度对红壤耕层磷的吸持特性影响的研究[J]. 新疆农业大学学报，28(1)：22-26.

陈国安，1994. 我国东北黑土地区农业中的硫素问题[J]. 中国农学通报，10(3)：36-38.

陈欢，曹承富，孔令聪，等，2014. 长期施肥下淮北砂姜黑土区小麦产量稳定性研究[J]. 中国农业科学，47(13)：2580-2590.

陈欢，曹承富，张存岭，等，2014. 基于主成分-聚类分析评价长期施肥对砂姜黑土肥力的影响[J]. 土壤学报，51(3)：609-617.

迟凤琴，1999. 黑龙江省主要类型水稻土硫素现状及其肥效研究[J]. 土壤肥料(6)：7-11.

迟凤琴，2002. 不同硫肥品种和用量对玉米产量和黑土有效硫的影响[J]. 土壤肥料(4)：38-40.

党亚爱，李世清，王国栋，2012. 黄土高原典型区域土壤腐殖质组分剖面分布特征[J]. 生态学报，32(6)：1820-1829.

党亚爱，王立青，张敏，2015. 黄土高原南北主要类型土壤氮组分相关关系研究[J]. 土壤，47(3)：490-495.

杜晓玉，徐爱国，冀宏杰，等，2011. 华北地区施用有机肥对土壤氮组分及农田氮流失的影响[J]. 中国土壤与肥料(6)：13-19.

樊红柱，陈庆瑞，郭松，等，2018. 长期不同施肥紫色水稻土磷的盈亏及有效性[J]. 植物营养与肥料学报，24(1)：154-162.

樊红柱，陈庆瑞，秦鱼生，等，2016. 长期施肥紫色水稻土磷素累积与迁移特征[J]. 中国农业科学，49(8)：1520-1529.

樊廷录，王淑英，周广业，等. 长期施肥下黑垆土有机碳变化特征及碳库组分差异[J]. 中国农业科学，2013，46(2)：300-309.

范业成，叶厚专，1994. 江西硫肥肥效及其影响因素研究[J]．土壤通报，25(3)：135-137.

高凤杰，鞠铁男，吴啸，等，2018. 黑土耕作层土壤 pH 空间变异及自相关分析[J]. 土壤，50(3)：566-573.

高菊生，黄晶，董春华，等，2014. 长期有机无机配施对水稻产量及土壤有效养分影响[J]. 土壤学报，51(2)：314-324.

高强，唐艳凌，巨晓棠，等，2009. 长期不同施肥处理对土壤活性氮库的影响[J]. 水土保持学报，23(2)：95-98，114.

高伟，杨军，任顺荣，2015. 长期不同施肥模式下华北旱作潮土有机碳的平衡特征[J]. 植物营养与肥料学报，21(6)：1465-1472.

高晓宁，韩晓日，刘宁，等，2009. 长期定位施肥对棕壤有机氮组分及剖面分布的影响[J]. 中国农业科学，42(8)：2820-2827.

公丽艳，孟宪军，刘乃侨，等，2014. 基于主成分与聚类分析的苹果加工品质评价[J]. 农业工程学报，30(13)：276-285.

贡付飞，查燕，武雪萍，等，2013. 长期不同施肥措施下潮土冬小麦农田基础地力演变分析[J]. 农业工程学报，29(12)：120-129.

郭亚芬，陈魁卿，刘元英，等，1995. 黑龙江省主要土壤硫的形态及其有效性的研究(Ⅰ)[J]. 东北农业大学学报，26(1)：27-33.

韩天富，韩晓增，2016. 走粮豆轮作均衡持续丰产的农业发展道路[J]. 大豆科技(1)：1-3.

韩晓增，王凤仙，王凤菊，等，2010. 长期施用有机肥对黑土肥力及作物产量的影响[J]. 干旱地区农业研究，28(1)：66-71.

韩晓增，邹文秀，2018. 我国东北黑土地保护与肥力提升的成效与建议[J]. 中国科学院院刊，33(2)：206-212.

郝小雨，陈苗苗，2021. 农作物秸秆肥料化利用现状与发展建议：以黑龙江省为例[J]. 河北农业大学学报(社会科学版)，113(6)：108-114.

郝晓晖，刘守龙，童成立，等，2007. 长期施肥对两种稻田土壤微生物量氮及有机氮组分的影响[J]. 中国农业科学，40(4)：757-764.

黄昌勇，2000. 土壤学[M]. 北京：中国农业出版社.

黄东迈，朱培立，1986. 有机氮各化学组分在土壤中的转化[J]. 江苏农业学报，2(2)：17-25.

黄晶，张杨珠，徐明岗，等，2016. 长期施肥下红壤性水稻土 Olsen-P 的演变特征及对磷平衡的响应[J]. 中国农业科学，49(6)：1132-1141.

黄绍文，金继运，王泽良，等，1998. 北方主要土壤钾形态及其植物有效性研究[J]. 植物营养与肥料学报，4(2)：156-164.

姜丽娜，詹长庚，毛美飞，等，2002. 施肥对红壤稻田硫素演变及供硫能力的影响[J]. 植物营养与肥料学报，6(3)：293-299.

井大炜，邢尚军，2013. 鸡粪与化肥不同配比对杨树苗根际土壤酶和微生物量碳、氮变化的影响[J]. 植物营养与肥料学报, 19(2): 455-461.
巨晓棠, 刘学军, 张福锁, 2004. 长期施肥对土壤有机氮组成的影响[J]. 中国农业科学, 37(1): 87-91.
李辉, 姚凤梅, 张佳华, 等, 2014. 东北地区玉米气候产量变化及其对气候变化的敏感性分析[J]. 中国农业气象, 35(4): 423-428.
李菊梅, 李生秀, 2003. 可矿化氮与各有机氮组分的关系[J]. 植物营养与肥料学报, 9(2): 158-164.
李玲, 赵西梅, 孙景宽, 等, 2013. 造纸废水灌溉对盐碱芦苇湿地土壤活性氮的影响[J]. 土壤通报, 44(2): 450-454.
李世清, 李生秀, 邵明安, 等, 2004. 半干旱农田生态系统长期施肥对土壤有机氮组分和微生物体氮的影响[J]. 中国农业科学, 37(6): 859-864.
李书田, 金继运, 2011. 中国不同区域农田养分输入、输出与平衡[J]. 中国农业科学, 44(20): 4207-4229.
李书田, 林葆, 周卫, 2001. 土壤硫素形态基及转化研究进展[J]. 土壤通报, 32(3): 132-135.
李树山, 杨俊诚, 姜慧敏, 等, 2013. 有机无机肥氮素对冬小麦季潮土氮库的影响及残留形态分布[J]. 农业环境科学学报, 32(6): 1185-1193.
李玮, 孔令聪, 张存岭, 等, 2015. 长期不同施肥模式下砂姜黑土的固碳效应分析[J].土壤学报, 52(4): 243-249.
李小坤, 鲁剑巍, 吴礼树, 2008. 土壤钾素固定和释放机制研究进展[J]. 湖北农业科学(4): 473-477.
李秀双, 2016. 秸秆还田与施用钾肥对提升农田土壤钾素肥力的效应研究[D]. 杨凌: 西北农林科技大学.
李渝, 刘彦伶, 张雅蓉, 等, 2016. 长期施肥条件下西南黄壤旱地有效磷对磷盈亏的响应[J]. 应用生态学报, 27(7): 2321-2328.
李忠芳, 徐明岗, 张会民, 等, 2009. 长期施肥下中国主要粮食作物产量的变化[J]. 中国农业科学, 42(7): 2407-2414.
李忠芳, 张水清, 李慧, 等, 2015. 长期施肥下我国水稻土基础地力变化趋势[J]. 植物营养与肥料学报, 21(6): 1394-1402.
梁涛, 陈轩敬, 赵亚南, 等, 2015. 四川盆地水稻产量对基础地力与施肥的响应[J]. 中国农业科学, 48(23): 4759-4768.
廖育林, 鲁艳红, 聂军, 等, 2016. 长期施肥稻田土壤基础地力和养分利用效率变化特征[J]. 植物营养与肥料学报, 22(5): 1249-1258.
林诚, 王飞, 李清华, 等, 2017. 长期不同施肥下南方黄泥田有效磷对磷盈亏的响应特征[J]. 植物营养与肥料学报, 23(5): 1175-1183.
林治安, 赵秉强, 袁亮, 等, 2009. 长期定位施肥对土壤养分与作物产量的影响[J]. 中国农业科学, 42(8): 2809-2819.
刘崇群, 曹淑卿, 陈国安, 等, 1990. 我国南方农业中的硫[J]. 土壤学报, 27(4):

398-404.
刘崇群，陈国安，曹淑卿，等，1981. 我国南方土壤硫素状况和硫肥施用[J]. 土壤学报，18(2)：185-193.
刘芬，王小英，赵业婷，等，2015. 渭北旱塬土壤养分时空变异与养分平衡现状分析[J]. 农业机械学报，46(2)：110-119.
刘新民，陈海燕，峥嵘，等，2011. 内蒙古典型草原马粪分解特征[J]. 生态学杂志，30(11)：2465-2471.
刘洋，石慧清，龚月桦，2012. 硫氮配施对持绿型小麦氮素运转及叶片衰老的影响[J]. 西北植物学报，32(6)：1206-1213.
刘迎夏，2017. 中国农田钾素养分盈亏平衡的时空变化[D]. 长春：吉林农业大学.
柳开楼，叶会财，李大明，等，2017. 长期施肥下红壤旱地的固碳效率[J]. 土壤，49(6)：1166-1171.
鲁如坤，2003. 土壤磷素水平和水体环境保护[J]. 磷肥与复肥，18(1)：4-8.
鲁艳红，廖育林，周兴，等，2015. 长期不同施肥对红壤性水稻土产量及基础地力的影响[J]. 土壤学报，52(3)：597-606.
陆景陵，2003. 植物营养学[M]. 北京：中国农业大学出版社.
逯非，王效科，韩冰，等，2009. 农田土壤固碳措施的温室气体泄漏和净减排潜力[J]. 生态学报，29(9)：4993-5006.
罗龙皂，李渝，张文安，等，2013. 长期施肥下黄壤旱地玉米产量及肥料利用率的变化特征[J]. 应用生态学报，24(10)：2793-2798.
骆坤，2012. 黑土碳氮及其组分对长期施肥的响应[D]. 武汉：华中农业大学.
骆坤，胡荣桂，张文菊，等，2013. 黑土有机碳、氮及其活性对长期施肥的响应[J]. 环境科学，34(2)：676-684.
马常宝，卢昌艾，任意，等，2012. 土壤地力和长期施肥对潮土区小麦和玉米产量演变趋势的影响[J]. 植物营养与肥料学报，18(4)：796-802.
毛海芳，何江，候德坤，等，2013. 乌梁素海和岱海沉积物有机质降解与微生物量动态响应模拟试验研究[J]. 农业环境科学学报，32(1)：118-126.
孟红旗，刘景，徐明岗，等，2013. 长期施肥下我国典型农田耕层土壤的 pH 演变[J]. 土壤学报，50(6)：1109-1116.
聂军，郑圣先，杨曾平，等，2010. 长期施用化肥、猪粪和稻草对红壤性水稻土物理性质的影响[J]. 中国农业科学，43(7)：1404-1413.
裴瑞娜，杨生茂，徐明岗，等，2010. 长期施肥条件下黑垆土 Olsen-P 对磷盈亏的响应[J]. 中国农业科学，43(19)：4008-4015.
彭佩钦，仇少君，童成立，等，2007. 长期施肥对水稻土耕层微生物量氮和有机氮组分的影响[J]. 环境科学，28(8)：1816-1821.
乔磊，江荣风，张福锁，等，2016. 土壤基础地力对水稻体系的增产与稳产作用研究[J]. 中国科技论文，11(9)：1031-1034，1045.
乔云发，韩晓增，韩秉进，等，2007. 长期施用化肥对农田黑土有机碳和氮消长规律的影响[J]. 中国土壤与肥料(4)：30-33.
曲均峰，李菊梅，徐明岗，等，2009. 中国典型农田土壤磷素演化对长期单施氮肥的响应[J]. 中国农业科学，42(11)：3933-3939.
申凯宏，周丽娟，耿玉辉，等，2023. 秸秆还田配施硫肥对春玉米生长及氮肥利用效率的影响[J]. 山东农业大学学报(自然科学版)，54(3)：360-366.
孙德山，2008. 主成分分析与因子分析关系探讨及软件实现[J]. 统计与决策(13)：153-155.
汤勇华，黄耀，2008. 中国大陆主要粮食作物地力贡献率及其影响因素的统计分析[J]. 农业环境科学学报，27(4)：1283-1289.
汤勇华，黄耀，2009. 中国大陆主要粮食作物地力贡献率和基础产量的空间分布特征[J]. 农业环境科学学报，28(5)：1070-1078.
唐晓红，2008. 四川盆地紫色水稻土腐殖质特征及其团聚体有机碳保护机制[D]. 重庆：西南大学.
王斌，陈亚明，周志宇，2007. 贺兰山西坡不同海拔梯度上土壤氮素矿化作用的研究[J]. 中国沙漠，27(3)：483-490.
王伯仁，徐明岗，文石林，2005. 长期不同施肥对旱地红壤性质和作物生长的影响[J]. 水土保持学报，19(1)：97-100，144.
王琪，马树庆，郭建平，等，2009. 温度对玉米生长和产量的影响[J]. 生态学杂志，28(2)：255-260.
王斯佳，2008. 长期施用化肥对黑土氮、磷及酶活性的影响[M]. 哈尔滨：东北农业大学.
王小利，郭振，段建军，等，2017. 黄壤性水稻土有机碳及其组分对长期施肥的响应及其演变[J]. 中国农业科学，50(23)：4593-4601.
王雪芬，胡锋，彭新华，等，2012. 长期施肥对红壤不同有机碳库及其周转速率的影响[J]. 土壤学报，49(5)：954-961.
王艳红，2008. 棉田生态系统磷素供应动态模拟模型研究[D]. 长沙：湖南农业大学.
王媛，周建斌，杨学云，2010. 长期不同培肥处理对土壤有机氮组分及氮素矿化特性的影响[J]. 中国农业科学，43(6)：1173-1180.
魏红安，李裕元，杨蕊，等，2012. 红壤磷素有效性衰减过程及磷素农学与环境学指标比较研究[J]. 中国农业科学，45(6)：1116-1126.
温延臣，李燕青，袁亮，等，2015. 长期不同施肥制度土壤肥力特征综合评价方法[J]. 农业工程学报，31(7)：91-99.
文启孝，程励励，2002. 土壤有机氮的化学本性[J]. 土壤学报，39(增刊)：90-99.
吴英，孙彬，徐立新，2002. 黑龙江省主要类型水稻土壤硫素状况及硫肥有效性研究[J]. 黑龙江农业科学(1)：5-7.
奚振邦，2004. 关于化肥对作物产量贡献的评估问题[J]. 磷肥与复肥，19(3)：68-71.

肖伟伟，范晓晖，杨林章，等，2009. 长期定位施肥对潮土有机氮组分和有机碳的影响[J]. 土壤学报，46(2)：274-281.
谢建昌，1986. 土壤钾素研究和钾肥施用的现状[J]. 干旱区研究(3)：41-46.
谢建昌，2000. 钾与中国农业[M]. 南京：河海大学出版社.
谢钧宇，杨文静，强久次仁，等，2015. 长期不同施肥下塿土有机碳和全氮在团聚体中的分布[J]. 植物营养与肥料学报，21(6)：1413-1422.
徐仁扣，COVENTRY D R，2002. 某些农业措施对土壤酸化的影响[J]. 农业环境保护，21(5)：385-388.
徐晓燕，马毅杰，2001. 土壤矿物钾的释放及其在植物营养中的意义[J]. 土壤通报，32(4)：173-176.
许中坚，刘广深，刘维屏，2002. 人为因素诱导下的红壤酸化机制及其防治[J]. 农业环境保护(2)：175-178.
严红星，罗建新，欧阳志标，等，2017. 湖南不同母质植烟土壤供钾能力及钾释放特性[J]. 中国烟草科学，38(3)：20-25.
游翔，朱波，谢尚春，等，2001. 紫色土的钾素形态转化[J]. 山地学报，19(S1)：46-49.
于寒青，徐明岗，吕家珑，等，2010. 长期施肥下红壤地区土壤熟化肥力评价[J]. 应用生态学报，21(7)：1772-1778.
袁天佑，王俊忠，冀建华，等，2017. 长期施肥条件下潮土 Olsen-P 的演变及其对磷盈亏的响应[J]. 核农学报，31(1)：125-134.
张北赢，陈天林，王兵，2010. 长期施用化肥对土壤质量的影响[J]. 中国农学通报，26(11)：182-187.
张夫道，1996. 长期施肥条件下土壤养分的动态和平衡：Ⅱ. 对土壤氮的有效性和腐殖质氮组成的影响[J]. 植物营养与肥料学报，2(1)：39-48.
张福锁，王激清，张卫峰，等，2008. 中国主要粮食作物肥料利用率现状与提高途径[J]. 土壤学报，45(5)：915-924.
张继榛，胡正义，章力干，等，1996. 安徽省土壤有效硫现状的研究[J]. 土壤通报，27(5)：222-225.
张丽，任意，展晓莹，等，2014. 常规施肥条件下黑土磷盈亏及其有效磷的变化[J]. 核农学报，28(9)：1685-1692.
张喜林，周宝库，孙磊，等，2008. 长期施用化肥和有机肥料对黑土酸度的影响[J]. 土壤通报，39(3)：321-325.
赵京考，卢静，谷思玉，等，2011. 降雨量和氮素对黑土区春玉米产量的影响[J]. 农业工程学报，27(12)：74-78.
赵庆雷，王凯荣，谢小立，2009. 长期有机物循环对红壤稻田土壤磷吸附和解吸特性的影响[J]. 中国农业科学，42(1)：355-362.
赵士诚，曹彩云，李科江，等，2014. 长期秸秆还田对华北潮土肥力、氮库组分及作物产量的影响[J]. 植物营养与肥料学报，20(6)：1441-1449.

赵秀娟，任意，张淑香，2017. 长期试验条件下褐土地力贡献率的演变特征及其影响因素分析[J]. 中国土壤与肥料(5)：67-72.

郑立臣，宇万太，马强，等，2004. 农田土壤肥力综合评价研究进展[J]. 生态学杂志，23(5)：156-161.

郑志斌，江秋菊，张跃强，等，2017. 长期施用化肥和秸秆对紫色土非交换性钾释放特性研究[J]. 西南大学学报(自然科学版)，39(9)：139-144.

周米平，刘金华，杨靖民，等，2008. 吉林省不同区域黑土供钾能力研究[J]. 吉林农业大学学报，30(5)：712-715，752.

周杨明，于秀波，鄢帮有，2008. 1949—2005 年江西省农田养分平衡动态的宏观分析[J]. 江西农业大学学报，30(5)：919-926.

朱兆良，2008. 中国土壤氮素研究[J]. 土壤学报，45(5)：778-783.

朱兆良，金继运，2013. 保障我国粮食安全的肥料问题[J]. 植物营养与肥料学报，19(2)：259-273.

BAIS H, WEIR T, PERRY L, et al., 2006. The role of root exudates in rhizosphere interactions with plants and other organisms [J]. Annual Review of Plant Biology, 57: 233-266.

BEDADAA W, KARLTUNA E, LEMENIH M, et al., 2014. Long-term addition of compost and NP fertilizer increases crop yield and improves soil quality in experiments on smallholder farms [J]. Agriculture, Ecosystems & Environment, 195: 193-201.

BEDADAA W, KARLTUNA E, LEMENIH M, et al., 2014. Long-term addition of compost and NP fertilizer increases crop yield and improves soil quality in experiments on smallholder farms [J]. Agriculture, Ecosystems & Environment, 195: 193-201.

CAKMAK I, 2010. Potassium for better crop production and quality [J]. Plant and Soil, 335(1): 1-2.

CAMPIGLIA E, MANCINELLI R, DE STEFANIS E, et al., 2015. The long-term effects of conventional and organic cropping systems, tillage managements and weather conditions on yield and grain quality of durum wheat (*Triticum durum* Desf.) in the Mediterranean environment of Central Italy [J]. Field Crops Research, 176: 34-44.

CHAPMAN P J, WILLIAMS B L, HAWKINS A, 2001. Influence of temperature and vegetation cover on soluble inorganic and organic nitrogen in a spodosol [J]. Soil Biology and Biochemistry, 33(7-8): 1113-1121.

CHEN C R, XU Z H, ZHANG S L, et al., 2005. Soluble organic nitrogen pools in forest soils of subtropical Australia [J]. Plant and Soil, 277(1): 285-297.

COOPER P J M, 1972. Aryl sulphatase activity in northern Nigerian soils [J]. Soil Biology and Biochemistry, 4(3): 333-337.

CUI Z L, CHEN X P, LI J L, et al., 2006. Effect of N fertilization on grain yield of winter wheat and apparent N losses [J]. Pedosphere, 16(6): 806-812.

DAS R, PURAKAYASTHA T J, DAS D, et al., 2019. Long-term fertilization and manuring with different organics alter stability of carbon in colloidal organo-mineral fraction in soils of varying clay mineralogy [J]. Science of the Total Environment, 684: 682-693.

LU D J, DONG Y H, CHEN X Q, et al., 2022. Comparison of potential potassium leaching associated with organic and inorganic potassium sources in different arable soils in China [J]. Pedosphere, 32(2): 330-338.

DOTANIYA M L, MEENA V D, 2015. Rhizosphere effect on nutrient availability in soil and its uptake by plants: a review [J]. Proceedings of the National Academy of Sciences, India Section B: Biological Sciences, 85(1): 1-12.

FAN M S, LAL R, CAO J, et al., 2013. Plant-based assessment of inherent soil productivity and contributions to China's cereal crop yield increase since 1980 [J]. PLoS ONE, 8(9): e74617.

FRENEY J R, 1986. Forms and reactions of organic sulfur compounds in soils [J]. Sulfur in Agriculture, 27: 207-232.

FUENTES M, GONZÁLEZ-GAITANO G, GARCIÁ-MIN J M, 2006. The usefulness of UV-visible and fluorescence spectroscopies to study the chemical nature of humic substances from soils and composts [J]. Organic Geochemistry, 37: 1949-1959.

GENTILE R, VANLAUWE B, CHIVENGE P, et al., 2011. Trade-offs between the short- and long-term effects of residue quality on soil C and N dynamics [J]. Plant and Soil, 338: 159-169.

GRIFFITH S M, SCHNITZER M, 1975. Analytical characteristics of humic and fulvic acids extracted from tropical [J]. Soil Science Society of America Journal, 39: 861-867.

HAN G Z, HUANG L M, TANG X G, 2019. Potassium supply capacity response to K-bearing mineral changes in Chinese purple paddy soil chronosequences [J]. Journal of Soils and Sediments, 19(3): 1190-1200.

HENDRICKSA G S, SHUKLAA S, OBREZA T A, et al., 2014. Measurement and modeling of phosphorous transport in shallow groundwater environments [J]. Journal of Contaminant Hydrology, 164:125-137.

HUO C, LUO Y, CHENG W, 2017. Rhizosphere priming effect: a meta-analysis [J]. Soil Biology and Biochemistry, 111:78-84.

JU X T, LIU X J, ZHANG F S, et al., 2006. Organic nitrogen forms in a calcareous alluvial soil on the North China Plain [J]. Pedosphere, 16(2): 224-229.

KUZYAKOV Y, 2002. Review: factors affecting rhizosphere priming effects[J]. Journal of Plant Nutrition and Soil Science, 165(4): 382-396.

LAL R, BRUCE J P, 1999. The potential of world cropland soils to sequester C and mitigate the greenhouse effect[J]. Environmental Science & Policy, 2(2): 177-185.

LEE M, NAKANE K, NAKATSUBO T, et al., 2001. Seasonal changes in the contribution of root respiration to total soil respiration in a cool-temperate deciduous forest[C]// Roots: The Dynamic Interface between Plants and the Earth: The 6th Symposium of the International Society of Root Research, 11-15 November Nagoya, Japan. Springer Netherlands, 2003: 311-318.

LI T, LIANG J, CHEN X, et al., 2021. The interacting roles and relative importance of climate, topography, soil properties and mineralogical composition on soil potassium variations at a national scale in China [J]. Catena, 196: 104875.

LIANG B, KANG L Y, REN T, et al., 2015. The impact of exogenous N supply on soluble organic nitrogen dynamics and nitrogen balance in a greenhouse vegetable system[J]. Journal of Environmental Management, 154: 351-357.

LIANG L Z, ZHAO X Q, YI X Y, et al., 2013. Excessive application of nitrogen and phosphorus fertilizers induces soil acidification and phosphorus enrichment during vegetable production in Yangtze River Delta, China [J]. Soil Use and Management, 29 (2): 161-168.

LILJEROTH E, KUIKMAN P, VEEN J A, 1994. Carbon translocation to the rhizosphere of maize and wheat and influence on the turnover of native soil organic matter at different soil nitrogen levels [J]. Plant and Soil, 161: 233-240.

LONG G Q, JIANG Y J, SUN B, 2015. Seasonal and inter-annual variation of leaching of dissolved organic carbon and nitrogen under long-term manure application in an acidic clay soil in subtropical China [J]. Soil and Tillage Research, 146: 270-278.

LU D, LI C, SOKOLWSKI E, et al., 2017. Crop yield and soil available potassium changes as affected by potassium rate in rice-wheat systems [J]. Field Crops Research, 214: 38-44.

MACDONALD G K, BENNETTA E M, POTTER P A, et al., 2011. Agronomic phosphorus imbalances across the world's croplands [J]. Proceedings of the National Academy of Sciences of the United States of America, 108(7): 3086-3091.

MÄDER P, FLIEßBACH A, DUBOIS D, et al., 2002. Soil fertility and biodiversity in organic farming [J]. Science, 296: 1694-1697.

PHILLIPS R P, FINZI A C, BERNHARDT E S, 2011. Enhanced root exudation induces microbial feedback to N cycling in a pine forest under long-term CO_2 fumigation [J]. Ecology Letters, 14: 187-194.

PUMJAN S, LONG T T, LOC H H, et al., 2022. Deep well injection for the waste brine disposal solution of potash mining in Northeastern Thailand [J]. Journal of Environmental Management, 311: 114821.

QUALLS R G, 2000. Comparison of the behavior of soluble organic and inorganic nutrients in forest soils [J]. Forest Ecology and Management, 138: 29-50.

REGMI A, LADHA J, PASUQUIN E, et al., 2002. The role of potassium in sustaining yields in a long-term rice-wheat experiment in the Indo-Gangetic Plains of Nepal [J]. Biology and Fertility of Soils, 36(3): 240-247.

RICHARD C, GUYOT G, TRUBETSKAYA O, et al., 2009. Fluorescence analysis of humic-like substances extracted from composts: influence of composting time and fractionation [J]. Environmental Chemistry Letters, 7: 61-65.

RÖMHELD V, KIRKBY E A, 2010. Research on potassium in agriculture: needs and prospects [J]. Plant and Soil, 335(1): 155-180.

SCHMIDTA B H M, KALBITZB K, BRAUNA S, et al., 2011. Microbial immobilization and mineralization of dissolved organic nitrogen from forest floors [J]. Soil Biology and Biochemistry, 43: 1742-1745.

SCHNEIDER A, TESILEANU R, CHARLES R, et al., 2013. Kinetics of soil potassium sorption-desorption and fixation [J]. Communications in Soil Science and Plant Analysis, 44(1-4): 837-849.

SCHNITZER M, KHAN S U, 1979. Humic Substances in the Environment [M]. New York: Marcel Dekker.

SHARPLEY A N, MCDOWELL R, KLEINMAN P, 2004. Amounts, forms, and solubility of phosphorus in soils receiving manure [J]. Soil Science Society of America Journal, 68(6): 2048-2057.

SHEN P, XU M G, ZHANG H M, et al., 2014. Long-term response of soil Olsen P and organic C to the depletion or addition of chemical and organic fertilizers [J]. Catena, 118: 20-27.

SPENCER K, FRENEY J R, 1960.A comparison of several procedures for estimating the sulphur status on soils [J]. Australian Journal of Agricultural Research, 11(6): 948-960.

STEWART C E, PAUSTIAN K, CONANT R T, et al., 2009. Soil carbon saturation: implications for measurable carbon pool dynamics in long-term incubations [J]. Soil Biology and Biochemistry, 41: 357-366.

WANDER M M, BOLLERO G A, 1999. Soil quality assessment of tillage impacts in Illinois [J]. Soil Science Society America Journal, 63: 961-971.

WANG H, CHENG W, TING L I, et al., 2016. Can Nonexchangeable potassium be differentiated from structural potassium in soils? [J]. Pedosphere, 26(2): 206-215.

WANG M, ZHENG Q, SHEN Q, et al., 2013. The critical role of potassium in plant stress response [J]. International Journal of Molecular Sciences, 14(4): 7370-7390.

WANG X L, FENG A P, WANG Q, et al., 2014. Spatial variability of the nutrient balance and related NPSP risk analysis for agro-ecosystems in China in 2010 [J]. Agriculture, Ecosystems & Environment, 193: 42-52.

WANG Y, TU C, CHENG L, et al., 2011. Long-term impact of farming practices on soil organic carbon and nitrogen pools and microbial biomass and activity [J]. Soil and Tillage Research, 117: 8-16.

WEI D, YANG Q, ZHANG J Z, et al., 2008. Bacterial community structure and diversity in a black soil as affected by long-term fertilization [J]. Pedosphere, 18(5): 582-592.

XU Y C, SHEN Q R, RAN W, 2003. Content and distribution of forms of organic N in soil and particle size fractions after long-term fertilization [J]. Chemosphere, 50: 739-745.

YADUVANSHI N P S, 2001. Effect of five years of rice-wheat cropping and NPK fertilizer use with and without organic and green manures on soil properties and crop yields in a reclaimed sodic soil [J]. Journal of the Indian Society of Soil Science, 49, 714-719.

YAN X, ZHOU H, ZHU Q H, et al., 2013. Carbon sequestration efficiency in paddy soil and upland soil under long-term fertilization in southern China [J]. Soil and Tillage Research, 130: 42-51.

YANG Z C, ZHAO N, HUANG F, et al., 2015. Long-term effects of different organic and inorganic fertilizer treatments on soil organic carbon sequestration and crop yields on the North China Plain [J]. Soil and Tillage Research, 146: 47-52.

YUSRAN F H, 2010. The relationship between phosphate adsorption and soil organic carbon from organic matter addition [J]. Journal of Tropical Soils, 15: 1-10.

ZHA Y, WU X P, GONG F F, et al., 2015. Long-term organic and inorganic fertilizations enhanced basic soil productivity in a fluvo-aquic soil [J]. Journal of Integrative Agriculture, 14(12):2477-2489.

ZHA Y, WU X P, HE X H, et al., 2014. Basic soil productivity of spring maize in black soil under long-term fertilization based on DSSAT model [J]. Journal of Integrative Agriculture, 13(3): 577-587.

ZHANG H M, YANG X Y, HE X H, et al., 2011. Effect of Long-term potassium fertilization on crop yield and potassium efficiency and balance under wheat-maize rotation in China [J]. Pedosphere, 21(2): 154-163

ZHAO S C, HE P, QIU S J, et al., 2014. Long-term effects of potassium fertilization and straw return on soil potassium levels and crop yields in north-central China [J]. Field Crops Research, 169:116-122.

ZHOU J B, CHEN X L, ZHANG Y L, et al., 2010. Nitrogen released from different plant residues of the Loess Plateau and their additions on contents of microbial biomass carbon, nitrogen in soil [J]. Acta Ecologica Sinica, 30(3):123-128.

ZÖRB C, SENBAYRAM M, PEITER E, 2014. Potassium in agriculture-status and perspectives [J]. Journal of Plant Physiology, 171(9): 656-669.

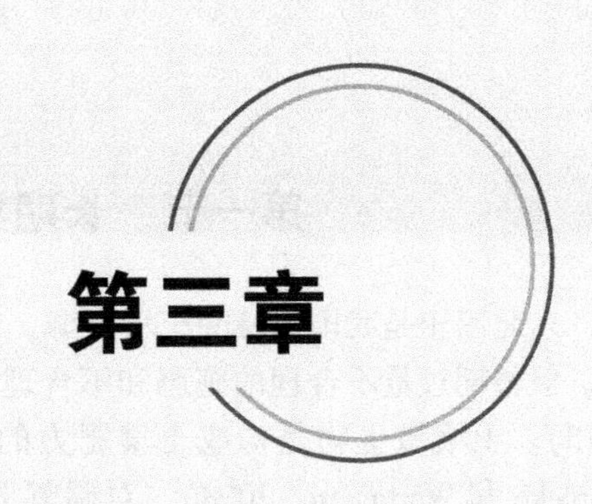

第三章

长期施肥黑土生态学特征

第一节　长期施肥黑土微生物演变

东北黑土是我国重要的土壤资源，在保障国家粮食安全和生态安全上具有重要地位。但长期过量不合理的施肥和不合理耕作，导致黑土农田质量日益退化（Wang 等，2015）。土壤微生物是构成土壤肥力的重要组成部分，常用来指示土壤质量的变化（Gröcke 和 Wortmann，2008），对调节土壤生态系统功能，如养分循环、有机质分解、土壤结构维持、温室气体产生和环境污染物净化等，起着重要作用（van Straalen 等，2012；Mirza 等，2014；于镇华等，2017）。研究表明，微生物群落结构和功能多样性可以很好地描述土壤质量，对土壤管理具有指示作用（孙瑞波等，2014）。因此，可用土壤微生物群落功能多样性的分异来指示长期不同施肥管理后土壤质量的变化情况。

本节概述了长期不同施肥处理对黑土微生物群落结构和功能转变的影响，并揭示其驱动因素，阐明不同施肥措施影响黑土微生物演变的生物学机制，为黑土的肥力培育和合理施肥提供科学理论依据。

一、研究方法及指标测定

（一）土壤微生物量碳的测定

土壤微生物量碳采用氯仿熏蒸—硫酸钾浸提法提取测定（Vance 等，1987），总有机碳提取后用 TOC 分析仪测定，其计算公式为：

$$MBC=20/5(1-M)\times Ec/0.38 \tag{3-1}$$

式中，MBC 为土壤微生物量碳（mg/kg）；20 为硫酸钾体积（mL）；5 为土壤样品重量（g）；M 为土壤含水量（%）；Ec 为熏蒸土壤所提取的有机碳与未熏蒸土壤所提取的有机碳的差值；0.38 为转换系数。

（二）土壤总 DNA 的提取

采用美国 MOBIO 公司生产 PowerSoil® DNA Isolation Kit 对土壤微生物总 DNA 进行提取。每样品准确称取 0.500 0 g 鲜土，依照试剂盒操作说明提取土壤总 DNA 后溶解于 DES 缓冲液中。DNA 提取完成后用 1%琼脂糖凝胶电泳进行检测，采用 NanoDrop 超微量分光光度计测定 OD_{260}，并保存于-20℃备用。

（三）荧光定量 PCR

使用细菌通用引物 515F 和 806R 对细菌 16S rRNA 的丰度进行荧光定量聚合酶链式反应（PCR）测定；真菌定量 PCR 引物为 ITS1 和 ITS5；AOA 的 Arch-amoA 定量引物为 Arch-amoA 23F 和 Arch-amoA 616R；AOB 的 Bacteria-amoA PCR 扩增引物为 Bacteria-amoA-1F 和 Bacteria-amoA-2R，定量 PCR 反应体系见表 3-1。

表 3-1　荧光定量 PCR 的反应体系

细菌		真菌		氨氧化微生物	
反应组分	用量/μL	反应组分	用量/μL	反应组分	用量/μL
SYBR Premix Ex Taq（2×）	12.5	Fast Fire qPCR PreMix	10	Fast Fire qPCR PreMix	10
引物 1（10 μmol/L）	0.5	ROX Reference Dye	0.4	ROX Reference Dye	0.4
引物 2（10 μmol/L）	0.5	引物（10 μmol/L）	1	引物（10 μmol/L）	1
DNA 模板（<100 ng）	2	DNA 模板	1	DNA 模板	1
ddH_2O	9.5	ddH_2O	7.6	ddH_2O	7.6
总计	25	总计	20	总计	20

细菌定量 PCR 反应程序：95℃30 s，40 个循环（95℃ 5 s；60℃ 30 s，72℃ 30 s，72℃ 10 min）。真菌定量 PCR 反应程序：94℃ 10 min，30 个循环（94℃ 40 s；56℃ 40 s，72℃ 40 s，72℃10 min）。AOA/AOB 定量 PCR 反应程序：93℃ 3 min，25 个循环（95℃ 30 s；60℃ 30 s，72℃ 45 s，72℃ 10 min）。

定量 PCR 以包含目的基因且拷贝数已知的质粒为标准模板，按 10 倍梯度稀释制作标准曲线，标准模板和待测样品均设 3 个重复，以 3 个重复的均值作为最终结果。

（四）Illumina Miseq 高通量测序

对细菌 16S rDNA 的 V4 区进行 PCR 扩增，使用引物为 515F/806R：F5′-GTGCCAGCMGCCGCGGTAA-3′，R5′- GGACTACVSGGGTATCTAAT-3（Xiong 等，2012；Xu 等，2016）。对 ITS 序列的 ITS1 区进行测序，测序引物为 ITS1F/ITS2（ITS1F：5′-CTTGGTCATTTAGAGGAAGTAA-3′，ITS2：5′-GCTGCGTTCTTCATCGATGC-3′）（Bokulich 等，2013）。AOA 的扩增引物为 Arch-amoA 23F：ATGGTCTGGCTWAGACG 和 Arch-amoA 616R：GCCATCCATCTGTATGTCCA（Emel 和 Gerard，2008），AOB 的扩增引物为 Bacteria-amoA 1F：5′-GGGGTTTCTACTGGTGGT-3 和 Bacteria-amoA2R：5′-CCC CTC KGS AAA GCC TTC TTC（Mao 等，2011）。每个样品的引物序列中都包含 6 bp 的特异性标签序列用于区分不用样品（A，C=M；C，G=S；A，C，G=V）。

通过 PCR 获得不同土壤样品细菌、真菌、AOA 和 AOB 的 PCR 产物后，进行琼脂糖凝胶电泳分析，针对目标条带进行割胶回收，得到纯化的 PCR 产物（Universal DNA purification Kit）。利用 BioTek 酶标仪对各个样品定量，按样本的测序量要求等量混合后上机进行测序。

二、土壤细菌群落结构特征

在富营养的农田生态系统中细菌占土壤微生物数量的 70%~90%，细菌周转速度较高，有机质矿化和降解速率高（Holtkamp 等，2008；Ingwersen 等，2008）。在农田生态系统中，细菌的多样性与土壤质量、作物产量及农田生态系统的稳定性密切相关（宋长青等，2013）。

(一)不同施肥处理对土壤细菌数量的影响

不同施肥处理对土壤细菌数量的影响见图 3-1。长期不同施肥后,土壤细菌数量发生了巨大的变化。NP、NK、PK 和 NPK 4 个处理土壤细菌数量与 CK 相比均显著提高,分别提高了 32.2%、64.5%、165.2%和 88.3%,且相互之间存在显著差异。其中,PK 处理土壤细菌数量最高,并显著高于其他处理。与 NP 处理相比,增施了钾肥的 NPK 处理土壤细菌数量显著增加了 14.5%;与 NK 处理相比,增施了磷肥的 NPK 处理土壤细菌数量显著增加了 42.4%;但是,与 PK 处理相比,增施了氮肥的 NPK 处理土壤细菌数量却显著降低了 29.0%。可见,氮肥的施用会显著降低土壤细菌的数量,而磷、钾肥的施用则会提高土壤细菌的数量。

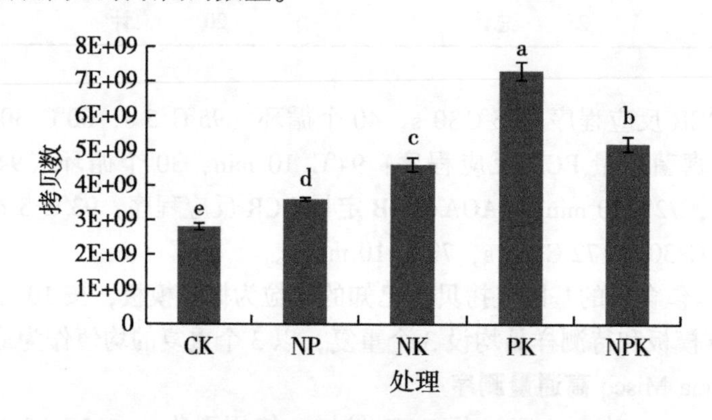

图 3-1 不同施肥处理土壤细菌丰度(2013 年)

注:柱上不同小写字母表示处理间差异显著($P<0.05$)。

(二)土壤细菌的 Alpha 多样性分析

不同施肥处理的土壤细菌丰富度指数(Chao1 指数、ACE 指数)和多样性指数(Simpson 指数、Shannon 指数)如表 3-2 所示。Chao1 指数表明,NPK 处理细菌丰富度最高,而 PK 处理最低;4 个施肥处理土壤细菌丰富度均低于 CK,其中 NK 处理最低。ACE 指数结果与 Chao1 指数基本一致,因算法不同而略有差异。Simpson 指数和 Shannon 指数表明,与 CK 相比,NPK 和 PK 处理土壤细菌多样性升高,而 NP 和 NK 处理降低。

表 3-2 不同施肥处理土壤细菌 Alpha 多样性指数(2013 年)

处理	Coverage/%	Chao1 指数	ACE 指数	Simpson 指数	Shannon 指数
CK	84.79	3 716	5 546	0.005 66	6.602
NP	85.42	4 216	6 013	0.007 75	6.591
NK	86.61	3 864	5 467	0.007 57	6.524
PK	84.25	3 508	5 011	0.004 58	6.641
NPK	85.79	4 397	6 294	0.003 77	6.734

(三)不同施肥处理的土壤细菌组成分析

土壤细菌在门分类水平上的相对丰度如图 3-2 所示。由图 3-2 可知,变形菌门(Proteobacteria)、酸杆菌门(Acidobacteria)是农田黑土耕层土壤细菌中的优势菌群,分别占所有细菌的24.9%～29.8%、13.2%～15.7%。Proteobacteria在5个处理中都是相对丰度最高的门，与CK相比，施氮肥的NP、NK、NPK处理Proteobacteria相对丰度提高了13.3%～17.1%，而PK处理降低了2.5%。不同施肥处理引起土壤优势菌群的变化见图3-3。由图3-4可知，α-proteobacteria、β-protebacteria、γ-proteobacteria、δ-proteobacteria是Proteobacteria中相对丰度最高的4个菌群，其中，α-proteobacteria相对丰度最高，占所有细菌的9.6%～14.7%；施肥的各处理中，β-protebacteria、γ-proteobacteria相对丰度升高，δ-proteobacteria相对丰度降低；与CK相比，施氮肥处理的α-proteobacteria相对丰度分别提高了24.6%、35.7%、13.1%，而PK处理降低了13.6%。由此可知，长期不同施肥引起土壤Proteobacteria群落组成差异显著。

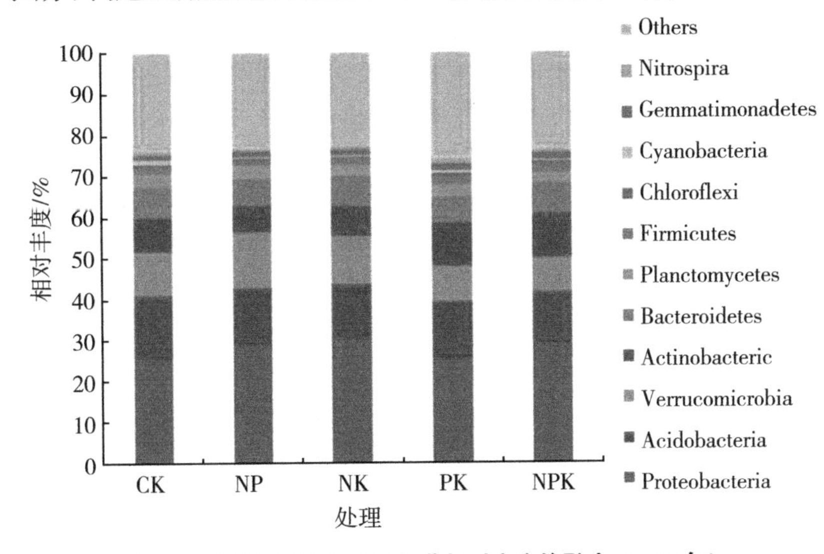

图3-2　长期施肥对门水平细菌相对丰度的影响（2013年）

注：Others包括未分类细菌和以下11个菌门：TM7菌门、WS3菌门、OD1菌门、衣原体门、OP10菌门、BRC1菌门、分类地位未定细菌、恐球菌-栖热菌门、OP11菌门、梭杆菌、螺旋体门。

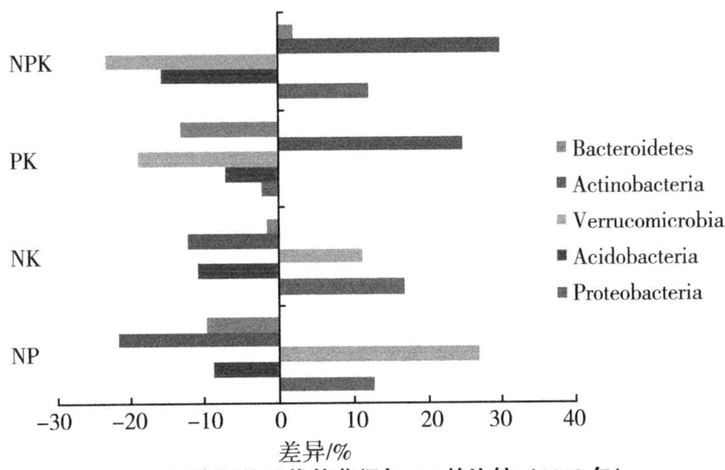

图3-3　不同施肥处理优势菌门与CK的比较（2013年）

注：差异（%）=（施肥处理中微生物相对丰度-CK中微生物相对丰度）/CK中微生物相对丰度×100。

Acidobacteria 在 5 个处理中都是第二大优势菌门，其相对丰度较高的 4 个菌群为 Gp1、Gp3、Gp4、Gp6。其中，与 CK 相比，4 个施肥处理中 Gp1 和 Gp3 群落相对丰度增加，Gp1 相对丰度分别提高了 3.4 倍、2.9 倍、0.8 倍、2.6 倍，Gp3 相对丰度分别提高了 33.1%、36.6%、13.4%、62.0%；而 Gp4 和 Gp6 群落相对丰度降低，与 CK 相比，NP、NK、PK、NPK 的 Gp4 相对丰度分别降低了 43.7%、38.9%、19.2%、50.6%，Gp6 相对丰度分别降低了 42.4%、43.8%、6.0%、48.3%；施肥对 Acidobacteria 群落结构影响显著。与 PK 处理相比，增施氮肥的 NPK 处理 Gp1 和 Gp3 相对丰度分别提高了 102.9%和 42.9%，而 Gp4 和 Gp6 相对丰度分别降低了 28.9%和 45.0%，可见，氮肥的施用会显著增加土壤中 Gp1 和 Gp3 相对丰度，并降低 Gp4 和 Gp6 菌群的相对丰度（图 3-4）。

除此之外，其他类群的相对丰度也发生了改变：施肥均降低浮霉菌门（Planctomycetes）、绿弯菌门（Chloroflexi）、蓝菌门（Cyanobacteria）的相对丰度，增加芽单胞菌门（Gemmatimonadetes）、厚壁菌门（Firmicutes）的相对丰度，而 Proteobacteria、疣微菌门（Verrucomicrobia）、放线菌门（Actinobacteria）、拟杆菌门（Bacteroidetes）、古泉菌门（Crenarchaeota）、硝化螺旋菌门（Nitrospira）的相对丰度对不同施肥响应存在差异。

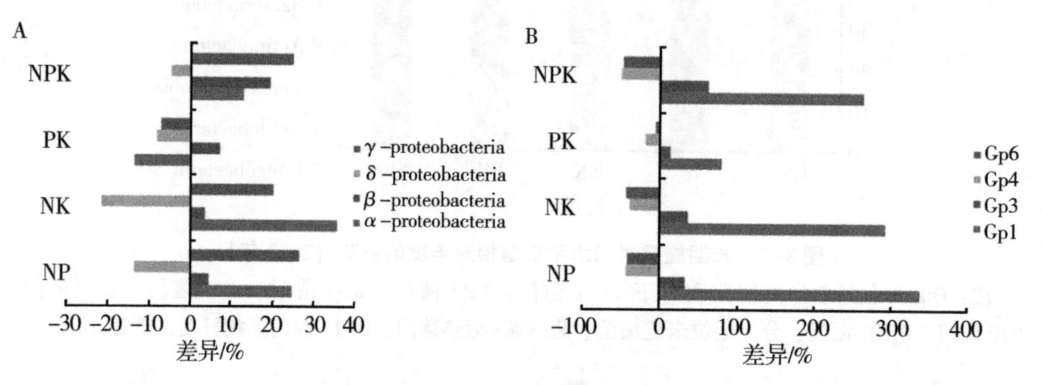

图 3-4 不同施肥处理下酸杆菌门、变形菌门优势菌群与 CK 的比较（2013 年）

注：差异（%）=（施肥处理中微生物相对丰度-CK 中微生物相对丰度）/CK 中微生物相对丰度×100。

在 OTU 水平上对不同施肥处理土壤菌群进行 Venn 分析（图 3-5），长期不同施肥处理后，土壤菌群结构发生了巨大变化，不同施肥对细菌群落结构产生了巨大影响。有 594 个 OTUs 为 5 个处理所共有，CK、NP、NK、PK、NPK 处理分别有 281 个、344 个、277 个、204 个、329 个 OTUs 为其所特有。有 140 个 OTUs 仅存在于 NP、NK、NPK 处理，这些 OTUs 可能与氮肥的施用有关；有 72 个 OTUs 仅存在于 PK、NK、NPK 处理，这些 OTUs 可能与钾肥的施用有关；有 55 个 OTUs 仅存在于 NP、PK、NPK 处理，这些 OTUs 可能与磷肥的施用有关。有 2 473 个 OTUs 在 CK 中不存在，是施肥后新出现的 OTUs，其中有 113 个 OTUs 在 CK 中不存在，而在 4 个施肥处理中均有，表明不同施肥均会导致该 113 个 OTUs 的产生。

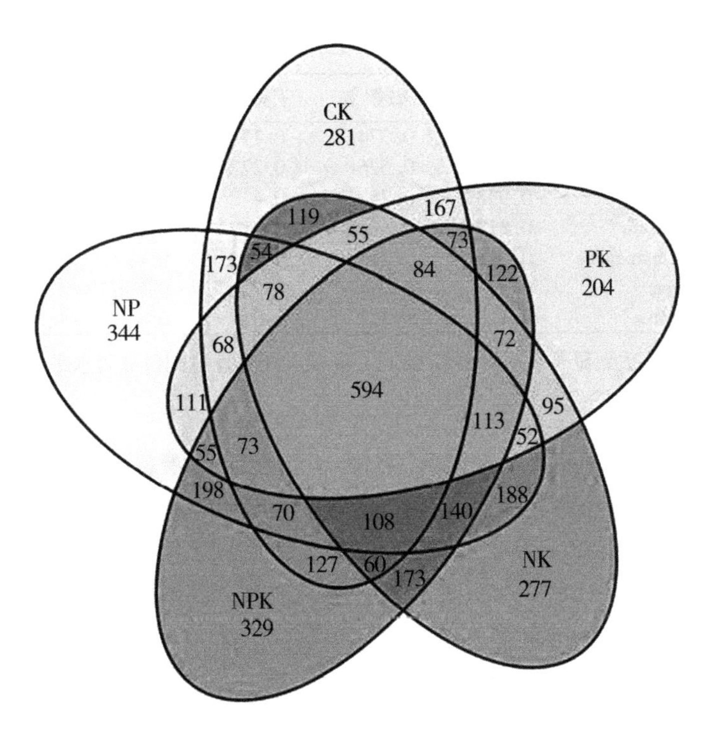

图 3-5 不同施肥处理之间共有和独有的 OTUs（2013 年）

（四）影响土壤细菌菌群结构的因子分析

各处理的细菌相对丰度（纲分类水平）与土壤理化指标 Pearson 相关性检验结果见表 3-3，发现土壤样品中优势纲与理化指标联系密切。Proteobacteria、α-proteobacteria、γ-proteobacteria、Gp1、Gp3 与全氮、碱解氮、有机质显著正相关，与 pH 显著负相关；而 Acidobacteria、Chloroflexi、Cyanobacteria、δ-proteobacteria、Gp4、Gp6 与全氮、碱解氮、有机质显著负相关，与 pH 显著正相关。β-protebacteria、Gp3、Acidobacteria、Actinobacteria、Firmicutes 与有效磷、速效钾显著正相关；而 Gp4、Cyanobacteria 与有效磷显著负相关，Acidobacteria、Verrucomicrobia、Nitrospirales 与速效钾显著负相关。

表 3-3 土壤优势菌群与土壤理化性质 Pearson 相关性分析（2013 年）

分类级别	菌群名称	全氮	碱解氮	有效磷	速效钾	有机质	pH
门	Proteobacteria	0.922**	0.902**	0.014	0.071	0.895**	-0.964**
纲	α-proteobacteria	0.827**	0.927**	-0.214	-0.068	0.902**	-0.889**
纲	β-protebacteria	0.446	0.117	0.778**	0.700**	0.182	-0.399
纲	δ-proteobacteria	-0.561*	-0.756**	0.153	-0.032	-0.804**	0.654**
纲	γ-proteobacteria	0.923**	0.768**	0.255	0.029	0.820**	-0.955**
门	Acidobacteria	-0.868**	-0.669**	-0.551*	-0.521*	-0.744**	0.883**
目	Gp1	0.903**	0.774**	0.351	0.068	0.891**	-0.963**
目	Gp3	0.855**	0.629*	0.555*	0.532*	0.684**	-0.855**
目	Gp4	-0.887**	-0.669**	-0.575*	-0.337	-0.790**	0.920**
目	Gp6	-0.953**	-0.816**	-0.347	-0.257	-0.879**	0.990**
门	Verrucomicrobia	0.232	0.349	-0.35	-0.762**	0.415	-0.316
门	Actinobacteria	-0.253	-0.449	0.526*	0.698**	-0.45	0.331

（续表）

分类级别	菌群名称	全氮	碱解氮	有效磷	速效钾	有机质	pH
门	Bacteroidetes	0.39	0.374	-0.17	0.348	0.184	-0.33
纲	Thermoprotei	-0.01	0.026	0.227	0.901**	-0.034	0.047
门	Chloroflexi	-0.938**	-0.753**	-0.412	-0.16	-0.844**	0.975**
门	Cyanobacteria	-0.812**	-0.631*	-0.577*	-0.303	-0.785**	0.862**
目	Gemmatimonadales	0.498	0.218	0.842**	0.492	0.408	-0.515*
门	Firmicutes	0.332	0.054	0.723**	0.796**	0.098	-0.28
目	Nitrospirales	-0.418	-0.253	-0.014	0.610*	-0.302	0.436

注：* 表示相关性达到显著水平（$P<0.05$），** 表示相关性达到极显著水平（$P<0.01$）。

（五）RDA 分析

将各处理所得的细菌目水平相对丰度与土壤化学指标进行 RDA 分析，结果(图 3-6)表明，所有的环境因子解释了细菌 100%的变化，贡献大小依次为 pH>速效

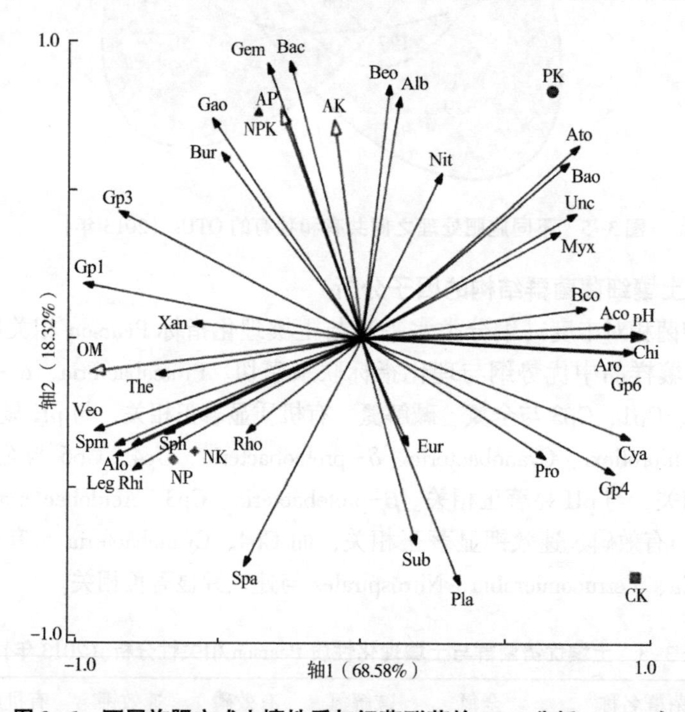

图 3-6 不同施肥方式土壤性质与细菌群落的 RDA 分析（2013 年）

注：AN，碱解氮；AP，有效磷；AK，速效钾；TN，全氮；OM，有机质；Aco，Acidobacteria others；Atb，Actinomycetales；Ato，Actinobacteriaothers；Bco，Bacteroidetes others；Sph，Sphingobacteriales；Chl，Chloroflexi；Cya，Cyanobacteria；Bac，Bacillales；Gem，Gemmatimonadales，Nit，Nitrospirales；Bao，Bacteria others；Pla，Planctomycetales；Alo，Alphaproteobacteria others；Rhi，Rhizobiales；Rho，Rhodospirillales；Spm，Sphingomonadales；Bur，Burkholderiales，Beo，Betaproteobacteria others；Myx，Myxococcales，Leg，Legionellales；Gao，Gammaproteobacteria others；Xan，Xanthomonadales；Pro，Proteobacteriaothers；Veo，Verrucomicrobia；Spa，Spartobacteria；Sub，Verrucomicrobia subdivision3；The，Thermoprotei；Eur，Euryarchaeota；Aro，Archaea others.

钾>有效磷>有机质。基于这个模型，2 个排序轴共解释了 86.90%的变化，其中第一排序轴解释了 68.58%的变化，而第二排序轴解释了 18.32%的变化。CK 处理细菌群落聚集于高 pH，低有机质（OM）、速效钾（AK）、有效磷（AP）区域，NP、NK 处理的细菌群落聚集于高有机质（OM）、低 pH 区域，NPK 的细菌群落聚集于高有机质（OM）、有效磷（AP）、速效钾（AK）区域，PK 处理的细菌群落聚集于高有效磷（AP）、速效钾（AK）、pH 区域，表明 NP、NK 处理细菌群落结构相似，并与 CK、PK、NPK 3 个处理间存在较大差异。RDA 分析结果还表明，pH 解释了土壤细菌群落（$P=0.034$）66.5%的变化，是影响土壤细菌群落结构的主要环境因子。

三、土壤真菌群落结构特征

真菌是农田土壤中最常见的微生物之一，根据营养方式可将其划分为腐生营养型、共生营养型和病原型，在土壤有机质转化、促进/抑制作物生长和控制作物疾病等方面具有重要作用（Deacon 等，2013）。真菌的生长受温度、pH、水分和养分等多种土壤环境因子的影响（Beauregard 等，2010）。

（一）不同施肥处理对黑土真菌丰度的影响

通过 qPCR 检测黑土中 ITS 基因丰度结果如图 3-7 所示，各处理 ITS 基因拷贝数为 1.66×10^5~3.04×10^5/g 土，NPK 处理的最高（3.04×10^5/g 土），比 MNPK 处理（2.02×10^5/g 土）高出 50.5%，不同处理之间存在显著差异。另外，由真菌拷贝数与土壤理化指标 Pearson 相关性分析（表 3-4）可知，ITS 基因拷贝数同铵态氮和速效钾含量显著正相关。

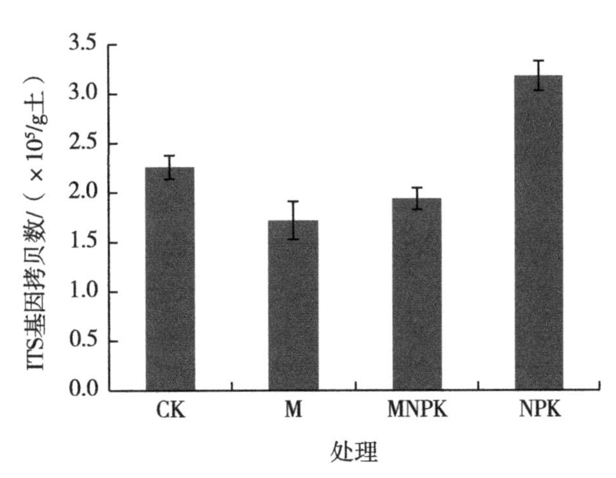

图 3-7 不同施肥处理黑土真菌丰度（2015 年）

表 3-4 ITS 基因拷贝数与土壤理化指标 Pearson 相关性分析（2015 年）

土壤理化指标	相关系数
pH	-0.519
有机质	-0.548

（续表）

土壤理化指标	相关系数
全氮	0.183
硝态氮	0.130
铵态氮	0.594*
有效磷	0.302
速效钾	0.998**

注：** 表示在 0.01 水平上具有显著相关性，* 表示在 0.05 水平上具有显著相关性。

（二）真菌的 Alpha 多样性分析

Alpha 多样性（Alpha diversity）只计算样本内部而不考虑样本间，包括 Chao1 指数、ACE 指数、Shannon 指数以及 Simpson 指数、PD_whole_tree 等。其中，Chao1 指数和 ACE 指数反映样本中群落的丰富度（species richness），只考虑物种数量，不考虑物种丰度。PD_whole_tree 是基于系统发生树计算的一个多样性，用各个样品中 OTUs 的代表序列计算出构建系统发生树的距离，将某一样品中的所有代表序列的枝长加和得到的数值。Observed species 引入了物种丰度的变量，通过菌群结构数据与某种给定的因素互相拟合来探寻样本、物种两两之间的关系。

不同施肥处理之间的真菌 Alpha 多样性分析结果（表 3－5）表明，只有 Observed species 分析，CK 处理的最高（735），与其他 3 个处理差异达到显著水平，3 个施肥处理间虽有差异，但未达显著水平。Chao1 指数、PD_whole_tree 和 Shannon 指数，所有处理间均没有显著差异。

表 3-5　不同施肥处理黑土土壤中真菌 Alpha 多样性指数（2015 年）

处理	Chao1 指数	Coverage/%	Observed species	PD_whole_tree	Shannon 指数
CK	897a	99.4	735b	12.64a	6.77a
M	743a	99.5	617a	14.12a	6.36a
MNPK	847a	99.4	686ab	11.54a	6.62a
NPK	780a	99.5	648ab	8.14a	6.45a

注：同列数据后不同小写字母表示各处理间土壤微生物指标差异达到显著水平（$P<0.05$）。

（三）不同施肥处理的黑土土壤真菌组成分析

由图 3-8 中可以看到，长期施肥的黑土土壤中检测到 6 个真菌门，相对丰度大于 1% 的有 5 个，分别为子囊菌门（Ascomycota，相对丰度 35.47%～56.22%）、接合菌门（Zygomycota，18.37%～25.66%）、担子菌门（Basidiomycota，8.26%～12.14%）、球囊菌门（Glomeromycota，1.19%～2.63%）和壶菌门（Chytridiomycota，1.96%～9.87%）。共有相对丰度大于 1%的菌纲 10 个和相对丰度大于 0.1%的菌属 40 个。

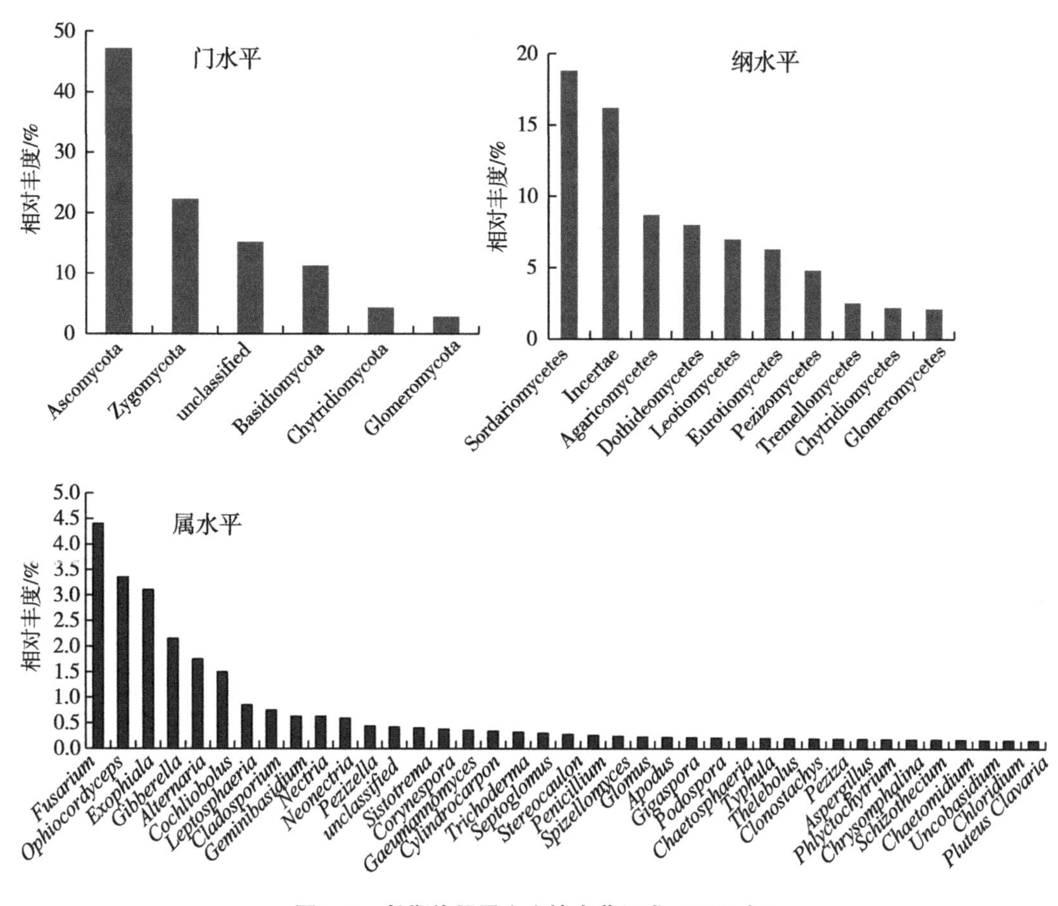

图 3-8 长期施肥黑土土壤真菌组成（2015 年）

不同施肥处理土壤 5 个真菌门 Ascomycota、Zygomycota、Basidiomycota、Glomeromycota 和 Chytridiomycota 的相对丰度存在差异（图 3-9）。CK 处理 Ascomycota 的相对丰度为 45.35%，M 处理的为 35.47%，而 MNPK 和 NPK 处理的分别提高到 50.93% 和 56.16%。Zygomycota 的相对丰度在 CK 处理为 20.91%，M 处理比 CK 处理增加了 4.75%，而 MNPK 和 NPK 处理分别减少至 18.37%和 19.95%。可见，长期施肥引起了真菌优势菌门相对丰度的差异。

另外，不同施肥处理土壤真菌属水平组成（表 3-6）显示，4 个处理之间优势菌属 *Fusarium* 的相对丰度没有显著差异；而 *Cochliobolus* 在 CK 和 NPK 处理分别为 3.25%和 2.08%，施入有机肥的 MNPK 和 M 处理的相对丰度分别降低到 0.41%和 0.39%。*Exophiala* 和 *Alternaria* 也有类似变化趋势，它们在 NPK 处理的相对丰度（分别为 5.38%和 2.49%）均显著高于 MNPK 处理（分别为 3.15%和 1.65%）。

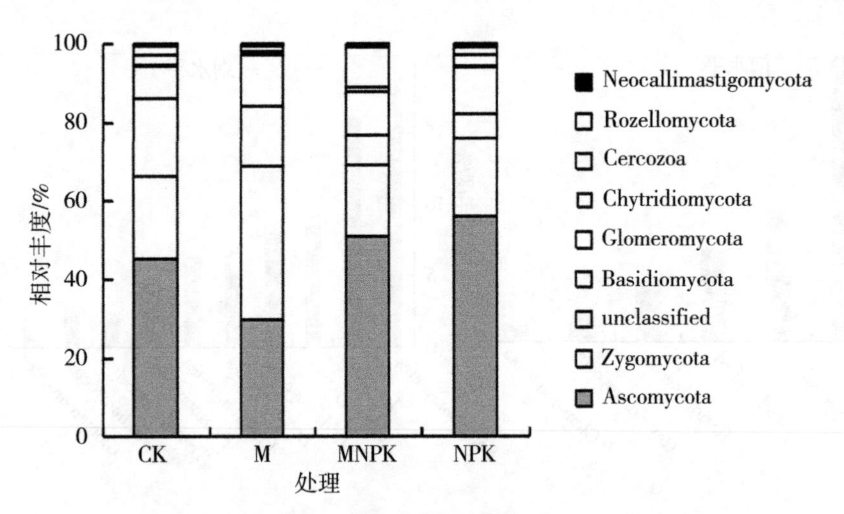

图 3-9　不同施肥处理的真菌门水平相对丰度（2015 年）

表 3-6　不同施肥处理黑土土壤中真菌属相对丰度（2015 年）　　单位：%

门	纲	目	科	属	处理			
					CK	M	MNPK	NPK
Ascomycota	Sordariomycetes	Hypocreales	Nectriaceae	*Fusarium*	4.49a	3.66a	4.62a	4.67a
				Gibberella	2.85b	0.43a	3.00b	2.09ab
	Dothideomycetes	Pleosporales	Ophiocord-ycipitaceae	*Ophiocordyceps*	2.98a	2.79a	3.59a	3.99a
				Alternaria	1.35a	1.55a	1.65a	2.49b
		Capnodiales	Pleosporaceae	*Cochliobolus*	3.25b	0.39a	0.41a	2.08b
		Chaetothyriales	Leptosphaeriaceae	*Leptosphaeria*	1.20a	0.72a	0.66a	0.97a
	Eurotiomycetes		Davidiellaceae	*Cladosporium*	0.73a	0.81a	0.48a	1.13a
			Herpotrichiellaceae	*Exophiala*	2.98ab	0.82a	3.15ab	5.38b

注：表中列出的真菌均为 4 个处理中至少有 1 个处理的相对丰度>1%，同行不同小写字母表示各处理间差异显著（$P<0.25$）。

（四）不同施肥处理的聚类分析

聚类分析根据每个样品 OTUs 的组成情况，更直观地展示各个样品之间的关系，组成越相似的样品，聚类关系越近。通过此分析，具有相似 β 多样性的供试样品聚类在一起，各处理的结果（图 3-10）显示，CK 处理的几个重复先行相聚，再同 M 和 MNPK 处理聚类，最后与 NPK 处理聚类。4 个处理之间彼此分开，说明处理之间的群落结构存在差异；MNPK 处理与 NPK 处理相比较，MNPK 处理与 CK 处理的微生物群落亲缘关系更近。

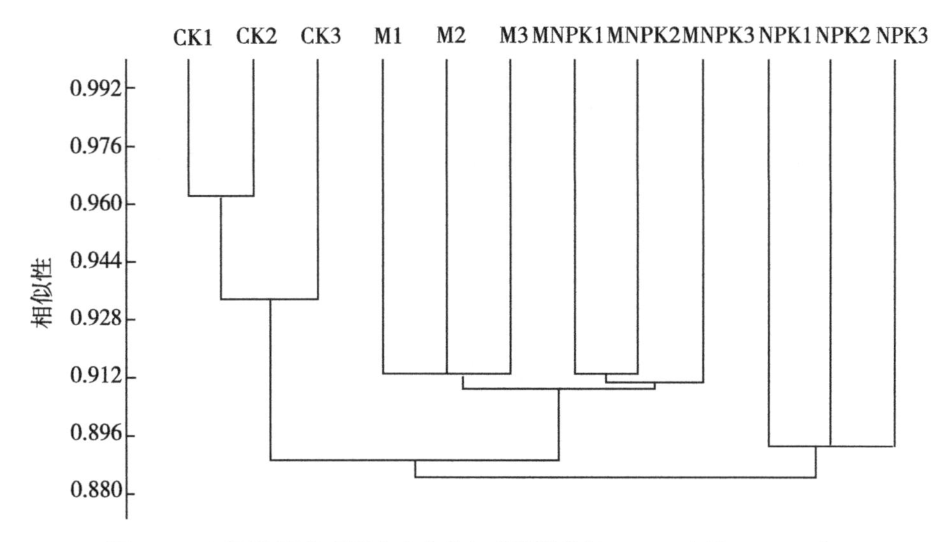

图 3-10　不同施肥处理黑土中真菌组成聚类分析（OTU 水平）（2015 年）

（五）CCA 分析

CCA 分析主要反映样品、菌群与环境因子之间关系。通过 CCA 分析长期不同施肥处理土壤中真菌群落与土壤理化性质之间的相互关系（图 3-11），研究选取的土壤理化性质包括土壤 pH、有机质、全氮、硝态氮、铵态氮、有效磷、速效钾等。土壤理化性质共解释土壤真菌群落结构变化的 73.30%，前两轴累计解释量为 56.53%，第一轴和第二轴的解释量分别为 36.54%、19.99%。对真菌群落结构解释量居前 3 位的理化指标分别为有效磷（贡献量为 32.4%，$P=0.002$）、铵态氮（贡献量为 14.8%，$P=0.01$）和硝态氮（贡献量为 16.2%，$P=0.048$）。

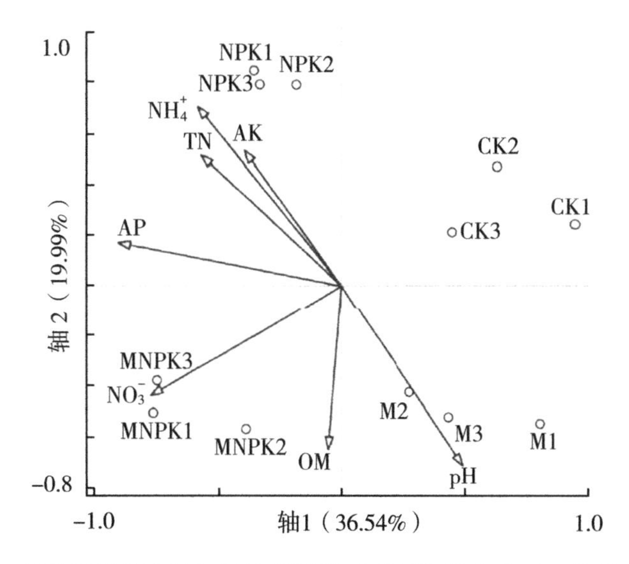

图 3-11　不同施肥处理黑土中真菌群落与土壤理化性质的 CCA 分析（2015 年）

注：OM 表示有机质，TN 表示全氮，TK 表示全钾，AP 表示有效磷，NO_3^- 表示硝态氮，NH_4^+ 表示铵态氮。

四、土壤氨氧化微生物群落结构特征

氨氧化作用作为硝化作用的限速步骤，是全球氮循环的中心环节（宋亚珩等，2014），主要由氨氧化细菌（ammonia-oxidizing bacteria，AOB）和氨氧化古菌（ammonia-oxidizing archaea，AOA）驱动。AOA 和 AOB 处于明显不同的生态位，基于 DNA 和 RNA 稳定性同位素探针技术分析表明，AOA 是在较为严苛的环境如低氮、强酸性和高温的环境中氨氧化过程的主要驱动者（Zhang 等，2013），而在碱性或高氮的土壤中，硝化作用则由 AOB 主导（Di 等，2009；Jia 和 Conrad，2009）。

（一）长期施肥对 AOA 和 AOB 丰度的影响

Real-time PCR 结果如表 3-7 所示。不同施肥处理黑土中的 *Arch-amoA* 基因拷贝数为 $8.34×10^5$~$2.61×10^7$/g 土，不同氮肥水平之间差异显著（$P<0.05$）。无氮肥组（CK 和 PK）拷贝数显著高于施氮肥组，其中 PK 处理的拷贝数最高；常规量氮肥组（N、NP、NK、NPK）的拷贝数比 CK 显著降低；2 倍量氮肥组（N_2）的拷贝数最低，为 $8.34×10^5$/g 土，仅为 CK 的 3.7%（周晶，2013）。不同施肥处理黑土中的 AOB *amoA* 基因拷贝数为 $1.3×10^4$~$10.7×10^4$/g 土，不同氮肥水平处理之间差异显著（$P<0.05$）。所有施氮肥组拷贝数显著高于无氮肥组（CK 和 PK），其中 N 和 NK 处理的拷贝数最高，分别为 CK 的 7.9 倍和 8.2 倍；常规量氮肥组（N、NP、NPK 和 NK）的拷贝数比 2 倍量氮肥组（N_2）的拷贝数高。

不同施肥处理黑土中 AOA *Arch-amoA* 和 AOB *amoA* 基因拷贝数的比值（AOA/AOB）大于1 200，说明东北黑土中 AOA 在数量上占主导地位。无氮肥组 AOA/AOB 最大，CK 和 N 处理分别为 $18.4×10^2$ 和 $10.6×10^2$，常规量氮肥组该值降低为 $1.2×10^2$~$3.0×10^2$，降低了 1 个数量级。而 2 倍量氮肥组该值更低，为 $0.2×10^2$，降低了约 2 个数量级。说明长期施用氮肥降低了 AOA/AOB，且随着氮肥水平的增加，降低幅度明显增加。

表 3-7　不同施肥处理黑土中 AOA *Arch-amoA*、AOB *amoA* 基因的拷贝数和二者的比值（2013 年）

组名	处理	AOA *Arch-amoA*/ ($×10^7$/g 土)	AOB *amoA*/ ($×10^4$/g 土)	AOA/AOB/ ($×10^2$)
无氮肥组	CK	22.2±0.08d	1.3±0.5a	18.4±6.6d
	PK	26.2±0.2d	2.5±0.5a	10.6±1.6d
常规量氮肥组	N	16.7±0.08c	10.3±1.9d	1.7±0.4b
	NP	12.9±0.07b	8.3±1.0c	1.6±0.3b
	NK	12.7±0.18b	10.7±1.8d	1.2±0.0b
	NPK	19.9±0.04c	7.0±1.7c	3.0±0.9c
2 倍量氮肥组	N_2	0.8±0.01a	3.9±0.7c	0.2±0.0a

注：同列不同小写字母表示处理间的土壤微生物指标差异达到显著水平（$P<0.05$）；AOA/AOB 为 AOA *Arch-amoA* 基因拷贝数和 AOB *amoA* 基因拷贝数的比值。

（二）黑土中 AOA 和 AOB 丰度的影响因素

为探讨长期施用氮肥条件下，土壤理化性质与 AOA *Arch-amoA* 基因拷贝数之间的关系，以土壤理化性质为自变量，以 AOA *Arch-amoA* 基因拷贝数（Y）为因变量进行逐步回归分析，最优的回归方程为：

$$Y=2\ 187\ 456.3+5\ 201\ 002X_1-63\ 427X_3-530\ 916X_4\ (P=0.008) \quad (3-2)$$

式中，Y 为 AOA *Arch-amoA* 基因拷贝数；X_1 为 pH；X_2 为硝态氮含量；X_3 为铵态氮含量。

由 3 种土壤理化性质对 AOA *Arch-amoA* 基因拷贝数的直接和间接影响关系（表 3-8）可以看出，pH 对拷贝数直接影响最大（$r=0.362$），说明 pH 降低是导致黑土中 *Arch-amoA* 基因拷贝数降低的直接原因。硝态氮含量（$r=-0.503$）和铵态氮含量（$r=-0.174$）则与 *Arch-amoA* 基因拷贝数存在直接负相关关系。通过间接通径系数分析发现，pH 通过硝态氮对 *Arch-amoA* 基因拷贝数的间接作用较大。

表 3-8 土壤性质对 *Arch-amoA* 基因拷贝数的通径分析（2013 年）

理化性质	与 AOA *Arch-amoA* 基因拷贝数的简单相关系数	通径系数	间接通径系数（间接作用）			
			pH	硝态氮	铵态氮	总计
pH	0.933	0.362	—	0.459	0.147	0.569
硝态氮	−0.912	−0.503	−0.330	—	−0.140	−0.407
铵态氮	−0.850	−0.174	−0.307	−0.407	—	−0.676

为探讨长期施用氮肥条件下，土壤理化性质与 AOB *amoA* 基因拷贝数之间的关系，以土壤理化性质为自变量，以 AOB *amoA* 基因拷贝数（Y）为因变量进行逐步回归分析，最优的回归方程为：

$$Y=-389\ 570+15\ 611.9X_7\ (P=0.007) \quad (3-3)$$

式中，Y 为 AOB *amoA* 基因拷贝数；X_7 为有机质含量。

式（3-3）表明影响 AOB *amoA* 基因拷贝数的直接因素是有机质含量。

为探讨 AOA/AOB 的影响因素，以土壤理化性质为自变量，以 AOA/AOB 为因变量进行回归分析，最优的回归方程为：

$$Y=7\ 683-53\ 963X_2\ (P=0.001) \quad (3-4)$$

式中，Y 为 AOA/AOB *amoA*；X_2 为全氮含量。

式（3-4）表明影响 AOA/AOB *amoA* 的直接因素是全氮含量。

（三）长期施肥对 AOA 和 AOB Alpha 多样性的影响

3 组不同氮肥处理的 AOA Alpha 多样性指数见表 3-9。无氮肥组的均匀度和丰富度最大，且随着氮肥水平增加，两指数均呈降低趋势。例如，2 倍量氮肥的均匀度和丰富度分别降低至 55.4 和 54.2，仅约为 CK 的一半。说明长期施用氮肥降低了黑土中 AOA 均匀度和丰富度，施氮水平越高，降低程度越大。而常规量氮肥处理的 Shannon 指数高于 CK 处理，2 倍量氮肥处理的该指数比前两者明显降低，说明适量施用氮肥能够提高黑土中 AOA 多样性。

表 3-9　不同施肥处理中 AOA Alpha 多样性指数分析（2013 年）

组名	均匀度	丰富度	Shannon 指数	Simpson 指数
无氮肥组（CK、PK）	109.6	103.1	2.81	0.12
常规量氮肥组（N、NP、NK、NPK）	99.6	99.3	2.94	0.11
2 倍量氮肥组（N_2）	55.4	54.2	2.01	0.22

3 个不同氮肥处理的 AOB Alpha 多样性指数见表 3-10。CK 处理的 ACE 指数和 Chao1 指数最大，且随着氮肥水平增加，两指数均呈降低趋势，N_2 处理两指数分别降低至 38 和 49，说明长期施用氮肥降低了黑土中 AOB 的均匀度和丰富度，施氮水平越高，降低程度越大。而 N 处理的 Shannon 指数高于 CK 处理，N_2 处理的该指数比前两者明显降低，说明适量施用氮肥能够稍微提高黑土中 AOB 多样性，但 N_2 处理明显降低了其多样性。

表 3-10　不同施肥处理中 AOB Alpha 多样性指数分析（2013 年）

处理	丰富度指数		多样性指数	
	ACE 指数	Chao1 指数	Shannon 指数	Simpson 指数
CK	49	52	2.06	0.18
N	49	50	2.10	0.16
N_2	38	49	1.35	0.40

（四）长期施肥对 AOA、AOB 菌群组成的影响

不同施肥处理的 AOA 聚类分析见图 3-12。3 组之间分离明显，距离较大。无氮肥组 CK 和 PK 处理群落组成相似，相似性为 80%；常规量氮肥组 4 个处理（N、NP、NK、NPK）相似性为 78%；2 倍量氮肥组 N_2处理自为一组。说明不同施肥处理中 AOA 群落组成明显受氮肥水平的影响，相同氮肥水平的 AOA 群落结构相似，而不同氮肥水平的群落结构差异较大。

RDA 结果如图 3-13 所示，土壤化学性质共解释了 63.81%的 AOA 群落变异。无氮肥组、常规量氮肥组、2 倍量氮肥组处理的 AOA 的群落结构分别成簇出现。常规量氮肥组和 2 倍量氮肥组的差异主要显示在 RDA2 轴上，常规量氮肥组和无氮肥组的差异主要显示在 RDA1 轴上。而 2 倍量氮肥组和无氮肥组在两轴均有较大差异。Monte Carlo 检验显示，土壤 pH（$F=5.9$，$P=0.002$，解释量为 32.80%）、可溶性碳（$F=6.4$，$P=0.002$，解释量为 24.60%）和硝态氮（$F=2.1$，$P=0.022$，解释量为 7.3%）对 AOA 群落影响最显著。

不同施肥处理的 AOB 聚类分析见图 3-14。3 组之间分离明显，距离较大。无氮肥组 CK 和 PK 群落组成相似，相似性为 72%；常规量氮肥组 4 个处理（N、NP、NK、NPK）为 1 组，相似性为 80%；2 倍量氮肥组 N_2 处理自为一组，与其他组相似性仅为 48%。说明不同施肥处理中 AOB 群落组成明显受氮肥水平的影响，相同氮肥水平的 AOA 群落结构相似，而不同氮肥水平的群落结构差异较大。

不同氮肥水平对东北黑土中 AOA 和 AOB 的群落的聚类分析表明，黑土参与硝化作

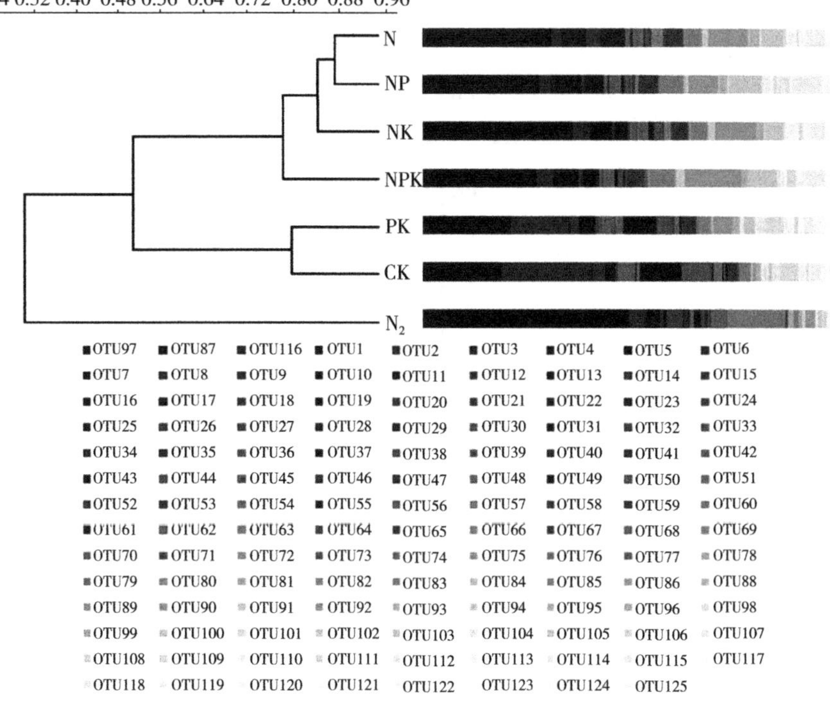

图 3-12 不同施肥黑土中 AOA 聚类分析（OTU）（2013 年）

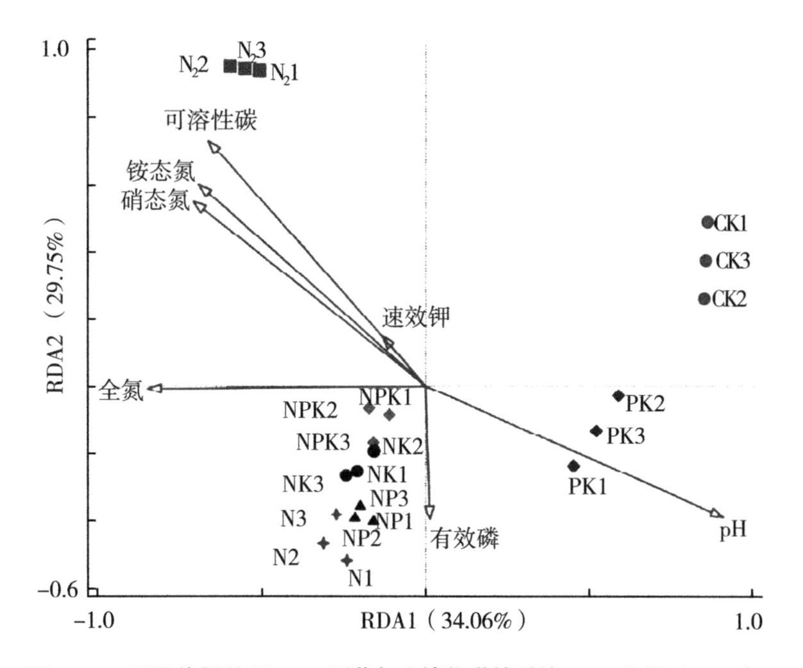

图 3-13 不同施肥处理 AOA 群落与土壤化学性质的 RDA 分析（2013 年）

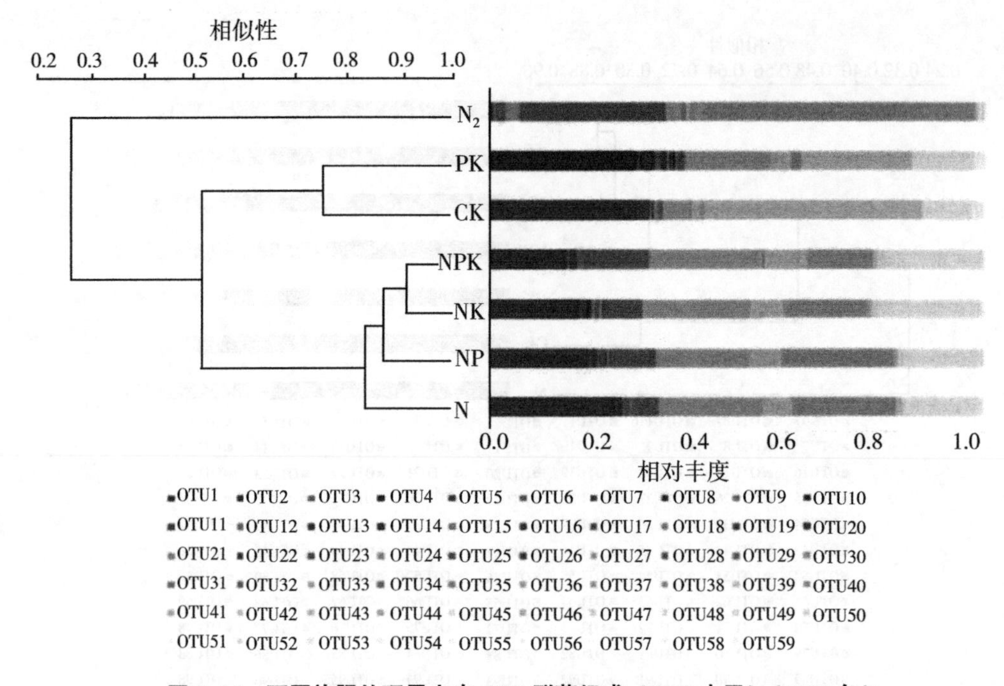

图 3-14 不同施肥处理黑土中 AOB 群落组成（OTU 水平）（2013 年）

用的第一步氨氧化作用的微生物受氮肥水平的影响显著。相同施氮水平的氨氧化微生物群落结构相似，而不同氮肥水平的群落结构差异较大。

（五）AOA 和 AOB 菌群的进化定位

AOA 系统发育分析（图 3-15）表明，供试土壤中的 AOA 主要分 Nitrosotalea 和 Nitrososphaera 两大簇，Nitrososphaera 又分为 5 个 subcluster。3 组施肥处理中的 OTUs 数目计算分析显示，无氮肥组中 99.3%的 *Arch-amoA* 序列和常规量氮肥组中 90.1%的 *Arch-amoA* 序列归类于 Nitrososphaera，说明 Nitrososphaera 更适宜在无氮肥或较低氮肥处理在土壤中生长。2 倍量氮肥土壤中 *Arch-amoA* 序列大部分（67.9%）属于 Nitrosotalea，说明 Nitrosotalea 在较高氮肥施入的黑土中生长较好。

AOB 系统发育分析（图 3-16）表明，不同处理土壤中的 AOB 主要分为亚硝化螺菌 Nitrosospira 和亚硝化单胞菌 Nitrosomonas 两大簇。亚硝化螺菌 Nitrosospira 又分为 7 个 subcluster，其中 subcluster 1、subcluster 4 和 subcluster 7 都与不可培养的微生物（Uncultured Nitrosospira. sp）亲缘关系较近。与对照组相比，其中 subcluster 1 的 OTU35 在常规量氮肥和 2 倍量氮肥中的相对丰度分别提高 7.3 倍和 29.9 倍，说明氮肥水平有选择性地增加了该类微生物的数量。同时在 subcluster 1 还有 OTU19 和 OTU59 也随着氮肥水平的增加，相对丰度增加，但幅度较 OTU35 小。在 subcluster 7 中的 OTU44 在常规量氮肥和 2 倍量氮肥中的相对丰度降低，分别比对照组降低 2.1%和 0.3%。subcluster 2、subcluster 3、subcluster 5 和 subcluster 6 与可培养的 Nitrosospira sp. 亲缘关系相近。在 subcluster 6 中的 OTU38 也随着氮肥水平的增加而显著增加，在常规量氮肥和 2 倍量氮肥中的相对丰度分别增加至对照组的 15.6 倍和 46.3 倍。3 组施肥处理中的 OTU 百分

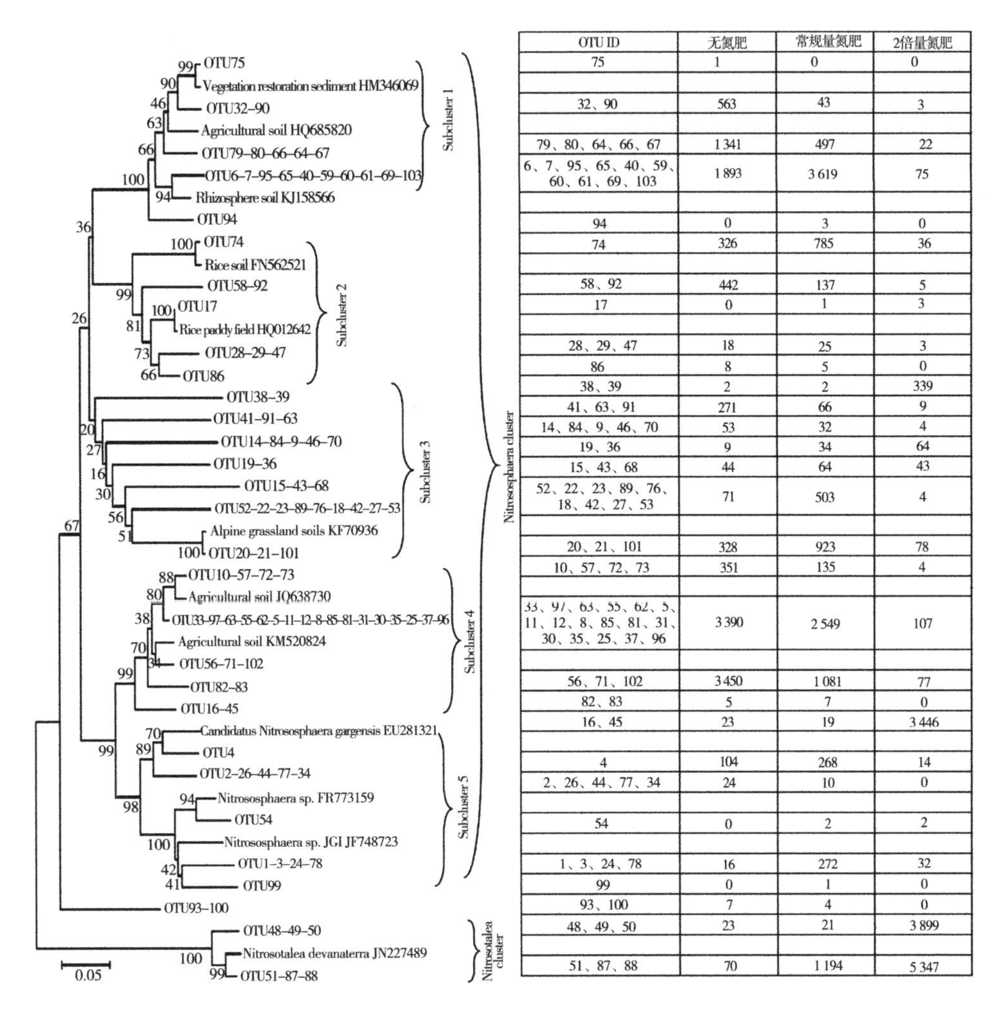

OTU ID	无氮肥	常规量氮肥	2倍量氮肥
75	1	0	0
32、90	563	43	3
79、80、64、66、67	1 341	497	22
6、7、95、65、40、59、60、61、69、103	1 893	3 619	75
94	0	3	0
74	326	785	36
58、92	442	137	5
17	0	1	3
28、29、47	18	25	3
86	8	5	0
38、39	2	2	339
41、63、91	271	66	9
14、84、9、46、70	53	32	4
19、36	9	34	64
15、43、68	44	64	43
52、22、23、89、76、18、42、27、53	71	503	4
20、21、101	328	923	78
10、57、72、73	351	135	4
33、97、63、55、62、5、11、12、8、85、81、31、30、35、25、37、96	3 390	2 549	107
56、71、102	3 450	1 081	77
82、83	5	7	0
16、45	23	19	3 446
4	104	268	14
2、26、44、77、34	24	10	0
54	0	2	2
1、3、24、78	16	272	32
99	0	1	0
93、100	7	4	0
48、49、50	23	21	3 899
51、87、88	70	1 194	5 347

图 3-15 采用 Neighbor-joining 法构建的 AOA 系统发育树（2013 年）

比计算分析结果显示，无氮肥组中 99.7%、常规量氮肥组和 2 倍量氮肥组中 100% 的 Bacteria-amoA 序列归类于 Nitrosospira。而亚硝化单胞菌 Nitrosomonas 仅在无氮肥组处理中存在，所占比例为 0.3%。说明 Nitrosospira 在施用氮肥和无氮肥组黑土普遍存在；而经过 34 a 的氮肥施用后，亚硝化单胞菌 Nitrosomonas 消失，这可能因为该类微生物对氮肥非常敏感，而施用氮肥选择性地改变了这些微生物的相对丰度。

五、小结

长期不同施肥方式显著改变了土壤化学性质及细菌群落结构，它们之间存在显著的相关性，其中，pH 是影响土壤细菌群落结构的主要环境因子。然而，限于取样和时间，本章仅表征了长期施肥条件下的细菌群落结构与土壤化学性质，探讨了两者间的耦合关系。实际上，不同种植作物对土壤细菌群落结构存在影响，应将继续深入开展作物-微生物-环境因子三者间互作机理的研究，为从根本上阐述东北黑土肥力演变机制提供参考。

连续施用化肥会导致土壤酸化，改变真菌群落结构，降低土壤真菌的多样性；而有

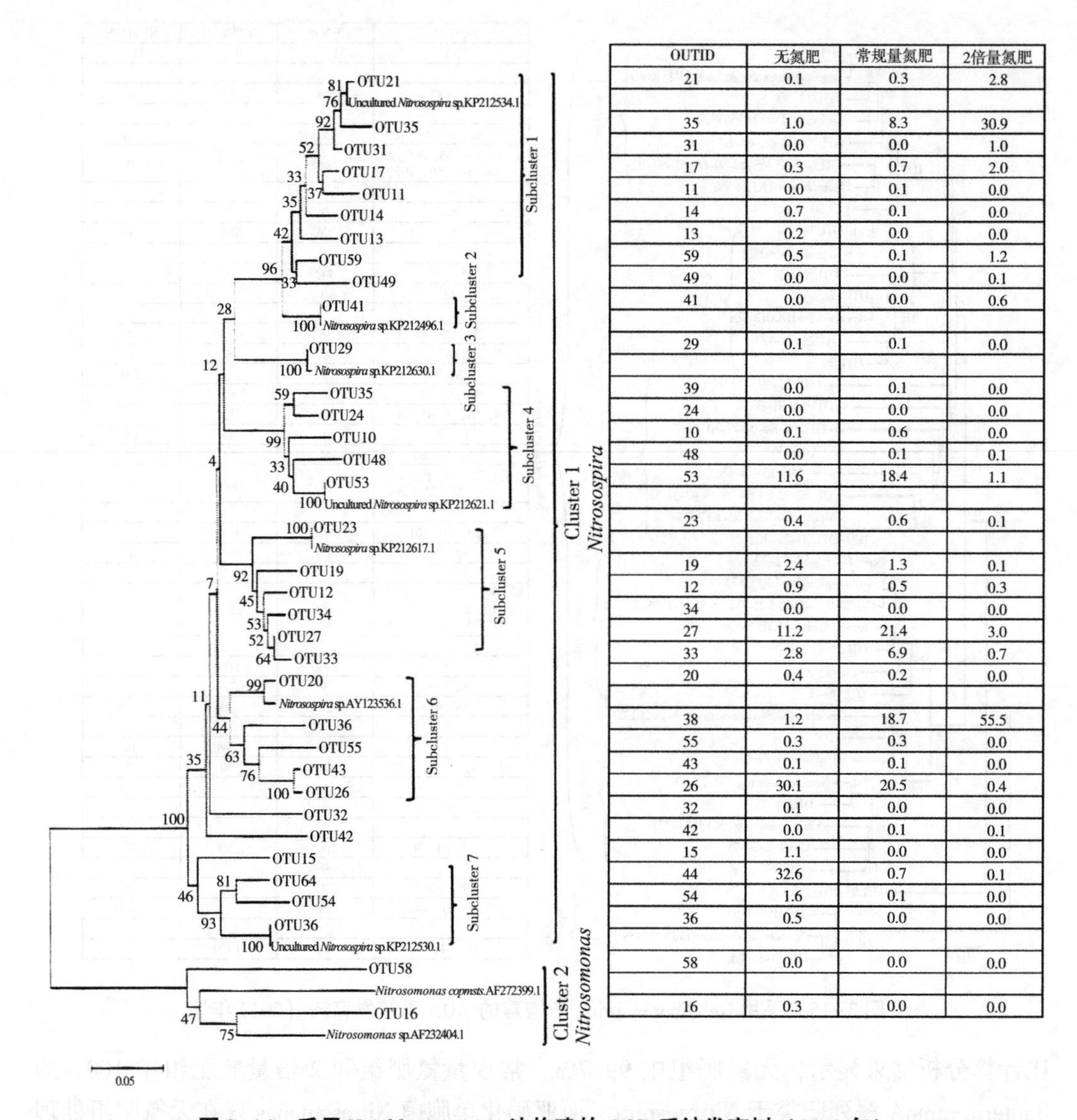

OUTID	无氮肥	常规量氮肥	2倍量氮肥
21	0.1	0.3	2.8
35	1.0	8.3	30.9
31	0.0	0.0	1.0
17	0.3	0.7	2.0
11	0.0	0.1	0.0
14	0.7	0.1	0.0
13	0.2	0.0	0.0
59	0.5	0.1	1.2
49	0.0	0.0	0.1
41	0.0	0.0	0.6
29	0.1	0.1	0.0
39	0.0	0.1	0.0
24	0.0	0.0	0.0
10	0.1	0.6	0.0
48	0.0	0.1	0.1
53	11.6	18.4	1.1
23	0.4	0.6	0.1
19	2.4	1.3	0.1
12	0.9	0.5	0.3
34	0.0	0.0	0.0
27	11.2	21.4	3.0
33	2.8	6.9	0.7
20	0.4	0.2	0.0
38	1.2	18.7	55.5
55	0.3	0.3	0.0
43	0.1	0.1	0.0
26	30.1	20.5	0.4
32	0.1	0.0	0.0
42	0.0	0.1	0.1
15	1.1	0.0	0.0
44	32.6	0.7	0.1
54	1.6	0.1	0.0
36	0.5	0.0	0.0
58	0.0	0.0	0.0
16	0.3	0.0	0.0

图 3-16　采用 Neighbor-joining 法构建的 AOB 系统发育树（2013 年）

机肥化肥配施减缓土壤酸化，提高土壤真菌的多样性。从长期配施对真菌组成影响的分析可知，长期有机无机配施的真菌组成结构更有利于降低土传病害发生率。CCA 分析表明，有效磷、铵态氮和硝态氮是影响土壤真菌群落结构变化的重要土壤理化因素，同时，土壤细菌/真菌比值与土壤 pH 正相关。

常规量氮肥提高了 AOA 群落多样性，但 2 倍量氮肥降低了其多样性。因此，长期施用氮肥不仅引起东北黑土酸化，导致该地区土壤营养成分流失，显著降低尿素的利用率，有悖于节能减排目标，还影响了黑土中的 AOA 和 AOB 群落组成和丰度，降低了黑土中的 AOA 丰度，增加了 AOB 丰度，降低了 AOA/AOB；改变了 AOA 和 AOB 的群落结构，可能使氨氧化功能受到影响。

第二节　长期施肥土壤酶活性变化

肥料是作物的粮食，因此，肥料在提高作物产量、改善作物品质中起着重要的作用。但近年来的一些研究表明，肥料在提高农作物产量的同时，不仅改变了农田土壤的物理和化学性质，也改变了农业生态系统中土壤酶的活性（冯彪等，2021；李娟等，2022）。土壤酶活性是评价土壤生物活性和土壤肥力的重要指标，其活性的增强能促进土壤的代谢作用，从而使土壤养分形态发生变化，提高肥力，改善土壤性质。研究长期施肥条件下土壤酶活性，可从侧面了解土壤生产力的变化趋势，为寻求作物丰产、更好地培肥土壤提供科学依据（邹湘等，2020）。

一、试验方法

土壤脲酶、磷酸酶、脱氢酶、转化酶、过氧化氢酶以及β-葡萄糖苷酶的活性分别用靛酚蓝比色法、磷酸苯二钠比色法、氯化三苯基四氮唑（TTC）转化法、硫代硫酸钠滴定法、高锰酸钾滴定法以及对硝基苯葡萄糖苷水解法进行测定（关松荫，1986；Eivazi 和 Tabatabai，1990；Doran，1996）。

二、长期不同施肥处理下土壤酶活性

（一）土壤β-葡糖苷酶活性

β-葡糖苷酶是国内外研究较多的一种与土壤碳循环密切相关的酶，广泛存在于土壤中，能降解真菌细胞壁作为氮源和碳源，可以催化水解芳基和烃基与糖原子团之间的糖苷键，参与土壤中碳水化合物的水解，将纤维素内切酶所分解的二糖分解成能够被植物和土壤微生物吸收利用的葡萄糖和果糖，是纤维素降解过程中参加限速步骤的酶，其活性可以表征碳循环（苑学霞等，2006；边雪廉等，2016）。

长期不同施肥处理土壤β-葡萄糖苷酶活性测定结果见图 3-17。结果表明，施肥处理有助于提高土壤β-葡萄糖苷酶活性，不同施肥处理土壤β-葡萄糖苷酶活性为

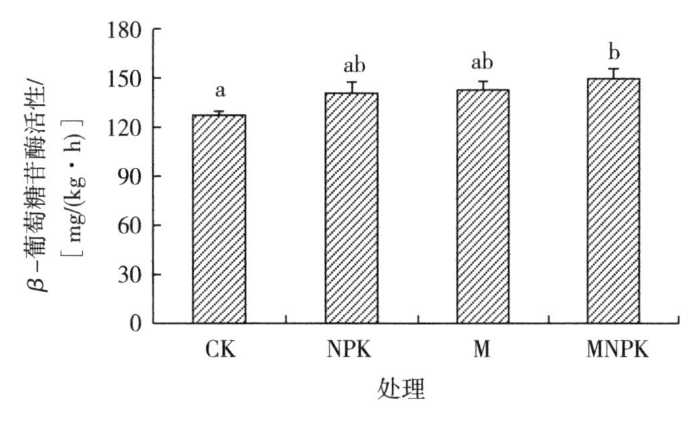

图 3-17　长期不同施肥土壤β-葡萄糖苷酶活性（2011 年）

注：柱上不同小写字母表示处理间差异显著（$P<0.05$）。

127.5~149.6 mg/(kg·h)，平均值为 140.2 mg/(kg·h)。土壤β-葡萄糖苷酶活性表现为 MNPK>M>NPK>CK，有机肥与化肥配施处理（MNPK）土壤β-葡萄糖苷酶活性显著高于不施肥处理（CK）（$P<0.05$），与 NPK、M 处理差异不显著（$P<0.05$）。有机肥配施化肥后促进了作物的生长和微生物的繁殖，微生物向土壤分泌释放更多的酶，土壤酶活性得以增强。

（二）土壤磷酸酶活性

土壤磷酸酶是催化含磷有机酯和酐水解的一类酶的总称，土壤中的有机磷化合物是在土壤磷酸酶作用下参与磷素循环的。土壤中的磷主要以有机磷形式存在，磷酸酶可促进有机磷化合物的水解，变成能被植物吸收利用的无机磷形态。磷酸酶活性直接影响土壤中磷养分的有效性，也可以反映土壤磷素的状况。土壤磷酸酶分酸性、中性、碱性 3 种，土壤类型不同，其具有活性的磷酸酶类型也不同。黑土通常呈酸性，土壤中磷酸酶活性以酸性磷酸酶为主（田艳洪，2019）。

长期施肥各处理土壤酸性磷酸酶活性测定结果见图 3-18。结果表明，施肥能够显著增强土壤酸性磷酸酶活性（$P<0.05$）。不同施肥处理土壤酸性磷酸酶活性为 127.9~394.8 mg/(kg·h)，施肥处理酸性磷酸酶活性平均值为 312.0 mg/(kg·h)。土壤酸性磷酸酶活性表现为 MNPK>NPK>M>CK，施肥处理土壤酸性磷酸酶活性显著高于不施肥处理（$P<0.05$），MNPK 处理土壤酸性磷酸酶活性最高，显著高于其他各个处理（$P<0.05$）。与 CK 处理相比，NPK、M 以及 MNPK 处理酸性磷酸酶活性分别增加了 147.1 mg/(kg·h)、138.3 mg/(kg·h) 以及 266.9 mg/(kg·h)。

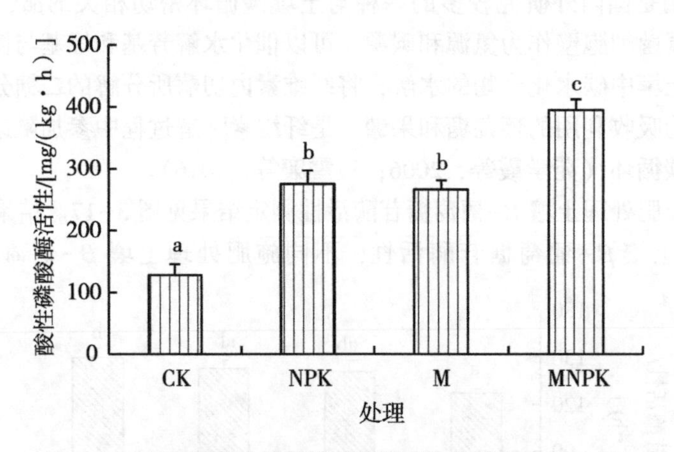

图 3-18　长期施肥土壤酸性磷酸酶活性的影响（2011 年）

注：柱上不同小写字母表示处理间差异显著（$P<0.05$）。

（三）土壤转化酶活性

由图 3-19 可以看出，土壤转化酶活性在长期施用不同肥料后产生显著差异，各施肥处理的转化酶活性均高于 CK 处理。其中，MNPK 处理的转化酶活性最高，比 CK 处理的转化酶活性提高了 15.0%，NPK 和 M 处理比 CK 处理分别提高了 9.5%和 11.7%，这可能是因为有机肥增加了大量的有机碳，为转化酶提供了更多的酶促基质，有机肥化肥配合施用可最大程度地提高转化酶活性，加快有机质的转化。相同施肥处理不同土壤层次的转化酶活性也存在显著差异（$P<0.05$）。随土层的加深，转化酶活性呈下降趋势，可能是由于植物根系主要集中分布在0~20 cm土层，根系的分泌物多。土层加深，根系分泌物少，转化酶活性显著降低（$P<0.05$）。

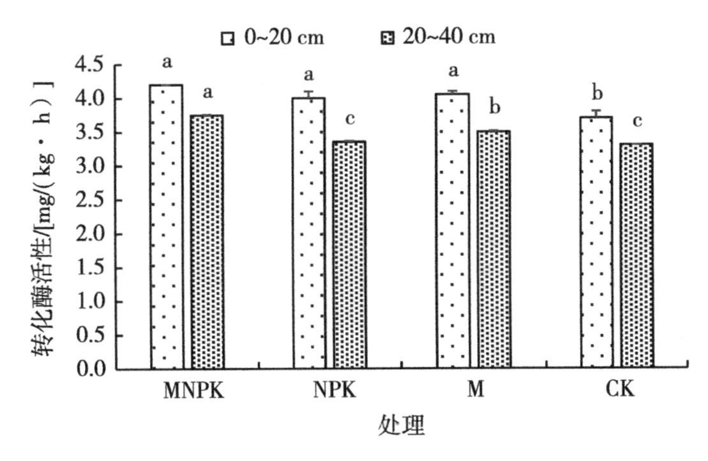

图3-19　长期施肥对不同土层土壤转化酶活性的影响（2007年）

注：柱上不同小写字母表示处理间差异显著（$P<0.05$）。

（四）土壤脲酶活性

脲酶是土壤氮素转化过程中的重要酶类之一，存在于大多数细菌、真菌、高等植物中，是一种酰胺酶，在土壤有机物C—N键的水解作用中起重要作用。尿素只有在土壤脲酶作用下被水解成铵态氮后，才能被作物吸收利用，参与土壤中的氮素循环。土壤脲酶活性可以用来表示土壤的供氮能力（马春梅等，2016）。

由图3-20可知，不同施肥处理在同一土层中的土壤脲酶活性差异显著。MNPK处理的土壤脲酶活性一直最高，CK处理的土壤脲酶活性最低。MNPK、M和NPK处理的土壤脲酶活性分别较CK处理提高了28.0%、17.0%和5.7%；相同处理不同土层的脲

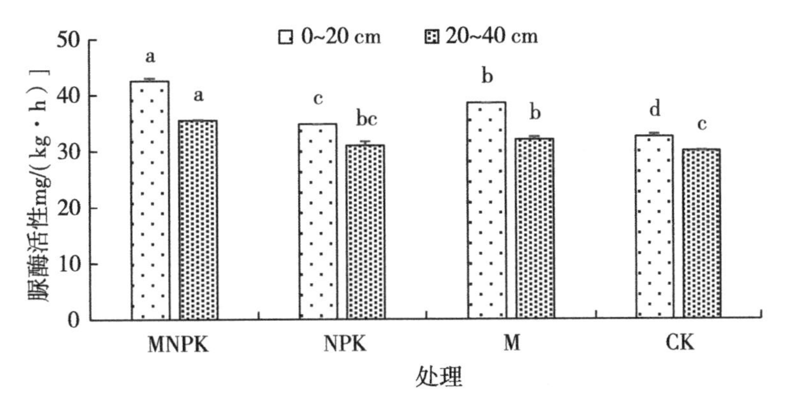

图3-20　长期施肥对不同土层土壤脲酶活性的影响（2007年）

注：柱上不同小写字母表示处理间差异显著（$P<0.05$）。

酶活性也存在差异。随土层的加深，脲酶活性呈下降趋势且差异显著（$P<0.05$）。在20~40 cm土层，土壤脲酶活性表现为MNPK>M>NPK>CK，其中CK处理的脲酶活性比MNPK处理降低14.6%。由此可以看出，有机无机配施的效果要优于单施有机肥和单施化肥，这是因为有机无机配施不仅促进了作物茎叶、根系的旺盛生长，也为微生物提供了更多的、有效性高的营养物质，另外还改善了土壤的理化性质，为土壤微生物和土壤动物的生存提供了良好的环境条件。

（五）土壤过氧化氢酶

不同施肥处理的土壤过氧化氢酶活性见图3-21，过氧化氢酶活性在长期施用不同肥料后差异不显著。在0~20 cm土层，CK处理的过氧化氢酶活性最高，为1.43 mL/g，MNPK处理高于M处理，NPK处理的过氧化氢酶活性最低，为1.30 mL/g，比CK处理低9.1%。MNPK和M处理土壤过氧化氢酶活性差异不大。相同处理不同土层过氧化氢酶活性存在差异。随着土层的加深，过氧化氢酶活性呈下降趋势，可能是表层土壤熟化度高，水、热、气、肥条件比底层优越的原因。

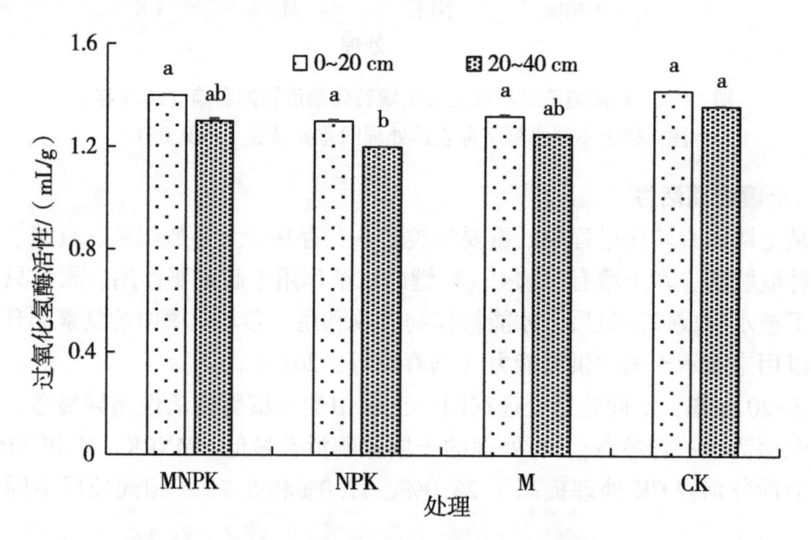

图3-21 长期施肥对不同土层土壤过氧化氢酶活性的影响（2007年）

注：柱上不同小写字母表示处理间差异显著（$P<0.05$）。

三、大豆不同生育时期土壤酶活性

（一）土壤脲酶活性

如图3-22所示，土壤脲酶活性在大豆生育期内的变化规律如下。播种前（4月29日）土壤脲酶活性较强，随后开始降低，直到大豆花期（6月14日）后土壤脲酶活性开始增强，到结荚期（8月6日）又出现一个峰值，之后到成熟收获期（10月17日）一直呈下降趋势。花期土壤脲酶活性较低，大豆恰好进入生长旺盛期，需要吸收大量养分，因而土壤在这时期供氮能力较弱。而在各施肥处理之间，所有施肥处理土壤脲酶活性均高于CK处理，表明长期施肥能增加土壤脲酶活性，其中MNPK处理土壤脲酶活性最高，且与NPK、M处理之间达到了差异显著水平（$P<0.05$）。这表明，化肥

配施有机肥能显著促进土壤脲酶活性，分别比 NPK、M、CK 处理的土壤脲酶活性增加 7.99%、13.78%、18.25%（$P<0.05$）。不同施肥处理间比较，土壤脲酶活性表现为 MNPK>M>NPK。MNPK 处理土壤脲酶活性最高，比 CK 处理提高 13.14%，可能是由于施用的马粪中含有较高的脲酶活性和较多的底物，并且长期施有机肥可增加土壤的有机胶粒，加强了对土壤脲酶的保护作用。

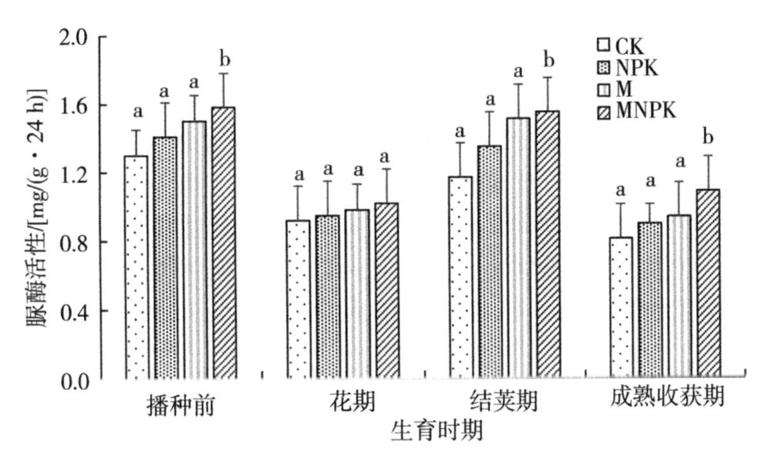

图 3-22　不同施肥处理土壤脲酶活性的动态变化（2008 年）

注：柱上不同小写字母表示处理间差异显著（$P<0.05$）。

（二）土壤磷酸酶活性

由图 3-23 可知，不同施肥处理土壤磷酸酶活性在大豆生育期内的变化趋势：从播种前到大豆花期土壤磷酸酶活性呈下降趋势，到结荚期下降到最低后开始增加，一直到成熟收获期。原因是作物在生长期从土壤中吸收了大量的有效磷满足自身生长需要，致使土壤有效磷含量下降，土壤处于缺磷的状态，因而磷酸酶的活性较低。这时土壤供磷能力远不能满足作物生长的需要，作物根系分泌较多的磷酸酶，以促进土壤中有机磷化合物水解，生成可以被植物利用的无机态磷。磷酸酶在花期和结荚期活性均较弱，说明

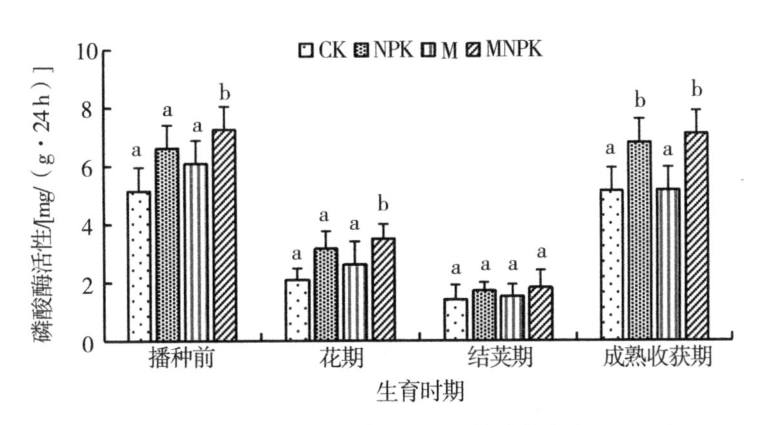

图 3-23　不同施肥处理土壤磷酸酶活性的动态变化（2008 年）

注：柱上不同小写字母表示处理间差异显著（$P<0.05$）。

在这段时期有机磷的脱磷速度较慢，提供土壤有效磷的量相对也会较少。MNPK 处理磷酸酶活性与 CK 处理间差异达显著水平（$P<0.05$），表明化肥配施有机肥对提高土壤磷酸酶活性有显著的促进作用，这可能与施入有机肥本身含有较高的磷酸酶有关。NPK、M 处理间的土壤磷酸酶活性相当，差异不显著，但是均大于 CK 处理，MNPK 处理分别比 NPK、M、CK 处理的土壤磷酸酶活性增加 23.63%、12.79%、29.72%，可见磷素对保持磷酸酶活性起着关键的作用。

（三）土壤过氧化氢酶活性

不同施肥处理的土壤过氧化氢酶活性见图 3-24。与 CK 处理相比，长期施肥处理可以提高土壤过氧化氢酶的活性。土壤过氧化氢酶活性表现为 MNPK>M>NPK。MNPK 处理的过氧化氢酶活性最高，主要原因是化肥有机肥配施可提高土壤生物氧化能力。在大豆生育期内，各处理过氧化氢酶活性变化趋势一致。随生育时期的推进土壤过氧化氢酶活性增强，到生长中期后开始降低。土壤过氧化氢酶在一定程度上可以表征土壤生物氧化过程的强度，在生长中期时过氧化氢酶活性最强，意味着这时土壤物质能量转化处于最强的时期。

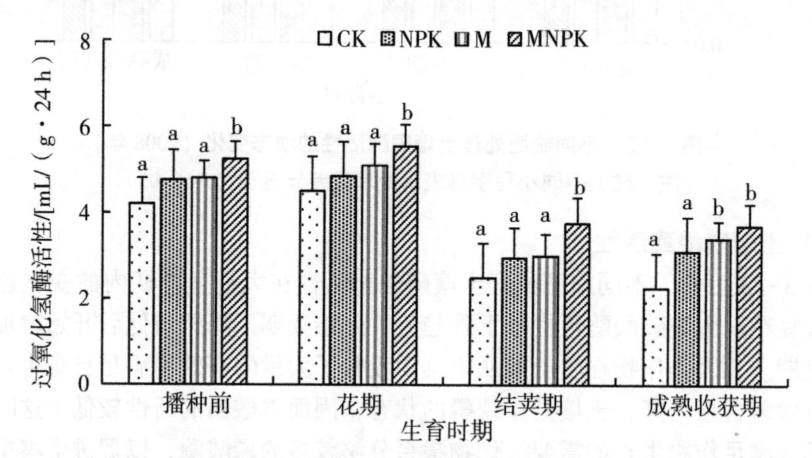

图 3-24　不同施肥处理土壤过氧化氢酶活性的动态变化（2008 年）

注：柱上不同小写字母表示处理间差异显著（$P<0.05$）。

（四）土壤脱氢酶活性

土壤脱氢酶属于胞内酶，是土壤中很重要的一种酶。脱氢酶能催化有机物质脱氢，对氢的中间转化起传递作用，因此，土壤脱氢酶活性可以作为微生物氧化还原系统的指标，表征土壤中微生物的氧化能力，任何影响土壤的因素均改变土壤脱氢酶活性（郑勇等，2008；贾蓉，2012）。

MNPK、M、NPK 处理，土壤脱氢酶活性显著高于 CK 处理（$P<0.05$）（图 3-25）。各施肥处理间土壤脱氢酶活性表现为 MNPK>M>NPK，且 MNPK 处理的土壤脱氢酶活性分别比 NPK、M、CK 处理增加 21.12%、13.11%、27.32%，表明长期施用有机无机肥、有机肥、化肥能增强土壤微生物的物质分解代谢能力，促进土壤营养物质循环。

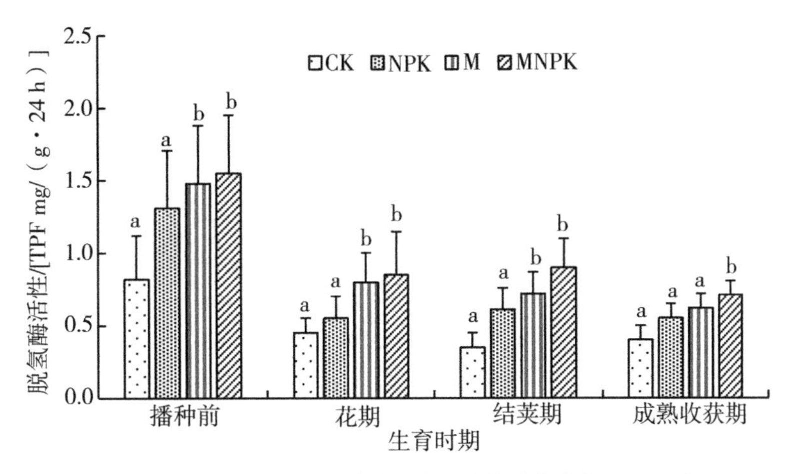

图 3-25　不同施肥处理土壤脱氢酶活性的动态变化（2008 年）

注：柱上不同小写字母表示处理间差异显著（$P<0.05$）。

四、土壤酶活性与土壤养分的关系

从土壤酶与土壤养分之间的相关性（表3-11）看出，脲酶、磷酸酶、转化酶、过氧化氢酶与土壤有机质、全氮、全磷、碱解氮、有效磷均呈极显著或显著正相关，其中脲酶、转化酶与有机质、全氮、全磷、碱解氮呈极显著相关。这说明土壤有机质、全氮、全磷等与土壤酶活性关系密切。土壤有机质等是农田黑土肥力的物质基础，土壤酶活性依赖于有机质等的存在，当施肥提高土壤有机质等含量时，酶会积极参与其转化分解过程，活性相应提高。过氧化氢酶与土壤有机质、全氮、全磷、碱解氮呈显著相关。

在对土壤养分影响作用的过程中，酶彼此之间并不是孤立的，而是存在着相互制约、互相促进的复杂关系，这种关系单纯从测定结果的相关分析说明是不够的。通径分析是一种因果机理分析方法，其直接和间接通径系数之和在数值上等于相关系数，比相关分析提供更多信息，可揭示土壤酶活性与土壤养分的密切程度，且能指出这种关系中哪种作用途径处于主导地位。表 3-11 中带横线箭头（→）的系数即为直接通径系数。直接通径系数反映土壤酶活性对土壤养分的直接影响作用。5 种酶活性对土壤有机质、全氮直接影响的顺序：脲酶>转化酶>过氧化氢酶>磷酸酶>脱氢酶；对碱解氮直接影响的顺序：脲酶>转化酶>过氧化氢酶>脱氢酶>磷酸酶；对全磷直接影响的顺序：磷酸酶>脲酶>转化酶>过氧化氢酶>脱氢酶；对有效磷直接影响的顺序：转化酶>磷酸酶>过氧化氢酶>脲酶>脱氢酶。脲酶、转化酶对土壤养分直接通径系数基本上是最大的，且通过过氧化氢酶、磷酸酶的间接作用效应明显，说明脲酶、转化酶对土壤养分具有强烈的直接效应。土壤脲酶、转化酶作为农田黑土肥力的综合评价指标优于磷酸酶、过氧化氢酶、脱氢酶活性。

表 3-11　土壤酶活性与土壤养分含量的通径分析（2008 年）

指标	自变量	$x_1 \to y$	$x_2 \to y$	$x_3 \to y$	$x_4 \to y$	$x_5 \to y$	相关系数（r）
有机质	x_1	0.334	-0.001	0.106	0.013	0.137	0.589**
	x_2	0.142	0.161	0.128	-0.071	0.143	0.503*
	x_3	0.093	0.102	0.271	0.100	0.163	0.729**
	x_4	-0.015	0.112	0.123	0.207	0.161	0.588**
	x_5	-0.008	0.103	0.141	0.175	0.154	0.565*
全氮	x_1	0.302	-0.022	0.201	0.104	0.151	0.736**
	x_2	-0.006	0.160	0.102	0.105	0.132	0.493*
	x_3	0.109	0.039	0.215	0.103	0.122	0.588**
	x_4	0.045	0.201	0.105	0.209	0.120	0.680*
	x_5	0.105	0.094	0.109	-0.005	0.112	0.415
碱解氮	x_1	0.530	-0.047	-0.030	0.112	0.126	0.691**
	x_2	-0.032	0.181	0.139	0.116	0.116	0.520*
	x_3	-0.045	0.186	0.453	0.109	0.161	0.864**
	x_4	0.214	0.136	0.114	0.228	0.061	0.753**
	x_5	0.128	0.117	0.103	0.016	0.207	0.571*
全磷	x_1	0.505	-0.035	-0.034	0.101	0.172	0.709**
	x_2	-0.031	0.575	0.044	0.127	0.107	0.822**
	x_3	-0.043	0.063	0.398	0.174	0.128	0.732**
	x_4	0.123	0.221	0.129	0.228	0.027	0.728**
	x_5	-0.122	0.036	0.029	0.030	0.048	0.021
有效磷	x_1	0.123	0.109	0.108	0.106	0.101	0.547*
	x_2	0.107	0.250	0.110	-0.020	0.101	0.548*
	x_3	0.111	-0.016	0.393	-0.012	0.101	0.535*
	x_4	0.084	0.124	0.130	0.127	0.101	0.566*
	x_5	0.030	0.023	0.154	0.021	0.202	0.430

注：x_i（i = 1~ 5）分别指脲酶、磷酸酶、转化酶、过氧化氢酶、脱氢酶，y 为各土壤养分含量；$r_{0.05}$ = 0.491 3，$r_{0.01}$ = 0.583 2，n = 11；* 表示显著相关（P<0.05），** 表示极显著相关（P<0.01）。

第三节　长期施肥土壤线虫群落结构特征

目前土壤生态学研究工作重点之一是土壤生物多样性。土壤中的生物以各自不同的方式影响并且改变着土壤的物理、化学以及生物学特性（殷秀琴等，1993）。在农田生态系统中，土壤动物一直是土壤生态过程不可缺少的组成部分，是生态系统的分解者，也是养分的创造者。土壤线虫作为土壤中数量最多、种类最丰富的动物，它的生活进程和演化历史多样，取食类型千差万别，在生态系统中发挥着重要作用（李琪等，2007）。土壤线虫数量巨大、形态各异、习性差别大、种类繁多、分布地域广泛，在土壤生物类群中占有极为重要的地位（谭济才等，1998）。土壤线虫在土壤生物链中占据许多营养类群，在土壤生物链中居核心地位（谭恩光等，2001）。土壤有机质分解没有土壤线虫参与不行，土壤矿物的矿化也离不开土壤线虫，包括土壤物理性质、化学性质的改变，土壤结构变化都离不开土壤线虫的参与（王邵军等，2007）。现在研究已经证明，土壤线虫能够提高土壤生物肥力，培肥土壤，维持土壤圈层系统稳定，促进自然生态系统的物质循环和能量流动。同时，土壤线虫群落可以作为土壤健康的生物指标或者生物防治因素，用改变土壤线虫群落结构的方法来降低线虫病害、细菌病害、真菌病害（Takeda，1987，1988，1995）。

过去在土壤线虫方面的研究多集中于农田生态系统中对农作物有害的植物寄生线虫群落，由于重视程度和研究手段的限制，对土壤线虫的生态学和群落结构的研究只停留在表面上（陶季玲等，1996）。随着研究的深入和人们对土壤生物多样性及其生态重要性的广泛关注，研究土壤生物群落特征，可以明显地反映土壤生物肥力特性，建立土壤生物肥力与土壤肥力的相关性，通过调控土壤线虫群落来实现对土壤肥力的调控，根据线虫群落变化规律确定土壤肥力变化规律，进而揭示农田土壤质量状况。

目前，我国对土壤线虫的研究体系还不完善，特别是在黑土线虫研究方面还没有形成完整的理论和一套通用的标准、技术，应该在基础理论研究方面进行深入研究和探讨。因此，利用哈尔滨黑土肥力长期定位试验，研究黑土生物群落特征，特别是土壤线虫群落特征及其动态变化规律，对于明确土壤生物肥力特征、解决土壤肥力下降问题和培肥土壤、指导科学合理施肥具有重要的意义。

一、试验取样及分析方法

2008 年选取 4 个处理 CK、N、M、NPK，按大豆生长的各个生育时期取样，在每个小区内按 3~5 m 的间距用土钻随机采集 5 点 0~20 cm 土壤（约 500 g）混匀装袋封口，做好标签，带回实验室处理，每个处理 4 次重复（土壤剖面按每 20 cm 一层取样，取样深度 100 cm）。

土壤线虫测定采用淘洗法：将采集的每个土壤样品分别称取 100 g，采用淘洗—过筛—蔗糖离心的方法进行分离线虫（毛小芳等，2004）；每个样品在解剖镜下计数线虫数量，并随机抽取 100 条线虫在光学显微镜下进行鉴定，把土壤线虫分类鉴定到科、属水平，线虫分类检索标准参考《中国土壤动物检索图鉴》。因为土壤湿度不同，土壤重量会有差异，土壤线虫种群数量换算为每 100 g 干土中线虫的条数。线虫分类方法的制定依据是土壤线虫的头部、口器形态学特征和获取食物习惯，据此可将其分为食细菌线虫类群、食真菌线虫类群、植物寄生线虫类群和捕食/杂食性线虫类群。

土壤线虫的计算采用统计学方法，具体计算公式如下。

Shannon 多样性指数：

$$H' = -\sum P_i \cdot \ln P_i \tag{3-5}$$

均匀度指数：

$$J' = H'/\ln S \tag{3-6}$$

优势度指数：

$$\lambda = \sum P_i^2 \tag{3-7}$$

自由生活线虫成熟度指数（*MI*）：

$$MI=\sum v(i)\cdot f(i) \quad (3\text{-}8)$$

植物寄生线虫成熟度指数（*PPI*）：

$$PPI=\sum v(i)\cdot f'(i) \quad (3\text{-}9)$$

食微线虫与植物寄生线虫的比率（*WI*）：

$$WI=(FF+BF)/PP \quad (3\text{-}10)$$

式中，*S* 为需要鉴定的分类单元数，通常把任意的一个指定的分类单元算作是第 *i* 个分类单元；P_i为第 *i* 个分类单元中个体类群所占的比例；$v(i)$ 为生态系统变化过程中属于 *k*-变化和 *r*-变化科属，分别赋予 *c-p* 值；$f(i)$ 为自由生活线虫科或属在线虫种群结构中所占的比例；$f'(i)$ 为植物寄生性线虫科或属在线虫总群中所占的比例；*BF* 为食细菌线虫；*FF* 为食真菌线虫；*PP* 为植物寄生线虫；*OP* 为捕食/杂食线虫。

二、不同时期土壤线虫群落结构的基本特征

（一）苗期土壤线虫群落分布

从表 3-12、表 3-13 可以看出，大豆苗期（4 月 26 日）土壤线虫较少，只有 10 科 13 属。其中，食细菌线虫最为丰富，有 3 科 5 属；食真菌线虫最少，只有 1 科 1 属。

表 3-12　不同处理土壤线虫属的组成及相对丰度（苗期，4 月 26 日）　单位：%

营养类群	科	属	CK	M	N	NPK
食细菌线虫（BF）	Cephalobidae	*Heterocephalobus*	19.17	10.62	6.84	18.01
		Acrobeles	4.17	2.75	2.08	4.15
		Acrobeloides	10.83	13.09	13.91	13.31
	Monhysteridae	*Eumonhystera*	0.00	1.23	1.04	1.61
	Alaimidae	*Alaimus*	0.00	0.00	0.00	1.00
食真菌线虫（FF）	Aphelenchidae	*Aphelenchus*	12.50	7.01	7.47	9.44
植物寄生线虫（PP）	Tylenchidae	*Filenchus*	15.00	23.98	7.25	8.51
	Hoplolaimidae	*Helicotylenchus*	30.00	30.42	44.93	28.82
	Pratylenchidae	*Hoplotyus*	0.00	3.60	0.00	3.45
		Pratylenchus	4.17	5.78	10.26	2.30
捕食/杂食线虫（OP）	Thornematidae	*Mesodorylaimus*	0.00	1.52	0.00	1.83
	Longidoridae	*Xiphinema*	4.17	0.00	6.21	2.76
	Belondiridae	*Axonchium*	0.00	0.00	0.00	4.82

表 3-13　不同施肥处理土壤线虫营养类群相对丰度（苗期，4 月 26 日）

处理	线虫总数/（条/100 g 干土）	食细菌线虫相对丰度/%	食真菌线虫相对丰度/%	植物寄生线虫相对丰度/%	捕食/杂食线虫相对丰度/%
CK	11	34.17	12.50	49.17	4.17

（续表）

处理	线虫总数/（条/100 g 干土）	食细菌线虫相对丰度/%	食真菌线虫相对丰度/%	植物寄生线虫相对丰度/%	捕食/杂食线虫相对丰度/%
M	28	27.69	7.01	63.78	1.52
N	32	23.87	7.47	62.44	6.21
NPK	48	38.08	9.44	43.08	9.40

与 CK 处理相比，NPK 处理土壤中食细菌线虫和食真菌线虫相对丰富，而植物寄生线虫相对较少，说明在营养均衡条件下，植物寄生线虫数量较少，有利于植物生长发育。

（二）始花期土壤线虫群落分布

从表 3-14 可以看出，始花期（线虫种群有 11 科 14 属），与苗期相比线虫群落种类、数量呈增加的趋势。这一时期农田土壤温度开始增加，线虫活性增加，生长开始旺盛，这有利于农田生态系统的物质分解和能量转化；另外，各试验处理中植物寄生线虫的纽带科（Hoplolaimidae）螺旋属（*Helicotylenchus*）线虫均为优势种群；食细菌线虫中的头叶科（Cephalobidae）拟丽突属（*Acrobeles*）线虫均为优势种群；食真菌线虫和捕食/杂食线虫中优势种群不明显。

从表 3-15 可以看出，N 处理土壤线虫总数最多，达到 66 条/100 g 干土，NPK 处理土壤线虫总数最少，为 27 条/100 g 干土，与 N 处理相差 39 条/100 g 干土，差异显著。施肥能够提高土壤食细菌线虫相对丰度；但降低了植物寄生线虫种群相对丰度。N 处理土壤食细菌线虫与食真菌线虫种群相对丰度有所提高，植物寄生线虫种群相对丰度降低。

表 3-14　不同处理土壤线虫属的组成及相对丰度（始花期，6 月 18 日）　　单位：%

营养类群	科	属	CK	M	N	NPK
食细菌线虫（BF）	Cephalobidae	*Heterocephalobus*	10.08	4.92	14.88	6.67
		Acrobeles	4.63	3.41	0.93	4.06
		Acrobeloides	10.99	27.14	26.58	21.25
	Bunonematidae	*Rhodolaimus*	0.74	0.00	0.00	0.00
	Monhysteridae	*Eumonhystera*	1.95	3.14	0.00	0.00
食真菌线虫（FF）	Aphelenchidae	*Aphelenchus*	4.43	6.21	8.03	27.81
植物寄生线虫（PP）	Tylenchidae	*Filenchus*	18.53	11.92	2.33	16.04
	Hoplolaimidae	*Helicotylenchus*	38.24	25.50	29.05	16.04
	Hemicycliophoridae	*Hemicycliophora*	0.76	0.00	0.00	0.00
	Pratylenchidae	*HoplotyusBIAO*	0.00	6.95	2.33	0.00
		Pratylenchus	2.68	3.07	10.56	0.00
捕食/杂食线虫（OP）	Thornematidae	*Mesodorylaimus*	5.50	0.78	0.93	0.00
	Longidoridae	*Xiphinema*	1.47	6.95	3.92	4.06
	Belondiridae	*Axonchium*	0.00	0.00	0.47	4.06

表 3-15 不同施肥处理土壤线虫营养类群相对丰度（始花期，6 月 18 日）

处理	线虫总数/（条/100 g 干土）	食细菌线虫相对丰度/%	食真菌线虫相对丰度/%	植物寄生线虫相对丰度/%	捕食/杂食线虫相对丰度/%
CK	37	28.39	4.43	60.21	6.97
M	35	38.61	6.21	47.44	7.74
N	66	42.38	8.03	44.27	5.32
NPK	27	31.98	27.81	32.08	8.13

（三）鼓粒期土壤线虫群落分布

从表 3-16、表 3-17 可以看出，鼓粒期（8 月 16 日）由于土壤含水量较低（平均为 8.0%），各施肥处理土壤线虫种群相对丰度变化不大，与 CK 处理相比差异不显著。

NPK 处理土壤线虫总数最多，为 164 条/100 g 干土，是 N 处理的 5.3 倍。土壤食细菌线虫和食真菌线虫种群相对丰度略有提高，而植物寄生线虫相对丰度降低；N 处理情况正好相反。说明，此时期氮肥的施入有助于植物寄生线虫种群的发展。

表 3-16 不同处理土壤线虫属的组成及相对丰度（鼓粒期，8 月 16 日） 单位：%

营养类群	科	属	CK	M	N	NPK
食细菌线虫（BF）	Cephalobidae	*Heterocephalobus*	10.03	4.88	12.79	8.48
		Acrobeles	8.88	10.44	2.98	1.57
		Acrobeloides	13.96	16.00	12.11	24.77
	Monhysteridae	*Eumonhystera*	0.00	1.25	0.00	0.00
食真菌线虫（FF）	Aphelenchidae	*Aphelenchus*	17.31	23.95	7.24	22.92
植物寄生线虫（PP）	Tylenchidae	*Filenchus*	13.55	3.69	4.69	8.68
	Hoplolaimidae	*Helicotylenchus*	23.59	25.39	41.82	20.94
	Hemicycliophoridae	*Hemicycliophora*	0.00	2.08	0.00	0.00
	Pratylenchidae	*Hoplotyus*	4.65	3.42	0.78	4.50
		Pratylenchus	3.36	1.19	8.81	1.12
捕食/杂食线虫（OP）	Qudsianematidae	*Microdorylaimus*	0.00	0.00	1.92	0.00
	Thornematidae	*Mesodorylaimus*	0.74	3.82	3.76	1.49
	Longidoridae	*Xiphinema*	3.94	3.89	3.11	4.55
	Belondiridae	*Axonchium*	0.00	0.00	0.00	0.99

表 3-17 不同施肥处理土壤线虫营养类群相对丰度（鼓粒期，8 月 16 日）

处理	线虫总数/（条/100 g 干土）	食细菌线虫相对丰度/%	食真菌线虫相对丰度/%	植物寄生线虫相对丰度/%	捕食/杂食线虫相对丰度/%
CK	59	32.87	17.31	45.15	4.67
M	47	32.57	23.95	35.77	7.71

（续表）

处理	线虫总数/（条/100 g 干土）	食细菌线虫相对丰度/%	食真菌线虫相对丰度/%	植物寄生线虫相对丰度/%	捕食/杂食线虫相对丰度/%
N	31	27.87	7.24	56.10	8.79
NPK	164	34.81	22.92	35.24	7.03

（四）成熟期土壤线虫群落分布

从表3-18中可以看出，大豆成熟期（9月15日）土壤线虫最为丰富，有16科19属。其中，植物寄生线虫最为丰富，有5科6属，食真菌线虫最少，只有2科2属。食细菌线虫、捕食/杂食线虫也很丰富。

这一时期土壤水分条件较好，平均含水量为18.1%，土壤线虫数量明显增多。与CK处理相比，土壤食细菌线虫种群相对丰度明显增多；NPK处理土壤食真菌线虫种群相对丰度也有所提高；M处理土壤中植物寄生线虫种群相对丰度明显降低；各施肥处理中捕食/杂食线虫种群相对丰度均表现为降低（表3-19）。

NPK处理土壤线虫总数苗期大于始花期，在大豆鼓粒期达到最大，以后线虫总数逐渐下降；不施肥处理土壤线虫总数苗期到鼓粒期增加幅度不大，鼓粒期到成熟期数量急剧上升，变化幅度加大。

表3-18　不同处理土壤线虫属的组成及相对丰度（成熟期，9月15日）　　单位：%

营养类群	科	属	CK	M	N	NPK
食细菌线虫（BF）	Cephalobidae	*Heterocephalobus*	4.07	8.27	7.68	11.81
		Acrobeles	5.04	10.00	4.96	7.79
		Acrobeloides	8.03	22.09	11.90	16.62
	Bunonematidae	*Rhodolaimus*	0.00	0.37	0.00	0.00
	Monhysteridae	*Eumonhystera*	0.23	0.91	0.41	0.21
	Alaimidae	*Alaimus*	0.38	0.50	0.29	0.43
食真菌线虫（FF）	Aphelenchidae	*Aphelenchus*	7.91	8.03	7.75	15.46
	Anguinidae	*Ditylenchus*	1.03	0.00	0.00	0.43
植物寄生线虫（PP）	Tylenchidae	*Filenchus*	14.47	13.39	11.66	8.13
	Hoplolaimidae	*Helicotylenchus*	33.12	20.18	35.28	30.01
	Criconematidae	*Macroposthonia*	0.70	0.00	0.29	0.00
	Hemicycliophoridae	*Hemicycliophora*	1.04	2.65	0.54	0.46
	Pratylenchidae	*Hoplotyus*	0.00	4.60	0.38	1.25
		Pratylenchus	14.18	3.70	14.26	0.89
捕食/杂食线虫（OP）	Qudsianematidae	*Microdorylaimus*	2.92	0.97	0.50	0.68
	Thornematidae	*Mesodorylaimus*	2.75	1.50	2.92	3.04
	Longidoridae	*Xiphinema*	1.22	0.58	0.95	2.36
	Belondiridae	*Axonchium*	2.23	1.50	0.25	0.43
	Aporcelaimidae	*Aporcelaimellus*	0.67	0.75	0.00	0.00

表 3-19 不同施肥处理土壤线虫营养类群相对丰度（成熟期，9 月 15 日）

处理	线虫总数/（条/100 g 干土）	食细菌线虫相对丰度/%	食真菌线虫相对丰度/%	植物寄生线虫相对丰度/%	捕食/杂食线虫相对丰度/%
CK	184	17.76	8.94	63.51	9.79
M	145	42.14	8.03	44.53	5.30
N	234	25.24	7.75	62.40	4.61
NPK	108	36.86	15.89	40.75	6.50

（五）小结

土壤食细菌线虫种群和植物寄生线虫种群对环境变化敏感；土壤食真菌线虫种群和捕食/杂食线虫种群对环境变化不敏感。植物寄生线虫的纽带科螺旋属线虫均为优势种群；食细菌线虫中的头叶科拟丽突属线虫均为优势种群。大豆苗期土壤线虫群落最小，只有 10 科 13 属；大豆成熟期土壤线虫群落最为丰富，有 16 科 19 属。其中，植物寄生线虫最为丰富，有 5 科 6 属；食真菌线虫最少，只有 2 科 2 属；食细菌线虫、捕食/杂食线虫也很丰富。

三、不同施肥处理土壤线虫群落结构的基本特征

（一）不施肥处理土壤线虫群落组成

从表 3-20 可以看出，大豆收获后 CK 处理土壤线虫群落较大，种类丰富、数量较多，有 9 科 11 属。不施肥处理土壤 0~40 cm 土层植物寄生线虫种类较多，有 4 科 4 属，数量也很多；食细菌线虫种类也很丰富，有 2 科 4 属，但是耕层土壤线虫数量较少。

表 3-20 不施肥处理（CK）土壤线虫属的组成及相对丰度 单位：%

营养类群	科	属	土层深度				
			0~20 cm	20~40 cm	40~60 cm	60~80 cm	80~100 cm
食细菌线虫（BF）	Cephalobidae	*Heterocephalobus*	0.00	0.08	0.14	0.09	0.00
		Acrobeles	0.05	0.03	0.07	0.00	0.06
		Acrobeloides	0.14	0.13	0.07	0.09	0.13
	Alaimidae	*Alaimus*	0.00	0.03	0.07	0.18	0.13
食真菌线虫（FF）	Aphelenchidae	*Aphelenchus*	0.05	0.03	0.00	0.00	0.00
植物寄生线虫（PP）	Tylenchidae	*Filenchus*	0.19	0.10	0.21	0.09	0.19
	Hoplolaimidae	*Helicotylenchus*	0.10	0.41	0.07	0.18	0.06
	Criconematidae	*Macroposthonia*	0.33	0.05	0.07	0.09	0.19
	Pratylenchidae	*Pratylenchus*	0.05	0.03	0.00	0.00	0.00
捕食/杂食线虫（OP）	Qudsianematidae	*Microdorylaimus*	0.10	0.08	0.21	0.27	0.25
	Longidoridae	*Xiphinema*	0.00	0.05	0.07	0.00	0.00

随着土层深度的增加土壤线虫的总数减少（表 3-21），食细菌线虫和捕食/杂食线虫相对丰度随着土层深度增加而增加；食真菌线虫和植物寄生线虫相对丰度随着土层深度增加而减少，并且 40 cm 以下食真菌线虫没有鉴定出来。

表 3-21　不施肥处理（CK）土壤线虫营养类群相对丰度

土层深度/cm	线虫总数/（条/100 g 干土）	食细菌线虫相对丰度/%	食真菌线虫相对丰度/%	植物寄生线虫相对丰度/%	捕食/杂食线虫相对丰度/%
0~20	21.00	19.05	4.76	66.67	9.52
20~40	39.00	25.64	2.56	58.97	12.82
40~60	14.00	35.71	0.00	35.71	28.57
60~80	11.00	36.36	0.00	36.36	27.27
80~100	16.00	31.25	0.00	43.75	25.00

（二）单施氮肥处理土壤线虫群落组成

单施氮肥（N）能够影响土壤线虫群落数量（表 3-22），抑制食真菌线虫群落的发展。植物寄生线虫种群数量较多、种类多，线虫多分布在 0~60 cm 土层，往下线虫数量剧减。

表 3-22　单施氮肥处理（N）土壤线虫属的组成及相对丰度　　单位：%

营养类群	科	属	土层深度				
			0~20 cm	20~40 cm	40~60 cm	60~80 cm	80~100 cm
食细菌线虫（BF）	Cephalobidae	*Heterocephalobus*	0.08	0.00	0.00	0.00	0.00
		Acrobeles	0.00	0.08	0.00	0.00	0.00
		Acrobeloides	0.25	0.00	0.00	0.50	0.50
食真菌线虫（FF）	Aphelenchidae	*Aphelenchus*	0.00	0.00	0.00	0.00	0.00
植物寄生线虫（PP）	Tylenchidae	*Filenchus*	0.08	0.17	0.33	0.00	0.00
	Hoplolaimidae	*Helicotylenchus*	0.42	0.67	0.67	0.50	0.00
	Criconematidae	*Macroposthonia*	0.08	0.08	0.00	0.00	0.00
捕食/杂食线虫（OP）	Qudsianematidae	*Microdorylaimus*	0.08	0.00	0.00	0.00	0.00
	Aporcelaimidae	*Aporcelaimellus*	0.00	0.00	0.00	0.00	0.05

随着土层深度的增加土壤线虫的总数急剧减少（表 3-23），食细菌线虫 20~60 cm 土层分布较少；捕食/杂食线虫相对丰度随着土层深度增加而增加；食真菌线虫群落未鉴定出来，植物寄生线虫相对丰度在 20~60 cm 土层较高。

表 3-23　单施氮肥处理（N）土壤线虫营养类群相对丰度

土层深度/cm	线虫总数/（条/100g 干土）	食细菌线虫相对丰度/%	食真菌线虫相对丰度/%	植物寄生线虫相对丰度/%	捕食/杂食线虫相对丰度/%
0~20	12.00	33.33	0.00	58.33	8.33
20~40	12.00	8.33	0.00	91.67	0.00
40~60	3.00	0.00	0.00	100.00	0.00
60~80	6.00	50.00	0.00	50.00	0.00
80~100	2.00	50.00	0.00	0.00	50.00

（三）施有机肥处理土壤线虫群落组成

单施有机肥（M）能够促进土壤线虫群落种类的发展（表 3-24），同时有机肥也能抑制食真菌线虫群落的发展。植物寄生线虫种群数量较多、种类多，线虫多分布范围较为广泛，在 0~100 cm 土层均可见到。

随着土层深度的增加土壤线虫的总数减少（表 3-25），食细菌线虫群落分布在 0~40 cm 土层，40 cm 以下很难见到；捕食/杂食线虫在 0~60 cm 土层；食真菌线虫没有鉴定出来；植物寄生线虫相对丰度在 60 cm 以下剧增，整体数量也较为丰富，说明施用有机肥能够促进植物寄生线虫群落的发展。

表 3-24　单施有机肥处理（M）土壤线虫属的组成及相对丰度　　单位：%

营养类群	科	属	土层深度				
			0~20 cm	20~40 cm	40~60 cm	60~80 cm	80~100 cm
食细菌线虫（BF）	Cephalobidae	*Heterocephalobus*	0.00	0.10	0.00	0.00	0.00
		Acrobeles	0.06	0.10	0.00	0.00	0.00
		Acrobeloides	0.00	0.10	0.00	0.00	0.00
	Bunonematidae	*Rhodolaimus*	0.06	0.05	0.00	0.00	0.00
食真菌线虫（FF）	Aphelenchidae	*Aphelenchus*	0.00	0.00	0.00	0.00	0.00
植物寄生线虫（PP）	Tylenchidae	*Filenchus*	0.12	0.05	0.43	0.00	0.00
	Hoplolaimidae	*Helicotylenchus*	0.35	0.33	0.29	0.50	0.50
	Criconematidae	*Macroposthonia*	0.18	0.19	0.14	0.50	0.50
	Pratylenchidae	*Hoplotyus*	0.18	0.00	0.00	0.00	0.25
捕食/杂食线虫（OP）	Qudsianematidae	*Microdorylaimus*	0.06	0.10	0.14	0.00	0.00

表 3-25 单施有机肥处理（M）土壤线虫营养类群相对丰度

土层深度/cm	线虫总数/（条/100 g 干土）	食细菌线虫相对丰度/%	食真菌线虫相对丰度/%	植物寄生线虫相对丰度/%	捕食/杂食线虫相对丰度/%
0~20	17.00	11.76	0.00	82.35	5.88
20~40	21.00	33.33	0.00	57.14	9.52
40~60	7.00	0.00	0.00	85.71	14.29
60~80	2.00	0.00	0.00	100.00	0.00
80~100	4.00	0.00	0.00	100.00	0.00

（四）氮磷钾施肥处理土壤线虫群落组成

氮磷钾配合施用（NPK）能够限制土壤线虫群落种类的发展（表 3-26），种群数量减少，种类下降，土体中土壤线虫只有 6 科 7 属。植物寄生线虫种类最多。

随着土层深度的增加土壤线虫的总数减少（表 3-27），食细菌线虫下层分布较多；食真菌线虫主要集中在耕层土壤；植物寄生线虫相对丰度较高，线虫多分布在 80 cm 以上区域；捕食/杂食线虫没有鉴定出来。

表 3-26 氮磷钾施肥处理（NPK）土壤线虫属的组成及相对丰度　　单位：%

营养类群	科	属	土层深度				
			0~20 cm	20~40 cm	40~60 cm	60~80 cm	80~100 cm
食细菌线虫（BF）	Cephalobidae	*Heterocephalobus*	0.00	0.20	0.00	0.00	0.00
		Acrobeloides	0.13	0.20	0.25	0.25	0.67
食真菌线虫（FF）	Aphelenchidae	*Aphelenchus*	0.13	0.00	0.00	0.00	0.00
植物寄生线虫（PP）	Tylenchidae	*Filenchus*	0.25	0.20	0.25	0.25	0.00
	Hoplolaimidae	*Helicotylenchus*	0.25	0.40	0.50	0.50	0.33
	Criconematidae	*Macroposthonia*	0.25	0.00	0.00	0.00	0.00
捕食/杂食线虫（OP）	Aporcelaimidae	*Aporcelaimellus*	0.00	0.00	0.00	0.00	0.00

表 3-27 氮磷钾施肥处理（NPK）土壤线虫营养类群相对丰度

土层深度/cm	线虫总数/（条/100 g 干土）	食细菌线虫相对丰度/%	食真菌线虫相对丰度/%	植物寄生线虫相对丰度/%	捕食/杂食线虫相对丰度/%
0~20	8.00	12.50	12.50	75.00	0.00
20~40	5.00	40.00	0.00	60.00	0.00
40~60	4.00	25.00	0.00	75.00	0.00
60~80	4.00	25.00	0.00	75.00	0.00
80~100	3.00	66.67	0.00	33.33	0.00

（五）小结

随着土层深度的增加，土壤线虫群落数量下降，种类减少。施肥能够影响土壤线虫群落发展，单施有机肥对土壤线虫种类影响不大，但线虫数量下降。食真菌线虫群落主要分布在0~40 cm土层；植物寄生线虫群落主要分布在0~60 cm土层；食细菌线虫群落和捕食/杂食线虫群落主要分布在60 cm以下。

四、不同施肥处理土壤线虫群落的变化特征

（一）不同施肥处理土壤线虫群落的结构基本特征

在作物收获后（10月5日）对不同施肥处理及不施肥（对照）土壤分别进行采样（表3-28），通过对不同处理土壤线虫进行分离、鉴定和分析，共鉴定出线虫13科18属，其中，食细菌线虫及植物寄生线虫的种类最多，均为6属，其次为食真菌线虫和捕食/杂食线虫，均有3属。

表3-28　不同处理土壤线虫属的组成及相对丰度（收获后，10月5日）　单位：%

营养类群	科	属	处理			
			CK	M	N	NPK
食细菌线虫（BF）	Cephalobidae	*Heterocephalobus*	3.63	6.34	10.69	4.64
		Acrobeles	10.08	11.36	9.66	6.16
		Acrobeloides	6.19	9.32	9.26	22.49
		Eucephalobus	2.22	3.55	2.81	5.59
	Monhysteridae	*Eumonhystera*	1.70	1.83	0.00	0.48
	Alaimidae	*Alaimus*	1.00	0.00	0.39	0.00
食真菌线虫（FF）	Aphelenchidae	*Aphelenchus*	5.01	7.80	12.22	13.53
	Anguinidae	*Ditylenchus*	10.41	10.98	9.02	10.20
	Aphelenchoididae	*Aphelenchoides*	1.00	2.19	0.34	0.00
植物寄生线虫（PP）	Tylenchidae	*Filenchus*	1.38	0.00	0.00	0.00
	Psilenchidae	*Psilenchus*	0.19	0.00	0.39	0.00
	Hoplolaimidae	*Helicotylenchus*	32.84	24.76	28.13	21.18
	Criconematidae	*Macroposthonia*	1.00	2.19	0.34	0.00
	Pratylenchidae	*Pratylenchus*	0.68	0.00	0.00	0.00
	Dolichodoridae	*Merlinius*	1.81	0.79	3.60	2.33
捕食/杂食线虫（OP）	Qudsianematidae	*Microdorylaimus*	7.53	10.46	3.77	9.86
		Epidorylaimus	0.73	2.19	5.90	0.56
		Thonus	12.60	6.23	3.48	2.97

不同处理土壤线虫属的数量排序：CK（18属）>N（15属）>M（14属）>NPK（12属）；不同处理土壤食细菌线虫均为5属；食真菌线虫属的数量，NPK及N处理均为3属，CK及NPK处理为2属；植物寄生线虫属的数量排序：CK（5属）>N（4

属）>M（3 属）>NPK（2 属）；各处理捕食/杂食线虫属的数量均为 3 个。

（二）不同施肥处理土壤线虫总数的变化

从图 3-26 可以看出，施肥处理土壤线虫总数均显著低于 CK 处理（$P<0.01$）。说明施肥等农事活动对土壤的扰动能对土壤线虫产生强烈的影响。

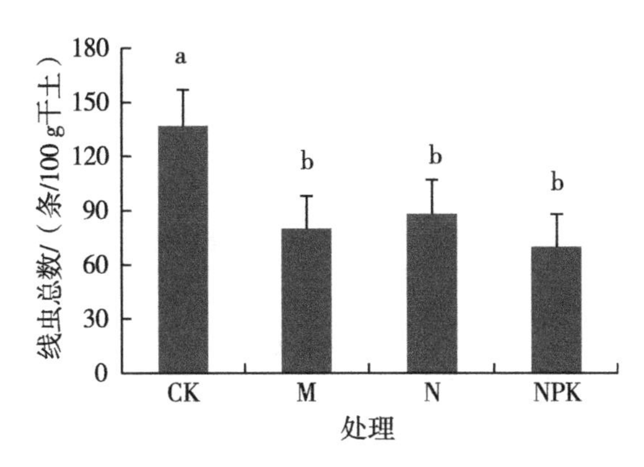

图 3-26　不同施肥处理土壤线虫总数的变化

注：柱上不同小写字母表示处理间差异显著（$P<0.05$）。

（三）不同施肥处理土壤线虫营养类群相对丰度变化

从图 3-27 可以看出，不同处理食细菌线虫及食真菌线虫的相对丰度，均以 CK 处理最低，其次为 M 及 N 处理，M 处理土壤食细菌线虫相对丰度最高；施肥处理食细菌线虫相对丰度显著高于不施肥处理，而不同处理食真菌线虫之间的差异未达到显著水平。不同施肥处理植物寄生线虫相对丰度的变化趋势与食细菌线虫及食真菌线虫相反，CK 处理植物寄生线虫数量占线虫总数的比例最高，其次是 N 及 M 处理，而 NPK 处理土壤植物寄生线虫相对丰度最低；且施肥处理植物寄生线虫相对丰度显著高于不施肥处理。不同施肥处理捕食/杂食线虫相对丰度的变化趋势：CK>M>NPK>N，但各处理之间

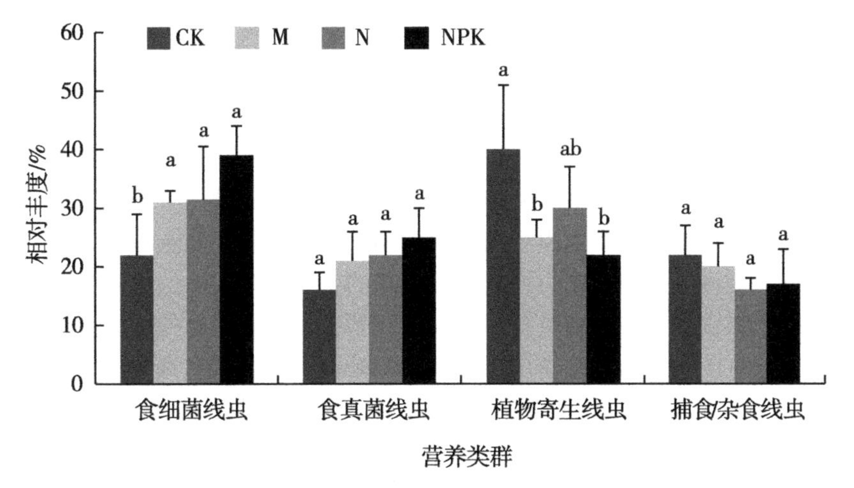

图 3-27　土壤线虫营养类群相对丰度变化

注：柱上不同小写字母表示处理间差异显著（$P<0.05$）。

并未达到显著水平。

（四）不同施肥处理土壤线虫生态学指数变化

从表 3-29 可以看出，各施肥处理土壤线虫群落的优势度指数均显著低于 CK 处理（$P<0.05$）；而各施肥处理土壤线虫群落的均匀度指数均显著高于 CK 处理（$P<0.01$），施肥处理土壤线虫群落的 Shannon 指数也显著高于 CK 处理（$P<0.05$）。施肥能够降低土壤线虫优势度，增加土壤线虫的均匀度及多样性，说明土壤施肥后，土壤养分状况及土壤生态环境均得到很大的改善，为土壤线虫群落的生存和发展创造了良好的外部环境条件。

表 3-29　不同处理间土壤线虫生态学指数差异显著性检验

指标	显著性检验	
	F 检验	*P* 值
土壤线虫总数	11.086	<0.01
食细菌线虫（BF）	6.739	<0.01
食真菌线虫（FF）	2.306	0.06
植物寄生线虫（PP）	5.103	<0.01
捕食/杂食线虫（OP）	1.426	0.24
优势度指数	3.353	<0.05
均匀度指数	3.702	<0.01
Shannon 指数（H'）	3.383	<0.05
食微线虫与植物寄生线虫的比率（*WI*）	6.312	<0.01
自由生活线虫成熟度指数（*MI*）	4.380	<0.01
植物寄生线虫成熟度指数（*PPI*）	4.226	<0.01

各施肥处理土壤线虫群落的 *WI* 指数均显著高于 CK 处理（$P<0.01$），不同施肥处理土壤线虫群落的 *WI* 排序：NPK>M>N>CK。说明不施肥土壤由于长期不施肥，土壤肥力状况非常低下，土壤食微线虫由于受到其食物供应的限制，在土壤中的数量处于较低的水平；而施肥提高了土壤的肥力，改善了土壤的生态环境状况，从而导致参与有机质分解和氮素循环的食微线虫的数量及相对丰度显著提高，而肥料的施用同时又对土壤中植物寄生线虫产生了一定的抑制作用，导致施肥处理土壤中植物寄生线虫的数量及相对丰度的降低，从而使施肥处理土壤食微线虫与植物寄生线虫的比值显著高于不施肥处理。

各施肥处理土壤自由生活线虫的 *MI* 均显著低于 CK 处理（$P<0.01$），而植物寄生线虫的 *PPI* 则显著高于 CK 处理（$P<0.01$）。说明施肥等田间管理措施使土壤受到扰动的程度加大，进而使土壤线虫受到干扰的程度也增大；同时施肥使土壤受到干扰的程度

加大，以及肥料的大量施用，对植物寄生线虫又产生了强烈的抑制作用。

（五）土壤主要理化性质与线虫群落组成的关系

不同施肥处理土壤中线虫群落的数量均随着土壤含水量的增加而增加，并与土壤含水量呈显著的正相关关系（$P<0.05$），但各处理中土壤线虫群落的结构并没有受到土壤含水量变化的影响（表3-30）。

不同施肥处理土壤线虫群落中食细菌线虫的相对丰度均随着土壤有机质、全氮、全磷及有效磷含量的增加而增加，并与土壤有机质、全氮、全磷及有效磷含量呈显著的正相关（$P<0.01$）。而不同施肥处理土壤线虫群落中植物寄生线虫的相对丰度则与土壤有机质（$P<0.01$）、全氮（$P<0.01$）、全磷（$P<0.01$）、有效磷（$P<0.01$）及速效钾含量（$P<0.05$）呈显著的负相关。食真菌线虫与土壤全磷（$P<0.05$）、有效磷（$P<0.05$）表现出显著的正相关，但与土壤pH（$P<0.05$）则表现出显著的负相关。捕食/杂食性线虫则仅与土壤碱解氮含量（$P<0.01$）表现出显著的负相关（表3-30）。

表3-30　土壤线虫与土壤理化性质之间的相关性

指标	有机质	全氮	碱解氮	全磷	有效磷	速效钾	pH	土壤含水量
土壤线虫总数	−0.165	0.048	0.302	−0.068	−0.079	−0.216	−0.113	0.450*
食细菌线虫相对丰度	0.728**	0.702**	0.399	0.598**	0.606**	0.035	−0.189	0.225
食真菌线虫相对丰度	0.073	0.161	0.104	0.494*	0.440*	0.321	−0.406*	0.027
植物寄生线虫相对丰度	−0.622**	−0.643**	−0.255	−0.726**	−0.724**	−0.491*	0.296	−0.285
捕食/杂食性线虫相对丰度	−0.225	−0.236	−0.558**	−0.133	−0.078	0.099	0.205	0.252
自由生活线虫成熟度指数（*MI*）	0.483*	0.511*	0.050	0.629**	0.645**	0.500*	−0.211	0.351
植物寄生线虫成熟度指数（*PPI*）	−0.618**	−0.619**	−0.221	−0.698**	−0.692**	−0.479	0.252	−0.289

注：* 表示 $P<0.05$，** 表示 $P<0.01$。

（六）不同施肥处理对土壤中植物寄生线虫种群的调控作用

长期施肥对土壤植物寄生线虫属的多样性产生了一定的影响，不同施肥处理植物寄生线虫属的数量较CK处理均有所下降。CK处理土壤中植物寄生线虫属的数量为5个，N处理土壤中植物寄生线虫属有4个，M处理土壤植物寄生线虫属的数量为3个，而NPK处理土壤中仅有2个属的植物寄生线虫。虽然各处理植物寄生线虫的优势属均为1个，但CK处理土壤中植物寄生线虫有2个常见属，而在所有施肥处理土壤中均仅发现1个常见属。

所有施肥处理土壤中植物寄生线虫的相对丰度均低于CK处理，M、N和NPK处理土壤植物寄生线虫与土壤线虫总数的比值分别比CK处理低12.16%、7.43%和16.39%，说明向土壤中施用不同的肥料对土壤植物寄生线虫均有一定的抑制作用，尤其是单施有机肥及施氮磷钾肥不仅能明显降低土壤中植物寄生线虫的数量，而且对土壤中植物寄生线虫种的多样性也有明显的抑制作用；而单施氮肥虽然也可以降低土壤中植物寄生线虫的相对丰度及种的多样性，但其效果不及其他施肥处理明显。

（七）小结

长期施肥可以显著提高土壤食细菌线虫数量并对植物寄生线虫有明显的抑制作用，尤其是单施有机肥及施氮磷钾肥不仅能明显降低土壤中植物寄生线虫的数量，而且对土壤中植物寄生线虫种的多样性也有明显的抑制作用。土壤施肥能够降低土壤线虫优势度，增加土壤线虫的均匀度及多样性。可以通过增施有机肥或者氮磷钾肥料配合施用来控制土壤线虫种群及数量，优化土壤生物群落结构，营造一个健康的土壤生物环境。但是，土壤线虫种类分离及如何用线虫指标来衡量土壤健康状况还需要继续研究。

第四节　长期施肥土壤杂草分布特征

杂草作为农业生态系统的重要组成部分，维持一定数量的杂草对保护农田生物多样性具有积极意义，但杂草往往与作物竞争养分、水分、光照等自然资源，导致作物产量和品质下降（Yin等，2005；牛新胜等，2011）。据统计，我国有杂草1 400余种，其中为害严重的恶性杂草有130余种，在田间杂草防治年投入费用高达235亿元的情况下，作物产量每年仍因杂草而减少5 000万t，直接经济损失近千亿元（强胜，2010）。目前，我国农田杂草防除主要依靠人工、机械除草和化学除草剂，杂草防治不仅消耗了大量的资源和成本，而且化学除草剂的大量使用还导致了杂草抗药性提高、土壤生物多样性下降、除草剂残留及迁移引起的环境风险（马小艳等，2018；Ouni等，2021）。因此，确定合理的农田杂草防控策略，可有效保障粮食和维护生态环境安全。

肥料是影响农作物生长和土壤养分状况的关键因素，持续合理施肥不仅保持了作物高产优质所需的高土壤肥力，而且深刻影响了农田杂草种群（Pan等，2020）。在太湖地区稻麦两熟制条件下，稻季长期施磷肥后莎草科杂草密度减少甚至消失，鸭舌草密度则增加，耳叶水苋和水蕨则以不施肥处理生长得最好，氮磷肥配施减少杂草群落丰富度但能增加群落的均匀度（蒋敏和沈明星，2014）；麦季长期施用氮肥和有机肥能显著降低杂草密度，有机肥的施用对杂草密度的控制效果最为显著（蒋敏等，2014）。Major等（2005）指出，施用鸡粪降低了农田部分杂草的优势，使不同杂草种的分布更加均匀。尹力初等（2005）发现，长期不同施肥措施导致玉米田杂草种群发生变化，芦苇、止血马唐、刺儿菜最能适应土壤磷素养分较低的条件，香附子最能忍受低氮的土壤环境，铁苋菜、马齿苋则喜欢在氮磷和有机肥处理下出现，而地锦、狗尾草适宜在氮磷钾和半量有机肥处理下生长。可见，施肥是一种有效的农田杂草管理措施，可通过改变土壤养分状况来影响作物与杂草之间的竞争关系。因此，利用施肥提高作物自身生长优势，提升作物对杂草的竞争能力，最终降低杂草为害，是农田杂草综合防除的有效手段

（马小艳等，2018）。

黑龙江省作为我国重要的商品粮生产基地，其粮食生产关系到国家粮食安全，而杂草为害一直是影响黑龙江省作物产量的主要因素之一（王宇等，2014）。黑龙江省旱田主要杂草有41种，为害较重的有稗、藜、反枝苋、苣荬菜、狗尾草、苍耳、柳叶刺蓼、鸭跖草、问荆、香薷、铁苋菜等（黄春艳，2009）。使用除草剂是黑龙江省主要的杂草防治方式，而随着除草剂应用面积和应用范围的不断扩大，农田杂草抗药性增强，敏感作物耐药性降低，土壤受长残效除草剂污染已经成为影响种植业结构调整、粮食产量提高的限制因素（李玉梅等，2013）。因此，如何安全有效地防控农田杂草并避免除草剂药害的发生，已成为亟须解决的重要问题。利用1979年开始的哈尔滨黑土肥力长期定位试验，分析长期不同施肥处理下麦田禾本科杂草生长特征及其对土壤养分的响应，探讨利用合理施肥防控杂草的可行性，为黑土区农田杂草科学防控提供依据。

一、杂草采集方法

选取CK、NP、NK、PK、NPK处理，于2022年8月17日采集田间杂草，此时杂草处于生长旺盛期。在每个小区按照“S”形划分3个0.25 m^2（0.5 m×0.5 m）的采样区，保证采样区能涵盖整个小区内所有物种，采集样区内的全部杂草，立即带回实验室鉴别，主要有4种禾本科杂草（表3-31），之后清洗干净、晾干，测量杂草株高，再按杂草种类分别称鲜重，65℃烘干后称干重。

表3-31　黑土农田禾本科杂草种类

属	种	生活史策略
狗尾草属	金色狗尾草 *Setaria glauca*（L.）Beauv.	一年生
马唐属	马唐 *Digitaria sanguinalis*（L.）Scop.	一年生
狗尾草属	狗尾草 *Setaria viridis*（L.）Beauv.	一年生
稗属	稗 *Echinochloa crusgalli*（L.）Beauv.	一年生

二、长期施肥下黑土农田禾本科杂草发生和生长特征

比较禾本科不同杂草种类密度（图3-28），CK和NP处理均以马唐密度最大，其次为金色狗尾草，而狗尾草和稗未见分布；NK处理马唐密度最大，其次为稗，再次为狗尾草，金色狗尾草最低；PK处理马唐密度最大，其次为金色狗尾草，再次为狗尾草，稗未见分布；NPK处理稗密度最大，其次为金色狗尾草，而马唐和狗尾草未见分布。总体来看，长期不同施肥处理下黑土农田优势杂草为马唐，其次为金色狗尾草，狗尾草和稗处于劣势。

长期不同施肥处理下，黑土农田禾本科杂草密度差异明显。CK处理禾本科杂草密度总量为721.4株/m^2，显著高于施肥处理（$P<0.05$），说明即使长期不施肥，禾本科杂草也有较强的适应性及生存能力。施用化肥则抑制了禾本科杂草生长，抑制效果为

NPK>NP>NK>PK，即均衡施肥抑制效果最强，NPK 处理禾本科杂草密度仅为 10.7 株/m^2，较 NP、NK 和 PK 处理分别减少 94.4%、96.6%和 98.0%。从上述结果还可看出，施用氮肥的 3 个处理 NP、NK 和 NPK 杂草抑制效果明显强于不施氮肥（PK），杂草密度降幅为 41.5%~98.0%，表明长期施氮肥可显著降低黑土农田禾本科杂草密度。

由图 3-29 可知，长期不同施肥处理下黑土禾本科杂草鲜重和干重均表现为 PK>CK>NK>NP>NPK，其中 PK 与 CK 处理间差异不显著（$P>0.05$），原因是施用磷、钾肥增加了禾本科杂草的生物量，但 PK 处理杂草鲜重和干重显著高于其他施氮肥处理（$P<0.05$），较 NK、NP、NPK 处理分别增加 119.9%、27.1%、490.9% 和 124.1%、29.1%、300.7%。可见，长期施氮肥可显著降低黑土农田禾本科杂草生物量。

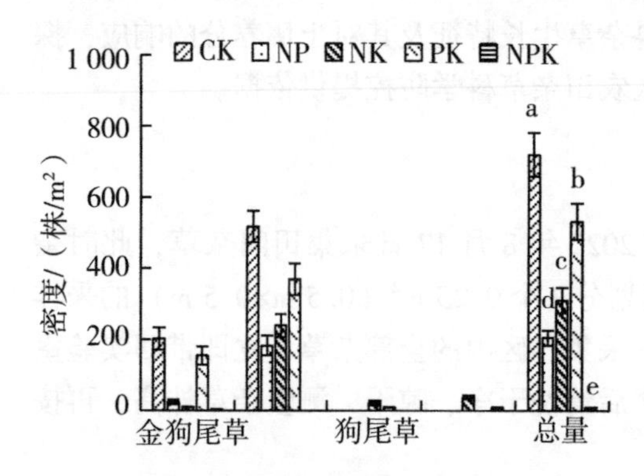

图 3-28　长期施肥处理下黑土农田禾本科杂草密度

注：柱上不同小写字母表示处理间差异显著（$P<0.05$）。

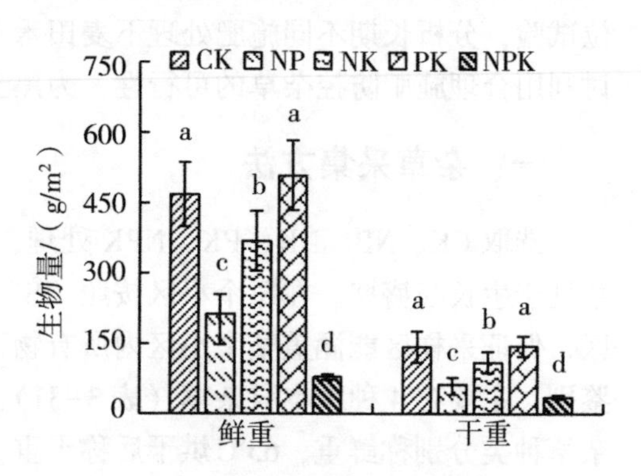

图 3-29　长期施肥处理下黑土农田禾本科杂草生物量

注：柱上不同小写字母表示处理间差异显著（$P<0.05$）。

三、长期施肥对黑土小麦产量和土壤化学性质的影响

由长期不同施肥处理下的小麦产量变化（图 3-30）可知，长期不施肥土壤养分亏缺，导致小麦产量较低；长期施肥均可提高小麦产量，但不同施肥处理的增产效应不同，表现为 NPK>NP>NK>PK，即均衡施肥较偏施肥能增加小麦产量；与 CK 处理相比，NPK、NP、NK、PK 处理增产率分别为 287.9%、243.4%、97.0%、45.5%。与偏施肥处理 NP、NK、PK 相比，均衡施肥 NPK 处理增产率分别为 12.9%、96.9%、166.7%，即黑土养分对小麦产量的贡献率为氮>磷>钾。

长期施肥对土壤化学性质的影响见表 3-32。与 CK 处理相比，施化肥的 4 个处理均未显著增加土壤有机质含量（$P>0.05$），原因是这些处理缺乏大量有机物料的投入来提升土壤有机质含量。施用氮肥显著提高了土壤氮素含量，施用氮肥的 NPK、NP、NK 处理，土壤全氮和碱解氮含量均显著高于 CK 和 PK 处理（$P<0.05$），增幅分别为 2.5%~12.4%和 22.5%~27.5%。施用磷肥显著提高了土壤磷含量，施用磷肥的 NPK、NP、PK 处理，土壤全磷和有效磷含量均显著高于 CK 和 NK 处理（$P<0.05$），增幅分别为 56.5%~99.1%和 487.7%~944.6%。施用钾肥并未显著提高土壤全钾含量（$P>0.05$），可能与施入土壤的一部分钾肥被土壤水云母或蒙脱石矿物固定有关（张会民，2008）；

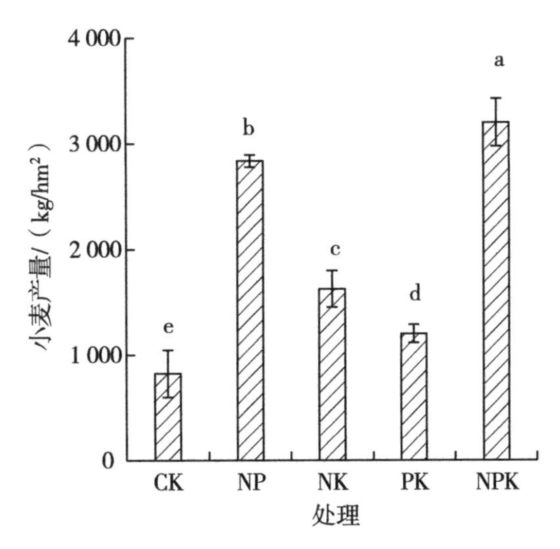

图 3-30　长期施肥对小麦产量的影响（2022 年）

注：柱上不同小写字母表示处理间差异显著（P<0.05）。

施用钾肥的 NK、PK、NPK 处理显著提高了土壤速效钾含量（P<0.05），较 NP 处理增加了 19.0%~52.9%。长期施用氮肥显著降低了土壤 pH（P<0.05），土壤出现酸化趋势，施用氮肥的 NP、NK、NPK 处理土壤 pH 较 CK 和 PK 处理下降了 0.8~0.9 个单位，较试验开始前（pH 7.2）下降了 1.2~1.3 个单位。

表 3-32　长期施肥对土壤化学性质的影响（2021 年）

处理	有机质/(g/kg)	全氮/(g/kg)	全磷/(g/kg)	全钾/(g/kg)	碱解氮/(mg/kg)	有效磷/(mg/kg)	速效钾/(mg/kg)	pH
CK	27.7±0.4a	1.45±0.03bc	0.37±0.02c	22.3±1.1a	126.6±4.6c	10.6±3.0c	140.7±2.9c	6.8±0.0a
NP	26.8±1.2a	1.49±0.04abc	0.60±0.05b	21.0±0.8a	156.9±1.7b	62.3±7.6b	121.0±2.6d	6.0±0.0b
NK	28.4±1.7a	1.54±0.06ab	0.38 ±0.02c	21.4±0.5a	161.4±5.0a	10.2±0.6c	161.7±7.2b	5.9±0.2b
PK	26.6±1.3a	1.40±0.06c	0.74±0.02a	22.4±0.2a	128.3±1.3c	106.2±3.2a	185.0±3.5a	6.7±0.1a
NPK	29.5±3.4a	1.57±0.09a	0.71±0.04ab	22.5±0.4a	157.2±1.7ab	99.3±3.5a	144.0±6.6c	5.9±0.1b

注：同列不同小写字母表示处理间差异显著（P<0.05）。

四、禾本科杂草干重对小麦产量的响应

禾本科杂草干重与小麦产量的直线拟合关系见图 3-31，拟合方程为 $y=-19.671x+3\ 898$，拟合直线决定系数 R^2 为 0.884 2，直线斜率为负，表明在黑土长期施肥条件下，禾本科杂草干重与小麦产量有显著的负相关性（P<0.05），即较低的禾本科杂草生物量能够反映黑土小麦的高产。

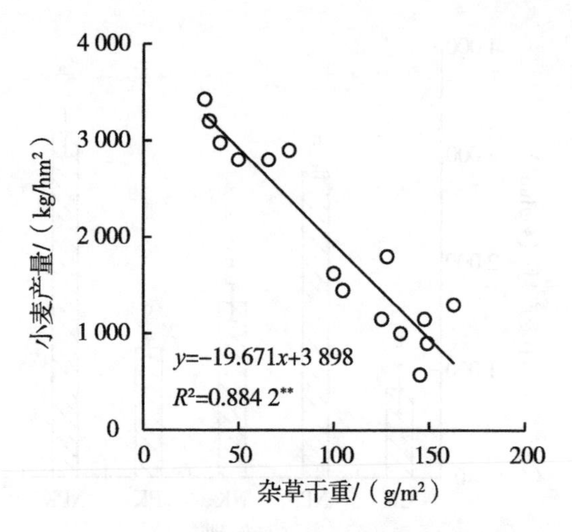

图 3-31　禾本科杂草干重与小麦产量的关系

五、长期施肥下禾本科杂草密度对土壤化学性质的响应

由表 3-33 可以看出，金色狗尾草、马唐密度与土壤全氮、碱解氮呈显著的负相关关系（$P<0.05$），与土壤 pH 呈显著的正相关关系（$P<0.05$），与土壤有机质、全磷、全钾、有效磷、速效钾无显著相关性（$P>0.05$）。狗尾草密度与土壤速效钾呈显著的正相关关系（$P<0.05$），与其他指标无显著相关性（$P>0.05$）。稗的密度与土壤碱解氮呈显著的正相关关系（$P<0.05$），与其他指标无显著相关性（$P>0.05$）。

表 3-33　禾本科杂草密度与土壤化学性质的相关性

杂草种类	有机质	全氮	全磷	全钾	碱解氮	有效磷	速效钾	pH
金色狗尾草	−0.337	−0.662**	−0.220	0.350	−0.944**	−0.198	0.333	0.953**
马唐	−0.340	−0.581*	−0.509	0.156	−0.793**	−0.499	0.269	0.841**
狗尾草	0.027	0.146	−0.380	−0.267	0.294	−0.391	0.569*	−0.142
稗	0.188	0.404	−0.485	−0.357	0.680**	−0.513	0.256	−0.423

注：* 表示在 0.05 水平上相关性显著，** 表示在 0.01 水平上相关性显著。

六、小结

长期不同施肥措施改变了土壤养分状况，可提高土壤中相应营养元素的含量，通过影响农作物土壤养分吸收和生长来抑制绝大部分杂草的发生，因此通过施肥提升作物竞争优势和培育农田生境来综合治理杂草的方法是比较有效、生态的措施（Blackshaw 等，2004；蒋敏等，2014）。相关研究结果显示，施肥在增加作物产量的同时能有效减少杂草密度。俄罗斯 95 a 的定位试验显示，长期均衡施肥（NPK）减少了春大麦分蘖期和成熟期的杂草密度（Chamanabad 等，2009）。Nie 等（2009）发现，在湖南红壤均衡施用氮、磷、钾肥能够促进晚稻生长，降低杂草生长所需的光照强度，从而减少稻田杂草种类和密度。程传鹏等（2013）指出，长期施肥下土壤有效养分的显著增加提高了早稻产量，使早稻获得了更强的竞争力，降低了田间杂草获得的光照，使其生长受到抑制。孙改格等（2014）在湖南早稻田还发现，平衡施用化肥促进了早稻的繁茂生长，光照透过率降低，限制了稻田杂草对土壤水、肥及光照的利用，进而抑制杂草的生长，显著降低田间杂草的密度，使其为害程度得到有效抑制。本研究也证实，均衡施肥（NPK）可显著提高小麦产量，与此同时禾本科杂草群落密度和生物量显著下降。此外，连续 43 a 不施肥，CK 处理小麦长势稀疏且透光性强，促进杂草的光合作用而导致禾本科杂草密度和生物量增加，说明禾本科杂草在贫瘠土壤上适应性较强，利用光照强度和光照时间来抵消养分供应的缺乏。但也有研究指出，杂草密度（黄兴成等，2018）或杂草生物量（董春华等，2015）与作物产量有正相关性，农田杂草的发生在一定程度上表征了作物的高产，可能是长期施肥改变了土壤营养生境，其作用较杂草抑制作物生长更为强烈（黄兴成等，2018）。

Moss 等（2004）在英国洛桑实验站 Broadbalk 小麦长期定位试验田发现，土壤无机氮水平对杂草出现频率影响十分明显。Huang 等（2013）指出，施氮降低了双季稻田休闲期杂草多样性和均匀度。本研究结果也显示，长期施氮肥可显著降低黑土农田禾本科杂草群落密度和生物量，优势杂草马唐、金色狗尾草密度与土壤全氮、碱解氮呈显著的负相关关系。研究还发现，长期施用氮肥导致黑土 pH 较试验开始前（pH 7.2）下降了 1.2~1.3 个单位，土壤酸化趋势明显，但施氮处理小麦产量依然较高，这与黑土缓冲能力较强有关（孟红旗等，2013；赵旋彤等，2020）。此外，优势杂草马唐、金色狗尾草与土壤 pH 呈显著的正相关关系，说明较高的土壤 pH 有利于马唐、金色狗尾草的生长。研究证实，土壤不同 pH 条件下农田杂草具有较强的适应性。Gentili 等（2018）对豚草（*Ambrosia artemisiifolia* L.）的研究显示，土壤低 pH（5.0）促进其生长发育，而土壤中性 pH 表现为限制效应。在黑龙江垦区的研究表明，土壤酸化（pH 5.0~6.0）导致旱田中的问荆数量急剧增加，春季在大豆、玉米出苗前该杂草已经长到 5 cm 以上，与作物争夺养分和水分，严重影响作物产量（于文，2015）。因此，在农业生产中，采用合理的施肥措施（如有机替代、秸秆还田）维持土壤适宜 pH 及氮素供应，可有效控制杂草的发生，使杂草与作物达到一个有益的平衡，为黑土农田杂草的综合防控技术提供新的思路和方法（李儒海等，2008；Smith 等，2009；董春华等，2014；桂浩然等，2022）。

黑土长期平衡施用化肥促进了小麦生长，限制了禾本科杂草对土壤水、肥、光、热的利用，进而抑制其生长，对于麦田防控杂草具有积极作用。优势杂草马唐、金色狗尾草对土壤碱解氮反应敏感，长期施氮肥可显著降低黑土农田禾本科杂草群落密度和生物量，但长期施氮导致土壤酸化，未来应采取合理的施肥措施（如有机替代、秸秆还田）维持土壤适宜 pH 及氮素供应平衡，实现作物稳产高产和控制杂草的双重目标。

参考文献

边雪廉，赵文磊，岳中辉，等，2016. 土壤酶在农业生态系统碳、氮循环中的作用研究进展[J]. 中国农学通报, 32(4): 171-178.
程传鹏, 崔佰慧, 汤雷雷, 等, 2013. 长期不同施肥模式对杂草群落及早稻产量的影响[J]. 生态学杂志, 32(11): 2944-2952.
丁建莉, 2017. 长期施肥对黑土微生物群落结构及其碳代谢的影响[D]. 北京: 中国农业科学院.
董春华, 曾闹华, 高菊生, 等, 2014. 长期有机无机配施对稻田杂草生长动态的影响[J]. 生态学报, 34(24): 7329-7337.
董春华, 曾希柏, 文石林, 等, 2015. 长期施肥对早稻产量和杂草群落的影响[J]. 生态学杂志, 34(11): 3079-3085.
冯彪, 青格尔, 高聚林, 等, 2021. 不同耕作方式对土壤酶活性及微生物量和群落组成关系的影响[J]. 北方农业学报, 49(3): 64-73.
关松荫, 1986. 土壤酶学研究方法[M]. 北京: 中国农业出版社.
桂浩然, 王建, 董雄德, 等, 2022. 不同秸秆还田对冬闲期农田杂草多样性的影响[J]. 农业环境科学学报, 41(4): 746-754.
黄春艳, 2009. 黑龙江省农田草害发生防治现状、问题和建议[J]. 黑龙江农业科学(3): 71-73.
黄兴成, 李渝, 叶照春, 等, 2018. 黄壤性稻田稗草发生特征及其对长期不同施肥的响应[J]. 应用生态学报, 29(12): 4029-4036.
贾蓉, 2012. 不同碳源模式下水稻土中脱氢酶活性与微生物铁还原的关系[D]. 杨凌: 西北农林科技大学.
蒋敏, 沈明星, 2014. 长期不同施肥方式对稻田杂草群落的影响[J]. 生态学杂志, 33(7): 1748-1756.
蒋敏, 沈明星, 沈新平, 等, 2014. 长期不同施肥方式对麦田杂草群落的影响[J]. 生态学报, 34(7): 1746-1756.
焦晓光, 隋跃宇, 魏丹, 等, 2010. 长期施肥对农田黑土酶活性及土壤肥力的影响[J]. 农业系统科学与综合研究, 26(4): 443-447.
焦晓光, 魏丹, 2009. 长期培肥对农田黑土土壤酶活性动态变化的影响[J]. 中国土壤与肥料(5): 23-27.
焦晓光, 魏丹, 隋跃宇, 2011. 长期施肥对黑土和暗棕壤土壤酶活性及土壤养分的影响[J]. 土壤通报, 42(3): 698-703.
李娟, 王文丽, 赵旭, 2022. 生物肥料 HZ-24 对黄芪生长及土壤微生物数量和酶活性的影响[J]. 土壤与作物, 11(2): 200-208.
李琪, 梁文举, 姜勇, 2007. 农田土壤线虫研究现状及展望[J]. 生物多样性, 15(2): 134-141.
李儒海, 强胜, 邱多云, 等, 2008. 长期不同施肥方式对稻油轮作制水稻田杂草群落的影响[J]. 生态学报, 28(7): 3236-3243.
李玉梅, 刘忠堂, 王根林, 等, 2013. 生物炭对土壤残留异噁草松的生物有害性影响研究[J]. 作物杂志, 154(3): 111-116.

刘妍，周连仁，苗淑杰，2010. 长期施肥对黑土酶活性和微生物呼吸的影响[J]. 中国土壤与肥料(1)：7-10.
骆爱兰，余向阳，2011. 氟啶胺对土壤中蔗糖酶活性及呼吸作用的影响[J]. 中国生态农业学报，19(4)：902-906.
马春梅，王家睿，战厚强，等，2016. 稻草还田对土壤脲酶活性及土壤溶液无机氮含量影响[J]. 东北农业大学学报，47(3)：38-43，79.
马小艳，马艳，马亚杰，等，2018. 关于将氮肥运筹技术纳入农田杂草综合防除体系的思考[J]. 杂草学报，36(4)：1-5.
马星竹，周宝库，郝小雨，2016. 长期不同施肥条件下大豆田黑土酶活性研究[J]. 大豆科学，35(1)：96-99.
毛小芳，李辉信，陈小云，等，2004. 土壤线虫三种分离方法效率比较[J]. 生态学杂志，23(3)：149-151.
孟红旗，刘景，徐明岗，等，2013. 长期施肥下我国典型农田耕层土壤的 pH 演变[J]. 土壤学报，50(6)：1109-1116.
牛新胜，刘美菊，张宏彦，等，2011. 不同耕作、秸秆及氮素管理措施对冬小麦-夏玉米轮作田杂草生物量影响的研究[J]. 中国土壤与肥料(6)：49-53.
强胜，2010. 我国杂草学研究现状及其发展策略[J]. 植物保护，36(4)：1-5.
秦杰，2015. 长期施肥对黑土肥力及细菌和古菌群落的影响[D]. 泰安：山东农业大学.
宋长青，吴金水，陆雅海，等，2013. 中国土壤微生物学研究 10 年回顾[J]. 地球科学进展，28(10)：1087-1105.
宋亚珩，王媛媛，李占明，等，2014. 淹水水稻土中氨氧化古菌丰度和群落结构演替特征[J]. 农业环境科学学报，33(5)：999-1006.
孙改格，谢桂先，廖育林，等，2014. 长期不同施肥对早稻田间杂草生物多样性的影响[J]. 湖南农业科学，335(8)：28-31.
孙瑞波，王道中，郭熙盛，等，2014. 长期施肥对砂姜黑土细菌和氮循环相关微生物群落的影响[C]//第七次全国土壤生物与生物化学学术研讨会暨第二次全国土壤健康学术研讨会论文集.
谭恩光，梁传精，2001. 不同农药对海南山蛭毒力测定及其防治研究[J]. 应用生态学报，12(2)：266-268.
谭济才，邓欣，袁哲明，1998. 不同类型茶园昆虫、蜘蛛群落结构分析[J]. 生态学报，18(3)：289-294.
陶季玲，梁广文，庞雄飞，1996. 不同生境区稻田节肢动物群落动态分析[J]. 华南农业大学学报，17(1)：25-30.
田艳洪，2019. 简述长期施肥对土壤酶活性的影响[J]. 现代化农业，481(8)：36-38.
王邵军，蔡秋锦，阮宏华，2007. 土壤线虫群落对闽北森林植被恢复的影响[J]. 生物多样性，15(4)：356-364.

王雪松，郑粉莉，王婧，等，2021. CO_2浓度和温度升高对谷子各生育期土壤氧化还原酶活性的影响[J]. 土壤通报，52(5)：1140-1148.

王宇，黄春艳，黄元炬，等，2014. 不同杂草群落对黑龙江春大豆产量损失的影响[J]. 中国植保导刊，34(6)：10-12，9.

殷秀琴，张桂荣，1993. 森林凋落物与大型土壤动物相关关系的研究[J]. 应用生态学报，14(2)：167-173.

尹力初，蔡祖聪，2005. 长期不同施肥对玉米田间杂草种群组成的影响[J]. 土壤，37(1)：56-60.

于文，2015. 土壤 pH 值下降对土壤养分及农田杂草群落的影响[J]. 北京农业，622(17)：108.

于镇华，王艳红，燕楠，等，2017. CO_2浓度升高对不同大豆品种根际微生物丰度的影响[J]. 土壤与作物，6(1)：9-16.

苑学霞，林先贵，褚海燕，等，2006. 大气 CO_2浓度升高对不同施氮土壤酶活性的影响[J]. 生态学报，26(1)：48-53.

张会民，2008. 长期施肥土壤钾素演变[M]. 北京：中国农业出版社.

赵仁竹，汤洁，梁爽，等，2015. 吉林西部盐碱田土壤蔗糖酶活性和有机碳分布特征及其相关关系[J]. 生态环境学报，24(2)：244-249.

赵旋彤，王鸿斌，赵兰坡，等，2020. 吉林省三种典型农耕土壤酸碱缓冲性能及影响因素[J]. 吉林农业大学学报，45(2)：163-167.

郑勇，高勇生，张丽梅，等，2008. 长期施肥对旱地红壤微生物和酶活性的影响[J]. 植物营养与肥料学报，14(2)：316-321.

周晶，2017. 长期施氮对东北黑土微生物及主要氮循环菌群的影响[D]. 北京：中国农业大学.

邹湘，易博，张奇春，等，2020. 长期施肥对稻田土壤微生物群落结构及氮循环功能微生物数量的影响[J]. 植物营养与肥料学报，26(12)：2158-2167.

BEAUREGARD M S，HAMEL C，ATUL-NAYYAR，et al.，2010. Long-term phosphorus fertilization impacts soil fungal and bacterial diversity but not AM fungal community in alfalfa [J]. Microbial Ecology，59(2)：379-389.

BLACKSHAW R E，2004. Application method of nitrogen fertilizer affects weed growth and competition with winter wheat [J]. Weed Biology and Management，4(2)：103-113.

BOKULICH N A，MILLS D A，2013. Improved selection of internal transcribed spacer-specific primers enables quantitative，ultra-high-throughput profiling of fungal communities [J]. Applied and Environmental Microbiology，79(8)：2519-2526.

CHAMANABAD H R M，GHORBANI A，ASGHARI A，et al.，2009. Long-term effects of crop rotation and fertilizers on weed community in spring barley [J]. Turkish Journal of Agriculture and Forestry，33(4)：315-323.

DEACON J，2013. Introduction：the Fungi and Fungal Activities[M] //DEACON J，

Fungal Biology.Malden, MA: Blackwell Publishing Ltd.

DI H J, CAMERON K C, SHEN J P, et al., 2009. Nitrification driven by bacteria and not archaea in nitrogen-rich grassland soils [J]. Nature Geoscience, 2: 621-624.

DORAN J W, JONES A J, 1996. Methods for Assessing Soil Quality[M]. Madison: Soil Science Society of America Inc. : 247-271.

EIVAZI F, TABATABAI M A, 1990. Factors affecting glucosidases and galactosidases in soils [J]. Soil Biology and Biochemistry, 22(7): 891-897.

EMEL S, GERARD M, 2008. Diversity and spatio-temporal distribution of ammonia-oxidizing archaea and bacteria in sediments of the Westerschelde estuary [J]. FEMS Microbiology Ecology, 64(2): 175-186.

GENTILI R, AMBROSINI R, MONTAGNANI C, et al., 2018. Effect of soil pH on the growth, reproductive investment and pollen allergenicity of *Ambrosia artemisiifolia* L.[J]. Frontiers in Plant Science, 9: 1335.

GRÖCKE D R, WORTMANN U, 2008. Investigating climates, environments and biology using stable isotopes [J]. Palaeogeography, palaeoclimatology, palaeoecology, 266(1-2): 1-2.

HOLTKAMP R, KARDOL P, WAL A, et al., 2008. Soil food web structure during ecosystem development after land abandonment [J]. Applied Soil Ecology, 39: 23-34.

HUANG S, PAN X, SUN Y, et al., 2013. Effects of long-term fertilization on the weed growth and community composition in a double-rice ecosystem during the fallow period [J]. Weed Biology and Management, 13(1): 10-18.

INGWERSEN J, SCHWARZ U, STANGE C F, et al., 2008. Shortcomings in the commercialized barometric process separation measuring system [J]. Soil Science Society of America Journal, 72(1): 135-142.

JIA Z, CONRAD R, 2009. Bacteria rather than Archaea dominate microbial ammonia oxidation in an agricultural soil [J]. Environmental Microbiology, 11(7): 1658-1671.

MAJOR J, STEINER C, DITOMMASO A, et al., 2005. Weed composition and cover after three years of soil fertility management in the central Brazilian Amazon: compost, fertilizer, manure and charcoal applications [J]. Weed Biology and Management, 5(2): 69-76.

MAO Y, YANNARELL A C, MACKIE R I, 2011. Changes in N-transforming archaea and bacteria in soil during the establishment of bioenergy crops [J]. PLoS ONE, 6(9): e24750.

MIRZA N, MAHMOOD Q, SHAH M M, et al., 2014. Plants as useful vectors to reduce environmental toxic arsenic content [J]. The Scientific World Journal, 2014: 921581.

MOSS S R, STORKEY J, CUSSANS J W, et al., 2004. The broadbalk long-term experiment at Rothamsted: what has it told us about weeds? [J]. Weed Science, 52(5): 864-873.

NIE J, YIN L C, LIAO Y L, et al., 2009. Weed community composition after 26 years of fertilization of late rice [J]. Weed Science, 57(3): 256-260.

OUNI A, RABAAOUI N, MECHI L, et al., 2021. Removal of pesticide chlorobenzene by anodic degradation: variable effects and mechanism [J]. Journal of Saudi Chemical Society, 25(10): 101326.

PAN J F, ZHANG L G, WANG L, et al., 2020. Effects of long-term fertilization treatments on the weed seed bank in a wheat-soybean rotation system [J]. Global Ecology and Conservation, 21: e00870.

SMITH R G, MORTENSEN D A, RYAN M R, 2009. A new hypothesis for the functional role of diversity in mediating resource pools and weed-crop competition in agroecosystems [J]. Weed Research, 50: 37-48.

TAKEDA H, 1987. Dynamics and maintenance of collembolan community structure in a forest soil system [J]. Researches on Population Ecology, 29(2): 291-346.

TAKEDA H, 1988. A 5 year study of pine needle litter decomposition in relation to mass loss and faunal abundances [J]. Pedobiologia, 32(3-4): 221-226.

TAKEDA H, 1995. Changes in the collembolan community during the decomposition of needle litter in a coniferous forest [J]. Pedobiologia, 59: 304-317.

VAN STRAALEN N M, ROELOFS D, 2011. An introduction to Ecological Genomics [M]. Oxford: OUP Oxford.

VANCE E D, BROOKES P C, JENKINSON D S, 1987. An extraction method for measuring soil microbial biomass C [J]. Soil Biology and Biochemistry, 19(19): 703-707.

WANG Y, WANG L, YIN C, et al., 2015. Arsenic trioxide inhibits breast cancer cell growth via microRNA328/hERG pathway in MCF7 cells [J]. Molecular Medicine Reports, 12(1): 1233-1238.

XIONG J, LIU Y, LIN X, et al., 2012. Geographic distance and pH drive bacterial distribution in alkaline lake sediments across Tibetan Plateau [J]. Environmental Microbiology, 14(9): 2457-2466.

XU N, TAN G, WANG H, et al., 2016. Effect of biochar additions to soil on nitrogen leaching, microbial biomass and bacterial community structure [J]. European Journal of Soil Biology, 74: 1-8.

YIN L, CAI Z, ZHONG W, 2005. Changes in weed composition of winter wheat crops due to long-term fertilization[J]. Agriculture, Ecosystems & Environment, 107(2-3): 181-186.

ZHANG L M, HU H W, SHEN J P, et al., 2012. Ammonia-oxidizing archaea have more important role than ammonia-oxidizing bacteria in ammonia oxidation of strongly acidic soils [J]. The ISME Journal, 6(5): 1032-1045.

第四章

长期定位试验搬迁后黑土质量变化

长期定位肥料试验信息量丰富、数据准确可靠、解释力强，具有常规试验不可比拟的优点，而且通过长期定位施肥研究，能系统地研究不同的施肥制度对土壤物理、化学性质等因子的影响，并做出科学的评价，为农业的可持续发展提供决策依据。长期定位试验是土壤肥料学科最基本的也是非常有效的研究方法。

长期定位试验是极其珍贵的资源，由于当初试验设计的局限性，特别是我国城市化进程的加快，一些长期定位试验基地被城市包围，形成了特有的小气候，“热岛”现象明显，与自然生产条件产生较大差异，观测的试验结果难以真正反映生产情况，一些长期定位试验面临被毁或搬迁的局面。黑龙江省的哈尔滨黑土肥力长期定位试验到2010年已经坚持了30多年，但是当初进行试验设计时没有考虑城市扩展，根据哈尔滨市新的城市总体规划，有2条道路要从此试验基地穿过。因此，哈尔滨黑土肥力长期定位试验面临搬迁局面。

2010年11月在冻土情况下，哈尔滨黑土肥力长期定位试验原状土整体搬迁至哈尔滨市道外区民主乡，两地距离40 km。土壤冻土原状搬迁对土壤物理、化学、生物性质的影响目前还未知。本章以哈尔滨黑土长期定位试验区4个典型处理（CK、NPK、MNPK、M）为研究对象，综合运用传统技术和变性梯度凝胶电泳（DGGE）、荧光分析、显微计算机断层扫描（CT）等新技术，以搬迁新址样点为参比，研究土壤原位冻土搬迁对农田土壤理化性质、微生物群落多样性、腐殖质组分及其荧光结构特征、水分和养分运移规律及作物产量的影响，揭示搬迁1~5 a对哈尔滨黑土肥力长期定位试验土壤性质的影响程度、趋势，阐明土壤生物性质对环境变化的响应，在理论上丰富黑土肥力演变特征及其机制，在实践上为长期定位试验搬迁方法的建立、科学评价及其土壤可持续利用、管理提供科学依据。

第一节　黑土肥力长期定位试验搬迁过程

一、新址选择

选择的新址应在气候条件、成土母质等方面要尽量与原址保持一致，使搬迁的影响降到最低。新址选择在距原址40 km的哈尔滨市道外区民主乡的黑龙江省农业科学院现代农业示范区。气候条件与原址相似，为中温带大陆性季风气候，海拔高度比原址低20 m左右，成土母质与原址一样，均为洪积黄土状黏土。

二、搬迁方法

试验区土壤各个处理小区连续32 a的施肥量、施肥种类不同，导致土壤养分、结构、颜色及土壤动物、微生物和植物群落发生很大变化，如果采用对土壤搅拌性很强的搬迁方法，经过多年培育起来的这些土壤信息将受到影响，造成前后试验结果的不衔接。因此，采用原状土冻土条件下整体搬迁的方法，最大限度地保持土壤原貌，使原结构不被破坏。

（一）原试验土壤切割

采用高强工字钢制作切割台车轨道，以保证切割时的稳定性，切割台宽度 100 cm；采用液压系统调整切割台车平整度及位置，以保证切缝垂直和平面位置准确；采用大功率电机带动两台自制的同轴链式开沟机进行切割，使两台链式机内间距 100 cm，由液压系统控制升降及切土深度；采用无级变速电机带动切割台车行走，使切割时匀速、稳定、安全；采用输送带将切割出来的土屑收集，以免污染搬迁土。先横向切割，之后调整切割台方向，进行纵向切割，切割深度 110 cm，使切割土块呈正方体。为每个土块进行编号。链式开沟机切口宽度小于 4 cm，切割标准 100 cm×100 cm×110 cm，切割平面误差不得大于 10 mm，深度误差不得大于 50 mm。

（二）搬迁土壤固定

采用 25 mm 厚钢板制作内长、宽均 100 cm ，高 110 cm，下部设横向切刀滑道，上部设切土高度限位板的方形模具，用来装切割下来的土块。吊装模板按切缝进行安装，采用模板顶面的限位板控制高度。采用平面限位板控制入模平面位置，以免模板入切缝时碰坏土体侧壁。采用方钢作为受力框架，安装液压系统控制两台液压油缸推动切刀。采用高强磁铁使横向切割机具与模板连接，并保证切刀与模板滑槽在同一平面内。采用液压系统调整横向切割机具高度及水平位置，使切刀与模板底滑槽在同一平面内。连接横向切具与模板，启动液压系统切割土块底部，使之分离。将横向切具与模板整体吊出，模板吊起时与水平面垂直。土壤冻土深度超过 110 cm 时，无法采用液压方法切割土块底部，可以采用把土块整体移开、修理底部、再插上底部隔板的方法固定土块。

（三）吊装运输

检查吊具及底模是否牢固，起吊速度要慢且匀速。轻轻将其放到车上指定位置，进行固定，避免土体之间接触。运输途中车辆应匀速行驶，避免急加速、急刹车。特别注意，土体受到外力时容易在冻层底部破损。

（四）对接、复原

预先在新址挖好工作面，土体运到现场后，按模板编号就位，每个土块就位后首先拆卸底部模板。对接两排后开始拆里侧土体模板，利用外侧土体模板对里侧已拆模板土体进行保护。利用机械配合挤压使已拆模土体无缝对接。小区面积 36 m^2，即每小区 36 个土块，小区之间用水泥预制板进行隔离，使其与试验土壤靠紧，按顺序进行对接。

三、土壤冻土条件下原位搬迁的优点

哈尔滨黑土肥力长期定位试验土壤于 2010 年 12 月至 2011 年 3 月成功实现了原位冻土整体搬迁。在冻土条件下，大面积原位土壤搬迁、无缝对接的成功，探索了冻土搬迁的新方法。由于是冻土条件，机械碾压、人员活动等对土壤影响较小；切割规整，土块不散；安装方便，无缝对接；冬季施工，不影响作物生长。

第二节　试验搬迁对土壤物理性质的影响

国内学者已经在各种土壤上研究了长期施肥对土壤物理性质的影响。对栗褐土（王改兰等，2006）、红壤（赖庆旺等，1992）的研究表明，长期施用化肥导致土壤物理性质恶化；而对黄潮土（龚伟等，2009）、棕壤（杨果等，2007）的研究表明，长期施用化肥使土壤物理性质得到改善。这可能是土壤肥力基础、施肥水平以及作物生长状况不同造成的。吉林黑土长期定位试验的结果显示，单施化肥能提高作物产量，但土体变紧实，土壤孔隙性、结构性较差，作物生长的物理环境有恶化的趋势；而有机肥化肥配合施用土壤有机质呈增加趋势，有利于土壤物理环境的改善，使土体疏松、孔隙分布合理、通透性好，土表温度、微形态均有改善（孙宏德等，1993）。有机肥与化肥配施可以降低土壤容重，提高土壤田间持水量，因此有机肥与化肥配施可以改善砂姜黑土不良物理性状，提高土壤肥力水平（王道中等，2015）。在潮土上的研究结果显示，与单施化肥相比，施有机肥的土壤总孔隙度、有效水含量、透水性、饱和导水率均较高，土壤持水性较好，表土硬度较低，改善了土壤物理性状，为提高作物水分利用效率和实施节水农业奠定了较好的土壤条件（王慎强等，2001）。长期不同施肥处理对塿土团聚体胶结剂有显著影响，有机肥的大量施用能够降低土壤中碳酸钙含量以及菌丝密度，有降低团聚体平均重量直径的趋势（薛彦飞等，2015）。可见，有机肥对土壤物理性质的作用效果优于化肥。然而，在搬迁条件下土壤物理性质有何改变？目前国内没有相关报道。开展哈尔滨黑土肥力长期定位试验搬迁对土壤物理性质的影响，在理论上可以丰富黑土肥力演变特征及其机制，也为长期定位试验搬迁方法的建立、科学评价及其土壤可持续利用、管理提供科学依据。

一、试验搬迁对土壤三相比的影响

土壤三相比可反映土壤的松紧程度、充水和充气程度以及水气容量等，也是衡量农田土壤物理性状的重要指标。土壤三相比理想状态是 50：30：20。固相率高于 55%，气相率低于 10%，则妨碍作物根系下扎，抑制好气微生物的活动。从图 4-1 可以看出，2010 年各处理的固相率 0~20 cm 和 20~40 cm 土层均为 51%~58%，变化不大；M 处理 20~40 cm、NPK 处理 0~20 cm、20~40 cm 土层气相率较高，均在 24%以上，M 处理 20~40 cm 土层最高，达到 30%。

搬迁后的几年，20~40 cm 土层固相率均高于 0~20 cm 土层，尤其是 2011 年和 2014 年，均为 53%~64%。2011 年各处理的液相率较低，气相率均在 20%以上，CK、M、NPK 处理 0~20 cm 土层气相率高达 30%，说明搬迁第 1 年各个处理表层土壤疏松，通气、保水程度有变化；在随后的几年，液相率变化不大，固相率与气相率呈负相关关系；2015 年各处理固相率有所降低，为 32%~50%，M 处理 0~20 cm 土层固相率为 32%、气相率为 37%，可能是人为耕作引起的误差。试验各处理的表层，每年都会进行耕翻处理，所以土壤的三相比受耕作方式的影响较大，土壤搬迁对其的影响应是很小的。

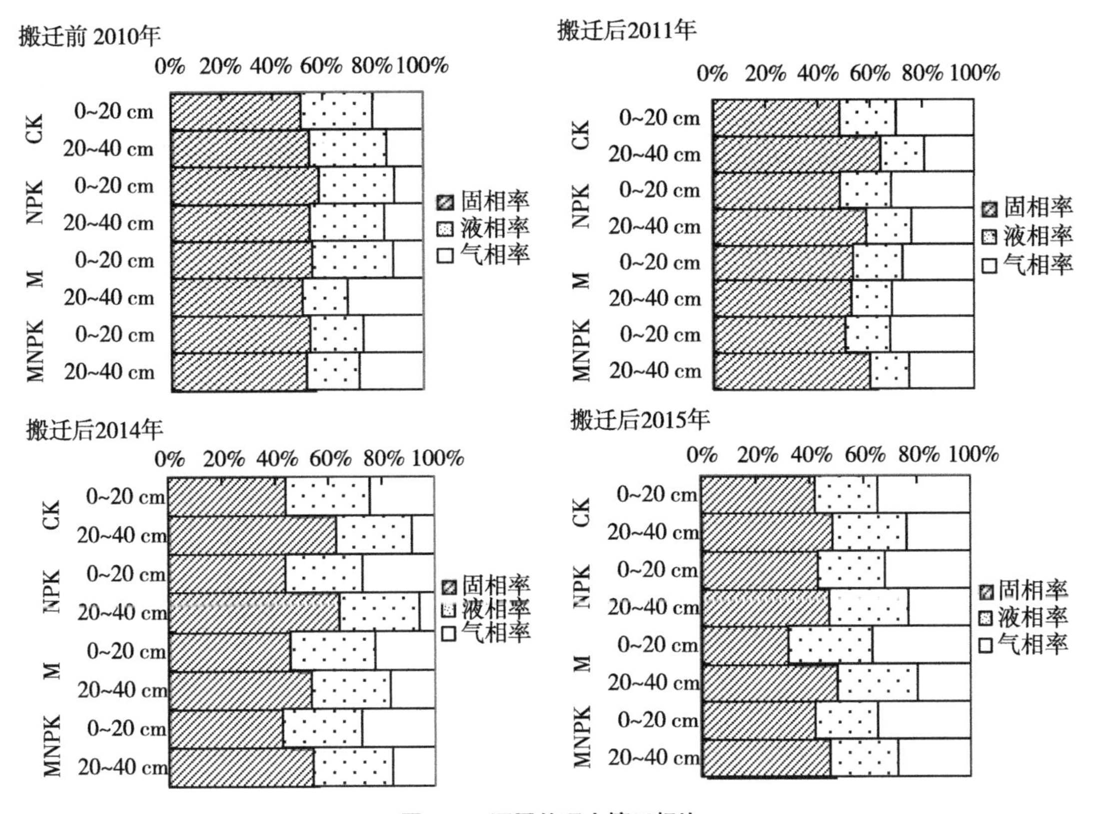

图 4-1　不同处理土壤三相比

二、试验搬迁对土壤容重的影响

如图 4-2 所示，搬迁后各处理 0~20 cm 土层容重有降低的趋势，20~40 cm 土层变化不明显。对比各个年度的土壤容重，20~40 cm 土层的容重均高于 0~20 cm 土层。CK 处理 0~20 cm 土层容重搬迁前略高于搬迁后；20~40 cm 土层容重以 2014 年最高，其他年份间无明显差异。0~20 cm 土层容重的变异系数由搬迁前的 8.0%下降到 5.3%~7.6%，20~40 cm 土层容重的变异系数由搬迁前的 2.5%变化至 1.5%~3.1%。

M 处理 0~20 cm 土层容重表现为除了搬迁前高于 20~40 cm 土层外，其他年份均为 20~40 cm 土层的容重大于 0~20 cm 土层，0~20 cm 土层容重的变异系数搬迁后增加了 6.3%，20~40 cm 土层容重搬迁前后的变异系数变化很小。

MNPK 处理 0~20 cm 土层的容重表现为搬迁后逐渐降低，到 2015 年容重比 2010 年下降 0.44 g/cm^3，其变异系数变化较大，由搬迁前的 2.4%增加到了 8.2%~15.7%，以 2015 年的变异系数较大；20~40 cm 土层容重呈现逐渐升高的趋势，2015 年比 2010 年高 0.13 g/cm^3，其变异系数从 2.9%增加到 6.4%。

NPK 处理 0~20 cm 土层的容重也呈现逐年降低的趋势，2015 年比 2010 年下降了 0.29 g/cm^3，其变异系数为 3.9%~11.2%；20~40 cm 土层的容重变化不大，为 1.3 g/cm^{3}左右，其变异系数为 5.0%~15.6%。其中，2010 年和 2014 年变异系数在 5.0%左右，而 2011 年和 2015 年的变异系数在 15.5%左右，20~40 cm 土层搬迁后容重

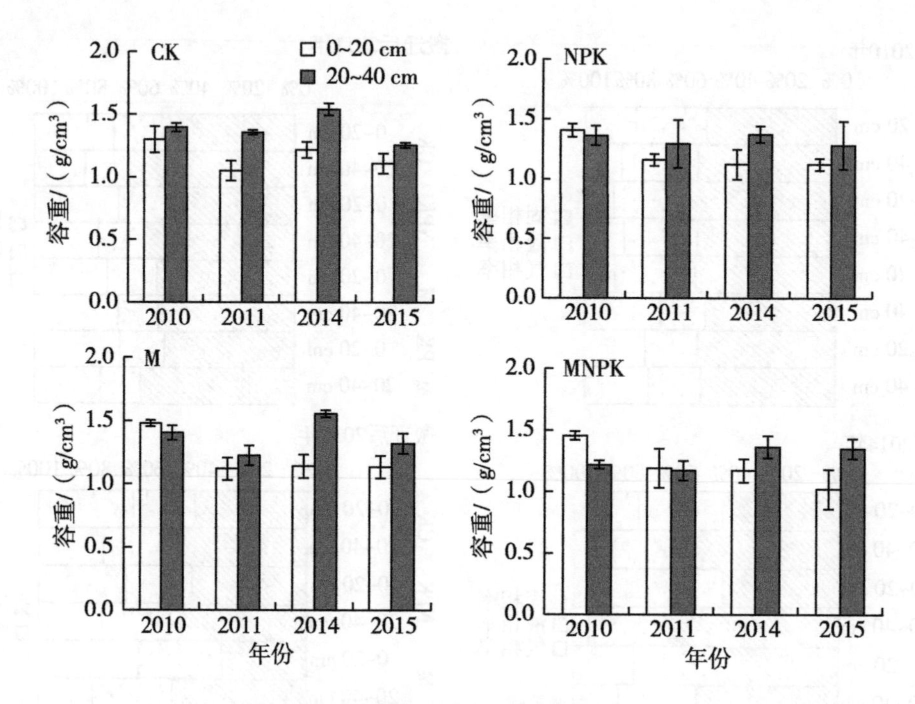

图 4-2　搬迁前后土壤容重变化

的平均变异系数为 12.0%。

搬迁后各处理容重的普遍规律为 20~40 cm 土层容重高于 0~20 cm 土层，而且 0~20 cm 土层的容重随着时间的延长呈现逐渐降低的趋势，整体的变异系数为 1.5%~15.7%。搬迁前容重的整体变异系数为 1.7%~8.0%，均值为 3.9%，搬迁后的变异系数为 1.5%~15.7%，均值为 7.4%，变异系数增加。

三、试验搬迁对土壤孔隙度的影响

从图 4-3 可以看出，不同处理的土壤孔隙度搬迁后比搬迁前略有降低，均表现为 0~20 cm 土层土壤孔隙度高于 20~40 cm 土层，平均高出 5%。MNPK 处理的土壤孔隙度最大，在 50.5%左右。可见，有机肥与化肥配合施用有整体改善下层土壤通气状况

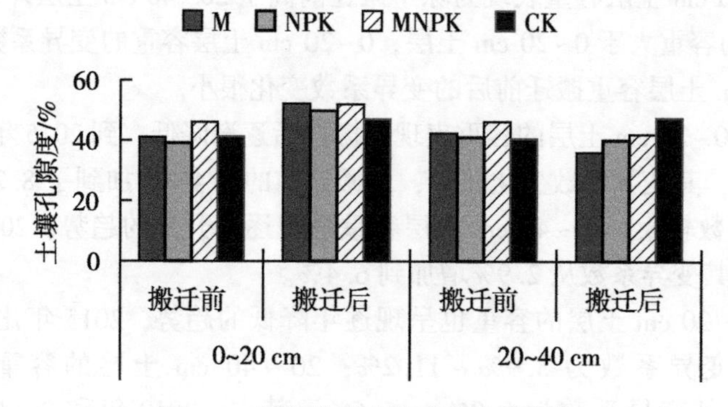

图 4-3　搬迁前后土壤孔隙度的变化

的趋势。搬迁前土壤孔隙度的变异系数为2.5%~11.3%，均值为7.5%；搬迁后土壤孔隙度的变异系数为0.5%~15.2%，均值为5.6%，表明搬迁后土壤孔隙度的变异系数降低。

四、试验搬迁对土壤田间持水量的影响

从图4-4可以看出，0~20 cm土层田间持水量搬迁后整体有增加的趋势，20~40 cm土层有升高、降低、再升高的趋势。CK处理0~20 cm土层田间持水量搬迁后比搬迁前增加6.55%~17.03%，而20~40 cm土层田间持水量2014年降为22.3%，变异系数较大，为24.5%，2015年又升为37.0%。M处理的2个土层田间持水量均呈随着年限的增加而增加的趋势，0~20 cm土层平均增加15.8%，20~40 cm土层平均增加4.5%；MNPK处理0~20 cm土层田间持水量搬迁后比搬迁前平均升高15.4%，20~40 cm土层平均降低3.3%；NPK处理0~20 cm土层田间持水量搬迁后比搬迁前平均升高9.6%，20~40 cm土层平均升高1.0%。纵观2014年的土壤田间持水量，CK和NPK处理的变异系数较大（24.5%和39.4%），这可能是取样误差造成的，但总体而言2个处理的土壤田间持水量波动较大，不如施用有机肥的处理稳定。

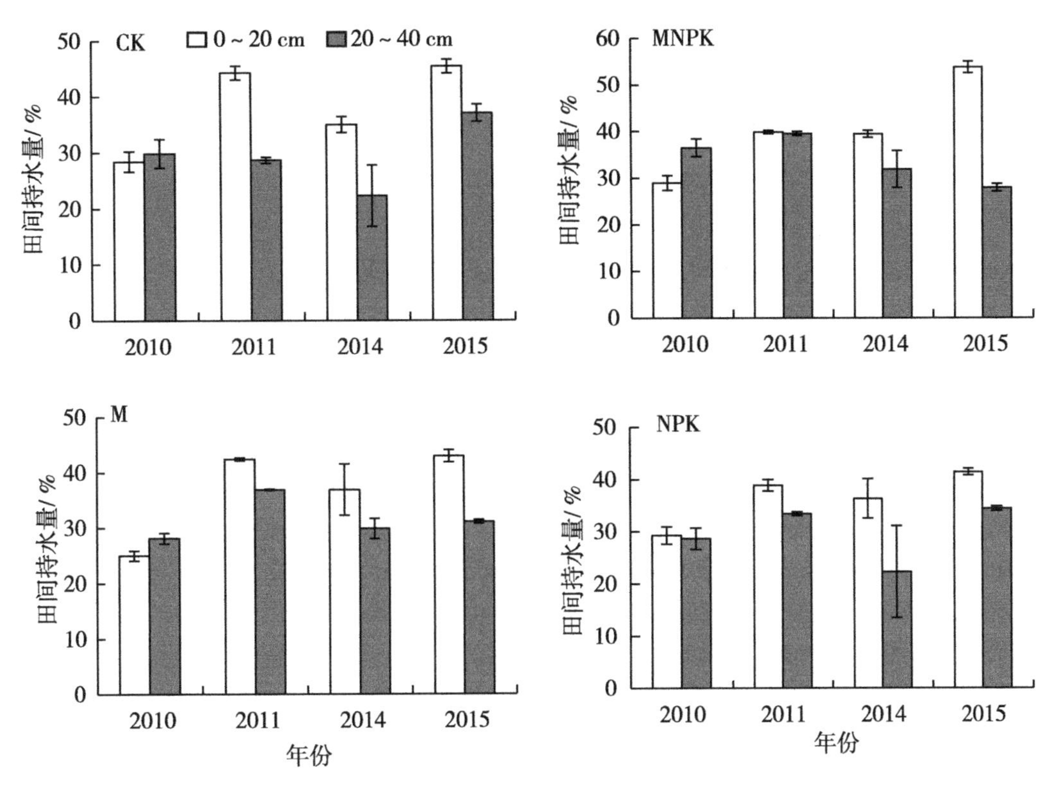

图4-4 搬迁前后土壤田间持水量的变化

五、试验搬迁对土壤饱和导水率的影响

土壤饱和导水率是指在土壤水饱和时，在单位水势梯度下单位时间内通过单位面积

的水量，它是土壤质地、容重、孔隙分布特征的函数。不同年份各处理间饱和导水率差别很大（图 4-5），对比搬迁前（2010 年）和搬迁后（2015 年）两年的数值，搬迁前各处理的饱和导水率为（9.1~19.1）×10^3 cm/min，其数值均表现为 20~40 cm 土层高于 0~20 cm 土层；2015 年各处理的饱和导水率差异较大，对照的 0~20 cm、20~40 cm 土层数值均较高，达到 40×10^3 cm/min，M 处理上下土层均很低，在 10×10^3 cm/min 以下。饱和导水率受土壤质地、容重、孔隙分布以及有机质含量等的影响，其中孔隙分布特征对土壤饱和导水率的影响最大。结合图 4-1 和图 4-3 来看，2015 年各处理的土壤孔隙度均较高，所以其饱和导水率也相应地变高。

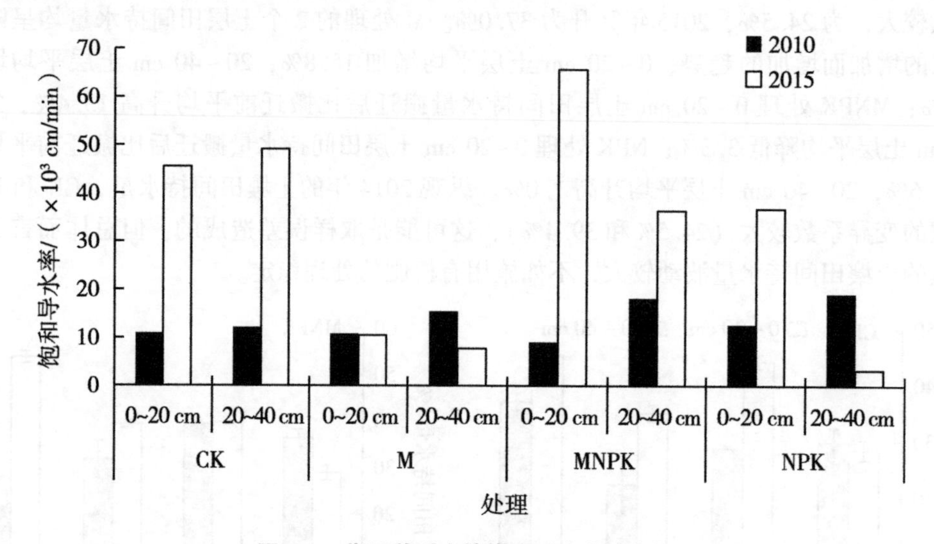

图 4-5　搬迁前后土壤饱和导水率的变化

六、试验搬迁对土壤微结构的影响

土壤结构是土壤水、气等储存和运输的场所。定量获取土壤内部结构信息，是认识土壤水、气运动规律，进而准确模拟和预测土壤各种物理过程的前提。然而，由于土壤组成物质的复杂性以及土壤结构的易破碎性，直接研究土壤结构非常困难。断层扫描技术能够结合数字图像处理技术定量研究土壤结构，被广泛应用于土壤科学中。相比于普通的医用 CT，显微 CT 技术具有获取快速、成像对比度强、分辨率高的优点，能够捕获到更多的细节特征，因而更适用于团聚体尺度微结构的研究。

在图像分析前，选取土柱样品未受扰动的中心部分，通过图像增强、去噪和分割等手段，获取孔隙分布的情况。图 4-6 是选取的二维和三维照片中的一张，白色部分是土柱剖面上的孔隙，20 cm 处土壤大孔隙较多，孔隙数量较少，而 40 cm 处土壤呈明显的复杂多孔隙，且中小孔隙数量多于大孔隙。搬迁土接缝处与土体中心处土壤微结构差异不大，说明土块搬迁对孔隙的影响不大。

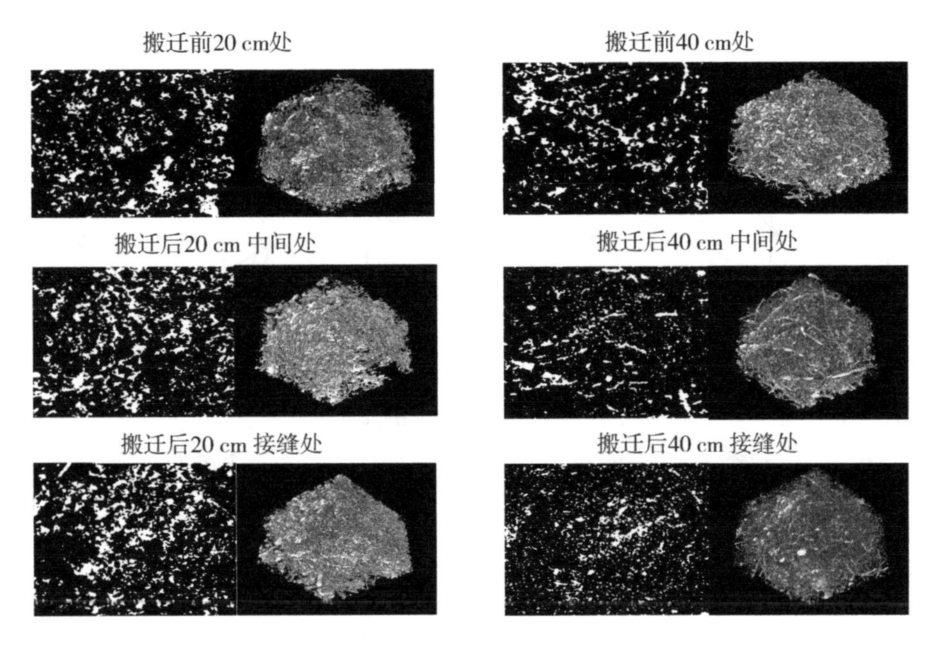

图 4-6 土壤微结构

七、试验搬迁对土壤粒径分布的影响

虽然采用了原状冻土搬迁，并在搬迁过程中尽量保证土块的完整，但搬迁的确对土壤造成了扰动，因此调查了长期定位试验原址和新址土壤的粒径分布，比较土壤搬迁后与新址土壤的融合状况。

选择搬迁前的对照土壤（2010 年）、搬迁后的对照土壤（2015 年）与新址土壤（民主乡当地）的 5 个剖面层次（0~20 cm、20~40 cm、40~60 cm、60~80 cm、80~100 cm）进行比较。图 4-7 显示，0~20 cm 土层，搬迁前对照土壤比新址土壤粗砂多 3.4 个百分点、细砂少 3.2 个百分点；20~40 cm 土层，搬迁前对照土壤比新址土壤粗砂多 1.2 个百分点、细砂少 3.2 个百分点、粉粒多 0.4 个百分点、黏粒多 1.0 个百分点；40~60 cm 土层，搬迁前对照土壤比新址土壤粗砂多 1.5 个百分点、细砂多 3.5 个百分点、粉粒少 4.1 个百分点、黏粒少 1.0 个百分点；60~80 cm 土层，搬迁前对照土壤比新址土壤细砂多 10.4 个百分点、粉粒少 10.4 个百分点；80~100 cm 土层，搬迁前对照土壤比新址土壤粗砂少 0.7 个百分点、细砂多 1.1 个百分点、粉粒少 2.0 个百分点、黏粒多 1.6 个百分点。长期定试验位新址土壤的粒径组成和原址土壤除了 60~80 cm 土层细砂黏粒之间有 10 个百分点的差异外，其他层次和组成间均没有较大的变化。

对比搬迁前后土壤母质各剖面的粒径分级，各土层均无明显变化，0~20 cm 土层，搬迁前比搬迁后细砂少 2.7 个百分点、粉粒多 2.6 个百分点；20~40 cm 土层，搬迁前比搬迁后粗砂多 4.5 个百分点、细砂少 6.6 个百分点；80~100 cm 土层，搬迁前比搬迁后粗砂少 4.7 个百分点、细砂多 2.5 个百分点、黏粒多 1.8 个百分点。说明土壤的粒径组成并没有因为土壤的搬迁而受到影响，与民主乡当地的土壤之间也基本没有差别，搬迁对土壤剖面的粒径分布没有影响。

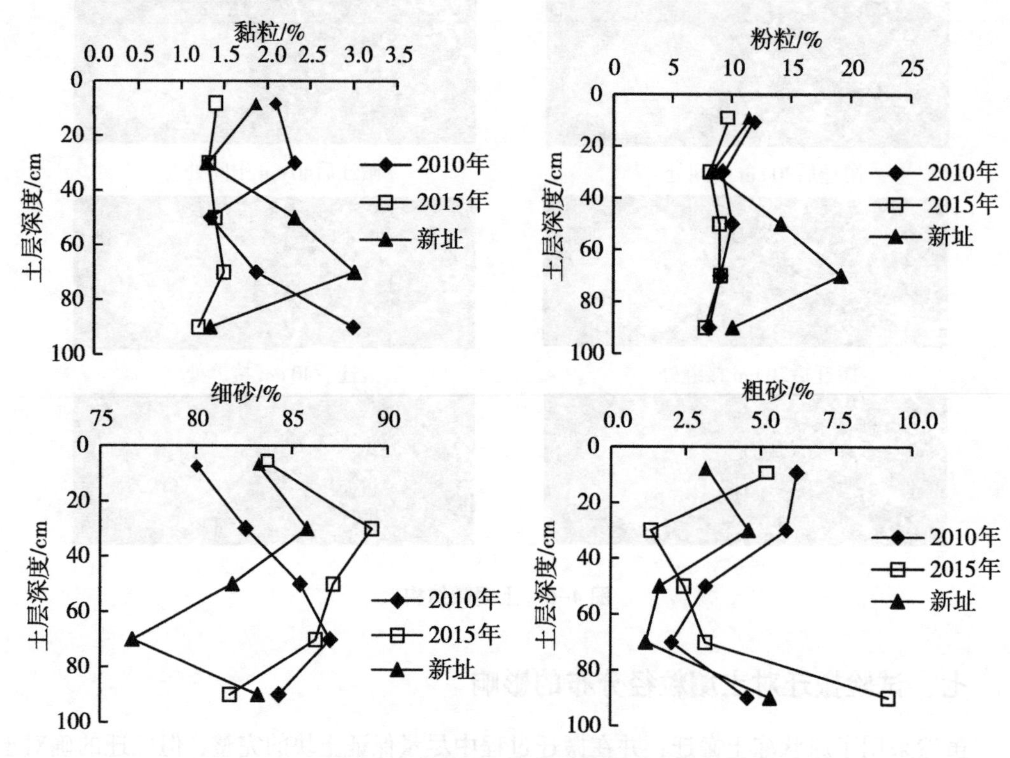

图 4-7 不同年份土壤剖面粒径分布

八、试验搬迁对土块接缝处土壤物理性质的影响

长期定位试验采用冻土搬迁，以 1 m^3 为搬迁单位，本试验以 1 个土块为代表，选择土块的接缝处和中心处土壤，比较土壤搬迁后整个土块结构的整合情况。首先，在 0~20 cm 土层，接缝处与中心处的三相比差别不大（图 4-8），这主要是因为每年都进行翻耕整地，使得土块与土块间整合完好。在 20~40 cm 土层，土壤的固相率均有所提高，在土块接缝处和土块中间无明显差异。其他层次土壤均无明显差别，故没有一一列出。

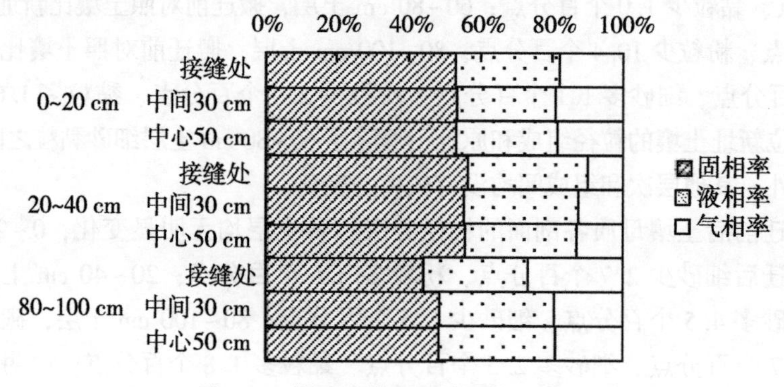

图 4-8 搬迁土块不同位置的三相比

从剖面底部 80～100 cm 土层发现，接缝处土壤松散。从土壤颜色上看，黑色与黄色交叉，这是表层的黑土散落到母质层并与母质混合的表现。如图 4-9 所示，这个层次的田间持水量为 36.1%，容重下降到了 1.22 g/cm^3。这可能是由于深层次土壤没有受到人为扰动，土块与土块之间的整合较慢，接缝处的土壤还处于疏松状态。如果想要将土块间更好地融合，4 a 时间是不够的，还需要更多年。

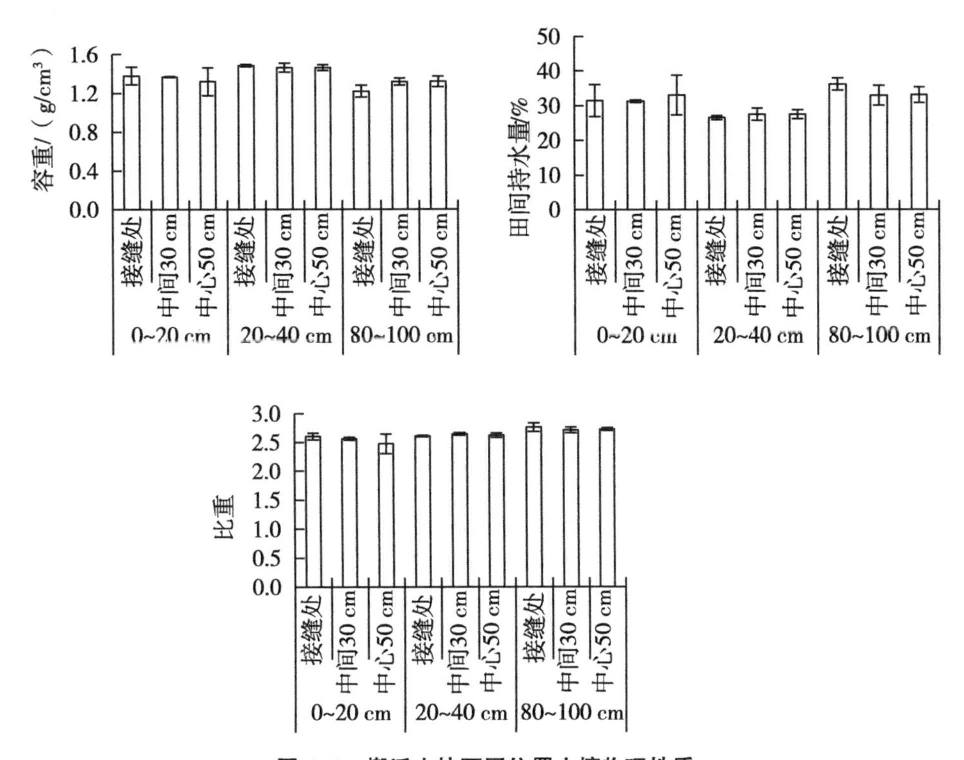

图 4-9　搬迁土块不同位置土壤物理性质

对于田间持水量，接缝处和中间 30 cm、中心 50 cm 处的数值差异不大，从剖面上看，0～20 cm 土层（31.9%）高于 20～40 cm 土层（27.2%），2 个土层间土块中心 50 cm 处的田间持水量略高于接缝处与中间 30 cm 处；80～100 cm 土层的田间持水量有所增加（36.1%）。0～20 cm 土层田间持水量的变异系数明显高于其他层次，这说明表层土受气候及人为扰动的波动较大。土块中心 50 cm 处的田间持水量比接缝处高 5%，容重低 4%，这是由于土壤搬迁后，试验地每年都进行秋整地和春季起垄，不同土块间的表层土壤已经混匀，接缝处土壤紧实度变化已不明显。对比层次间的变异系数，无论是田间持水量还是容重，0～20 cm 接缝处和中心 50 cm 处变化较大，中间 30 cm 处变化较小（表 4-1）；比重变异系数较小，除 0～20 cm 土层中心 50 cm 处外其他变异系数均小于 4%。

表 4-1 不同层次间各物理指标的变异系数 单位：%

土层深度	位置	田间持水量	容重	比重
0~20 cm	接缝处	14.66	6.59	2.29
	中间 30 cm	1.06	0.38	0.94
	中心 50 cm	17.26	10.95	6.79
20~40 cm	接缝处	2.37	0.14	0.52
	中间 30 cm	6.29	3.16	0.83
	中心 50 cm	4.63	2.10	1.41
80~100 cm	接缝处	4.84	4.99	2.75
	中间 30 cm	8.68	2.74	1.75
	中心 50 cm	6.78	4.03	0.86

九、小结

虽然是原状土冻土搬迁，但其对土壤物理性质也有一定的影响。选取土壤三相比、容重、孔隙度和饱和导水率等来评价土壤物理性质的变化虽有一定的局限性，但从土壤结构角度出发，这些指标可以反映土壤物理性状的变化趋势。

搬迁前（2010 年）各处理上下两层（0~20 cm 和 20~40 cm）的固相率差别较小，而搬迁后（2011—2015 年）各处理均表现出 20~40 cm 土层固相率高于 0~20 cm 土层，尤其是 2011 年和 2014 年，为 53%~64%。2011 年各处理的液相率较低，气相率均在 20%以上，CK、M、NPK 处理 0~20 cm 土层气相率高达 30%，随后的几年，液相率变化不大，波动变化体现在固相率与气相率的负相关关系上。同时，土壤搬迁后各处理 20~40 cm 土层较 0~20 cm 土层呈现容重升高、孔隙度降低、田间持水量降低的特性。容重的变异系数搬迁后比搬迁前平均增加 3.5%，田间持水量搬迁前后平均变异系数基本没变。

搬迁前后土壤各剖面层次的粒径分布均无明显变化，0~20 cm 土层，搬迁前比搬迁后细砂少 2.7 个百分点、粉粒多 2.6 个百分点；20~40 cm 土层，搬迁前比搬迁后粗砂多 4.5 个百分点、细砂少 6.6 个百分点；80~100 cm 土层，搬迁前比搬迁后粗砂少 4.7 个百分点、细砂多 2.5 个百分点、黏粒多 1.8 个百分点。这说明土壤的粒径组成并没有受到土壤搬迁的影响，与民主乡当地的土壤之间也基本没有差别，搬迁对于土壤剖面的粒径分布没有影响。

关于土壤搬迁后整个土体结构的整合情况，从剖面底部 80~100 cm 处发现，接缝处土壤松散；从土壤颜色上看，黑色与黄色交叉，这是表层的黑土散落到母质层，并与母质混合的表现。这个层次的田间持水量达到了 36.1%，容重下降到了 1.22 g/cm^3。这可能是因为深层次土壤没有受到人为扰动，土块与土块之间的整合较慢，接缝处的土壤还处于疏松状态。如果想要将土块间更好地融合，可能 4 a 时间还是不够的。试验地每年都进行秋季整地和春季起垄，不同土块间的表层土壤已经混匀，接缝处的土壤紧实度变化已不明显。对比层次间的变异系数，无论是田间持水量还是容重，0~20 cm 接缝处和中心 50 cm 处变化较大，中间 30 cm 处变化较小，这说明表层土壤存在较大的变异性。

综上，土壤搬迁后土壤容重等物理性质较搬迁前有小的波动，变异系数小于 3.5%；土壤剖面的粒径分布没有受到影响；不同土块间的表层土壤受耕作的影响已经融合，接缝处的土壤紧实度变化已不明显；但在剖面底部 80~100 cm 土层接缝处的土壤松散，说明土块下层间的融合还需要一定的时间。

第三节　长期定位试验搬迁后土壤养分变化

土壤肥力是指土壤能供应与协调植物正常生长发育所需的水、肥、气、热的能力，是土壤各种基本性质的综合表现。土壤肥力受人为活动影响巨大，利用方式、肥水管理方式决定土壤肥力的走向。土壤肥力是土壤学研究的热点，人们试图找到既可以合理利用土壤资源，又能保持和提高土壤肥力的方法，从而使土壤资源实现可持续利用。长期定位试验是土壤学研究的重要手段，通过长期定位试验，能够系统地研究土壤肥力演变和肥效变化规律，科学地评价施肥技术体系的效应；同时，长期定位试验具有准确可靠的数据积累，提供的信息量大，可为农田养分可持续利用提供科学的决策依据。然而目前在长期定位试验搬迁后土壤养分如何变化还不是很清楚。因此，开展哈尔滨黑土肥力长期定位试验搬迁对土壤化学性质的影响，在理论上可以丰富黑土长期定位试验肥力演变特征及其机制，也为其他长期定位试验搬迁方法的建立、搬迁的科学评价及其土壤持续利用、管理提供科学依据。

一、试验搬迁对土壤有机碳的影响

由表 4-2 可以看出，土壤搬迁前 M、MNPK、NPK 处理 0~20 cm 土层有机碳含量比 20~40 cm 土层高，施入有机肥的处理（M、MNPK）有机碳含量高于其他处理；搬迁 1 a 后取样，各个处理 0~20 cm 和 20~40 cm 土层的有机碳含量相当，为 13.0~14.6 g/kg，施入有机肥的处理（M、MNPK）有机碳含量仍然高于其他处理，且长期定位试验的土壤有机碳含量高于民主乡当地土壤（CK2）。

表 4-2　搬迁前后各处理的有机碳　　单位：g/kg

时间	土层深度	CK	M	MNPK	NPK	CK2
2010 年 11 月（搬迁前）	0~20 cm	15.41	17.24	16.35	15.12	—
	20~40 cm	15.58	11.98	12.08	13.21	—
2011 年 10 月（搬迁后）	0~20 cm	13.16	14.58	13.82	14.64	12.98
	20~40 cm	13.05	14.01	13.92	14.03	13.64
2014 年 10 月	0~20 cm	14.27	15.89	14.10	16.13	17.46
	20~40 cm	14.04	13.05	12.59	12.06	11.95

注：CK2 为民主乡当地土壤。

二、试验搬迁对土壤 pH 的影响

搬迁前后土壤 pH 的变化不大（表 4-3），搬迁后的土壤 pH 略微有些降低。搬迁前 CK 处理的土壤 pH 最高，在 7.2 左右，施有机肥处理次之，为 7.1~7.3，NPK 处理最低，为 6.7~7.3，而搬迁 1 a 后，M 处理的土壤 pH 最高，在 7.2 左右，NPK 处理最低，在 6.5 以下，而民主乡当地土壤 pH 在 6.8 左右，低于 CK 处理。

表 4-3　搬迁前后各处理的土壤 pH

时间	土层深度	CK	M	MNPK	NPK	CK2
2010 年 11 月（搬迁前）	0~20 cm	7.24	7.10	6.86	6.68	—
	20~40 cm	7.27	7.29	7.12	7.28	—
2011 年 10 月（搬迁后）	0~20 cm	7.12	7.20	6.86	6.36	6.82
	20~40 cm	7.13	7.23	6.70	6.53	6.82
2014 年 10 月	0~20 cm	6.56	6.57	6.15	5.48	6.49
	20~40 cm	6.58	6.83	6.68	6.73	7.36

注：CK2 为民主乡当地土壤。

三、试验搬迁对土壤速效养分的影响

搬迁前后土壤有效磷的变化不同处理表现不同（表 4-4）。搬迁前 CK 处理土壤有效磷含量 0~20 cm 土层和 20~ 40 cm 土层相近，为 16.19~17.51 mg/kg，M、MNPK、NPK 处理 0~20 cm 土层有效磷含量明显高于 20~40 cm 土层，高 6.51~33.76 mg/kg；搬迁后 2011 年 CK、M 和 NPK 处理 0~20 cm 土层有效磷含量高于 20~40 cm 土层，高 2.21~10.23 mg/kg，MNPK 处理 20~40 cm 土层有效磷含量比 0~20 cm 土层高 2.57 mg/kg；搬迁前后 MNPK 处理土壤有效磷含量均高于其他处理，M 处理 0~20 cm 和 20~40 cm 土层有效磷含量搬迁前高于搬迁后，民主乡当地土壤（CK2）有效磷含量与搬迁前相当，比搬迁后 CK 处理土壤有效磷含量高。

表 4-4　搬迁前后各处理的土壤有效磷含量　　单位：mg/kg

时间	土层深度	CK	M	MNPK	NPK	CK2
2010 年 11 月（搬迁前）	0~20 cm	17.51	21.26	50.47	41.83	—
	20~40 cm	16.19	14.75	16.71	14.46	—
2011 年 10 月（搬迁后）	0~20 cm	12.33	12.00	47.76	54.96	16.13
	20~40 cm	8.12	9.79	50.33	44.73	15.36
2014 年 10 月	0~20 cm	5.73	19.01	91.60	15.80	55.88
	20~40 cm	2.98	9.39	48.55	20.61	10.08

注：CK2 为民主乡当地土壤。

如表 4-5 所示，搬迁前 CK 处理 0~20 cm 土层速效钾含量为 206.96 mg/kg，低于同层次其他处理，20~40 cm 土层速效钾含量为 215.23 mg/kg，同样也低于同层次其他处理；M 处理土壤速效钾含量最高，0~20 cm 和 20~40 cm 土层分别达到了 253.90 mg/kg 和 245.73 mg/kg，MNPK 和 NPK 处理土壤速效钾含量稍低。2011 年 CK2 土壤速效钾含量 0~20 cm 土层为 285.95 mg/kg，20~40 cm 土层为 253.90 mg/kg，高于搬迁后土壤的同层次其他处理。土壤搬迁后，各处理土壤速效钾含量变化不大，在保持不变的基础上略有上升。

土壤搬迁前后土壤碱解氮含量差异较大（表 4-6），搬迁前各处理碱解氮含量为 33.12~56.35 mg/kg，而搬迁后 2011 年各处理碱解氮含量有所提升，为 63.91~77.01 mg/kg，民主乡当地土壤（CK2）碱解氮含量在 40 mg/kg 以上，搬迁后各处理土壤碱解氮含量有所增加。

表 4-5　搬迁前后各处理的土壤速效钾含量　　单位：mg/kg

时间	土层深度	CK	M	MNPK	NPK	CK2
2010 年 11 月（搬迁前）	0~20 cm	206.96	253.90	217.14	225.83	—
	20~40 cm	215.23	245.73	231.22	217.54	—
2011 年 10 月（搬迁后）	0~20 cm	238.35	235.82	245.58	225.44	285.95
	20~40 cm	245.01	242.25	254.75	216.26	253.90
2014 年 10 月	0~20 cm	169.00	178.00	185.00	181.00	182.00
	20~40 cm	146.00	152.00	156.00	148.00	150.00

注：CK2 为民主乡当地土壤。

表 4-6　搬迁前后各处理的土壤碱解氮含量　　单位：mg/kg

时间	土层深度	CK	M	MNPK	NPK	CK2
2010 年 11 月（搬迁前）	0~20 cm	49.72	51.38	44.75	56.35	—
	20~40 cm	44.72	53.03	33.12	43.03	—
2011 年 10 月（搬迁后）	0~20 cm	63.91	73.75	70.68	70.38	46.30
	20~40 cm	77.01	75.46	74.25	71.21	41.44
2014 年 10 月	0~20 cm	98.00	105.00	98.00	119.00	93.10
	20~40 cm	88.90	70.70	68.60	98.00	68.60

注：CK2 为民主乡当地土壤。

四、试验搬迁对土壤全量养分的影响

土壤搬迁前后土壤全磷含量差异不大（表 4-7），搬迁前各处理全磷含量均在 0.1 g/kg 左右，而搬迁后各处理全磷含量有所提升，为 0.1~0.2 g/kg，搬迁后各处理土壤全磷含量均高于民主乡当地土壤（CK2）。土壤搬迁后各处理土壤全磷含量在保持不变的基础上略有上升。

表 4-7 搬迁前后各处理的土壤全磷含量 单位：g/kg

时间	土层深度	CK	M	MNPK	NPK	CK2
2010 年 11 月（搬迁前）	0~20 cm	0.11	0.13	0.14	0.14	—
	20~40 cm	0.14	0.14	0.09	0.15	—
2011 年 10 月（搬迁后）	0~20 cm	0.14	0.13	0.17	0.19	0.13
	20~40 cm	0.14	0.12	0.17	0.16	0.13
2014 年 10 月	0~20 cm	0.44	0.52	0.55	0.70	0.57
	20~40 cm	0.43	0.41	0.47	0.45	0.42

注：CK2 为民主乡当地土壤。

土壤搬迁前后土壤全钾含量差异不大（表 4-8），搬迁前各处理土壤全钾含量为 24.89~27.46 g/kg，而搬迁 1 a 后各处理土壤全钾含量为 26.32~27.16 g/kg，搬迁后土壤各处理 0~20 cm 土层土壤全钾含量均高于民主乡当地土壤（CK2）。土壤搬迁后各处理土壤全钾含量基本保持不变。

表 4-8 搬迁前后各处理的土壤全钾含量 单位：g/kg

时间	土层深度	CK	M	MNPK	NPK	CK2
2010 年 11 月（搬迁前）	0~20 cm	27.46	27.23	27.38	26.89	—
	20~40 cm	26.97	26.39	24.89	26.75	—
2011 年 10 月（搬迁后）	0~20 cm	27.03	27.16	26.32	27.10	25.91
	20~40 cm	26.96	26.66	26.98	26.96	27.15
2014 年 10 月	0~20 cm	23.70	25.20	25.10	24.60	25.80
	20~40 cm	24.60	24.20	24.30	24.50	24.90

注：CK2 为民主乡当地土壤。

土壤搬迁前后土壤全氮含量差异不大（表 4-9），搬迁前各处理土壤全氮含量为 1.42~2.61 g/kg，而搬迁 1 a 后各处理土壤全氮含量为 1.54~2.48 g/kg，土壤搬迁后各处理土壤全氮含量基本保持不变。

表 4-9 搬迁前后各处理的土壤全氮含量 单位：g/kg

时间	土层深度	CK	M	MNPK	NPK	CK2
2010 年 11 月（搬迁前）	0~20 cm	2.34	2.33	2.61	2.36	—
	20~40 cm	2.11	1.42	1.75	1.86	—
2011 年 10 月（搬迁后）	0~20 cm	2.48	2.23	1.54	1.67	1.88
	20~40 cm	2.38	1.93	1.62	1.83	1.79
2014 年 10 月	0~20 cm	1.61	1.55	1.34	1.69	1.46
	20~40 cm	1.38	1.16	1.20	1.24	1.28

注：CK2 为民主乡当地土壤。

五、试验搬迁对土壤微生物量碳含量的影响

如图 4-10 所示，搬迁前后各处理 0~20 cm 土层土壤微生物量碳均明显高于 20~40 cm 土层。在 2 个土层中各处理土壤微生物量碳几乎都呈 MNPK>M>NPK>CK 的趋势，其中 20~40 cm 土层 M 和 MNPK 处理土壤微生物量碳含量较接近。另外，通过比较各处理搬迁前后土壤微生物量碳含量可得，除搬迁后 2013 年 0~20 cm 土层 CK 处理土壤微生物量碳含量较高外，搬迁前 2010 年和搬迁后 2013 年各处理在 2 个土层中土壤微生物量碳含量较为接近，搬迁后 2011 年和 2012 年各处理在 2 个土层中均高于其他 3 年。

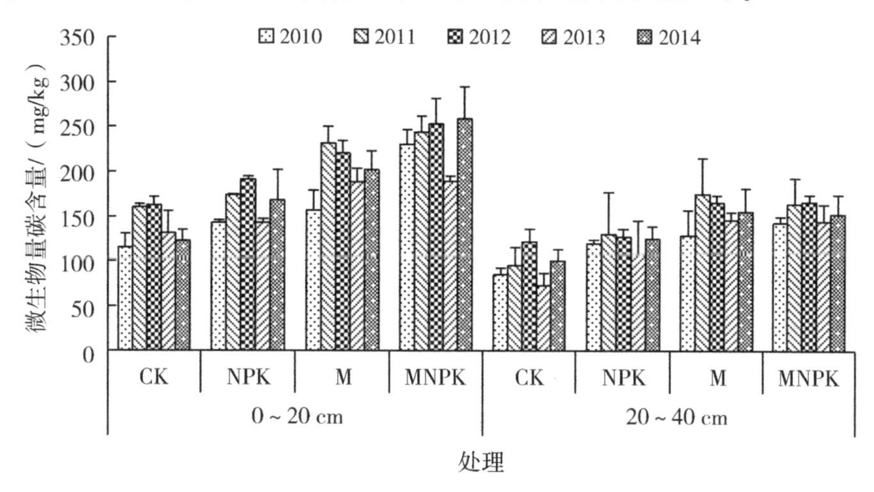

图 4-10　搬迁前后土壤微生物量碳含量

六、试验搬迁对土壤微生物量氮含量的影响

如图 4-11 所示，搬迁前后各处理 0~20 cm 土层土壤微生物量氮均明显高于 20~40 cm 土层。在 2 个土层中，除搬迁后 2011 年 0~20 cm 土层 MNPK 处理土壤微生物量

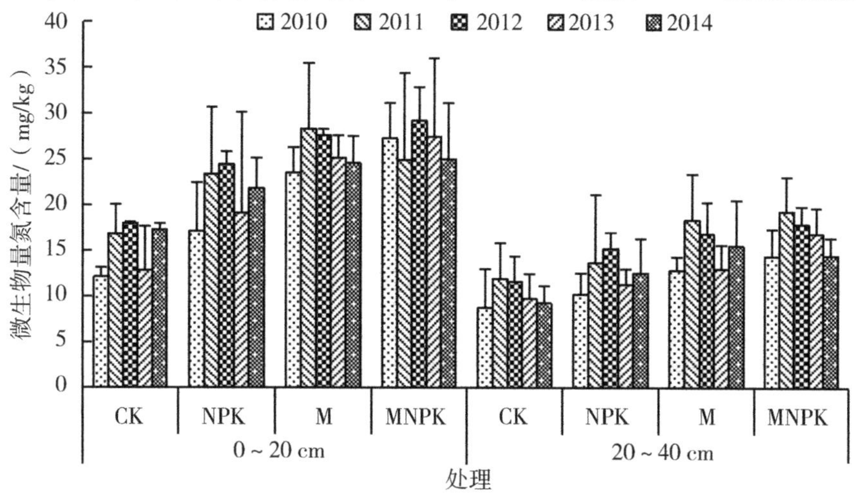

图 4-11　搬迁前后土壤微生物量氮含量

氮含量较低外，各处理土壤微生物量氮都呈 MNPK>M>NPK>CK 的趋势。另外，通过比较各处理搬迁前后土壤微生物量氮含量可得，搬迁后 2011 年和 2012 年各处理在 2 个土层中均高于其他 3 年，搬迁前 2010 年和搬迁后 2013 年各处理在 2 个土层中土壤微生物量氮含量较为接近。

七、试验搬迁后土壤微生物量碳、氮与土壤理化性质的相关性分析

土壤微生物量与土壤碳、氮等循环密切相关，其变化可直接或间接反映土壤肥力变化，通过土壤微生物量来间接反映土壤质量情况是近年来研究的热点之一。

从表 4-10、表 4-11 可以看出，微生物量碳、氮与土壤含水量、孔隙度和田间持水量呈正相关关系，与土壤容重呈负相关关系，但均不显著。土壤微生物及其活性对土壤环境变化极为敏感，土壤灌溉方式、施肥方式和施肥制度、耕作措施、土地利用方式等发生改变，都会引起土壤微生物数量及活性的变化。作为土壤扰动的主要过程，土壤耕作改变了土壤容重，引起土壤孔隙度、根系穿透阻力以及土壤水、肥、气、热等的变化，故影响土壤微生物学特征及植物生长所需要养分的生物有效性。土壤容重较大的紧实土壤，其养分有效性降低的直接原因之一就是土壤微生物数量减少及活性降低。土壤微生物绝大部分属于好氧性微生物，又属于腐生性微生物，疏松土壤环境为微生物提供了充足的氧气。

表 4-10　微生物量碳与土壤物理性质的相关性

指标	项目	微生物量碳	含水量	容重	孔隙度	田间持水量
微生物量碳	Pearson 相关性	1.000	0.608	−0.479	0.456	0.430
	显著性（双侧）		0.110	0.230	0.256	0.287
含水量	Pearson 相关性		1.000	−0.393	0.359	0.422
	显著性（双侧）			0.336	0.382	0.298
容重	Pearson 相关性			1.000	−0.958**	−0.983**
	显著性（双侧）				0.000	0.000
孔隙度	Pearson 相关性				1.000	0.954**
	显著性（双侧）					0.000
田间持水量	Pearson 相关性					1.000
	显著性（双侧）					

注：* 表示在 0.05 水平（双侧）上显著相关，** 表示在 0.01 水平（双侧）上显著相关。

表 4-11 微生物量氮与土壤物理性质的相关性

指标	项目	微生物量氮	含水量	容重	孔隙度	田间持水量
微生物量氮	Pearson 相关性	1.000	0.493	-0.622	0.577	0.533
	显著性（双侧）		0.215	0.100	0.134	0.174
含水量	Pearson 相关性		1.000	-0.393	0.359	0.422
	显著性（双侧）			0.336	0.382	0.298
容重	Pearson 相关性			1.000	-0.958**	-0.983**
	显著性（双侧）				0.000	0.000
孔隙度	Pearson 相关性				1.000	0.954**
	显著性（双侧）					0.000
田间持水量	Pearson 相关性					1.000
	显著性（双侧）					

注：* 表示在 0.05 水平（双侧）上显著相关，** 表示在 0.01 水平（双侧）上显著相关。

从表 4-12 可以看出微生物量碳与土壤化学性质的相关性。微生物量碳仅与速效钾呈显著正相关关系（$r=0.818$），而与有机碳、全钾、全磷呈正相关关系。从表 4-13 可以看出，微生物量氮与速效钾呈极显著正相关关系（$r=0.862$），与有机碳、全钾、全磷呈正相关关系。以上说明微生物量碳、氮与土壤养分之间关系密切。

从表 4-13 可以看出，有机碳与全氮呈极显著正相关关系，与速效钾、碱解氮呈显著正相关关系，与全磷呈正相关关系，说明不同养分的投入也能增加有机碳的含量。

由以上相关性可以看出微生物量碳、氮能够较好地反映土壤质量变化情况，适合作为评价土壤质量的生物学指标，养分状况是其关键影响因素。

表 4-12 微生物量碳与土壤化学性质的相关性

指标	项目	微生物量碳	有机碳	速效钾	有效磷	碱解氮	全钾	全磷	全氮
微生物量碳	Pearson 相关性	1.000	0.416	0.818*	0.354	0.225	0.532	0.412	0.172
	显著性（双侧）		0.305	0.013	0.389	0.593	0.175	0.311	0.684
有机碳	Pearson 相关性		1.000	0.741*	0.467	0.729*	0.396	0.699	0.873**
	显著性（双侧）			0.035	0.243	0.040	0.332	0.054	0.005
速效钾	Pearson 相关性			1.000	0.646	0.641	0.439	0.749*	0.648
	显著性（双侧）				0.083	0.087	0.276	0.033	0.082
有效磷	Pearson 相关性				1.000	0.530	0.316	0.941**	0.400
	显著性（双侧）					0.177	0.445	0.000	0.326
碱解氮	Pearson 相关性					1.000	0.369	0.729*	0.831*
	显著性（双侧）						0.369	0.040	0.011

（续表）

指标	项目	微生物量碳	有机碳	速效钾	有效磷	碱解氮	全钾	全磷	全氮
全钾	Pearson 相关性						1.000	0.433	0.060
	显著性（双侧）							0.284	0.887
全磷	Pearson 相关性							1.000	0.623
	显著性（双侧）								0.099
全氮	Pearson 相关性								1.000
	显著性（双侧）								

注：* 表示在 0.05 水平（双侧）上显著相关，** 表示在 0.01 水平（双侧）上显著相关。

表 4-13　微生物量氮与土壤化学性质的相关性

指标	项目	微生物量氮	有机碳	速效钾	有效磷	碱解氮	全钾	全磷	全氮
微生物量氮	Pearson 相关性	1.000	0.647	0.862**	0.499	0.379	0.607	0.622	0.378
	显著性（双侧）		0.083	0.006	0.208	0.354	0.111	0.100	0.356
有机碳	Pearson 相关性		1.000	0.741*	0.467	0.729*	0.396	0.699	0.873**
	显著性（双侧）			0.035	0.243	0.040	0.332	0.054	0.005
速效钾	Pearson 相关性			1.000	0.646	0.641	0.439	0.749*	0.648
	显著性（双侧）				0.083	0.087	0.276	0.033	0.082
有效磷	Pearson 相关性				1.000	0.530	0.316	0.941**	0.400
	显著性（双侧）					0.177	0.445	0.000	0.326
碱解氮	Pearson 相关性					1.000	0.369	0.729*	0.831*
	显著性（双侧）						0.369	0.040	0.011
全钾	Pearson 相关性						1.000	0.433	0.060
	显著性（双侧）							0.284	0.887
全磷	Pearson 相关性							1.000	0.623
	显著性（双侧）								0.099
全氮	Pearson 相关性								1.000
	显著性（双侧）								

注：* 表示相关性显著（$P<0.05$），** 表示相关性极显著（$P<0.01$）。

八、小结

土壤搬迁前后，各处理土壤养分含量变化不大。土壤 pH、有效磷和速效钾有逐年降低的趋势，而碱解氮有逐年增加的趋势；全量养分和有机碳含量变化不明显。

搬迁前后各处理 0~20 cm 土层微生物量碳、氮含量均高于 20~40 cm 土层，在 2 个土层 MNPK 处理土壤微生物量碳、氮含量均最高，CK 处理均最低。

第四节　黑土长期定位试验搬迁前后土壤酶活性和土壤生物性质变化特征

土壤微生物是构成土壤生态系统的重要组成部分，在土壤有机物质转化与养分循环中起重要作用（Srivastava 等，1991）。同时，土壤微生物对所在微环境敏感，可对土壤生态机制变化和环境胁迫做出反应，进而群落结构发生改变（于树等，2008）。影响土壤微生物群落结构组成的因素大体可分为自然因素和人为因素。自然因素包括土壤类型、植被类型、气候类型等；人为因素包括土壤管理措施、农药施用、施肥等。施肥是影响土壤质量及其可持续利用最大的农业措施之一（李秀英等，2005）。施肥主要通过提高农作物生物产量、增加土壤中作物残茬和根等有机质输入来影响土壤微生物生物量、土壤酶活性，进而影响土壤养分转化和肥力（Abbott 和 Murphy，2003）。土壤微生物量被认为是土壤活性养分的储存库，是植物生长可利用养分的重要来源（张成娥等，2002）。作为评价土壤质量的重要指标，微生物生物量对环境条件敏感，环境条件、施肥以及耕作、栽培等技术措施都会影响土壤微生物量碳、氮含量（李世清等，2000；庞欣等，2000）。土壤酶是由微生物、动植物活体分泌及动植物残骸分解释放于土壤中具有催化能力的生物活性物质（关松荫，1986），可促进土壤代谢作用，使土壤养分形态发生变化，提高土壤肥力，改善土壤性质（焦晓光和魏丹，2009）。

以哈尔滨黑土长期定位试验原状搬迁土壤为基础进行研究，分析搬迁前后特定环境下，土壤可培养微生物数量、微生物量和酶活性的变化。在理论上可以丰富土壤环境变化对土壤微生物种群、数量及生物量的影响程度及趋势；在实践上可为长期定位试验搬迁方法的建立、搬迁的科学评价及其土壤持续利用、管理提供科学依据。

一、试验搬迁对土壤酶活性变化的影响

（一）过氧化氢酶活性变化

如图 4-12 所示，搬迁前后各处理土壤过氧化氢酶活性在 2 个土层中相差不大，0~20 cm 土层活性略高于 20~40 cm 土层，同时每年在 2 个土层中 CK 和 M 处理土壤过氧化氢酶活性均明显高于 NPK 和 MNPK 处理。另外，通过比较各处理搬迁前后 5 年间土壤过氧化氢酶活性可得，搬迁前 2010 年各处理 0~20 cm 土层过氧化氢酶活性较高，而 20~40 cm 土层过氧化氢酶活性则低于其他 4 个年份；搬迁后 2012 年除 NPK 处理外其他 3 个处理在 2 个土层中过氧化氢酶活性均较低；搬迁后 2014 年各处理在 2 个土层中过氧化氢酶活性均较高。

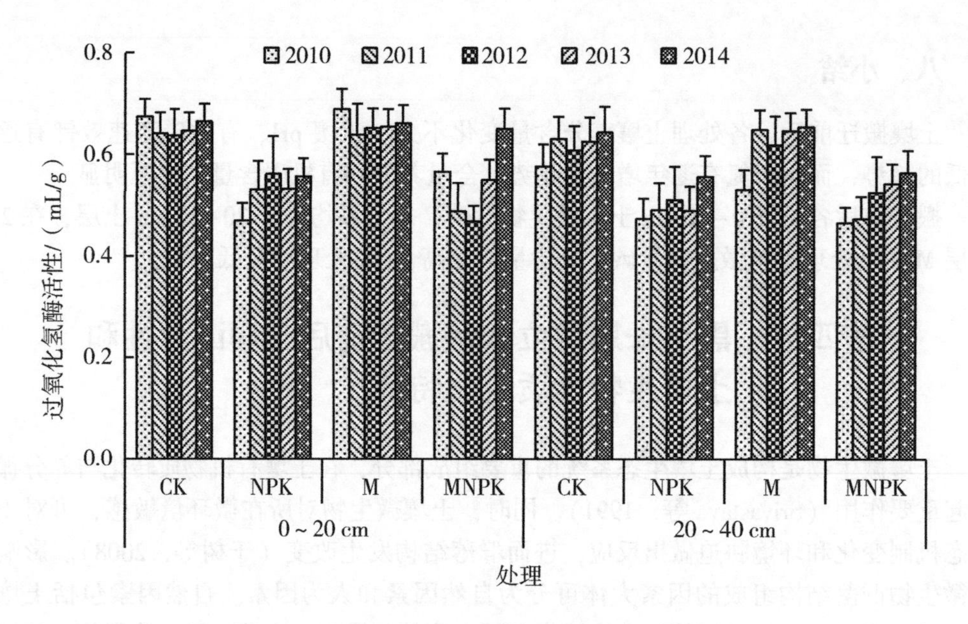

图 4-12　搬迁前后土壤过氧化氢酶活性变化

（二）脲酶活性变化

如图 4-13 所示，搬迁前后各处理 0～20 cm 土层的脲酶活性均高于 20～40 cm 土层，同时在 0～20 cm 土层搬迁后 2011 年、2012 年和 2014 年 CK 和 M 处理土壤脲酶活性均低于 NPK 和 MNPK 处理，在 20～40 cm 土层搬迁后 2011 年和 2014 年 CK 和 M 处理土壤脲酶活性均低于 NPK 和 MNPK 处理，而其他 3 年 NPK 处理土壤脲酶活性均最低。另外，通过比较各处理搬迁前后土壤脲酶活性可得，除搬迁前 2010 年 20～40 cm 土层 NPK 和 MNPK 处理脲酶活性较低外，其他各处理在 2 个土层中搬迁前后变化均不明显。

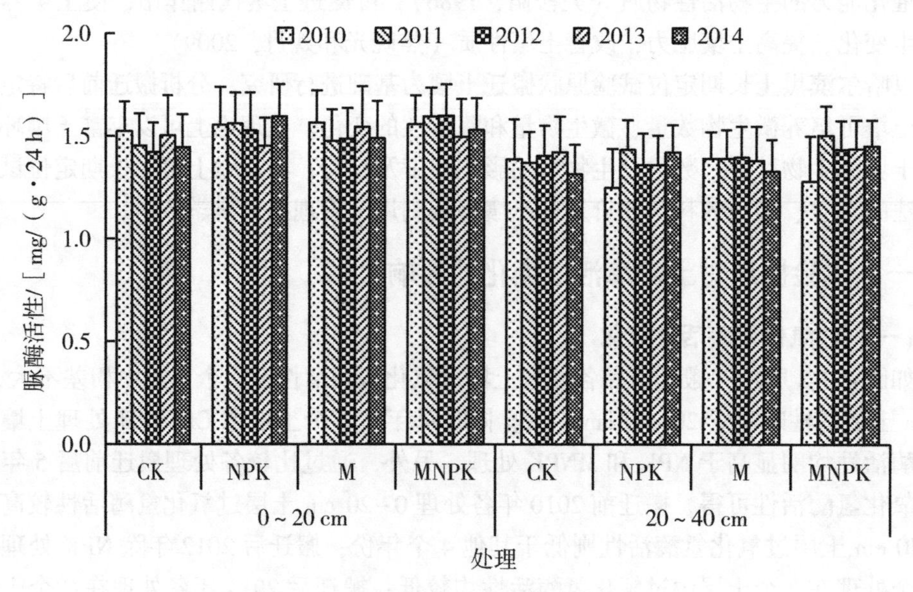

图 4-13　搬迁前后土壤脲酶活性变化

（三）转化酶活性变化

如图 4-14 所示，搬迁前后各处理 0~20 cm 土层的转化酶活性均高于 20~40 cm 土层，同时每年在 2 个土层中 CK 和 M 处理土壤转化酶活性均高于 NPK 和 MNPK 处理。另外，通过比较各处理搬迁前后土壤转化酶活性可得，搬迁后 2011 年、2012 年和 2014 年各处理在 2 个土层中均较高，搬迁后 2013 年各处理在 2 个土层中均较低，同时在 2010 年 0~20 cm 土层搬迁前除 MNPK 处理土壤转化酶活性较高外，其他 3 个处理均与搬迁后 2013 年相接近，而在 20~40 cm 土层搬迁前 2010 年各处理土壤转化酶活性均高于搬迁后 2013 年。

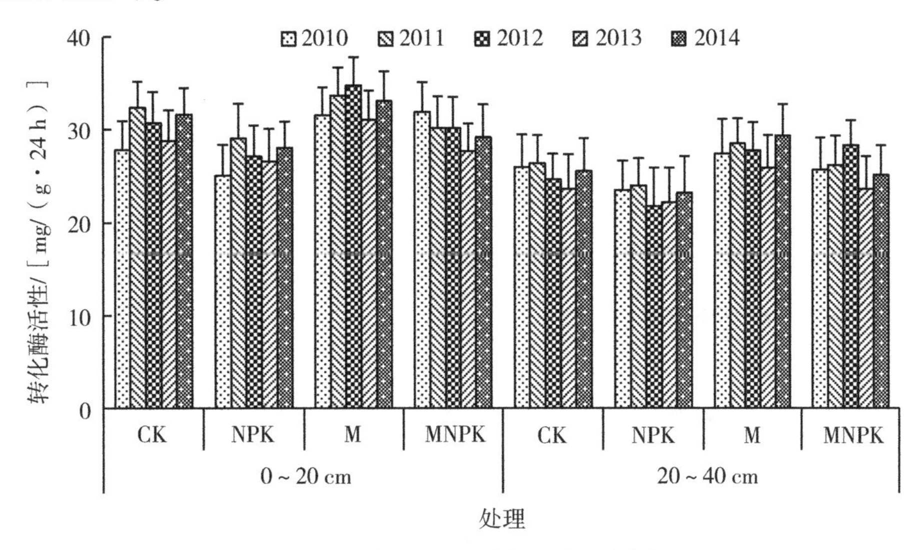

图 4-14　搬迁前后土壤转化酶活性变化

（四）磷酸酶活性变化

如图 4-15 所示，搬迁前后各处理 0~20 cm 土层的磷酸酶活性均高于 20~40 cm 土层，同时每年在 2 个土层 NPK 和 MNPK 处理土壤转化酶活性均高于 CK 和 M 处理。另

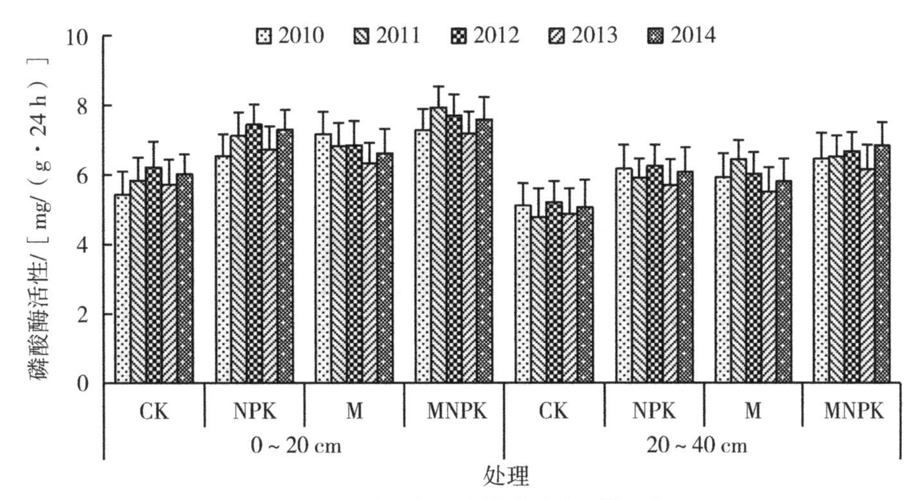

图 4-15　搬迁前后土壤磷酸酶活性变化

外，通过比较各处理搬迁前后土壤磷酸酶活性可得，搬迁后2011年、2012年和2014年各处理，除2011年20~40 cm土层CK和NPK处理磷酸酶活性较低外，其余在2个土层中均较高，搬迁后2013年各处理在2个土层中均较低，搬迁前2010年在0~20 cm土层除M处理磷酸酶活性较高外，其余3个处理均较低，并与搬迁后2013年相接近，而在20~40 cm土层各处理磷酸酶活性均高于搬迁后2013年。

（五）小结

搬迁前后各处理4种土壤酶活性在0~20 cm土层均高于20~40 cm土层。每年在2个土层中土壤过氧化氢酶和转化酶活性CK和M处理均明显高于NPK和MNPK处理，而磷酸酶活性CK和M处理则低于NPK和MNPK处理，脲酶活性在4个处理中差异不大。通过比较搬迁前后各项微生物指标变化可得，各项指标年度虽存在变化但程度不大，搬迁后2011年和2012年相对较高，同为小麦茬的搬迁前2010年和搬迁后2013年各项指标较为接近。研究表明，土层深度和施肥对土壤各项生物指标影响较大，年际间变化也受轮作方式的影响，搬迁对土壤微生物的影响远小于施肥和耕作方式。

二、试验搬迁对土壤生物性质的影响

（一）搬迁前后土壤菌群的变化

如图4-16所示，搬迁前后各处理0~20 cm土层的细菌数量均明显高于20~40 cm土层，同时每年在2个土层各施肥处理的土壤细菌数量与CK相比均有所增加。另外，通过比较各处理搬迁前后的细菌数量可得，各处理在搬迁前后的变化规律较为相似，其中搬迁后2011年、2012年和2014年各处理0~20 cm土层细菌数量均高于其他2个年份，并且搬迁后2011年和2014年各处理在2个土层中较为相近，搬迁前2010年和搬迁后2013年各处理在2个土层中均较低，并较为接近。

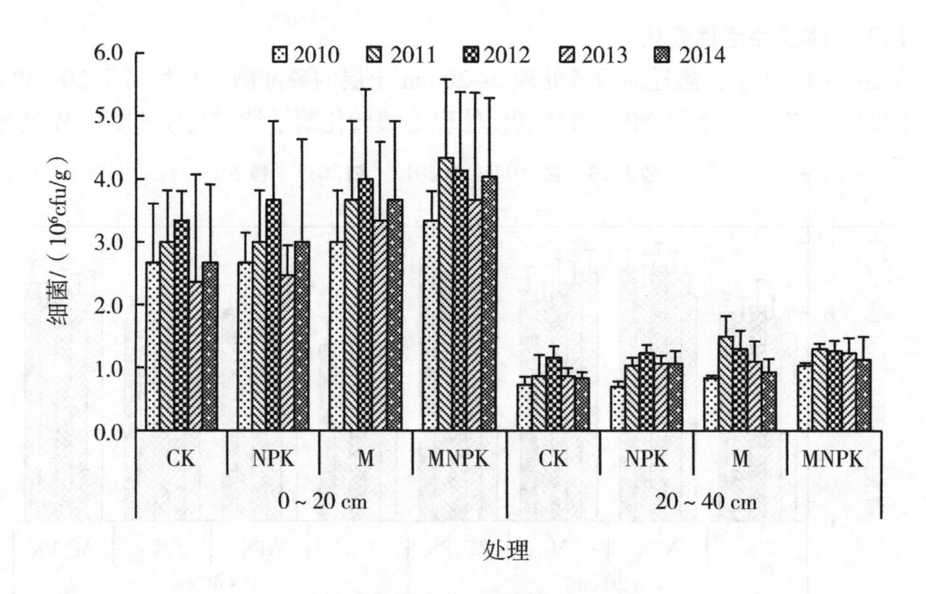

图4-16　搬迁前后土壤细菌数量变化

如图 4-17 所示，搬迁前后各处理 0~20 cm 土层的真菌数量均明显高于 20~40 cm 土层，同时每年在 2 个土层中各处理的土壤真菌数量都呈现 MNPK>M>NPK>CK 的趋势。另外，通过比较各处理搬迁前后真菌数量可得，除搬迁后 2012 年 0~20 cm 土层 M 处理真菌数量较低外，搬迁后 2011 年、2012 年和 2014 年各处理在 2 个土层中真菌数量均较其他 2 个年份高，搬迁前 2010 年和搬迁后 2013 年各处理在 2 个土层中真菌数量较为接近。

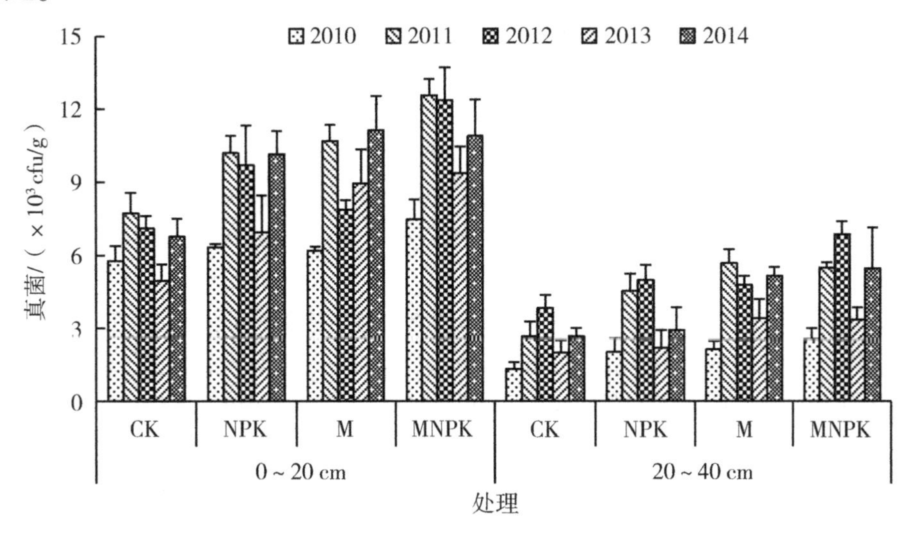

图 4-17 搬迁前后土壤真菌数量变化

如图 4-18 所示，搬迁前后 5 年中各处理 0~20 cm 土层的放线菌数量均高于 20~40 cm 土层，但没有细菌和真菌差异明显，同时每年在 2 个土层中 MNPK 处理土壤放线菌数量高于其他 3 个处理，并且除搬迁后 2012 年 0~20 cm 土层 M 处理放线菌数量较低外，每年在 2 个土层中 CK、NPK 和 M 处理土壤放线菌数量差异均不是很明显。另外，通过比较各处理搬迁前后放线菌数量可得，其变化规律与真菌数量变化规律较为相似。

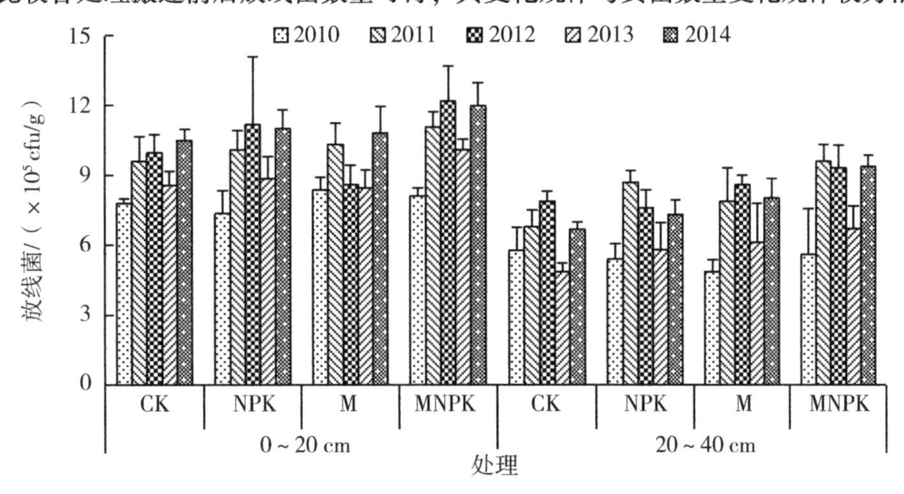

图 4-18 搬迁前后土壤放线菌数量变化

（二）试验搬迁对土壤微生物群落结构的影响

1. 测定方法

（1）***细菌群落*** 采用Fast DNA SPIN Kit for Soil试剂盒（Qbiogene Inc.，Carlsbad，CA，USA）提取土壤微生物基因组DNA。

基因组DNA的PCR扩增以基因组DNA为模板，选择大多数细菌的16S rDNA基因V3区进行巢式PCR扩增。先用引物27f（5′-AGA GTT TGA TCC TGGCTC AG-3′）和1492r（5′-GGC TAC CTT GTT ACGACTT-3′）对细菌16S rDNA扩增，再以此PCR产物为模板，用引物GC-357f（5′-CGC CCG CCG CGC GCGGCG GGC GGG GCG GGG GCA CGG GGGG CCTACG GGA GGC AGC AG-3′，其中划线序列代表GC夹子）和517r（5′-ATT ACC GCG GCT GCT GG-3′）进行第二步扩增。PCR反应体系：10×Ex Taq Buffer 5.0 μL、dNTP Mixture 5.0 μL、每种引物0.5 μL、Ex Taq 1 μL、模板1.5 μL，两步PCR反应总体积均50 μL。PCR反应条件：94℃预变性5 min；94 ℃变性1 min、55 ℃退火1 min、72 ℃延伸1.5 min，30个循环；72 ℃延长10 min。

PCR反应产物的DGGE分析。DGGE选择8%的聚丙烯酰胺凝胶浓度，在变性梯度凝胶电泳仪（Bio-Rad，USA，Model-475）上进行。具体操作步骤如下。①聚丙烯酰胺凝胶的配制：细菌变性剂梯度为35%~65%，真菌为20%~60%，在灌胶前分别向两个浓度的变性剂中加入145 μL 10%过硫酸铵和14.5 μL TEMED，然后匀速灌胶，使两个浓度变性剂混合均匀，再插上梳子室温凝固3 h。②预热：将凝固好的胶板安到装置上并放入预先配制好的1×TAE缓冲液中，在50 V的电压下热到60℃。③加样：先用缓冲液清洗加样孔，再用微量进样器向每个加样孔中分别加入预先准备好的10 μL PCR产物和3 μL的6×Loading Buffer的混合样。④电泳：细菌在90 V电压下电泳12 h，真菌在75 V电压下电泳16 h，细菌和真菌电泳温度均为60℃。⑤染色拍照：采用稀释了10 000倍的Gel Red试剂对DGGE凝胶进行避光染色，染色15 min，然后小心地将凝胶移至显影仪下拍照观察。

DGGE图谱中代表性条带的克隆和测序分析。在显影仪的紫外灯下将DGGE凝胶上的目的条带切下，装入PCR小管中，加入20 μL TE溶液，并置于4℃下浸泡4 h，然后取适量上清液作为模板，进行PCR扩增。扩增产物利用QIAEX Ⅱ Agarose Gel Extraction Kit（QIAGEN）胶回收试剂盒进DNA纯化，将回收到的DNA与pMD18-T载体在16℃下连接后放置过夜，再将连接好的产物与30 μL大肠杆菌感受态细胞混匀，冰浴30 min进行转化，随后将反应体系在42℃下热击90 s，迅速转移到冰上再冰浴3 min，取出后向反应体系中加入SOC培养基390 μL，并置于37℃摇床150 r/min振荡培养1 h，将培养好的菌悬液涂布在含有抗生素（IPTG、AMP、X-Gal）的LB琼脂培养基平板上，37℃倒置培养过夜。挑取培养好的白色单菌落进行PCR检测，将检测成功的克隆产物转接至新的LB琼脂培养基平板上扩繁，将扩繁后的菌落进行摇菌测序，选择华大基因科技股份有限公司进行测序，最后将所得序列与NCBI数据库基因进行同源性比较，确定测得微生物的类别。

（2）***真菌群落*** 土壤微生物基因组DNA的提取采用Fast DNASPIN Kit for Soil试剂盒。

基因组 DNA 的 PCR 扩增引物。选择大多数真菌的 ITS 区进行巢式 PCR 扩增。第一步扩增引物为 ITS1 和 ITS4，第二步扩增引物为 GC-ITS1f 和 ITS2。

真菌 PCR 引物序列。ITS1：5′-TCC GTA GGT GAA CCT GCGG-3′；ITS4：5′-TCC TCC GCT TAT TGA TAT GC-3′；GC-ITS1f：5′-CGC CCG CCG CGC GCG GCG GGC GGG GCG GGGGCA CGG GGGG TCC GTA GGT GAA CCT GCGG-3′；ITS2：5′-GCT GCG TTC TTC ATC GA TGC-3′。

真菌 ITS DNA 基因 PCR 反应体系。用量：10 × Ex Taq Buffer 5 μL，dNTP Mixture 5 μL，Ex Taq 1 μL，引物 0.5 μL，模板 1.5 μL，ddH_2O 50 μL。

PCR 反应条件。35 个循环，扩增产物用 1%（w/v）琼脂糖凝胶电泳进行检测。

PCR 反应产物的 DGGE 分析。DGGE 选择 8%的聚丙烯酰胺凝胶浓度，在变性梯度凝胶电泳仪（Model-475）上进行。具体操作步骤如下。①聚丙烯酰胺凝胶的配制：真菌变性剂梯度为 20%～60%，在灌胶前向变性剂中加入 145μL 10%过硫酸铵和 14.5 μL TEMED，然后匀速灌胶，使变性剂混合均匀，再插上梳子，室温凝固 3h。②预热：将凝固好的胶板安到装置上并放入预先配制好的 1×TAE 缓冲液中，在 50 V 的电压下热到 60℃。③加样：先用缓冲液清洗加样孔，再用微量进样器向每个加样孔中分别加入预先准备好的 10μL PCR 产物和 3 μL 6 × Loading Buffer 的混合样。④电泳：在 75 V 电压下电泳 16 h，电泳温度 60℃。⑤染色拍照：采用稀释了 10 000倍的 Gel Red 试剂对 DGGE 凝胶进行避光染色，染色 20 min，然后将凝胶移至显影仪下拍照观察。

DGGE 图谱中代表性条带的克隆和测序分析。在显影仪的紫外灯下将 DGGE 凝胶上的目的条带切下，装入 PCR 小管中，加入 20 μL TE 溶液，并置于 4℃下浸泡 4 h，然后取适量上清液作为模板，进行 PCR 扩增。扩增产物利用 QIAGEN 胶回收试剂盒进行 DNA 纯化，将回收到的 DNA 与 pMD18-T 载体在 16℃下连接后放置过夜，再将连接好的产物与 30 μL 大肠杆菌感受态细胞混匀，冰浴 30 min 进行转化，随后将反应体系在 42℃下热击 90 s，迅速转移到冰浴保持 3 min，取出后向反应体系中加入 SOC 培养基 390 μL，置于 37℃摇床 150 r/min 振荡培养 1 h，将培养好的菌悬液涂布在含有抗生素（IPTG、AMP、X-Gal）的 LB 琼脂培养基平板上，37℃倒置培养过夜。挑取培养好的白色单菌落进行 PCR 检测，将检测成功的克隆产物转接至新的 LB 琼脂培养基平板上扩繁，将扩繁后的菌落进行摇菌测序，最后将所得序列与 NCBI 数据库基因进行同源性比较，确定测得微生物类别。

2. 土壤总 DNA 的提取

将提取液经过 1%的琼脂糖凝胶电泳，获得清晰条带，表明已成功获得土壤总 DNA（图 4-19）。

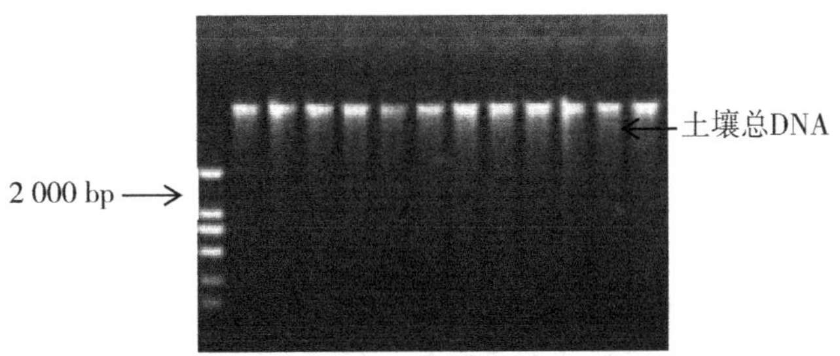

图 4-19 土壤总 DNA 琼脂糖凝胶电泳图

3. 细菌群落多样性分析

（1）细菌 16S rDNA PCR 扩增结果 以总 DNA 为模

板，用引物 27f 和 1492r 进行第一步 PCR 扩增，经琼脂糖凝胶电泳检测得到清晰条带（图 4-20a），其片段长度1 600 bp左右。以第一步 PCR 扩增产物为模板，用引物 GC-357f 和 517r 进行巢式 PCR 扩增，经检测得到了片段长度为 230 bp 左右的条带（图 4-20b）。

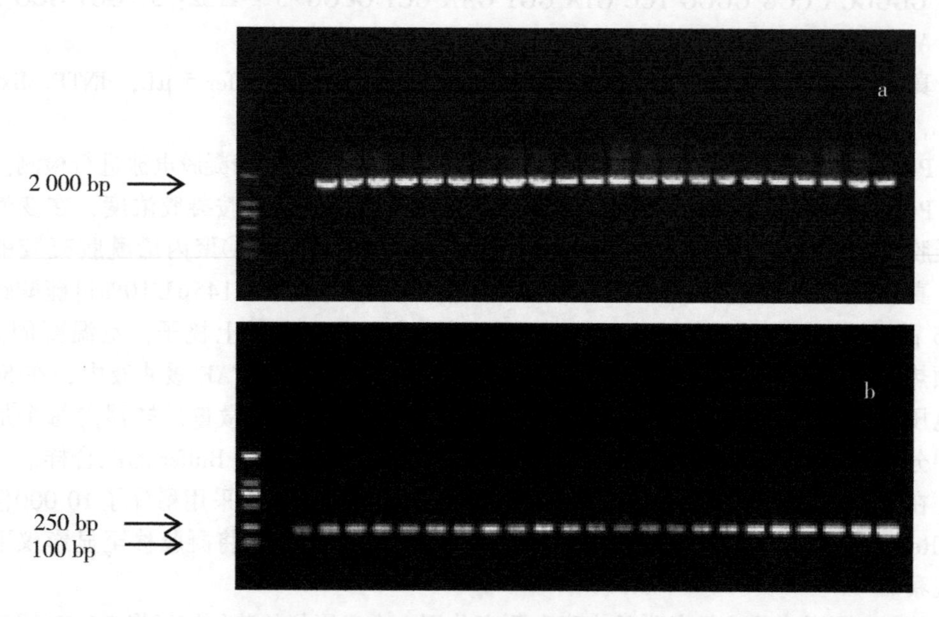

图 4-20　细菌 16S rDNA 基因 PCR 扩增产物的琼脂糖凝胶电泳图（a 第一次 PCR，b 巢式 PCR）

（2）细菌群落结构 DGGE 图谱分析　搬迁前和搬迁后 2 个土层中相同处理之间细菌 DGGE 图谱重复性较好（图 4-21），因此从中选 2 个重复用于后续试验。

根据 DGGE 对具有相同长度不同 DNA 序列的片段分离原理，电泳条带越多说明微生物多样性越丰富，条带信号越强说明该微生物数量越多。如图 4-22 所示，表观上所有样品之间细菌 DGGE 图谱具有相似性，未表现出明显差异。对比 DGGE 图谱发现，条带 B1、B3、B7、B16、B21、B27、B30、B34、B39、B42、B43、B49、B50 在所有样品中均存在，说明这些条带所表征的细菌在黑土中很稳定，但其中条带 B27 和 B34 在 0~20 cm 土层中其亮度比在 20~40 cm 土层中高，说明这 2 条条带所表征的细菌在 0~20 cm 土层中的优势高于 20~40 cm 土层，同时条带 B21 和 B27 在 2 个土层中搬迁后均比搬迁前亮度高，说明这 2 条条带所表征的细菌在搬迁后其优势较突出；条带 B24 和 B37 只存在于搬迁前和搬迁后的 0~20 cm 土层中，说明这 2 条条带所表征的细菌在 0~20 cm 土层中表现出一定的优势，而条带 B23、B35 和 B36 只存在于搬迁前和搬迁后的 20~40 cm 土层，说明这些条带所表征的细菌在 20~40 cm 土层中表现出一定的优势，其中条带 B23 在搬迁后的亮度高于搬迁前，说明这条条带所表征的细菌在 20~40 cm 土层中搬迁后比搬迁前优势高，相反，条带 B35 和 B36 在搬迁前的亮度高于搬迁后，说明这条条带所表征的细菌在 20~40 cm 土层中搬迁前比搬迁后优势高。DGGE 图谱表明，总体上 2 个土层土壤细菌群落结构受搬迁影响较小，群落结构稳定。

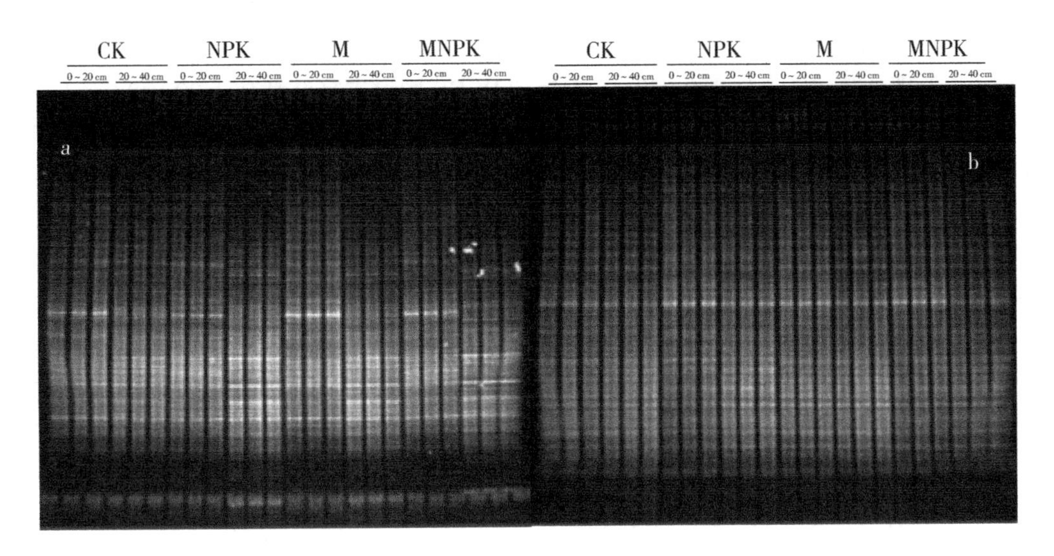

图 4-21　搬迁前后 2 个土层不同处理 3 次重复的细菌 DGGE 图谱
（a 搬迁前，b 搬迁后）

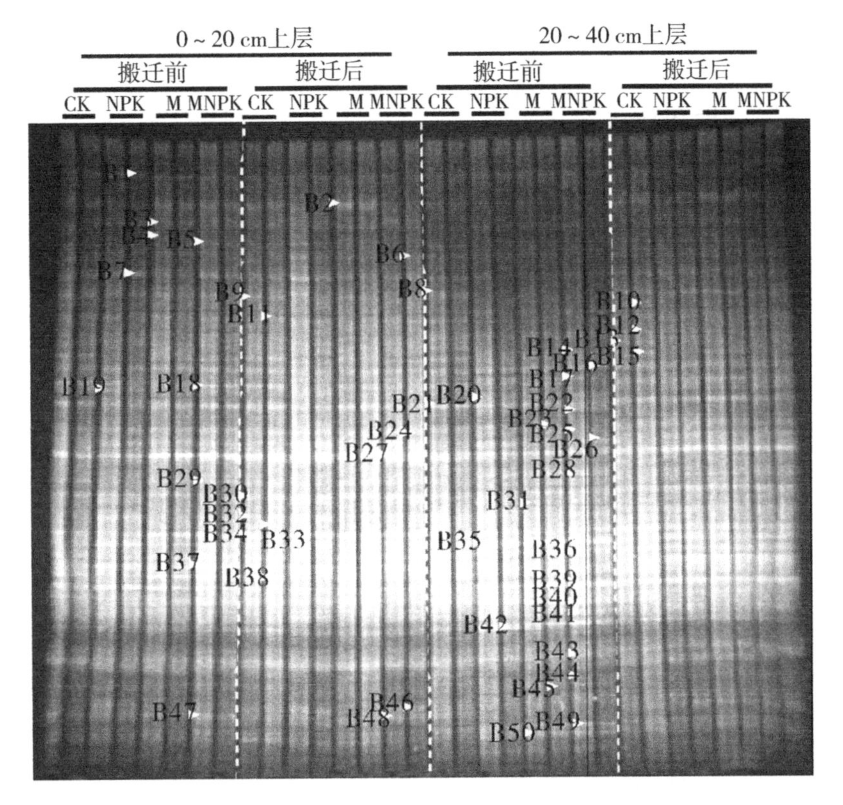

图 4-22　搬迁前后 2 个土层不同处理 2 次重复的细菌 DGGE 图谱

（3）细菌群落结构 DGGE 图谱丰富度、多样性指数和均匀度指数分析 由表 4-14 可知，搬迁前各处理 0~20 cm 土层的 DGGE 图谱丰富度均低于 20~40 cm 土层，而搬迁后除 CK 处理外其他 3 个处理 0~20 cm 土层的 DGGE 图谱丰富度都高于 20~40 cm 土层，这说明搬迁影响了 2 个土层间的细菌群落结构。在 0~20 cm 土层中除 MNPK 处理搬迁前和搬迁后丰富度相同外，其他 3 个处理搬迁前丰富度均低于搬迁后，而在 20~40 cm 土层中 NPK、M 和 MNPK 3 个处理搬迁前丰富度高于搬迁后，只有 CK 处理搬迁前丰富度低于搬迁后。在 0~20 cm 土层中搬迁前各处理丰富度规律为 CK<M<MNPK<NPK，搬迁后各处理丰富度规律为 MNPK<CK<M<NPK；在 20~40 cm 土层中搬迁前各处理丰富度规律为 CK<MNPK<M<NPK，搬迁后各处理丰富度规律为 MNPK<NPK<M<CK。结果表明，搬迁对 0~20 cm 土层 MNPK 处理的丰富度影响较大，对 20~40 cm 土层 CK 处理的影响较大，对其他处理丰富度的变化规律影响不大。2 个土层中各处理搬迁前和搬迁后多样性指数（H）的变化规律与丰富度变化规律相同；除 CK 和 NPK 处理在 0~20 cm 土层中搬迁前均匀度指数（E）低于搬迁后外，其余各处理在 2 个土层中搬迁前和搬迁后均匀度指数（E）均无显著差异。

表 4-14 搬迁前后 2 个土层不同处理土壤细菌群落多样性指数

处理	土层深度	时间	丰富度（S）	多样性指数（H）	均匀度指数（E）
CK	0~20 cm	搬迁前	38.0	3.59	0.987 5
		搬迁后	44.0	3.76	0.992 8
	20~40 cm	搬迁前	43.0	3.73	0.991 1
		搬迁后	44.5	3.76	0.991 6
NPK	0~20 cm	搬迁前	42.5	3.71	0.989 5
		搬迁后	48.0	3.85	0.993 4
	20~40 cm	搬迁前	47.0	3.81	0.989 9
		搬迁后	38.0	3.60	0.989 3
M	0~20 cm	搬迁前	41.0	3.68	0.991 5
		搬迁后	44.5	3.77	0.993 3
	20~40 cm	搬迁前	45.5	3.78	0.990 1
		搬迁后	39.0	3.63	0.989 7
MNPK	0~20 cm	搬迁前	42.0	3.71	0.991 7
		搬迁后	42.0	3.71	0.992 1
	20~40 cm	搬迁前	43.5	3.73	0.989 5
		搬迁后	37.0	3.57	0.988 2

(4) 细菌群落结构DGGE图谱聚类分析　如图4-23所示，搬迁后除20~40 cm土层MNPK处理与其他各样品相似度在46%和0~20 cm土层MNPK、NPK处理与其他各样品相似度在50%外，其余各样品相似度均接近60%，其中在0~20 cm土层中搬迁前后各处理间的相似性达到60%，在20~40 cm土层中搬迁前后各处理间的相似性虽未达到60%，但也非常接近，这说明土层对细菌群落结构的影响较明显，而搬迁对其的影响整体上不是很明显，只有MNPK处理受到了搬迁的影响。

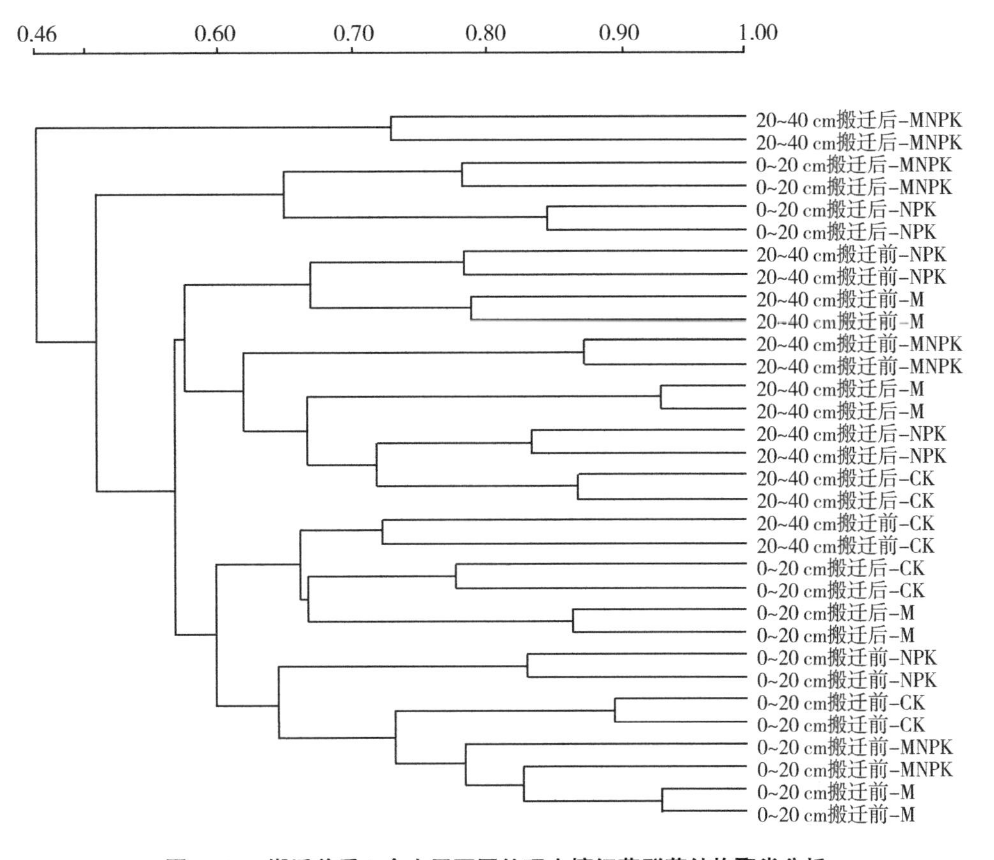

图4-23　搬迁前后2个土层不同处理土壤细菌群落结构聚类分析

(5) 细菌群落结构DGGE图谱主成分分析　如图4-24a所示，除20~40 cm土层搬迁前CK处理外，其余样品均可按土层分为2个集合，其中0~20 cm土层搬迁前后各处理主要分布在*X*轴的负方向上，20~40 cm土层搬迁前后各处理主要分布在*X*轴的正方向上，因此将2个土层分开再进行主成分分析，得到图4-24b和图4-24c。由图4-24b可以看出，在0~20 cm土层中搬迁前各处理主要分布在第二象限，而搬迁后的各处理分散于第一、第三、第四象限，其中搬迁前的NPK处理与其他3个处理分异较大，CK和M处理较为相近。同样，搬迁后的NPK处理在*Y*轴的正方向上，其他3个处理主要分布在*Y*轴的负方向上，其中CK和M处理也较为相近，这说明在0~20 cm土层中虽然搬迁前和搬迁后产生分异，但各处理间的规律相一致。由图4-24c可以看出，在20~40 cm土层中搬迁前各处理均分布在*X*轴的负方向上，搬迁后各处理均分布在*X*轴的正方向上，其中 *CK* 处理搬迁前和搬迁后均分布在 *Y* 轴的正方向上，M 处理搬迁前和搬迁后均分布在 *Y* 轴的负方向上，规律一致，而 MNPK 和 NPK 处理搬迁前和搬迁后在 *Y* 轴上的分布产生了分异，这说明在 20～40 cm 土层中搬迁对 MNPK 和 NPK 处理产生了影响。

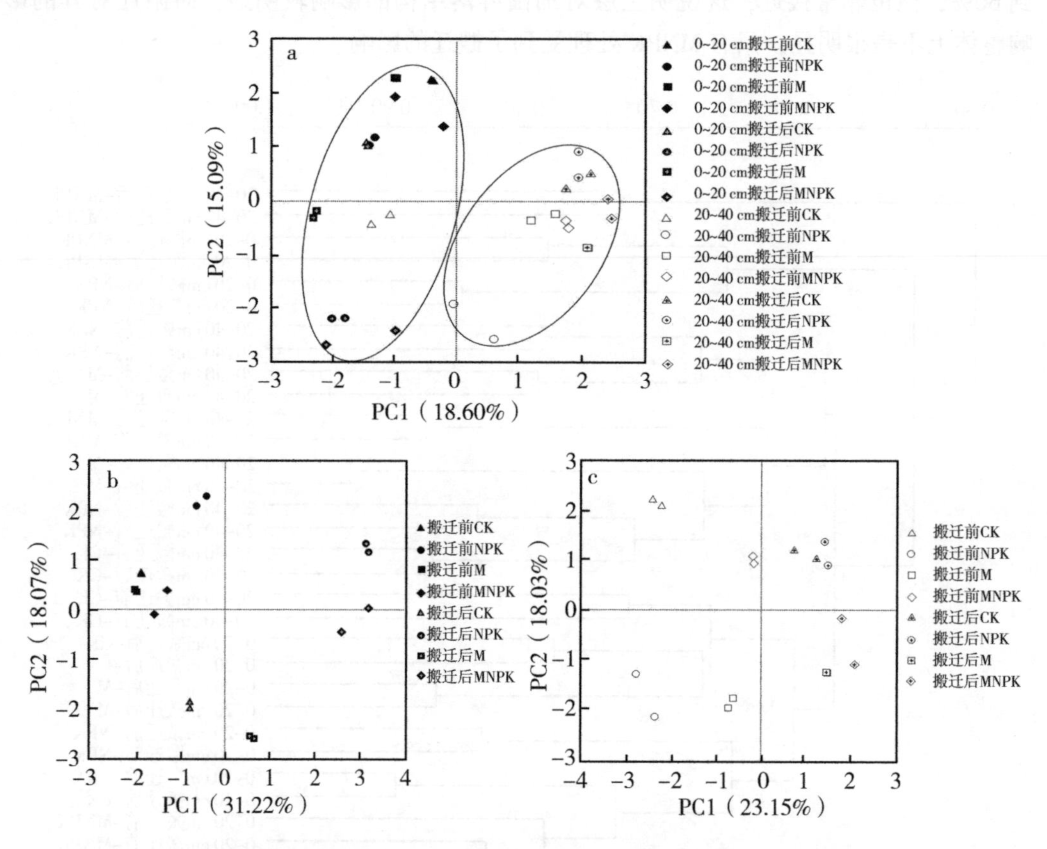

图 4-24 搬迁前后 2 个土层不同处理土壤细菌群落结构主成分分析

（a，所有处理；b，0～20 cm 土层各处理；c，20～40 cm 土层各处理）

（6）细菌群落结构 DGGE 图谱中代表性条带的系统发育分析 对细菌图谱中 50 条亮度较高的条带进行了 DNA 序列的克隆测序（表 4-15），测序结果显示，这些条带的序列和 Genbank 已有序列的相似性为 92%～100%，其中大多数为不可培养细菌。比对结果表明，属于变形杆菌门［Proteobacteria（δ - and γ -）］和放线菌门（Actinobacteria）的 DNA 序列各 9 条，属于酸杆菌门（Acidobacteria）和厚壁菌门（Firmicutes）的 DNA 序列各 6 条，属于浮霉菌门（Planctomycetes）的 DNA 序列有 5 条，属于疣微杆菌门（Verrucomicrobia）的 DNA 序列有 3 条，属于芽单胞菌门（Gemmatimonadetes）、梭菌门（Clostridia）和产黄菌门（Flavobacteria）的 DNA 序列各 2 条，属于绿弯菌门（Chloroflexi）、绿菌门（Chlorobi）和蓝藻细菌门（Cyanobacteria）的 DNA 序列各 1 条，其余 3 条 DNA 序列为尚未分类的细菌序列，这说明黑土中的细菌群落结构多样性较丰富。将测序所得的 50 条细菌 16S rDNA 序列和 Genbank 已有序列构建系统发育树可以发现（图 4-25），各菌门之间的 bootstrap 值较低，导致酸杆菌门（Acidobacteria）和浮霉菌门（Planctomycetes）没有形成单一分支，并且变形杆菌门［Proteobacteria（δ- and γ-）］各亚门也没有聚合在一起，但各菌门内细菌之间的 bootstrap 值相对较高，最高可达 99%，其中 3 条未分类的 DNA 序列形成 1 个分支，且 bootstrap 值达到 99%，这说明这 3 条未分类的 DNA 序列应属于同一尚未明确的细菌菌门。

表 4-15　细菌群落所得序列与 NCBI 数据库相似序列的比对结果

DGGE 条带	序列长度/bp	相近种			比对	相似性/%
		微生物种类	系统发育关系	基因编号		
B1	160	Uncultured Proteobacterium	Proteobacteria	JX473218	147/160	92
B2	155	*Chryseobacterium jejuense*	Flavobacteria	KM009133	155/155	100
B3	135	Acidobacteria bacterium Ac_28_D10	Acidobacteria	KF840371	135/135	100
B4	139	Uncultured bacterium	Bacteria	JN791228	136/139	98
B5	135	Acidobacteria bacterium enrichment culture clone e145	Acidobacteria	JF345274	134/135	99
B6	162	Uncultured Proteobacterium	Proteobacteria	EF073743	154/165	93
B7	157	Uncultured Acidobacteria bacterium	Acidobacteria	KJ191806	156/157	99
B8	160	Uncultured gamma Proteobacterium	γ-Proteobacteria	GU016237	150/159	94
B9	121	Uncultured bacterium	Bacteria	JN791233	120/121	99
B10	135	*Lachnospiraceae* bacterium G11	Clostridia	AB730785	133/135	99
B11	155	*Flavobacterium* sp. SGY001	Flavobacteria	KC493230	146/153	95
B12	121	Uncultured bacterium	Bacteria	JN791210	118/124	95
B13	135	*Eubacterium xylanophilum*	Clostridia	NR_118676	135/135	100
B14	160	Uncultured Verrucomicrobia bacterium	Verrucomicrobia	AY214606	135/144	94
B15	161	*Bacillus* sp. 6hR3	Firmicutes	KJ879979	160/161	99
B16	159	Uncultured Verrucomicrobia bacterium	Verrucomicrobia	HE974853	157/157	100
B17	159	*Opitutus* sp. WS3 (2011)	Verrucomicrobia	JF922312	151/159	95
B18	160	Uncultured gamma Proteobacterium	γ-Proteobacteria	HE861146	160/160	100
B19	157	Uncultured Firmicutes bacterium	Firmicutes	EU297376	157/157	100
B20	160	*Bacillus* sp. OM39	Firmicutes	KJ528251	160/160	100
B21	135	Uncultured Chloroflexi bacterium	Chloroflexi	JN408991	135/136	99
B22	159	*Byssovorax cruenta*	δ-Proteobacteria	NR_042341	157/159	99

（续表）

DGGE条带	序列长度/bp	相近种			比对	相似性/%
		微生物种类	系统发育关系	基因编号		
B23	159	Uncultured *Sorangiineae* bacterium	δ-Proteobacteria	KM059690	158/159	99
B24	136	Uncultured *Synechococcus* sp.	Cyanobacteria	JQ701165	128/137	93
B25	158	*Bacillus* sp. LPPA 971	Firmicutes	HE653015	158/160	99
B26	157	Uncultured Acidobacteria bacterium	Acidobacteria	EU424764	154/157	98
B27	135	Uncultured Planctomycete	Planctomycetes	KF183308	131/135	97
B28	135	Uncultured Planctomycete	Planctomycetes	AY921845	135/135	100
B29	152	Uncultured Chlorobi bacterium	Chlorobi	KF183205	145/152	95
B30	135	Uncultured Planctomycete	Planctomycetes	AY922147	133/135	99
B31	160	Uncultured Firmicutes bacterium	Firmicutes	EF662877	159/160	99
B32	161	Uncultured Acidobacteria bacterium	Acidobacteria	KC143095	155/161	96
B33	140	*Arthrobacter* sp. AG1 (2014)	Actinobacteria	KM014747	140/140	100
B34	140	*Arthrobacter* sp. ES3-54	Actinobacteria	KJ878635	140/140	100
B35	160	Uncultured Firmicutes bacterium	Firmicutes	EF663265	153/160	96
B36	161	Uncultured delta Proteobacterium	δ-Proteobacteria	GU998925	151/161	94
B37	161	Uncultured delta Proteobacterium	δ-Proteobacteria	EF663509	157/161	98
B38	161	Uncultured Proteobacterium	Proteobacteria	JQ665943	159/161	99
B39	160	Uncultured Planctomycete	Planctomycetes	KC190147	157/160	98
B40	141	Uncultured Actinobacterium	Actinobacteria	HM447710	141/141	100
B41	140	Uncultured Actinobacterium	Actinobacteria	FJ568972	139/140	99
B42	141	Uncultured Actinobacterium	Actinobacteria	KM059387	141/141	100
B43	140	Uncultured *Propionibacteriaceae* bacterium	Actinobacteria	KF508136	140/140	100
B44	159	Uncultured Acidobacteria bacterium	Acidobacteria	EF663203	158/159	99
B45	143	Uncultured Planctomycete	Planctomycetes	AM934926	131/143	92
B46	152	Uncultured Gemmatimonadetes bacterium	Gemmatimonadetes	FJ570452	152/152	100
B47	140	Uncultured Actinobacterium	Actinobacteria	JQ793586	140/140	100
B48	152	Uncultured emmatimonadetes bacterium	Gemmatimonadetes	FJ889266	149/152	98
B49	135	Uncultured Actinobacterium	Actinobacteria	JF681858	135/135	100
B50	140	Uncultured Actinomycetales bacterium	Actinobacteria	EU440644	139/140	99

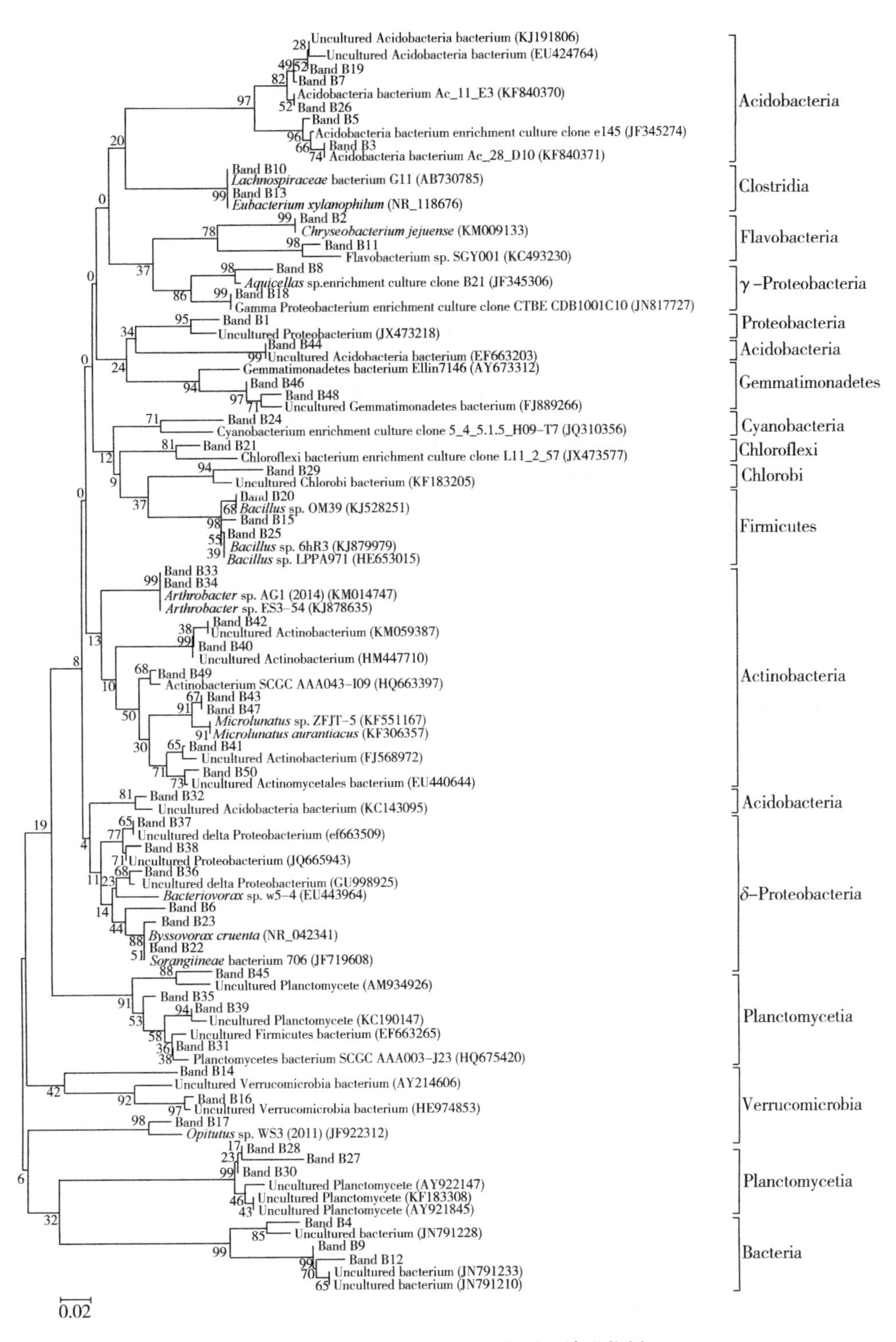

图 4-25　细菌 16S rDNA 序列系统进化树

4. 真菌群落多样性分析

(1) 真菌 ITS 区 PCR 扩增结果 用引物 ITS1f 和 ITS4 对土壤总 DNA 的真菌 ITS 区段进行第一步扩增，得到 PCR 产物，大约 700 bp（图 4-26a）。以此 PCR 产物作为模板，用引物 GC-ITS1f 和 ITS2 进行巢式 PCR 扩增，得到 PCR 产物，大约 300 bp（图 4-26b）。

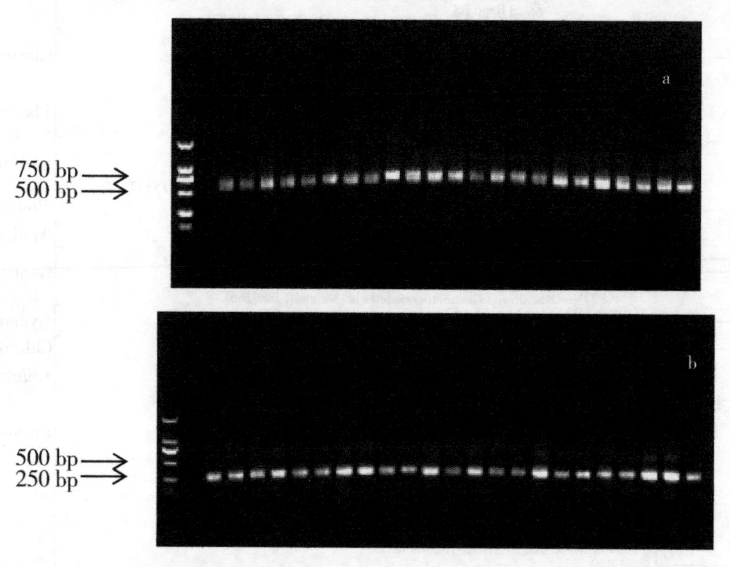

图 4-26 真菌 ITS 基因 PCR 扩增产物的琼脂糖凝胶电泳图

（a 第一次 PCR，b 巢式 PCR）

(2) 真菌群落结构 DGGE 图谱分析 如图 4-27 所示，搬迁前后 2 个土层中相同处理之间真菌 DGGE 图谱重复性较好，因此从中选 2 个重复用于后续试验。

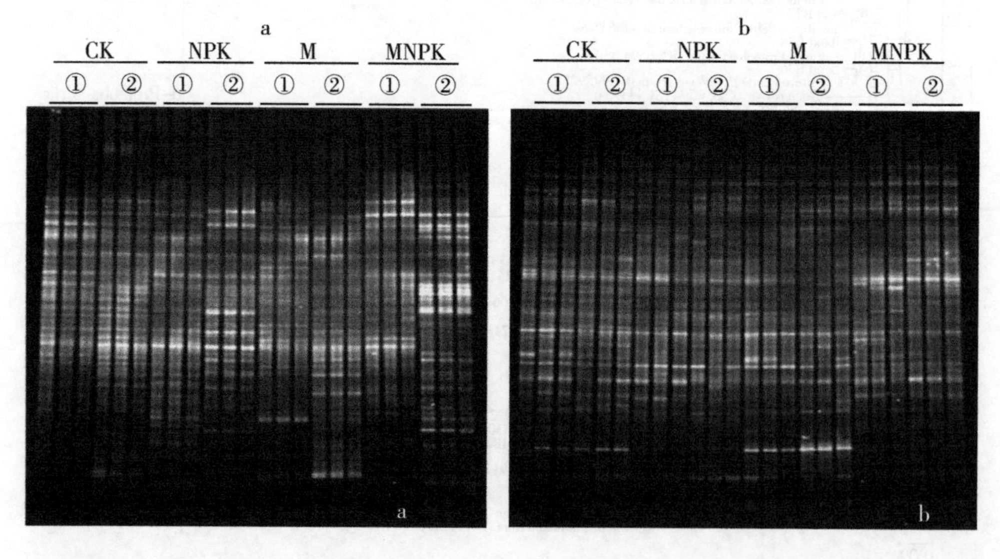

图 4-27 搬迁前（a）和搬迁后（b）真菌 2 个土层不同处理 3 次重复的 DGGE 图谱

注：①为 0~20 cm 土层，②为 20~40 cm 土层。

真菌 DGGE 图谱如图 4-28 所示，2 个土层和不同处理的土壤真菌 DGGE 条带的数量和亮度变化较大。虽然一些条带为所有土壤样品所共有，但这些共有条带的亮度在样品间存在差异，表明这些条带所代表的真菌在不同样品中的丰度不同，如条带 F8 和 F11 在搬迁前 2 个土层各处理中的丰度较高而在搬迁后较低，条带 F36 则相反，在搬迁后 2 个土层各处理中的丰度高于搬迁前。另外，还有一些条带在搬迁前和搬迁后发生了变化，如条带 F35 所代表的真菌只存在于搬迁前各处理土壤中，而条带 F26 和 F47 则只存在于搬迁后各处理土壤中。比较 2 个土层同一处理搬迁前和搬迁后样品的 DGGE 图谱，一些条带的数量或亮度也发生了变化，如在 0~20 cm 土层中条带 F53 存在于搬迁前 M 处理中而在搬迁后没有，条带 F28 和 F40 存在于搬迁后 MNPK 处理中而在搬迁前没有，再如在 20~40 cm 土层中条带 F2 存在于搬迁前 NPK 处理中而在搬迁后没有，条带 F6 和 F54 存在于搬迁后 NPK 处理中而在搬迁前没有，条带 F42 存在于搬迁前 M 处理中而在搬迁后没有，条带 F25、F52 和 F54 存在于搬迁前 MNPK 处理中而在搬迁前没有。以上结果说明发生变化的这些条带所代表的真菌受到了搬迁的影响。

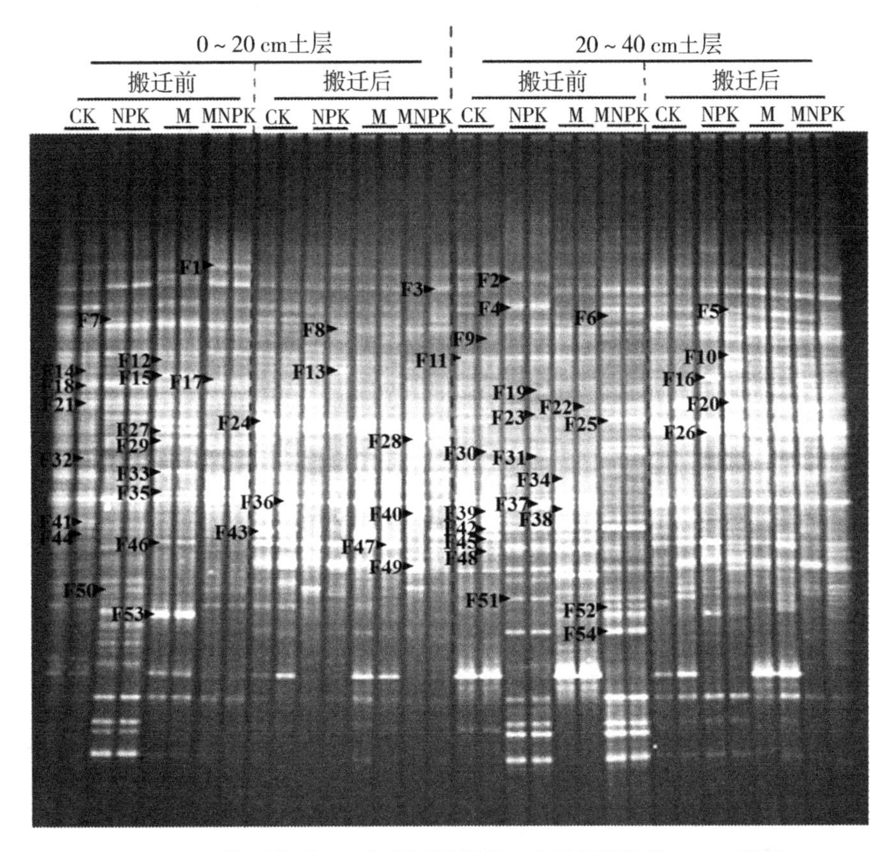

图 4-28 搬迁前后 2 个土层不同处理 2 次重复的真菌 DGGE 图谱

（3）真菌群落结构 DGGE 图谱丰富度、多样性指数和均匀度指数分析 由表 4-16 可知，搬迁前 CK、M 和 MNPK 处理 0~20 cm 土层的 DGGE 图谱丰富度都低于 20~40 cm 土层，只有 NPK 处理 0~20 cm 土层的 DGGE 图谱丰富度高于 20~40 cm 土层，搬迁后 CK 处理 DGGE 图谱丰富度在 2 个土层中相同，NPK 处理 DGGE 图谱丰富度 0~20 cm 土层低于 20~40 cm 土层，其他 2 个处理 DGGE 图谱丰富度 0~20 cm 土层高于 20~40 cm 土层，这说明搬迁对 2 个土层的真菌群落结构产生了影响。在 0~20 cm 土层中除 CK 处理 DGGE 图谱丰富度搬迁前和搬迁后相同和 M 处理 DGGE 图谱丰富度搬迁前低于搬迁后外，其余 2 个处理 DGGE 图谱丰富度搬迁前均高于搬迁后，在 20~40 cm 土层中除 NPK 处理 DGGE 图谱丰富度搬迁前和搬迁后相同外，其余 3 个处理 DGGE 图谱丰富度搬迁前均高于搬迁后。2 个土层各处理搬迁前和搬迁后多样性指数（H）除 0~20 cm 土层 M 处理搬迁前低于搬迁后外，其余均为搬迁前高于搬迁后，同时 2 个土层各处理搬迁前和搬迁后均匀度指数（E）无明显差异。结果表明，搬迁对土壤中真菌群落结构影响不显著。

表 4-16　搬迁前后 2 个土层不同处理土壤真菌群落多样性指数

处理	土层深度/cm	时间	丰富度（S）	多样性指数（H）	均匀度指数（E）
CK	0~20	搬迁前	27.0	3.269 186	0.991 914
		搬迁后	27.0	3.258 990	0.988 820
	20~40	搬迁前	28.0	3.309 472	0.993 178
		搬迁后	27.0	3.273 898	0.993 551
NPK	0~20	搬迁前	33.0	3.478 454	0.994 837
		搬迁后	27.0	3.268 776	0.991 994
	20~40	搬迁前	28.0	3.315 867	0.995 097
		搬迁后	28.0	3.313 634	0.994 625
M	0~20	搬迁前	27.5	3.291 064	0.993 074
		搬迁后	28.0	3.305 487	0.991 982
	20~40	搬迁前	30.0	3.380 494	0.993 913
		搬迁后	25.0	3.203 390	0.995 189
MNPK	0~20	搬迁前	28.5	3.325 861	0.992 867
		搬迁后	25.0	3.191 600	0.991 526
	20~40	搬迁前	29.0	3.351 131	0.995 199
		搬迁后	23.0	3.116 761	0.994 025

（4）真菌群落结构 DGGE 图谱聚类分析　如图 4-29 所示，20~40 cm 土层搬迁前 M、NPK 和 MNPK 3 个处理没有与其他各样品聚合在一起，相似度仅有 40%。在 0~20 cm 土层中搬迁前 NPK 和 MNPK 处理与其他 2 个处理相似度为 45%左右，CK 和 M 处理与搬迁后各处理相似度达到 50%。搬迁后 2 个土层各处理相似度为 53%左右，结果表明，搬迁对 20~40 cm 土层各处理真菌群落结构影响较大，对 0~20 cm 土层 NPK 和 MNPK 处理也有部分影响。

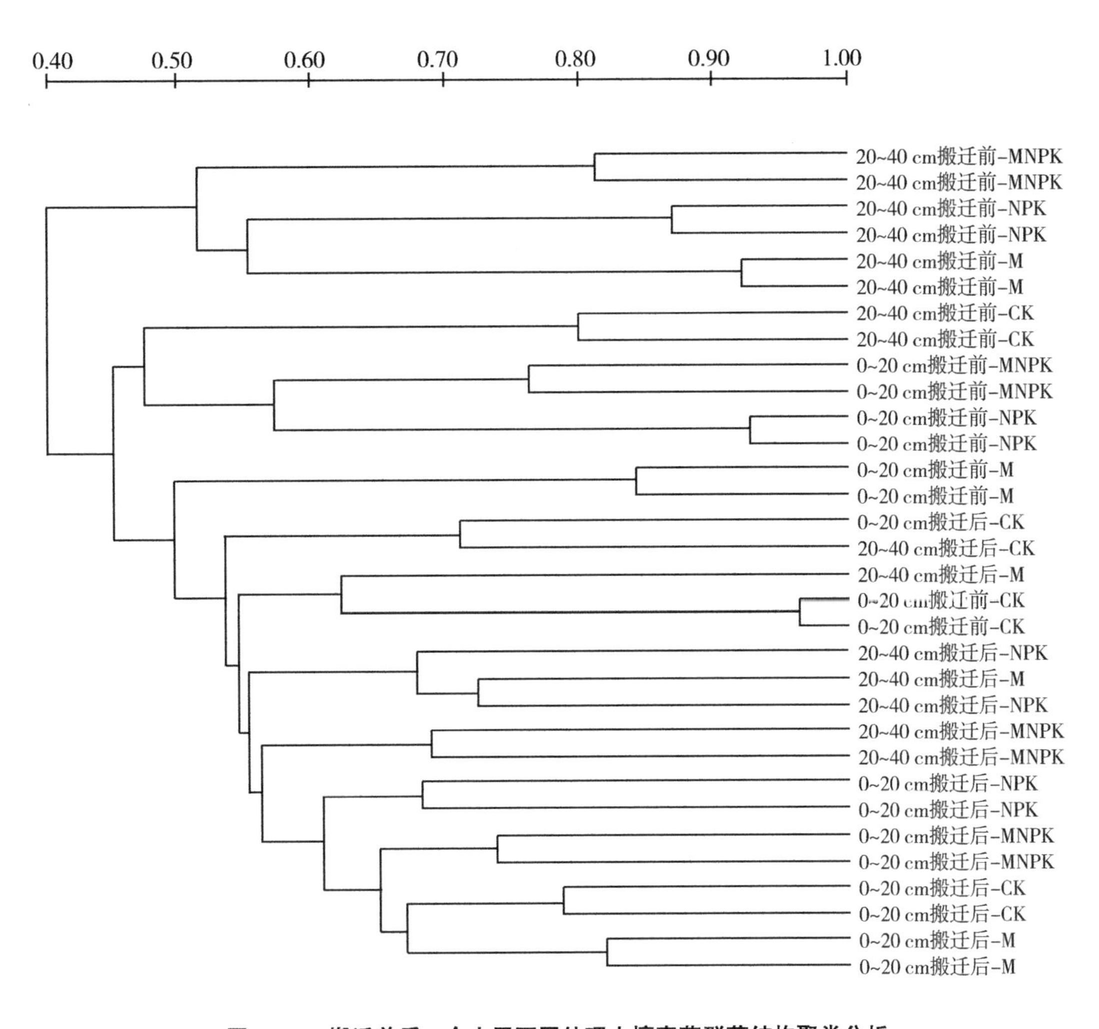

图 4-29　搬迁前后 2 个土层不同处理土壤真菌群落结构聚类分析

(5) 真菌群落结构 DGGE 图谱主成分分析　如图 4-30a 所示，0~20 cm 土层搬迁前后各处理主要分布在第一、第三、第四象限，20~40 cm 土层搬迁前后各处理主要分布在第一、第二象限，同时搬迁后 2 个土层各处理分布较为集中。进一步将 2 个土层分开再进行主成分分析，得到图 4-30b，c。由图 4-30b 可以看出，在 0~20 cm 土层中搬迁前各处理主要分布在 X 轴正方向上，搬迁后各处理主要分布在 X 轴负方向上，另外搬迁前和搬迁后各处理在 Y 轴上的分布规律相一致，从负方向到正方向依次为 M、MNPK、CK 和 NPK，同时搬迁前和搬迁后的 NPK 处理均与其他 3 个处理分异较大。这说明在 0~20 cm 土层中虽然搬迁前和搬迁后产生分异，但各处理间的变化规律相一致。由图 4-30c 可以看出，在 20~40 cm 土层中搬迁前各处理主要分布在 X 轴正方向上，搬迁后各处理主要分布在 X 轴负方向上，这与 0~20 cm 土层相一致，但搬迁前和搬迁后各处理在 Y 轴上的分布规律产生了分异，在搬迁前各处理在 Y 轴上的分布可分为 3 个集合，其中 NPK 和 M 处理为一个集合，其他 2 个处理各为一个集合，并且分异较大；在搬迁后 NPK 和 M 处理分布仍较接近，但 CK 和 MNPK 处理分布也较为接近，这与搬迁前形成较大的差异。这说明在 20~40 cm 土层中搬迁对 MNPK 和 CK 处理产生了影响。

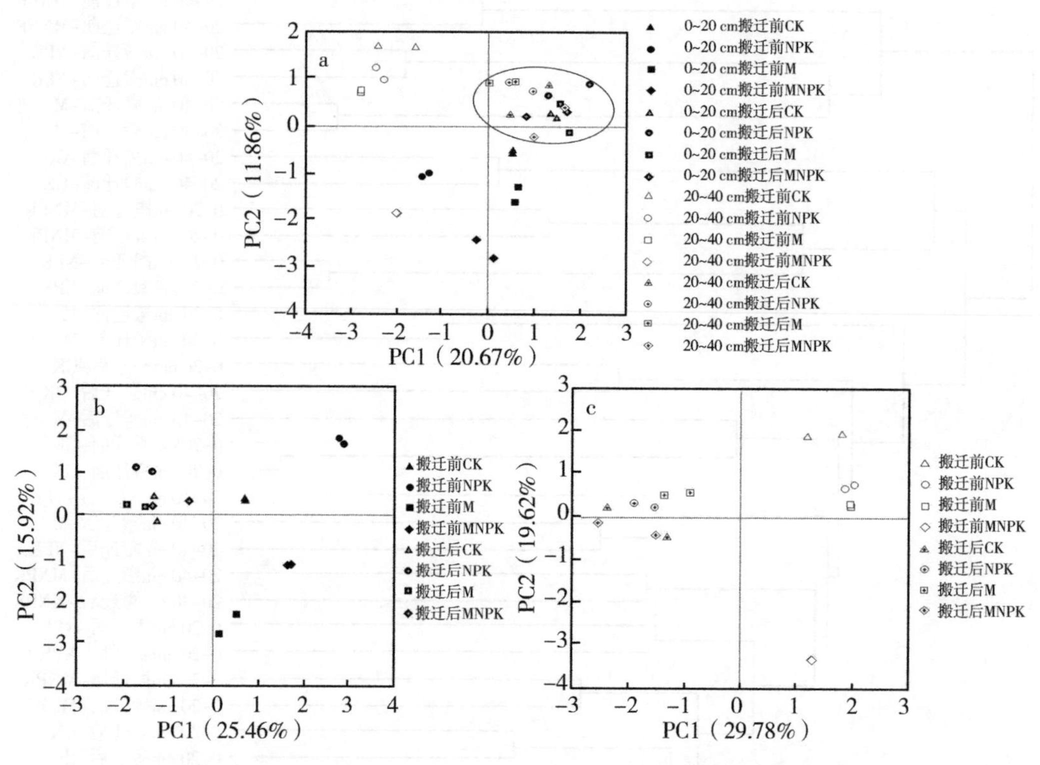

图 4-30　搬迁前后 2 个土层不同处理土壤真菌群落结构主成分分析

（a，所有处理；b，0~20 cm 土层各处理；c，20~40 cm 土层各处理）

（6）真菌群落结构 DGGE 图谱中代表性条带的系统发育分析　真菌 DGGE 图谱中 54 条代表序列的测序结果显示（表 4-17），除 1 条未定地位的真菌 DNA 序列和 5 条尚未分类的真菌 DNA 序列外，其余 48 条 DNA 序列中有 37 条与 NCBI 数据中的 Ascomycota 亲缘关系较近，相似性较高，11 条与 Basidiomycota 的相似性高，54 条 DNA 序列和目前已知真菌菌株或真菌克隆序列相似性达 80%~100%。将测序所得的 54 条真菌 ITS 区序列和 Genbank 已有序列构建系统发育树（图 4-31）可以发现，Ascomycota、Basidiomycota 和未定地位真菌（Fungi incertae sedis）可明显分成 3 个分支，其中 Ascomycota 的 bootstrap 值为 20%，Basidiomycota 的 bootstrap 值相对较高，可达 66%，Fungi incertae sedis 的 bootstrap 值高达 100%，另外 5 条尚未分类的 DNA 序列均聚合在 Ascomycota 的分支中。以上结果表明，虽然农田土壤中真菌群落多样性较丰富，但是在本研究中所检测到的真菌类群相对单一，主要由 Ascomycota 和 Basidiomycota 组成。

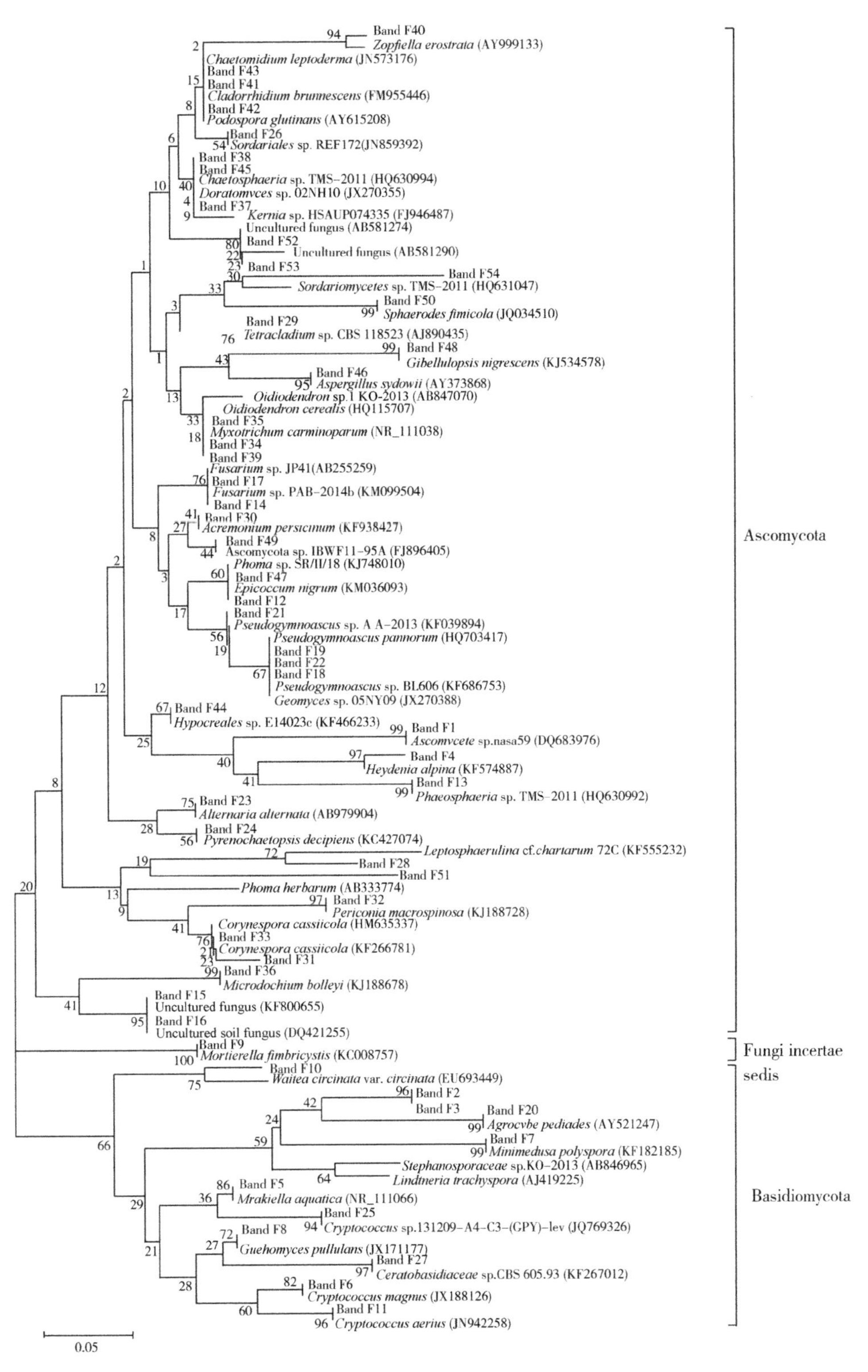

图 4-31　真菌 ITS 序列系统进化树

表 4-17 真菌群落所得序列与 NCBI 数据库相似序列比对结果

DGGE 条带	序列/bp	相近种			比对	相似性/%
		微生物种类	系统发育关系	基因编号		
F1	231	*Ascomycete* sp. nasa59	Ascomycota	DQ683976	222/231	96
F2	317	*Stephanosporaceae* sp. KO-2013	Basidiomycota	AB846965	267/329	81
F3	317	*Lindtneria trachyspora*	Basidiomycota	AJ419225	243/305	80
F4	229	*Heydenia alpina*	Ascomycota	KF574887	227/229	99
F5	206	*Mrakiella aquatica*	Basidiomycota	NR_111066	198/207	96
F6	178	*Cryptococcus magnus*	Basidiomycota	JX188126	178/178	100
F7	244	*Minimedusa polyspora*	Basidiomycota	KF182185	223/224	99
F8	191	*Guehomyces pullulans*	Basidiomycota	JX171177	190/194	98
F9	191	*Mortierella fimbricystis*	Fungi incertae sedis	KC008757	185/191	97
F10	235	*Waitea circinata* var. *circinata*	Basidiomycota	EU693449	215/238	90
F11	205	*Cryptococcusaerius*	Basidiomycota	JN942258	203/205	99
F12	179	*Phoma* sp. SR/II/18	Ascomycota	KJ748010	179/179	100
F13	203	*Phaeosphaeria* sp. TMS-2011	Ascomycota	HQ630992	203/203	100
F14	190	*Fusarium* sp. JP41	Ascomycota	AB255259	189/192	98
F15	212	Uncultured fungus	Fungi	KF800655	209/210	99
F16	212	Uncultured soil fungus	Fungi	DQ421255	212/212	100
F17	188	*Fusarium* sp. PAB-2014b	Ascomycota	KM099504	187/188	99
F18	212	*Pseudogymnoascus pannorum*	Ascomycota	HQ703417	212/212	100
F19	213	*Pseudogymnoascus* sp. BL606	Ascomycota	KF686753	212/213	99
F20	285	*Agrocybe pediades*	Basidiomycota	AY521247	285/285	100
F21	213	*Pseudogymnoascus* sp. A AM-2013	Ascomycota	KF039894	212/213	99
F22	213	*Geomyces* sp. 05NY09	Ascomycota	JX270388	213/213	100
F23	205	*Alternaria alternata*	Ascomycota	AB979904	205/205	100

（续表）

DGGE条带	序列/bp	相近种			比对	相似性/%
		微生物种类	系统发育关系	基因编号		
F24	181	*Pyrenochaetopsis decipiens*	Ascomycota	KC427074	169/181	93
F25	176	*Cryptococcus* sp. 131209－A4－C3－（GPY）－lev	Basidiomycota	JQ769326	176/176	100
F26	177	*Sordariales* sp. REF172	Ascomycota	JN859392	165/166	99
F27	223	*Ceratobasidiaceae* sp. CBS 605. 93	Basidiomycota	KF267012	222/223	99
F28	193	*Leptosphaerulina* cf. *chartarum* 72C	Ascomycota	KF555232	126/142	89
F29	199	*Tetracladium* sp. CBS 118523	Ascomycota	AJ890435	197/201	98
F30	204	*Acremonium persicinum*	Ascomycota	KF938427	203/204	99
F31	186	*Corynespora cassiicola*	Ascomycota	HM635337	183/186	98
F32	191	*Periconia macrospinosa*	Ascomycota	KJ188728	189/191	99
F33	185	*Corynespora cassiicola*	Ascomycota	KF266781	181/185	98
F34	184	*Oidiodendron* sp. 1 KO-2013	Ascomycota	AB847070	171/193	89
F35	208	*Oidiodendron cerealis*	Ascomycota	HQ115707	208/208	100
F36	180	*Microdochium bolleyi*	Ascomycota	KJ188678	179/180	99
F37	214	*Doratomyces* sp. 02NH10	Ascomycota	JX270355	214/214	100
F38	199	*Kernia* sp. HSAUP074335	Ascomycota	FJ946487	197/199	99
F39	208	*Myxotrichum carminoparum*	Ascomycota	NR_111038	199/202	99
F40	182	*Zopfiella erostrata*	Ascomycota	AY999133	170/182	93
F41	205	*Chaetomidium leptoderma*	Ascomycota	JN573176	195/210	93
F42	201	Uncultured Cercophora	Ascomycota	GU055523	198/201	99
F43	211	*Podospora glutinans*	Ascomycota	AY615208	208/211	99
F44	212	*Hypocreales* sp. E14023c	Ascomycota	KF466233	195/197	99

（续表）

DGGE 条带	序列/bp	相近种			比对	相似性/%
		微生物种类	系统发育关系	基因编号		
F45	204	*Chaetosphaeria* sp. TMS-2011	Ascomycota	HQ630994	204/204	100
F46	196	*Aspergillus sydowii*	Ascomycota	AY373868	196/196	100
F47	183	*Epicoccum nigrum*	Ascomycota	KM036093	181/181	10
F48	182	*Gibellulopsis nigrescens*	Ascomycota	KJ534578	182/182	100
F49	201	*Ascomycota* sp. IBWF11-95A	Ascomycota	FJ896405	187/202	93
F50	170	*Sphaerodes fimicola*	Ascomycota	JQ034510	113/113	100
F51	202	*Phoma herbarum*	Ascomycota	AB333774	81/100	81
F52	185	Uncultured fungus	Fungi	AB581274	183/186	98
F53	185	Uncultured fungus	Fungi	AB581290	183/186	98
F54	194	Uncultured fungus	Fungi	JX390213	191/194	98

5. 小结

对同为小麦收获后的搬迁前 2010 年和搬迁后 2013 年土壤微生物群落结构的研究表明，细菌 DGGE 图谱中搬迁前后 2 个土层不同处理所有样品之间具有相似性，而真菌 DGGE 条带的数量和亮度在搬迁前后 2 个土层不同处理样品之间有部分变化，进一步对细菌和真菌 DGGE 图谱进行聚类分析可得，细菌群落结构在 2 个土层各处理中搬迁前后变化不大，而真菌有部分变化，其中真菌搬迁前后 MNPK 处理的变化较大。再对细菌和真菌 DGGE 图谱进行主成分分析可得，0~20 cm 土层细菌和真菌各处理虽然搬迁前后产生分异，但处理间的分布规律相一致，20~40 cm 土层搬迁前和搬迁后 MNPK 和 NPK 处理细菌的分布规律发生了变化，MNPK 和 CK 处理真菌的分布规律发生了变化。综合以上结果表明，搬迁前和搬迁后土壤微生物群落结构受耕作方式、植被类型、土壤肥力和气候变化的影响程度远大于搬迁。

农田黑土中土壤细菌类群主要包括变形杆菌门[Proteobacteria（δ- and γ-）]、放线菌门（Actinobacteria）、酸杆菌门（Acidobacteria）、厚壁菌门（Firmicutes）、浮霉菌门（Planctomycetes）、疣微杆菌门（Verrucomicrobia）、芽单胞菌门（Gemmatimonadetes）、梭菌门（Clostridia）、产黄菌门（Flavobacteria）、绿弯菌门（Chloroflexi）、绿菌门（Chlorobi）、蓝藻细菌门（Cyanobacteria），其中变形菌门[Proteobacteria（δ- and γ-）]和放线菌门（Actinobacteria）是细菌的主要成员，可见这两大门类细菌是黑土的优势类群；土壤真菌类群主要包括子囊菌门（Ascomycota）、担子菌门（Basidiomycota）和未定地位真菌（Fungi incertae sedis），其中子囊菌门（Ascomycota）占 68.5%，为黑土真菌优势类群。

第五节　试验搬迁对土壤腐殖质及其结构影响

一、试验搬迁对结合态腐殖质的影响

土壤有机质是土壤的重要组成成分（Schnitzer，1991），是衡量土壤肥力的重要指标（Doran 和 Safley，1997）。腐殖质是土壤有机质的重要组分之一，它影响着土壤的理化性质和生物学特性。土壤腐殖质根据其结合矿质颗粒的松紧程度，可划分为松、稳、紧 3 种结合态腐殖质（傅积平，1983），它们在土壤中的肥力作用也不尽相同（熊毅，1982）。松结态腐殖质在 3 种结合态中性质最为活跃，活性大、易分解，在调节土壤肥力的作用中贡献最大（Richards 和 Dalal，2007）。紧结态腐殖质与土壤矿质颗粒的结合作用最强，其稳定性最高，而稳结态腐殖质的稳定性则介于松结态和稳结态腐殖质之间（熊毅，1982）。松/紧比值可以表征腐殖质的活性，是衡量腐殖质品质的重要指标。张付申（1997）研究表明，长期施用有机肥或者有机无机配合施用可提高土壤腐殖质的松/紧比值；单施化肥松/紧比值降低。史吉平等（2002）研究结果表明，有机无机配施能提高 3 种土壤腐殖质的松/紧比值。

利用长期定位试验研究腐殖质是比较有效的方法，然而对于长期定位试验搬迁后土壤腐殖质的变化研究较少。本节在长期定位试验原状土搬迁的基础上，对搬迁前后黑土不同结合形态腐殖质进行了研究，揭示土壤搬迁前后的数据衔接性，为长期定位试验原状土搬迁提供可行性依据。

（一）试验搬迁对土壤有机碳及重组有机碳含量的影响

重组有机碳是对土壤有机碳进行密度分组的结果。重组有机碳包括有机-矿质复合的土壤有机碳，这部分碳更难分解，也可以称为真正的土壤腐殖质，它的 C/N 比较低，周转较慢，因而结合的土壤矿质颗粒多且牢固，故密度较大。

试验结果显示（表 4-18），搬迁前土壤有机碳含量为 12.87~16.20 g/kg，0~20 cm 土层有机碳含量高于 20~40 cm 土层，各处理以 MNPK 处理含量最高；搬迁后 2012—2013 年土壤有机碳含量为 12.28~15.07 g/kg，略低于搬迁前，其他规律与搬迁前相同。搬迁后 2012 年与搬迁前 2010 年相比，CK、MNPK 处理的土壤有机碳略有下降，平均降幅分别为 6.5%、7.7%，NPK、M 处理略有上升，平均增幅分别为 4.9%、3.6%。而搬迁后 2013 年与搬迁后 2012 年相比，CK、M、MNPK 处理土壤有机碳又有所上升，平均增幅分别为 7.1%、1.0%、2.3%，NPK 处理土壤有机碳平均降低 4.6%。20~40 cm 土层的变化幅度高于 0~20 cm 土层。

搬迁前 2010 年土壤有机碳含量（y）与重组有机碳含量（x）之间呈极显著正相关关系（$y=0.579x+4.258$，$r_{0.01}=0.996$，$n=8$），这种相关关系说明土壤中有机物质在转化的过程中逐渐参与了有机无机的复合。搬迁后二者依然呈现极显著正相关关系（2012 年：$y=0.672x+3.067$，$r_{0.01}=0.975$，$n=8$。2013 年：$y=0.753x+2.072$，$r_{0.01}=0.978$，$n=8$），重组有机碳在不同处理和土层间的变化规律与土壤有机碳相同。2012 年与 2010 年相比，CK、MNPK 处理的重组有机碳分别平均下降 3.5%、3.4%，

NPK、M 处理分别平均上升 3.0%、3.7%。2013 年与 2012 年相比，CK、M、MNPK 处理的重组有机碳分别平均上升 7.6%、1.6%、3.2%，NPK 处理平均下降 3.7%。20~40 cm 土层在 3 个年度间的变化幅度大于 0~20 cm 土层。

表 4-18　试验搬迁前后有机碳及重组有机碳的变化　单位：g/kg

土层深度	处理	土壤有机碳			重组有机碳		
		2010	2012	2013	2010	2012	2013
0~20 cm	CK	13.56	12.41	13.17	12.11	11.40	12.26
	NPK	14.29	14.38	14.39	12.49	12.59	12.67
	M	14.67	14.48	14.63	12.67	12.77	12.87
	MNPK	16.20	14.82	15.07	13.66	13.01	13.46
20~40 cm	CK	12.87	12.28	13.27	11.58	11.45	12.33
	NPK	11.79	12.86	11.68	11.14	11.71	10.78
	M	13.08	14.18	14.32	11.93	12.73	13.05
	MNPK	15.41	14.36	14.79	13.24	12.98	13.36

（二）试验搬迁对土壤有机无机复合程度的影响

土壤复合量和复合度用来表示土壤中有机物质与无机矿物质的复合程度，可以反映土壤的肥力状况，是表征土壤有机质与矿物质复合的重要数量指标。有机物料的追加复合量是指土壤在肥力提高的过程中，有机物料所增加的复合有机碳量占土壤的质量分数；追加复合度则是有机物料增加的复合有机碳量占有机碳总量增加值的质量分数。

如表 4-19 所示，搬迁前 M、MNPK 处理原土复合量高于其他处理，0~20 cm 土层的原土复合量高于 20~40 cm 土层。搬迁后其变化规律与搬迁前相同。与搬迁前 2010 年相比，搬迁后 2012 年 CK 与 MNPK 处理的原土复合量分别下降了 4.3%、2.3%，M 与 NPK 处理分别上升了 2.3%、3.9%。搬迁后 2013 年与 2012 年相比，CK、M、MNPK 处理的原土复合量分别回升了 10.9%、5.6%、6.3%，NPK 处理下降了 1.1%，各处理在 3 a 间的变化不大。张电学等（2006）的研究表明，单施化肥短期内可使黑土原土复合量趋于增加，但长期施用会使原土复合量趋于减少，长期配施有机无机肥可提高土壤复合量。本试验中，搬迁后施用有机肥的处理土壤复合量先下降后上升，施用化肥的处理土壤复合量先上升后下降，可能是因为搬迁后在周边环境的影响下，土壤复合量出现了波动，施用化肥后短期内土壤复合量增加，但长期施用土壤复合量降低；施用有机肥的肥效比化肥慢，但长期施用可提高土壤复合量。

3 个年度原土复合度的顺序基本符合 CK>NPK>M>MNPK，20~40 cm 土层的复合度高于 0~20 cm 土层，说明施用有机肥改善了土壤有机无机复合状况，且对 0~20 cm 土层的作用效果更大。已有研究显示，土壤原土复合度的提高在一定程度上表征着新鲜有机碳的减少，土壤趋于老化。搬迁前后土壤的原土复合度随着年限的增加逐年上升，但从总体趋势来看搬迁对原土复合度的影响不大。搬迁前后的追加复合量均为 0~20 cm

土层大于 20~40 cm 土层，追加复合度的规律则相反；MNPK 处理的追加复合量大于 M 处理，其追加复合度小于 M 处理，搬迁后这种处理间的规律没有变化；3 个年度间的土壤追加复合量及追加复合度有了较大变化，且变化规律为先升高再降低。有研究指出，土壤追加复合度随着种植年限的增加趋于增加，可能是非复合碳比复合体中的碳分解快造成的（李建明等，2011）。搬迁前后 2 个有机肥处理土壤的追加复合量及追加复合度变化幅度较大，且变化规律为先升高再降低，其原因可能是搬迁后在环境变化的影响下，土壤中微生物的活动更加活跃，加快了有机物料的碳分解，使追加复合量及追加复合度大幅上升。

表 4-19　试验搬迁对土壤有机无机复合程度的影响

土层深度	处理	原土复合量/(g/kg)			原土复合度/%			追加复合量/(g/kg)			追加复合度/%		
		2010	2012	2013	2010	2012	2013	2010	2012	2013	2010	2012	2013
0~20 cm	CK	11.14	10.53	11.48	82.15	84.85	87.17	—	—	—	—	—	—
	NPK	11.27	11.81	12.11	78.87	82.13	84.16	—	—	—	—	—	—
	M	11.61	11.77	12.30	79.14	81.28	84.07	0.47	1.24	0.82	42.34	59.90	56.16
	MNPK	12.24	11.94	12.52	75.56	80.57	83.08	1.10	1.41	1.04	41.67	58.51	54.74
20~40 cm	CK	10.77	10.44	11.76	83.68	85.02	88.62	—	—	—	—	—	—
	NPK	10.85	10.82	10.31	92.03	84.14	88.27	—	—	—	—	—	—
	M	10.88	11.58	12.35	83.18	81.66	86.24	0.11	1.14	0.59	52.38	60.00	56.19
	MNPK	11.94	11.68	12.59	77.48	81.34	85.13	1.17	1.24	0.83	46.06	59.62	54.61

（三）试验搬迁对土壤结合态腐殖质组成的影响

土壤中的腐殖质大多数与矿质颗粒相结合形成有机无机复合体，游离态腐殖质为数不多。从表 4-20 可以看出，搬迁前 0~20 cm 土层的松结态腐殖质含量小于 20~40 cm 土层。搬迁后 2012 年 3 个施肥处理 20~40 cm 土层的松结态腐殖质含量下降，低于 0~20 cm 土层，搬迁后 2013 年的规律又恢复到与搬迁前相同。搬迁后 2012 年与搬迁前 2010 年相比，土壤松结态腐殖质含量为 0~20 cm 土层上升，20~40 cm 土层下降，20~40 cm 土层的变化幅度远大于 0~20 cm 土层，平均值表现为 CK 处理上升 7.1%，其他施肥处理下降 6.2%~11.6%；与 2012 年相比，搬迁后 2013 年 CK 处理下降了 2.5%，其他处理上升 1.0%~18.9%。搬迁前后土壤稳结态腐殖质在 2 个土层间的含量无明显规律。M 处理在搬迁后 2012 年上升 92.2%，2013 年下降 45.9%；MNPK 处理在 2012 年下降 27.8%，2013 年上升 62.8%，其他处理变化幅度较小。土壤紧结态腐殖质含量在搬迁前后均表现为 0~20 cm 土层低于 20~40 cm 土层，搬迁前后 3 个年度，3 个施肥处理的土壤紧结态腐殖质含量表现为先升后降，CK 处理则相反，且 20~40 cm 土层的变化幅度更大。土壤结合态腐殖质中松结态腐殖质的活性最高，它是新鲜的腐殖质，对土壤肥力的贡献最为明显。在本试验中，搬迁对松结态腐殖质的影响大于对稳结态和紧结态腐殖质的影响，这与松结态腐殖质的活跃性大于其他 2 种结态腐殖质有关。在已有的对长期施肥试验的相关研究中，0~20 cm 土层的养分含量及腐殖质的数量均大于 20~40 cm 土层，施肥等措施更多地补充了 0~20 cm 土层的肥力；本试验中，搬迁后 3 个施肥处理 0~20 cm 土层的松结态腐殖质仍表现为随着施肥年限的增加呈现逐年升高的趋势，而 20~40 cm 土层的松结态腐殖质则出现了先降低后升高的变化趋势，可能与施肥对 0~20 cm 土层的补充使其受环境变化的影响更小有关。

表 4-20　试验搬迁对黑土结合态腐殖质组成的影响　　单位：g/kg

土层深度	处理	松结态腐殖质			稳结态腐殖质			紧结态腐殖质		
		2010	2012	2013	2010	2012	2013	2010	2012	2013
0~20 cm	CK	5.18	5.95	5.46	0.64	0.70	0.62	6.29	4.75	6.18
	NPK	5.99	6.38	6.69	0.86	0.90	0.70	5.64	5.31	5.28
	M	7.33	7.54	7.59	0.94	1.91	0.97	4.40	3.32	4.31
	MNPK	9.01	8.49	8.98	1.36	1.00	1.54	3.29	3.52	2.94
20~40 cm	CK	6.05	6.01	6.20	0.67	0.94	0.64	4.86	4.50	5.49
	NPK	7.44	6.04	5.87	1.01	0.92	0.59	2.69	4.75	4.32
	M	8.97	6.64	9.10	1.01	1.83	1.05	1.95	4.26	2.90
	MNPK	9.61	7.98	9.81	1.34	0.95	1.63	2.29	4.05	1.92

（四）试验搬迁对土壤松/紧比值的影响

松结合态腐殖质主要是新鲜的腐殖质，活性大于其他结合形态腐殖质；紧结合态腐殖质不易分解转化，在土壤中的活性较小，很难被植物吸收利用，主要起到储存有机质的作用。因此，松/紧比值高的土壤，肥力较高。图 4-32 为搬迁前后不同处理间土壤松/紧比值的变化情况。MNPK 处理的松/紧比值在搬迁前后均为 4 个处理中的最高值，

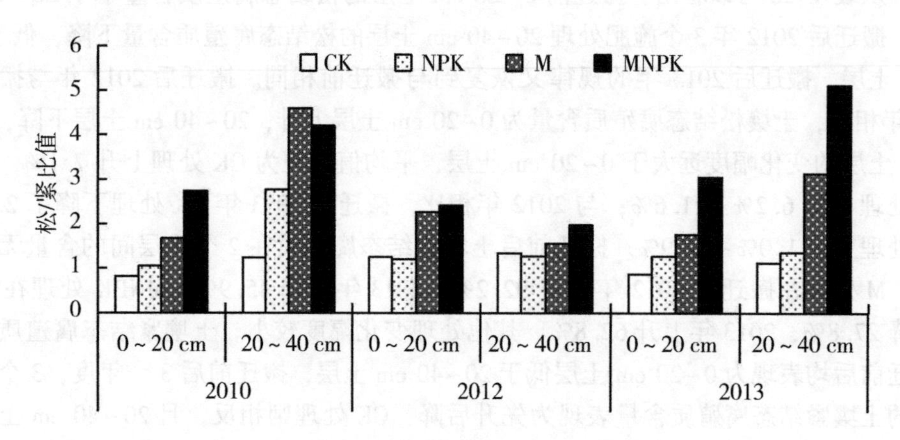

图 4-32　搬迁前后土壤的松/紧比值

0~20 cm 土层的松/紧比值在搬迁前后变化不明显，3 个施肥处理 20~40 cm 土层的松/紧比值在搬迁后 2012 年变化幅度较大，下降了 53.1%~66.1%，搬迁后 2013 年又有所回升，回升后处理间的规律与搬迁前相同，但仍低于搬迁前。

(五) 小结

搬迁前后 4 个处理土壤有机碳及重组有机碳的规律均为 CK<NPK<M<MNPK，变化幅度较小，土壤有机碳和重组有机碳含量的变化可能属于年际间正常波动，与气候、作物轮作及施肥不同有关。搬迁前后重组有机碳与土壤有机碳间均呈极显著的正相关关系，搬迁对土壤有机碳及重组有机碳的影响不大。

史吉平等（2002）对 3 种土壤结合态腐殖质的研究结果表明，NPK、M、MNPK 3 个处理均相应提高了松结态腐殖质碳在土壤中的相对含量，降低了土壤紧结态腐殖质碳的相对含量，而对土壤中稳结态腐殖质碳相对含量的影响不明显。在本试验中，各处理松结态腐殖质搬迁前后相对含量变化不大，主要表现在稳结态腐殖质的降低和紧结态腐殖质的升高上，说明长期合理施肥，特别是有机无机配施，不仅能够活化土壤腐殖质，提升腐殖质的品质，达到提升土壤肥力的作用，还能在土壤遭到环境及土体变化时提升土壤对外界环境的缓冲能力。

有研究表明，土壤原土复合度的提高在一定程度上表征着新鲜有机碳的减少，土壤趋于老化（Slepetiene 和 Slepetys，2005）。本试验中，搬迁后各处理原土复合量和原土复合度均呈现下降趋势，可能是因为土壤搬迁后受周边环境的影响，或者说新环境更有利于激发土壤中某些微生物的活性，促进土壤形成新的团聚体，从而提高土壤的养分调控能力，这还需多年调查进一步证实。原土复合量与土壤有机碳及土壤重组有机碳含量呈极显著正相关关系，这与刘淑霞等（2008）的研究结果一致，说明土壤中的有机物质复合程度很高，大部分的有机质都与无机胶体相结合，组成了有机无机物质的复合体。本试验中，原土复合度与土壤有机碳及重组有机碳含量之间未呈显著相关关系，可能与年际间气候、作物不同影响了土壤复合状况有关。

土壤追加复合量及追加复合度是衡量有机物料的加入对土壤肥力改善程度的重要指标，表征着土壤的保肥能力。本试验中 MNPK 处理的追加复合量大于 M 处理，追加复合度小于 M 处理，这与 2 个处理的原土复合量及复合度差异规律相同，表明施用有机肥促进了土壤有机质的积累和转化，有机无机配施对土壤有机无机复合状况的调控优于单施有机肥。搬迁前 MNPK 处理的追加复合量大于 M 处理，追加复合度小于 M 处理；搬迁后处理间的规律没有变化。土壤追加复合度随着种植年限的增加趋于增加，可能是由于非复合碳比复合体中碳的分解快（李建明等，2011）。

综合上述分析，搬迁前后土壤腐殖质的结合形态有不同程度的变化，虽然其变化不一定都是土壤搬迁的变化引起的，但是在某种程度上可以说，施有机肥的处理（M、MNPK）受环境的变化影响较小，或者说土壤的缓冲能力增加。

二、试验搬迁对黑土腐殖质不同组分数量的影响

土壤腐殖质是土壤有机质的重要组成部分，作为养分源主要是碳源和氮源，在土壤肥力、环境保护和农业可持续发展等方面具有重要作用。土壤腐殖物质可分为 3 个组

分，即胡敏酸（HA）、富里酸（FA）和胡敏素（HM）。研究显示，土壤腐殖质的含量始终处在动态变化中，因其进入土壤的有机物料一部分被微生物同化，一部分木质素或其分解的中间产物（多元酚、多元醌、氨基酸等）经腐殖化作用进一步缩合成为高分子的腐殖物质胡敏酸、富里酸和胡敏素（于水强，2003）。腐殖物质含量的多少取决于形成量和分解量的相对大小（Stevenson，1982）。对长期定位试验搬迁前后黑土中腐殖质组成的变化规律进行研究，为长期定位试验土壤搬迁前后的数据衔接以及搬迁标准体系的建立提供依据。

（一）试验搬迁对黑土可溶性碳含量的影响

土壤可溶性碳是在土壤与水体中由一系列结构、大小不同的分子构成的可溶于水的有机碳的总称。可溶性碳在土壤中只占有机碳总量的极小一部分，但其对活化土壤中的营养物质、迁移转化重金属以及分解有机物有着重要的作用。同时，可溶性碳在土壤中较为不稳定，易分解矿化，是为植物及土壤微生物提供活性养分的重要碳素，其在土壤中的变化直接影响着植物生长和土壤微生物的活动。

有研究表明，土壤可溶性碳含量受土壤微生物影响较大。一方面，微生物能分解土壤中有机物料，使其转化为可溶性碳；另一方面，微生物又可以高效利用土壤可溶性碳，促使土壤可溶性碳含量明显下降。如图 4-33 所示，在搬迁前后的 3 个年度中，各个处理的土壤可溶性碳含量大小顺序均为 MNPK>M>NPK>CK，说明长期施肥均可不同程度地提高土壤可溶性碳含量，而有机无机配施能最大程度地促进土壤可溶性碳的积累，增加土壤肥力。在搬迁后 2012 年，4 个处理土壤可溶性碳含量与搬迁前相比，增加了 2.8%~34.4%，其中 20~40 cm 土层的变化幅度大于 0~20 cm 土层；至 2013 年，土壤可溶性碳含量降低，4 个处理下降了 48.9%~60.5%，20~40 cm 土层的变化幅度仍大于 0~20 cm 土层。在 3 个年度间的对比中，M、MNPK 处理的变化幅度小于 CK、NPK 处理，可能与这 2 个施用有机物料的处理中土壤微生物对可溶性碳的分解作用较强有关。在搬迁后 2012 年土壤可溶性碳含量上升，可能是由于搬迁扰动了土壤微生物，使土壤可溶性碳含量在搬迁后 2012 年表现出较大的波动，但其对土壤可溶性碳的作用

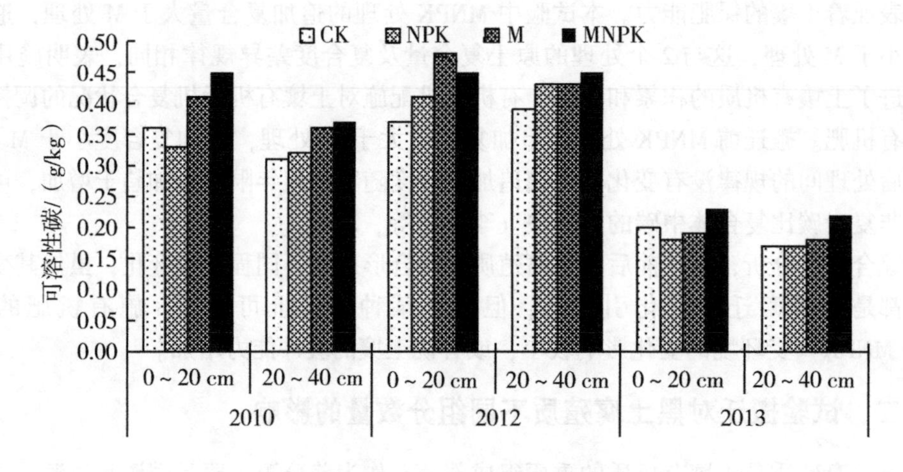

图 4-33　试验搬迁对黑土中可溶性碳含量的影响

规律仍需在后续试验中进行进一步验证。

（二）试验搬迁对黑土可提取腐殖质含量的影响

可提取腐殖质（HE）是土壤中能够被碱性溶液提取的腐殖物质，是 HA 和 FA 的总和。有机物料在土壤酶和微生物的作用下，分解形成 HE，它是一种高分子化合物，一般由一个或多个芳香结构或非芳香核结构的分子与连接在外的活性官能团组成，是由一系列复杂的分子组成的聚类物质。其起源物质和构成条件多样，具有高度非均质性。

如图 4-34 所示，搬迁前后 3 个年度中，4 个处理土壤 HE 的含量大小顺序为 MNPK>M>NPK>CK。于淑芳等（2002）在褐土、棕壤、潮土上的研究表明，在长期定位施肥试验中，化肥与有机肥配合施用对土壤腐殖酸的增加幅度大于单施化肥。本试验的结果与上述研究一致，长期施肥提高了土壤可提取腐殖质的含量，肥料中的有机物料以及施肥所增加的作物根茬带来的有机物增加了土壤的腐殖化程度。

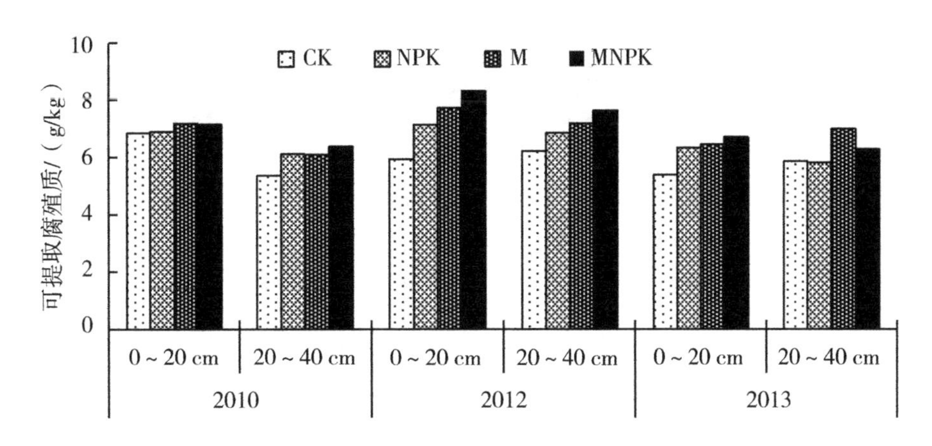

图 4-34 试验搬迁对黑土中可提取腐殖质含量的影响

有研究显示，土壤 HE 的含量始终处于动态变化中，因为进入土壤的有机物料一部分被微生物同化，一部分木质素或其分解的中间产物（多元酚、多元醌、氨基酸等）经腐殖化作用进一步缩合成高分子的腐殖物质（包括 HA、FA、HM）。腐殖物质含量的多少取决于形成量和分解量的相对大小。在搬迁后的 2012 年，4 个处理土壤 HE 含量与搬迁前相比，在 0～20 cm 土层增加了 3.5%～16.1%，在 20～40 cm 土层增加了 12.1%～19.9%；在 2013 年，土壤 HE 含量降低，4 个处理在 0～20 cm 土层分别下降了 9.4%～16.6%，在 20～40 cm 土层下降了 5.6%～17.8%。搬迁后土壤 HE 含量在 2 个年度的变化中，20～40 cm 土层的变化大于 0～20 cm 土层，且 2 个土层中均以 MNPK 处理变化幅度最大。

（三）试验搬迁对黑土胡敏酸含量的影响

土壤胡敏酸（HA）包括一系列分子量大小不相等的高分子聚合物，具有高分子聚合物所共有的分散性。它的形成条件不尽相同，腐解物质来源多样，因此胡敏酸也具有很强的非均质性。胡敏酸是腐殖质中非常关键的部分，能够提高土壤吸水性、保水保肥能力，同时能够促进土壤团聚体形成。因此，一般认为胡敏酸对土壤团聚结构形成及养分供应、肥力调控等方面具有更为重要的作用。

如图 4-35 所示，搬迁前后 3 个年度中，各处理土壤 HA 含量大小顺序均为 MNPK>M>NPK>CK，化肥的施用能基本维持土壤中 HA 的平衡，有机物料的施入不但增加了土壤有机质含量，同时改善了有机质的品质，促进了土壤胡敏酸的积累。

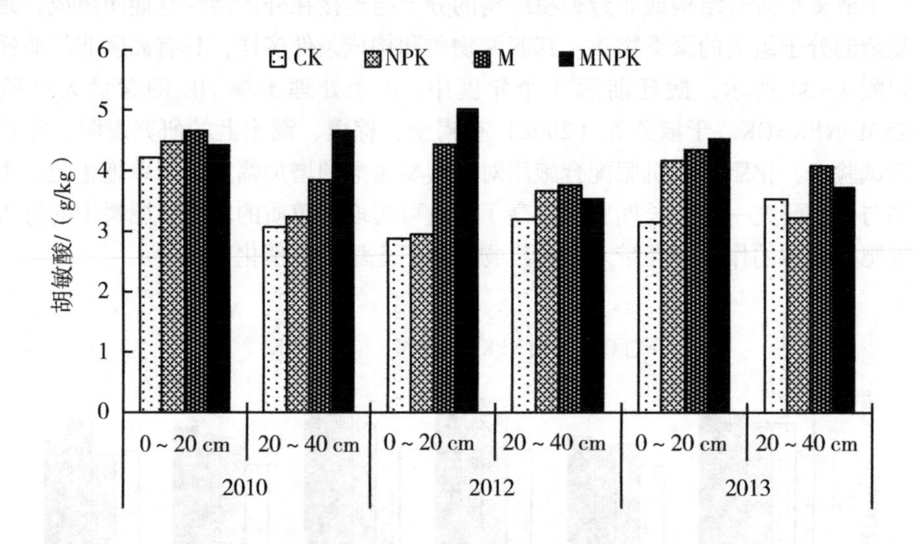

图 4-35　试验搬迁对黑土中胡敏酸含量的影响

在搬迁后 2 个年度，CK、NPK 处理在 0~20 cm 土层先分别降低 31.8%、34.1%，又分别升高 9.3%、41.4%；在 20~40 cm 土层先分别升高 50.8%、13.3%，又分别降低 23.5%、12.0%。M、MNPK 处理在 0~20 cm 土层先分别升高 5.0%、13.3%，又均降低 2%；在 20~40 cm 土层先分别降低 2.3%、34.0%，又分别升高 8.5%、21.3%。搬迁对土壤 HA 的影响在 2 个土层中差异不明显，但在处理间的影响趋势不同，表现为 CK 处理与 NPK 处理趋势相同、M 处理与 MNPK 处理趋势相同，说明有机物料的加入影响着搬迁对 HA 的扰动结果，但其对 HA 的影响机制还需在后续试验中进一步探明和验证。

（四）试验搬迁对黑土富里酸含量的影响

土壤富里酸（FA）是腐殖质中既能溶于酸又能溶于碱的部分，它呈酸性，可移动性强、活性大、氧化程度高，具有促进土壤中矿物质分解与释放的作用。土壤 FA 分子量小于 HA，是形成土壤 HA 的初级物质，同时也是 HA 分解后的初级产物，起到更新和积累 HA 的重要作用。FA 在不同施肥处理下的含量变化，表征着土壤 HA 的更新和积累。

如图 4-36 所示，4 个处理的土壤 FA 含量在不同年度的大小顺序并不相同，3 个年度的平均值为 MNPK>NPK>M>CK。在搬迁后的 2012 年，4 个处理土壤 FA 含量与搬迁前相比，在 0~20 cm 土层增加了 16.8%~73.4%，在 20~40 cm 土层增加了 10.8%~142.0%；在 2013 年，土壤 FA 含量降低，4 个处理在 0~20 cm 土层下降了 27.1%~48.1%，在 20~40 cm 土层下降了 15.0%~38.1%。有机肥或有机无机配施均有利于土壤 FA 的积累，土壤 FA 含量在搬迁后 2 个年度的变化中，20~40 cm 土层的变化大于

0~20 cm 土层，且 2 个土层中以 M、MNPK 处理的变化幅度最大。

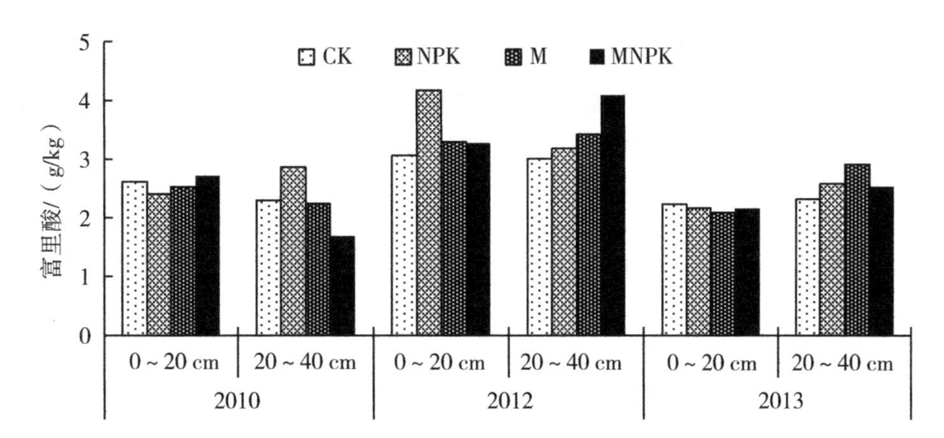

图 4-36 试验搬迁对黑土中富里酸含量的影响

（五）试验搬迁对黑土胡/富比值的影响

胡敏酸（HA）与富里酸（FA）的比值（胡/富比值）表征着土壤腐殖酸的活力程度。与土壤中胡敏酸和富里酸的绝对数量相比，胡/富比值能更全面地反映不同培肥措施下土壤腐殖质活力和土壤肥力水平的变化。

在本试验中（图 4-37），4 个处理土壤的胡/富比值在不同年度的大小顺序略有差异，但其平均值为 MNPK>M>NPK>CK。施用化肥、有机肥和有机无机配施均增加了土壤的胡/富比值，且有机肥与有机无机配施的效果远大于化肥。

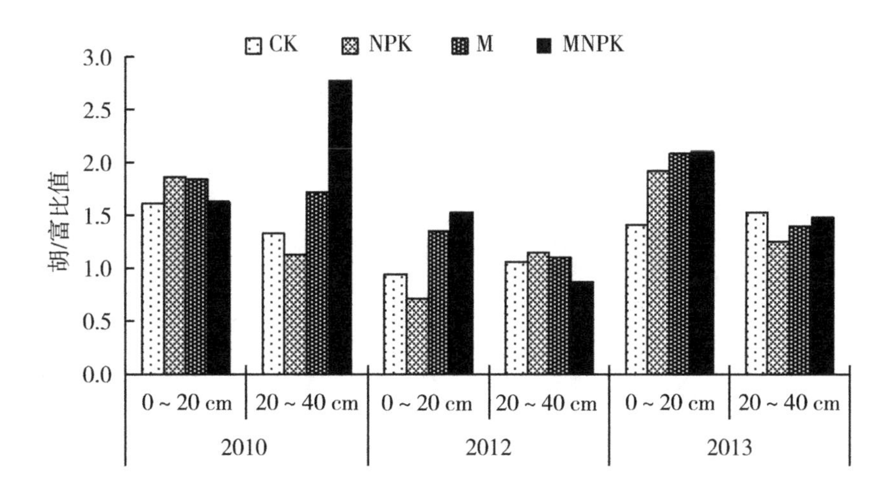

图 4-37 试验搬迁对黑土中胡/富比值的影响

在搬迁后的 2012 年，4 个处理土壤的胡/富比值与搬迁前相比，在 0~20 cm 土层减少了 0. 10~1. 15，在 20~40 cm 土层减少了 0. 02~2. 01；在 2013 年，土壤的胡/富比值有所增加，4 个处理在 0~20 cm 土层上升了 0. 47~1. 21，在 20~40 cm 土层上升了 0. 10~0. 72。土壤的胡/富比值在 20~40 cm 土层和 0~20 cm 土层的变化以及在处理间的变化没有明显规律。

土壤胡/富比值的降低可能是由于有机物料迅速分解使土壤中的类 FA 以及新形成的 FA 大量增加；另外，土壤胡/富比值的增加表明新形成的 FA 以及一些小分子组分在矿化分解的同时，又进一步缩合成为结构复杂的 HA。因此，在本试验中，搬迁后土壤中有机物料的分解增加，土壤中新生 FA 的数量增加导致了土壤的胡/富比值有的降低，但随着土壤对环境的适应，以及 FA 向 HA 的转化，土壤的胡/富比值开始回升。目前，人们对 HA、FA 形成的时间顺序还只是停留在推测阶段，但可以肯定的是，HA 和 FA 在不同的环境条件下其数量互为消长，从而导致不同时期和不同条件下土壤中胡/富比值的变化。

（六）试验搬迁对黑土胡敏素含量的影响

胡敏素（HM）是腐殖质中在任何 pH 条件下都不溶于水的组分。正是因为这种性质，胡敏素不易被提取分离。与现有的对胡敏酸和富里酸的研究结果相比，对胡敏素的研究则很少。胡敏素碳占土壤有机碳含量的 50%以上，在维持土壤结构、保持土壤养分以及土壤中的营养元素循环等方面都起到重要的功效，是腐殖质的重要组成部分。

各处理的土壤 HM 含量平均为 MNPK>M>NPK>CK，长期施用化肥、有机肥或有机无机配施都可以增加土壤胡敏素的含量。

如图 4-38 所示，在搬迁后的 2012 年，土壤 HM 含量与搬迁前相比变化没有明显规律，在 4 个不同处理以及 2 个土层间仅有较小幅度的增减变化。在 2013 年，土壤 HM 含量有所增加，4 个处理在 0~20 cm 土层中增加了 1.6%~34.4%，在 20~40 cm 土层中增加了 12.1%~30.8%。胡敏素随着施肥年份的增加而积累，且土壤胡敏素结构复杂，不易被分解转化，故而在搬迁过程中受到的影响较小。

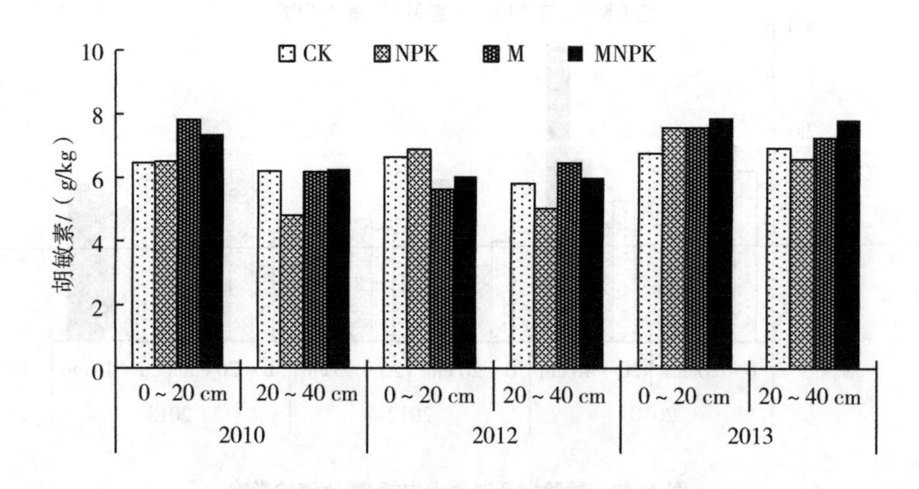

图 4-38　试验搬迁对黑土中胡敏素含量的影响

（七）小结

在搬迁后的 2012 年土壤可溶性碳数量上升，可能是由于搬迁影响了土壤微生物的活性，使可溶性碳含量表现出较大的波动。土壤 HE 含量在搬迁后 2 个年度的变化中，20~

40 cm 土层的变化幅度大于 0~20 cm 土层，且 2 个土层均以 MNPK 处理变化幅度最大。搬迁对土壤 HA 的影响在 2 个土层中的差异不明显，但在处理间的影响趋势不同，表现为 CK 与 NPK 处理趋势相同、M 与 MNPK 处理趋势相同，说明有机物料的加入影响着搬迁对 HA 的扰动结果。有机肥或有机无机配施均有利于土壤 FA 的积累，土壤 HA 含量在搬迁后的变化中，20~40 cm 土层的变化幅度大于 0~20 cm 土层，且 2 个土层以 M、MNPK 处理变化幅度最大。搬迁后土壤中有机物料的分解增加，土壤中新生 FA 的数量增加，导致有的土壤胡/富比值降低，随着土壤对环境的适应，以及 FA 向 HA 的转化，土壤的胡/富比值开始回升。胡敏素随着施肥年份的增加而积累，且土壤胡敏素结构复杂，不易被分解转化，故而在搬迁过程中受到的影响较小。

三、试验搬迁对黑土腐殖质光学性质的影响

腐殖质溶液一般呈暗棕色或棕黑色，腐殖质溶液的颜色可体现出其含量的差异（Ualantinl 和 Rosell，2011）。腐殖质溶液的颜色往往取决于其化学结构，腐殖质的发色团，包含 O、N、S 官能团以及共轭双键，都与其颜色有着密切的联系，不同土壤类型、不同分级组分的腐殖质颜色各不相同。在研究中，常常将腐殖质在特定可见光波段下的光学性质作为判定腐殖质性质的重要指标（文启孝，1984）。科诺诺娃（1986）研究发现，腐殖质溶液吸收光谱曲线的斜率（E_4/E_6）反映着芳香环在腐殖质分子中的缩合程度、芳构化程度等。E_4/E_6越大，光密度则相应越小，腐殖质分子中的芳香环缩合程度、芳构化程度越小。色调系数$\triangle\log K$可以反映腐殖质分子结构的复杂程度，$\triangle\log K$越大，则腐殖质分子的结构越简单，分子量越小。

土壤腐殖质是土壤的重要组成部分，对土壤的物理、化学和生物学性质以及土壤肥力有着极为重要的影响，因此一直是国内外学者研究的热点。通过对哈尔滨黑土长期定位试验搬迁前后土壤腐殖质光谱学性质变化规律的研究，从分子结构的角度分析哈尔滨黑土长期定位试验有机培肥措施及搬迁前后土壤腐殖质有机化合物组成及变化，为黑土长期定位土壤搬迁前后的数据衔接及土壤培肥提供依据。

（一）测定方法

不同组分腐殖质的分离制备。风干土样在分离出水溶性有机碳后，采用 0.1 mol/L 的 $NaOH+Na_4P_2O_4$溶液提取土壤中可提取腐殖质（HE），将剩余胡敏素（HM）残渣清洗烘干备用。可提取腐殖质使用 6 mol/L HCl 调节 pH，分离出胡敏酸（HA）及富里酸（FA）组分。固体有机碳及提取液中有机碳含量采用 TOC 分析仪测定，其中胡敏酸碳含量采用差减法计算，即 HA 碳含量为 HE 碳含量与 FA 碳含量的差值。

腐殖质光学性质的测定。各组分调节碳浓度至 136 mg/L，利用 T6 紫外分光光度计测定其在 400 nm、465 nm、600 nm 和 665 nm 处的吸光值，并计算$\triangle\log K$、E_4/E_6。

$\triangle\log K$的计算方法：

$$\triangle\log K = \log K_{400} - \log K_{600} \tag{4-1}$$

E_4/E_6的计算方法：

$$E_4/E_6 = K_{465}/K_{665} \tag{4-2}$$

式中，K_{400}、K_{465}、K_{600}、K_{665}分别为在波长 400 nm、465 nm、600 nm 和 665 nm 处的吸光值。

（二）试验搬迁对黑土可溶性碳光学性质的影响

如图4-39所示，除2012年外，另外2个年度的DOC-$\Delta\log K$在4个处理间大小顺序均为CK>NPK>M>MNPK，说明施肥使土壤可溶性碳的结构变得复杂。在搬迁后的2012年，DOC-$\Delta\log K$的总体趋势表现为比搬迁前有所增加，增加幅度0.9%~67.5%；在2013年又有所增加，增加幅度11.5%~36.7%，2个年度均以20~40 cm土层变化幅度较大，且以M、MNPK处理的变化幅度最大。

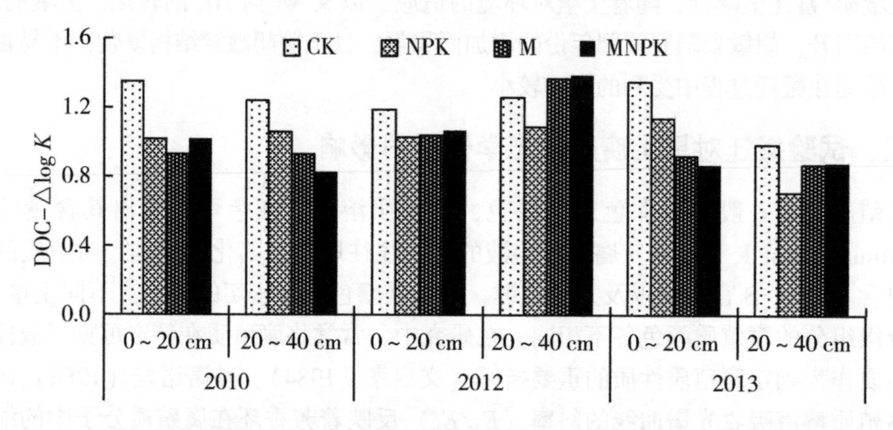

图4-39　试验搬迁对DOC-$\Delta\log K$的影响

如图4-40所示，土壤DOC-E_4/E_6在4个处理间大小顺序均为CK>NPK>M>MNPK，这与DOC-$\Delta\log K$的结果相吻合。DOC-E_4/E_6在搬迁前后的变化规律较为不明显，但总体趋势为在搬迁后的2012年，各处理在2个土层中的DOC-E_4/E_6有所增加，增加幅度7.1%~112.0%；在2013年又有所减少，减少幅度6.2%~56.4%，在各土层和处理间的变化趋势与DOC-$\Delta\log K$相同。

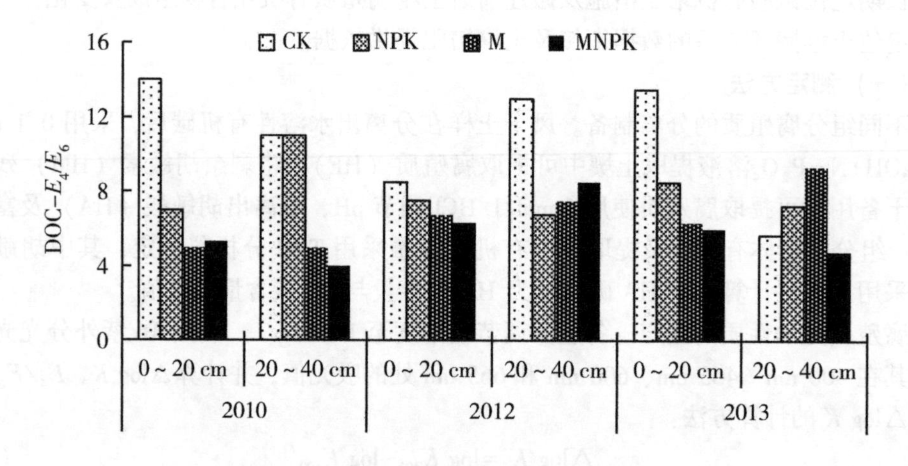

图4-40　试验搬迁对DOC-E_4/E_6的影响

在本试验中，搬迁后土壤可溶性碳含量增加，新生的可溶性碳结构简单，从而也解释了搬迁后土壤DOC-$\Delta\log K$、DOC-E_4/E_6升高的现象。有研究表明，在土壤中添加微生物能够使土壤可溶性碳的结构趋于复杂化。由于有机物料的参与，M、MNPK处理的土壤微生物活性较强，故这两个处理在搬迁后的结构仍然较 CK、NPK 处理复杂。

（三）试验搬迁对黑土 HE 光学性质的影响

在长期施肥的作用下，3 个年度各处理土壤 HE－△log *K* 的大小顺序均为 MNPK>M>NPK>CK（图 4-41）。在搬迁后的 2012 年，各处理在 0~20 cm 土层的 HE－△log *K* 增加 4.5%~16.8%，在 20~40 cm 土层增加 5.1%~10.3%；在 2013 年有所下降，其中在 0~20 cm 土层减少 2.5%~2.8%，在 20~40 cm 土层减少 1.7%~5.1%。

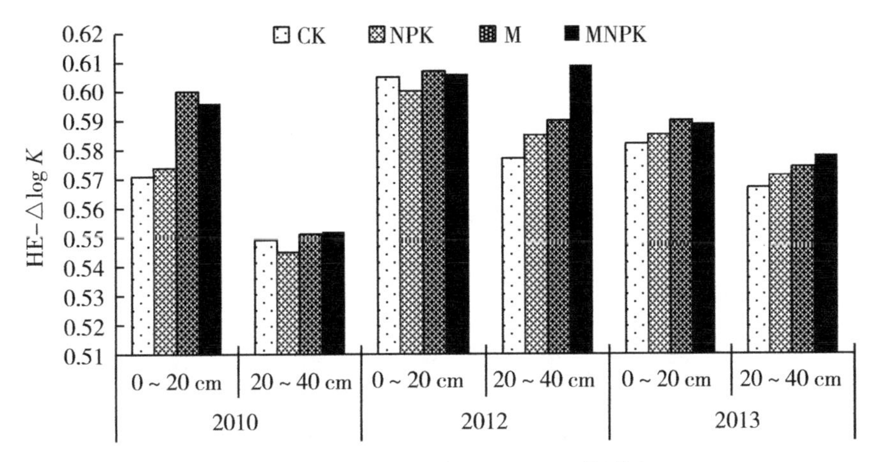

图 4-41　试验搬迁对 HE－△log *K* 的影响

3 个年度各处理土壤 HE－E_4/E_6的大小顺序均为 MNPK>M>NPK>CK（图 4-42）。在搬迁后的 2012 年，各处理在 0~20 cm 土层的 HE－E_4/E_6 增加 4.5%~8.1%，在 20~40 cm 土层增加 6.3%~7.9%；在 2013 年有所减少，其中在 0~20 cm 土层减少 2.0%~5.3%，在 20~40 cm 土层减少 2.3%~6.7%。

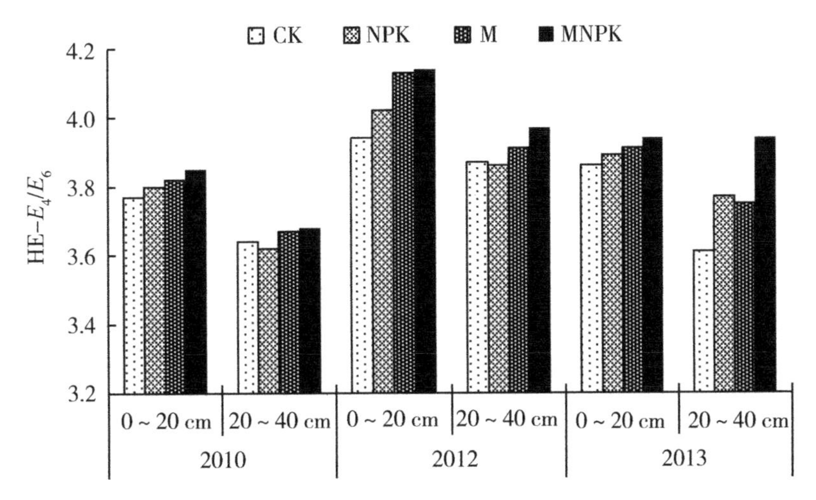

图 4-42　试验搬迁对 HE－E_4/E_6的影响

施用化肥、有机肥以及有机无机配施都能提高土壤 HE 的$\Delta\log K$、E_4/E_6，使土壤 HE 的结构变得简单，与长期不施肥的土壤 HE 相比更为年轻化，这与已有研究结果相一致。土壤 HE-$\Delta\log K$、HE-E_4/E_6搬迁后的 2012 年上升，这可能与其含量在土壤中的增加而带来了结构较为简单的新生 HE 有关。在 2 个年度的变化中，20~40 cm 土层的变化幅度大于 0~20 cm 土层的变化幅度，且 M、MNPK 处理的变化大于另 2 个处理，这也与 HE 在不同土层及处理间的含量变化相呼应。

（四）试验搬迁对黑土 HA 光学性质的影响

4 个处理土壤 HA-$\Delta\log K$ 的大小顺序为 MNPK>M>NPK>CK（图 4-43）。2012 年与 2010 年相比，HA-$\Delta\log K$ 在 0~20 cm 土层减少 0.1%~2.7%，在 20~40 cm 土层增加 2.0%~4.8%；在 2013 年，HA-$\Delta\log K$ 在 0~20 cm 土层内变化无明显规律，变化幅度为 0.3%~3.3%，在 20~40 cm 土层增加 0.3%~3.3%。

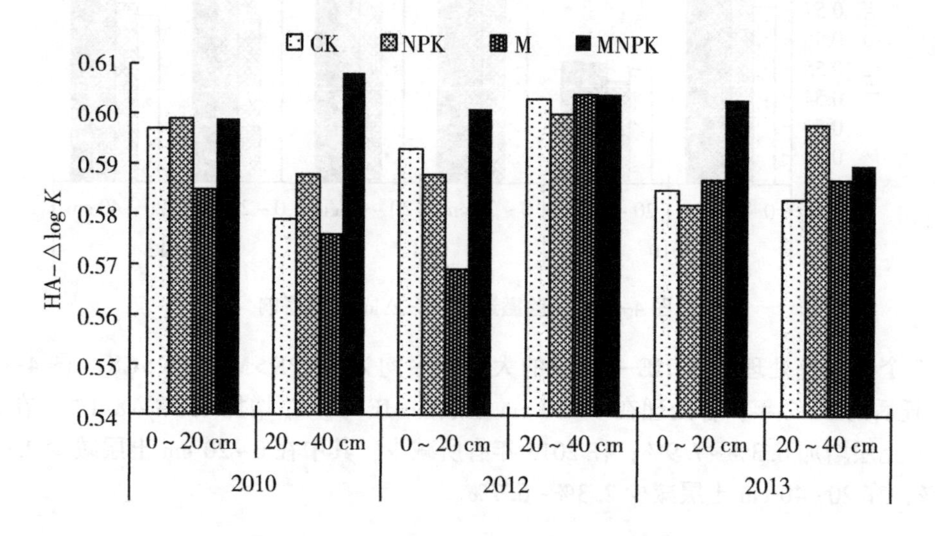

图 4-43　试验搬迁对 HA-$\Delta\log K$ 的影响

如图 4-44 所示，土壤 HA-E_4/E_6的大小顺序为 MNPK>M>NPK>CK。2012 年与 2010 年相比，HA-E_4/E_6在 0~20 cm 土层减少 1.7%~3.8%，在 20~40 cm 土层增加 0.9%~6.3%；在 2013 年，HA-E_4/E_6在 0~20 cm 土层增加 0.7%~3.5%，在 20~40 cm 土层减少 3.3%~5.1%。长期施用化肥、有机肥或有机无机配施均能增加土壤 HA-$\Delta\log K$、HA-E_4/E_6，说明肥料的施入有利于形成年轻化的 HA，使土壤中形成的 HA 芳香结构简单、缩合度小、平均分子量小，土壤腐殖化程度较低，其中有机物料的作用优于化肥。根据 E_4/E_6、$\Delta\log K$ 显示，搬迁对 HA 光学性质的影响较小，且规律不明显。

（五）试验搬迁对黑土 FA 光学性质的影响

在长期施肥的作用下，3 个年度各处理土壤 FA-$\Delta\log K$ 的大小顺序均为 MNPK>M>NPK>CK（图 4-45）。在搬迁后的 2012 年，各处理 FA-$\Delta\log K$ 在 0~20 cm 土层减少

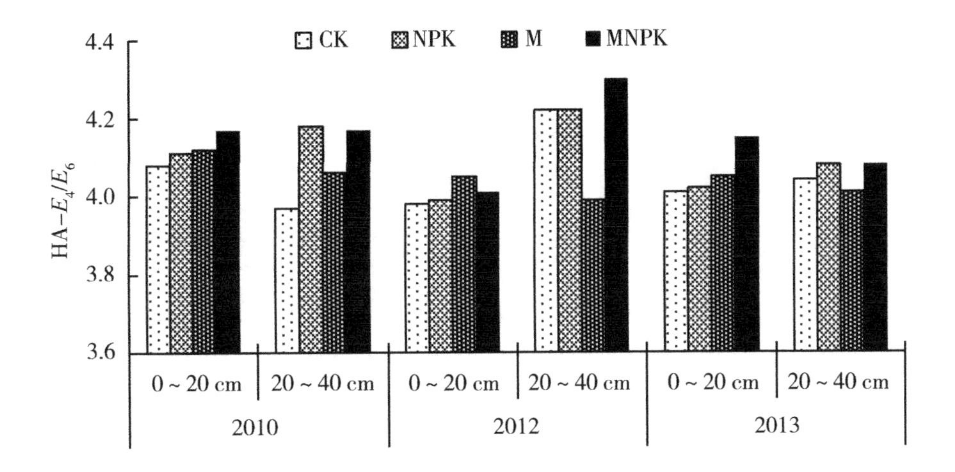

图 4-44　试验搬迁对 HA-E_4/E_6的影响

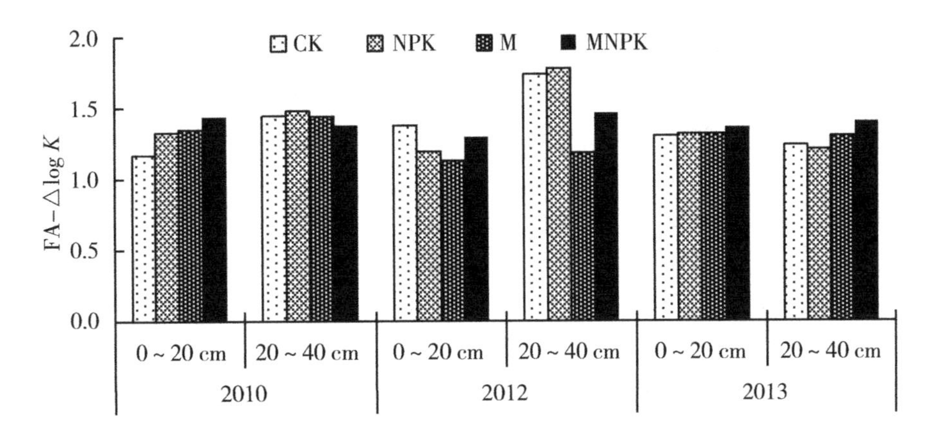

图 4-45　试验搬迁对 FA-△log K 的影响

10.0%~16.3%，在 20~40 cm 土层增加 6.1%~20.3%；在 2013 年，在 0~20 cm 土层增加 5.4%~17.1%，在 20~40 cm 土层减少 3.9%~28.7%。

3 个年度各处理土壤 FA-E_4/E_6的大小顺序均为 MNPK>M>NPK>CK（图 4-46）。在搬迁后的 2012 年，各处理在 0~20 cm 土层的 FA-E_4/E_6值减少 13.4%~49.6%，在 20~40 cm 土层增加 21.2%~93.3%；在 2013 年有所减少，其中在 0~20 cm 土层增加 17.9%~89.9%，在 20~40 cm 土层 CK、NPK 处理分别减少 59.2%、66.8%，M、MNPK 处理分别增加 18.5%、21.4%。

长期单施化肥、有机肥、有机无机配施与长期不施肥相比，都增加了土壤 FA 的△log K、E_4/E_6。有研究显示，施肥能使土壤微生物活性增加，而微生物活性的增强可以在一定程度上加强 FA 的分解转化，促使 FA 的分子结构向相对简单的方向发展。搬迁对 20~40 cm 土层 CK、NPK 处理的影响较为明显，FA 变得简单化。

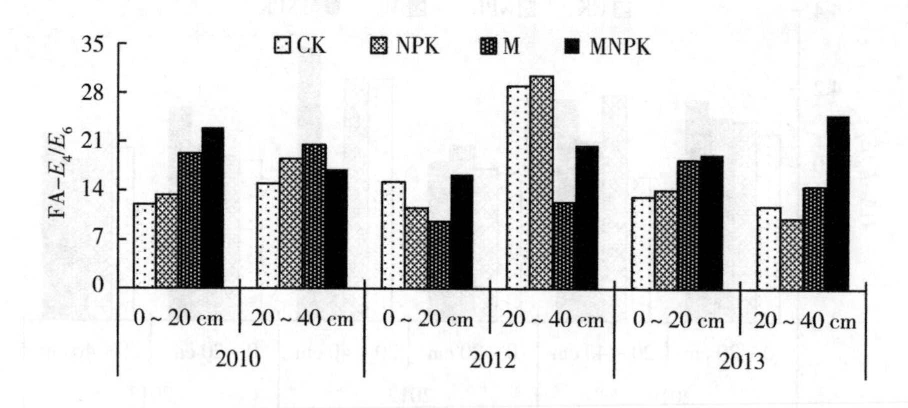

图 4-46 试验搬迁对 FA-E_4/E_6的影响

（六）小结

搬迁前后胡/富比值的变化：在搬迁后的 2013 年，在 0～20 cm 土层 NPK、M、MNPK 处理较 2010 年分别增加 0.06、0.24、0.47，CK 减少 0.20；在 20～40 cm 土层 CK、NPK 处理分别增加 0.20、0.12，M、MNPK 处理分别减少 0.32、0.20。随着有机物料的分解增加，土壤中新生富里酸的数量增加，导致土壤胡/富比值的降低以及富里酸向胡敏酸的转化，土壤的胡/富比值开始回升。目前，人们对胡敏酸、富里酸形成的时间顺序还只是停留在推测阶段，但可以肯定的是，胡敏酸和富里酸在不同的环境条件下其数量互为消长，从而导致不同时期和不同条件下土壤中胡/富比值的变化。在搬迁后的 2013 年，各处理土壤 HA-$\Delta\log K$ 在 0～20 cm 土层 M、MNPK 处理较 2010 年增加，其他处理变化无规律性。0～20 cm 土层各处理 FA-E_4/E_6 和 FA-$\Delta\log K$ 变化相一致，大小顺序均为 MNPK > M >NPK>CK。随着耕作、施肥年限的增加，富里酸分子均向着芳构化、复杂化的方向转化，有利于胡敏酸的形成。

四、试验搬迁对黑土 HA 荧光结构的影响

（一）测定方法

荧光谱测定仪器为 Perkin Elmer Luminescence Spectrometer LS50B。激发光源：150 W 氙弧灯。PMT 电压：700 V。信噪比：>110。带通（Bandpass）：Eex = 10 nm；Eem =10 nm。响应时间：自动。扫描速度：1 500 nm/min。扫描光谱进行仪器自动校正。样品扫描碳浓度均为 25 mg/L，运用该产品自带的软件[FL WinLab software（Perkin Elmer）]收集数据。

发射光谱扫描波长 370～600 nm，固定激发波长 360 nm；激发光谱扫描波长 200～540 nm，固定发射波长 560 nm；荧光同步扫描光谱激发光谱波长 200～600 nm。

三维荧光光谱测定时发射光谱波长 250～700 nm。运用该产品自带的软件[FL WinLab software（Perkin Elmer）]收集数据。

胡敏酸样品的测定浓度为 30 mg/L。

荧光图片的处理采用 FLWINLAB、MATLAB 软件。

（二）HA 的荧光激发光谱分析

在不更改荧光发射波长的情况下，使激发光不断改变其波长，即可得到荧光强度与相应激发波长之间的关系图谱，这个关系图谱为某荧光发射波长下的荧光激光光谱，即激发光谱。

有研究认为，传统图谱相同波长下荧光强度的降低，主要是由于分子不饱和结构（主要是含苯环类物质）的多聚化或联合程度增大引起的，即随着荧光峰强度的降低，分子的复杂化程度增强。但同时在一定的浓度范围内，腐殖酸的荧光强度会随着浓度增加而增强。当荧光光谱的特征峰发生蓝移（即向波长减少的方向移动），说明腐殖化程度降低；反之荧光光谱发生红移（即向波长增加的方向移动），说明腐殖化程度增加。

如图 4-47 所示，各年份及土层中不同处理的荧光激发图谱形状基本相似，均在 558~559 nm 产生最大荧光峰，且在 470~477 nm 以及 390~400 nm 分别产生 1 个类肩峰。研究显示，在胡敏酸的荧光激发光谱中，400 nm 附近的荧光峰相当于三环、四环芳烃化合物，且与木质素降解产物中的羟基有关，本试验中，在搬迁前后胡敏酸的最大荧光峰对应波长较长，其结构较为复杂，同时含有少量的三环、四环芳烃化合物。本试验中在搬迁前后的 3 个年份，2 个土层各处理荧光激发光谱的最大特征峰对应波长没有明显变化；类肩峰的位置有红移或蓝移现象，但幅度较小，为 1~7 nm，且没有明显规律，以上现象说明搬迁对 HA 荧光激发光谱的影响不大。

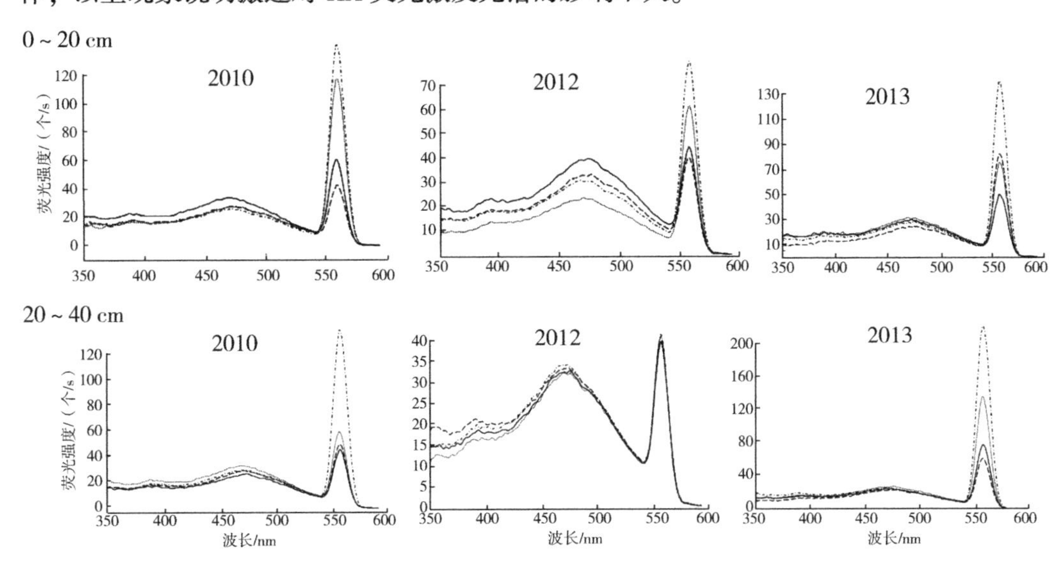

图 4-47　试验搬迁前后 HA 的荧光激发光谱

（三）HA 的荧光发射光谱分析

在不更改激发波长的情况下，使荧光强度不断随发射波长变化而改变，即可得到激发波长与发射波长之间的关系图谱，这个关系图谱为某激发波长下的荧光发射光谱，即发射光谱。

在搬迁前后的3个年份中，2个土层不同处理土壤胡敏酸的荧光发射扫描光谱均在波长485～520 nm产生最大特征峰，此外，均在400 nm波长附近产生了一个小肩峰（图4-48）。研究认为，一般情况下，分子缩合度低、结构简单的化合物在较短波长下出现荧光峰；而特征峰在较长波长下的高荧光强度则说明样品由结构复杂、分子量大的有机物质组成（刘伟等，2004）。在本试验中，搬迁前后各处理的胡敏酸结构均较为复杂，但施肥处理的胡敏酸结构趋于简单化，其中以有机无机配施土壤的简单化趋势最为明显。除了芳构化程度较高的化合物外，供试土壤胡敏酸还包含有少量较为简单的三环、四环芳烃化合物，这与胡敏酸的荧光激发光谱结果一致。

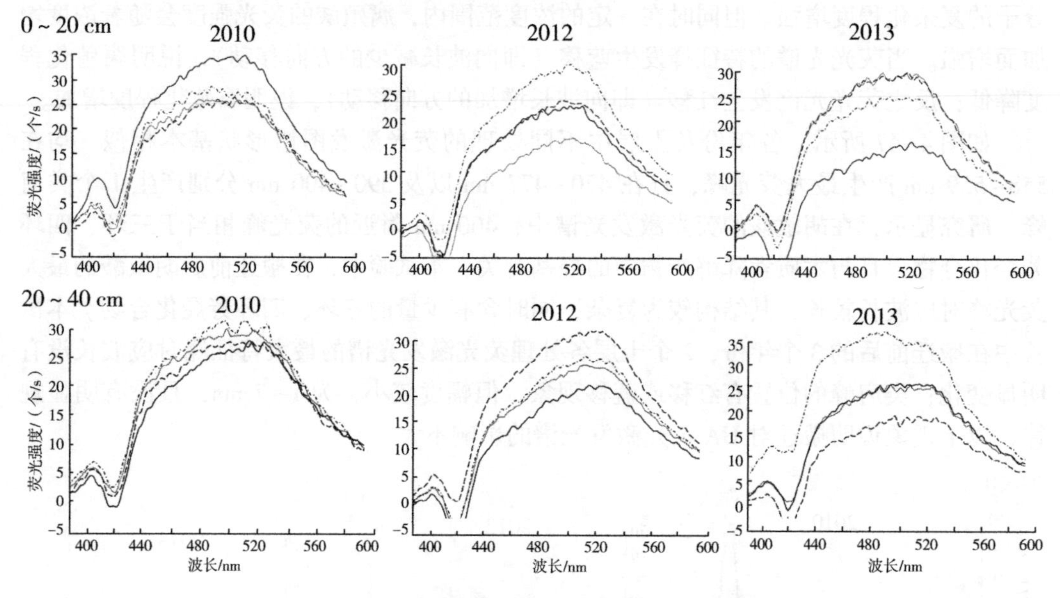

图4-48　试验搬迁前后HA的荧光发射光谱

与搬迁前（2010年）相比，2012年4个处理的土壤HA荧光发射光谱的最大特征峰均发生了不同程度的红移，其中CK处理从2010年的518 nm（0～20 cm土层）、513 nm（20～40 cm土层）分别红移至522 nm（0～20 cm土层）、514 nm（20～40 cm土层）；NPK处理从2010年的511 nm（0～20 cm土层）、501 nm（20～40 cm土层）分别红移至514 nm（0～20 cm土层）、519 nm（20～40 cm土层）；M处理从2010年的485 nm（0～20 cm土层）、498 nm（20～40 cm土层）分别发生了35 nm、17 nm的红移；MNPK处理从2010年的494 nm（0～20 cm土层）、497 nm（20～40 cm土层）分别发生了22 nm、15 nm的红移。在2013年，绝大多数样本的最大特征峰位置较2012年发生了蓝移，幅度为3～23 nm。另一肩峰位置在搬迁后没有明显变化，且无显著规律性。

有研究指出，在施用化肥和有机肥培肥土壤的过程中，土壤FA的数量随着施肥年限的增多而减少，原因在于在有机肥和作物根茬分解利用过程中，土壤中的一部分FA逐渐转化为分子结构更为复杂的HA，从而提高了土壤腐殖质品质（Kawasaki等，2007）。本试验中荧光发射光谱显示，土壤HA在搬迁后的2012年有了轻微的老化现象，在搬迁后的2013年有所缓解，且这种短期的老化现象在M、MNPK处理中更为明显，其原因可能是土壤中FA的含量在搬迁后数量上升且向HA转化。

（四）HA的荧光同步光谱分析

荧光同步光谱又被称作是化合物的指纹谱，它可用来区分不同腐殖质的来源，在一定程度上比荧光发射光谱和荧光激发光谱反映出了更多的分子结构内容。

在各年份中，不同处理土壤胡敏酸的荧光同步光谱均在波长474~500 nm产生1个主峰，在440 nm、369 nm附近分别产生次要特征峰（图4-49）。有研究显示，荧光同步光谱若在短波长内出现了荧光强度较高的特征峰，说明该有机化合物的分子结构较为简单、缩合度较低，特征峰在334~348 nm和385~395 nm说明化合物中含有2~3个共轭不饱和键脂肪族化合物或者3~4个芳香环的芳香族化合物。在较长波长下出现的特征峰则该有机化合物结构复杂、分子量大、缩合度高，440 nm附近的特征峰表明胡敏酸分子中五环芳烃化合物增多，450 nm附近出现的特征荧光峰则是由结构复杂的腐殖质类物质产生。本试验荧光同步光谱的结果显示，长期施肥土壤的胡敏酸除了含有少量简单芳香族化合物外，还含有一定量的五环芳烃化合物，但总体分子结构较为复杂，腐殖化程度高。

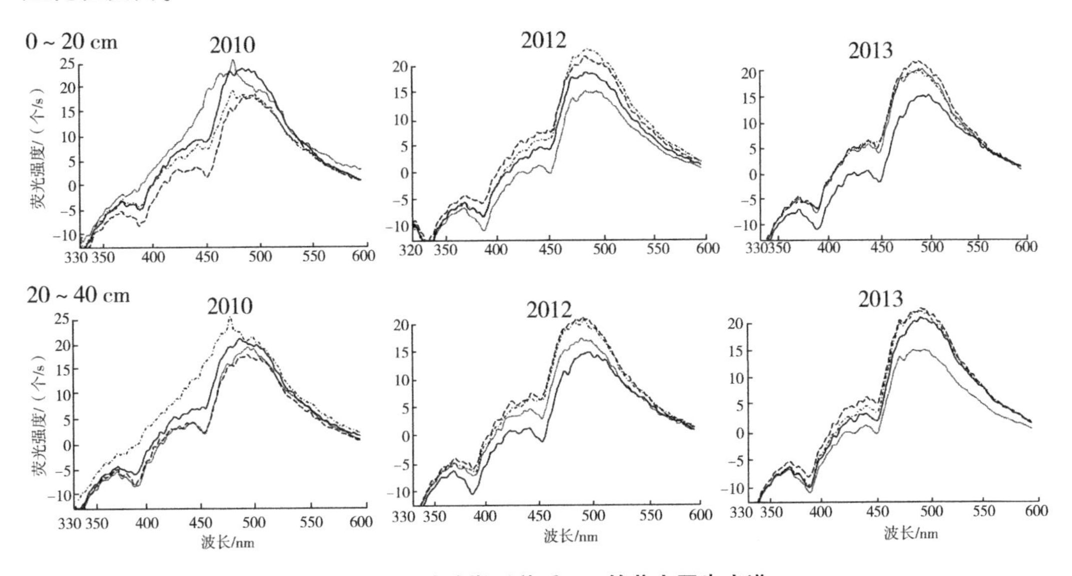

图4-49　试验搬迁前后HA的荧光同步光谱

在不同的施肥处理间，与CK处理的最大荧光峰波长（493~500 nm）相比，NPK处理土壤的胡敏酸最大荧光峰没有明显移动，其对应波长基本与CK处理相同；M处理的最大荧光峰波长（474~493 nm）有较为明显的蓝移现象；MNPK处理的最大荧光峰波长也在一定程度上发生了蓝移，在483~491 nm。400 nm附近的次要特征峰变化较小，在369 nm处的另一特征峰在不同处理间没有变化。长期施用有机肥及有机无机配施使胡敏酸的整体分子结构简单化，但使胡敏酸中的五环芳烃化合物变得复杂。各处理最大荧光峰位置在不同施肥年限下的变化没有明显规律，2个次要特征峰位置则基本没有随施肥年限的变化而变化。

（五）HA 的三维荧光光谱分析

在固定发射波长或者激发波长下得到的二维荧光光谱图，是以发射波长或者激发波长作为函数所得到的图像。荧光光谱在发射和激发波长同时发生变化的情况下产生的相关图谱，为三维荧光光谱图，三维荧光图谱可以更为完善地展现待测物的荧光特性。因其可以同时获得激发波长与发射波长的实时变化信息，三维光谱的全面性优于传统图谱。

如图 4-50 所示，各个年份不同施肥处理均产生 2 个特征峰，分别位于激发波长/发射波长（450~470）nm/（520~531）nm、（320~340）nm/（481~511）nm。通过分析可知，

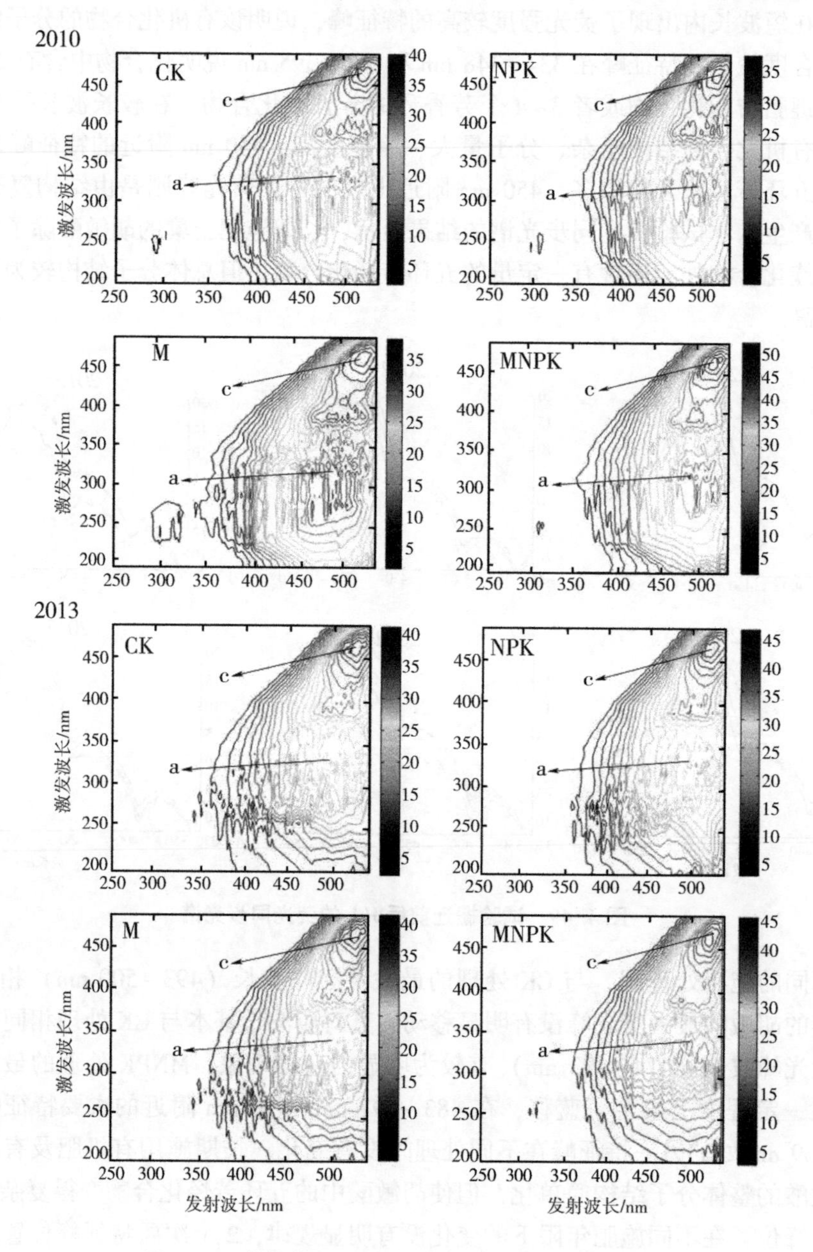

图 4-50　长期施肥处理作用下 HA 的三维荧光光谱

a 峰属于紫外区类富里酸荧光峰，c 峰可归结为类胡敏酸荧光峰。

2010 年的胡敏酸三维荧光光谱中，M、MNPK 处理的 a 峰（320 nm/492 nm、330 nm/490 nm）对应激发和发射波长均较 CK 处理（340 nm/495 nm）发生了蓝移；NPK 处理的激发波长未移动，发射波长发生了红移（509 nm）。相对于 CK 处理的 c 峰（470 nm/524 nm），NPK、MNPK 处理的激发波长发生了蓝移，分别位于 460 nm、450 nm 处，M 处理的激发波长则未发生移动；M、MNPK 处理的发射波长发生了蓝移，分别位于 522 nm、520 nm 处，NPK 处理的发射波长没有改变。

在 2013 年，M、MNPK 处理胡敏酸的 a 峰较 CK 处理发生了蓝移（330 nm/503 nm、330 nm/487 nm）；NPK 处理在激发波长处没有发生变化，在发射波长处向短波长移动，位于 483 nm。3 个施肥处理的 c 峰均较 CK 处理（470 nm/530 nm）发生了蓝移（460 nm/527 nm、460 nm/527 nm、460 nm/524 nm）。

在各个年份胡敏酸的三维荧光光谱图中，未观测出类蛋白荧光峰及可见区类富里酸峰。在已观测到的 2 个荧光峰中，类胡敏酸的荧光峰值要大于紫外区类富里酸峰，且这 2 个特征峰的相对波长都较长，表明其分子量相对较高，并且含有线性稠环、芳香环以及一些具有不饱和结构的基团，如羰基、羧基等。以上结果说明在本试验经过了多年施肥与耕作的土壤中，胡敏酸的分子结构较为复杂。

与长期不施肥相比，3 个施肥处理不同程度地简单化了胡敏酸分子结构，其中有机无机配施效果最为明显，单施有机肥次之，化肥最小。有机物料的加入增强了分子的荧光强度，使三维荧光峰向波长减少的方向移动，以结构较简单的、增强分子荧光强度的取代基—OH、$—NH_2$ 等取代较为复杂的、能使荧光强度减弱的取代基 $—CO_2H$、—C ═O，并且降低分子芳构化程度与缩合度，使分子结构简单化。

对不同的年份进行纵向对比，不同年份各处理的胡敏酸三维荧光光谱变化不同，但总体趋势表现为随着施肥年份的增加，各处理的三维荧光峰有向波长增加方向移动的趋势。其中 CK 处理的 c 峰从 1997 年的 460 nm/524 nm 红移至 2013 年的 470 nm/530 nm，a 峰也在发射波长处发生了红移。其他处理红移幅度较小，其中以 MNPK 处理变化幅度最不明显，3 个施肥处理总体改变较为缓慢。说明长期施肥、耕作使土壤胡敏酸的分子结构逐渐趋于老化，常年不施肥的土壤老化速度最快，而有机无机配施的措施可以减缓或者抑制这种趋势。

（六）小结

长期施肥土壤的胡敏酸除了含有少量简单芳香族化合物外，还含有一定量的五环芳烃化合物，但整体分子结构较为复杂，腐殖化程度高。土壤 HA 的二维及三维荧光光谱显示，土壤 HA 在搬迁后的 2012 年有了轻微的老化现象，分子中的共轭作用有所增加，在 2013 年有所缓解，这种短期的老化现象在 M、MNPK 处理更为明显，在 2 个土层的变化没有明显差异。这种短期内的轻微老化现象可能是搬迁后短期内 FA 的数量上升且向 HA 转化所导致，而 M、MNPK 处理土壤微生物活性较大，转化作用也相对更强。HA 分子中的五环芳烃化合物及其他结构简单的芳烃化合物没有受到搬迁的影响。

第六节　试验搬迁对土壤水分和养分运移的影响

在干旱半干旱区，土壤水分是作物生长和植被重建的限制因子，也是维持农业可持续发展和土壤生产力的关键因素（兰志龙等，2018）。黑土区雨热同期，大部分降雨集中在4—9月的生长季，占全年降水量的90%左右，尤其是7—9月最多，占全年降水量的60%以上。哈尔滨黑土长期定位试验搬迁后，在土体衔接处会产生缝隙，而且会导致土壤结构的改变，将直接影响土壤中大小孔隙的分布，进而影响土壤水的储存与供给能力，土壤的持水供水能力又影响着土壤水分的平衡过程。随着土壤水分的迁移，必然会影响土壤溶液中养分的运移。

一、试验搬迁对水分运移的影响

如图4-51所示，搬迁前各处理不同层次土壤含水量波动较大，0~60 cm随着土层深度的增加土壤含水量降低。其中0~20 cm土层土壤含水量为19.5%~25.7%，20~40 cm土层为17.5%~23.7%，40~60 cm土层为17.2%~21.4%。各处理中M处理的土壤含水量最高，NPK处理土壤含水量最低。搬迁后各个处理土壤含水量较为稳定，且各处理不同土层间相差不多。各个土层以CK处理土壤含水量最高，平均为20.6%，M处理次之，为19.7%。搬迁前的各处理土壤含水量高于搬迁后的土壤含水量。

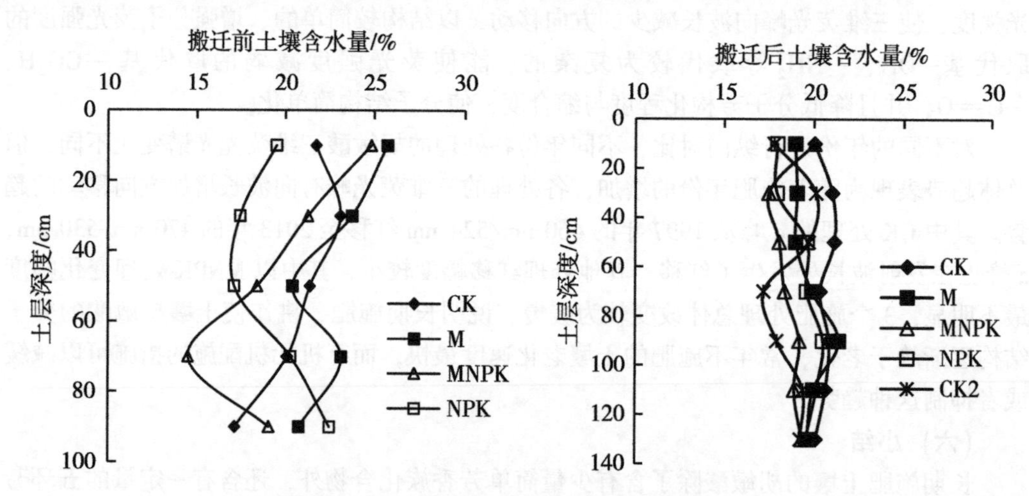

图4-51　试验搬迁对土壤含水量的影响

注：CK2为民主乡当地土壤。

二、试验搬迁对土壤铵态氮、硝态氮含量的影响

搬迁前后土壤铵态氮（NH_4^+-N）含量差异不大。如图4-52所示，搬迁前MNPK和NPK两个处理0~100 cm土层的铵态氮含量为0.3~0.4 mg/kg，高于M和CK处理（0.0~0.2 mg/kg）。搬迁后2012年各个处理的铵态氮含量相差不多，均为0.2~0.4 mg/kg。长期定位搬迁后各处理的土壤铵态氮含量略高于民主乡当地土壤，其中M

处理 40~140 cm 土层的铵态氮含量为 0.2~0.3 mg/kg，一直都高于其他处理。

搬迁后 2014 年土壤铵态氮含量均小 0.1 mg/kg，且上下土层间变化不明显。从整个土体结构上看，搬迁后的各层土壤基本上都能保持土体的稳定性，上下土层间混土、漏土而使养分不均的现象基本上没有。

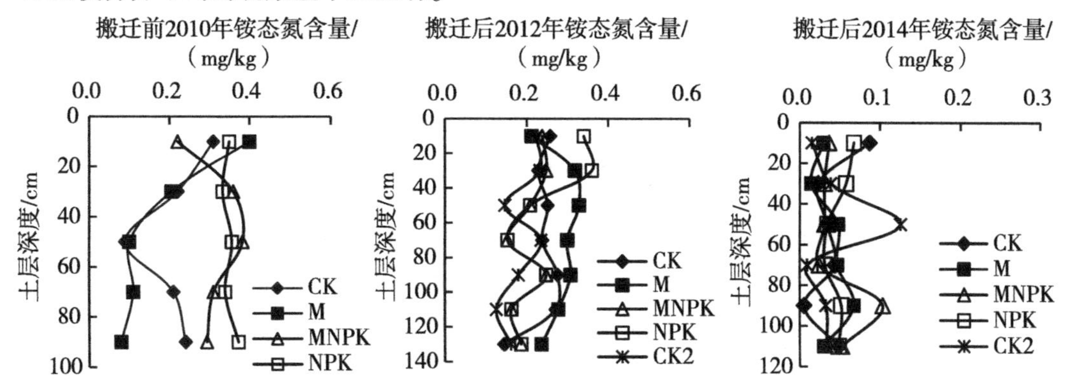

图 4-52　试验搬迁对土壤铵态氮的影响

注：CK2 为民主乡当地土壤。

搬迁前后土壤硝态氮（NO_3^--N）含量变化很大（图 4-53）。搬迁前各处理 0~20 cm 土层硝态氮含量以 MNPK 处理最高，在 0.3 mg/kg 左右，其他处理在 0.2 mg/kg 左右。随着土层的加深，CK、M、MNPK 处理硝态氮含量都有降低的趋势，均在 0.2 mg/kg 以下，到 80~100 cm 土层时 MNPK 处理有所提升，达到了 0.3 mg/kg。NPK 处理与其他处理相反，随着土层的加深，土壤硝态氮含量增加达到 0.5 mg/kg 左右。搬迁后 2012 年各处理土壤硝态氮含量都有增加的趋势，0~140 cm 土层硝态氮含量均在 2.2 mg/kg 左右，CK 和 M 处理土壤硝态氮含量随着土层深度的增加也有降低的趋势，从表层土壤的 1.1 mg/kg 降低到 0.5 mg/kg 以下。NPK 处理土壤硝态氮含量变化较大，在 0~20 cm 土层最高，随着土层的加深逐渐降低，到 120~140 cm 土层下降到 1.1 mg/kg。施用化肥能够提高土壤硝态氮含量。

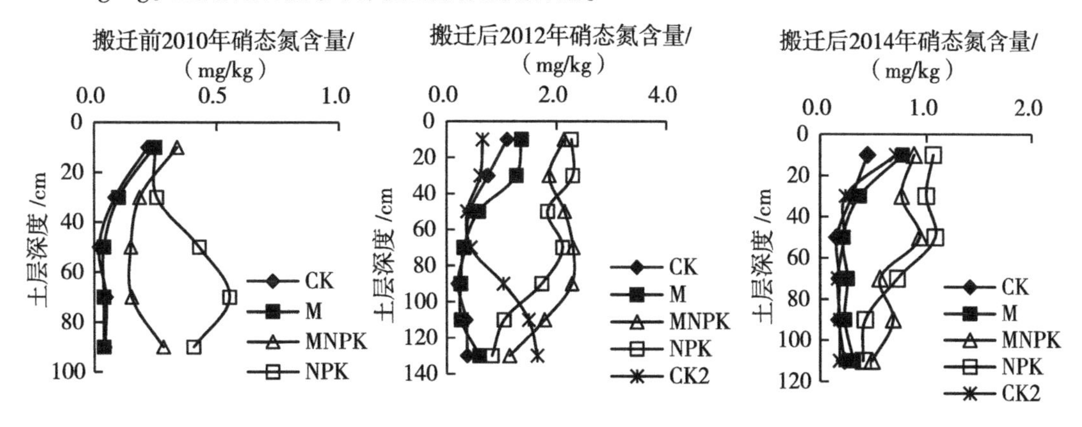

图 4-53　试验搬迁对土壤硝态氮的影响

注：CK2 为民主乡当地土壤。

搬迁后 2014 年结果显示，随着土层深度的增加土壤硝态氮含量逐渐下降，0~60 cm 土层 NPK 和 MNPK 处理均在 1.0 mg/kg 左右，60 cm 以下土层硝态氮含量小于 1.0 mg/kg；NPK 和 MNPK 处理的土壤硝态氮含量在整个土层都高于其他处理，施用氮肥的处理在整个土体结构内硝态氮含量均高于其他处理。而 CK、CK2 和 M 处理土壤硝态氮在整个土体内的表现趋势相同，含量也接近，在 20 cm 以下均小于 0.5 mg/kg，这表明氮肥是引起土壤硝态氮含量变化的重要原因。搬迁对整个调查土体内的硝态氮含量无明显影响，硝态氮含量仍然取决于氮肥的施入。

三、土壤铵态氮、硝态氮含量与含水量的相关性分析

硝态氮是旱地农田无机氮的主要形态，也是最易被作物吸收利用的氮素形态，同时硝态氮也容易随水分淋溶到作物根层以下直至地下水，对地下水形成污染，因此掌握硝态氮在土壤中的累积量是研究农田施肥对地下水环境影响的关键。水分的重力作用是硝态氮淋失的驱动力，大量研究结果表明，硝态氮在土壤中的累积程度和水分入渗量是决定硝态氮淋失量的重要影响因子。水分对土壤氮素淋失的影响是多方面的，它关系到氮素在土壤中的分布、积累程度、移动速度和方向。

由图 4-54 可知，铵态氮与含水量线性回归模型的决定系数（$R^2=0.315\ 0$）要大于硝态氮与含水量线性回归模型的决定系数（$R^2=0.115\ 1$）。由表 4-21 可以看出，土壤含水量与硝态氮含量呈极显著正相关关系，与铵态氮含量呈显著正相关关系，而铵态氮和硝态氮含量间没有显著性。

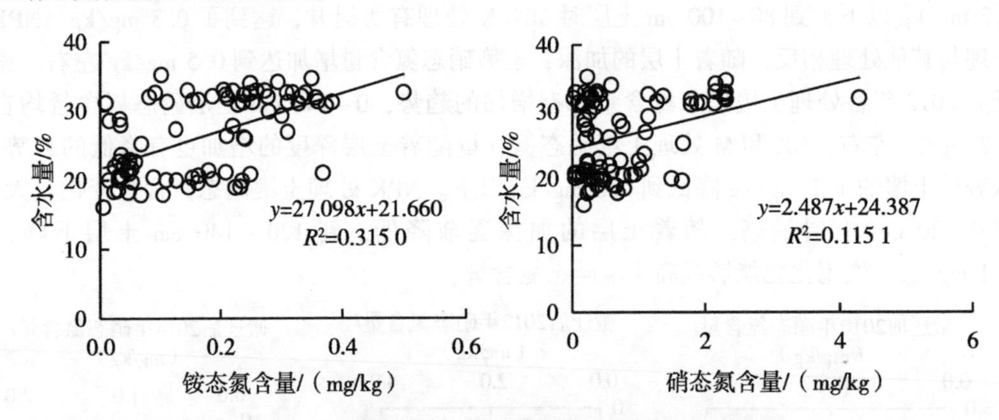

图 4-54　土壤铵态氮、硝态氮含量与含水量的回归模型

表 4-21　土壤铵态氮、硝态氮含量与含水量的相关关系

指标	项目	含水量	硝态氮	铵态氮
含水量	Pearson 相关性 显著性（双侧）	1.000	0.339**	0.273*
硝态氮	Pearson 相关性 显著性（双侧）		1.000	0.197
铵态氮	Pearson 相关性 显著性（双侧）		0.197	1.000

注：* 表示在 0.05 水平上显著相关，** 表示在 0.01 水平上极显著相关。

四、小结

搬迁前后不同土层的土壤含水量波动较大，搬迁前 0~60 cm 随着土层深度的增加土壤含水量降低，各处理中以 M 处理的土壤含水量最高，NPK 处理土壤含水量最低；搬迁后各个处理土壤含水量较为稳定，且各处理不同土层间相差不多。

搬迁前后土壤铵态氮、硝态氮含量差异不大，氮肥的施入仍是其变化的主要原因。随着土层深度的增加铵态氮含量逐渐降低。搬迁后 2014 年土壤铵态氮含量均小于 0.1 mg/kg，且上下土层间变化不明显。搬迁后各处理土壤硝态氮含量都有增加的趋势。施用氮肥的处理在整个土体结构内硝态氮含量均高于其他处理，施用氮肥是引起硝态氮变化的重要原因。搬迁对整个调查土体内的硝态氮含量无明显影响，硝态氮含量仍然取决于氮肥的施入，搬迁后各土层基本上都能保持土体的稳定性，土块之间融合造成养分流失或不均的现象没有发生。

第七节　试验搬迁前后作物产量变化

通常，施肥措施是影响作物产量的关键因素，而在长期定位试验搬迁后，新址与旧址的气候条件产生一些差异，而且土体的扰动过程是否影响作物生长？在新址，气候条件、施肥水平哪个是影响产量的决定因素？这些问题都需要进行深入探讨。分析搬迁前后作物产量变化以及降水、温度等气象条件与作物产量的关系，对于丰富长期定位试验搬迁理论具有积极意义。

一、气象因子与作物产量的关系

长期定位试验采用玉米-小麦-大豆的轮作方式，本节调查了 2003—2014 年长期定位试验各处理的产量。2008 年因气象条件大豆大面积倒伏，大豆产量偏低（图 4-55），没有代表性。以 1 个轮作周期为调查对象，对相同作物的产量进行比较。与 2006 年、2009

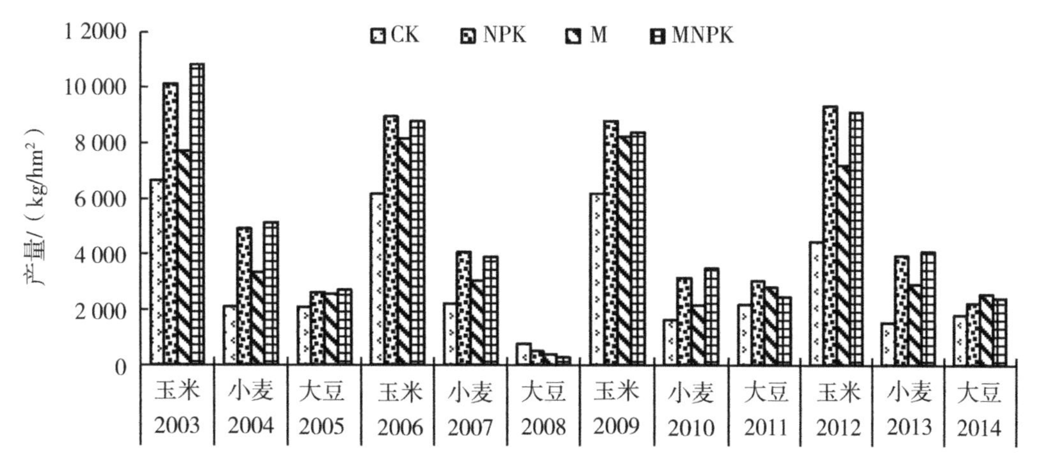

图 4-55　试验搬迁前后作物产量变化

年相比，2012 年 CK 和 M 处理的玉米产量有所降低，其他 2 个处理产量略有增加；对比近年的小麦和大豆产量，除 2004 年的小麦产量略高外，其他年份的产量相当；2014 年的大豆产量整体偏低，可能是 2014 年降水量减少（图 4-56）所致。搬迁前后产量变化不大。

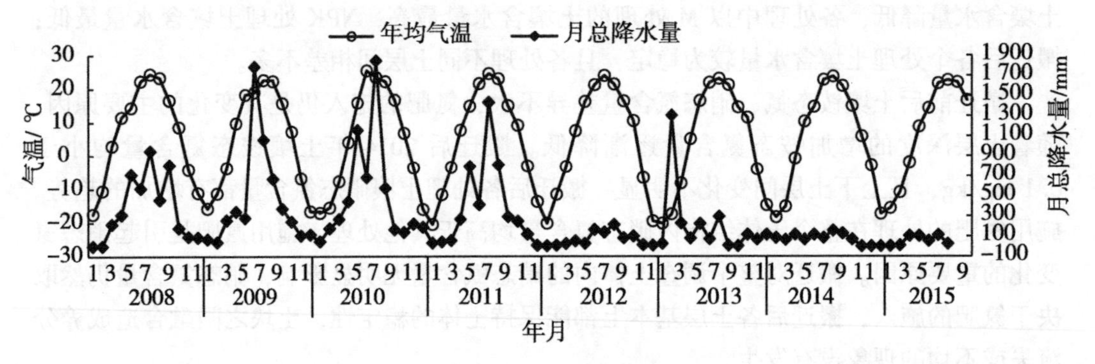

图 4-56 气象数据

以轮作周期为一个单位，分析了年均气温和年降水量对产量的相关性，结果如表 4-22 所示。从产量与气象因素的相关性可以看出，产量与年降水量呈正相关关系，与年均气温呈负相关关系，但均不显著，说明影响作物产量的因素不仅是环境因素，还有土壤肥力等多方面的因素。

表 4-22 产量与气象因素的相关性

指标	项目	产量	年降水量	年均气温
产量	Pearson 相关性 显著性（双侧）	1. 000	0. 255 0. 423	-0. 069 0. 832
年降水量	Pearson 相关性 显著性（双侧）		1. 000	0. 220 0. 491
年均气温	Pearson 相关性 显著性（双侧）			1. 000

二、小结

从 2003—2014 年长期定位试验各处理的产量结果可知，除 2008 年大豆大面积倒伏导致产量偏低外，其他年份的产量均变化不大。与 2006 年、2009 年相比，2012 年 CK 和 M 处理的玉米产量有所降低，其他 2 个处理产量略有增加；对比近年的小麦和大豆产量，除 2004 年的小麦产量略高外，其他年份产量相当；2014 年大豆产量整体偏低，可能是 2014 年降水量减少所致。搬迁前后同一作物产量变化不大。

参考文献

傅积平，1983. 土壤结合态腐殖质分组测定[J]. 土壤通报(2)：36-37.

龚伟，颜晓元，蔡祖聪，等，2009. 长期施肥对华北小麦-玉米轮作土壤物理性质和抗蚀性影响研究[J]. 土壤学报，46(3)：520-525.
关松荫，1986. 土壤酶及其研究法[M]. 北京：农业出版社.
焦晓光，魏丹，2009. 长期培肥对农田黑土土壤酶活性动态变化的影响[J]. 中国土壤与肥料(5)：23-27.
科诺诺娃 M M，1986. 土壤有机质[M]. 陈恩建，严仁琪，文启孝，译. 北京：科学出版社.
赖庆旺，李茶苟，黄庆海，1992. 红壤性水稻土无机肥连施与土壤结构特性的研究[J]. 土壤学报，29(2)：168-173.
兰志龙，KHAN M D，SIAL T A，等，2018. 25 年长期定位不同施肥措施对关中塿土水力学性质的影响[J]. 农业工程学报，34(24)：100-106.
李建明，吴景贵，王利辉，2011. 不同有机物料对黑土腐殖质结合形态影响差异性的研究[J]. 农业环境科学学报，30(8)：1608-1615.
李世清，凌莉，李生秀，2000. 影响土壤中微生物体氮的因子[J]. 土壤与环境，9(2)：158-162.
李秀英，赵秉强，李絮花，等，2005. 不同施肥制度对土壤微生物的影响及其与土壤肥力的关系[J]. 中国农业科学，38(8)：1591-1599.
刘淑霞，王宇，周平，等，2008. 不同施肥对黑土有机无机复合及腐殖质结合形态的影响[J]. 南京农业大学学报，31(2)：76-80.
刘伟，胡斌，于敦源，等，2004. 我国重质油的三维荧光特征及其地质意义[J]. 物探与化探，28 (2)：127-129.
庞欣，张福锁，王敬国，2000. 不同供氮水平对根际微生物量氮及微生物活度的影响[J]. 植物营养与肥料学报，6(4)：476-480.
史吉平，张夫道，林葆，2002. 长期定位施肥对土壤腐殖质结合形态的影响[J]. 土壤肥料(6)：8-12.
孙宏德，李军，安卫红，等，1993. 黑土肥力和肥料效益定位监测研究 第三报 施肥及种植方式对土壤物理性状的影响[J]. 吉林农业科学(4)：41-44.
王道中，花可可，郭志彬，2015. 长期施肥对砂姜黑土作物产量及土壤物理性质的影响[J]. 中国农业科学，48(23)：4781-4789.
王改兰，段建南，贾宁凤，等，2006. 长期施肥对黄土丘陵区土壤理化性质的影响[J]. 水土保持学报，20(4)：82-89.
王慎强，李欣，徐富安，等，2001. 长期施用化肥与有机肥对潮土土壤物理性质的影响[J]. 中国生态农业学报，9(2)：81-82.
文启孝，1984. 土壤有机质研究法[M]. 北京：农业出版社.
熊毅，1982. 有机无机复合与土壤肥力[J]. 土壤(5)：161-167.
薛彦飞，薛文，张树兰，等，2015. 长期不同施肥对塿土团聚体胶结剂的影响[J]. 植物营养与肥料学报，21(6)：1622-1632.
杨果，张英鹏，魏建林，等，2007. 长期施用化肥对山东三大土类土壤物理性质的影响[J]. 中国农学通报, 23(12): 244-250.
于淑芳, 杨力, 张玉兰, 等, 2002. 长期施肥对土壤腐殖质组成的影响[J]. 土壤通报, 33(3): 165-167.
于树, 汪景宽, 李双异, 2008. 应用PLFA方法分析长期不同施肥处理对玉米地土壤微生物群落结构的影响[J]. 生态学报, 28(9): 4221-4227.
于水强, 2003. CO_2和O_2浓度对土壤腐殖质形成与转化的影响[D]. 长春: 吉林农业大学.
张成娥, 梁银丽, 贺秀斌, 2002. 地膜覆盖玉米对土壤微生物量的影响[J]. 生态学报, 22 (4): 508-512.
张电学, 韩志卿, 王秋兵, 2006. 不同施肥制度下褐土结合态腐殖质动态变化[J]. 沈阳农业大学学报, 37(4): 597-601.
张付申, 1997. 长期施肥条件下黄绵土腐殖质结合形态及其与肥力关系的研究[C]. 中国土壤学会, 中国植物营养与肥料学会青年工作委员会编. 北京: 中国农业出版社: 133-137.
ABBOTT L K, MURPHY D V, 2003. Soil Biological Fertility [M]. Netherlands: Kluwer Academic Publishers.
DORAN J W, SAFLEY M, 1997. Defining and Assessing Soil Health and Sustainable Productivity[M] //GUPTE V V S R, PANKHURST C, DOUBE B M. Biological indicators of soil health. New York: CAB International.
KAWASAKI S, MAIE N, Watanabe A, 2008. Composition of humic acids with respect to the degree of humification in cultivated soils with and without manure application as assessed by fractional precipitation [J]. Soil Science and Plant Nutrition, 54 (1): 57-61.
RICHARDS A F, DALAL R C, 2007. Soil carbon turnover sequestration in native subtropical tree plantations [J]. Soil Biology and Biochemistry, 39(8): 2078-2090.
SCHNITZER M, 1991. Soil organic matter the next 75 years [J]. Soil Science, 151(1): 41-58.
SLEPETIENE A, SLEPETYS J, 2005. Status of humus in soil under various long-term tillage systems [J]. Geoderma, 127: 207-215.
SRIVASTAVA S C, SINGH J S, MICROBIAL C, 1991. N and P in dry tropical forest soils: effects of alternate land uses and nutrient flux [J]. Soil Biology and Biochemistry, 23(2): 117-124.
STEVENSON F J. Humus Chemistry [M]. USA: John Wiley & Sons, 1982: 195-220.
UALANTINL J, ROSELL R, 2011. Long-term fertilization effects on soil organic matter quality and dynamics under different production systems in semiarid Pampean soil [J]. Soil and Tillage Research, 87(1): 72-79.

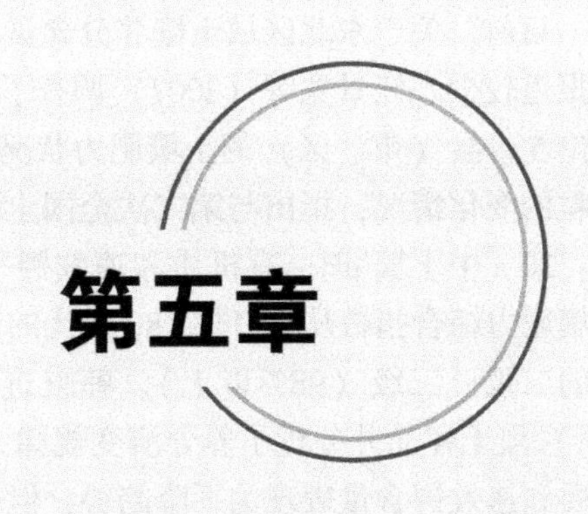

第五章

典型黑土区肥力演变特征——以北安市为例

目前，关于东北区域土壤养分含量和演变特征已有不少报道，但是精确到典型县域的报道较少。汪景宽等（2007）调查了黑龙江省黑土区嫩江、五大连池、克山、北安、海伦5个县（市、区）的土壤肥力状况，分析了土壤pH、有机质、有效磷、速效钾和黏粒的变化情况，指出与第二次全国土壤普查结果相比，这些地区土壤肥力质量明显降低：20 a中土壤pH、有机质和速效钾平均含量明显降低，仅有效磷含量有较大提升；土壤肥力综合指数从20世纪80年代的以一级、二级为主（80%以上）下降到21世纪初的二级、三级（98%以上）。韩秉进等（2007）采集了黑龙江和吉林两省47个市（县）黑土样品并分析了养分演变规律，结果表明，在1979年以后的23 a中，土壤有机质和速效钾含量表现为下降趋势，但全氮、碱解氮、有效磷含量呈上升趋势，其中有效磷含量上升幅度较大。康日峰等（2016）监测了17个国家级黑土耕地质量长期监测点 26 a来土壤养分随时间的变化趋势，指出黑土区农田土壤经过10~26 a的演变，土壤有机质、全氮、碱解氮、有效磷、速效钾含量整体呈上升趋势。与监测初期相比，监测后期土壤养分含量均显著提高，土壤有机质、全氮、碱解氮、有效磷和速效钾含量分别提高了33.9%、43.9%、27.6%、90.3%和11.8%，有效磷提升效果最为显著。综合分析可以看出，各个研究的结果不尽一致，这与取样地区地块的差异有很大关系。

黑土有机质含量是我国农田土壤中最高的，开垦前黑土有机质含量高达80~100 g/kg。研究指出，开垦20 a后黑土有机质含量下降了1/3；开垦40 a后黑土有机质下降了1/2；开垦70~80 a黑土有机质下降了2/3。测算表明，黑土有机质含量每10 a下降0.6~1.4 g/kg（魏丹等，2016）。据《东北黑土区耕地质量主要性状数据集》（全国农业技术推广服务中心，2015），黑龙江省13 249个土壤样品的有机质含量为5.6~125.3 g/kg，平均值为35.6 g/kg；黑龙江垦区2 831个土壤样品的有机质含量为10.1~99.8 g/kg，平均值为43.2 g/kg。杲广文等（2015）研究了东北主要黑土区海伦、双城、公主岭3个县（市、区）不同时期的土壤有机碳密度与储量。结果表明：海伦、双城和公主岭在过去30 a土壤有机碳密度分别下降了0.68 kg/m^2、0.18 kg/m^2和1.05 kg/m^2；有机碳储量分别下降了0.23×10^{10} kg、0.05×10^{10} kg和0.18×10^{10}kg；海伦、双城前20 a有机碳密度下降速率较快，后10 a趋向平稳并略微增长，公主岭有机碳密度在研究期的30 a内一直处于快速下降阶段。

北安市耕地面积为11.2万hm^2，包括黑土、草甸土、暗棕壤、沼泽土、水稻土5个土类，其中黑土为北安市面积最大的土类，占全部耕地面积的75%以上（聂淑艳，2011）。近年来，受农作物种植结构调整、土壤耕作栽培措施变化、养分（肥料）投入变化、作物品种改变等因素的影响，土壤中养分也随之产生了变化。生产中，传统观念偏施化肥忽视有机肥，近年来农田有机肥的投入明显减少，导致耕地养分库容降低，土壤理化性状渐趋恶化，使土壤逐步从肥沃走向贫瘠，严重影响土壤的可持续生产能力。农业发展实践证明，土壤肥力水平高以及肥料的合理使用是粮食持续增产的关键因素。因此，调查和掌握区域土壤肥力现状，分析养分演变特征，并针对性地提出土壤培肥措施，对有效地维持和保护该地区耕地质量、保障粮食生产和安全具有重要的现实意义。

一、北安市土壤肥力调查与分析方法

北安市隶属于黑龙江省黑河市，地处黑河市南部、小兴安岭南麓，位于东经126°16′~127°53′、北纬47°35′~48°33′之间。北安市面积7 149 km^2，下辖6个街道、4个乡、5个镇，分别为兆麟街道、和平街道、北岗街道、庆华街道、铁西街道、铁南街道、城郊乡、东胜乡、杨家乡、主星朝鲜族乡（以下简称“主星乡”）、通北镇、赵光镇、海星镇、石泉镇、二井镇。北安市地处寒温带，属于季风控制下的寒温带湿润气候。冬季时间长，为11月至翌年3月；春季短，为4—5月；夏季为6—8月；秋季为9—10月。年平均气温0.8℃，极端最低气温-41.0℃，极端最高气温36.5℃。无霜期90~130 d，年平均日照时数2 600 h，年降水量500 mm左右。

北安市土壤分为5个土类（黑土、草甸土、暗棕壤、水稻土、沼泽土）11个亚类11个土属19个土种。黑土是北安市面积最大的土类，主要分布在各乡镇和市属各农、林牧场，各企业农场和部队农场也有分布。

土壤肥力数据来自2010年北安市耕地地力调查（王德友等，2017）。为了研究北安市黑土养分变异的特征及含量状况，在北安市应用网格定位方法，在66.67 hm^2样区内“S”形采集15个点土样后混合，用四分法留取1 kg样品风干备用。共采集土样1 500个，基本覆盖整个北安市。对取得的土样进行土壤养分分析测定，初步明确北安市土壤养分丰缺状况。基于北安市土壤肥力调查数据，与第二次全国土壤普查的数据相比较，分析北安市黑土肥力演变特征。

二、北安市土壤肥力演变特征

（一）土壤有机质演变特征

土壤有机质是土壤固相部分的重要组成成分，是植物营养的主要来源之一，具有促进植物的生长发育、改善土壤的物理性质、促进微生物和土壤生物的活动、促进土壤中营养元素的分解、提高土壤保肥性和缓冲性的作用。它与土壤的结构性、通气性、渗透性和吸附性、缓冲性有密切的关系，通常在其他条件相同或相近的情况下，在一定含量范围内，有机质含量与土壤肥力水平呈正相关。

表5-1为1982年第二次全国土壤普查和2010年北安市各土壤类型有机质含量。第二次全国土壤普查统计结果显示，北安市5种土壤有机质平均含量水平普遍较高，分别为黑土69.6 g/kg、草甸土95.0 g/kg、水稻土83.8 g/kg、暗棕壤111.1 g/kg、沼泽土115.1 g/kg，从高到低顺序为沼泽土>暗棕壤>草甸土>水稻土>黑土。经过近30 a的耕作，到2010年，黑土、草甸土、水稻土、暗棕壤、沼泽土有机质平均含量分别为52.3 g/kg、57.2 g/kg、61.7 g/kg、58.5 g/kg、57.0 g/kg，从高到低顺序为水稻土>暗棕壤>草甸土>沼泽土>黑土。对比同一类型土壤有机质的演变情况，发现黑土、草甸土、水稻土、暗棕壤、沼泽土有机质含量均明显下降，降幅分别为24.9%、39.8%、26.4%、47.3%、50.5%，平均每年分别下降0.6 g/kg、1.4 g/kg、0.8 g/kg、1.9 g/kg、2.1 g/kg，降幅从高到低顺序为沼泽土>暗棕壤>草甸土>水稻土>黑土。产生这种现象的原因是掠夺性的种植，即连续耕作以及不注重有机物料的还田。

表 5-1　北安市各土壤类型有机质含量及变化

土类	1982				2010				变幅/%	平均每年变化量/(g/kg)
	样本数/个	最大值/(g/kg)	最小值/(g/kg)	平均值/(g/kg)	样本数/个	最大值/(g/kg)	最小值/(g/kg)	平均值/(g/kg)		
黑土	—	—	—	69.6	950	99.8	29.3	52.3	-24.9	-0.6
草甸土	—	—	—	95.0	1 048	109.0	12.3	57.2	-39.8	-1.4
水稻土	—	—	—	83.8	48	107.1	45.7	61.7	-26.4	-0.8
暗棕壤	—	—	—	111.1	80	91.2	43.0	58.5	-47.3	-1.9
沼泽土	—	—	—	115.1	386	99.8	18.6	57.0	-50.5	-2.1

表5-2为1982年第二次全国土壤普查和2010年北安市各乡镇土壤有机质含量。第二次全国土壤普查统计结果显示，城郊乡、东胜乡、二井镇、海星镇、石泉镇、通北镇、杨家乡、赵光镇、主星乡土壤有机质平均含量分别为74.9 g/kg、96.9 g/kg、72.5 g/kg、73.4 g/kg、65.2 g/kg、73.1 g/kg、83.9 g/kg、70.5 g/kg、83.8 g/kg，从高到低顺序为东胜乡>杨家乡>主星乡>城郊乡>海星镇>通北镇>二井镇>赵光镇>石泉镇。各乡镇经过近30 a的耕作，到2010年，城郊乡、东胜乡、二井镇、海星镇、石泉镇、通北镇、杨家乡、赵光镇、主星乡土壤有机质平均含量分别为52.4 g/kg、54.2 g/kg、56.4 g/kg、52.6 g/kg、52.6 g/kg、54.4 g/kg、55.1 g/kg、61.9 g/kg、62.2 g/kg，从高到低顺序为主星乡>赵光镇>二井镇>杨家乡>通北镇>东胜乡>海星镇=石泉镇>城郊乡。对比同一乡镇土壤有机质的演变情况，发现城郊乡、东胜乡、二井镇、海星镇、石泉镇、通北镇、杨家乡、赵光镇、主星乡土壤有机质含量均明显下降，降幅分别为30.0%、44.1%、22.2%、28.3%、19.3%、25.6%、34.3%、12.2%、25.8%，平均每年分别下降0.8 g/kg、1.5 g/kg、0.6 g/kg、0.7 g/kg、0.5 g/kg、0.7 g/kg、1.0 g/kg、0.3 g/kg、0.8 g/kg，降幅从高到低顺序为东胜乡>杨家乡>城郊乡>海星镇>主星乡>通北镇>二井镇>石泉镇>赵光镇。各乡镇耕层土壤有机质含量差异较大，与耕作年限、施肥管理、土壤类型等因素存在差异有关。

表 5-2　北安市各乡镇土壤有机质含量

乡镇	1982				2010				变幅/%	平均每年变化量/(g/kg)
	样本数/个	最大值/(g/kg)	最小值/(g/kg)	平均值/(g/kg)	样本数/个	最大值/(g/kg)	最小值/(g/kg)	平均值/(g/kg)		
城郊乡	60	133.0	44.9	74.9	389	87.7	36.2	52.4	-30.0	-0.8
东胜乡	41	162.8	54.8	96.9	218	99.8	12.3	54.2	-44.1	-1.5
二井镇	55	173.9	42.9	72.5	282	92.0	37	56.4	-22.2	-0.6
海星镇	34	143.0	25.9	73.4	201	99.2	18.6	52.6	-28.3	-0.7
石泉镇	93	119.1	24.9	65.2	432	89.8	20.4	52.6	-19.3	-0.5

（续表）

乡镇	1982				2010				变幅/%	平均每年变化量/(g/kg)
	样本数/个	最大值/(g/kg)	最小值/(g/kg)	平均值/(g/kg)	样本数/个	最大值/(g/kg)	最小值/(g/kg)	平均值/(g/kg)		
通北镇	33	137.2	44.0	73.1	127	83.5	23.4	54.4	-25.6	-0.7
杨家乡	53	186.8	49.7	83.9	372	81.4	34.1	55.1	-34.3	-1.0
赵光镇	29	89.7	54.4	70.5	297	109.0	43.2	61.9	-12.2	-0.3
主星乡	5	117.8	56.3	83.8	194	107.1	45.4	62.2	-25.8	-0.8

（二）土壤全氮演变特征

土壤全氮是指土壤中各种形态氮素含量之和，包括有机态氮和无机态氮，但不包括土壤空气中的分子态氮。土壤全氮含量随土层深度的增加而急剧降低。土壤全氮含量处于动态变化之中，它取决于氮的积累和消耗，特别是取决于土壤有机质的生物积累和水解作用。对于耕作土壤来说，除前述因素外，还取决于土地利用方式、轮作制度、施肥制度以及耕作和灌溉制度等。

表5-3为1982年第二次全国土壤普查和2010年北安市各土壤类型全氮含量。第二次全国土壤普查统计结果显示，北安市5种土壤全氮平均含量水平普遍较高，分别为黑土3.3 g/kg、草甸土4.6 g/kg、水稻土4.0 g/kg、暗棕壤5.9 g/kg、沼泽土5.1 g/kg，从高到低顺序为暗棕壤>沼泽土>草甸土>水稻土>黑土。经过近30 a的耕作，到2010年，黑土、草甸土、水稻土、暗棕壤、沼泽土全氮平均含量分别为2.1 g/kg、2.3 g/kg、2.5 g/kg、2.5 g/kg、2.3 g/kg，从高到低顺序为水稻土=暗棕壤>沼泽土=草甸土>黑土。对比同一类型土壤全氮的演变情况，发现黑土、草甸土、水稻土、暗棕壤、沼泽土土壤全氮含量均明显下降，降幅分别为36.4%、50.0%、37.5%、57.6%、54.9%，平均每年分别下降0.04 g/kg、0.08 g/kg、0.05 g/kg、0.12 g/kg、0.10 g/kg，降幅从高到低顺序为暗棕壤>沼泽土>草甸土>水稻土>黑土。

表5-3 北安市各土壤类型全氮含量

土类	1982				2010				变幅/%	平均每年变化量/(g/kg)
	样本数/个	最大值/(g/kg)	最小值/(g/kg)	平均值/(g/kg)	样本数/个	最大值/(g/kg)	最小值/(g/kg)	平均值/(g/kg)		
黑土	—	—	—	3.3	950	5.7	1.0	2.1	-36.4	-0.04
草甸土	—	—	—	4.6	1 048	4.8	0.8	2.3	-50.0	-0.08
水稻土	—	—	—	4.0	48	4.5	1.1	2.5	-37.5	-0.05
暗棕壤	—	—	—	5.9	80	4.4	1.3	2.5	-57.6	-0.12
沼泽土	—	—	—	5.1	386	5.7	1.0	2.3	-54.9	-0.10

表5-4为1982年第二次全国土壤普查和2010年北安市各乡镇土壤全氮含量。第二次全国土壤普查统计结果显示，城郊乡、东胜乡、二井镇、海星镇、石泉镇、通北镇、杨家乡、赵光镇土壤全氮平均含量分别为3.6 g/kg、4.8 g/kg、3.8 g/kg、3.5 g/kg、3.0 g/kg、3.9 g/kg、3.4 g/kg、3.4 g/kg，从高到低顺序为东胜乡>杨家乡>二井镇>城郊乡>海星镇>通北镇=赵光镇>石泉镇。各乡镇经过近30 a的耕作，到2010年，城郊乡、东胜乡、二井镇、海星镇、石泉镇、通北镇、杨家乡、赵光镇土壤全氮平均含量分别为2.0 g/kg、2.3 g/kg、2.2 g/kg、1.9 g/kg、2.2 g/kg、2.3 g/kg、2.2 g/kg、2.6 g/kg，从高到低顺序为赵光镇>东胜乡=通北镇>二井镇=石泉镇=杨家乡>城郊乡>海星镇。对比同一乡镇土壤全氮的演变情况，发现城郊乡、东胜乡、二井镇、海星镇、石泉镇、通北镇、杨家乡、赵光镇土壤全氮含量均明显下降，降幅分别为44.4%、52.1%、42.1%、45.7%、26.7%、32.4%、43.6%、23.5%，平均每年分别下降0.06 g/kg、0.09 g/kg、0.06 g/kg、0.06 g/kg、0.03 g/kg、0.04 g/kg、0.06 g/kg、0.03 g/kg，降幅从高到低顺序为东胜乡>杨家乡>二井镇>城郊乡>海星镇>通北镇=赵光镇>石泉镇。

表5-4 北安市各乡镇土壤全氮含量

乡镇	1982				2010				变幅/%	平均每年变化量/(g/kg)
	样本数/个	最大值/(g/kg)	最小值/(g/kg)	平均值/(g/kg)	样本数/个	最大值/(g/kg)	最小值/(g/kg)	平均值/(g/kg)		
城郊乡	—	—	—	3.6	389	3.7	1.1	2.0	-44.4	-0.06
东胜乡	—	—	—	4.8	218	4.4	0.8	2.3	-52.1	-0.09
二井镇	—	—	—	3.8	282	3.7	1.0	2.2	-42.1	-0.06
海星镇	—	—	—	3.5	201	4.0	1.0	1.9	-45.7	-0.06
石泉镇	—	—	—	3.0	432	5.7	1.0	2.2	-26.7	-0.03
通北镇	—	—	—	3.4	127	3.7	1.1	2.3	-32.4	-0.04
杨家乡	—	—	—	3.9	372	3.8	1.0	2.2	-43.6	-0.06
赵光镇	—	—	—	3.4	297	5.0	1.1	2.6	-23.5	-0.03
主星乡	—	—	—	—	194	4.5	1.1	2.5	—	—

（三）土壤碱解氮演变特征

土壤碱解氮或称水解性氮包括无机态氮（铵态氮、硝态氮）及易水解的有机态氮（氨基酸、酰胺和易水解蛋白质）。碱解氮含量的高低，取决于有机质含量的高低和质量的好坏以及放入氮素化肥数量的多少。有机质含量丰富、熟化程度高，碱解氮含量亦高，反之则含量低。碱解氮在土壤中的含量不够稳定，易受土壤水热条件和生物活动的影响而发生变化，但它能反映近期土壤的氮素供应能力。

表5-5为1982年第二次全国土壤普查和2010年北安市各土壤类型碱解氮含量。第二次全国土壤普查统计结果显示，北安市5种土壤碱解氮平均含量水平普遍较高，分别为黑土300.0 mg/kg、草甸土392.0 mg/kg、水稻土349.0 mg/kg、暗棕壤422.0 mg/kg、沼泽土

528.0 mg/kg，从高到低顺序为沼泽土>暗棕壤>草甸土>水稻土>黑土。经过近30 a的耕作，到2010年，黑土、草甸土、水稻土、暗棕壤、沼泽土土壤碱解氮平均含量分别为250.4 mg/kg、261.9 mg/kg、276.3 mg/kg、263.3 mg/kg、256.9 mg/kg，从高到低顺序为水稻土>暗棕壤>草甸土>沼泽土>黑土。对比同一类型土壤碱解氮的演变情况，发现黑土、草甸土、水稻土、暗棕壤、沼泽土土壤碱解氮含量均明显下降，降幅分别为16.5%、33.2%、20.8%、37.6%、51.3%，平均每年分别下降1.8 mg/kg、4.6 mg/kg、2.6 mg/kg、5.7 mg/kg、9.7 mg/kg，降幅从高到低顺序为沼泽土>暗棕壤>草甸土>水稻土>黑土。

表5-5 北安市各土壤类型碱解氮含量

土类	1982				2010				变幅/%	平均每年变化量/(mg/kg)
	样本数/个	最大值/(mg/kg)	最小值/(mg/kg)	平均值/(mg/kg)	样本数/个	最大值/(mg/kg)	最小值/(mg/kg)	平均值/(mg/kg)		
黑土	—	—	—	300.0	950	539.0	63.0	250.4	−16.5	−1.8
草甸土	—	—	—	392.0	1 048	539.0	63.0	261.9	−33.2	−4.6
水稻土	—	—	—	349.0	48	420.0	182.0	276.3	−20.8	−2.6
暗棕壤	—	—	—	422.0	80	413.0	147.0	263.3	−37.6	−5.7
沼泽土	—	—	—	528.0	386	469.0	63.0	256.9	−51.3	−9.7

表5-6为1982年第二次全国土壤普查和2010年北安市各乡镇土壤碱解氮含量。第二次全国土壤普查统计结果显示，城郊乡、东胜乡、二井镇、海星镇、石泉镇、通北镇、杨家乡、赵光镇土壤碱解氮平均含量分别为339.0 mg/kg、375.0 mg/kg、346.0 mg/kg、305.0 mg/kg、275.5 mg/kg、286.0 mg/kg、322.0 mg/kg、330.0 mg/kg，从高到低顺序为东胜乡>二井镇>城郊乡>赵光镇>杨家乡>海星镇>通北镇>石泉镇。各乡镇经过近30 a的耕作，到2010年，城郊乡、东胜乡、二井镇、海星镇、石泉镇、通北镇、杨家乡、赵光镇土壤碱解氮平均含量分别为250.5 mg/kg、266.9 mg/kg、267.0 mg/kg、231.4 mg/kg、218.7 mg/kg、231.2 mg/kg、286.6 mg/kg、278.1 mg/kg，从高到低顺序为杨家乡>赵光镇>二井镇>东胜乡>城郊乡>海星镇>通北镇>石泉镇。对比同一乡镇土壤碱解氮的演变情况，发现城郊乡、东胜乡、二井镇、海星镇、石泉镇、通北镇、杨家乡、赵光镇土壤碱解氮含量均明显下降，降幅分别为26.1%、28.8%、22.8%、24.1%、20.6%、19.2%、11.0%、15.7%，平均每年分别下降3.2 mg/kg、3.9 mg/kg、2.8 mg/kg、2.6 mg/kg、2.0 mg/kg、2.0 mg/kg、1.3 mg/kg、1.9 mg/kg，降幅从高到低顺序为东胜乡>二井镇>城郊乡>赵光镇>杨家乡>海星镇>通北镇>石泉镇。

表5-6 北安市各乡镇土壤碱解氮含量

乡镇	1982				2010				变幅/%	平均每年变化量/(mg/kg)
	样本数/个	最大值/(mg/kg)	最小值/(mg/kg)	平均值/(mg/kg)	样本数/个	最大值/(mg/kg)	最小值/(mg/kg)	平均值/(mg/kg)		
城郊乡	—	—	—	339.0	389	406.0	182.0	250.5	−26.1	−3.2

（续表）

乡镇	1982				2010				变幅/%	平均每年变化量/(mg/kg)
	样本数/个	最大值/(mg/kg)	最小值/(mg/kg)	平均值/(mg/kg)	样本数/个	最大值/(mg/kg)	最小值/(mg/kg)	平均值/(mg/kg)		
东胜乡	—	—	—	375.0	218	539.0	98.0	266.9	-28.8	-3.9
二井镇	—	—	—	346.0	282	371.0	189.0	267.0	-22.8	-2.8
海星镇	—	—	—	305.0	201	441.0	126.0	231.4	-24.1	-2.6
石泉镇	—	—	—	275.5	432	469.0	63.0	218.7	-20.6	-2.0
通北镇	—	—	—	286.0	127	364.0	105.0	231.2	-19.2	-2.0
杨家乡	—	—	—	322.0	372	434.0	63.0	286.6	-11.0	-1.3
赵光镇	—	—	—	330.0	297	476.0	147.0	278.1	-15.7	-1.9
主星乡	—	—	—	—	194	420.0	182.0	285.1	—	—

（四）土壤全磷演变特征

全磷指的是土壤全磷量即磷的总储量，包括有机磷和无机磷两大类。土壤中的磷素大部分以迟效性状态存在，因此土壤全磷含量并不能作为土壤磷素供应的指标，全磷含量高时并不意味着磷素供应充足，而全磷含量低于某一水平时，却可能意味着磷素供应不足。

表 5-7 为 1982 年第二次全国土壤普查和 2010 年北安市各土壤类型全磷含量。第二次全国土壤普查统计结果显示，北安市 5 种土壤全磷平均含量水平普遍较高，分别为黑土 2.3 g/kg、草甸土 2.9 g/kg、水稻土 2.9 g/kg、暗棕壤 2.4 g/kg、沼泽土 3.3 g/kg，从高到低顺序为沼泽土>草甸土=水稻土>暗棕壤>黑土。经过近 30 a 的耕作，到 2010 年，黑土、草甸土、水稻土、暗棕壤、沼泽土土壤全磷平均含量分别为 0.9 g/kg、0.9 g/kg、0.8 g/kg、0.8 g/kg、0.9 g/kg，从高到低顺序为草甸土=沼泽土=黑土>水稻土>暗棕壤。对比同一类型土壤全磷的演变情况，发现黑土、草甸土、水稻土、暗棕壤、沼泽土土壤全磷含量均明显下降，降幅分别为 60.9%、69.0%、72.4%、66.7%、72.7%，平均每年分别下降 0.05 g/kg、0.08 g/kg、0.07 g/kg、0.06 g/kg、0.09 g/kg，降幅从高到低顺序为暗棕壤>沼泽土>草甸土>水稻土>黑土。

表 5-7　北安市各土壤类型全磷含量

土类	1982				2010				变幅/%	平均每年变化量/(g/kg)
	样本数/个	最大值/(g/kg)	最小值/(g/kg)	平均值/(g/kg)	样本数/个	最大值/(g/kg)	最小值/(g/kg)	平均值/(g/kg)		
黑土	12	3.3	1.4	2.3	950	1.8	0.2	0.9	-60.9	-0.05
草甸土	16	4.3	2.2	2.9	1 048	1.9	0.2	0.9	-69.0	-0.07
水稻土	—	—	—	2.9	48	1.2	0.3	0.8	-72.4	-0.08
暗棕壤	4	3.0	1.7	2.4	80	1.2	0.4	0.8	-66.7	-0.06
沼泽土	6	4.5	2.1	3.3	386	1.8	0.4	0.9	-72.7	-0.09

图 5-1 为 2010 年北安市各乡镇土壤全磷平均含量。城郊乡、东胜乡、二井镇、海星镇、石泉镇、通北镇、杨家乡、赵光镇土壤全磷平均含量分别为 0.87 g/kg、0.89 g/kg、0.85 g/kg、0.83 g/kg、0.91 g/kg、0.87 g/kg、0.93 g/kg、0.91 g/kg、0.79 g/kg，从高到低顺序为杨家乡>赵光镇=石泉镇>东胜乡>城郊乡=通北镇>二井镇>海星镇>主星乡。

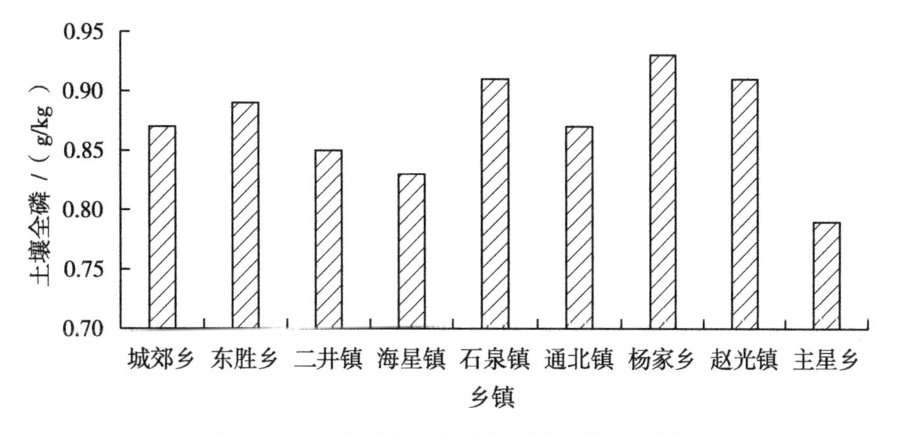

图 5-1　2010 年北安市各乡镇土壤全磷平均含量

（五）土壤有效磷演变特征

有效磷是指土壤中较容易被植物吸收利用的磷。除土壤溶液中的磷酸根离子外，土壤中的一些易溶的无机磷化合物、吸附态的磷均属有效磷部分，这是因为它们溶解度较大，或者解吸快、交换快，当溶液中磷酸根离子浓度下降时，它们可成为有效磷的供给源。土壤有效磷是土壤磷储库中对作物最为有效的部分，也是评价土壤供磷水平的重要指标。土壤中磷的有效性根据作物吸收利用的难易及快慢程度而定。

表 5-8 为 1982 年第二次全国土壤普查和 2010 年北安市各土壤类型有效磷含量。第二次全国土壤普查统计结果显示，北安市 5 种土壤有效磷平均含量水平普遍较高，分别为黑土 27.3 mg/kg、草甸土 44.3 mg/kg、水稻土 42.0 mg/kg、暗棕壤 35.3 mg/kg、沼泽土 56.5 mg/kg，从高到低顺序为沼泽土>草甸土>水稻土>暗棕壤>黑土。经过近 30 a 的耕作，到 2010 年，黑土、草甸土、水稻土、暗棕壤、沼泽土有效磷平均含量分别为 35.2 mg/kg、35.7 mg/kg、32.8 mg/kg、32.1 mg/kg、36.1 mg/kg，从高到低顺序为沼泽土>草甸土>黑土>水稻土>暗棕壤。对比同一类型土壤有效磷的演变情况，发现黑土有效磷含量有所增加，增幅为 28.9%，平均每年增加 0.3 mg/kg；而草甸土、水稻土、暗棕壤、沼泽土土壤有效磷平均含量均明显下降，降幅分别为 19.4%、21.9%、9.1%、36.1%，平均每年分别下降 0.3 mg/kg、0.3 mg/kg、0.1 mg/kg、0.7 mg/kg。

表 5-8　北安市各土壤类型有效磷含量

土类	1982				2010				变幅/%	平均每年变化量/(mg/kg)
	样本数/个	最大值/(mg/kg)	最小值/(mg/kg)	平均值/(mg/kg)	样本数/个	最大值/(mg/kg)	最小值/(mg/kg)	平均值/(mg/kg)		
黑土	—	—	—	27.3	950	133.1	3.5	35.2	+28.9	+0.3
草甸土	—	—	—	44.3	1 048	133.1	3.6	35.7	-19.4	-0.3
水稻土	—	—	—	42.0	48	57.1	16.4	32.8	-21.9	-0.3
暗棕壤	—	—	—	35.3	80	79.7	8.4	32.1	-9.1	-0.1
沼泽土	—	—	—	56.5	386	151.8	9.7	36.1	-36.1	-0.7

表 5-9 为 1982 年第二次全国土壤普查和 2010 年北安市各乡镇土壤有效磷含量。第二次全国土壤普查统计结果显示，城郊乡、东胜乡、二井镇、海星镇、石泉镇、通北镇、杨家乡、赵光镇土壤有效磷平均含量分别为 39.0 mg/kg、43.0 mg/kg、27.0 mg/kg、54.0 mg/kg、25.0 mg/kg、35.0 mg/kg、35.0 mg/kg、28.0 mg/kg，从高到低顺序为海星镇>东胜乡>城郊乡>杨家乡=通北镇>赵光镇>二井镇>石泉镇。各乡镇经过近 30 a 的耕作，到 2010 年，城郊乡、东胜乡、二井镇、海星镇、石泉镇、通北镇、杨家乡、赵光镇土壤有效磷平均含量分别为 37.5 mg/kg、37.7 mg/kg、37.0 mg/kg、31.7 mg/kg、29.3 mg/kg、34.8 mg/kg、38.6 mg/kg、38.7 mg/kg，从高到低顺序为赵光镇>杨家乡>东胜乡>城郊乡>二井镇>通北镇>海星镇>石泉镇。对比同一乡镇土壤有效磷的演变情况，发现二井镇、石泉镇、杨家乡、赵光镇土壤有效磷含量有所增加，增幅分别为 37.0%、17.2%、10.3%、38.2%，平均每年增加 0.36 mg/kg、0.15 mg/kg、0.13 mg/kg、0.38 mg/kg；而城郊乡、东胜乡、海星镇土壤有效磷含量均明显下降，降幅分别为 3.8%、12.3%、41.3%，平均每年分别下降 0.05 mg/kg、0.19 mg/kg、0.80 mg/kg；通北镇土壤有效磷含量变化幅度不大。各乡镇有效磷含量存在差异与该地区施肥管理、土壤类型、种植制度等因素有关。

表 5-9　北安市各乡镇土壤有效磷含量

乡镇	1982				2010				变幅/%	平均每年变化量/(mg/kg)
	样本数/个	最大值/(mg/kg)	最小值/(mg/kg)	平均值/(mg/kg)	样本数/个	最大值/(mg/kg)	最小值/(mg/kg)	平均值/(mg/kg)		
城郊乡	—	—	—	39.0	389	151.8	8.7	37.5	-3.8	-0.05
东胜乡	—	—	—	43.0	218	147.7	8.4	37.7	-12.3	-0.19
二井镇	—	—	—	27.0	282	133.1	18.1	37.0	+37.0	+0.36
海星镇	—	—	—	54.0	201	84.3	13.2	31.7	-41.3	-0.80
石泉镇	—	—	—	25.0	432	62.9	3.5	29.3	+17.2	+0.15

（续表）

乡镇	1982				2010				变幅/%	平均每年变化量/（mg/kg）
	样本数/个	最大值/（mg/kg）	最小值/（mg/kg）	平均值/（mg/kg）	样本数/个	最大值/（mg/kg）	最小值/（mg/kg）	平均值/（mg/kg）		
通北镇	—	—	—	35.0	127	85.3	12	34.8	-0.6	-0.01
杨家乡	—	—	—	35.0	372	106.9	9.5	38.6	+10.3	+0.13
赵光镇	—	—	—	28.0	297	116.4	9.1	38.7	+38.2	+0.38
主星乡	—	—	—	—	194	57.1	14.7	33.4	—	—

（六）土壤全钾演变特征

全钾是指土壤中含有的全部钾，是水溶性钾、交换性钾、非交换性钾和结构态钾的总和。土壤全钾含量主要受土壤矿物种类的影响，而土壤矿物种类又受成土母质的影响。另外，生物气候条件、土地利用方式等因素也会对土壤矿物的风化产生影响，并最终影响土壤全钾含量。

表 5-10 为 1982 年第二次全国土壤普查和 2010 年北安市各土壤类型全钾含量。第二次全国土壤普查统计结果显示，北安市 5 种土壤全钾平均含量水平普遍较高，分别为黑土 21.0 g/kg、草甸土 23.0 g/kg、水稻土 24.0 g/kg、暗棕壤 24.0 g/kg、沼泽土 24.0 g/kg，从高到低顺序为沼泽土=水稻土=暗棕壤>草甸土>黑土。经过近 30 a 的耕作，到 2010 年，黑土、草甸土、水稻土、暗棕壤、沼泽土全钾平均含量分别为 11.9 g/kg、11.9 g/kg、12.3 g/kg、11.7 g/kg、11.8 g/kg，从高到低顺序为水稻土>黑土=草甸土>沼泽土>暗棕壤。对比同一类型土壤全钾的演变情况，发现黑土、草甸土、水稻土、暗棕壤、沼泽土全钾含量均明显下降，降幅分别为 43.3%、48.3%、48.8%、51.3%、50.8%，平均每年分别下降 0.3 g/kg、0.4 g/kg、0.4 g/kg、0.4 g/kg、0.4 g/kg。

表 5-10 北安市各土壤类型全钾含量

土类	1982				2010				变幅/%	平均每年变化量/（g/kg）
	样本数/个	最大值/（g/kg）	最小值/（g/kg）	平均值/（g/kg）	样本数/个	最大值/（g/kg）	最小值/（g/kg）	平均值/（g/kg）		
黑土	—	—	—	21.0	950	16.7	5.6	11.9	-43.3	-0.3
草甸土	—	—	—	23.0	1 048	15.6	5.6	11.9	-48.3	-0.4
水稻土	—	—	—	24.0	48	15.5	10.4	12.3	-48.8	-0.4
暗棕壤	—	—	—	24.0	80	13.5	7.9	11.7	-51.3	-0.4
沼泽土	—	—	—	24.0	386	15.3	5.6	11.8	-50.8	-0.4

图 5-2 为 2010 年北安市各乡镇土壤全钾平均含量。城郊乡、东胜乡、二井镇、海星镇、石泉镇、通北镇、杨家乡、赵光镇土壤全钾平均含量分别为 11.9 g/kg、11.1 g/kg、11.9 g/kg、12.1 g/kg、11.8 g/kg、11.9 g/kg、12.2 g/kg、11.9 g/kg、12.1 g/kg，从高到低顺序为杨家乡>海星镇>主星乡>城郊乡>通北镇>二井镇>赵光镇>石泉镇>东胜乡。

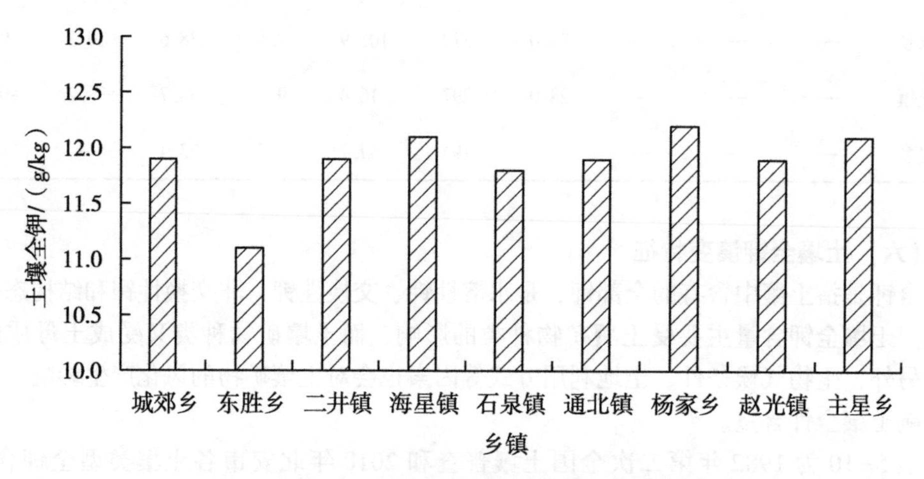

图 5-2　2010 年北安市各乡镇土壤全钾平均含量

（七）土壤速效钾演变特征

速效钾是指土壤中易被作物吸收利用的钾素。根据钾存在的形态和作物吸收利用的情况，可分为水溶性钾、交换性钾和黏土矿物中固定的钾三类，前两类可被当季作物吸收利用，统称为“速效性钾”，后一类是土壤钾的主要储藏形态，不能被作物直接吸收利用，按其黏土矿物的种类和对作物的有效程度，有的是难交换性的“中效性钾”，有的是非交换性的“迟效性钾”和“无效性钾”。

表 5-11 为 1982 年第二次全国土壤普查和 2010 年北安市各土壤类型速效钾含量。第二次全国土壤普查统计结果显示，北安市 5 种土壤速效钾平均含量水平普遍较高，分别为黑土 290.0 mg/kg、草甸土 286.0 mg/kg、水稻土 283.0 mg/kg、暗棕壤 434.0 mg/kg、沼泽土 321.0 mg/kg，从高到低顺序为暗棕壤>沼泽土>黑土>草甸土>水稻土。经过近 30 a 的耕作，到 2010 年，黑土、草甸土、水稻土、暗棕壤、沼泽土速效钾平均含量分别为 256.6 mg/kg、268.6 mg/kg、277.8 mg/kg、256.5 mg/kg、264.7 mg/kg，从高到低顺序为水稻土>草甸土>沼泽土>黑土>暗棕壤。对比同一类型土壤速效钾的演变情况，发现黑土、草甸土、水稻土、暗棕壤、沼泽土速效钾含量均明显下降，降幅分别为 11.5%、6.1%、1.8%、40.9%、17.5%，平均每年分别下降 1.2 mg/kg、0.6 mg/kg、0.2 mg/kg、6.3 mg/kg、2.0 mg/kg，降幅从高到低顺序为暗棕壤>沼泽土>黑土>草甸土>水稻土。

表 5-11　北安市各土壤类型速效钾含量

土类	1982				2010				变幅/%	平均每年变化量/(mg/kg)
	样本数/个	最大值/(mg/kg)	最小值/(mg/kg)	平均值/(mg/kg)	样本数/个	最大值/(mg/kg)	最小值/(mg/kg)	平均值/(mg/kg)		
黑土	—	—	—	290.0	950	630.0	110.0	256.6	-11.5	-1.2
草甸土	—	—	—	286.0	1 048	630.0	19.0	268.6	-6.1	-0.6
水稻土	—	—	—	283.0	48	390.0	224.0	277.8	-1.8	-0.2
暗棕壤	—	—	—	434.0	80	478.0	174.0	256.5	-40.9	-6.3
沼泽土	—	—	—	321.0	386	660.0	155.0	264.7	-17.5	-2.0

表 5-12 为 1982 年第二次全国土壤普查和 2010 年北安市各乡镇土壤速效钾含量。第二次全国土壤普查统计结果显示，城郊乡、东胜乡、二井镇、海星镇、石泉镇、通北镇、杨家乡、赵光镇土壤速效钾平均含量分别为 285.0 mg/kg、332.0 mg/kg、272.0 mg/kg、280.0 mg/kg、271.0 mg/kg、278.0 mg/kg、252.0 mg/kg、319.0 mg/kg，从高到低顺序为东胜乡>赵光镇>城郊乡>海星镇>通北镇>二井镇>石泉镇>杨家乡。各乡镇经过近 30 a的耕作，到 2010 年，城郊乡、东胜乡、二井镇、海星镇、石泉镇、通北镇、杨家乡、赵光镇土壤速效钾平均含量分别为 277.6 mg/kg、279.6 mg/kg、245.7 mg/kg、235.2 mg/kg、234.9 mg/kg、256.2 mg/kg、294.5 mg/kg、272.4 mg/kg，从高到低顺序为杨家乡>东胜乡>城郊乡>赵光镇>通北镇>二井镇> 海星镇>石泉镇。对比同一乡镇土壤速效钾的演变情况，发现杨家乡土壤速效钾含量有所增加，增幅为 16.9%，平均每年增加 1.5 mg/kg；而城郊乡、东胜乡、二井镇、海星镇、石泉镇、通北镇、赵光镇土壤速效钾含量均明显下降，降幅分别为 2.6%、15.8%、9.7%、16.0%、13.3%、7.8%、14.6%，平均每年分别下降 0.3 mg/kg、1.9 mg/kg、0.9 mg/kg、1.6 mg/kg、1.3 mg/kg、0.8 mg/kg、1.7 mg/kg。各乡镇速效钾含量存在差异与该地区施肥管理、土壤类型、种植制度等因素有关。

表 5-12　北安市各乡镇土壤速效钾含量

乡镇	1982				2010				变幅/%	平均每年变化量/(mg/kg)
	样本数/个	最大值/(mg/kg)	最小值/(mg/kg)	平均值/(mg/kg)	样本数/个	最大值/(mg/kg)	最小值/(mg/kg)	平均值/(mg/kg)		
城郊乡	—	—	—	285.0	389	590.0	160.0	277.6	-2.6	-0.3
东胜乡	—	—	—	332.0	218	660.0	180.0	279.6	-15.8	-1.9
二井镇	—	—	—	272.0	282	590.0	155.0	245.7	-9.7	-0.9
海星镇	—	—	—	280.0	201	550.0	160.0	235.2	-16.0	-1.6
石泉镇	—	—	—	271.0	432	630.0	145.0	234.9	-13.3	-1.3
通北镇	—	—	—	278.0	127	520.0	155.0	256.2	-7.8	-0.8
杨家乡	—	—	—	252.0	372	630.0	110.0	294.5	+16.9	+1.5
赵光镇	—	—	—	319.0	297	630.0	19.0	272.4	-14.6	-1.7
主星乡	—	—	—	—	194	390.0	145.0	264.2	—	—

（八）土壤 pH 演变特征

土壤酸碱性（土壤 pH）是指土壤中存在着各种化学和生物化学反应，表现出不同的酸性或碱性。土壤酸碱性常以酸碱度来衡量。土壤之所以有酸碱性，是因为在土壤中存在少量的氢离子和氢氧根离子。当氢离子的浓度大于氢氧根离子的浓度时，土壤呈酸性；反之呈碱性；两者相等时则为中性。土壤 pH<4.5 极强酸性，4.5~5.5 强酸性，5.5~6.0 酸性，6.0~6.5 弱酸性，6.5~7.0 中性，7.0~7.5 弱碱性，7.5~8.5 碱性，8.5~9.5 强碱性，>9.5 极强碱性。

表 5-13 为 1982 年第二次全国土壤普查和 2010 年北安市各土壤类型土壤 pH。第二次全国土壤普查统计结果显示，北安市 5 种土壤 pH 平均值变化范围较大，分别为黑土 6.7、草甸土 6.6、水稻土 5.8、暗棕壤 6.2、沼泽土 7.2，从高到低顺序为沼泽土>黑土>草甸土>暗棕壤>水稻土，其中水稻土为酸性，暗棕壤为弱酸性，黑土、草甸土为中性，沼泽土为弱碱性。经过近 30 a 的耕作，到 2010 年，黑土、草甸土、水稻土、暗棕壤、沼泽土 pH 平均值均为 6.3，为弱酸性。对比同一类型土壤 pH 的演变情况，发现黑土、草甸土、沼泽土 pH 均明显下降，降幅分别为 6.0%、4.5%、12.5%，平均每年分别下降 0.01 个、0.01 个、0.03 个单位；而水稻土、暗棕壤土壤 pH 有所上升，增幅分别为 8.6%、1.6%。各乡镇土壤 pH 存在差异与该地区施肥管理、土壤类型、种植制度等因素有关。

表 5-13　北安市各土壤类型 pH

土类	1982				2010				变幅/%	平均每年变化量
	样本数/个	最大值	最小值	平均值	样本数/个	最大值	最小值	平均		
黑土	—	—	—	6.7	950	8.9	4.2	6.3	-6.0	-0.01
草甸土	—	—	—	6.6	1 048	7.4	5.5	6.3	-4.5	-0.01
水稻土	—	—	—	5.8	48	6.4	5.9	6.3	+8.6	+0.02
暗棕壤	—	—	—	6.2	80	7.0	5.9	6.3	+1.6	+0.00
沼泽土	—	—	—	7.2	386	8.9	5.7	6.3	-12.5	-0.03

（九）小结

通过分析 2010 年北安市耕地地力调查数据，并与第二次全国土壤普查结果相比，发现北安市土壤肥力衰退明显。土壤有机质含量明显下降，黑土、草甸土、水稻土、暗棕壤、沼泽土降幅分别为 24.9%、39.8%、26.4%、47.3%、50.5%，平均每年分别下降 0.6 g/kg、1.4 g/kg、0.8 g/kg、1.9 g/kg、2.1 g/kg。黑土、草甸土、水稻土、暗棕壤、沼泽土全氮含量均明显下降，降幅分别为 36.4%、50.0%、37.5%、57.6%、54.9%，平均每年分别下降 0.04 g/kg、0.08 g/kg、0.05 g/kg、0.12 g/kg、0.10 g/kg。黑土、草甸土、水稻土、暗棕壤、沼泽土碱解氮含量均明显下降，降幅分别为 16.5%、33.2%、20.8%、37.6%、51.3%，平均每年分别下降 1.8 mg/kg、4.6 mg/kg、2.6 mg/kg、5.7 mg/kg、9.7 mg/kg。黑土、草甸土、水稻土、暗棕壤、沼泽土全磷含量均明显下降，降幅分别为60.9%、69.0%、72.4%、66.7%、72.7%，平均每年分别下降0.05 g/kg、0.07 g/kg、0.08 g/kg、0.06 g/kg、0.09 g/kg。黑土有效磷含量有所增加，增幅为28.9%，平均每年增加0.3 mg/kg；而草甸土、水稻土、暗棕壤、沼泽土有效磷含量均明显下降，降幅分别为19.4%、21.9%、9.1%、36.1%，平均每年分别下降0.3 mg/kg、0.3 mg/kg、0.1 mg/kg、0.7 mg/kg。黑土、草甸土、水稻土、暗棕壤、沼泽土全钾含量均明显下降，降幅分别为43.3%、48.3%、48.8%、51.3%、50.8%，平均每年分别下降0.3 g/kg、0.4 g/kg、0.4 g/kg、0.4 g/kg、0.4 g/kg。黑土、草甸土、水稻土、暗棕壤、沼泽土速效钾含量均明显下降，降幅分别为11.5%、6.1%、1.8%、40.9%、17.5%，平均每年分别下降1.2 mg/kg、0.6 mg/kg、0.2 mg/kg、6.3 mg/kg、2.0 mg/kg。黑土、草甸土、沼泽土pH均明显下降，降幅分别为6.0%、4.5%、12.5%，平均每年分别下降0.01个、0.01个、0.03个单位；而水稻土、暗棕壤pH有所上升，增幅分别为8.6%、1.6%。

城郊乡、东胜乡、二井镇、海星镇、石泉镇、通北镇、杨家乡、赵光镇、主星乡土壤有机质含量均明显下降，降幅分别为30.0%、44.1%、22.2%、28.3%、19.3%、25.6%、34.3%、12.2%、25.8%，平均每年分别下降0.8 g/kg、1.5 g/kg、0.6 g/kg、0.7 g/kg、0.5 g/kg、0.7 g/kg、1.0 g/kg、0.3 g/kg、0.8 g/kg。城郊乡、东胜乡、二井镇、海星镇、石泉镇、通北镇、杨家乡、赵光镇土壤全氮含量均明显下降，降幅分别为44.4%、52.1%、42.1%、45.7%、26.7%、32.4%、43.6%、23.5%，平均每年分别下降0.06 g/kg、0.09 g/kg、0.06 g/kg、0.06 g/kg、0.03 g/kg、0.04 g/kg、0.06 g/kg、0.03 g/kg。城郊乡、东胜乡、二井镇、海星镇、石泉镇、通北镇、杨家乡、赵光镇土壤碱解氮含量均明显下降，降幅分别为26.1%、28.8%、22.8%、24.1%、20.6%、19.2%、11.0%、15.7%，平均每年分别下降3.2 mg/kg、3.9 mg/kg、2.8 mg/kg、2.6 mg/kg、2.0 mg/kg、2.0 mg/kg、1.3 mg/kg、1.9 mg/kg。二井镇、石泉镇、杨家乡、赵光镇土壤有效磷含量有所增加，增幅分别为37.0%、17.2%、10.3%、38.2%，平均每年增加0.36 mg/kg、0.15 mg/kg、0.13 mg/kg、0.38 mg/kg；而城郊乡、东胜乡、海星镇土壤有效磷含量均明显下降，降幅分别为3.8%、12.3%、41.3%，平均每年分别下降0.05 mg/kg、0.19 mg/kg、0.80 mg/kg；通北镇土壤有效磷含量变化幅度不大。杨家乡土壤速效钾含量有所增加，增幅为16.9%，平均每年增加1.5 mg/kg；而城郊乡、东胜乡、二井镇、海星镇、石泉镇、通北镇、赵光镇土壤速效钾含量均明显下降，降幅分别为2.6%、15.8%、9.7%、16.0%、13.3%、7.8%、14.6%，平均每年分别下降0.3 mg/kg、1.9 mg/kg、0.9 mg/kg、1.6 mg/kg、1.3 mg/kg、0.8 mg/kg、1.7 mg/kg。

本研究结果表明，北安市的黑土、草甸土、水稻土、暗棕壤、沼泽土土壤肥力指标总体呈现下降趋势。此外，北安市各乡镇耕层土壤肥力也呈明显下降趋势，且乡镇间养分含量差异较大。例如，开垦时间较长的石泉镇，耕层有机质平均含量由第二次全国土壤普查时65.2 g/kg降至2010年的52.6 g/kg，降幅达到19.3%。开垦年限较短的东胜乡有机质平均含量由96.9 g/kg降至2010年的54.2 g/kg，降幅达到44.1%。这可能与耕作年限、施肥管理、土壤类型等因素存在差异有关。例如，在农业生产中，秸秆还田的面积较少，不注重有机肥料的投入，就会造成土壤肥力下降。

参考文献

杲广文，汪景宽，李双异，等，2015. 30 年来东北主要黑土区耕层土壤有机碳密度与储量动态变化研究[J]. 土壤通报，46(4)：774-780.

韩秉进，张旭东，隋跃宇，等，2007. 东北黑土农田养分时空演变分析[J]. 土壤通报，38(2)：238-241.

康日峰，任意，吴会军，等，2016. 26 年来东北黑土区土壤养分演变特征[J]. 中国农业科学，49(11)：2113-2125.

聂淑艳，2011. 北安市黑土区耕地养分变化原因及对策[J]. 现代农业科技(21)：304，307.

全国农业技术推广服务中心，2015. 东北黑土区耕地质量主要性状数据集[M]. 北京：中国农业出版社.

汪景宽，李双异，张旭东，等，2007. 20 年来东北典型黑土地区土壤肥力质量变化[J]. 中国生态农业学报，15(1)：19-24.

王德友，杨勇，崔东俊，等，2017. 黑龙江省北安市耕地地力评价[M]. 哈尔滨：黑龙江省科学技术出版社.

魏丹，崔东俊，迟凤琴，等，2016. 东北黑土资源现状与保护策略[J]. 黑龙江农业科学(1)：158-161.

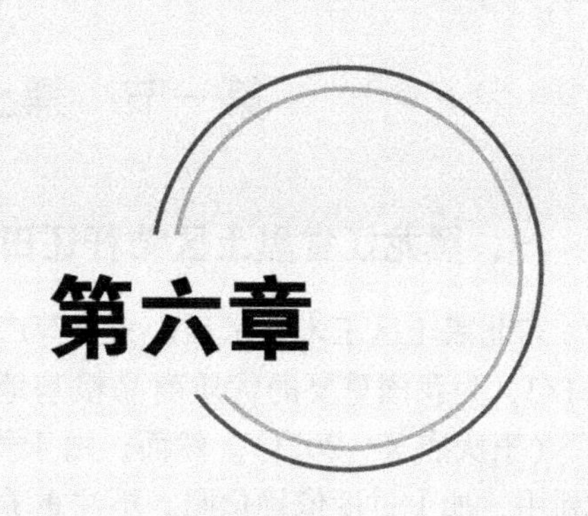

第六章

基于黑土肥力演变的培肥及可持续利用技术

第一节　黑土有机培肥关键技术

一、黑龙江省黑土区秸秆还田技术改土培肥效果

东北黑土区玉米、水稻、大豆等产量占我国粮食总产量的1/4，粮食调出量占全国的1/3，为我国重要的优质商品粮基地，是维护国家粮食安全的“稳定器”和“压舱石”（王庆杰等，2021）。然而，由于气候变化及长期以来黑土耕地的过度垦殖和高强度利用，加上过度依赖化肥、不注重养地、秸秆等有机肥类资源没有被充分利用，土壤肥力逐年下降，耕作层变浅，犁底层变硬，表现为“土变瘦了、土变硬了、土变薄了”（韩晓增和李娜，2018；郝小雨和陈苗苗，2021）。《东北黑土地白皮书（2020）》指出，黑土地开垦最初20 a，有机质含量下降约30%，40 a后下降50%左右，70~80 a下降65%左右，此后黑土有机质下降缓慢（中国科学院，2020）。因此，寻求合理的耕作培肥措施阻控黑土退化，保护黑土地这个“耕地中的大熊猫”，实现黑土地的可持续利用，是保障国家粮食安全的迫切需要。

《东北黑土地保护规划纲要（2017—2030年）》指出，通过增施有机肥、秸秆还田，增加土壤有机质含量，改善土壤理化性状，持续提升耕地基础地力；开展保护性耕作技术创新与集成示范，推广少免耕、秸秆覆盖、深松等技术，构建高标准耕作层，改善黑土地土壤理化性状，增强保水保肥能力。秸秆含有丰富的碳及矿质营养元素，还田后不仅可提升土壤有机质含量、补充土壤养分，而且秸秆丰富的纤维组织可显著改善土壤物理结构、降低土壤容重、提高土壤孔隙度和水分保蓄能力（杨帆等，2011；Wang等，2019；相浩龙等，2022）。此外，秸秆提供的碳源、氮源促进了土壤微生物的活动，加速了有机物质的分解和矿质养分的转化（任洪利，2022）。推广秸秆还田是增加我国农田表土有机碳含量的重要措施之一（黄耀和孙文娟，2006）。Meta分析表明，秸秆覆盖免耕和秸秆深翻耕作可显著增加耕层土壤氮、磷、钾含量（Huang等，2021），最能发挥秸秆还田增产效应，在小麦、玉米、水稻上的平均增产率分别为11.05%和8.98%（杨竣皓等，2020）。结合黑土区农业种植情况来看，将作物秸秆还田是解决黑土肥力退化、维持黑土地可持续发展的重要举措。在此背景下，基于文献分析，总结目前黑土区秸秆直接还田模式方法，解析不同秸秆还田方式对黑土农作物产量、土壤物理性质和土壤肥力状况的影响，旨在为推动黑土区秸秆科学还田、保护黑土地和促进农业可持续发展提供理论支撑。

（一）黑土区主要秸秆还田方法及模式

实施玉米秸秆全量直接还田是实现东北地区绿色发展的重要途径。一是可实现秸秆资源高效利用，减少化肥施用；二是保障黑土资源可持续利用，支撑玉米高产稳产；三是促进土壤固碳减排，减缓大气污染（马国成等，2022）。目前，东北黑土区农作物秸秆直接还田方式主要为翻埋（深施）还田、耕层混拌和覆盖还田。翻埋还田和耕层混拌主要通过机械方式将收获后的作物秸秆粉碎并均匀抛撒在田间，之后进行翻埋或者混拌，达到改善土壤物理性质和提高土壤肥力的目的；覆盖还田分为秸秆粉碎覆盖、高留

茬覆盖和整株覆盖，将粉碎的秸秆或整株秸秆直接覆盖于土表，实现抗旱保墒、控制水土流失及提升土壤肥力的目的。近年来，黑土区形成了以秸秆翻埋还田、秸秆碎混还田、秸秆覆盖免耕等为主要技术类型的黑土地保护“龙江模式”，以水稻秸秆翻埋旋耕、原茬打浆还田为主的“三江模式”，以秸秆覆盖免耕栽培技术和秸秆覆盖条带旋耕栽培技术为主的“梨树模式”等。

结合不同气候类型和土壤条件探索适合不同区域的黑土地保护与利用技术模式。中国科学院东北地理与农业生态研究所韩晓增研究员将适合黑龙江省黑土地保护利用的4个模式归纳总结为一个“龙江模式”，可复制、好推广。一是“秸秆翻埋还田-黑土层保育模式”，主要适用在松嫩平原中东部和三江平原草甸土区，以黑土层扩容增碳为核心技术，组装免耕覆盖技术，建立“一翻”（秸秆和有机肥翻埋还田）“两免”（条耕条盖、苗带休闲轮耕）技术模式。二是“秸秆碎混还田-黑土层培育模式”，针对受风蚀和水蚀的土壤、薄层黑土、暗棕壤等中低产田，以秸秆和有机肥混合翻埋、松耙碎混为核心技术，通过玉米和大豆轮作，配套免耕覆盖、条耕条盖和苗带轮耕休闲技术，横坡打垄、垄向区田、植物篱等水土保持措施，逐渐加深耕层，达到了肥沃耕层构建的效果。三是“四免一松保护性耕作模式”，针对松嫩平原西部风沙、干旱、盐碱等问题，采用秸秆覆盖、免耕配合深松的保护性耕作技术，取得了良好的技术效果。四是“坡耕地蓄排一体化控蚀培肥模式”，建立坡耕地蓄排水与控制面蚀、培肥土壤相结合的一体化系统工程保护黑土地中的坡耕地。

吉林省黑土区形成以玉米和大豆轮为代表的中部半湿润区黑土地保护技术模式、以固土培肥为代表的东部湿润区黑土地保护利用技术模式、以秸秆还田配套节水灌溉技术模式为代表的西部半干旱区黑土地保护技术模式（李德忠等，2019）。2018—2021年吉林省实施第二批黑土地保护利用试点项目，在包括公主岭市、梨树县等在内的中部黑土区推广玉米秸秆覆盖条带旋耕种植、玉米秸秆全量深翻还田、玉米秸秆堆沤培肥等技术模式，技术实施后，项目区内耕层平均厚度为28.67 cm，土壤有机质平均含量提高3.25%，秸秆还田率达71%，玉米平均增产773 kg/hm^2（崔佳慧等，2023）。吉林省中部地区以提质增肥为主攻方向，重点推广以保护性耕作为主的秸秆还田等技术模式（窦森，2020）。秸秆富集深还是吉林农业大学窦森教授团队推出的一项集耕作、施肥、高产栽培于一体的机械化秸秆深还土壤培肥综合技术，是一种基于土壤亚表层快速培肥理念，以条带轮耕作为主要特征，秸秆深埋于土壤亚表层的秸秆还田技术（窦森，2019）。吉林省农业科学院通过多年田间定位试验与技术攻关，形成了全程机械化玉米秸秆直接还田技术体系，该体系以“机械粉碎-深翻还田-平播重镇压”为技术核心，配套以相关的耕作、播种、施肥等一系列关键单项技术（蔡红光等，2019）。马国成等（2022）基于多年田间试验和生产实证，系统解析了目前黑土区深翻、覆盖、粉耙（碎混）3种主要秸秆全量直接还田技术特点及区域适应性，提出了“因地制宜、分区施策”的技术原则。在中西部粮食主产区，采用玉米秸秆全量深翻还田与玉米秸秆全量覆盖相结合的方式；在西部半干旱风沙区，以玉米秸秆全量覆盖还田为主体；在东部冷凉湿润区、平川地采用玉米秸秆全量深翻还田与秸秆粉耙（碎混）还田相结合，山坡地采用玉米秸秆全量粉耙（碎混）还田方式。

（二）秸秆还田对黑土区作物生长及产量的影响

秸秆还田主要通过改变土壤生物、物理和化学性质影响作物根系生长和养分吸收，进而影响地上部的生长（杨竣皓等，2020）。王帅等（2022）认为，秸秆还田显著增加了玉米苗期株高、叶面积、干物质重、叶绿素荧光参数、根系长度、根系表面积、根尖数以及根系活跃吸收面积，其中秸秆混拌处理优于秸秆覆盖处理；同时，秸秆还田降低了超氧化物歧化酶、过氧化氢酶活性和丙二醛含量，其中秸秆覆盖处理好于秸秆混拌处理。徐莹莹等（2019）发现，秸秆还田能够增强根系活力，提升叶片光合能力，促进植株及籽粒中养分积累，进而提高玉米产量，其中秸秆深翻还田效果最佳。李伟群等（2019）指出，黑土连续 5 a 玉米秸秆还田可有效改善土壤结构，增强其通气与保水能力，提高土壤团聚体稳定性，并增加土壤有机碳含量和改善土壤团聚体结构，玉米产量平均提高 4. 5%~12. 6%。玉米秸秆翻埋还田通过提高黑土中轻组有机碳含量和总有机碳含量实现玉米增产，产量提高 5. 8%~7. 2%（闫雷等，2020）。在黑龙江省东部玉米-大豆隔年轮作免耕条件下，60%秸秆覆盖还田能够有效增加大豆单株叶面积、地上部及地下部的干物质积累量，增产效果最佳（蔡丽君等，2015）。张久明等（2014）发现，秸秆覆盖结合深松可提高玉米喇叭口期和灌浆期的光合速率，降低蒸腾速率，对于产量增加起到积极促进作用。孔凡丹等（2022）指出，玉米秸秆覆盖还田有利于延长大豆叶片的功能期，使叶片合成更多的营养物质来满足营养器官和生殖器官生长的需求，进而影响大豆的产量构成，从而为大豆增产提供生理基础。在黑龙江典型黑土区，玉米秸秆碎混还田较传统施肥可提高黑土氮肥利用率，玉米产量提高 7. 6%（张杰等，2022）。在松嫩平原大豆-玉米-玉米典型轮作模式下，秸秆深施还田和秸秆覆盖免耕处理可以提高大豆和玉米产量，平均分别增产 5. 1%和 5. 5%（郝小雨，2022）。

但是，也有报道指出秸秆还田未增加黑土区作物产量甚至造成减产。于舒函等（2017）发现，秸秆还田虽然提高了玉米籽粒的氮素含量与氮素吸收积累量，但未增加玉米产量。蒋发辉等（2022）利用 Meta 分析和随机森林模型等方法，分析黑土地保护性耕作（秸秆覆盖结合免耕）对作物产量的影响，指出保护性耕作在东北黑土区的增产率仅为 1. 21%，效果不明显，原因是受多年平均气温、积温和干燥指数的影响。张晓平等（2008）发现，中层黑土连续免耕、秸秆覆盖还田导致玉米减产。在吉林省梨树县，免耕秸秆覆盖降低耕层土壤温度，导致玉米生育延迟，并且降低玉米株高、干物质积累和叶面积指数，且降幅随秸秆覆盖量的增加而增大，玉米平均减产达 1 117 kg/hm^2（董智，2013）。

（三）秸秆还田对黑土物理性质的影响

良好的土壤结构是提高土壤肥力的基础，也是确保作物正常生长发育的必备条件。土壤容重、土壤紧实度、土壤孔隙度、土壤三相比和土壤团聚体是评价土壤物理性质的常用指标。邱琛等（2021）指出，土壤孔隙结构综合调控土壤物理性质，有机物料对土壤物理性质的改善作用是通过调控土壤孔隙结构、改善孔隙分布、增加孔隙的复杂性和连通性来实现的。有关吉林省黑土的研究表明，玉米秸秆覆盖条耕和深翻还田显著降低了土壤容重、固相率，增加了土壤孔隙度、毛管孔隙度、田间持水量以及饱和含水量，改善了相应土层的物理性质（李强等，2022）。李瑞平等（2021）对吉林省黑土的研究亦证实，与常规耕作相比，秸秆深翻、秸秆碎混还田和秸秆全量粉碎覆盖分别降低10~20 cm 土壤容重 4.6%~10.7%、4.1%~5.9%和 0.7%~4.1%，降低土壤三相比6.7%~48.3%、14.5%~24.3%和 15.8%~20.6%，提高土壤总孔隙度 6.0%~14.6%、3.6%~8.0%和1.0%~5.6%。严君等（2022）通过黑龙江省海伦市 17 a 的黑土田间定位试验发现，玉米秸秆耕层混拌条件下 0~20 cm 和 20~40 cm 土层容重分别下降了14.8%和4.5%，0~20 cm 土层的通气孔隙度增加了 43.7%。研究指出，玉米秸秆翻埋还田、耕层混拌可有效改善黑土容重和三相比（张泽慧等，2019）。郭孟洁等（2021）利用16 a的长期定位试验发现，秸秆覆盖免耕可改善并稳定土壤结构，保持容重在生育期内的相对稳定，有效克服机械压实作用，表层土壤水稳性大团聚体（>0.25 mm）含量、平均重量直径（MWD）均高于其他处理。王秋菊等（2019）利用秸秆粉碎集条深埋机械还田方法，将4倍于单位面积产量的玉米秸秆，通过秸秆粉碎集条机（秸秆粉碎、集条沟施）配合铧式犁翻耕，将粉碎的秸秆集中深埋在耕层下，形成间隔 180 cm 的培肥沟，可增厚耕层，改善土壤紧实状况，显著降低亚表层土壤容重，增加该土层田间持水量和大孔隙含量。黑钙土玉米秸秆覆盖还田结合深松措施的机械阻力、油耗适中，可改善土壤结构，增强其蓄水保墒能力（徐莹莹等，2022）。在黑龙江省东部水稻秸秆深翻还田具有改土效果，连续还田 10 a 后，0~30 cm 土层容重降低6.34%~10.00%，土壤固相率下降 4.67%~10.87%，土壤有效孔隙数量增加 23.40%~63.85%（王秋菊等，2017）。

黑土区不同秸秆还田方式对于改善土壤物理性质有较好效果，但也有研究得出不同结论。张兴义等（2022）发现，连续 14 a 黑土坡耕地秸秆覆盖免耕条件下土壤容重没有显著增加，0~20 cm 土层总孔隙度和非毛管孔隙度较低，但秸秆覆盖免耕增加了土壤毛管孔隙度和水稳性大团聚体含量。邹文秀等（2020）指出，秸秆覆盖免耕增加了 0~20 cm 土层容重，减小了土壤孔隙度、田间持水量、饱和导水率及>0.25 mm 水稳性团聚体含量，因此不利于黏重黑土良好土壤物理性状的形成。在北部黑土低洼冷凉区域，秸秆覆盖还田导致土壤滞水黏重，通透性差，垂直下渗较弱，对土壤物理结构的改善效果不佳（赵家煦，2017）。

（四）秸秆还田对黑土肥力的影响

1. 秸秆还田土壤有机碳的固存机制与效应

团聚体是土壤有机碳固定的重要场所，秸秆还田作为新碳输入首先伴随着团聚体的形成而积累，随后经过团聚体的化学结合作用得以固定（王峻等，2018）。外源秸秆碳输入通过改善土壤团聚体结构和进入土壤的碳的分解转化，影响土壤的物理、化学和生物性质，进而促进土壤肥力发育，提升黑土肥力（李娜等，2020）。秸秆翻埋还田能有效改善黑土团聚体结构，显著提高各粒级团聚体有机碳含量及大团聚体有机碳贡献率，有效提升土壤固碳能力（徐子斌等，2022）。秸秆覆盖还田可导致黑土微生物生物量、群落结构及生理特性发生变化，使更多的基质碳被保存在各级团聚体的活性碳库中，增强黑土有机碳在团聚体中的累积和稳定性，促进秸秆源碳向土壤有机碳的转化和固存（张士秀等，2022）。盛明等（2020）分析了团聚体内有机碳的红外光谱特征，发现短期秸秆还田能促进黑土大团聚体形成，提高土壤有机碳中脂肪族碳的含量及团聚体对碳的保护能力，更有利于碳的固存。刘金华等（2022）发现，不同比例秸秆碎混还田均能促进黑土水稳性大团聚体的形成，提高各粒级团聚体的碳含量及土壤总有机碳储量。玉米秸秆碎混还田能显著促进黑钙土及团聚体有机碳累积，并且土壤有机碳含量随秸秆还田量和试验年限的延长而增加，有机碳主要集中固持在大团聚体中（>0.25 mm）（高洪军等，2011）。

黑土秸秆还田的固碳效应较为显著。在黑土区，秸秆覆盖还田对土壤有机碳的提升主要集中于表层，秸秆深翻还田大幅提高 0~40 cm 土层土壤有机碳的固持能力（梁尧等，2021）。韩锦泽（2017）指出，秸秆还田 15~30 cm 时更能促进秸秆的分解、土壤微生物的繁殖、酶活性的提高和有机碳库的积累。玉米秸秆深翻还田不仅能够增加黑钙土表层和亚表层土壤有机碳含量，而且有利于改善土壤腐殖化程度和土壤结构性，是提升土壤固碳能力和肥力质量的有效措施（张姝等，2021）。在黑龙江省典型黑土区青冈县的研究表明，尽管深松结合秸秆还田旋耕处理提高了土壤呼吸速率，但土壤有机碳平衡值为盈余，可有效固存有机碳（刘平奇等，2020）。Han 等（2022）的室内培养试验结果显示，向侵蚀区黑土中添加秸秆，土壤总有机碳含量提高了 8.8%。从物理分组方面来看，玉米秸秆深埋还田可显著增加易氧化有机碳、颗粒有机碳、轻组有机碳含量，进而提高土壤中有机碳的转化速率，使土壤中的有机质不断地更新，也提高了土壤中养分供应的强度，对土壤肥力的提高具有促进作用（王胜楠等，2015）。化学组分结果显示，秸秆覆盖还田的保护性耕作不仅增加了有利于微生物、植物吸收利用的总活性碳库，也增加了有利于长期固碳的惰性碳库（梁爱珍等，2022）。

也有研究指出秸秆还田黑土的固碳效应不明显。吉林省黑土长期试验的研究表明，与 NPK 处理相比，玉米秸秆还田处理没有显著促进黑土有机碳的积累（高洪军等，2020）。水稻秸秆连续 7 a 还田后土壤有机质含量呈逐年增加的趋势，但与不还田相比差异不显著，可能与秸秆还田后有机质的矿化分解程度有关（董桂军等，2019）。

2. 秸秆还田对土壤养分的影响

众多研究证实，秸秆还田在改善黑土耕地质量、培肥地力的同时，也可有效提升土壤养分含量。郭亚飞等（2018）发现，连续 13 a 秸秆覆盖还田免耕可显著提高表层（0~5 cm）黑土全氮含量。在黑龙江省中部黑土区的研究表明，玉米秸秆深混还田能够促进养分在土壤深层的积累，增加全层土壤养分的供给能力，土壤碱解氮、有效磷和速效钾含量分别提高了 7.2% ~20.6%、9.2% ~38.2% 和 12.6% ~43.7%（邹文秀等，2018）。玉米秸秆碎混还田能够显著提高黑土速效钾、水溶性钾、非特殊性吸附钾的含量，促进土壤中矿物钾向速效钾（水溶性钾、非特殊性吸附钾）和缓效钾转化（田芳谣等，2016）。在吉林省黑土区均匀垄和宽窄行种植模式下，玉米秸秆深翻还田对亚耕层（21~40 cm）土壤的培育作用效果显著，速效氮含量分别增加 12.2% 和 12.3%，速效钾含量分别增加 20.0% 和 22.0%（梁尧等，2016）。玉米秸秆长期翻埋还田（8 a、6 a、4 a）显著提高了黑土全氮、全磷含量及速效氮、磷、钾含量，较不还田分别提高 8.1% ~ 14.2%、41.3% ~ 54.0%、11.3% ~ 15.6%、39.4% ~ 57.9%、21.9% ~ 24.9%（崔正果等，2019）。经过 4 a 秸秆深翻还田处理后，21~40 cm 土层土壤速效氮含量增加 12.2%，速效钾含量增加 20.0%（蔡红光等，2019）。秸秆翻埋量（埋深 15 cm）为

13 500 kg/hm^{2}和15 000 kg/hm^{2}时显著增加黑土有机质、有效磷、铵态氮、硝态氮和全氮含量（刘畅，2018）。秸秆深施还田对深层土壤（10~25 cm）速效氮、磷、钾含量具有明显的增加作用，且增加幅度随着深度的增加而增加，距离玉米主根越近，秸秆深还对养分的增加作用越明显（谭岑等，2018）。

也有学者指出秸秆还田的养分提升效果不显著。喇乐鹏（2021）发现，秸秆还田结合耕作措施（免耕、旋耕、浅翻、深翻）对黑土有效磷和速效钾含量影响不显著。Liu 等（2022）指出在中国东北免耕结合秸秆还田降低了土壤全氮、全磷和全钾含量。

（五）国内外秸秆还田现状及黑土区秸秆还田展望

全球每年产生作物秸秆 50 亿~70 亿 t。发达国家秸秆利用比较充分，杜绝了秸秆废弃与露天焚烧的问题（王红彦等，2016）。欧美各国一般将 2/3 左右的秸秆用于直接还田，1/5 左右的秸秆用作饲料。英国秸秆直接还田量占秸秆总产量的 73%（王永宏，2012）。日本的稻草 2/3 以上用于直接还田，1/5 左右用作牛饲料或养殖场的垫圈料（李万良和刘武仁，2007）。目前，韩国的稻麦秸秆已实现了全量化利用，近 20%用于还田，80%以上用作饲料（周应恒等，2015）。美国重视秸秆还田、深松和轮作，几乎所有的玉米田和大豆田都进行秸秆还田，85%以上的玉米田为全部还田，大约 10%的为部分还田（其中 1/3 秸秆还田，2/3 打捆作饲料），在收获的同时完成秸秆还田。同时，通过测土配方施肥，整体地力水平高，均匀程度好。美国玉米带土壤有机质含量大多在 4%以上。针对美国西部部分沙土地有机质含量低（只有 0.5%）的问题，美国每年采用玉米秸秆粉碎后铺盖地表，以逐渐提升地力水平。玉米秸秆还田后采用深松（而非深耕翻），深松后使少部分翻出的土壤与地表秸秆混合固定，大部分秸秆仍滞留在地表，多年逐步腐烂进入耕作层，并不影响来年播种质量。国际土壤耕作组织认为保护性耕作是目前能够实现粮食生产和环境保护协调发展的可持续发展农业技术，是土壤保护的成功范例（贾洪雷等，2010）。

中国农作物秸秆可收集量每年稳定在 8 亿 t 左右（丛宏斌等，2019），秸秆资源丰富。随着国家对秸秆资源化利用的推动力度不断加大，秸秆还田尤其是直接还田比例明显提高（侯素素等，2023）。不同省份政府网站公布的数字显示，主要粮食作物秸秆还田比例已达到 50%~70%（农业农村部办公厅，2022）。东北地区玉米秸秆还田技术的实施主要制约因素在于 3 个方面：一是生态气候条件不利于秸秆腐解；二是现行经营体制难以实现规模化作业；三是配套农机具缺乏导致深层玉米秸秆还田无法实现。开展黑土区秸秆还田综合利用，不仅可减少秸秆处置不当（焚烧或丢弃）导致的环境污染问题，还可促进作物生长、增加作物产量、改良土壤、培肥地力及提升土壤养分含量，对于保护黑土地、助力实现区域“碳达峰、碳中和”及维持农业可持续发展具有积极作用。与此同时，秸秆还田腐解率低、耕层温度低影响出苗、增加病虫草害等问题，进而影响下茬作物生长导致作物减产。因此，黑土区应结合当地气候条件、土壤类型、作物种类和配套还田机械等，因时、因地合理选择秸秆还田技术模式，不断提高秸秆还田利用水平。未来，应进一步加强秸秆全量直接还田生态效应监测，以科学指导秸秆还田生产实际。

二、黑龙江省黑土区有机无机培肥技术

近年来不合理的施肥、耕作等人为管理使得黑土肥力退化已经成为不争的事实。研究表明，长期施用有机肥可增加黑土有机碳含量和黑土有机碳储量（郝小雨等，2016），提高黑土活性有机质含量（何翠翠等，2015）。此外，长期施有机肥可以提高黑土全氮、全磷、全钾、碱解氮、有效磷和速效钾含量（郝小雨等，2015）。王莉等（2015）在吉林省黑土的研究结果显示，秸秆配施化肥对土壤有机质、碱解氮、速效钾、有效磷含量影响不是很明显。结果存在差异的原因，一方面是气候、土壤类型等环境条件的差异，另一方面是秸秆还田方法不同。玉米秸秆地表覆盖会导致耕层温度低、不易播种、出苗质量差，过分依赖农药，而且无法打破犁底层，对提升土壤有机质作用不大；粉碎旋耕处理费工、种地“漏风”，在基层种植户中难以推广（窦森等，2017）；秸秆深翻还田的难点在于秸秆的全量施入以及机械配套等问题。

秸秆深施还田可提高土壤中水分利用效率和增加土壤有机碳的固存。在棕壤上的研究表明，秸秆深还田可增强土壤的持水能力，在同一水吸力下，能够为作物提供更多水分；还可提高土壤有机碳组分含量和土壤有机碳的转化速率，最终增加土壤固碳量（王胜楠等，2015）。秸秆深还田 1 a 较秸秆不还田显著提高了土壤有机碳和腐殖质各组分有机碳含量，在亚表层累积效果更明显，其土壤有机碳、胡敏酸、富里酸和胡敏素有机碳含量分别增加 23.7%、30.5%、27.3%和 46.1%（董珊珊等，2017）。秸秆集中深施还田 2 a，可降低土壤容重，提高土壤蓄水量、有机质和氮素含量，促进根系生长；各层次土壤容重较秸秆不还田处理降低 2.42% ~10.67%，土壤含水量增加 3.99% ~14.68%，土壤有机质和全氮含量分别提高 4.34%~97.97%和 1.53%~ 44.36%（王胜楠等，2015）。

施用有机肥在提高农田土壤肥力、改善耕层物理结构等方面有显著效果。研究指出，有机肥配施化肥较不施肥处理提高了土壤的有机质含量，降低了土壤密度、土壤容重，增加了土壤的孔隙度和水稳性微团聚体，改善了土壤的结构（杨志臣等，2008）。在华北平原小麦-玉米轮作体系上，商品有机肥部分替代化肥施用 3 a 后，与单施化肥相比，土壤有机碳增加了 19.5%、土壤全氮提高了 12.3%（温延臣等，2018）。研究表明，施用有机肥有利于农田土壤团聚体有机碳的累积，特别是大团聚体（>0.25 mm）（陆太伟等，2018）。还有研究指出，有机肥部分替代化肥短期内提高了土壤微生物类群数量，有利于土壤养分的储存和玉米对土壤养分的吸收利用，提高土壤养分的容量和供应强度（祝英等，2015）。

综上，黑土区有机无机配施是培肥土壤、提升土壤肥力的有效措施。黑龙江省是国家粮食安全的“稳压器”。深入研究典型黑土区有机无机培肥技术对土壤肥力及作物产量提升效果，可以为黑土区制定和优化有机无机培肥技术以及黑土保护提供理论依据和技术支撑。

（一）不同培肥技术对土壤物理性状的影响

对黑龙江省北安市典型黑土有机无机培肥技术效果的研究结果表明，相比于施肥前，经过 5 a 连续施肥，0~20 cm 的土壤容重较施肥前（1.23 g/cm^3）均有所下降，降

幅分别达到4.9%（优化施肥+有机肥）、8.8%（优化施肥+秸秆深施）和3.3%（常规施肥）（表6-1），原因是秸秆和有机肥的施入，增加了土壤的疏松度和通透性，降低了土壤的紧实度，改善了表层土壤的气、热特性。优化施肥+秸秆深施处理20~40 cm的土壤容重较施肥前（1.25 g/cm^3）及其他处理明显下降，降幅达到12.8%，说明秸秆深施可改善深层土壤的物理结构，促进水肥气热与地表相互交换。

表6-1　不同施肥技术下土壤容重　　单位：g/cm^3

土层深度	施肥前	优化施肥+有机肥	优化施肥+秸秆深施	常规施肥
0~20 cm	1.23	1.17	1.13	1.19
20~40 cm	1.25	1.23	1.09	1.25

2017年秋季玉米收获后测定土壤硬度，优化施肥、优化施肥+有机肥、常规施肥、优化施肥+秸秆深施4个处理0~30 cm的土壤硬度差异明显，其中优化施肥+秸秆深施处理0~30 cm的土壤硬度较低（图6-1）。优化施肥+秸秆深施处理0~5 cm土壤硬度为0.15 MPa，较优化施肥、优化施肥+有机肥、常规施肥分别下降46.7%、53.3%、66.7%；优化施肥+秸秆深施处理5~10 cm土壤硬度为0.25 MPa，较优化施肥、优化施肥+有机肥、常规施肥分别下降32.0%、28.0%、28.0%；优化施肥+秸秆深施处理10~15 cm土壤硬度为0.28 MPa，较优化施肥、优化施肥+有机肥、常规施肥分别下降32.1%、25.0%、57.1%；优化施肥+秸秆深施处理15~20 cm土壤硬度为0.32 MPa，较优化施肥、优化施肥+有机肥、常规施肥分别下降31.3%、18.8%、43.8%；优化施肥+秸秆深施处理20~25 cm土壤硬度为0.35 MPa，较优化施肥、优化施肥+有机肥、常规施肥分别下降14.3%、28.6%、40.0%；优化施肥+秸秆深施处理25~30 cm土壤硬度为0.37 MPa，较优化施肥、优化施肥+有机肥、常规施肥分别下降21.6%、21.6%、40.5%；优化施肥+秸秆深施处理30~35 cm土壤硬度为0.44 MPa，较优化施肥、优化

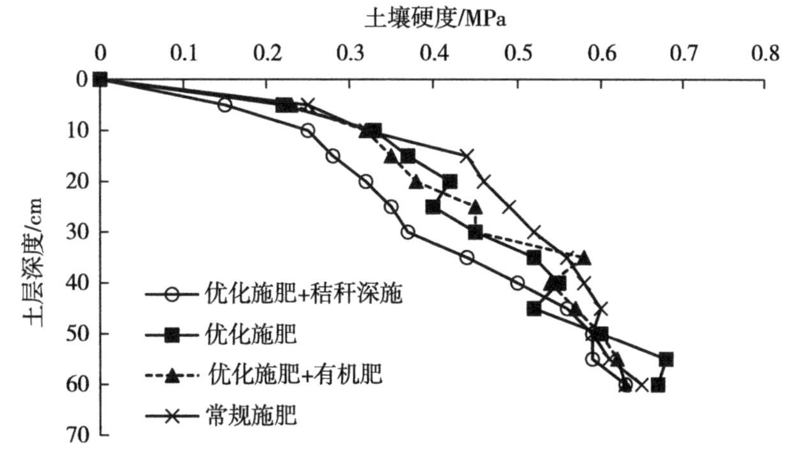

图6-1　不同施肥技术下不同土层土壤硬度

施肥+有机肥、常规施肥分别下降 18.2%、31.8%、27.3%；优化施肥+秸秆深施处理 35~40 cm 土壤硬度为 0.50 MPa，较优化施肥、优化施肥+有机肥、常规施肥分别下降 10.0%、8.0%、16.0%。原因可能是秸秆施入可改善土壤团聚体结构，改变了土壤的紧实度，使土壤更加疏松和具有通透性。优化施肥、优化施肥+有机肥、常规施肥、优化施肥+秸秆深施 4 个处理 40~60 cm 土壤硬度差异较小。

团聚体稳定性作为土壤结构的指示因子，既可维持以及提高团聚体的稳定性并提高土壤碳汇功能，又可协调土壤中的水肥气热、维持和稳定土壤、疏松熟化层。由表 6-2 可知，0~20 cm 土层，优化施肥+有机肥处理显著提高了土壤大团聚体（>0.25 mm）的含量，较其他处理增加 1.3 倍，其中>2 mm 和 0.25~2 mm 团聚体含量较其他处理分别提高了 1.01~1.52 倍和 1.28~1.30 倍。从微团聚体来看，耕层施有机肥后，土壤 0.053~0.25 mm 和<0.053 mm 微团聚体的含量较其他处理均有所降低，差异显著。这说明施有机肥会导致土壤微团聚体向大团聚体转化。20~40 cm 土层，优化施肥+秸秆深施处理显著提高了土壤大团聚体（>0.25 mm）的含量，较其他处理增加 1.4 倍，>2 mm和 0.25~2 mm 团聚体含量较其他处理分别提高了 1.63~1.70 倍和 1.38 倍。从微团聚体来看，秸秆深施至 20~40 cm 土层，土壤 0.053~0.25 mm 和<0.053 mm 微团聚体的含量较其他处理均有所降低，差异显著。这说明秸秆深施会导致土壤微团聚体向大团聚体转化。

表 6-2　不同施肥技术下土壤水稳性团聚体组成　　单位：%

土层深度	处理	>2 mm	0.25~2 mm	0.053~0.25 mm	<0.053 mm
0~20 cm	常规施肥	3.3c	28.3b	39.5a	26.9a
	优化施肥	3.3c	28.2b	40.4a	26.3a
	优化施肥+有机肥	5.0a	36.5b	32.0a	23.0b
	优化施肥+秸秆深施	3.8b	28.6b	37.2b	26.6a
20~40 cm	常规施肥	1.5b	20.4b	36.0a	18.6a
	优化施肥	1.6b	20.5b	36.1a	18.5a
	优化施肥+有机肥	1.5b	20.4b	35.6a	18.7a
	优化施肥+秸秆深施	2.6a	28.3a	31.6b	16.0b

注：同一土层同列不同字母表示处理间差异显著（$P<0.05$）。

（二）不同培肥技术对土壤养分含量的影响

经过 5 a 连续土壤培育，优化施肥+有机肥处理 0~20 cm 土层有机碳含量为 20.1 g/kg，较试验前（16.9 g/kg）增加 18.9%；常规施肥、优化施肥、优化施肥+秸秆深施 3 个处理 0~20 cm 土层有机碳含量分别为 17.3 g/kg、17.4 g/kg、18.0 g/kg，较试验前变化不明显（图 6-2）。经过 5 a 连续秸秆深施，优化施肥+秸秆深施 20~40 cm 土层有机碳含量为 13.8 g/kg，较试验前（11.5 g/kg）明显上升，增幅为 19.2%；而常规施肥、优化施肥、优化施肥+有机肥 3 个处理 20~40 cm 土层有机碳含量分别为

11.7 g/kg、12.0 g/kg、11.8 g/kg，较试验前变化不明显。上述结果说明，施有机肥有利于表层土壤固碳，秸秆深还田有利于深层土壤固碳。

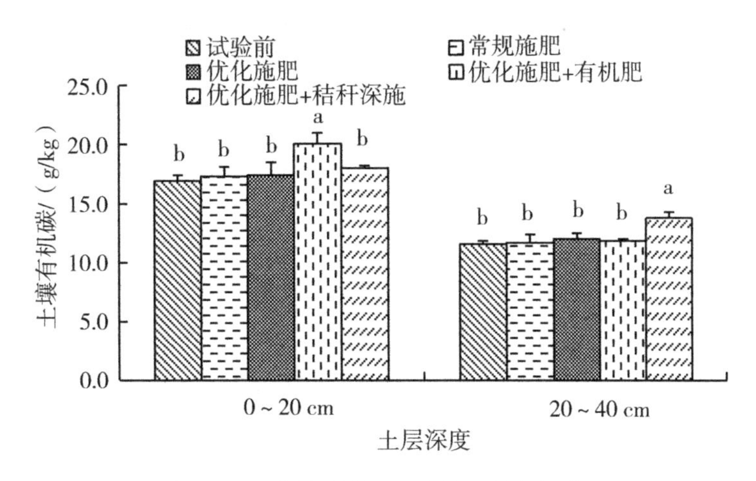

图 6-2　不同施肥技术下土壤有机碳含量

注：柱上同一土层不同字母表示处理间差异显著（$P<0.05$）。

试验 5 a 后优化施肥+有机肥处理可显著提高 0～20 cm 土层土壤全氮、全磷、全钾、碱解氮、有效磷、速效钾含量（表 6-3），土壤 pH 也显著增加，这与该处理输入的养分量较高有关。此外，有机肥的施入也有效缓解了土壤酸化。优化施肥+有机肥处理 0～20 cm 土层土壤全氮、全磷、全钾、碱解氮、有效磷、速效钾含量、土壤 pH 分别为 2.8 g/kg、1.9 g/kg、20.0 g/kg、232.9 mg/kg、57.3 mg/kg、194.0 mg/kg、6.9，较优化施肥处理分别增加 16.7%、18.8%、7.0%、23.3%、35.5%、33.8%、6.2%，较优化施肥+秸秆深施处理分别增加 7.7%、35.7%、8.7%、30.5%、43.6%、6.6%、4.5%，较常规施肥处理分别增加 12.0%、26.7%、9.3%、21.1%、53.2%、26.4%、7.8%。20～40 cm 土层，优化施肥+秸秆深施处理可增加土壤全钾和速效钾含量，较优化施肥处理分别增加 25.0%和 25.7%，较优化施肥+有机肥处理分别增加 19.6%和 20.5%，较常规施肥处理分别增加 24.1%和 15.8%，说明深施秸秆可有效地向土壤补充钾素。然而，优化施肥+秸秆深施处理土壤全氮和碱解氮含量较其他 3 个处理有所下降，这与秸秆还田量大导致土壤碳氮比增加进而消耗了土壤氮素有关。因此，生产中应在秸秆还田的同时，适当补充氮素，以维持土壤氮库平衡。与常规施肥相比，优化施肥并未显著降低土壤全氮、全磷、全钾、碱解氮、有效磷、速效钾含量，表明优化施肥完全可以保证土壤养分的有效供给。

（三）不同培肥技术对土壤水分的影响

土壤田间持水量是指在地下水较深和排水良好的土地上充分灌水或降水后，允许水分充分下渗，并防止其水分蒸发，经过一定时间，土壤剖面所能维持的较稳定的土壤水含量。优化施肥、优化施肥+有机肥、优化施肥+秸秆深施、常规施肥 4 个处理 0～20 cm 土壤田间持水量无显著差异。优化施肥+秸秆深施处理 20～40 cm 土壤田间持水量明显上升，较常规施肥、优化施肥、优化施肥+有机肥处理分别增加 14.4%、11.6%、

13.3%（图6-3）。说明秸秆深施有利于深层土壤保水，对于玉米亚表层根系生长有积极意义。

表6-3 不同施肥技术下土壤养分含量

土层深度	处理	全氮（N）/（g/kg）	全磷（P_2O_5）/（g/kg）	全钾（K_2O）/（g/kg）	碱解氮（N）/（mg/kg）	有效磷（P_2O_5）/（mg/kg）	速效钾（K_2O）/（mg/kg）	pH
0~20 cm	优化施肥	2.4a	1.6b	18.7b	188.9b	42.3b	145.0b	6.5b
	优化施肥+有机肥	2.8a	1.9a	20.0a	232.9a	57.3a	194.0a	6.9a
	优化施肥+秸秆深施	2.6b	1.4b	18.4b	178.5b	39.9b	182.0a	6.6b
	常规施肥	2.5b	1.5b	18.3b	192.3b	37.4b	153.5b	6.4b
20~40 cm	优化施肥	2.1a	1.2a	13.2b	149.2a	21.0b	129.1b	6.7a
	优化施肥+有机肥	2.2a	1.2a	13.8b	139.0a	27.1a	134.7b	6.8a
	优化施肥+秸秆深施	2.0b	1.1a	16.5a	128.5b	19.3b	162.3a	6.8a
	常规施肥	2.1a	1.2a	13.3b	132.3b	20.4b	140.1b	6.7a

注：同一土层同列不同字母表示处理间差异显著（$P<0.05$）。

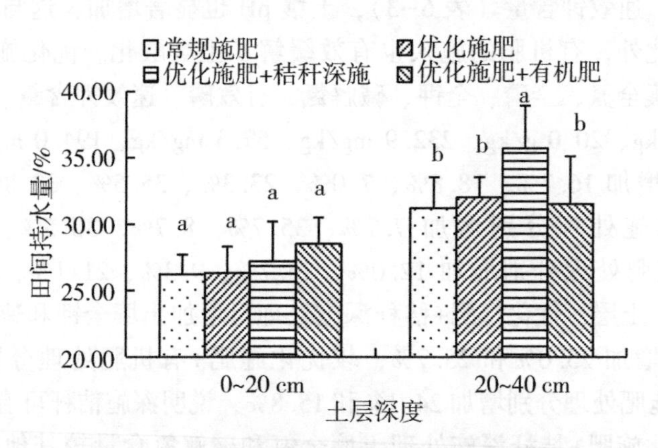

图6-3 不同施肥技术下土壤田间持水量

注：同一土层不同字母表示处理间差异显著（$P<0.05$）。

优化施肥+秸秆还田处理的水分入渗速率较大（表6-4），原因是秸秆分解形成的腐殖质或微团聚体，增加了土壤的透水性；此外，秸秆分解过程中释放的养分成为土壤动物和微生物的食物和能量，这些生物活动的过程使土体内产生孔隙。随着水分的入渗，入渗率逐渐减小。秸秆深还田能够有效改善土壤结构，降低土壤容重，这不仅提高了土壤的孔隙度和持水能力，而且能够使土壤具有良好的透水性，使水分渗入到土壤的大孔隙中储存起来，可减少地表径流。

通常在研究土壤持水能力时将土壤的吸力范围划分为3个阶段：低吸力段（0~100 kPa）、中吸力段（100~1 500 kPa）、高吸力段（>1 500 kPa）。低吸力段及中吸力段为有效水下限范围，这两段中的土壤水分是植物能够吸收利用的，而高吸力段中的土壤水分是无法被植物吸收利用的。本试验在0~1 500 kPa的范围内探讨低吸力段和中吸力段下的土壤含水量。优化施肥+秸秆还田处理0~20 cm和20~40 cm土层含水量分别为24.3%~28.6%和25.1%~29.9%，较常规施肥处理分别增加1.7%~3.6%和3.2%~3.9%，较优化施肥+有机肥处理分别增加0.8%~2.5%和2.8%~3.6%(图6-4)。随着土壤水吸力的增加，各处理土壤含水量逐渐降低。可见，秸秆深还田后土壤持水能力增强，土壤含水量增加，有利于被作物吸收利用。此外，优化施肥+有机肥处理0~20 cm土壤含水量为24.1%~27.9%，较常规施肥处理增加0.7%~1.6%，说明施用有机肥可增加耕层土壤持水能力；优化施肥+有机肥和常规施肥处理20~40 cm土层含水量无明显差异。

表6-4　不同施肥技术下土壤入渗特性

土层深度	处理	初始/(mm/min)	开始5 min/(mm/min)	开始10 min/(mm/min)	开始30 min/(mm/min)	稳定入渗率/(mm/min)	稳定入渗所需时间/min
0~20 cm	优化施肥	0.483	0.460	0.438	0.417	0.409	41.5
	优化施肥+有机肥	0.532	0.518	0.495	0.471	0.453	42.5
	优化施肥+秸秆深施	0.689	0.655	0.642	0.611	0.596	45.0
	常规施肥	0.476	0.456	0.432	0.413	0.402	41.0
20~40 cm	优化施肥	0.291	0.261	0.230	0.211	0.183	44.0
	优化施肥+有机肥	0.297	0.270	0.246	0.221	0.190	45.0
	优化施肥+秸秆深施	0.389	0.371	0.355	0.341	0.324	48.0
	常规施肥	0.289	0.254	0.221	0.198	0.171	43.0

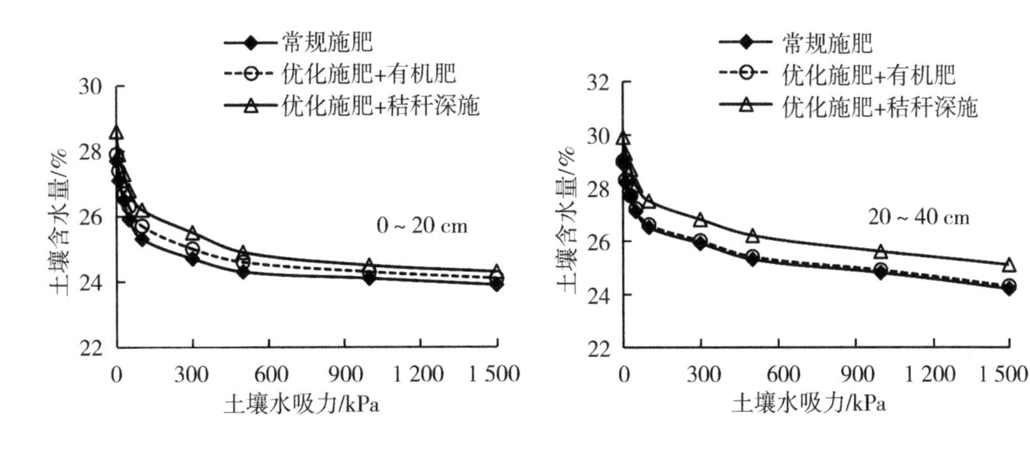

图6-4　不同施肥技术下土壤水分特征曲线

（四）不同培肥技术对作物生长、产量和品质的影响

施用有机肥不仅能够显著增加红壤春玉米叶面积指数，同时也可提高主要生育期的叶片净光合速率，提高穗粒数、百粒重及收获指数，可增产3倍以上（于天一等，2013）。徐明岗等（2008）在湖南双季稻区连续进行了6 a的田间定位试验，结果表明，化肥配施有机肥可促进水稻中后期干物质累积和养分吸收、提高单位面积总穗数和穗粒数，有利于水稻稳产高产。杨帆等（2012）评价了安徽、江西、湖南、湖北、四川、重庆、广西等省（区、市）94个秸秆还田的土壤培肥和增产效应，指出秸秆还田的作物产量较秸秆不还田平均提高4.4%。可见，施用有机肥和秸秆还田有利于提高作物产量。那么，在北安市黑土区施用有机肥和秸秆还田对玉米生长、产量和品质的效应如何？有必要对其进行研究。

农田施用有机肥对作物生长、产量和品质提升有较好的效果。李超等（2018）在湖南双季稻区的研究表明，有机肥替代部分化肥基施，可促进水稻生长发育，提高植株后期氮素累积量，提高结实率，最终提高水稻产量。研究指出，当有机肥料氮占氮总量的10%~20%时可以获得较为平稳的氮素供应过程，改善土壤供氮能力，进而获得较高的水稻产量（孟琳等，2009）。李杰等（2015）指出，化肥减施20%并配施生物肥，在不影响花椰菜产量的同时，能够显著改善花椰菜的品质、提高肥料利用率和光合效率。还有研究指出，在施氮水平为105 kg/hm^{2}的情况下，有机氮替代50%的无机氮时香料烟的经济产量、产值较高，烟叶品质较好（曹杰等，2012）。有机肥替代25%氮肥处理可以稳产，并提高氮肥利用率和氮肥农学效率（陈志龙等，2015）。在不同地区、不同作物上的有机肥替代率不尽一致，这与肥料种类、土壤类型、气候条件等密切相关。

（五）不同施肥技术对玉米光合特性的影响

在北安市典型黑土区于玉米大喇叭口期测定玉米的光合特性相关指标（表6-5）。通常，在光合作用中作物的净光合速率越高，吸收的CO_2也就越多，生成的碳水化合物就越多，作物产量越高。优化施肥+有机肥处理净光合速率达到27.8 μmol/（m^2·s），较优化施肥、优化施肥+秸秆深施、常规施肥3个处理分别增加10.8%、6.9%、8.2%，差异达到显著水平。优化施肥+秸秆深施处理净光合速率较优化施肥、常规施肥2个处理有所增加，但未达到差异显著水平。优化施肥处理与常规施肥处理净光合速率也无显著差异。

胞间CO_2浓度可以间接反映作物光合速率的变化。CO_2如果向光合羧化位点传输能力提高，则CO_2同化能力随之增强，即可提高光合速率（Araya等，2006）。优化施肥+有机肥处理胞间CO_2浓度达到210 mmol/（m^2·s），较优化施肥、优化施肥+秸秆深施、常规施肥3个处理分别增加11.7%、6.1%、13.5%。优化施肥+秸秆深施处理胞间CO_2浓度较优化施肥、常规施肥2个处理有所增加，但未达到差异显著水平。优化施肥处理与常规施肥处理胞间CO_2浓度也无显著差异。

表 6-5　不同施肥技术对玉米叶片光合特性的影响

处理	净光合速率/[μmol/(m^2·s)]	胞间 CO_2 浓度/[mmol/(m^2·s)]	蒸腾速率/[mmol/(m^2·s)]	气孔导度/(μmol/L)
优化施肥	25.1b	188b	3.3a	179.3b
优化施肥+有机肥	27.8a	210a	3.2a	189.4a
优化施肥+秸秆深施	26.0b	198ab	3.4a	176.5b
常规施肥	25.7b	185a	3.3a	171.2b

注：同列不同小写字母表示各处理间差异显著（$P<0.05$）。

蒸腾作用是植物体内水分和矿物质吸收和运输的一个主要动力，蒸腾作用对这两类物质在植物体内运输都是有帮助的，有助于植物水分和养分的吸收。优化施肥、优化施肥+有机肥、优化施肥+秸秆深施、常规施肥 4 个处理蒸腾速率分别为3.3 mmol/（m^2·s）、3.2 mmol/（m^2·s）、3.4 mmol/（m^2·s）、3.3 mmol/（m^2·s），处理间无显著差异，表明土壤培肥技术不影响玉米叶片的蒸腾速率。

气孔导度代表气孔张开的程度，它是影响植物光合作用、呼吸作用及蒸腾作用的主要因素。优化施肥+有机肥处理气孔导度达到 189.4 μmol/L，较优化施肥、优化施肥+秸秆深施、常规施肥 3 个处理分别增加 5.6%、7.3%、10.6%，差异达到显著水平。优化施肥+秸秆深施处理气孔导度与优化施肥、常规施肥 2 个处理无显著差异。优化施肥处理与常规施肥处理气孔导度也无显著差异。

上述结果表明，在优化施肥基础上施用有机肥对于提升玉米的光合作用参数，如净光合速率、胞间 CO_2 浓度和气孔导度有积极意义。在优化施肥基础上进行秸秆深施对玉米的光合作用影响不大。优化施肥也未影响玉米的光合作用。

（六）不同培肥技术对玉米叶片 SPAD 值的影响

利用便携式叶绿素仪（SPAD-502）测定作物叶片在红光（650 nm）和近红外光（940 nm）两处波长的透射率来反映叶片叶绿素含量，其 SPAD 值可以较准确地表征叶绿素含量（董哲等，2019）。不同培肥技术对玉米不同生育期叶片 SPAD 值的影响结果见表 6-6。在玉米苗期，优化施肥+有机肥处理 SPAD 值达到 52.2，较优化施肥、优化施肥+秸秆深施、常规施肥 3 个处理分别增加 3.4%、4.6%、4.0%，差异达到显著水平。优化施肥+秸秆深施处理 SPAD 值与优化施肥、常规施肥 2 个处理无显著差异。优化施肥处理与常规施肥处理 SPAD 值也无显著差异。

表 6-6　不同培肥技术对玉米叶片 SPAD 值的影响（2017 年）

处理	苗期	大喇叭口期	抽雄期	灌浆期
优化施肥	50.5b	54.4b	55.0b	55.8b
优化施肥+有机肥	52.2a	56.9a	57.8a	58.7a
优化施肥+秸秆深施	49.9b	54.2b	55.1b	56.2b
常规施肥	50.2b	54.5b	55.3b	56.4b

注：同列不同小写字母表示各处理间差异显著（$P<0.05$）。

在玉米大喇叭口期，优化施肥+有机肥处理 SPAD 值达到 56.9，较优化施肥、优化施肥+秸秆深施、常规施肥 3 个处理分别增加 4.6%、5.0%、4.4%，差异达到显著水平。优化施肥+秸秆深施处理 SPAD 值与优化施肥、常规施肥 2 个处理无显著差异。优化施肥处理与常规施肥处理 SPAD 值也无显著差异。在玉米抽雄期，优化施肥+有机肥处理 SPAD 值达到 57.8，较优化施肥、优化施肥+秸秆深施、常规施肥 3 个处理分别增加 5.1%、4.9%、4.5%，差异达到显著水平。优化施肥+秸秆深施处理 SPAD 值与优化施肥、常规施肥 2 个处理无显著差异。优化施肥处理与常规施肥处理 SPAD 值也无显著差异。灌浆期玉米叶片叶绿素含量对植株光合作用和最终的产量形成具有重要作用。在玉米灌浆期，优化施肥+有机肥处理 SPAD 值达到 58.7，较优化施肥、优化施肥+秸秆深施、常规施肥 3 个处理分别增加 5.2%、4.4%、4.1%，差异达到显著水平。优化施肥+秸秆深施处理 SPAD 值与优化施肥、常规施肥 2 个处理无显著差异。优化施肥处理与常规施肥处理 SPAD 值也无显著差异。

上述结果说明，在优化施肥基础上施用有机肥对于提升玉米叶片叶绿素含量有积极意义，对于玉米光合作用的进行和最终的产量形成具有重要作用。在优化施肥基础上进行秸秆深施对玉米的 SPAD 值影响不大。优化施肥也未影响玉米的 SPAD 值。

（七）不同培肥技术对玉米苗期根系生长的影响

玉米的根系长度、根体积、根系直径和根表面积等共同反映了玉米的根表构型，上述指标共同决定了土壤中的水分和矿质元素的运输和吸收。图 6-5 为玉米苗期根系影

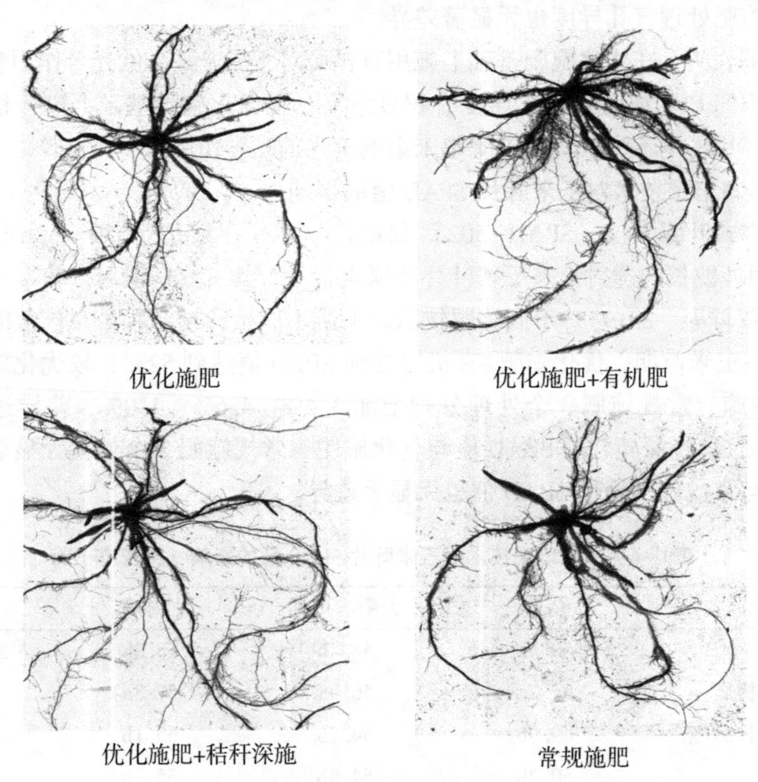

图 6-5　不同培肥技术对玉米苗期根系生长的影响

像，观察发现，优化施肥+有机肥处理和优化施肥+秸秆深施处理根系长度均明显优于优化施肥、常规施肥处理。进一步利用根系扫描仪对根系进行了分析，结果见表 6-7。

表 6-7　不同培肥技术下玉米苗期根系特征

处理	根长/（cm/株）	根体积/（cm^3/株）	根平均直径/（mm/株）	根表面积/（cm^2/株）	根干重/（g/株）
优化施肥	111.5c	0.91c	1.18b	32.1c	0.56c
优化施肥+有机肥	166.4a	1.49a	1.35a	48.5a	0.79a
优化施肥+秸秆深施	145.9b	1.21b	1.29a	39.2b	0.67b
常规施肥	116.3c	0.89c	1.15b	33.2c	0.58c

注：同列不同小写字母表示各处理间差异显著（$P<0.05$）。

在玉米苗期，优化施肥+有机肥处理根长达到 166.4 cm/株，较优化施肥、优化施肥+秸秆深施、常规施肥 3 个处理分别增加 49.2%、14.1%、43.1%，差异达到显著水平。优化施肥+秸秆深施处理根长达到 145.9 cm/株，较优化施肥、常规施肥 2 个处理分别增加 30.9%、25.5%，差异达到显著水平。优化施肥处理与常规施肥处理玉米苗期根长无显著差异。

优化施肥+有机肥处理根体积达到 1.49 cm^3/株，较优化施肥、优化施肥+秸秆深施、常规施肥 3 个处理分别增加 63.7%、23.1%、67.4%，差异达到显著水平。优化施肥+秸秆深施处理根体积达到 1.21 cm^3/株，较优化施肥、常规施肥 2 个处理分别增加 33.0%、36.0%，差异达到显著水平。优化施肥处理与常规施肥处理玉米苗期根体积无显著差异。

优化施肥+有机肥处理根平均直径达到 1.35 mm/株，较优化施肥、优化施肥+秸秆深施、常规施肥 3 个处理分别增加 14.4%、4.7%、17.4%。优化施肥+秸秆深施处理根平均直径达到 1.29 mm/株，较优化施肥、常规施肥 2 个处理分别增加 9.3%、12.2%，差异达到显著水平。优化施肥处理与常规施肥处理玉米苗期根平均直径无显著差异。

优化施肥+有机肥处理根表面积达到 48.5 cm^2/株，较优化施肥、优化施肥+秸秆深施、常规施肥 3 个处理分别增加 51.1%、23.7%、46.1%，差异达到显著水平。优化施肥+秸秆深施处理根表面积达到 39.2 cm^2/株，较优化施肥、常规施肥 2 个处理分别增加 22.1%、18.1%，差异达到显著水平。优化施肥处理与常规施肥处理玉米苗期根表面积无显著差异。

优化施肥+有机肥处理根干重达到 0.79 g/株，较优化施肥、优化施肥+秸秆深施、常规施肥 3 个处理分别增加 41.1%、17.9%、36.2%，差异达到显著水平。优化施肥+秸秆深施处理根干重达到 0.67 g/株，较优化施肥、常规施肥 2 个处理分别增加 19.6%、15.5%，差异达到显著水平。优化施肥处理与常规施肥处理玉米苗期根干重无显著差异。

综上表明，在优化施肥基础上施用有机肥显著增加了玉米苗期的根长、根体积、根平均直径、根表面积和根干重，有利于玉米生长和养分吸收。此外，在优化施肥基础上进行秸秆深施也可显著促进玉米苗期根系生长，效果没有优化施肥+有机肥处理好。优化施肥未影响玉米苗期根系生长。

（八）不同培肥技术对玉米产量的影响

2013—2017年不同年份间施肥处理的玉米产量变化有波动（图6-6），这与年际气候条件变化有关。分别比较各年份不同处理的玉米产量，优化施肥+有机肥处理产量显著高于其他3个处理。2013年，优化施肥+有机肥处理产量达到8 112.6 kg/hm^2，较优化施肥、优化施肥+秸秆深施、常规施肥3个处理分别增加7.3%、5.9%、7.7%，差异达到显著水平。2014年，优化施肥+有机肥处理产量达到8 395.6 kg/hm^2，较优化施肥、优化施肥+秸秆深施、常规施肥3个处理分别增加4.8%、3.3%、3.6%，差异达到显著水平。2015年，优化施肥+有机肥处理产量达到8 541.4 kg/hm^2，较优化施肥、优化施肥+秸秆深施、常规施肥3个处理分别增加10.5%、9.0%、8.5%，差异达到显著水平。2016年，优化施肥+有机肥处理产量达到8 244.0 kg/hm^2，较优化施肥、优化施肥+秸秆深施、常规施肥3个处理分别增加5.0%、8.7%、7.1%，差异达到显著水平。2017年，优化施肥+有机肥处理产量达到8 221.3 kg/hm^2，较优化施肥、优化施肥+秸秆深施、常规施肥3个处理分别增加6.0%、5.1%、7.9%，差异达到显著水平。从5 a平均值来看，优化施肥+有机肥处理较优化施肥、优化施肥+秸秆深施、常规施肥3个处理增产率达到6.7%、6.4%、7.0%。优化施肥、优化施肥+秸秆深施、常规施肥3个处理玉米产量无显著差异，一方面说明优化施肥不会降低玉米产量，另一方面说明在优化施肥基础上进行秸秆深施也未增加玉米产量。

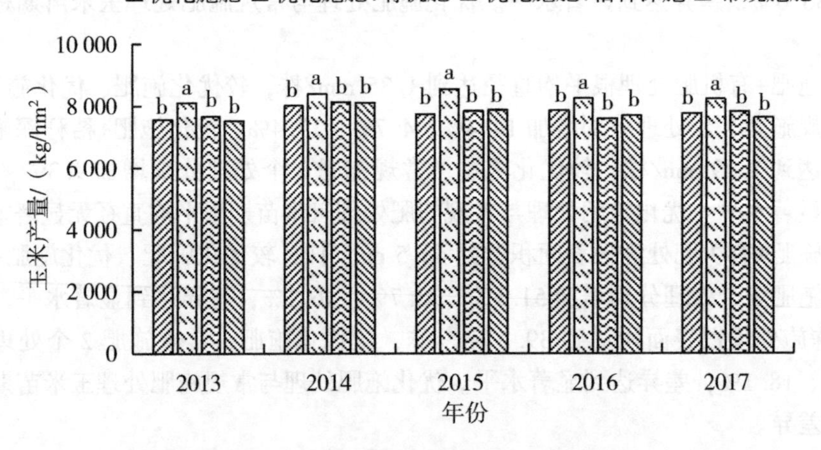

图6-6 不同培肥技术对玉米产量的影响

注：柱上同一年度不同字母表示处理间差异显著（$P<0.05$）。

（九）不同培肥技术对玉米籽粒品质的影响

不同培肥技术对玉米籽粒品质的影响见表6-8。可以看出，优化施肥+有机肥处理可以明显提升玉米籽粒的品质。优化施肥+有机肥处理玉米籽粒淀粉含量达到72.4%，较优化施肥、优化施肥+秸秆深施、常规施肥3个处理分别增加3.1%、2.7%、2.3%，差异达到显著水平。优化施肥+有机肥处理玉米籽粒蛋白质含量达到 11.0%，较优化施肥、优化施肥+秸秆深施、常规施肥 3 个处理分别增加 8.9%、10.0%、7.8%，差异达到显著水平。优化施肥+有机肥处理玉米籽粒脂肪含量达到 4.7%，较优化施肥、优化施肥+秸秆深施、常规施肥 3 个处理分别增加 17.5%、11.9%、14.6%，差异达到显著水平。优化施肥、优化施肥+秸秆深施、常规施肥 3 个处理玉米淀粉、蛋白质、脂肪含量无显著差异，说明优化施肥不影响玉米籽粒品质，但在优化施肥基础上进行秸秆深施也未提升玉米籽粒品质。

表 6-8　不同培肥技术对玉米籽粒品质的影响（2017 年）　　单位：%

处理	淀粉	蛋白质	脂肪
优化施肥	70.2b	10.1b	4.0b
优化施肥+有机肥	72.4a	11.0a	4.7a
优化施肥+秸秆深施	70.5b	10.0b	4.2b
常规施肥	70.8b	10.2b	4.1b

注：同列不同小写字母表示各处理间差异显著（$P<0.05$）。

（十）小结

针对北安市施肥中存在的问题，研究优化了化肥的施用比例，并在此基础上增施有机肥和秸秆深埋还田，以达到培肥土壤的目的。结果显示，优化施肥+有机肥处理促进 0~20 cm 土层微团聚体向大团聚体转化，并增加表层土壤固碳量；可显著提高 0~20 cm 土层全氮、全磷、全钾、碱解氮、有效磷、速效钾含量；也显著增加土壤 pH，有效缓解了土壤酸化。在优化施肥基础上施用有机肥可增加玉米产量、提升玉米籽粒品质。当前，有机肥机械化施用的配套设施还不完善，因此，黑土区机械化程度低的中小型合作社、种植大户和个体农民，应适宜选择畜禽粪便等农家肥进行农田土壤培育。

优化施肥+秸秆深施可以降低土壤容重和土壤硬度，使 20~40 cm 土壤微团聚体向大团聚体转化，并促进深层土壤固碳；可增加土壤全钾和速效钾含量，提升土壤的持水能力。但秸秆深施后土壤全氮和碱解氮含量有所下降，这与秸秆还田量大导致土壤碳氮比增加进而消耗了土壤氮素有关。因此，生产中应在秸秆还田的同时，适当补充氮素，以维持土壤氮库平衡。在优化施肥的基础上进行秸秆深施，可利用大功率拖拉机结合五铧犁作业，在垦区农场或大型合作社等机械配套条件较好的地区推广应用。

第二节　黑龙江省黑土酸化的治理措施研究

土壤酸化是指土壤中盐基离子被淋失而氢离子增加、酸度增高的过程（徐仁扣和 Coventry，2002；翁建华等，2000；毕军等，2002）。土壤酸化可引起土壤许多物理化学性质发生改变：一是土壤肥力减弱，这主要是因为土壤中的 N、P、K、Ca、Mg、S、Si、B、Mo 等元素在土壤 pH 为 6.0~7.0 时有效性最高，在强酸性时，各元素有效性锐减；二是土壤中微生物群落发生变化，土壤中的细菌、放线菌较适宜在中性和微碱性环境中生长，在强酸性土壤中，硝化细菌、固氮菌、硅酸盐菌、磷细菌等的活性受抑制，不利于 N、P、K、S、Si 等的转化；三是土壤中铝离子含量增加，铝离子（Al^{3+}）在强酸性条件下活性增强，但过多的 Al^{3+} 会对植物产生毒害作用；四是强酸性土壤胶体上吸附的阳离子，以氢离子（H^+）、Al^{3+} 为主，盐基离子淋失，黏土矿物被蚀变，团粒结构解体，土壤物理性状恶化，土壤缓冲能力下降。

虽然黑土多以中性和碱性居多，但由于长期不合理耕作和施肥，近年来黑土呈现酸化趋势（许中坚等，2002；刘伟和尚庆昌，2001）。土壤酸化是土壤质量退化的重要形式。据统计，土壤酸化可造成农作物减产 10%~20%，有的地区则更高，因此，土壤酸化是影响土壤生产潜力的重要因子，也是影响农业可持续发展的突出问题。氮肥的大量施用是导致黑土酸化的主要因素之一。哈尔滨黑土长期定位试验结果表明，哈尔滨地区黑土长期大量施用氮肥，土壤 pH 已由 1979 年的 7.1 下降到 2008 年的 5.7。经过 35 a 的持续施氮，黑土酸化明显，高氮肥处理小麦季黑土 pH 低至 4.6（周晶，2017）；在黑龙江省东部、北部部分地区一些土壤 pH 为 5.0~6.0。因此，研究黑土酸化后的治理措施，对于保持黑土肥力、改善黑土质量、实现黑土资源的有续利用均具有十分重要的意义（张喜林等，2008）。

一、施肥对土壤酸化的影响

土壤全量、速效态氮磷钾含量与土壤酸化指标呈现间接的相关关系（王宁等，2007）。尿素、磷酸二铵和过磷酸钙，3 种化肥添加到土壤中均具有致酸作用（Havlin 等，2005）。长期施用尿素是导致土壤酸化的主要原因之一（姜勇等，2019）。尿素施入土壤后，在脲酶的作用下发生水解，生成不稳定的碳酸氢铵，碳酸氢铵进行水解后硝化，而当硝态氮不能很快被作物全部利用时其就会在土壤中积累，同时硝态氮能够与土壤中游离的 H^+ 结合，形成硝酸，使土壤周围环境酸度发生变化，pH 降低。大量施用复合肥也是引起黑土酸化的原因之一。张玉革等（2022）在黑钙土草甸草原 4 a 的尿素添加小区试验结果表明，尿素氮添加导致土壤 pH 下降、交换性盐基总量降低；土壤 pH 与氮添加量呈线性负相关，土壤 pH 变化速率与氮添加量正相关，即氮添加量越高，土壤 pH 变化速率越大。在复合肥料生产过程中一般要加入一定量的硫酸，这就会使肥料中存在游离酸，长期大量施用后就会造成土壤 pH 下降。耕作年限越长，土壤的酸度会越低（李志安等，2005）。磷酸二铵是氮磷复合肥料，施入土壤中以后，可以短时间内把土壤 pH 提高到 8.0 左右，随后 NH_4^+ 的硝化作用产生的酸很快抵消了初始的 pH 上升，长期施用磷酸二铵具有显著的土壤酸化效应（Havlin 等，2005）。过磷酸钙中有 8%~10%的 S 是以 $CaSO_4$ 的形式存在，肥料中的 P、S 在土壤中的转化亦产生 H^+，从而导致土壤酸化（孟亚妮等，2020）。田秀平等（2015）以三江平原白浆土为对象，依托长期定位试验，研究不同施肥条件下白浆土 pH 的变化，结果表明，18 a 不施任何肥料的土壤 pH 也呈下降趋势，施用尿素和磷酸二铵可加速白浆土酸化，12 a 平均下降 0.47 个单位。

二、有机无机配施及秸秆还田对土壤酸化的影响

长期单施化肥导致土壤酸化，有机无机配施减缓土壤酸化（高洪军等，2014；郝小雨等，2015）。有研究表明，有机物料富含多种官能团，如羧基、羟基等，可有效减

缓土壤 pH 下降（Garcıa-Gil 等，2004）。长期施肥农田土壤的酸化速率大小顺序为 N>NPK>NPKM≈CK，N 和 NPK 处理的土壤酸化速率分别为对照的 4.6 倍和 3.2 倍（孟红旗等，2013）。国家（公主岭）黑土肥力和肥料效益长期定位监测试验（1990—2012年）研究结果表明，长期施化肥处理土壤 pH 呈下降趋势，其中 NPK 处理土壤 pH 下降 1.5 个单位左右，有机无机配施处理土壤 pH 没有下降（高洪军等，2014）。长期不同施肥对土壤酸化的影响主要集中在 0~40 cm 土层，单施化肥处理土壤 pH 显著低于不施肥（CK）和有机无机配施处理（$P<0.05$），其中 2012 年秸秆还田（SNPK）处理 0~20 cm 土壤 pH 比 NPK 处理高 2.17。表明有机无机配施不仅能提高和维持土壤碳氮水平，还能防止土壤酸化的发生，尤其施用有机肥氮替代部分化肥氮的模式是东北黑土区最有效的施肥措施之一（贾立辉等，2017）。

作物秸秆还田也是缓解土壤酸化的一种有效方法。许多试验研究表明，土壤 pH 和土壤有机质呈正相关关系，即在一定范围内土壤有机质越高，土壤 pH 越高。作物秸秆中含有大量的碱性物质和有机质，通过秸秆还田，一方面可以充分利用作物秸秆中的碱性物质来中和土壤中的酸性物质，另一方面秸秆中含有的有机质可以缓冲土壤酸化。乔云发等（2007）以中国科学院海伦农业生态实验站黑土区的农田长期定位试验土壤（1989—2004 年）为研究对象，研究结果表明，施肥种类影响土壤 pH，长期不施肥料（CK），土壤 pH 基本保持稳定，而施用大量化肥（NPK）土壤酸化强度很大，而化肥配施有机肥（NPK+OM）或与秸秆还田相结合（NPK+SR），可以缓解施用化肥引起的土壤酸化（表 6-9）。施用一定量的有机物质不仅能提供作物需要的养分，提高土壤的肥力水平，改善土壤环境（Liu 等，2009），还有利于提高微生物种类及微生物活性（Larkin，2008），增加土壤对酸的缓冲能力。秸秆还田可减少碱性物质的流失，是最直接有效的土壤酸化有机改良方法之一。长期秸秆还田可以提高黑土抵抗酸化的能力。姜勇等（2022）依托 25 a 的长期定位施肥试验，研究了不施肥（CK）、N、NP、NK、PK、NPK、厩肥化肥配施（MNPK）、玉米秸秆还田（SNPK）8 个施肥处理对土壤酸中和容量（ANC）的影响。结果表明，长期施氮、磷化肥处理导致土壤酸化，总体上降低交换性盐基离子含量并导致盐基离子组成发生变化；有机无机配施和玉米秸秆还田可提高土壤 pH、交换性盐基总量及土壤有机质含量。土壤初始 pH、交换性盐基总量及有机质含量是影响土壤酸中和容量的主要因子，施氮肥显著降低土壤酸中和容量，有机肥与化肥配施可提高黑土酸中和容量，而玉米秸秆还田是提高黑土抵抗酸化的最佳措施。

表 6-9 不同施肥措施对黑土 pH 的影响

处理	1989	1990	1991	1993	1997	1998	1999	2001	2002	2003	2004	2005
CK	6.14	6.14	6.00	5.86	5.80	5.79	5.91	5.75	5.99	6.01	6.01	5.89
NPK	6.14	5.99	5.84	5.73	5.70	5.81	5.82	5.77	5.79	5.88	5.85	5.69
NPK+SR	6.12	6.14	5.88	5.82	5.71	5.77	5.97	5.71	5.81	5.78	5.81	5.81
NPK+OM	6.14	6.06	5.77	5.81	5.82	5.89	5.99	5.87	5.84	5.86	5.86	5.84

注：数据引自乔云发等（2007）。

有机肥料的施入可以改善土壤的理化性状，增强土壤的缓冲能力；同时，可提高吸附土壤代换性酸的能力，有效抑制了土壤酸度的大幅变化，可以缓解土壤酸化的速度，避免土壤酸化现象的加重。不论施用有机肥料，还是草木灰、生石灰都能使土壤的 pH 提高（表 6-10）。对草甸黑土而言，与 CK 相比，草木灰可以使土壤 pH 提高 0.17 个单位，生石灰使土壤 pH 提高 0.12 个单位；在白浆化黑土中，二者作用与草甸黑土情况差不多。这是因为碱性肥料施入土壤后能够中和土壤中的游离酸和潜性酸，使土壤 pH 升高；有机肥料施入土壤后能增强土壤的吸附能力，改善土壤的理化特性，减少游离酸的量，从而使土壤 pH 升高。但从试验结果来看，土壤 pH 变化幅度不大，随着施用年限的增加，土壤 pH 能够逐步提升，从而减缓并逐步解决土壤酸化的现象。

表 6-10　不同施肥处理对土壤 pH 的影响

土壤类型	处理	pH
白浆化黑土	CK	4.82
	生石灰	4.90
	草木灰	4.93
	有机肥料	4.92
草甸黑土	CK	5.20
	生石灰	5.32
	草木灰	5.37

注：数据引自张喜林等（2008）。

施用有机肥料增加了土壤的养分，尤其是速效态养分；施用草木灰、生石灰能够改善土壤养分状况，改善了作物生育期内的营养条件，促进了作物的生长和发育。在白浆化黑土中施用有机肥料和草木灰、生石灰都能够使大豆增产，其中有机肥料增产效果最显著，增产 19.87%；其次是草木灰，增产 14.81%；生石灰增产效果不明显。在草甸黑土中施用草木灰、生石灰，大豆产量也都有显著增加，草木灰对大豆的产量影响较大，效果好于生石灰（张喜林等，2008）。草木灰含速效钾 8%左右，其中 80%~90%是水溶性钾，易被植物根系吸收利用，不仅取之方便，且成本降低。虽然草木灰和生石灰对缓解土壤酸化具有一定效果，然而，由于人类活动的影响，作为土壤酸化有效改良剂的草木灰，含有一定量的重金属。频繁地施用石灰，可增加 HCO_3^- 活度，加速有机质的分解，增加植物对 Ca^{2+} 的吸收，这可能加剧土壤的复酸化过程（孟赐福等，1999）。同时，由于石灰在土壤中的移动性较差，长期、过量施加石灰易使土壤板结，土质劣化（王宁等，2007）。

三、土壤酸化改良剂对土壤酸化的影响

近年来，石灰和生物炭广泛应用于土壤酸化改良剂（Mosharrof 等，2021）。施用石

灰可补充土壤中的钙盐，改善土壤团粒结构，有利于提高土壤微生物活性和有机质的分解及抗病性（于天一等，2018；张新帅等，2022），以实现酸化土壤改良和作物增产（曾廷廷等，2017）。但石灰中含有大量的钙，会引起土壤镁（Mg）、钾（K）缺乏，以及磷（P）有效性的下降（闫志浩等，2019），因此，长期大量施用石灰会导致土壤板结和养分不平衡。生物炭能够提高土壤肥力，增加土壤碳氮比，提升土壤对氮、磷、钾等元素的吸持容量，提高养分利用率（袁金华和徐仁扣，2012）。索炎炎等（2023）在砂姜黑土的研究结果表明，石灰和生物炭配施有效提高了土壤 pH、碱解氮、交换性钙含量，增加了花生植株对氮素的吸收，促进了花生生长和产量提高。单独施用石灰对花生氮吸收利用、生长及增产效果优于单独施用生物炭。石灰和生物炭配施是酸性土壤改良、氮素高效利用的有效手段。

秸秆和生物炭中含有钙、镁等多种元素，进入土壤后会释放碱性盐基离子（Tang 和 Yu，1999；Wang 等，2016），这些碱性物质可与土壤中的活性酸 H^+、Al^{3+}和 CO_2等发生反应，降低土壤交换性 H^+和 Al^{3+}含量并提高土壤 pH（Tang 等，2013）。另外，秸秆中有机阴离子的脱羧作用（Xu 等，2006；Rukshana 等，2011）和生物炭表面羧基的质子化（Shi 等，2018）也是提高土壤 pH、缓解酸化的机制。耿明昕等（2023）研究了秸秆还田与生物炭施用对土壤有机质（SOM）数量、质量以及土壤酸化的影响。结果表明，土壤添加秸秆与生物炭因其与土壤的混合程度、还田深度以及还田数量的不同对土壤 pH 的影响存在差异，施用生物炭对缓解土壤酸化作用最大。土壤有机质提升对缓解土壤酸化具有显著效应。

四、种植结构对土壤酸化的影响

许多研究表明，大豆生长时根系可分泌出大量的有机酸，连续种植会使有机酸在大豆根部长期大量累积，严重影响大豆根际土壤的 pH，使土壤酸度下降。有研究资料表明，大豆连作 10 a 以上其根际周围土壤 pH 下降 0.25～0.35 个单位。也有研究表明，2005—2014 年，松嫩平原黑土区的土壤 pH 平均降低了 0.27 个单位，土壤呈逐渐酸化的趋势。其中，大豆连作系统土壤 pH 下降 0.16 个单位，玉米连作系统下降 0.30 个单位，大豆玉米交替种植系统下降 0.25 个单位。通过对作物系统净 H^+通量进行分析，发现玉米比大豆具有更强的酸化效应，因为玉米系统 10 a 间氮循环产生的 H^+为 91.3 $kmol/hm^2$，高于大豆连作系统的 25.5 $kmol/hm^2$（佟玉欣，2018）。乔云发等（2007）研究了长期不同土地利用方式对农田黑土 pH 的影响。研究结果表明，长期连作促进土壤酸化，不同作物对土壤酸化的促进效果不同，玉米>大豆>小麦。作物间作也是改善土壤酸化的一个有效方法。许多学者研究表明，作物间作可以显著提高土壤有机质含量，减小土壤容重，增加土壤孔隙度及微团聚体数量，改善土壤各项物理指标，缓解了土壤的酸化。因此，调控作物的种植制度，可以稳定土壤 pH，保持土壤的持续生产力。

五、不同耕作方式对土壤酸化的影响

一些学者研究了耕作方式对土壤酸化的影响，研究结果不尽相同。田秀平等

（2015）对白浆土不同耕作方式的长期定位试验研究结果表明，普通翻耕、免耕和深松耕作方式不影响土壤 pH。邓琳璐等（2013）通过长期定位试验，研究了休耕轮作对黑土酸化的影响，结果表明，经过休耕轮作后，土壤酸化得到缓解，土壤交换性酸（交换性 H^+和交换性 Al^{3+}）呈下降的趋势，土壤 pH 随着交换性酸的降低而升高；交换性 H^+和交换性 Al^{3+}含量随土壤有机质含量的增加而减小；休耕轮作措施能够增加土壤阳离子交换量及盐基饱和度，还能够增加土壤的酸碱缓冲容量，休耕轮作后的土壤最高酸碱缓冲容量是长期连作土壤酸碱缓冲容量的 2 倍以上，从而增强了土壤对酸碱的缓冲性能，并且降低了土壤的酸化速率。可见，与长期连作相比，休耕轮作有利于积累土壤有机质，增加土壤的阳离子交换量和盐基饱和度，减少土壤中交换性 H^+、Al^{3+}及交换性酸含量，降低土壤酸化速率，提高土壤对酸的缓冲能力。邓琳璐（2013）研究了长期不同耕作方式（垄作、免耕、秋翻）对吉林省黑土酸化的影响，结果表明，免耕是减缓土壤酸化最显著的耕作方式，垄作和秋翻次之。免耕土壤交换性酸含量最低、交换性钙最高、阳离子交换量最高，因此缓解了土壤酸化进程。

综上可见，预防和缓解黑土区土壤酸化的措施主要包括合理施用肥料、避免尿素等大量氮肥投入，加强秸秆还田，注重有机无机培肥和平衡施肥，因地制宜采用合理的种植制度及耕作方式。

第三节 黑土区养分管理及肥料施用技术

随着人口的增加和耕地的减少，我国粮食安全与资源消耗、环境保护的矛盾日益尖锐。化肥作为粮食增产的决定因子在我国农业生产中发挥了举足轻重的作用。Bockman 等（2015）指出，1950 年谷物所需的养分主要来自土壤的“自然肥力”和加入的有机肥料，仅有很少部分来自化肥，然而到 2020 年谷物产量的 70%将依赖于化肥。有学者在全面分析了 20 世纪农业生产发展的各相关因素之后得出结论，20 世纪全世界所增加的作物产量中的一半来自化肥的施用（Loneragan 等，1997）。据联合国粮食及农业组织（FAO）的资料，在发展中国家，施肥可提高粮食作物单产 55%～57%，总产 30%～31%。20 世纪 80 年代，在我国粮食增产中化肥的作用占 30%～50%（金继运等，2006）。FAO 统计数据（2020）表明，全球每年化肥农用消费量在 2 亿 t（纯养分量）左右，对世界粮食增产的贡献率达 40%以上（FAO，2015）。

虽然肥料在农业生产中对粮食的增产发挥了不可替代的作用，但是农业上大量投入肥料对地下水、大气等造成的巨大负面影响，已经成为一个亟待解决的环境问题。我国是世界最大化肥消费国，氮肥、磷肥和钾肥的消费量分别占全球总量的 23%、21% 和 26%，我国农田氮肥和磷肥的平均施用量分别为 N 191 kg/hm^2和 P_2O_5 73 kg/hm^2，分别是世界平均水平的 2.6 倍和 2.4 倍（FAO，2020）。统计数据表明，发达国家氮肥利用率为 40%～60%，磷肥利用率为 10%～20%，钾肥利用率为 50%～60%；而我国氮肥利用率平均为 30%～40%，磷肥利用率为 10%～25%，钾肥利用率为 35%～60%（朱兆良，1998；林葆，1997；谷洁和高华，2000）。Baligar 等（2001）指出，亚洲主要作物施用氮肥多而单产低的主要原因之一是氮素利用率低。平均计算，施入土壤的常规化肥有

45%的氮素通过不同途径损失，我国每年氮肥施用量平均为2 600万t，每年损失的氮肥就达1 170万t，仅氮肥损失就价值近330亿元。

自20世纪70年代起，发达国家逐步加强了化肥减量增效基础理论与应用技术研发。近年来，我国化肥减量增效研究取得了积极进展，科学施肥水平有了明显提高。新阶段国家层面需要攻克的化肥减量增效关键科技难题：一是智能化推荐施肥技术攻关；二是氮肥缓控释技术攻关；三是磷高效利用技术攻关；四是钾肥加工与替代技术攻关；五是废弃物循环利用技术攻关；六是秸秆高效还田技术攻关；七是微生物肥料抗逆增效技术攻关；八是区域和农田养分综合管理技术攻关（周卫，2023）。

一、黑土区玉米高效施肥技术

（一）黑龙江省黑土区玉米田氮肥减施效应

肥料在提高粮食产量、保障我国粮食安全上起到了不可替代的支撑作用（朱兆良和金继运，2013）。据统计，氮肥对于粮食增产的贡献达到30%~50%（Tao等，2018）。正因为氮肥的增产效果显著，农业生产中过量施用氮肥的现象屡见不鲜。研究指出，我国小麦、玉米和水稻种植过程中部分田块氮肥（N）施用量达到了250~350 kg/hm^2（巨晓棠和谷保静，2014）。在东北平原玉米产区一些农户的施氮量（N）已高达300 kg/hm^2（赵兰坡等，2008）。王缘怡等（2021）对吉林省44个县（市、区）的玉米施肥调查显示，吉林省中部地区施氮量最高，平均为263.9 kg/hm^2，集中分布在240~280 kg/hm^2。在黑龙江省许多地区农民施肥也存在盲目性，长期投入高量化学肥料，造成土壤养分不平衡（姬景红等，2014）。在玉米种植过程中，实际上并不需要大量的氮肥投入。据测算，在我国玉米种植（目标产量6.5~9.5 t/hm^2）的合理施氮量范围为150~250 kg/hm^2（巨晓棠和张翀，2021）。徐新朋等（2016）利用玉米养分专家系统（Nutrient expert，NE）对东北地区进行玉米推荐施肥，实现12 t/hm^{2}玉米产量的氮投入量为153~178 kg/hm^2。在吉林省梨树县12~14 t/hm^{2}玉米生产水平下，施氮量为180~240 kg/hm^2（Chen等，2015）。可以看出，在东北春玉米不同的产量水平下氮肥均已过量施用，过量投入的氮素不仅增加成本、浪费资源，而且这些盈余的氮素部分通过N_2O排放、氨挥发、氮素淋溶和径流等途径污染大气、土壤和水体环境，增加了环境负担（Ju等，2007；吕敏娟等，2019）。因此，东北地区玉米减施氮肥势在必行。

前人研究指出，基于作物产量的推荐施肥方法主要有肥料效应函数法、叶绿素仪法、叶片硝酸盐诊断法、冠层光谱诊断法、植株症状诊断等（串丽敏等，2016）。还有学者提出了基于土壤氮素测试的黑土玉米推荐施肥方法（刘双全和姬景红，2017）。近年来，相关学者提出了理论施氮量（Theoretical nitrogen rate，TNR）（Ju和Christie，2011）和养分专家系统（徐新朋等，2016）的推荐施肥方法。巨晓棠（2015）指出，合理施氮量约等于作物地上部吸氮量，即理论施氮量≈目标产量/100×100 kg收获物需氮量。养分专家系统的原理是基于产量反应和农学效率进行推荐施肥，采用地上部产量反应来表征土壤基础养分供应能力和作物生产能力，将土壤养分供应看作一个“黑箱”，采用不施该养分地上部的产量或养分吸收来表征，计算方法为氮肥推荐量=氮产量反应/氮肥农学效率（何萍等，2012；串丽敏等，2016）。上述推荐施肥方法有的需要测定土壤和植株养分，有的需要田间试验来获得产量效应，操作有一定局限性，在实际应用中还未大范围推广。2022 年，农业农村部科学施肥专家指导组适时提出了《2022 年北方春玉米科学施肥指导意见》，该方法根据黑龙江省积温区域和生产布局，将玉米施肥划分为 3 个区，确定不同区域推荐玉米施肥方法和技术，对于黑龙江省玉米减施增效起到了较好的指导作用。

近年来，《到 2020 年化肥使用量零增长行动方案》《东北黑土地保护规划纲要（2017—2030 年）》《黑龙江省黑土地保护利用条例》等系列政策陆续出台，黑龙江省肥料减施增效成效显著，但黑龙江省不同区域玉米田氮肥减施的比例尚不明确。因此，本小节基于黑龙江省黑土区 3 个玉米肥料田间试验，分析不同氮肥减施比例对玉米产量、氮素吸收利用及损失的影响，以期为黑龙江省黑土区玉米田化肥减施增效及农业可持续发展提供科学依据（郝小雨等，2022）。

在黑龙江省黑土玉米产区赵光农场、青冈县、哈尔滨双城区开展了玉米氮肥减量试验。具体试验处理如表 6-11 所示。

表 6-11　各处理施肥量　　单位：kg/hm²

处理	氮肥（N）			磷肥（P_2O_5）			钾肥（K_2O）		
	赵光农场	青冈县	双城区	赵光农场	青冈县	双城区	赵光农场	青冈县	双城区
CK	0	0	0	70	70	80	75	75	80
CF	141.3	163.6	233.1	70	70	80	75	75	80
N_{90}	127.2	147.2	209.8	70	70	80	75	75	80
N_{80}	113.0	130.9	186.5	70	70	80	75	75	80
N_{70}	98.9	114.5	163.2	70	70	80	75	75	80

注：CK 为不施氮；CF 为农民习惯施肥；N_{90}为减施氮肥 10%，即在农民习惯施肥基础上减氮 10%；N_{80}为减施氮肥 20%，即在农民习惯施肥基础上减氮 20%；N_{70}为减施氮肥 30%，即在农民习惯施肥基础上减氮 30%。

1. 氮肥减施对玉米产量的影响

施用氮肥显著增加了玉米产量，赵光农场、青冈县和双城区增产率分别为 17.8%~35.5%、13.7%~22.0% 和 28.3%~53.5%，平均分别为 28.5%、19.7% 和 46.5%（图 6-7），说明仅依靠土壤本底的氮素供应，不能满足玉米生育期氮素需求。在常规施肥的基础上，减施氮肥 10%、20%和 30%时，各地区玉米产量反应不尽一致。在赵光农场，减施氮肥 10%（N_{90}）较农民习惯施肥（CF）玉米产量并未明显下降（$P>0.05$），实现了节肥不减产；减施氮肥 20%（N_{80}）和 30%（N_{70}），CF 处理玉米产量显著下降（$P<0.05$），分别减产 7.1%和 13.0%，说明较低的氮素供应不能满足玉米生长所需养分。在青冈县和双城区，减施氮肥 10%（N_{90}）和 20%（N_{80}）较 CF 处理玉米产量并未明显下降（$P>0.05$）；减施氮肥 30%（N_{70}）玉米产量较 CF 处理显著下降（$P<$

0.05)，分别减产 6.4%和 15.9%。

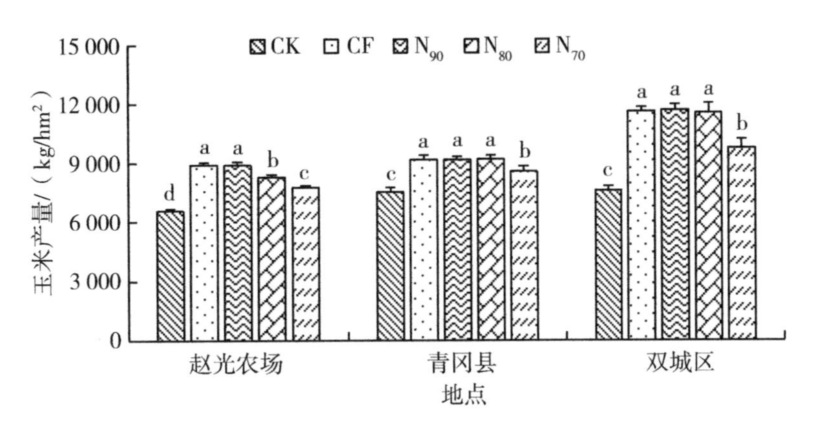

图 6-7　减施氮肥下玉米产量变化

注：柱上同一地区不同字母表示各处理之间差异显著（$P<0.05$）。

2. 氮肥减施对玉米氮素吸收利用的影响

施用氮肥显著促进了玉米籽粒和植株的氮素吸收（表 6-12）。与 CK 相比，赵光农场、青冈县和双城区各施肥处理玉米籽粒氮素吸收量分别增加 31.8%～65.6%、50.1%～85.1%和 68.8%～127.6%，平均分别为 51.8%、75.7%和 110.8%；赵光农场、青冈县和双城区玉米植株氮素吸收量较 CK 分别增加 38.8%～71.0%、65.9%～94.0%和 68.2%～127.3%，平均分别为 57.8%、85.4%和 110.4%；与此同时，玉米氮素总吸收量较 CK 分别增加 34.7%～67.9%、56.8%～88.4%和 68.5%～125.4%，平均分别为 54.3%、79.8%和 110.6%。与 CF 处理相比，合理减施氮肥不会降低玉米氮素吸收量。赵光农场减施氮肥 10%较 CF 处理玉米氮素吸收量无显著变化（$P>0.05$），青冈县和双城区减施氮肥 10%、20%时玉米氮素吸收量无显著变化（$P>0.05$），说明过量施氮不会增加玉米氮素吸收量。随着施氮量的减少，玉米氮素吸收量随之降低，赵光农场、青冈县和双城区减施氮肥 30%时，玉米氮素吸收量均显著降低（$P<0.05$），说明过度减施氮肥不足以保证玉米氮素供应。

表 6-12　氮肥减施对玉米氮素吸收利用的影响

地点	处理	氮素吸收量/（kg/hm^2）			氮肥利用效率	
		籽粒	植株	合计	氮肥回收率/%	农学效率/（kg/kg）
赵光农场	CK	49.2±1.7d	35.8±1.9d	85.0±2.5d	—	—
	CF	81.5±0.6a	61.2±0.9a	142.7±1.1a	40.8±1.2b	16.5±0.8b
	N_{90}	80.9±0.8a	61.0±0.7a	141.9±0.9a	44.7±1.4a	18.2±0.8a
	N_{80}	71.6±1.3b	54.0±1.4b	125.6±2.6b	35.9±0.1c	15.0±0.9b
	N_{70}	64.8±0.9c	49.7±0.8c	114.5±0.9c	29.8±2.1d	11.9±2.0c

（续表）

地点	处理	氮素吸收量/（kg/hm²）			氮肥利用效率	
		籽粒	植株	合计	氮肥回收率/%	农学效率/（kg/kg）
青冈县	CK	58.1±1.0c	44.8±0.6c	102.9±0.7c	—	—
	CF	91.1±1.5a	67.7±2.1a	158.7±3.1a	34.1±1.5c	9.9±0.2c
	N_{90}	90.7±1.6a	69.4±1.2a	160.1±2.4a	38.8±1.2b	11.1±0.7b
	N_{80}	90.1±1.9a	69.0±0.2a	159.0±2.0a	42.9±1.0a	12.7±0.3a
	N_{70}	73.9±3.1b	59.4±3.2b	133.2±6.0b	26.5±4.9d	9.0±0.9d
双城区	CK	66.6±1.5c	47.3±1.0c	113.9±2.4c	—	—
	CF	112.0±2.3a	79.5±2.3a	191.5±3.8a	33.3±0.8c	17.2±0.7c
	N_{90}	110.2±2.3a	81.3±1.7a	191.6±2.3a	37.0±0.1b	19.4±0.3b
	N_{80}	109.7±4.1a	80.1±2.6a	189.8±6.8a	40.7±2.4a	21.1±1.4a
	N_{70}	83.1±3.3b	60.2±3.0b	143.2±6.1b	18.0±5.1d	13.2±1.8d

注：同一地区同列不同字母表示各处理之间差异显著（$P<0.05$）。

从氮肥利用效率来看，赵光农场减施氮肥10%较CF处理氮肥回收率和农学效率均显著上升（$P<0.05$），分别为44.7%和18.2 kg/kg，分别增加9.5%和9.9%。青冈县和双城区减施氮肥10%、20%时较CF处理氮肥回收率和农学效率均显著上升（$P<0.05$），特别是减施氮肥20%效果最佳。青冈县和双城区减施氮肥20%处理氮肥回收率、农学效率分别为42.9%、40.7%和12.7 kg/kg、21.1 kg/kg，较CF处理分别增加25.7%、22.3%和28.2%、22.5%。

3. 氮肥减施对氮素损失的影响

施用氮肥显著增加了玉米田氮素损失（N_2O排放、氨挥发和氮素淋溶），赵光农场、青冈县和双城区4个施氮肥处理氮素损失量平均分别为21.3 kg/hm²、24.2 kg/hm²和35.4 kg/hm²，较CK处理分别增加3.1倍、3.6倍和5.2倍（图6-8）。

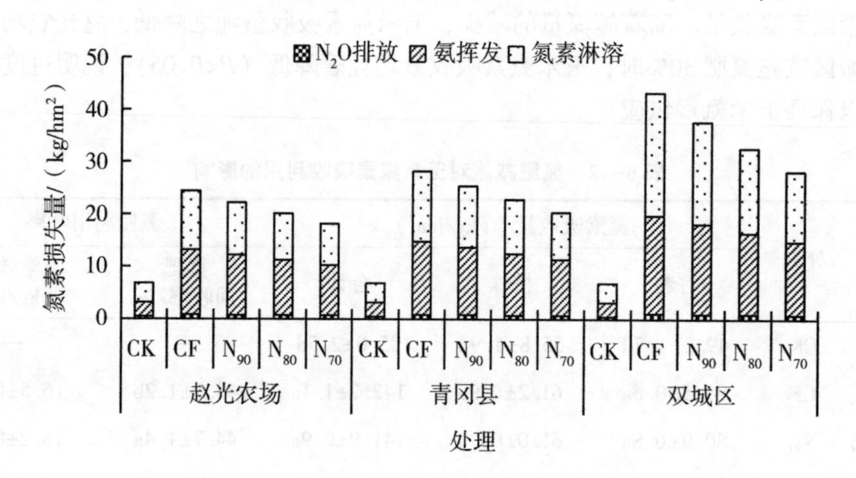

图6-8　减施氮肥对玉米田氮素损失的影响

随着施氮量的减少，各地区玉米田氮素损失量也随之降低。从玉米田氮素损失构成来看，氨挥发和氮素淋溶是主要的损失途径，其中氨挥发量占施氮量的 8.8%~9.6%（赵光农场）、8.5%~9.2%（青冈县）和 8.1%~8.5%（双城区），平均分别为 9.2%、8.9%和 8.3%；氮素淋溶量占施氮量的 7.9%~8.1%（赵光农场）、7.9%~8.2%（青冈县）和 8.2%~10.1%（双城区），平均分别为 8.0%、8.0%和 9.3%。与氨挥发和氮素淋溶相比，N_2O 排放量相对较低，占施氮量的 0.5%~0.7%。

4. 氮肥减施对玉米经济收益的影响

经济收益分析结果显示（表6-13），合理减施氮肥在降低肥料成本的同时可提高玉米的经济收益，过量减施氮肥导致经济收益下降，原因是玉米减产导致收益降低。赵光农场 N_{90}处理纯收益最高，达到4 499.63 元/hm^2，较 CF 处理增收 22.18 元/hm^2；N_{80}和 N_{70}处理较 CF 处理经济收益分别减少 832.03 元/hm^2和1 557.00 元/hm^2。青冈县 N_{80}处理纯收益最高，达到4 748.25 元/hm^2，较 CF 处理增收 205.26 元/hm^2；其次为 N_{90}处理，较 CF 处理增收 93.28 元/hm^2；N_{70}处理较 CF 处理经济收益减少 672.56 元/hm^2。双城区 N_{90}处理纯收益最高，达到7 885.51 元/hm^2，较 CF 处理增收 206.84 元/hm^2；其次为 N_{80} 处理，较 CF 处理增收 80.69 元/hm^2；N_{70} 处理较 CF 处理经济收益减少2 472.96 元/hm^2。

表 6-13 氮肥减施对玉米经济收益的影响　　单位：元/hm^2

地点	处理	收入	肥料成本	其他成本	纯收入	较常规增收
赵光农场	CK	9 876.45	986.96	7 300.00	1 589.49±163.13d	—
	CF	13 378.75	1 601.30	7 300.00	4 477.45±203.38a	—
	N_{90}	13 339.50	1 539.87	7 300.00	4 499.63±250.62a	22.18
	N_{80}	12 423.85	1 478.43	7 300.00	3 645.42±223.91b	-832.03
	N_{70}	11 637.45	1 417.00	7 300.00	2 920.45±150.28c	-1 557.00
青冈县	CK	11 310.50	986.96	7 500.00	2 823.54±344.64c	—
	CF	13 741.25	1 698.26	7 500.00	4 542.99±357.53a	—
	N_{90}	13 763.40	1 627.13	7 500.00	4 636.27±255.71a	93.28
	N_{80}	13 804.25	1 556.00	7 500.00	4 748.25±298.52a	205.26
	N_{70}	12 855.30	1 484.87	7 500.00	3 870.43±393.60b	-672.56
双城区	CK	11 421.50	1 089.86	7 650.00	2 681.64±345.28c	—
	CF	17 432.00	2 103.33	7 650.00	7 678.67±306.03a	—
	N_{90}	17 537.50	2 001.99	7 650.00	7 885.51±403.88a	206.85
	N_{80}	17 310.00	1 900.64	7 650.00	7 759.36±720.77a	80.70
	N_{70}	14 655.00	1 799.29	7 650.00	5 205.71±644.05b	-2 472.96

注：玉米 1.5 元/kg、尿素2 000元/t、重过磷酸钙3 200元/t、氯化钾4 000元/t。

施用氮肥的主要目的是作物获得较高的目标产量、作物品质和经济效益并维持或提高土壤肥力，只有合理施用氮肥，农作物产量、品质和效益均高，环境代价最低（巨晓棠和张翀，2021）。氮肥的合理施用即根据区域作物、土壤和气候特点解决施用量、施用时期及不同时期的分配比例等问题，核心在于施肥量的控制（高肖贤等，2014）。提高作物氮肥利用效率的有效手段之一是降低施氮量（Hirel 等，2007）。在考虑土壤自身供氮水平的基础上，适当降低肥料的施用量不仅不会影响作物的产量，而且可将氮素的表观损失降到一个较低的水平（赵营等，2006）。在吉林省黑土区春玉米连作体系的研究表明，玉米产量和氮素吸收量随施氮量的增加变化不大，氮肥利用率随施氮量的增加而降低（蔡红光等，2010）。陈治嘉等（2018）的研究表明，吉林省黑土玉米种植区减施氮肥 20%~30%（施氮量为 180~206 kg/hm^2）不会显著影响玉米产量，同时会提高氮肥利用效率，减少玉米收获后耕层无机氮的积累。在吉林省中部地区，在秸秆连续多年还田条件下，减施氮肥 2/9（施氮量 210 kg/hm^2）不影响玉米产量和生物量，可显著提高玉米收获指数（崔正果等，2021）。陈妮娜等（2021）指出，适量减氮（施氮量 240 kg/hm^2）可增加辽宁省春玉米果穗长、果穗粗、百粒重、理论产量、籽粒含水量和淀粉含量。Chen 等（2021）在黑龙江省宝清县春玉米田的研究结果显著，减施氮肥 20%（施氮量 160 kg/hm^2）不影响玉米产量，并可提高氮肥利用率、减少 N_2O 排放。郝小雨等（2016）在黑土区的研究也得出类似结论，相比于农民习惯施肥，减施氮肥 20%不影响玉米籽粒产量和氮素吸收量，而且可提高氮肥表观利用率和偏生产力。上述结果说明，在东北黑土区保证玉米产量的同时，在农民习惯施肥的基础上减少施肥量是可行的，同时亦可提高肥料利用率。本研究中，赵光农场减施氮肥 10%（施氮量 127.2 kg/hm^2）、青冈县和双城区减施氮肥 20%（施氮量 130.9 kg/hm^2、186.5 kg/hm^2）不影响玉米产量及氮素吸收，并可提高氮肥利用效率、减少土壤 N_2O 排放、氨挥发和氮素淋溶损失，进一步减施氮肥会导致玉米减产。

综合上述研究结果可以看出，由于土壤肥力状况和土壤供氮能力不同，东北地区减施氮肥的比例也不一致，但总的目标是要稳产提质、节本增效、维持或提高土壤肥力及环境友好，即将施氮量控制在一个目标产量、作物品质和效益、环境效应与土壤肥力均可接受的范围内，实现多目标共赢（巨晓棠和张翀，2021）。

（二）黑龙江省黑土区玉米田氮肥抑制剂施用效果

为了追求高产，东北平原玉米产区农民不惜大量施用化肥，一些农户的施氮（N）量已高达 300 kg/hm^2（赵兰坡等，2008）。过量投入的氮素导致土壤氮素大量累积，不仅造成氮素利用效率降低，而且这些盈余的氮素部分以气体形式损失，或以硝态氮的形式通过淋洗、径流等途径污染农业生态环境（纪玉刚等，2009；Ju 等，2007）。因此，如何科学合理地施用氮肥，提高肥料利用率，减少对农业生态环境的污染已成为当前农业科学研究的重大课题。

从氮素在土壤中的生物化学转化过程入手，通过抑制剂的施用调控氮素转化，已被认为是提高氮肥利用率、缓解氮肥污染、实现氮肥高效管理与利用的有效措施（孙志梅等，2008）。硝化抑制剂可以抑制土壤中铵态氮向硝态氮的转化，以延长或者调整无机氮在土壤中的形态，从而抑制土壤微生物硝化作用和继而发生的反硝化过程产生的N_2O以及雨季的硝态氮淋溶（Zaman 和 Blennerhassett，2010）。双氰胺（Dicyandiamide，DCD）和2-氯-6-三氯甲基吡啶（CP）是农业生产中常用的硝化抑制剂。研究表明，DCD 和 CP 可以调控氮肥在土壤中的转化，使土壤能够较长时间保持较高的铵态氮含量，从而可以有效减少氮氧化物等温室气体的排放，减少土壤硝态氮的累积及淋失（Sun 等，2015；Di 和 Cameron，2005）。控释肥可以减缓、控制肥料的溶解和释放速度，即可根据作物生长需要提供养分。通常控释肥利用率可比速效氮肥提高 10%～30%，在目标产量相同的情况下，施用控释肥比传统速效肥料可减少用量 10%～40%（黄丽娜等，2009）。有研究指出，树脂膜控释尿素在减少夏玉米农田土壤剖面硝态氮残留、维持土壤氮素平衡和提高氮素利用效率等方面的效果明显优于普通尿素（刘敏等，2015）。可见，硝化抑制剂和控释肥对土壤氮素转化和作物吸收利用等方面有积极的作用，然而对黑土区玉米生长和氮素利用的效应如何，哪种措施更具优势，都还存在不确定性。

黑土春玉米种植区是我国重要的商品粮基地，属中温带半干旱大陆性季风气候，冬季寒冷干燥，夏季高温多雨，自然条件对土壤氮素转化和吸收利用的影响不同于其他地区，因此，探讨该地区不同施肥措施对作物生长及氮素利用的影响是非常必要的。从合理施肥的角度，连续 2 a 在黑龙江省哈尔滨市研究了不同施肥措施下春玉米产量、氮素吸收和利用、矿质氮分布及土壤-作物系统氮素平衡特征，以筛选合理的施肥方法，以期为指导该地区合理施肥提供理论依据和技术支撑。试验处理如表 6-14 所示。

表 6-14　各处理氮肥施用量　　单位：kg/hm^2

处理	施氮量	基肥	追肥	肥料添加剂
CK	0	0	0	0
N100%	185	92.5	92.5	0
N80%	148	74	74	0
N80% DCD	148	74	74	1.48
N80% CP	148	74	74	0.148
N80% CRF	148	148	0	0

注：N100%为习惯施肥；N80%为优化施肥，减量施氮 20%；DCD 为双氰胺；CP 为 2-氯-6-三氯甲基吡啶；CRF 为控释肥。

1. 施用氮肥抑制剂对黑土玉米产量及其构成因素的影响

氮素是影响黑土作物生产力的首要肥力因子（郝小雨等，2015）。研究结果表明（表 6-15），施用氮肥显著增加了玉米产量（$P<0.05$）。施用氮肥的 5 个处理 2013 年和 2014 年玉米产量较不施肥处理（CK）的分别增加 29.4%～40.8%和 23.8%～33.8%，平均分别为 35.6%和 28.3%。相比于习惯施肥处理 N100%，减量施氮 20%

的 4 个处理的产量变化不明显，处理间无显著差异，表明适当减少氮肥不影响玉米籽粒产量。施氮量相同时，添加硝化抑制剂以及控释氮肥替代普通氮肥均未显著增加玉米产量。

从玉米产量构成因素的结果亦可以看出，氮素对于玉米穗长、穗茎粗和千粒重有显著影响。相比于 CK 处理，施用氮肥的 5 个处理玉米穗长、穗茎粗和千粒重增加幅度分别为 7.8%～10.6%、9.9%～11.3%和 16.5%～18.7%（2013 年和 2014 年平均）。减施氮肥、添加硝化抑制剂以及控释氮肥替代普通氮肥均不影响玉米产量构成因素。

表 6-15　不同施肥措施对玉米产量以及产量构成因素的影响

年份	处理	产量/(kg/hm^2)	增产率/%	穗长/cm	穗茎粗/cm	千粒重/g
2013	CK	7 797.6b	—	19.5b	4.7b	373.5b
	N100%	10 982.1a	40.8	21.1a	5.2a	436.1a
	N80%	10 565.5a	35.5	21.3a	5.2a	448.3a
	N80% DCD	10 327.4a	32.4	21.1a	5.2a	434.9a
	N80% CP	10 089.3a	29.4	21.7a	5.2a	449.1a
	N80% CRF	10 892.9a	39.7	21.7a	5.2a	434.5a
2014	CK	8 807.6b	—	18.8b	4.6b	379.0b
	N100%	11 454.8a	30.1	20.9a	5.2a	441.5a
	N80%	11 400.0a	29.4	20.8a	5.1a	438.7a
	N80% DCD	10 934.1a	24.1	21.0a	5.2a	439.9a
	N80% CP	11 783.7a	33.8	21.2a	5.2a	421.3a
	N80% CRF	10 906.7a	23.8	21.5a	5.2a	436.0a

注：每个年份同列不同字母表示各处理间差异显著（$P<0.05$）。

2. 施用氮肥抑制剂对黑土玉米氮素利用的影响

不同施肥措施对玉米氮素吸收利用情况见表 6-16。与 CK 相比，施氮显著促进了玉米籽粒和秸秆对氮素的吸收，施用氮肥的 5 个处理玉米籽粒和秸秆氮素吸收量提高幅度分别为 97.9%～101.6%和 42.4%～50.7%（2013 年和 2014 年平均）。从氮素总吸收量来看，N80% CP 处理高于其他施氮处理，增幅为 0.5%～2.3%（2013 年和 2014 年平均），但处理间无显著差异，说明在习惯施肥的基础上减施 20%氮肥不影响玉米氮素吸收。施氮量相同时，添加硝化抑制剂以及控释氮肥替代普通氮肥均未影响玉米氮素吸收。比较 2013 年和 2014 年的玉米氮素吸收量，2014 年略高于 2013 年，这可能与 2014 年的玉米产量较高有关。

表 6-16　不同施肥措施对玉米氮素吸收以及肥料利用效率的影响

年份	处理	氮素吸收量/（kg/hm²）			氮肥表观利用率/%	氮肥偏生产力/（kg/kg）
		籽粒	秸秆	总吸收量		
2013	CK	46.9b	38.0b	84.9b	—	—
	N100%	92.1a	57.0a	149.1a	34.7b	59.4b
	N80%	90.9a	52.2a	143.1a	39.3a	71.4a
	N80% DCD	92.1a	54.8a	146.9a	41.9a	69.8a
	N80% CP	92.9a	53.5a	146.4a	41.6a	68.2a
	N80% CRF	91.5a	53.6a	145.1a	40.7a	73.6a
2014	CK	51.8b	46.3b	98.0b	—	—
	N100%	95.1a	57.5a	152.7a	36.6b	61.9b
	N80%	97.2a	56.0a	153.2a	46.1a	77.0a
	N80% DCD	93.6a	58.4a	152.0a	45.3a	73.9a
	N80% CP	96.3a	60.6a	156.8a	48.6a	79.6a
	N80% CRF	94.6a	59.3a	153.9a	46.6a	73.7a

注：每个年份同列数值后不同字母表示各处理之间差异显著（P<0.05）。

氮肥表观利用率（NRE）是评价作物对氮素肥料吸收效果的重要指标，从表 6-16 可以看出，2013 年和 2014 年减氮处理的 NRE 均显著高于习惯施肥处理（P<0.05），增幅分别为 4.6~6.9 个和 10.6~13.9 个百分点，平均为 8.0~10.4 个百分点（增加比例为 22.4%~29.2%）。4 个减氮处理间 NRE 无显著差异。从两年的结果可以看出，N80% CP 处理 NRE 相对最高，与此同时氮素损失也会降低。

氮肥偏生产力（PFPN）表示每施用 1 kg 氮肥能生产的粮食产量，可以表征提高氮肥利用效率的潜力。2013 年和 2014 年减氮处理 PFPN 均显著高于习惯施肥处理（P<0.05），增幅分别为 14.8% ~ 23.9% 和 19.1% ~ 28.6%，平均为 18.4% ~ 22.3%（表 6-16）。可见，合理施氮对于提高氮肥利用效率有显著的促进作用。4 个减氮处理间 PFPN 无显著差异。

3. 施用氮肥抑制剂对玉米田土壤矿质态氮分布的影响

试验开始前，土壤硝态氮含量从耕层到深层（0~80 cm）总体上呈明显降低的趋势。2013 年和 2014 年玉米收获后，CK 处理 0~80 cm 土壤硝态氮含量呈现逐渐降低的趋势（图 6-9）。施用氮肥的 5 个处理 0~60 cm 土壤硝态氮总体上呈现逐步降低的趋势，而 60~80 cm 土壤硝态氮含量较 40~60 cm 略有增加，这可能与上层土壤硝态氮向下淋溶有关。2013 年和 2014 年的年降水量主要集中在 5—9 月，当肥料施入土壤后，适宜的土壤水分条件会导致土壤硝态氮向下淋溶。2013 年和 2014 年各处理土壤铵态氮总体呈逐步下降的趋势。

比较各处理相同土层的硝态氮含量可以看出，CK 处理各个土层的硝态氮含量均低于施氮处理相应土层的硝态氮含量。与习惯施肥处理（N100%）相比，减施氮肥总体上可以降低各个土层的硝态氮含量，0~20 cm、20~40 cm、40~60 cm 和 60~80 cm 降幅分别为 14.3%~53.8%、13.0%~32.6%、17.9%~36.8%和 13.7%~41.2%（2013 年和 2014 年平均）。同一施氮量情况下，添加硝化抑制剂有助于抑制土壤的硝化作用，从而有效降低了土壤硝态氮含量。与 N80%相比，添加硝化抑制剂的 2 个处理硝态氮含量在 0~20 cm 和 20~40 cm 土层显著降低（$P<0.05$），其中 N80% DCD 处理降幅分别为 45.7%和 28.5%，N80% CP 处理降幅分别为 39.7%和 21.8%（2013 年和 2014 年平均）；在 40~60 cm 和 60~80 cm 土层，添加硝化抑制剂对土壤硝态氮含量影响不大。

添加硝化抑制剂后土壤铵态氮含量有所增加（图 6-9），其中 N80% DCD 和 N80% CP 处理 0~20 cm 土层铵态氮含量略高于其他处理（$P<0.05$），主要原因是硝化抑制剂可抑制硝态氮的产生使得土壤中氮主要以铵态氮形式存在，故土壤中可提取的铵态氮库较长时间保持在较高水平（孙志梅等，2008）。施用普通氮肥及控释氮肥时，处理间各

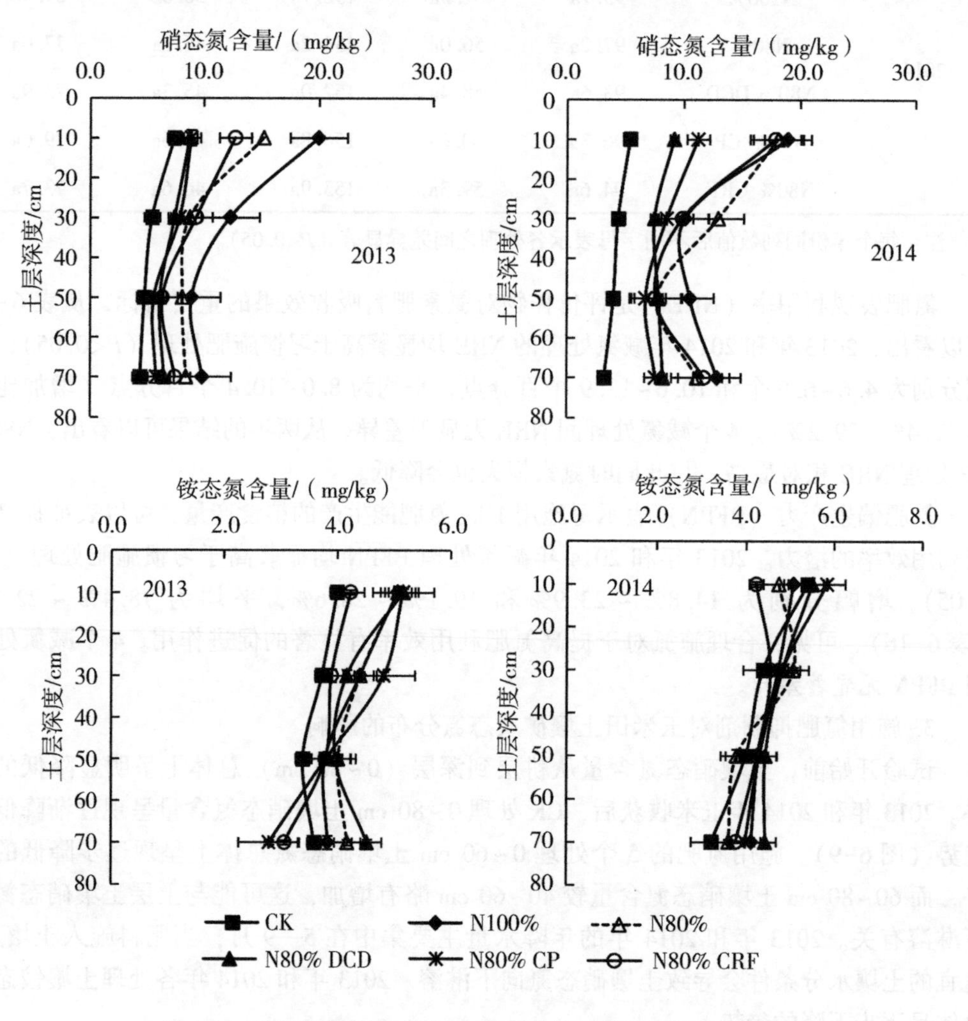

图 6-9　不同施肥措施对黑土玉米田土壤矿质态氮分布的影响

土层铵态氮含量无显著差异。

4. 施用氮肥抑制剂对玉米田氮素平衡的影响

根据玉米生育期间的氮素输入和输出项，计算玉米农田生态系统氮素表观平衡。在2013年氮素的输入项中，施氮量、播前无机氮和生育期内的氮素矿化量都起着很重要的作用，其中施氮量起主导作用；而在2014年，由于上一年残留无机氮的影响，N100%和N80%处理播前无机氮有所上升（表6-17）。

在氮素的输出项中，2年土壤残留无机氮和表观损失量均以习惯施肥处理（N100%）处理最高。减量施氮可以降低土壤氮素残留、表观损失量，降幅分别为9.7%~29.4%和24.1%~37.4%。比较2013年和2014年的氮素表观损失量，可以看出2013年施用硝化抑制剂的处理氮素表观损失量要高于其他处理，可能是施用硝化抑制剂后土壤中铵态氮含量升高，在适宜的温度和水分条件下以氨挥发形式损失；而2014年施用硝化抑制剂处理的氮素表观损失量较低，主要是因为播前无机氮较低。

不同施氮处理的氮素盈余量大小顺序为N100%> N80%> N80% CRF> N80% DCD> N80% CP。可以看出，与习惯施肥处理相比，减施氮肥降低了黑土玉米田氮素盈余量，降幅达到15.4%~29.6%。施氮量相同时，添加硝化抑制剂对降低土壤氮素盈余量效果明显，尤以添加CP抑制剂效果最佳。

表6-17　不同施肥措施对玉米田氮素平衡的影响　　单位：kg/hm^2

年份	处理	氮输入			氮输出			氮素盈余量
		施氮量	播前无机氮	矿化氮	作物吸收	残留无机氮	表观损失量	
2013	CK	0	106.1	75.1	84.9	96.3	0	96.3
	N100%	185	106.1	75.1	149.1	167.1	50.0	217.1
	N80%	148	106.1	75.1	143.1	143.4	42.7	186.1
	N80% DCD	148	106.1	75.1	146.9	115.8	66.5	182.3
	N80% CP	148	106.1	75.1	146.4	110.4	72.4	182.8
	N80% CRF	148	106.1	75.1	145.1	125.4	58.7	184.1
2014	CK	0	90.6	74.5	98.0	67.1	0	67.1
	N100%	185	170.3	74.5	152.7	174.2	103.0	277.1
	N80%	148	162.8	74.5	153.2	164.9	67.2	232.1
	N80% DCD	148	108.3	74.5	152.0	129.0	49.7	178.8
	N80% CP	148	99.4	74.5	156.8	130.7	34.4	165.1
	N80% CRF	148	125.8	74.5	153.9	157.3	37.1	194.4
两年	CK	0	196.7	149.6	182.9	163.4	0	163.4
	N100%	370	276.4	149.6	301.8	341.3	153.0	494.2
	N80%	296	268.9	149.6	296.3	308.3	109.9	418.2
	N80% DCD	296	214.4	149.6	298.9	244.8	116.2	361.1
	N80% CP	296	205.5	149.6	303.2	241.1	106.8	347.9
	N80% CRF	296	231.9	149.6	299.0	282.7	95.8	378.5

从两年玉米田的氮素表观平衡可以看出，习惯施肥处理氮素大量残留于土壤剖面中，极易导致相应的环境问题，增加土壤-作物系统的氮素表观损失。相比较而言，减施氮肥处理土壤氮素残留量较低，降低了对环境的威胁。在东北春玉米种植体系中，控制氮素的输入是减少土壤氮素盈余的有效措施。蔡红光等（2010）在松嫩平原黑土带中部连作玉米体系的研究结果表明，减施氮肥可降低氮素残留量，对环境威胁较小。叶东靖等（2010）利用田间试验研究了黑土不同土壤氮素供应水平下玉米氮素吸收利用、土壤氮素供应以及农田氮素平衡特征，指出适量施氮促进玉米对氮素的吸收和利用，进而提高玉米生物量和产量；过量施氮导致硝态氮在土壤中大量累积，提高了硝态氮淋溶风险。焉莉等（2014）通过土槽模拟径流试验，研究在自然降雨条件下不同施肥措施对东北地区黑土玉米田地表径流氮素流失的影响，指出减施氮肥能有效减少地表径流氮流失负荷，减肥对黑土玉米田养分流失具有减缓作用。

5. 硝化抑制剂和控释氮肥的施用效果分析

有关硝化抑制剂的施用对作物产量及氮素吸收利用影响的研究结果差异较大。有研究指出，硝化抑制剂（双氰胺、2-氯-6-氯甲基吡啶和1-甲胺酰基-3，5-二甲基吡唑）配施氮肥较单施氮肥处理小白菜产量和植株氮累积量分别提高6.06%~28.55%和2.38%~38.42%（黄东风等，2009）。Rodgers 等（1985）结果表明，应用硝基吡啶后冬小麦对氮素的吸收增加9%左右。应用硝化抑制剂不一定都能提高作物产量和促进氮素吸收。Weiske 等（2001）试验发现，双氰胺的施用对燕麦、玉米和冬小麦产量没有显著影响。Cookson 等（2002）的研究则表明，双氰胺的施用不会影响牧草体内的氮浓度和氮累积量。本研究结果也显示，施用双氰胺和2-氯-6-氯甲基吡啶均不影响黑土区玉米产量和氮素吸收量。研究指出，硝化抑制剂的施用效果受微生物活性、土壤质地、有机质含量、温度、水分、pH、氮肥种类和耕作制度等诸多因素的影响（孙志梅等，2008），导致不同试验之间结果出现差异。

硝化抑制剂通过选择性抑制土壤硝化微生物的活动，可有效减缓土壤中铵态氮向硝态氮的转化，是农业生产中常用的提高氮肥利用率和减少硝化作用负面效应的一种有效管理方式（张苗苗等，2014）。本研究中，同一施氮量的情况下，添加硝化抑制剂有助于抑制土壤硝化作用，有效降低了土壤硝态氮含量，并能明显提升土壤铵态氮含量。研究表明，硝化抑制剂的施用使土壤中可提取的铵态氮库较长时间保持在较高水平，必然会促进铵态氮的生物固持（孙志梅等，2007）。此外，在黏土矿物或有机质含量较高的土壤中，铵态氮含量的增加还会促进黏土矿物和有机质的吸附固定，即能够极大程度地增加土壤氮素与土壤颗粒表面负电荷的作用能力，从而增加氮素在土壤中的持留能力（Yu 等，2007）。因而，硝化抑制剂的施用在保存土壤氮素、延长氮肥肥效、大幅降低土壤氮素向水环境的迁移的概率及减少硝化和反硝化损失方面有积极的作用，并且有望较大程度地提高氮肥利用率、减少农田氮肥用量及农业生产成本和增加农民收入（李兆君等，2012）。同时，土壤中硝态氮含量的适度降低，也将降低作物体内硝酸盐含量，提高作物品质。

包膜控释氮肥根据作物生长需肥曲线缓慢释放氮素，可从源头上控制土壤硝态氮和铵态氮的含量，达到养分供应与作物需求同步（Grant 等，2012）。卢艳丽等（2011）报道了华北潮土小麦-玉米轮作体系施用树脂包膜控释尿素的效果，研究结果显示，与常规用量分次施肥处理相比，减少20%用量的缓控释肥处理在小麦季产量上差异不显著，但在玉米季增产幅度达18.3%。刘敏等（2015）在黄淮海地区研究了硫包膜控释尿素对土壤硝态氮含量、夏玉米产量和氮素利用率的影响，指出与普通尿素处理相比，控释尿素处理0~100 cm各土层硝态氮含量减少11.7%~56.7%，产量增加14.6%~28.7%，氮素利用率增加12.3~12.4个百分点。本研究中，尽管控释氮肥处理未显著增加玉米产量，但较习惯施肥处理可明显提高氮肥利用率和降低土壤表层硝态氮残留。然而，考虑到包膜控释尿素价格较高，生产中替代常规氮肥农民难以接受，在普通尿素的增产效果不理想的情况下，找到中间平衡点是既可获得高产又能降低成本的关键。

综合考虑保证玉米产量和氮素供应、减少氮素损失及提高氮肥利用率等方面，减施氮肥配合硝化抑制剂处理在黑土玉米田的应用效果较好。双氰胺成本较高（8 000~12 000元/t），推广困难，而2-氯-6-三氯甲基吡啶成本仅为氮肥本身的5%，因此，在制订黑土区玉米施肥方案时，应该适当减少氮肥施用量，并配合施用硝化抑制剂2-氯-6-三氯甲基吡啶，以促进农田生态系统中氮素高效利用和维持氮库基本平衡。

（三）黑龙江省黑土区玉米平衡施肥效果

作物产量形成所需要的养分主要来源于土壤和肥料。了解和掌握土壤养分状况，是化学肥料施用的依据。汪景宽等（2007）分析了黑龙江省多个典型黑土区域土壤肥力质量状况，结果表明，该区域土壤肥力呈现下降趋势，即20世纪80年代该区域80%以上的土壤肥力综合指数为一级、二级，而到21世纪初98%以上的土壤肥力质量下降到二级、三级。韩秉进等（2007）在黑龙江和吉林两省47个市（县）采集土壤样品，结合第二次全国土壤普查数据分析了黑土养分演变规律，研究结果表明，1979—2002年土壤有机质和速效钾含量下降，但全氮、碱解氮、有效磷含量均上升，其中有效磷含量上升幅度较大，平均每年上升0.55~0.64 mg/kg。康日峰等（2016）对东北黑土区20世纪80年代以来国家级耕地质量长期监测点数据进行整理和分析，分析了17个国家级黑土耕地质量长期监测点26 a来土壤养分随时间的变化趋势，研究结果表明，在农民常规施肥条件下，经过10~26 a的长期耕作，黑土区土壤肥力在监测后期得到显著改善，但28.6%的监测点应注意控制磷肥用量，以免引起水体污染；而监测区黑土C/N呈逐年下降趋势，应该加大有机物料的投入，以维持土壤碳氮的养分平衡。施肥量和施肥措施是导致土壤养分变化的主要原因。肥料施用要考虑土壤自身肥力状况以提高肥料利用率。因此，根据土壤养分状况及目标产量确定合理的施肥方式对于有效地维持和保护东北黑土区耕地质量、保障粮食生产和安全具有重要的现实意义。

1. 平衡施肥对春玉米产量和经济效益的影响

肥料的施用与玉米产量提高有极其密切的关系。双城区和宾县两地区平衡施肥（OPT）、不施氮肥（O-N）、不施磷肥（O-P）、不施钾肥（O-K）、农民习惯施肥（FP）处理比不施肥（CK）分别平均增产46.10%、9.90%、34.87%、36.74%和36.98%（表6-18），平均效益增量为2 363元/hm²、25 元/hm²、1 511元/hm²、1 530元/hm²和1 584元/hm²。OPT处理较FP处理玉米平均增产5.4%，增效779元/hm²，说明OPT处理的施肥量比FP处理更科学合理，更有利于玉米产量效益的提高。以上数据也表明，在供试土壤上玉米产量的第一限制因子仍然是氮素、其次是钾和磷。氮、磷、钾肥合理配施有利于玉米的高产高效。

表 6-18　平衡施肥对玉米产量、经济效益的影响

地点	处理	产量/（kg/hm²）	增产/（kg/hm²）	增产率/%	增收/（元/hm²）
双城区	平衡施肥（OPT）	11 758a	3 710a	46.10a	3 148a
	不施氮肥（O-N）	8 845c	797b	9.90b	294b
	不施磷肥（O-P）	10 854b	2 806a	34.87a	2 219a
	不施钾肥（O-K）	11 005ab	2 957a	36.74a	2 494a
	不施肥（CK）	8 048c	—	—	—
	农民习惯施肥（FP）	11 024ab	2 976a	36.98a	2 185a
宾县	平衡施肥（OPT）	10 142a	2 876a	39.58a	1 577a
	不施氮肥（O-N）	7 814d	548d	7.54d	-245d
	不施磷肥（O-P）	9 324bc	2 058bc	28.32bc	803bc
	不施钾肥（O-K）	9 059c	1 793c	24.68c	567c
	不施肥（CK）	7 266e	—	—	—
	农民习惯施肥（FP）	9 758ab	2 492ab	34.30b	983b
平均	平衡施肥（OPT）	10 950	3 293	42.84	2 363
	不施氮肥（O-N）	8 330	673	8.72	25
	不施磷肥（O-P）	10 089	2 432	31.59	1 511
	不施钾肥（O-K）	10 032	2 375	30.71	1 530
	不施肥（CK）	7 657	—	—	—
	农民习惯施肥（FP）	10 391	2 734	35.64	1 584

注：每个地点同一列不同字母表示各处理间差异显著（$P<0.05$）。

2. 平衡施肥对土壤养分平衡的影响

养分表观平衡系数可以表征土壤养分的平衡。肥料施用要考虑土壤自身肥力状况以提高肥料利用率。双城区 OPT 处理氮、磷、钾的平衡系数分别为 0.84、0.99、0.44，FP 处理分别为 0.77、1.34、0.34；宾县 OPT 处理氮、磷、钾的平衡系数分别为 0.96、0.90、0.56，FP 处理分别为 1.37、0.72、0.46（图 6-10）。

本试验中双城区玉米平衡施肥和农民习惯施肥处理 N：P_2O_5：K_2O 的比例分别为 1：0.40：0.43 和 1：0.61：0.33；宾县分别为 1：0.36：0.50 和 1：0.21：0.26。养分平衡系数及不同处理施肥比例数据充分表明，两地区平衡施肥（OPT）中氮、磷、钾肥用量及比例相对合理，农民习惯施肥（FP）中，双城区氮、钾肥用量偏低，磷肥用量过高；宾县氮肥用量过高，磷、钾肥用量偏低。按照第二次全国土壤普查养分分级标准

(表6-19)，双城区供试土壤氮、磷、钾含量均处于高级别，宾县供试土壤氮含量缺乏，磷、钾含量适中。双城区施磷量 P_2O_5 70 kg/hm²能够维持土壤磷素平衡，若长期采用农民习惯施磷量，必然会造成土壤中磷素盈余，浪费宝贵的磷肥资源，使得土壤养分失衡。宾县虽然氮素含量较低，但氮肥用量不宜过高，N 180 kg/hm²能够维持土壤氮素平衡，过量施用氮肥不但降低氮肥利用率，同时也存在潜在的环境污染。因此，在黑龙江省玉米种植密度不断增加的背景下，氮肥与磷、钾肥合理配合施用的平衡施肥是维持黑土肥力和获得玉米高产的有效措施。

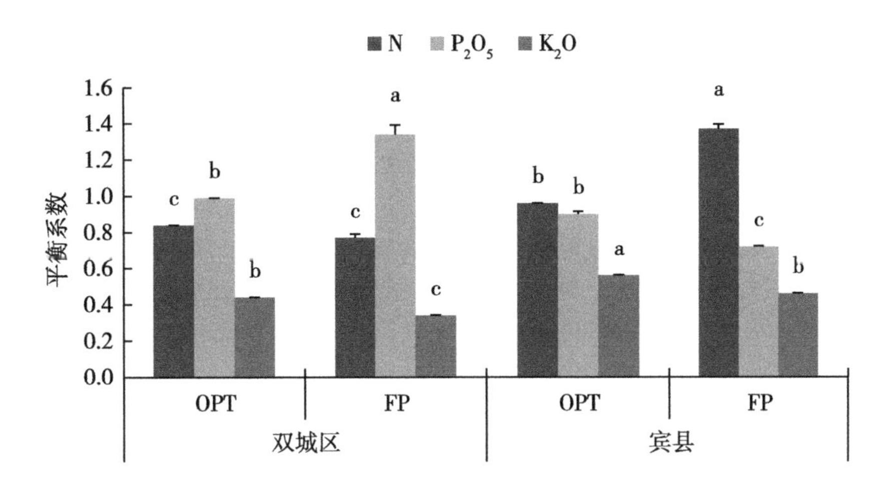

图 6-10　不同施肥条件下氮磷钾平衡系数

注：图中 N、P_2O_5、K_2O 平衡系数分别做差异显著性分析（n=4），柱上不同小写字母表示各处理在 0.05 水平上差异显著。

表 6-19　土壤速效养分分级指标　　单位：mg/kg

土壤养分	缺乏	适中	高	极高
N	<125	125~150	150~175	>175
P	<10	10~20	20~30	>30
K	<120	120~140	140~180	>180

注：第二次全国土壤普查养分分级标准。

3. 平衡施肥对春玉米养分吸收及肥料利用率的影响

施肥显著影响玉米植株养分吸收。OPT 处理的 N、P_2O_5、K_2O 吸收量显著高于 FP 及其他减素处理（表6-20）。两地区 OPT 处理较 FP 处理 N、P_2O_5、K_2O 吸收量分别平均增加 13.8 kg/hm²、2.2 kg/hm²和 22.0 kg/hm²。OPT 处理植株总的吸 N 量平均比 O-N、O-P、O-K、CK 和 FP 处理分别提高 37.53%、13.97%、16.06%、46.88% 和 6.93%；吸 P_2O_5量分别提高 29.23%、14.78%、16.18%、46.77%和 3.03%；吸 K_2O 量分别提高 31.59%、17.68%、24.17%、48.81%和 13.37%。可见，不施氮或不施肥显著影响玉米氮素吸收，适宜的肥料配比可以提高植株对养分的吸收，氮、磷、钾任何一

种元素缺乏均会影响玉米的养分吸收量。

成熟期双城区各处理玉米籽粒吸收 N、P_2O_5、K_2O 的量占整株养分吸收量的比例分别为：N 50.42%~55.08%、P_2O_5 61.15%~67.81%、K_2O 27.24%~35.99%；宾县各处理玉米籽粒吸收 N、P_2O_5、K_2O 的量占整株养分吸收量的比例分别为：N 47.47%~55.45%、P_2O_5 60.54%~70.64%、K_2O 15.59% ~20.84%。两地区试验结果表明，每形成100 kg 籽粒的 N、P_2O_5、K_2O 吸收量分别平均为 1.82 kg、0.67 kg 和 1.52 kg，比例为2.7：1.0：2.3。

表 6-20　玉米植株及籽粒的 N、P_2O_5、K_2O 吸收量　　单位：kg/hm^2

地点	处理	秸秆			籽粒			整株		
		N	P_2O_5	K_2O	N	P_2O_5	K_2O	N	P_2O_5	K_2O
双城区	OPT	94.2a	25.4a	123.1a	115.5a	45.0a	46.1a	209.6a	70.4a	169.2a
	O-N	61.5c	17.1c	73.3d	71.0d	26.9d	41.2a	132.5d	44.0c	114.5d
	O-P	87.2ab	22.3ab	93.7c	88.7c	35.3c	46.1a	175.9c	57.6b	139.8bc
	O-K	78.4b	21.5b	88.1c	93.7c	39.3bc	42.4a	172.1c	60.8b	130.5c
	CK	51.8c	11.2d	61.2e	56.8e	23.5d	26.0b	108.6e	34.7d	87.2e
	FP	87.7ab	25.3a	105.5b	106.4b	43.5ab	42.7a	194.1b	68.8a	148.2b
宾县	OPT	83.5a	22.9a	135.1a	104.0a	49.3a	25.0ab	187.5a	72.2a	160.1a
	O-N	60.8b	17.6b	87.6c	54.9d	39.5b	23.1b	115.7d	57.1c	110.6d
	O-P	80.1a	25.3a	104.3b	85.1c	38.8b	27.0a	165.3bc	64.1b	131.3bc
	O-K	80.6a	22.3a	101.6b	83.5c	38.2b	20.6c	164.1c	60.5bc	122.1cd
	CK	52.1b	12.1c	66.0d	50.0d	29.2c	15.4d	102.1e	41.4d	81.4e
	FP	81.2a	22.3a	112.6b	94.2b	47.2a	24.5b	175.4ab	69.5a	137.1b

注：同一地区同一列不同小写字母表示各处理间差异显著（$P<0.05$）。

双城区 OPT 处理的肥料利用率分别为 N 43.8%、P_2O_5 18.4%、K_2O 51.6%；宾县地区 OPT 处理的肥料利用率分别为 N 39.9%、P_2O_5 12.5%、K_2O 42.1%（表 6-21）。

表 6-21　OPT 处理玉米氮、磷、钾肥利用率

地点	肥料贡献率/%			肥料利用率/%			肥料农学效率/（kg/kg）		
	N	P_2O_5	K_2O	N	P_2O_5	K_2O	N	P_2O_5	K_2O
双城区	24.8±2.1	7.7±1.7	6.4±1.1	43.8±4.0	18.4±2.3	51.6±4.2	16.6±2.1	12.9±2.5	10.0±1.5
宾县	23.0±2.3	8.1±1.3	10.7±1.1	39.9±0.8	12.5±3.2	42.1±5.0	12.9±1.2	12.6±1.8	12.0±1.4
平均	23.9±1.3	7.9±0.3	8.5±3.0	41.8±2.8	15.5±4.1	46.8±6.7	14.7±2.6	12.8±0.2	11.0±1.4

两地区玉米氮、磷、钾肥利用率平均分别为 41.8%、15.5%和 46.8%。OPT 处理 N、P_2O_5、K_2O 对玉米产量的贡献率平均分别为 23.9%、7.9%、8.5%；施用 1 kg N、1 kg P_2O_5、1 kg K_2O 分别平均增产 14.7 kg、12.8 kg、11.0 kg。将双城区和宾县的平衡

施肥和农民习惯施肥的氮、磷、钾肥料利用率进行比较，发现两试验区的平衡施肥处理显著提高了氮肥和钾肥利用率。双城区平衡施肥比农民习惯施肥氮、磷、钾肥利用率分别提高了 2.7 个、6.1 个和 16.2 个百分点，宾县分别提高了 15.0 个、1.7 个和 18.4 个百分点，说明平衡施肥能够提高肥料利用率。

张福锁等（2008）总结 2001—2005 年河北、天津、山东、山西、陕西 5 个地区 349 个玉米田间试验的结果，提出玉米氮、磷、钾肥料利用率平均分别为 26.1%、11.0%、31.9%；氮、磷、钾肥农学效率平均分别为 9.8 kg/kg、7.5 kg/kg、5.7 kg/kg。黑龙江省玉米主产区双城区和宾县试验区 OPT 处理氮、磷、钾肥利用率平均分别为 41.84%、15.47%、46.84%；氮、磷、钾肥农学效率平均分别为 14.74 kg/kg、12.75 kg/kg、11.04 kg/kg。氮、磷、钾肥料利用率及农学效率均高于河北、天津、山东、山西、陕西 5 个地区的平均值，主要是因为不同地区气候、品种、肥料用量、土壤肥力各不相同。一方面，与不同地区的品种不同有关；另一方面，与全国其他地区相比，黑龙江省黑土区土壤基础肥力相对较高，肥料施用量较少。另外，黑龙江省气候冷凉，氮肥的气态损失量较少（乔云发等，2009）。这些都使黑龙江省的氮、磷、钾肥料利用率相对较高，但氮肥利用率与一些国家和地区在试验条件下所得到的氮肥农学效率（20~25 kg/kg）和氮肥利用率（40%~60%）（Ladha 等，2005）相比，还有一定的差距，因此，应进一步优化施肥，最大限度地发挥土壤增产潜力，提高肥料利用率。

（四）黑土区玉米施用控释尿素效果

氮肥是目前施用量最多的化肥，施用氮肥是提高粮食产量最主要的途径之一。然而，在现有生产条件下氮肥在农田中损失量很大，极易导致环境污染。因此，人们提出许多氮素肥料改性措施，以提高氮素利用率。包膜肥料是一种缓/控释肥料，具有一次施用能满足植物整个生长期的养分需求量、提高养分利用率以及对土壤、水与大气环境的致害作用最小等优点（苏俊，2011），在促进一次性施肥的应用与推广中起到了重要的作用（高永祥等，2020）。根据玉米的需肥特性，黑土区玉米在拔节期到大喇叭口期必需追施肥料才能保证其高产、稳产。然而追肥一是对玉米植株损害大，不利于籽粒灌浆和增粒重；二是费力、费工，增加成本投入和农民负担；三是玉米生长期高温、多雨的季节特性易使所施肥料严重流失，导致资源的浪费与环境的污染。将普通尿素和控释尿素按照一定比例混合后制得控释掺混尿素，其中的普通尿素能保障玉米苗期氮素需求，控释尿素能满足玉米中后期养分需求，有利于作物增产（Zheng 等，2017），一次性基施，免去追肥环节，在生产上很有应用价值。有研究表明，施用包膜尿素可使玉米增产 14.7%~20.0%，氮肥利用率提高 5%~10%，同时磷、钾肥利用率也明显提高（金继运等，2006）。

1. 控释尿素对玉米产量的影响

控释尿素的施用可以有效提高玉米产量。在黑土玉米主产区双城区、肇源县、宾县、哈尔滨城区进行控释肥效果试验，试验设 9 个处理，分别为不施氮肥（处理 1）、100%普通尿素基施（处理 2）、100%控释尿素基施（处理 3）、普通尿素 40%基施结合 60%追施（处理 4）、40%普通尿素结合 60%控释尿素混配基施（处理 5）、75%控释尿素（处理 6）、75%普通尿素基施（处理 7）、50%控释尿素（处理 8）、50%普通尿素基施（处理9）。结果表明（图6-11），在相同磷、钾肥水平上，2年4个试验点均表现为玉米产量随施氮量的增加而增加，各施氮处理与不施氮处理相比均具有显著或极显著的增产效果，处理4和处理5玉米产量分别增加58.4%和54.8%。在相同氮素施用水平下（氮肥用量100%、75%、50%），基施控释尿素比基施普通尿素各处理玉米产量分别平均增产4.2%、3.0%、3.9%。4个试验点均以处理4和处理5玉米产量较高，显著高于等氮量其他两处理（处理2和处理3）。在双城区、宾县、哈尔滨城区，以处理4玉米产量最高，但与处理5差异不显著。在肇源县黑钙土地区，处理5表现效果最佳，产量达9 360 kg/hm^2。

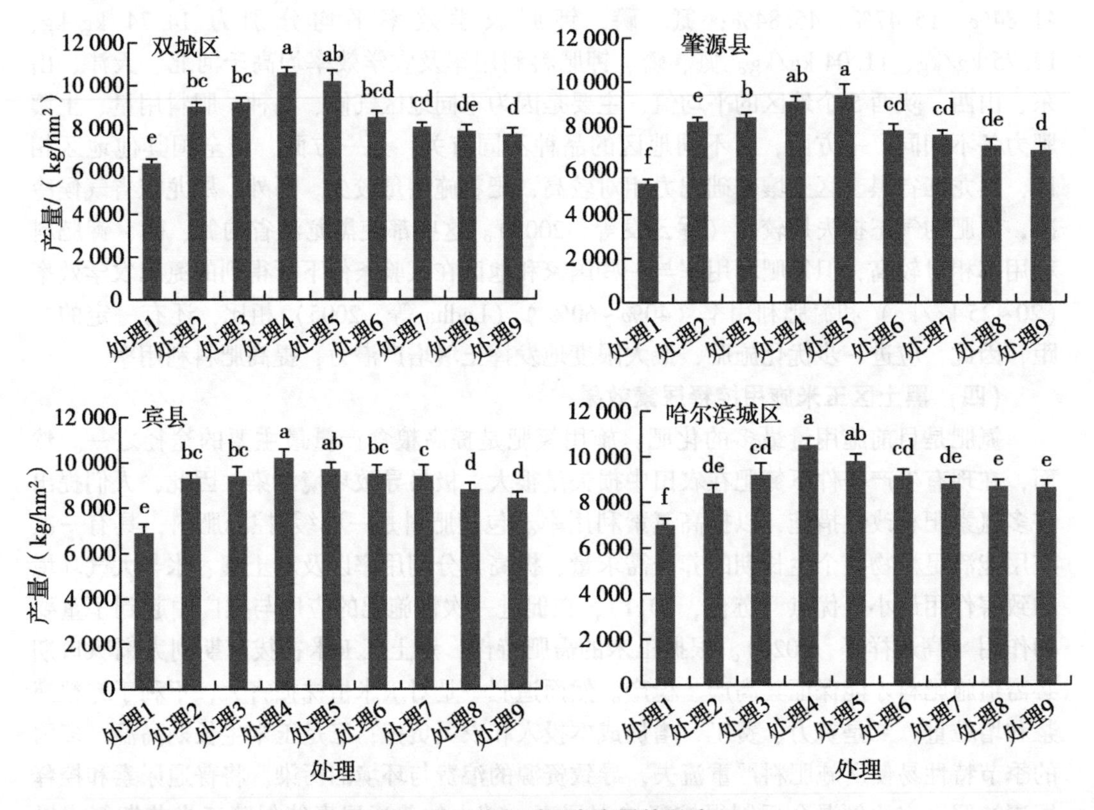

图6-11　施氮对玉米产量的影响

注：柱上不同小写字母表示处理间差异显著（$P<0.05$）。

2. 控释尿素对玉米氮肥利用率的影响

不同施肥处理植株吸氮量有明显的差异（图6-12）。植株吸氮量变化趋势与玉米产量变化趋势一致，基本上是随着氮肥用量的增加而增加。以处理4和处理5玉米植株吸氮量最高。相同氮肥用量条件下（氮肥用量100%、75%、50%），控释尿素处理玉米植株吸氮量略高于普通尿素处理，个别处理间差异显著。从籽粒氮素吸收上看，控释尿素能促进籽粒氮素吸收，相同施氮量条件下，控释尿素处理籽粒吸氮量显著高于普通尿素处理，主要是由于施用控释尿素，玉米生长后期供氮充足，有利于籽粒氮素吸收。

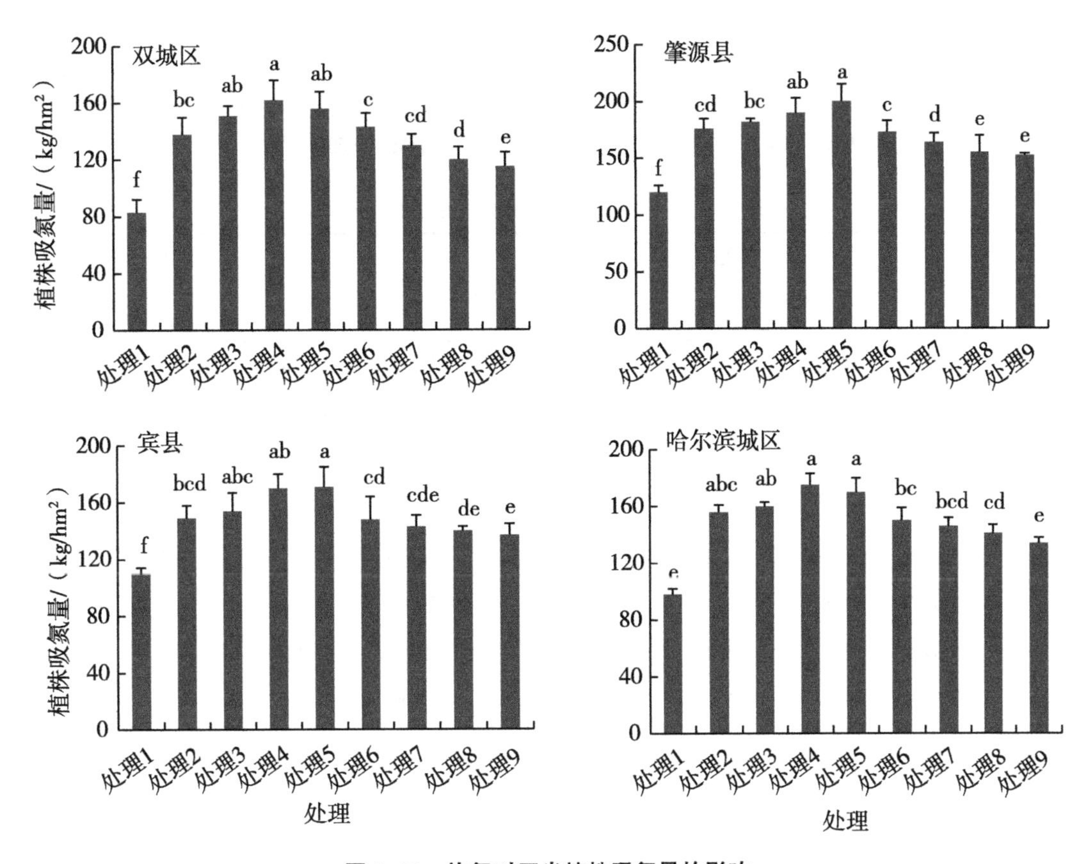

图 6-12　施氮对玉米植株吸氮量的影响

注：柱上不同小写字母表示处理间差异显著（$P<0.05$）。

氮肥用量及氮肥种类对氮肥表观利用率具有显著影响。在氮肥 100%用量条件下，4 个试验点处理 4 和处理 5 氮肥表观利用率较高，其中双城区试验点分别为 46.9%和 45.5%，肇源县试验点分别为 41.3%和 39.7%；宾县试验点分别为 44.2%和 45.7%；哈尔滨城区试验点分别为 34.6%和 40.6%；哈尔滨试验点 2 个处理之间差异显著，其他地点 2 个处理之间差异不显著（表 6-22）。同等氮量下（氮肥用量 100%、75%、50%）基施控释尿素处理较基施普通尿素处理氮肥表观利用率平均分别提高 5.9%、4.9%、5.1%。4 个试验点各处理氮肥农学效率与氮肥表观利用率变化趋势基本相同，同等氮量下（氮肥用量 100%、75%、50%）基施控释尿素处理较基施普通尿素处理氮肥农学效率平均分别提高 2.0 kg/kg、2.6 kg/kg、2.6 kg/kg。

肥料贡献率即肥料对作物产量的贡献率，它是反映年投入肥料生产能力的指标。试验结果表明（表6-22），随着施氮量的增加氮肥对玉米产量的贡献率越大；相同管理水平下土壤供氮能力强，氮肥贡献率降低，因此肇源县试验点肥料贡献率要比双城区、宾县和哈尔滨城区试验点肥料贡献率大。相同氮肥用量下（氮肥用量 100%、75%、50%），基施控释尿素与基施普通尿素相比，氮肥贡献率平均分别增加 2.7%、3.1%、2.4%，说明包膜控释尿素能提高氮肥贡献率从而提高氮素利用率。处理 4 和处理 5 氮肥贡献率均显著高于其他处理，双城区试验点分别为 40.9%和 39.2%，肇源县试验点分别为 42.2%和 43.2%，宾县试验点分别为 32.8%和 29.7%，哈尔滨城区试验点分别为 29.8%和 26.8%；2 个处理间差异不显著。其中，处理 5 因肥料一次施入，节省了追肥的人工及机械费用，在生产上是可以推广和借鉴的氮素管理方式。

表 6-22　不同施氮处理玉米的氮素利用效率

地点	处理	氮肥表观利用率/%	氮肥农学效率/(kg/kg)	氮肥贡献率/%	地点	处理	氮肥表观利用率/%	氮肥农学效率/(kg/kg)	氮肥贡献率/%
双城区	处理 2	34.7bc	15.5bc	30.0b	肇源县	处理 2	29.7e	16.8cd	35.5b
	处理 3	37.9b	17.7b	32.8b		处理 3	37.5bc	18.3bc	37.5b
	处理 4	46.9a	25.1a	40.9a		处理 4	41.3a	22.2ab	42.2a
	处理 5	45.5a	23.3a	39.2a		处理 5	39.7ab	23.1a	43.2a
	处理 6	36.2bc	16.2b	25.3c		处理 6	39.4abc	16.1cde	28.7c
	处理 7	31.8d	11.4d	19.3d		处理 7	31.6d	14.5e	26.6c
	处理 8	41.7ab	15.4bc	17.5d		处理 8	39.5ab	19.1abc	23.8d
	处理 9	33.4c	12.1cd	14.2e		处理 9	33.7c	16.5cd	21.2d
宾县	处理 2	33.7d	14.3c	26.4cd	哈尔滨城区	处理 2	23.6d	9.9d	19.5cd
	处理 3	37.5c	15.8c	28.4bc		处理 3	32.2bc	12.6c	23.7bc
	处理 4	44.2a	19.4a	32.8a		处理 4	34.6b	17.3a	29.8a
	处理 5	45.7a	16.9bc	29.7ab		处理 5	40.6a	14.9ab	26.8ab
	处理 6	39.5abc	19.8a	27.4bc		处理 6	30.6c	14.7ab	21.5bcd
	处理 7	36.1c	18.0ab	25.6cd		处理 7	26.6d	12.4c	18.9de
	处理 8	40.6ab	20.7a	20.5d		处理 8	36.9ab	17.5a	17.6e
	处理 9	38.0bc	16.8bc	17.3e		处理 9	33.2bc	17.0a	17.2e

注：同一地区同一列不同小写字母表示各处理之间差异显著（$P<0.05$）。

3. 控释尿素对土壤剖面硝态氮残留的影响

玉米生长发育中吸收的氮素 90%以上为无机氮（硝态氮+铵态氮）。旱田土壤中无机氮以硝态氮为主，生育期内硝态氮含量适宜、供应均衡，有利于玉米对养分的需求，然而过量的硝态氮易随水淋失，存在潜在的环境风险。本试验中玉米生育期内各处理铵态氮含量很小且变化不显著，硝态氮基本反映了无机氮的变化。因此以哈尔滨城区试验点为例选取部分试验处理（前 5 个试验处理），对玉米生育期 0~80 cm 土壤剖面（每 20 cm 为一层）硝态氮含量进行测定（表 6-23）。在收获期，0~80 cm 土壤剖面中，氮肥的投入显著增加土壤硝态氮含量，普通尿素效果好于控释尿素。从 0~80 cm 土层硝态氮总残留量可以看出，以处理 3 土壤硝态氮总残留量最低。处理 4 0~80 cm 土层硝态氮总残留量显著高于处理 2，但从不同土层分析，处理 4 的硝态氮在 0~40 cm 土层积累量较高，在40~80 cm土层积累量较低；而处理2则恰好相反。总体来说，0~20 cm和20~40 cm土层基本表现为控释尿素处理土壤硝态氮含量高于普通尿素处理，而40~60 cm和60~80 cm土层则表现为普通尿素处理土壤硝态氮含量显著大于控释尿素处理，这就说明控释尿素单独施用或与普通尿素按4∶6混合搭配增加了表层土壤供氮能力，降低硝态氮向深层土壤淋失的风险。

表6-23　不同施氮处理0~80 cm土壤硝态氮残留量　　单位：kg/hm^2

处理	0~20 cm	20~40 cm	40~60 cm	60~80 cm	0~80 cm
处理1	21.6c	13.7d	11.7c	13.8d	60.8d
处理2	35.9b	17.9c	24.3a	30.3a	111.4b
处理3	44.4a	19.1bc	14.4b	16.5cd	92.4c
处理4	38.6ab	20.5ab	21.7a	20.6b	121.4a
处理5	40.3ab	21.5a	19.6ab	17.7bc	119.1ab

注：同列不同小写字母表示各处理之间差异显著（$P<0.05$）。

4. 控释尿素对土壤氮素平衡的影响

从4个试验点平均结果可以看出（表6-24），玉米收获后，0~80 cm土壤残留无机氮和氮表观损失量随着施氮量的增加而增加，施氮处理与不施氮处理差异显著。与处理2相比，处理3、处理4、处理5能够显著降低氮表观损失量，分别降低15.0 kg/hm^2、12.6 kg/hm^2、23.9 kg/hm^2。不同氮肥类型相同施氮量条件下（氮肥用量100%、75%、50%），基施控释尿素均较基施普通尿素（处理3与处理2相比，处理6与处理7相比，处理8与处理9相比）降低了氮表观损失量。氮素表观亏缺量随着氮肥用量的增加而降低，不施氮肥（处理1）土壤氮素显著亏缺，表现亏缺量达到115.2 kg/hm^2。相同氮肥用量条件下（氮肥用量100%），处理5的氮表观亏缺量显著高于处理2、处理3和处理4，而处理2的氮表观亏缺量最低。不同氮肥类型相同施氮量条件下（氮肥用量100%、75%、50%），基施控释尿素均较基施普通尿素（处理3与处理2相比，处理6与处理7相比，处理8与处理9相比）增加了氮表观亏缺量。

表6-24　玉米收获后0~80 cm土壤氮素平衡　　单位：kg/hm^2

处理	氮输入			氮输出			氮表观亏缺量
	施氮量	起始无机氮	净氮矿化量	作物吸氮量	残留无机氮	氮表观损失	
处理1	0	90.5	115.2	103.5f	102.2e	—	115.2a
处理2	175	90.5	115.2	156.8c	148.6ab	75.3a	39.9e
处理3	175	90.5	115.2	167.1b	153.3a	60.3b	54.9cd
处理4	175	90.5	115.2	176.6a	141.4ab	62.7b	52.5cd
处理5	175	90.5	115.2	178.5a	150.8a	51.4c	63.8c

（续表）

处理	氮输入			氮输出			氮表观亏缺量
	施氮量	起始无机氮	净氮矿化量	作物吸氮量	残留无机氮	氮表观损失	
处理 6	133	90.5	115.2	152.0c	134.6c	52.1c	63.1c
处理 7	133	90.5	115.2	145.5d	138.2bc	55.0c	60.2c
处理 8	87	90.5	115.2	138.1e	118.4d	36.2d	79.0b
处理 9	87	90.5	115.2	133.6e	127.8c	31.3d	83.9b

注：同列不同小写字母表示各处理之间差异显著（$P<0.05$）。

氮肥管理的最终目的是既保证作物高产，又不会造成土壤硝态氮大量积累及损失，达到经济效益和环境效益的统一。目前，黑龙江省玉米氮肥施用主要采用 1 次基肥结合 1 次追施的施肥方式（40%氮肥作基肥，60%氮肥作追肥），由于玉米生育后期植株较高，机械追肥困难，采用缓控释肥与普通尿素混合一次性施肥能否达到相似的产量效果，亟须试验研究和验证。通过 2 年 4 个点田间试验研究表明，40%普通尿素与 60%控释尿素掺混一次性基施处理与普通尿素 40%基施结合 60%追施处理玉米产量、氮素吸收量、氮肥利用率差异均不显著，这主要是因为黑龙江省早春气候相对冷凉，玉米植株小，对养分需求量低，一次性施肥中施用的 40%的普通尿素足以保证玉米生育前期对氮素养分的需求；而随着玉米植株的生长，至拔节期玉米对氮素的需求量增加，结合黑龙江省雨热同季的气候特征，此时 60%的控释尿素和部分盈余的普通尿素同时发挥作用，满足此时玉米对氮素的需求。另外，控释尿素具有缓慢释放的特点，在生育后期也能够维持玉米对氮素养分的需求。试验结果还表明，100%普通尿素或 100%控释尿素一次性基施效果并不理想。若 100%施用普通尿素，在玉米生长前期可供应氮量高于玉米实际需求量，一方面造成肥料氮素的浪费和环境污染风险，另一方面使得玉米生长后期氮素养分供应不足，造成植株脱肥，影响产量的提高；若 100%施用控释尿素，由于在生产中气候具有不确定性，即作物生育期气温和降水量年份之间各不相同，而控释尿素的养分释放主要受水分和温度的影响（Kobayashi 等，1997），采用 100%控释尿素一次性基施对稳定和提高玉米产量有一定的风险。采用一定比例的普通尿素与控释尿素混合一次性基施则具有相对较高的稳定性。

戴明宏等（2008）研究了不同氮肥管理模式对华北平原春玉米氮素平衡的影响，结果表明，不施氮处理氮素亏缺量最大，由于经验施氮量过大，氮素表观损失率和残留率增加，推荐施氮量则能够保持产量、减少氮素损失。本试验研究结果也以不施氮处理氮表观亏缺量最大，达到 115.2 kg/hm^2，施氮肥减少了氮表观亏缺量，但施用的氮素有很大一部分通过挥发和淋洗而损失，因此，施用氮肥的处理氮表观亏缺量并不等于施氮量。研究结果也表明，基施控释尿素均较基施普通尿素增加了氮表观亏缺量，以 100%基施普通尿素的处理氮表观亏缺量最低，其主要原因是控释尿素处理植株氮素吸收量高于普通尿素。

在黑龙江省4个玉米主产区进行控释尿素效果试验，结果表明，采用控释尿素结合普通尿素一次性基施，玉米产量水平与普通尿素1次基施结合1次追施效果相当。控释尿素与普通尿素相比，可以控制氮素的释放速率，1次施用可满足玉米整个生育期对氮素的需求。选择速效肥料与控释肥混合是降低施肥成本的重要途径，而如何确定速效化肥与控释肥的比例是困扰生产的一个重要问题。不同作物、不同地区、不同土壤都对这一比例产生影响。科学合理的搭配比例可以充分发挥不同特点肥料的最佳效率，达到节约肥料和劳动投入并增加产出的效果。然而目前对肥料用量、控释肥比例尚缺乏系统研究，缺少定量的技术指标指导，因此这方面的研究有待加强。

5. 玉米控释尿素施用配比

设置7个处理：①N0（不施氮肥）；②BU100%（普通尿素100%）；③CBU100%（控释尿素100%）；④CBU75%+BU25%（控释尿素75%，普通尿素25%）；⑤CBU60%+BU40%（控释尿素60%，普通尿素40%）；⑥CBU45%+BU55%（控释尿素45%，普通尿素55%）；⑦CBU30%+BU70%（控释尿素30%，普通尿素70%）。不同控释尿素与普通尿素配比对玉米产量具有一定影响（表6-25）。两地试验结果均表明，控释尿素与普通尿素以一定比例混合施用均较普通尿素具有显著的增产作用，且随着控释氮肥施用比例的增加籽粒产量及生物产量先增加后减少，均以45%~75% CRU处理增产幅度较高。这主要是因为玉米生育前期植株矮小，需肥量少，后期植株需肥量大，若控释尿素比例过高、普通尿素比例过低，玉米生育前期（如苗期—大喇叭口期）有效氮素养分供应不足，即使后期氮肥供应充足仍会对其产量产生影响；而控释尿素比例过低、普通尿素比例过高，玉米生长的前期可供应氮量高于玉米实际需求量，后期氮素养分供应不足，造成玉米植株的脱肥现象。控释尿素能提高玉米田的氮肥利用率、农学效率及玉米产量效益。控释尿素与普通尿素混合搭配一次性基施，可以替代传统的追肥模式，降低劳动强度，节约人

表6-25　不同控氮比对玉米籽粒产量及效益的影响

处理	哈尔滨地区			双城区		
	产量/（kg/hm^2）	增产/%	增益/（元/hm^2）	产量/（kg/hm^2）	增产/%	增益/（元/hm^2）
N0	7 448d	—	—	79 46f	—	—
BU 100%	9 442c	—	—	9 753e	—	—
CRU100%	10 154b	7.5b	137c	10 337d	6.0d	-94d
CRU75% +BU25%	10 423ab	10.4a	907b	11 009a	12.9a	1 402a
CRU60%+BU40%	10 687a	13.2a	1 554a	10 824ab	11.0ab	1 241ab
CRU45% +BU55%	10 398ab	10.1a	1 206ab	10 645bc	9.1bc	1 091bc
CRU30% +BU70%	10 190b	7.9b	1 002b	10 445cd	7.1c	902c

注：普通尿素2.3元/kg；控释尿素4.2元/kg；重过磷酸钙3.1元/kg；氯化钾4.2元/kg；玉米平均价格1.8元/kg。以处理2为对照，计算增产率和效益增量。同列不同小写字母表示各处理之间差异显著（$P<0.05$）。

工成本。控释尿素与普通尿素以一定比例混合施用均较普通尿素增加籽粒产量、植株吸氮量、氮农学效率和氮肥利用率，且随着控释氮肥施用比例的增加呈现先增加后减少的趋势。不同控氮比处理较普通尿素处理平均增产6.8%~12.1%；平均增效21~1 487元/hm^2；增加氮肥农学效率3.6~6.5 kg/kg，提高氮肥利用率3.1%~14.9%（表6-26）。从玉米产量效益、氮肥农学效率及氮收获指数方面考虑，控释尿素与普通尿素混合一次性施用以控释尿素比例在45%~75%效果较好，尤其以CRU60%+BU40%处理效果最佳，不同地区略有不同。

合理施用控释肥对玉米产量的增加和肥料利用率的提高具有重要作用，只有控释肥的养分累积释放特性与玉米的吸肥规律相匹配，才能显著提高氮肥利用率。全部施用控释尿素效果并不理想，一方面，控释肥的成本较高，控释肥价格一般比普通氮肥价格高2~9倍（肖艳等，2004；李楠楠和张忠学，2010），全部施用控释肥经济效益不佳；另一方面，全部施用控释肥容易导致玉米生育前期养分供应不足，不利于产量的提高。

表6-26　不同控氮比处理对玉米氮素利用效率的影响

处理	哈尔滨城区				双城区			
	吸氮量/（kg/hm^2）	农学效率/（kg/kg）	氮肥利用率/%	氮收获指数/%	吸氮量/（kg/hm^2）	农学效率/（kg/kg）	氮肥利用率/%	氮收获指数率/%
N0	128.1e	—	—	61.6a	140.3c	—	—	62.4a
BU100%	176.3d	11.1c	26.8e	61.0a	184.4b	10.0d	24.5d	62.1a
CRU100%	192.3b	15.0b	35.7bc	58.6b	197.5ab	13.3c	31.8b	59.9b
CRU75%+BU25%	205.7a	16.5ab	43.1a	60.9a	208.6a	17.0a	37.9a	62.5a
CRU60%+BU40%	198.7ab	18.0a	39.2ab	61.4a	200.5a	16.0ab	33.4ab	62.8a
CRU45%+BU55%	188.7bc	16.4ab	33.7cd	61.4a	199.6a	15.0b	32.9b	62.1a
CRU30%+BU70%	182.3cd	15.2b	30.1d	61.0a	189.4b	13.9bc	27.3c	61.6ab

注：同列不同小写字母表示各处理之间差异显著（$P<0.05$）。

影响包膜控释尿素养分释放的主要因素是土壤温度和水分。旱地土壤中的水分在很多情况下处于非饱和状态或干燥状态，包膜控释肥的养分释放速率会明显受到水分的影响（刘玉涛等，2011）。一般认为，当土壤水分保持或接近田间持水量时水分不是养分释放的限制因子。试验年度黑龙江省普遍降雨量较高，水分已经不是影响控释尿素养分释放的主要因素。在研究控释尿素施用效果时应综合考虑包膜肥料的种类、土壤类型及其所处气候环境条件、作物类型等。另外，本试验中控释尿素与普通尿素施用比例研究虽具有一定的规律性和指导作用，但黑龙江省不同地区控释尿素最佳配比，尚需多年多点的试验示范研究。

（五）东北黑土区春玉米适宜追肥时间

在农田生态系统中，由于氮素养分释放时间和强度与作物需求之间不同步，施入土壤中的氮素在转化过程中易通过氨挥发、硝化-反硝化、淋洗和径流等途径损失（Renky 等，2022），造成氮肥利用率降低和环境污染风险（Spackman 等，2019；张文学等，2021）。在东北春玉米区，农民为了追求产量和节省劳动力，大量施用氮肥，同时重施基肥和一次性施肥，致使春玉米的氮肥利用率仅为 19%~28%，低于我国主要作物的氮肥利用率（30%~35%），与发达国家差距更大（展文洁等，2022）。

东北春玉米区玉米生产施肥方式主要是以 1 次基施结合 1 次追施和一次性施肥方式为主。一次性施肥就是在春季播种时将所有肥料一次性施于土壤中，容易导致养分过度损失而使肥料利用率大幅度降低和玉米生育后期脱肥早衰，造成不同程度的减产（侯云鹏等，2019）；而 1 次基施结合 1 次追施模式是氮肥一部分在播种时作为基肥施入，一部分在玉米生长期作为追肥施入，该模式的关键是氮肥的基追比例和追肥时间（隽英华等，2012；Liu 等，2011）。确定氮肥适宜的追施时间、提高产量、增加氮肥利用率、降低因氮肥施用所带来的环境风险已成为该地区玉米生产中亟待解决的问题。目前，关于施氮对玉米产量、氮肥利用率及环境效应影响的研究报道很多（王宜伦等，2010；Xu 等，2021），但有关氮肥适宜追施时间对东北黑土春玉米氮肥利用率动态变化和氮素去向研究报道较少，尤其是应用 ^{15}N 标记技术的研究未见报道。通过田间套用微区试验，利用 ^{15}N 标记技术进行不同氮肥追施时间对春玉米氮素利用、氮素分配、土壤残留及损失的影响，为玉米高产高效可持续生产提供理论依据和技术支撑。

1. 追肥时间对玉米产量及生物量的影响

较高的干物质积累量是玉米获得高产的物质基础，在一定范围内，干物质积累量与产量呈正相关，尤其在生育后期，这一关系尤为明显（黄振喜等，2007），张均华等（2010）认为增加干物质积累量是提高产量的基本途径。Amanullah 等（2009）研究指出，氮肥的施用时期亦显著影响作物的氮素积累，进而影响作物生长发育和籽粒产量，尚兴甲等（2001）报道不同追氮时期对冬小麦植株氮素积累的影响表现为前期追氮秸秆利用率高，而后期追氮籽粒利用率高。杨国航等（2004）在施氮量为 225 kg/hm^2 条件下，分别施底肥、苗肥、拔节肥、穗肥、粒肥，研究结果显示，前期施氮肥有利于营养库的增大，后期施氮肥则有利于后期干物质积累，并且促进了干物质从营养器官向籽粒的转移。但施肥过早（如只施底肥或苗期追肥）或过晚（如在灌浆期追肥），对产量均有不利影响。

施用氮肥对玉米产量和生物量有显著影响，不同追施时间对产量和生物量也有显著影响，2020 年和 2021 年试验结果呈相同趋势。从两年平均结果看（表 6-27），施氮肥处理较 CK 处理玉米增产 39.2%~74.7%，生物产量增加 39.0%~66.5%。在氮素总量不变下，东北黑土区在大喇叭口期（N2，V12）追施氮肥玉米产量和生物量最高，效果最好；产量分别较拔节期（N1，V6）和抽雄期追施氮肥增加 12.1%和 24.7%，生物量分别增加 10.2%和 19.2%（表 6-27）。基肥+拔节期追肥会导致生育后期脱肥，影响花后干物质积累与分配；追肥后移至抽雄期会导致前期氮肥比例过低、后期比例过高，导致植株营养生长期间同化物积累受抑制，无法为后期生殖生长提供足够的同化产物；大喇叭口期加大施氮量能够减少 ^{15}N 在叶和轴中的分配率，提高在籽粒中的分配率，有利于籽粒产量的提高。

表 6-27　追肥时间对玉米产量、生物量、氮吸收利用的影响

年份	处理		产量/(t/hm²)	生物量/(t/hm²)	氮肥利用率/%	Ndff/%	Ndfs/%	^{15}N 土壤残留率/%	^{15}N 潜在损失率/%
2020	N0		8. 97e	17. 18d	—	—	—	—	—
	N1	Ⅰ	14. 35bc	26. 89b	30. 5b	24. 8bc	75. 2cd	42. 8ab	26. 7ab
		Ⅱ	13. 92bc	25. 06bc		25. 4b	74. 6d	39. 2b	30. 3a
	N2	Ⅰ	16. 12a	29. 24a	38. 1a	22. 5cd	77. 5bc	44. 1ab	17. 8abc
		Ⅱ	15. 34ab	27. 12ab		31. 1a	68. 9e	50. 0ab	11. 9bc
	N3	Ⅰ	12. 43d	24. 2c	28. 1b	20. 4de	79. 6ab	51. 3ab	20. 6abc
		Ⅱ	12. 92cd	24. 32c		18. 3e	81. 7a	61. 9a	10. 0c
2021	N0		7. 87e	14. 80c	—	—	—	—	—
	N1	Ⅰ	12. 57abc	23. 57a	29. 4b	23. 2a	76. 8b	38. 4ab	32. 2ab
		Ⅱ	11. 53bcd	21. 55b		26. 2a	73. 8b	33. 4b	37. 2a
	N2	Ⅰ	13. 12ab	24. 03a	37. 6a	23. 0a	77. 0b	42. 3ab	20. 1ab
		Ⅱ	14. 08a	24. 61a		27. 1a	72. 9b	51. 8ab	10. 6b
	N3	Ⅰ	11. 15cd	21. 10b	26. 3b	16. 8b	3. 2a	49. 8ab	23. 9ab
		Ⅱ	10. 52d	20. 13b		18. 2b	81. 8a	58. 1a	15. 6ab
两年平均	N0		8. 42d	15. 99c	—	—	—	—	—
	N1	Ⅰ	13. 46ab	25. 23a	29. 9b	24. 0b	76. 0b	40. 6cd	29. 5a
		Ⅱ	12. 72bc	23. 30b		25. 8ab	74. 2bc	36. 3d	33. 8a
	N2	Ⅰ	14. 62a	26. 63a	37. 8a	22. 8b	77. 2b	43. 2c	19. 0b
		Ⅱ	14. 71a	25. 86a		29. 1a	70. 9c	50. 9b	11. 3c
	N3	Ⅰ	11. 79c	22. 65b	27. 2b	18. 6c	81. 4a	50. 6b	22. 2b
		Ⅱ	11. 72c	22. 22b		18. 2c	81. 8a	60. 0a	12. 8c

注："Ⅰ"代表^{15}N 标记尿素作基肥，"Ⅱ"代表^{15}N 标记尿素作追肥；Ndff 代表植株全氮中来自标记^{15}N 肥料氮的百分数，Ndfs 代表土壤全氮中来自标记^{15}N 肥料氮的百分数，N0 表示不施氮，N1 表示拔节期追氮，N2 表示大喇叭口期追氮，N3 表示抽雄期追氮；同列不同小写字母表示处理间差异显著（$P<0.05$）。

2. 玉米氮肥利用率和氮素去向

不同氮肥追施时间对氮肥利用率影响显著（图 6-13）。苗期氮肥利用率最小，苗期至拔节期缓慢增加，拔节期至大喇叭口期迅速增加，大喇叭口期至成熟期波动上升；从苗期至成熟期，氮肥表观利用率为 5. 8%～44. 3%；^{15}N 回收率为 3. 5%～38. 3%；氮肥表观利用率略高于^{15}N 回收率，但二者趋势完全一致。N2 处理，即在大喇叭口期（V12）追施氮肥表观利用率比 N1 和 N3 处理分别高 27. 1%和 44. 3%（图 6-14）。从^{15}N 回收率看，N2 处理平均比 N1 和 N3 处理分别高 26. 4%和 38. 9%。^{15}N 土壤残留率，N1 处理平均为 38. 5%，N2 处理平均为 47. 1%，N3 处理平均为 55. 3%，N3> N2> N1；^{15}N 潜在损失率，N1 处理平均为 31. 7%，N2 处理平均为 15. 2%，N3 处理平均为 17. 5%（表 6-27），N1>N3>N2；这 3 项指标 N2 处理和 N3 处理之间没有显著差异，但二者与 N1 处理差异显著（$P<0.05$）。

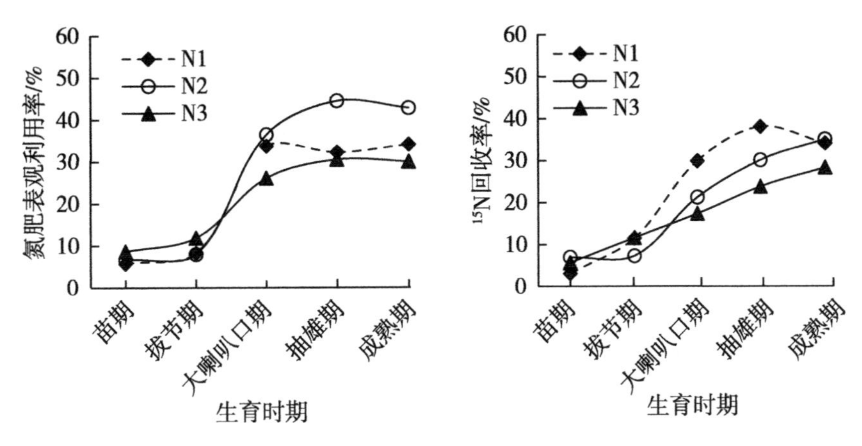

图 6-13　玉米不同生育时期氮素利用率动态变化

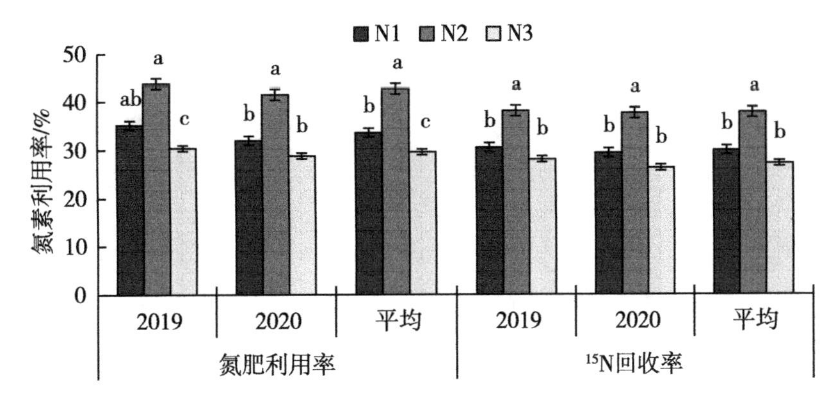

图 6-14　不同处理玉米氮素利用率

注：柱上不同小写字母表示各处理之间差异显著（P<0.05）。

氮肥运筹显著影响作物对肥料氮和土壤氮的吸收利用，而氮素吸收与作物氮素需求之间存在高度相关性（吴永成等，2011）。吴永成等（2011）通过对夏玉米^{15}N 示踪研究表明，一次追施^{15}N 标记氮肥的回收率为 41.2%～47.8%，^{15}N 残留率为 40.7%～47.5%。用^{15}N 示踪技术研究黑龙江春玉米不同生育期氮肥利用率动态变化，结果显示^{15}N 回收率为 27.2%～38.1%，^{15}N 残留率为 38.5%～55.3%，与吴永成等（2011）的研究结果相比，氮肥回收率显著降低，而氮肥残留率有所提高，分析其原因，主要有以下两方面。一方面，两试验地点不同，吴永成等（2011）的试验是在人工简易防雨棚内进行，人工控制灌水；而本试验是在田间微区雨养农业情况下进行，气候的不同必然会影响玉米对氮素的吸收利用。另一方面，试验的土壤类型及氮肥施用量不同，吴永成等（2011）的供试土壤类型为轻壤质潮土，黑龙江省春玉米土壤类型为典型黑土，土壤养分含量丰富，氮肥施用量不同，因此结果表现为^{15}N 回收率低，^{15}N 残留率高。研究结果表明，N2 处理较 N1 和 N3 处理氮肥利用率分别增加 26.4%和 38.9%，主要原因是玉米前期生物量较小，氮肥施入过多玉米无法全部吸收，玉米抽雄吐丝后，叶片自然老化，光合作用能力下降（Ahmad 等，2019），对养分吸收量减少。因此，在玉米生长前期氮素供应充足的基础上，选择与玉米氮素需求相匹配的大喇叭口期追施氮肥能够最大限度地提高玉米的氮素积累，减少氮肥的不合理施用造成的浪费。

3. 氮素在玉米器官中的分布

氮素在玉米器官中主要分布在籽粒中，其次是叶片、茎秆和穗轴，平均分别为72.7%、12.4%、11.3%和3.6%，籽粒>叶片>茎秆>穗轴，N在茎秆和叶片之间的比例差异不大（图6-15）；在上述器官中，^{15}N分别占总吸氮量的13.1%~20.6%、2.3%~3.8%、1.9%~4.1%和0.8%~1.3%（图6-16）。在N1处理中，^{15}N在籽粒、叶片、茎秆和穗轴的分配比例分别为17.9%、3.2%、3.5%和1.1%；在N2处理中，^{15}N在籽粒、叶片、茎秆、穗轴的分配比例分别为18.1%、3.2%、2.9%和1.1%；在N3处理中，^{15}N在籽粒、叶片、茎秆、穗轴的分配比例分别为13.1%、2.4%、2.3%和0.9%。可见，N1和N2处理促进了氮素向籽粒中的转移，N3处理降低了氮素在籽粒中的积累，从而降低了氮素的有效性。

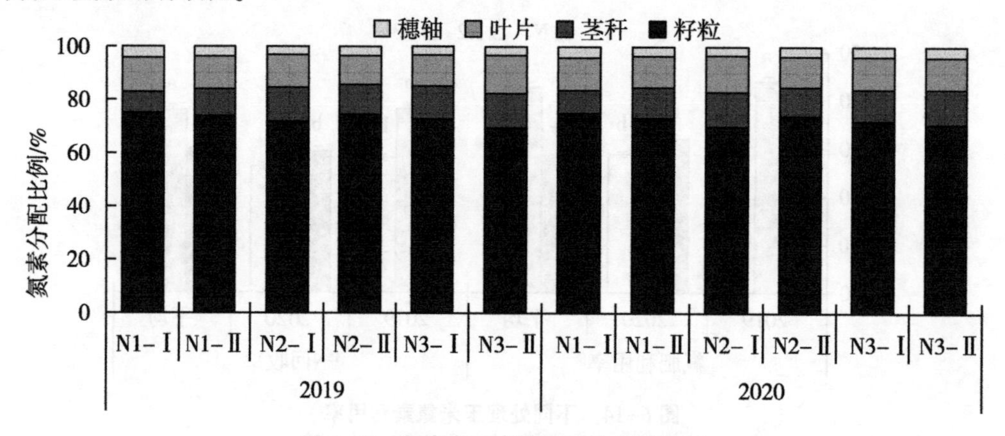

图6-15　氮素在玉米器官中的分配比例

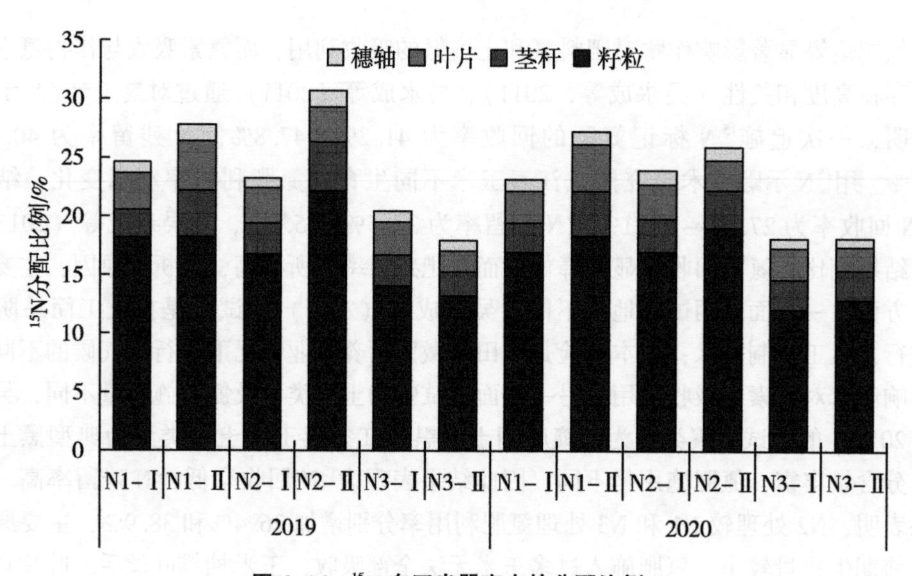

图6-16　^{15}N在玉米器官中的分配比例

4. ^{15}N 在土壤剖面中的累积与分布

氮素在土壤剖面中的残留同样受氮肥运筹的影响，总的趋势是随着土层的加深，氮素残留量减少；但 N3 处理追肥时间延后，玉米吸收利用率降低，氮素在土层中的残留量相应增大。2 年平均结果显示（图 6-17），N1、N2 和 N3 处理^{15}N 在土壤剖面（0~60 cm）中的残留量分别为 56.9 kg/hm^2、66.7 kg/hm^{2}和 82.4 kg/hm^2。与 N1 处理比较，N2 和 N3 处理分别增加 17.2%和 44.8%。N1 和 N2 处理差异不显著，N3 处理与 N1、N2 处理差异显著（$P<0.05$）。从不同层次来看，N1 处理 0~20 cm、20~40 cm、40~60 cm 土层^{15}N 残留量分别为 28.3 kg/hm^2、19.0 kg/hm^2、9.6 kg/hm^2；N2 处理 0~20 cm、20~40 cm、40~60 cm 土层^{15}N 残留量分别为 38.1 kg/hm^2、19.7 kg/hm^2、8.9 kg/hm^2；N3 处理 0~20 cm、20~40 cm、40~60 cm 土层^{15}N 残留量分别为 43.4 kg/hm^2、23.6 kg/hm^2、15.4 kg/hm^2。

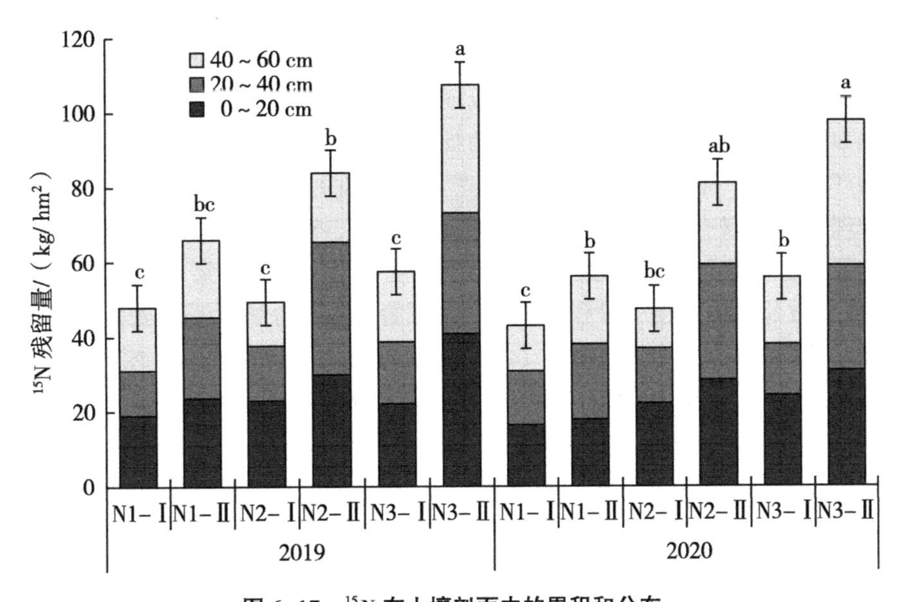

图 6-17　^{15}N 在土壤剖面中的累积和分布

注：柱上不同小写字母表示不同处理间差异显著（$P<0.05$）。

土壤中无机氮的累积与土壤供氮能力、氮肥施用量和施用时间及作物对土壤氮素的吸收能力有关（Fan 和 Hao，2003）。基肥是在玉米播种时和种子一起施入土壤中的，经历了完整的玉米生长发育过程，因此不同土层中的基肥残留量可以更好地反映不同追肥时间对肥料氮素运移的影响。仅基肥施用^{15}N 尿素时，在耕层（0~20 cm）土壤中，N3 处理^{15}N 残留量较 N1 和 N2 处理分别增加 53.4%和 13.9%；在 20~40 cm 土层中，N3 处理较 N1 和 N2 处理分别增加 24.2%和 19.8%；在 40~60 cm 土层中，N2 处理较 N1 和 N3 处理分别减少 7.3%和 42.2%。可见，N2 处理减少 40~60 cm 土层氮素残留，N3 处理增加 40~60 cm 土层氮素残留，N1 处理处于 N2 和 N3 处理之间。从无机氮残留总量来看，N3>N2>N1（图 6-17），从^{15}N 潜在损失率来看，N1>N3>N2（表 6-27）。

N1 处理追肥时间靠前，玉米前期植株生物量较小，氮素吸收量较小（Yang 和 Hu，2003），氮素经挥发、渗漏、硝化、反硝化等途径损失的概率较大，所以氮素残留量较低；N3 处理追肥时间靠后，玉米已过营养旺盛生长期，对氮素吸收高峰已过，造成氮素在土壤表层累积和向下淋溶风险加大；N2 处理追肥时间及时，追施氮肥能够满足玉米营养生长与生殖生长的双重需要，促进穗的分化，更有利于玉米对氮素的吸收利用，且在生育后期仍保持较高的氮素积累，满足玉米自身物质合成的需要，提高氮素利用率，促进干物质积累，最终使产量显著增加。

二、黑土区水稻高效施肥技术

（一）黑土区粳稻氮肥施用效果

黑龙江省是我国最大的粳稻生产省份，水稻常年种植面积在 6 000 万亩以上。彭显龙等（2019）调查了 2005 年、2008 年和 2015 年黑龙江省水稻主产区 638 户农民施肥状况，并进行了黑龙江省水稻减肥潜力分析，结果表明，黑龙江省作为全国施肥量最低的省份，有约 70%的农户处于高产不高效或者低产低效水平，过量施肥问题突出，节肥潜力在 20%以上。随着人们生活水平的提高、环境效益的凸显，目前的水稻生产不仅是以高产为目标，而且应在保持和稳定产量的基础上更加注重稻米品质及环境效应。氮肥的合理施用不仅有利于水稻产量和品质的提高，也可提高肥料利用率（马巍等，2016；王蒙等，2012），降低氮素损失的环境风险（巨晓棠，2014）。卢铁钢等（2010）以北方超级稻铁粳 7 号和沈农 265 为试验材料，分析了不同氮素水平对北方超级稻产量及品质的影响，结果表明，147 kg/hm^2施氮水平可以提高铁粳 7 号和沈农 265 稻米整精米率、降低蛋白质含量、提高食味值，但垩白率、垩白度等外观品质表现不一致。许仁良等（2005）研究了施氮量对不同品种类型稻米品质的影响，结果表明，施氮可以显著提高稻米蛋白质含量。董作珍等（2015）研究结果表明，直链淀粉含量受施肥处理的影响较小。目前，关于水稻节肥方面的研究较多，但水稻生产肥料的减施应该根据不同品种不同地区具体情况制定，减肥对水稻的产量及品质会产生怎样的影响，仍需进一步研究。因此，以国家审定的一级优质稻龙稻 18 和目前黑龙江年推广面积超过1 000万亩的绥粳 18 为试验材料，研究不同施氮措施对草甸土和暗棕壤水稻产量、品质及氮肥利用率的影响，为黑土区粳稻肥料减施及优质高效生产提供理论依据和技术支撑。

1. 氮肥施用对水稻产量及产量构成因素的影响

不同施氮处理对水稻产量及产量构成因素具有显著的影响。与不施氮肥相比，施氮显著增加了水稻株高、穗长、穗数、穗粒数及产量，而千粒重却有所降低（表 6-28）。这可能主要是由于施氮后植株养分充足，分蘖力强，库容量高，使单位面积穗数和穗粒数均增加；而不施氮处理，由于养分缺乏，水稻提前进入生殖生长期，籽粒灌浆时间长，灌浆充分，且穗粒数少，每个籽粒获得的养分相对较高，因此，水稻千粒重反而较施氮处理高。可见，施氮增产的原因主要是增加了水稻的单位面积有效穗数和穗粒数。

表 6-28　不同施肥处理下水稻产量及产量构成因素

品种	年份	处理	株高/cm	穗长/cm	穗数/（穗/m²）	穗粒数/（粒）	千粒重/g	产量/（kg/hm²）
龙稻 18	2022	N0	90b	20. 7b	240. 3b	95. 6c	27. 1a	5 611b
		N1	97a	23. 4a	295. 2a	133. 6a	26. 2b	9 277a
		N2	96a	22. 3a	286. 5a	134. 9a	26. 3b	9 192a
		N1-CRU	98a	22. 3a	307. 2a	125. 8b	26. 0b	8 967a
	2023	N0	87b	20. 3b	188. 2c	108. 6c	26. 5a	4 865b
		N1	99a	22. 5a	293. 2ab	129. 3a	25. 9b	8 765a
		N2	97a	22. 2a	287. 4b	132. 5a	25. 6b	8 812a
		N1-CRU	98a	22. 4a	320. 7a	120. 6b	25. 8b	8 904a
绥粳 18	2022	N0	96. 8b	17. 0b	232. 4b	90. 5c	25. 7a	4 933b
		N1	102. 2a	18. 7a	282. 5a	110. 1a	25. 1b	6 903a
		N2	101. 2a	18. 8a	283. 2a	107. 9a	25. 3b	6 889a
		N1-CRU	103. 8a	18. 0a	295. 6a	104. 7b	25. 2b	6 951a
	2023	N0	91. 2b	17. 1b	241. 2c	89. 8b	26. 1a	5 021b
		N1	108. 3a	18. 4a	300. 3ab	116. 6a	25. 4a	7 875a
		N2	106. 7a	18. 5a	292. 8b	118. 2a	25. 4a	7 754a
		N1-CRU	108. 8a	17. 9a	328. 9a	109. 6b	25. 2a	8 015a

注：N0、N1、N2、N1-CRU 分别为不施氮肥、目标产量施氮量、目标产量施氮基础上减氮 15%、目标产量施氮量且尿素与控释尿素氮混合基施。所使用的控释尿素为美国产树脂包膜控释尿素，含 N 为 44%，控释期 90 d，各处理磷钾肥用量均为 P_2O_5 60 kg/hm²、K_2O 75 kg/hm²；同一品种同一年份同列不同小写字母表示各处理之间差异显著（$P<0.05$）。

各施肥处理中，与 N1（目标产量施氮量）相比，N2 目标产量施氮基础上减氮 15%，2022 年和 2023 年龙稻 18 和绥粳 18 两个品种水稻株高、穗长、穗数、穗粒数、千粒重及产量均未产生显著差异；在 N1-CRU 目标产量施氮量且尿素与控释尿素氮混合基施，虽然龙稻 18 和绥粳 18 穗数平均增加了 19. 8 穗/m²和 20. 9 穗/m²，但穗粒数平均降低了 8. 3 粒和 6. 2 粒，水稻的株高、穗长、产量也未产生显著差异。其原因可能是，虽然 N1 与 N1-CRU 氮肥用量相同，但 N1-CRU 将氮肥一次性施用，相当于增加了基肥施用比例，促进了水稻分蘖，因此增加了穗数，虽然控释尿素具有控制养分缓慢释放的作用，但 N1 分别在水稻分蘖期和穗分化期进行了 2 次追肥，尤其是穗分化期的追肥，保证了颖花数量，因此促进了水稻穗粒数的增加。

2. 氮肥施用对水稻氮肥利用效率的影响

陈琨等（2018）的研究结果表明，与普通尿素相比，在等氮量情况下，控释尿素增产稻谷 3. 61% ~ 11. 36%，氮肥利用率提高 10 个百分点以上，氮肥农学效率增加 24. 97%~54. 02%；姬景红等（2018）的研究结果也表明，控释尿素与普通尿素以一定比例混合施用均较普通尿素一次性施用增加植株吸氮量、氮肥农学效率和氮肥利用率。本研究中，施用控释尿素与普通尿素掺混与仅施用普通尿素相比，并未增加水稻产量、氮肥农学效率和氮肥利用率，主要是由于施肥方式的不同，虽然 N1 和 N1-CRU 施氮量一致，但 N1 施用普通尿素，采用 1 次基肥结合 2 次追肥，N1-CRU 采用控释尿素与普通尿素混合仅进行了 1 次基肥。

施氮显著增加了植株吸氮量，各施肥处理之间差异不显著（表 6-29）。2022 年和 2023 年龙稻 18 和绥粳 18 的氮肥农学效率和氮肥利用率均表现为 N2 最高。龙稻 18 的氮肥农学效率 N2 较 N1 和 N1-CRU 分别平均增加 4. 15 g/kg 和 4. 69 g/kg；氮肥利用率分别平均增加 4. 36 个和 2. 72 个百分点；绥粳 18 的氮肥农学效率各处理之间差异未达显著水平，氮肥利用率平均增加了 5. 36 个和 5. 72 个百分点。相同施氮量条件下，N1-CRU 和 N1 的氮肥农学效率和氮肥利用率差异均不显著，但 N1-CRU 采用了控释尿素与普通尿素混合一次性施用的施肥方式，减少了 2 次追肥，节约了劳动力；N2 则表现出 2 个品种连续 2 a 在估算施氮量的基础上减氮 15%，均未降低水稻养分吸收量和产量。

表 6-29　不同处理对水稻氮肥利用效率的影响

品种	年份	处理	植株吸氮量/（kg/hm²）	氮肥农学效率/（kg/kg）	氮肥利用率/%
龙稻 18	2022	N0	102. 52b	—	—
		N1	160. 06a	23. 20b	36. 42b
		N2	158. 71a	26. 53a	41. 62a
		N1-CRU	163. 23a	21. 24b	38. 42ab
	2023	N0	98. 13b	—	—
		N1	154. 82a	24. 68b	35. 88b
		N2	151. 34a	29. 64a	39. 41a
		N1-CRU	156. 88a	25. 56b	37. 18b
绥粳 18	2022	N0	98. 05b	—	—
		N1	145. 69a	12. 96a	31. 34b
		N2	147. 08a	15. 05a	37. 72a
		N1-CRU	144. 32a	13. 28a	30. 44b
	2023	N0	103. 63b	—	—
		N1	148. 99a	18. 78a	29. 84b
		N2	148. 07a	21. 02a	34. 18a
		N1-CRU	149. 28a	19. 70a	30. 03b

注：同一品种同一年份同列不同小写字母表示各处理之间差异显著（$P<0.05$）。

水稻施氮量应根据当地实际确定，本研究中确定的方正试验点龙稻 18 和牡丹江试验点绥粳 18 合理氮肥施用量分别为 158 kg/hm² 和 152 kg/hm²，该值与当地农民施氮量 160 kg/hm² 和 150 kg/hm²（调查当地 3 a 施氮量计算平均数得出）基本相当，说明该区农民常规施肥量比较合理，也进一步说明化肥的减施并不是一概而论的，要根据实际情况减施。本研究在理论施氮量的基础上 2 地点连续 2 a 氮肥减施 15%，水稻产量没有降低，但这是否是以消耗土壤肥力为代价，且减氮能够持续多久再增加施氮量以维持土壤氮素平衡和持续稳定高产，也是一个值得研究的科学问题（巨晓棠等，2015），还有待于进一步研究。

3. 氮肥施用对水稻品质的影响

关于氮肥施用对稻米加工品质和外观品质的影响，不同研究者得出的结论也不相同。徐年龙等（2018）的研究结果表明，无氮区整精米率、垩白粒率、垩白度最高，随着有机肥料用量的减少、无机肥料施用量的增加，整精米率、垩白粒率、垩白度呈下降趋势；而张洪程等（2003）的研究结果表明，无氮区出糙率、整精米率、垩白粒率和垩白度最低，随着氮肥施用量的增加，稻米的加工品质和外观品质变劣。徐春梅（2013）的研究结果表明，施用氮肥能增加天优华占的整精米率，且处理间差异达显著水平；对华占整精米率没有显著影响，而施氮后天丰整精米率反而降低；华占和天丰施用氮肥后垩白粒率较对照显著降低。施氮显著增加了龙稻 18 的出糙率和整精米率，而对绥粳 18 影响不显著；无氮区龙稻 18 和绥粳 18 的垩白粒率、垩白度最高，可见，氮肥施用对稻米品质的影响与水稻品种密切相关。

从施氮对寒地不同品种水稻加工品质、外观品质、营养品质和食味综合评分来分析，与 N0（不施氮肥）相比，施用氮肥在 2022 年和 2023 年均显著增加了龙稻 18 的出糙率和整精米率，而对绥粳 18 影响不显著；施用氮肥对 2 个品种的直链淀粉含量影响不大，而显著增加了蛋白质含量，降低了垩白粒率、垩白度和食味综合评分（表 6-30）。N1-CRU 较 N1 显著提高了水稻的外观品质，龙稻 18 垩白粒率和垩白度分别平均降低 1.49 个和 0.66 个百分点，绥粳 18 垩白粒率和垩白度分别平均降低 0.31 个和 0.13 个百分点，其他各施氮处理的加工品质、营养品质和食味综合评分之间差异不显著。

表 6-30　不同施氮措施对水稻品质的影响

品种	年份	处理	出糙率/%	整精米率/%	垩白粒率/%	垩白度/%	直链淀粉含量/%	蛋白质含量/%	食味综合评分
龙稻 18	2022	N0	79.62b	64.14b	4.55a	2.30a	18.07a	7.40b	83.53a
		N1	81.80a	69.28a	5.08a	2.58a	17.07a	8.57a	76.77b
		N2	81.40a	70.38a	4.15ab	1.97ab	17.63a	8.47a	77.72b
		N1-CRU	81.46a	72.46a	3.60b	1.78b	17.83a	8.30a	76.74b
	2023	N0	80.26a	67.18b	4.24a	0.84ab	18.11a	7.35b	83.68a
		N1	81.86a	71.21a	4.86a	1.02a	17.86a	8.47a	77.58b
		N2	82.10a	71.87a	3.84ab	0.61b	17.47a	8.22a	78.57b
		N1-CRU	81.39a	72.54a	3.15b	0.51b	17.48a	8.18a	78.36b

（续表）

品种	年份	处理	出糙率/%	整精米率/%	垩白粒率/%	垩白度/%	直链淀粉含量/%	蛋白质含量/%	食味综合评分
绥粳 18	2022	N0	81.83a	68.89a	1.30a	0.78a	17.63a	7.60b	73.40a
		N1	81.59a	67.23a	1.05ab	0.58a	16.97a	8.13a	71.99a
		N2	81.74a	67.38a	1.25a	0.55a	16.87a	8.17a	72.07a
		N1-CRU	82.44a	69.03a	0.85b	0.55a	16.87a	8.37a	71.38a
	2023	N0	80.54a	70.21a	1.82a	1.32a	17.58a	7.54b	75.65a
		N1	81.65a	71.02a	1.63a	1.21a	17.02a	8.25a	72.64b
		N2	82.31a	71.14a	1.61a	1.01ab	17.16a	8.23a	73.41ab
		N1-CRU	82.84a	72.12a	1.21b	0.98b	17.28a	8.21a	72.31b

注：同一品种同一年份同列不同小写字母表示各处理之间差异显著（$P<0.05$）。

施氮对水稻的蛋白质含量有显著影响。金正勋等（2001）认为，随着氮肥施用量的增加，蛋白质含量提高；石吕等（2019）认为，品种对氮素的反应存在明显不同，但肥料处理效应大于品种间差异。施用氮肥显著提高黑龙江省龙稻 18 和绥粳 18 的蛋白质含量，这与前人的研究结果一致。关于氮肥施用对水稻的直链淀粉含量影响，不同研究者的结论不尽一致。一些研究结果表明，增施氮肥后稻米直链淀粉含量提高（张洪程等，2003；从夕汉等，2017）；另一些研究结果则认为，增施氮肥后稻米直链淀粉含量降低（金正勋等，2001；王成瑷等，2010）；还有的研究结果表明，各施肥处理间的直链淀粉含量均无显著差异。黑龙江省龙稻 18 和绥粳 18 增施氮肥后稻米直链淀粉含量有降低的趋势，但差异不显著，说明这 2 个品种的水稻直链淀粉含量受施肥处理的影响较小（董作珍等，2015）。产生上述研究结果差异的原因可能与品种和施氮量有关。由于稻米的品质主要受遗传和环境因素的影响，在氮肥的施用中，应结合水稻品种，综合考虑土壤、水分、温度等因素，确定合理的氮肥用量及施氮措施，才能达到水稻的高产优质。

（二）黑土区粳稻控释尿素施用效果

黑龙江省水稻生产中常采用基肥加 1 次追肥、2 次追肥、3 次追肥的方式，既费时又费力。随着生产资料及农村劳动力价格的上涨，研究者在不断探索水稻简化高效的施肥措施，而控释尿素的生产和应用为水稻生产的节能高效带来了新的途径。合理施用控释氮肥能够减少氮肥用量、增加水稻产量、提高氮肥农学效率（符建荣，2001）。徐明岗等（2009）的研究结果表明，在我国南方红壤地区施用控释肥比施用同量的尿素（N 75 kg/hm^2）显著增加水稻有效穗数和有效蘖数，分别增加早稻和晚稻产量 3.6%和 9.3%，分别增加氮肥利用率 29.9%和 10.4%。孙锡发等（2009）在四川进行的水稻试验中施用高分子包膜尿素肥料，与普通尿素 1 次施用相比，在中高肥力土壤上使水稻增产 9.97%；在中低肥力土壤上使水稻增产 27.01%。近年来，有关控释尿素或控释尿素与普通尿素配施在水稻的应用效果方面研究较多，但多集中在南方双季稻上且所选择的控释肥料也各不相同（李云春等，2014；郭晨等，2014），而关于黑龙江省一季稻施用控释尿素效果的报道相对较少，且多为 1 年 1 点试验（焦晓光等，2003；王泽胤，2008；孙磊，2009）。因此，通过设置多年田间试验（表 6-31），研究控释尿素对黑龙江省黑土区水稻产量及氮肥利用率的影响，为水稻简化高效施肥提供一定的理论依据。

表 6-31　各年份不同地点试验处理

处理	庆安县	庆安县	方正县
	2011 和 2012	2014	2015
处理 1	N0	N0	FP：农民习惯施肥（基肥、返青肥、穗肥）
处理 2	NE100%N：100%BU	NE100%N：100%BU	NE100%N：100%BU（基肥、蘖肥、穗肥）
处理 3	NE100%N：100%CRU	NE100%N：75%CRU+25%BU	NE100%N：60%CRU+40%BU
处理 4	NE100%N：40%BU 基+60%BU 蘖	NE100%N：60%CRU+40%BU	NE100%N：75%CRU+25%BU
处理 5	NE100%N：60%CRU+40%BU	NE100%N：45%CRU+55%BU	NE80% N：100% BU（基肥、蘖肥、穗肥）
处理 6	NE75%N：75%CRU	NE100%N：30%CRU+70%BU	NE80%N：60%CRU+40%BU
处理 7	NE75%N：75%BU	NE80%N：100%BU	NE80%N：75%CRU+25%BU
处理 8	NE50%N：50%CRU	NE80%N：75%CRU+25%BU	N0
处理 9	NE50%N：50%BU	NE80%N：60%CRU+40%BU	OPTS：推荐氮量（基肥、蘖肥、穗肥）
处理 10	—	NE80%N：45%CRU+55%BU	—
处理 11	—	NE80%N：30%CRU+70%BU	—

注：CRU 为控释尿素，BU 为普通尿素；NE100%N 为采用养分专家系统推荐施氮量，NE80%N、NE75%N、NE50%N 分别为养分专家系统推荐施氮量的 80%、75%、50%。

1. 控释尿素对水稻产量的影响

庆安县水稻试验结果表明（表 6-32），氮肥用量为 100% 的各处理产量均较高，40%普通尿素基施结合 60%普通尿素分蘖期追施（处理 4）水稻产量最高，但与 40%普通尿素与 60%控释尿素混合一次性基施（处理 5）水稻产量差异不显著，两处理较 100%普通尿素一次性基施（处理 2）分别平均增产 14.7%和 11.7%，较 100%控释尿素一次性基施（处理3）分别平均增产12.4%和9.8%，说明普通尿素与控释尿素均不宜单独一次性基施，以一定比例配比效果较佳。原因主要是当普通尿素与控释尿素掺混时，普通尿素可以弥补控释尿素水稻生长前期氮素释放速率慢的不足，及时供给水稻生长所需养分，而水稻生育后期控释尿素释放的养分使水稻不至于脱肥。2014年试验结果表明，在100%推荐施氮量条件下，控释尿素占75%（处理3）、60%（处理4）、45%（处理5）和30%（处理6）分别比100%普通尿素一次性基施（处理2）水稻增产26.5%、16.8%、9.7%和3.8%。2015年方正县试验结果表明，施用普通尿素的3个处理，即农民习惯施肥FP（处理1）、NE推荐施肥（处理2）及当地推荐施肥OPTS（处理9），以处理2水稻产量最高，显著高于处理1和处理9。处理1、处理2和处理9这3个处理N∶P_2O_5∶K_2O施用比例分别为4.6∶1.0∶2.6、2.0∶1.0∶1.0和3.2∶1.0∶2.3，NE虽较FP和OPTS增加了氮肥用量（3个处理氮肥用量分别为169 kg/hm^2、157.3 kg/hm^2、142.5 kg/hm^2），同时也调整了氮、磷、钾肥施用量和比例，是该处理产量最高的一个原因，另一个原因可能是该处理氮肥分配比例和时期更加合理。这也说明，NE推荐施肥平衡了氮、磷、钾肥用量及比例，效果较好。

表6-32　不同处理水稻产量

处理	庆安县				庆安县		方正县	
	2011年产量/(kg/hm^2)	2012年产量/(kg/hm^2)	平均产量/(kg/hm^2)	增产率/%	2014年产量/(kg/hm^2)	增产率/%	2015年产量/(kg/hm^2)	增产率/%
处理1	5 819d	4 354e	5 087	—	5 713g	—	7 902b	57.2
处理2	8 834ab	6 795b	7 815	—	7 203ef	—	8 436a	67.8
处理3	8 880ab	7 034b	7 957	1.8	9 109a	26.5	7 700b	53.2
处理4	9 323a	8 568a	8 946	14.5	8 731ab	16.8	8 257a	64.3
处理5	9 130a	8 336a	8 733	11.7	8 046bcd	9.7	7 832b	55.8
处理6	9 030a	6 851b	7 941	1.6	7 511def	3.8	7 215d	43.6
处理7	7 914c	6 399c	7 157	—	6 949f	—	7 492c	49.1
处理8	8 338bc	6 160c	7 249	—	8 563ab	—	5 026e	—
处理9	7 851c	5 761d	6 806	—	8 263bc	—	7 813b	55.5
处理10	—	—	—	—	7 749cde	—	—	—
处理11	—	—	—	—	7 384def	—	—	—

注：2011年、2012年和2014年增产率是以处理2为对照进行计算的，2015年增产率是以处理8为对照进行计算的；同列不同小写字母表示各处理之间差异显著（$P<0.05$）。

4 a试验结果均表明，水稻产量随着施氮量的增加而增加。同一施氮量条件下，均表现为控释尿素与普通尿素以一定比例混合施用较普通尿素一次性施用具有更显著的增产作用。施用控释尿素可以在减少氮肥用量的同时不减少产量。在2011年和2012年，75%控释尿素（处理6）与100%普通尿素（处理2）水稻籽粒产量差异不显著，但均显著高于75%普通尿素（处理7）。2014年，80%推荐氮量中控释尿素占75%（处理8）、60%（处理9）、45%（处理10）和30%（处理11）的4个处理的水稻产量均高于

100%普通尿素一次性基施处理（处理 2），其中处理 8 和处理 9 水稻产量显著高于处理 2，处理 10 和处理 11 与处理 2 产量差异不显著。可见，控释尿素与普通尿素按比例合理搭配，仍可以在减少氮肥用量 20%的条件下获得较高的水稻产量水平。通过 2011 年、2012 年结合 2014 年和 2015 年的结果分析，氮肥用量在 157.5~180.0 kg/hm^2 范围内，控释尿素所占比例为 45%~75%时水稻产量较高（表 6-32）。

适当降低氮用量，施用控释氮肥，能促进双季水稻增产、增加氮素利用效率、维持或提高土壤氮素肥力和可持续生产力（鲁艳红等，2016）。广东水稻大田试验结果表明，25%控释氮肥掺混一次性施用（施氮量为 N 156 kg/hm^2）较常普通尿素分次施用（施氮量 N 195 kg/hm^2）显著提高水稻产量及氮肥利用效率，是一种较优的氮肥运筹模式（黄巧义等，2017）。李云春等（2014）在湖北的试验结果表明，采用聚氨基甲酸酯包膜水稻专用控释尿素减氮 25%时，比普通尿素一次性基施或普通尿素分期施用对水稻产量及肥料利用率均有所提高；黑龙江黑土区 4 a 的试验结果也表明，水稻产量随着施氮量的增加而增加；控释肥料与普通肥料按比例合理搭配，可以在减少氮肥用量 20%的条件下获得较高的水稻产量水平。

2. 控释尿素对氮素利用率的影响

2011 年和 2012 年水稻地上部吸氮量趋势与产量趋势相似。以 100%氮肥用量的各处理植株吸氮量较高，施氮量降低则降低。100%氮肥用量的处理 4 和处理 5 氮肥利用率最高，显著高于处理 2。相同氮肥用量条件下，控释尿素处理吸氮量、氮肥利用率高于普通尿素处理，说明控释尿素在氮素吸收和利用方面具有一定的优势。氮肥农学效率表现出随着施氮量的降低而增加的趋势（表 6-33）。2014 年试验结果（表 6-34）也表明，随着施氮量的增加植株吸氮量增加。在 100%推荐施氮量条件下，控释尿素占 75%（处理 3）、60%（处理 4）、45%（处理 5）和 30%（处理 6）比 100%普通尿素一次性基施（处理 2）分别平均增加氮肥农学效率 10.6 kg/kg、8.5 kg/kg、4.7 kg/kg 和 1.7 kg/kg，分别增加氮肥利用率 15.0%、13.5%、7.6%和 6.0%；在 80%推荐施氮量条件下，控释尿素占 75%（处理 8）、60%（处理 9）、45%（处理 10）和 30%（处理 11）比 100%普通尿素一次性基施（处理 7）分别平均增加氮肥农学效率 11.2 kg/kg、9.1 kg/kg、5.5 kg/kg 和 3.0 kg/kg，分别增加氮肥利用率 20.7%、17.2%、11.2%和 6.6%。说明，氮肥用量在 N 157.5~180 kg/hm^2 范围内，黑龙江地区水稻生产控释尿素与普通尿素混合施用，控释尿素所占比例以 45%~75%较佳（表 6-33）。

2015 年试验结果表明（表 6-34），采用氮肥一次性基施，高控释氮肥施用比例增加吸氮量（处理 4 和处理 3 相比，处理 7 和处理 6 相比），但差异不显著。施用普通尿素的 3 个处理，植株吸氮量以 NE（处理 2）最高，显著高于 FP（处理 2）和 OPTS（处理 3），为水稻高产奠定基础。100%推荐施氮量和 80%推荐施氮量情况下，均表现为高控氮比的处理（控释尿素占 75%，普通尿素占 25%）与普通尿素 100%分次施用氮肥利用率相差不多（处理 4 与处理 2 相比；处理 7 与处理 5 相比），说明控释尿素以较高比例与普通尿素混合一次施用能够达到与普通尿素分次施用相似的效果。100%推荐施氮量条件下，施用普通尿素的 3 个处理，以 NE（处理 2）的氮肥农学效率和氮肥利用率最高（分别为 20.2 kg/kg 和 38.4%），OPTS（处理 9）其次（分别为 19.6 kg/kg

和37.4%），FP最低（分别为18.3 kg/kg和36.7%），该结果进一步说明，NE推荐施肥量能够提高肥料利用效率，效果较好。

表6-33　不同处理对水稻氮素利用效率的影响

处理	2011年庆安县			2012年庆安县			平均	
	吸氮量/（kg/hm²）	氮肥农学效率/（kg/kg）	氮肥利用率/%	吸氮量/（kg/hm²）	氮肥农学效率/（kg/kg）	氮肥利用率/%	氮肥农学效率/（kg/kg）	氮肥利用率/%
处理1	95.6f	—	—	93.3d	—	—	—	—
处理2	156.7b	38.8bc	19.1d	129.1bc	22.7c	15.5e	30.8	17.3
处理3	163.1ab	42.9abc	19.4d	135.1b	26.6bc	17.0d	34.8	18.2
处理4	171.9a	48.5a	22.2bcd	147.7a	34.5ab	26.8a	41.5	24.5
处理5	173.5a	49.4a	21.0cd	152.6a	37.7a	25.3a	43.6	23.2
处理6	150.1bc	46.0ab	27.2ab	129.2bc	30.4abc	21.1c	38.2	24.2
处理7	139.2cd	36.8cd	17.7d	127.2bc	28.8bc	17.3d	32.8	17.5
处理8	126.1de	38.7bc	32.0a	122.8c	37.4a	22.9bc	38.1	27.5
处理9	118.9e	29.5d	25.8bc	118.6c	32.2ab	17.8d	30.9	21.8

注：同列不同小写字母表示各处理之间差异显著（$P<0.05$）。

表6-34　不同处理对水稻氮素利用效率的影响

处理	2014年庆安县			2015年方正县		
	吸氮量/（kg/hm²）	氮肥农学效率/（kg/kg）	氮肥利用率/%	吸氮量/（kg/hm²）	氮肥农学效率/（kg/kg）	氮肥利用率/%
处理1	87.3f	—	—	127.7bc	18.3c	36.7c
处理2	119.5e	8.3e	17.8g	134.9a	20.2ab	38.4bc
处理3	146.3ab	18.9ab	32.8bcd	123.5cd	15.8d	31.7d
处理4	143.6abc	16.8abc	31.3cde	129.7b	19.1bc	35.4c
处理5	133.1cd	13.0cde	25.4defg	127.5bc	20.8a	42.6a
处理6	130.3de	10.0de	23.8efg	120.0d	16.2d	37.1c
处理7	119.3e	8.6e	22.2fg	125.7bc	18.2c	41.2ab
处理8	149.1a	19.8a	42.9a	70.0e		
处理9	144.0abc	17.7abc	39.4ab	123.2cd	19.6ab	37.4c
处理10	135.5bcd	14.1bcd	33.4bc	—	—	—
处理11	128.9de	11.6de	28.8cdef	—	—	—

注：同列不同小写字母表示各处理之间差异显著（$P<0.05$）。

张敬昇等（2017）在四川的水田试验结果表明，添加20%比例以上控释氮肥处理均比普通尿素处理显著提高稻麦作物产量，小麦增产6%~14%，水稻增产7%~11%。孙磊等（2009）在黑龙江省中部黑土区研究了硫包衣和树脂双层包膜控释尿素（含氮量34%，控释期120 d）在水稻生产上的应用效果，结果表明，在水稻上一般不宜单独施用控释尿素，以免前期供肥不足，后期贪青晚熟，应提倡与普通尿素配合施用。与等养分普通尿素比较，控释尿素与普通尿素混合施用，水稻增产7.3%~15.7%，氮肥利用率提高17.7%~25.5%，以控释尿素占总氮量的30%~50%效果较好。付月君等（2016）在四川省成都市的大田试验结果表明，一次性基施40%控释尿素+60%普通尿素既提高了水稻产量和氮肥利用率，又减少了劳动投入。张海楼等（2008）在辽宁省沈阳市的试验结果表明，施用70%的控释尿素（硫包衣和树脂双层包膜，含氮34%）掺混30%的普通尿素在提高水稻产量及肥料利用率上效果最佳，其次为50%的控释尿素掺混50%的普通尿素。可见，氮肥的合理施用对于保障水稻产量、提高氮肥利用效率具有重要的作用。

本试验结果也表明，单独施用控释尿素，水稻产量较低，采用缓控释尿素结合普通尿素一次性基施，水稻产量水平与普通尿素1次基施加1次追施效果相当。控释尿素与普通尿素适宜配比的研究结果表明，氮肥用量在N 157.5~180 kg/hm^{2}范围内，控释尿素与普通尿素混合一次性施用以控释尿素比例在45%~75%效果较好。这一结果与张海楼等（2008）的试验结果相似，与孙磊（2009）的试验结果略有不同，其原因主要有3个。一是两试验所采用的控释尿素种类不同，孙磊（2009）试验采用的是硫包衣和树脂双层包膜控释尿素，含氮量34%，控释期120 d；而本研究采用的控释尿素为树脂包膜尿素，含氮量44%，控释期90 d。二是所设置的控释尿素施用比例不同，孙磊（2009）试验设置控释尿素比例为30%、50%、70%；本研究设置控释尿素施用比例为30%、45%、50%、60%、75%。三是两研究的试验地点不同，其土壤类型、土壤肥力特征、气候条件等均不同。由于控释尿素的效果与控释尿素种类、土壤特性、温度、水分等因素密切相关，不同试验结果也不尽相同，因此，不同种类的控释尿素在水稻上的应用效果还需进一步研究验证。

（三）黑土区粳稻氮肥配施增效剂施用效果

当前水稻生产中，普遍存在化肥过量施用及利用效率不高的问题。彭显龙等（2007）调查了黑龙江省寒地稻田施肥情况，发现近60%的稻田氮肥用量过高，稻田氮素有17.2%的盈余，氮肥利用率较低。张福锁等（2008）计算了2001—2005年全国粮食主产区的肥料利用率，指出水稻的氮肥利用率仅为28.3%，其中黑龙江省水稻的氮肥利用率为29.8%，虽略高于全国平均水平，但远低于国际水平。氮肥的过量施用不仅浪费资源、增加成本，而且增加了环境污染（氮素气态损失、淋溶、面源污染等）的风险。因此，在保证粮食产量合理稳定增长的同时，提高氮肥利用率，减少氮肥过量施用带来的不良影响，成为亟须解决的重要问题。

近年来，采用氮肥增效剂调控土壤氮素转化成为提高作物氮肥利用率的有效措施。硝化抑制剂可以抑制土壤中铵态氮向硝态氮的转化，可使多数氮素以铵态氮的形式留存于土壤中。脲酶抑制剂通过抑制土壤中脲酶活性来减缓尿素态氮水解为铵态氮。研究表明，硝化抑制剂和脲酶抑制剂联合施用对增加作物产量、提高氮肥利用率和减少氮素损失有较好效果（Mohammed 等，2016；Martins 等，2017；周旋等，2017）。目前，在东北平原白浆土（王玲莉等，2012）、棕壤（焦晓光等，2004）进行了一些硝化，抑制剂和脲酶抑制剂配合施用的效果研究，但多集中在室内模拟和旱地土壤上，在寒地水稻上的研究鲜见报道。因此，基于硝化抑制剂和脲酶抑制剂配合施用对我国东北寒地水稻产量、品质、氮素利用和转化的影响，探讨氮肥增效剂的应用效果和机理，为寒地水稻增产、提质及增效和进一步的推广应用提供科学依据。

1. 氮肥配施增效剂对水稻产量及其构成因子的影响

由表6-35可知，尿素添加硝化抑制剂［2-氯-6-三氯甲基吡啶（CP）］和脲酶抑制剂［N-丁基硫代磷酰三胺（NBPT）］显著提高了水稻产量。2017年，氮肥与硝化抑制剂、脲酶抑制剂配合施用（N+NI+UI）处理水稻籽粒产量、秸秆产量和总生物量较氮肥处理（N）分别增加6.4%、4.9%和5.8%，差异达到显著水平（$P<0.05$）。2018年，N+NI+UI处理同样表现为增产效应，水稻籽粒产量、秸秆产量和总生物量较N处理分别增加8.8%、7.2%和8.2%，差异达到显著水平（$P<0.05$）。氮肥在寒地水稻上表现出明显的增产效应，N处理和N+NI+UI处理水稻籽粒产量、秸秆产量和总生物量均显著高于不施氮肥（CK）处理（$P<0.05$）。

表6-35　不同处理水稻产量及产量构成因子

年份	处理	产量		
		籽粒产量/（kg/hm²）	秸秆产量/（kg/hm²）	总生物量/（kg/hm²）
2017	CK	4 428.7±152.3c	3 294.6±113.3c	7 723.3±265.7c
	N	8 262.8±82.4b	5 362.9±53.5b	13 625.6±135.8b
	N+NI+UI	8 789.0±75.4a	5 624.7±48.3a	14 413.7±123.7a
2018	CK	5 395.2±301.2c	4 013.6±224.0c	9 748.9±525.2c
	N	8 401.9±148.3b	5 453.2±96.2b	14 125.9±244.5b
	N+NI+UI	9 137.8±103.8a	5 848.0±66.5a	14 942.7±170.3a

年份	处理	产量构成因子			
		株高/cm	穗长/cm	穗粒数/粒	千粒重/g
2017	CK	69.8±0.5c	19.7±0.4c	122.3±3.2c	27.1±0.1b
	N	90.2±0.1b	24.2±0.2b	135.3±1.5b	27.2±0.2b
	N+NI+UI	91.6±0.3a	25.0±0.3a	142.0±1.0a	28.0±0.2a
2018	CK	71.2±0.3c	20.3±0.3c	123.7±2.3c	27.3±0.2b
	N	90.8±0.2b	24.2±0.2b	137.0±2.6b	27.4±0.3b
	N+NI+UI	91.8±0.4a	24.8±0.1a	143.3±0.6a	28.2±0.1a

注：不施氮肥（CK）；氮肥（N）；氮肥+硝化抑制剂+脲酶抑制剂（N+NI+UI）；硝化抑制剂为2-氯-6-三氯甲基吡啶（CP），脲酶抑制剂为N-丁基硫代磷酰三胺（NBPT），用量分别为施氮（N）量的0.3%和0.5%。氮肥40%基施、40%于分蘖期施入，20%在孕穗期施入；磷肥全部基施；钾肥60%基施、40%于孕穗期追施；某一年份同列不同小写字母表示各处理之间差异显著（$P<0.05$）。

从产量构成因子来看，N+NI+UI 处理较 N 处理水稻株高、穗长、穗粒数和千粒重均明显增加，差异达到显著水平（$P<0.05$）。与 CK 处理相比，N 处理显著提高了水稻株高、穗长、穗粒数（$P<0.05$），但未增加水稻千粒重，原因是缺氮的植株提前进入生殖生长阶段，籽粒灌浆的时间较长，籽粒饱满，千粒重高（姬景红等，2012）。

2. 氮肥配施增效剂对稻米品质的影响

碾磨品质、外观品质和营养品质对于稻米品质有重要影响，共同决定了稻米的品质。碾磨品质与水稻的加工适应性密切相关。从表 6-36 可以看出，N+NI+UI 处理出糙率和整精米率均高于 N 处理，其中出糙率较 N 处理分别增加 0.4%（2017 年）和 0.8%（2018 年），整精米率较 N 处理分别增加 3.4%（2017 年）和 1.7%（2018 年）。外观品质直接影响水稻的商品性。尿素添加氮肥增效剂 CP 和 NBPT 对于提高稻米外观品质有积极作用。与 N 处理相比，N+NI+UI 处理垩白粒率分别降低 5.8%（2017 年）和 10.0%（2018 年），差异达到显著水平（$P<0.05$）。直链淀粉、脂肪和蛋白质含量影响稻米的外观、加工、食味和营养性质。通常，直链淀粉含量高时，稻米柔韧性和弹性降低，口感变差；稻米脂肪含量越高光泽度、适口性和香气越好；稻米蛋白质含量与米饭的硬度呈正相关，稻米蛋白质含量超过 9%时其食味品质往往较差（宋添星等，2007）。与 N 处理相比，N+NI+UI 处理可降低稻米直链淀粉含量，增加脂肪含量，对蛋白质含量影响不大。其中，N+NI+UI 处理直链淀粉含量较 N 处理分别降低 1.6%（2017 年）和 3.6%（2018 年），脂肪含量分别增加 5.2%（2017 年）和 9.1%（2018 年）。总体来看，尿素添加氮肥增效剂 CP 和 NBPT 可以提高寒地水稻碾磨品质、外观品质和营养品质。

表 6-36　不同处理水稻碾磨品质、外观品质和营养品质　　单位：%

年份	处理	出糙率	整精米率	垩白粒率	直链淀粉	脂肪	蛋白质
2017	CK	77.5±0.5b	60.5±1.0c	5.8±0.1a	17.5±0.3a	1.6±0.1b	6.1±0.4a
	N	78.6±0.3a	65.1±0.3b	5.1±0.1b	17.1±0.3ab	1.8±0.1ab	6.3±0.1a
	N+NI+UI	78.9±0.6a	67.3±1.0a	4.8±0.1c	16.8±0.2b	1.9±0.1a	6.2±0.1a
2018	CK	77.6±0.3b	62.2±2.6b	5.9±0.3a	17.4±0.4a	1.5±0.1c	6.0±0.2a
	N	78.4±0.4ab	66.2±1.0a	5.1±0.1b	16.8±0.1b	1.8±0.1b	6.2±0.1a
	N+NI+UI	79.1±0.6a	67.3±0.5a	4.6±0.1c	16.2±0.1c	2.0±0.1a	6.3±0.3a

注：同一年份同列不同小写字母表示各处理之间差异显著（$P<0.05$）。

3. 氮肥配施增效剂对氮素吸收和利用的影响

由表 6-37 可以看出，尿素添加氮肥增效剂 CP 和 NBPT 可以显著提高水稻植株氮素吸收量，差异均达到显著水平（$P<0.05$）。与 N 处理相比，N+NI+UI 处理水稻籽粒、秸秆、地上部氮素吸收量分别增加 5.1%、7.8%、6.3%（2017 年）和 6.4%、6.1%、6.3%（2018 年），平均为 5.7%、6.9%、6.3%。施氮显著增加了水稻植株氮素吸收，N 和 N+NI+UI 处理水稻籽粒、秸秆和植株氮素吸收量均显著高于 CK 处理（$P<0.05$）。

表 6-37 不同处理水稻氮素吸收与利用

年份	处理	氮素吸收量			氮肥利用效率		
		籽粒/（kg/hm²）	秸秆/（kg/hm²）	地上部/（kg/hm²）	氮肥表观利用率/%	氮肥农学效率/（kg/kg）	氮肥偏生产力/（kg/kg）
2017	CK	40.7±1.9c	34.9±0.7c	75.6±1.7c	—	—	—
	N	74.8±2.5b	56.4±0.8b	131.2±2.9b	37.6±3.1b	25.9±1.2b	55.8±0.6b
	N+NI+UI	78.6±0.5a	60.8±0.3a	139.4±0.4a	43.1±1.3a	29.5±0.5a	59.4±0.5a
2018	CK	42.0±1.6c	40.4±1.2c	82.4±2.5c	—	—	—
	N	75.2±1.2b	57.9±1.2b	133.1±2.3b	34.2±0.5b	20.3±1.4b	56.8±1.0b
	N+NI+UI	80.0±0.6a	61.4±0.9a	141.4±0.6a	39.9±1.3a	25.3±2.7a	61.7±0.7a

注：同一年份同列不同小写字母表示各处理之间差异显著（$P<0.05$）。

尿素添加氮肥增效剂 CP 和 NBPT 有利于提高寒地稻田氮肥利用效率。与 N 处理相比，N+NI+UI 处理氮肥表观利用率分别提高 14.8%（2017 年）和 16.5%（2018 年），平均提高 15.6%；氮肥农学效率分别提高 13.7%（2017 年）和 24.5%（2018 年），平均提高 19.1%；氮肥偏生产力分别提高 6.4%（2017 年）和 8.8%（2018 年），平均提高 7.6%。

4. 氮肥配施增效剂对氮素转化的影响

由图 6-18 可知，N 处理在施基肥后，在脲酶的作用下尿素快速水解，土壤铵态氮含量迅速上升，第 3 d 土壤铵态氮含量达到水解高峰，而后逐步降低（第 4~24 d），原因是前期硝化过程的底物较多，有利于硝化作用的进行，即在微生物作用下将 NH_4^+ 迅速氧化成硝态氮，产生的硝态氮进一步淋失和反硝化损失（周旋等，2015）。N+NI+UI 处理施基肥后前 3 d 内的土壤铵态氮含量低于 N 处理，之后迅速上升，至施肥后第 9 d 出现释放高峰，相比于 N 尿素的水解进程明显延迟，这与脲酶抑制剂 NBPT 抑制土壤脲酶活性有关；第 10~24 d 土壤铵态氮含量逐步下降，但一直保持较高水平，这一阶段脲

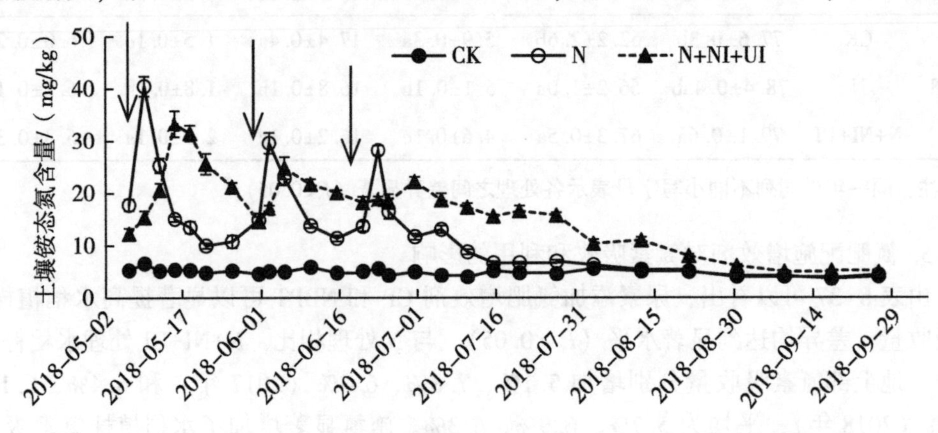

图 6-18 不同处理水稻生育期土壤铵态氮含量变化（箭头表示施肥日期）

酶抑制剂 NBPT 逐步分解，抑制作用变弱，且硝化抑制剂 CP 又进一步抑制了 NH_4^+ 的氧化作用。在分蘖期和孕穗期追肥后，N 和 N+NI+UI 处理土壤铵态氮含量变化趋势与施基肥时基本一致。与 N 处理相比，N+NI+UI 处理对氮素转化表现出明显的协同抑制效果，使土壤铵态氮含量峰值明显推迟，并显著降低了峰值，保持了水稻生育期较高的土壤铵态氮含量，延长了氮素供应时间。

5. 氮肥配施增效剂对经济效益的影响

表 6-38 表明，尽管增施氮肥增效剂 CP 和 NBPT 后成本增加，但水稻产量的提高抵消了肥料成本增加的部分，经济效益增加。2017 年和 2018 年 N+NI+UI 处理净收入分别达到 23 752.35 元/hm^2、25 092.67 元/hm^2，较 N 处理分别增收 2 058.57 元/hm^2、2 939.59 元/hm^2，平均增收 2 499.08 元/hm^2。

表 6-38　不同处理水稻的经济效益　　单位：元/hm^2

年份	处理	收入	肥料成本	其他成本	净收入
2017	CK	18 600.46	891.30	11 475.00	6 234.16±639.79c
	N	34 703.56	1 534.78	11 475.00	21 693.78±345.93b
	N+NI+UI	36 913.63	1 686.28	11 475.00	23 752.35±316.68a
2018	CK	22 659.87	891.30	11 600.00	10 168.56±1 264.91c
	N	35 287.87	1 534.78	11 600.00	22 153.09±622.75b
	N+NI+UI	38 378.96	1 686.28	11 600.00	25 092.67±436.14a

注：水稻 4.2 元/kg、尿素 2 000 元/t、重过磷酸钙 2 400 元/t、氯化钾 4 000 元/t、CP 170 元/kg、NBPT 100 元/kg；同一年份同列不同小写字母表示各处理之间差异显著（$P<0.05$）。

6. 氮肥配施增效剂在黑土区水稻生产中的效果

众多研究表明，硝化抑制剂与脲酶抑制剂联合施用，可促进作物氮素吸收、增加作物产量、改善作物品质、提高氮素利用效率和减少肥料氮素损失。Martins 等（2017）指出，氮肥配施 CP 和 NBPT 可使氮素回收率提高 53%，玉米籽粒产量提高 23%。在浙江黄泥田的研究表明，水稻施肥添加抑制剂 CP 和 NBPT 可以有效扩充籽粒库容，提高产量，获得较高收益（周旋等，2017）。Mohammed 等（2016）的研究结果指出，CP、NBPT 与尿素在春季撒施，较秋季单施尿素增加冬小麦产量 29%，还可提高小麦籽粒蛋白质含量。还有研究（宋燕燕等，2017）指出，增施硝化抑制剂 DCD 和脲酶抑制剂 HQ 后油菜叶长、叶宽和叶绿素含量提高，油菜增产 25.2%，氮肥利用率提高 85.2%，硝酸盐含量降低 51.9%。赵自超等（2016）在华北冬小麦-夏玉米轮作系统的研究结果证实，添加硝化抑制剂 DMPP 和脲酶抑制剂 NBPT 后冬小麦-夏玉米周年产量增加 6.7%，N_2O 排放总量减少 38.2%。DMPP、NBPT 与尿素联合施用，水稻产量增加 8.24%，氨挥发损失量降低 13.58%（张文学等，2013）。本研究结果还显示，在施用尿素基础上增施 CP、NBPT，水稻籽粒产量分别增加 6.4%（2017 年）和 8.8%（2018 年），氮肥表观利用率、氮肥农学效率和氮肥偏生产力分别平均提高 15.6%、19.1%和 7.6%，稻米品质改善，经济效益增加。也有研究结果显示，施用硝化抑制剂与脲酶抑制剂不影响作物产量。孙志梅等（2005）的研究表明，硝化抑制剂 DCD 和脲酶抑制剂

LNS 联合施用对芹菜产量没有产生显著影响，但可降低植株硝酸盐含量，并提高芹菜干物质含量。在吉林黑钙土（李雨繁等，2015）和薄层黑土（韩蔚娟等，2016）的试验结果表明，一次性条施添加脲酶抑制剂和硝化抑制剂的复合肥，未增加玉米产量，但可促进氮素吸收、提高氮肥利用率、减少氨挥发损失和 N_2O 排放。试验结果受种植作物、增效剂类型、土壤类型和性质、气候、氮肥管理方法等因素的综合影响，与不同条件下氮肥增效剂调控土壤氮养分供应量和土壤供氮形态与作物养分需求是否耦合和同步有关（鲁艳红等，2018）。

硝化抑制剂与脲酶抑制剂分别对氮素转化中的某一特定过程起到抑制作用，单独施用不能对全过程进行有效控制（隽英华等，2007），脲酶抑制剂通过抑制脲酶的活性间接减缓尿素的水解，但作用时间较为短暂（刘建涛等，2014）；应用硝化抑制剂可显著提高土壤铵态氮含量，降低土壤硝态氮含量，但同时也存在土壤铵态氮含量过高导致氨挥发量增加的风险（Lam 等，2017）。而当两种抑制剂联合施用时，不但可有效抑制土壤脲酶活性、延缓尿素的水解，使铵态氮在土壤中更多和更长时间保存，使水稻在生育期有足够氮素可利用，还可减少 NO_3^- 淋溶、氨挥发和 N_2O 排放（隽英华等，2007）。本试验中，N 处理在施肥后第 3 d 土壤铵态氮含量达到释放高峰，较增施氮肥增效剂 CP 和 NBPT 的 N+NI+UI 处理快 3~6 d，表明尿素水解越快，土壤铵态氮最大积累量出现得也就越早，损失率增高，水稻对氮素利用的有效期缩短，后期氮素供应不足，不利于水稻的生长。当然，土壤氮素转化受多种因素影响，针对黑龙江不同土壤、不同积温带、不同品种及不同田间管理方法等还需进一步研究，以寻求最佳的稻田氮素管理方法。

综上可知，寒地水稻氮肥配施硝化抑制剂 CP 与脲酶抑制剂 NBPT 能够延长氮素释放周期，促进水稻氮素吸收，既可增加水稻产量、提高氮肥利用效率，又可改善水稻品质，最终增加经济效益。

参考文献

毕军，夏光利，张昌爱，等，2002. 保护地土壤复合改良剂（PSIM）效果研究初报[J]. 山东农业大学学报(自然科学版)，33(4)：503-505.

蔡红光，米国华，陈范骏，等，2010. 东北春玉米连作体系中土壤氮矿化、残留特征及氮素平衡[J]. 植物营养与肥料学报，16(5)：1144-1152.

蔡红光，梁尧，刘慧涛，等，2019. 东北地区玉米秸秆全量深翻还田耕种技术研究[J]. 玉米科学，27(5)：123-129.

蔡丽君，张敬涛，刘婧琦，等，2015. 玉米-大豆免耕轮作体系玉米秸秆还田量对土壤养分和大豆产量的影响[J]. 作物杂志(5)：107-110.

曹杰，姚继盛，温玉转，等，2012. 有机氮部分替代无机氮对香料烟产量、产值及品质的影响[J]. 河南农业科学，41(3)：38-41.

陈琨，秦鱼生，喻华，等，2018. 控释氮肥对一季中稻产量及氮肥利用率的影响[J]. 西南农业学报，31(3)：507-512.

陈妮娜，纪瑞鹏，米娜，等，2021. 春玉米生长发育、产量和籽粒品质对减量施氮的响应[J]. 气象与环境学报，37(4)：86-92.
陈志龙，陈杰，许建平，等，2013. 有机肥氮替代部分化肥氮对小麦产量及氮肥利用率的影响[J]. 江苏农业科学，41(7)：55-57.
陈治嘉，隋标，赵兴敏，等，2018. 吉林省黑土区玉米氮肥减施效果研究[J]. 玉米科学，26(6)：139-145.
串丽敏，何萍，赵同科，2016. 作物推荐施肥方法研究进展[J]. 中国农业科技导报，18(1)：95-102.
从夕汉，施伏芝，阮新民，等，2017. 氮肥水平对不同基因型水稻氮素利用率、产量和品质的影响[J]. 应用生态学报，28(4)：1219-1226.
丛宏斌，姚宗路，赵立欣，等，2019. 中国农作物秸秆资源分布及其产业体系与利用路径[J]. 农业工程学报，35(22)：132-140.
崔正果，2019. 不同年限玉米秸秆还田对黑土土壤理化性状以及土壤微生物的影响[D]. 长春：吉林大学.
崔正果，张恩萍，王洪预，等，2021. 氮量减施对多年玉米秸秆还田地块玉米产量与N素利用的影响[J]. 东北农业科学，46(6)：22-25.
崔佳慧，吕岩，张环宇，等，2023. 吉林省中部黑土区玉米秸秆还田主要技术模式应用效益分析[J]. 现代农业科技(8)：142-145.
戴明宏，陶洪斌，王利纳，等，2008. 华北平原春玉米种植体系中土壤无机氮的时空变化及盈亏[J]. 植物营养与肥料学报，14(3)：417-423.
邓琳璐，王继红，刘景双，等，2013. 休耕轮作对黑土酸化的影响[J]. 水土保持学报，27(3)：184-188.
董桂军，陈兴良，于洪娇，等，2019. 寒区长期秸秆全量还田对水稻土理化特性的影响[J]. 土壤与作物，8(3)：251-257.
董珊珊，窦森，李立波，等，2017. 秸秆深还不同年限对黑土腐殖质组成和胡敏酸结构特征的影响[J]. 土壤学报，54(1)：151-159.
董智，2013. 秸秆覆盖免耕对土壤有机质转化积累及玉米生长的影响[D]. 沈阳：沈阳农业大学.
董作珍，吴良欢，柴婕，等，2015. 不同氮磷钾处理对中浙优1号水稻产量、品质、养分吸收利用及经济效益的影响[J]. 中国水稻科学，29(4)：399-407.
窦森，陈光，关松，等，2017. 秸秆焚烧的原因与秸秆深还技术模式[J]. 吉林农业大学学报，39(2)：127-133.
窦森，2020. 吉林省黑土地保护与高值化利用工程[J]. 吉林农业大学学报，42(5)：473-476.
符建荣，2001. 控释氮肥对水稻的增产效应及提高肥料利用率的研究[J]. 植物营养与肥料学报，7(2)：145-152.
付月君，王昌全，李冰，等，2016. 控释氮肥与尿素配施对单季稻产量及氮肥利用率的影响[J]. 土壤，48(4)：648-652.

高洪军，彭畅，张秀芝，等，2011. 长期秸秆还田对黑土碳氮及玉米产量变化的影响[J]. 玉米科学，19(6)：105-107，111.

高洪军，彭畅，张秀芝，等，2014. 长期施肥对黑土活性有机质、pH值和玉米产量的影响[J]. 玉米科学，22(3)：126-131.

高洪军，彭畅，张秀芝，等，2020. 秸秆还田量对黑土区土壤及团聚体有机碳变化特征和固碳效率的影响[J]. 中国农业科学，53(22)：4613-4622.

高肖贤，张华芳，马文奇，等，2014. 不同施氮量对夏玉米产量和氮素利用的影响[J]. 玉米科学，22(1)：121-126，131.

高永祥，李若尘，张民，等，2021. 秸秆还田配施控释掺混尿素对玉米产量和土壤肥力的影响[J]. 土壤学报，58(6)：1507-1519.

耿明昕，关松，孟维山，等，2023. 秸秆还田与生物炭施用影响黑土有机质并缓解土壤酸化[J]. 吉林农业大学学报，45(2)：178-187.

谷洁，高华，2000. 提高肥料利用率技术创新展望[J]. 农业工程学报，16(2)：17-20.

郭晨，徐正伟，李小坤，等，2014. 不同施氮处理对水稻产量、氮素吸收及利用率的影响[J]. 土壤，46(4)：618-622.

郭孟洁，李建业，李健宇，等，2021. 实施16年保护性耕作下黑土土壤结构功能变化特征[J]. 农业工程学报，37(22)：108-118.

郭亚飞，翟正丽，张延，等，2018. 长期不同耕作方式对土壤耕层全氮的影响[J]. 土壤与作物，7(1)：38-46.

韩秉进，张旭东，隋跃宇，等，2007. 东北黑土农田养分时空演变分析[J]. 土壤通报，38(2)：238-241.

韩锦泽，2017. 玉米秸秆还田深度对土壤有机碳组分及酶活性的影响[D]. 哈尔滨：东北农业大学.

韩蔚娟，王寅，陈海潇，等，2016. 黑土区玉米施用新型肥料的效果和环境效应[J]. 水土保持学报，30(2)：307-311.

韩晓增，李娜，2018. 中国东北黑土地研究进展与展望[J]. 地理科学，38(7)：1032-1041.

郝小雨，周宝库，马星竹，等，2015. 长期不同施肥措施下黑土作物产量与养分平衡特征[J]. 农业工程学报，31(16)：178-185.

郝小雨，周宝库，马星竹，等，2015. 长期施肥下黑土肥力特征及综合评价[J]. 黑龙江农业科学(11)：23-30.

郝小雨，马星竹，高中超，等，2016. 氮肥管理措施对黑土春玉米产量及氮素利用的影响[J]. 玉米科学，24(4)：151-159.

郝小雨，马星竹，周宝库，等，2016. 长期不同施肥措施下黑土有机碳的固存效应[J]. 水土保持学报，30(5)：316-321.

郝小雨，陈苗苗，2021. 农作物秸秆肥料化利用现状与发展建议：以黑龙江省为例[J]. 河北农业大学学报(社会科学版)，23(6)：108-114.

郝小雨，孙磊，马星竹，等，2022. 黑龙江省黑土区玉米田氮肥减施效应及碳足迹估算[J]. 河北农业大学学报，45(5)：10-18.

郝小雨，王晓军，高洪生，等，2022. 松嫩平原不同秸秆还田方式下农田温室气体排放及碳足迹估算[J]. 生态环境学报，31(2)：318-325.

何翠翠，王立刚，王迎春，等，2015. 长期施肥下黑土活性有机质和碳库管理指数研究[J]. 土壤学报，52(1)：194-202.

何萍，金继运，PAMPOLINO M F，等，2012. 基于作物产量反应和农学效率的推荐施肥方法[J]. 植物营养与肥料学报，18(2)：499-505.

侯素素，董心怡，戴志刚，等，2023. 基于田间试验的秸秆还田化肥替减潜力综合分析[J]. 农业工程学报，39(5)：70-78.

侯云鹏，杨建，尹彩侠，等，2019. 氮肥后移对春玉米产量、氮素吸收利用及土壤氮素供应的影响[J]. 玉米科学，27(2)：146-154.

黄东风，李卫华，邱孝煊，2009. 硝化抑制剂对小白菜产量、硝酸盐含量及营养累积的影响[J]. 江苏农业学报，25(4)：871-875.

黄丽娜，刘俊松，2009. 我国缓/控释肥发展现状及产业化存在的问题[J]. 资源开发与市场，25(6)：527-530.

黄巧义，唐拴虎，张发宝，等，2017. 减氮配施控释尿素对水稻产量和氮肥利用的影响[J]. 中国生态农业学报，25(6)：829-838.

黄耀，孙文娟，2006. 近20年来中国大陆农田表土有机碳含量的变化趋势[J]. 科学通报，51(7)：750-763.

黄振喜，王永军，王空军，等，2007. 产量15 000 kg · ha^{-1}以上夏玉米灌浆期间的光合特性[J]. 中国农业科学，40(9)：1898-1906.

姬景红，李玉影，刘双全，等，2012. 氮肥调控对白浆土水稻产量效益及氮肥利用效率的影响[J]. 土壤通报，43(1)：136-140.

姬景红，李玉影，刘双全，等，2014. 黑龙江省春玉米的优化施肥研究[J]. 中国土壤与肥料(5)：53-58.

姬景红，李玉影，刘双全，等，2018. 控释尿素对黑龙江地区水稻产量及氮肥利用率的影响[J]. 土壤通报，49(4)：876-881.

纪玉刚，孙静文，周卫，等，2009. 东北黑土玉米单作体系氨挥发特征研究[J]. 植物营养与肥料学报，15(5)：1044-1050.

贾立辉，朱平，彭畅，等，2017. 长期施肥下黑土碳氮和土壤pH的空间变化[J]. 吉林农业大学学报，39(1)：67-73.

姜勇，徐柱文，王汝振，等，2019. 长期施肥和增水对半干旱草地土壤性质和植物性状的影响[J]. 应用生态学报，30(7)：2470-2480.

姜勇，张勇勇，李天鹏，等，2022. 玉米秸秆还田和有机配施提高黑土酸中和容量[J]. 地理学报，77(7)：1701-1712.

蒋发辉，钱泳其，郭自春，等，2022. 基于Meta分析评价东北黑土地保护性耕作与深耕的区域适宜性：以作物产量为例[J]. 土壤学报，59(4)：935-952.

焦晓光，梁文举，陈利军，等，2004. 脲酶/硝化抑制剂对土壤有效态氮、微生物量氮和小麦氮吸收的影响[J]. 应用生态学报，15(10)：1903-1906.

焦晓光，罗盛国，闻大中，2003. 控释尿素施用对水稻吸氮量及产量的影响[J]. 土壤通报，34(6)：525-528.

金继运，李家康，李书田，2006. 化肥与粮食安全[J]. 植物营养与肥料学报，12(5)：601-609.

金正勋，秋太权，孙艳丽，等，2001. 氮肥对稻米垩白及蒸煮食味品质特性的影响[J]. 植物营养与肥料学报，7(1)：31-35.

巨晓棠，谷保静，2014. 我国农田氮肥施用现状、问题及趋势[J]. 植物营养与肥料学报，20(4)：783-795.

巨晓棠，2014. 氮肥有效率的概念及意义：兼论对传统氮肥利用率的理解误区[J]. 土壤学报，51(5)：921-933.

巨晓棠，2015. 理论施氮量的改进及验证：兼论确定作物氮肥推荐量的方法[J]. 土壤学报，52(2)：249-261.

巨晓棠，张翀，2021. 论合理施氮的原则和指标[J]. 土壤学报，58(1)：1-13.

隽英华，陈利军，武志杰，等，2007. 脲酶/硝化抑制剂在土壤 N 转化过程中的作用[J]. 土壤通报，38(4)：773-780.

隽英华，汪仁，孙文涛，等，2012. 春玉米产量、氮素利用及矿质氮平衡对施氮的响应[J]. 土壤学报，49(3)：544-551 .

康日峰，任意，吴会军，等，2016. 26 年来东北黑土区土壤养分演变特征[J]. 中国农业科学，49(11)：2113-2125.

孔凡丹，周利军，郑美玉，等，2022. 秸秆覆盖对黑土区大豆生长及产量构成因素的影响[J]. 大豆科学，41(2)：189-195.

喇乐鹏，2021. 耕作方式与秸秆还田对薄层黑土理化性质和玉米产量的影响[D]. 哈尔滨：东北农业大学.

李超，刘思超，杨晶，等，2018. 不同有机肥部分替代基施化学氮肥对双季稻生长发育及产量的影响[J]. 南方农业学报，49(6)：1102-1110.

李德忠，张环宇，李会民，等，2019. 吉林省黑土地保护主要耕作技术及推广机制研究[J]. 吉林农业(4)：67.

李杰，贾豪语，颉建明，等，2015. 生物肥部分替代化肥对花椰菜产量、品质、光合特性及肥料利用率的影响[J]. 草业学报，24(1)：47-55.

李娜，韩晓增，盛明，等，2020. 东北黑土成土母质培肥过程中土壤肥力变化特征[J]. 应用生态学报，31(4)：1155-1162.

李楠楠，张忠学，2010. 黑龙江半干旱区玉米膜下滴灌水肥耦合效应试验研究[J]. 中国农村水利水电(6)：88-90，94.

李强，窦森，焦云飞，等，2022. 不同秸秆还田模式对黑土物理性质及玉米产量的影响[J]. 东北农业科学，47(4)：52-56，69.

李瑞平，2021. 吉林省半湿润区不同耕作方式对土壤环境及玉米产量的影响[D]. 哈尔滨：东北农业大学.
李伟群，张久明，迟凤琴，等，2019. 秸秆不同还田方式对土壤团聚体及有机碳含量的影响[J]. 黑龙江农业科学(5)：27-30.
李雨繁，贾可，王金艳，等，2015. 不同类型高氮复混(合)肥氨挥发特性及其对氮素平衡的影响[J]. 植物营养与肥料学报，21(3)：615-623.
李云春，李小坤，鲁剑巍，等，2014. 控释尿素对水稻产量、养分吸收及氮肥利用率的影响[J]. 华中农业大学学报，33(3)：46-51.
李兆君，宋阿琳，范分良，等，2012. 几种吡啶类化合物对土壤硝化的抑制作用比较[J]. 中国生态农业学报，20(5)：561-565.
李志安，邹碧，丁永祯，等，2005. 植物残茬对土壤酸度的影响及其作用机理[J]. 生态学报，25(9)：2382-2390.
梁爱珍，张延，陈学文，等，2022. 东北黑土区保护性耕作的发展现状与成效研究[J]. 地理科学，42(8)：1325-1335.
梁尧，蔡红光，闫孝贡，等，2016. 玉米秸秆不同还田方式对黑土肥力特征的影响[J]. 玉米科学，24(6)：107-113.
梁尧，蔡红光，杨丽，等，2021. 玉米秸秆覆盖与深翻两种还田方式对黑土有机碳固持的影响[J]. 农业工程学报，37(1)：133-140.
林葆，李家康，1997. 当前我国化肥的若干问题和对策[J]. 磷肥与复肥(2)：1-5.
刘畅，2018. 不同培肥措施对黑土区土壤理化性质的影响[D]. 呼和浩特：内蒙古农业大学.
刘建涛，许靖，孙志梅，等，2014. 氮素调控剂对不同类型土壤氮素转化的影响[J]. 应用生态学报，25(10)：2901-2906.
刘金华，王银海，赵兴敏，等，2022. 等氮量条件下不同秸秆与化学氮肥配施对黑土团聚体稳定性及其碳、氮分布的影响[J]. 土壤通报，53(1)：160-171.
刘敏，宋付朋，卢艳艳，2015. 硫膜和树脂膜控释尿素对土壤硝态氮含量及氮素平衡和氮素利用率的影响[J]. 植物营养与肥料学报，21(2)：541-548.
刘平奇，张梦璇，王立刚，等，2020. 深松秸秆还田措施对东北黑土土壤呼吸及有机碳平衡的影响[J]. 农业环境科学学报，39(5)：1150-1160.
刘双全，姬景红，2017. 黑龙江省玉米高效施肥技术[M]. 北京：中国农业出版社.
刘伟，尚庆昌，2001. 长春地区不同类型土壤的缓冲性及其影响因素[J]. 吉林农业大学学报，23(3)：78-82.
刘玉涛，王宇先，郑丽华，等，2011. 旱地玉米节水灌溉方式的研究[J]. 黑龙江农业科学(10)：16-17.
卢铁钢，孙国才，王俊茹，等，2010. 氮肥对北方超级稻产量及品质的影响[J]. 中国稻米，16(6)：35-38.
卢艳丽，白由路，王磊，等，2011. 华北小麦-玉米轮作区缓控释肥应用效果分析[J]. 植物营养与肥料学报，17(1)：209-215.
鲁艳红，聂军，廖育林，等，2016. 不同控释氮肥减量施用对双季水稻产量和氮素利用的影响[J]. 水土保持学报, 30(2): 155-161, 174.

鲁艳红, 聂军, 廖育林, 等, 2018. 氮素抑制剂对双季稻产量、氮素利用效率及土壤氮平衡的影响[J]. 植物营养与肥料学报, 24(1): 95-104.

陆太伟, 蔡岸冬, 徐明岗, 等, 2018. 施用有机肥提升不同土壤团聚体有机碳含量的差异性[J]. 农业环境科学学报, 37(10): 2183-2193.

吕敏娟, 陈帅, 辛思颖, 等, 2019. 施氮量对冬小麦产量、品质和土壤氮素平衡的影响[J]. 河北农业大学学报, 42(4): 9-15.

马国成, 蔡红光, 范围, 等, 2022. 黑土区玉米秸秆全量直接还田技术区域适应性探讨[J]. 玉米科学, 30(6): 1-6.

马巍, 齐春艳, 刘亮, 等, 2016. 氮肥减量后移对超级稻吉粳 88 氮素利用效率及产量的影响[J]. 东北农业科学, 41(1): 23-27.

孟赐福, 傅庆林, 水建国, 等, 1999. 浙江中部红壤施用石灰对土壤交换性钙、镁及土壤酸度的影响[J]. 植物营养与肥料学报, 5(2): 129-136

孟红旗, 刘景, 徐明岗, 等, 2013. 长期施肥下我国典型农田耕层土壤的 pH 演变[J]. 土壤学报, 50(6): 1109-1116.

孟琳, 张小莉, 蒋小芳, 等, 2009. 有机肥料氮替代部分无机氮对水稻产量的影响及替代率研究[J]. 植物营养与肥料学报, 15(2): 290-296.

孟亚妮, 李天鹏, 施展, 等, 2020. 施肥和增水对弃耕草地土壤酸中和容量的影响[J]. 应用生态学报, 31(5): 1579-1586.

农业农村部办公厅. 农业农村部办公厅关于做好 2022 年农作物秸秆综合利用工作的通知[EB/OL]. [2022-04-13] http: //www. gov. cn/zhengce/zhengceku/2022-04/26/content_5687228. htm.

农业农村部科学施肥专家指导组, 2022. 2022 年北方春玉米科学施肥指导意见[N]. 农民日报, 2022-03-23 (1).

彭显龙, 刘元英, 罗盛国, 等, 2007. 寒地稻田施氮状况与氮素调控对水稻投入和产出的影响[J]. 东北农业大学学报, 38 (4): 467-472.

彭显龙, 王伟, 周娜, 等, 2019. 基于农户施肥和土壤肥力的黑龙江水稻减肥潜力分析[J]. 中国农业科学, 52 (12): 2092-2100.

乔云发, 苗淑杰, 韩晓增, 等, 2007. 不同土地利用方式对黑土农田酸化的影响[J]. 农业系统科学与综合研究, 23 (4): 468-476.

乔云发, 韩晓增, 赵兰坡, 等, 2009. 黑土氮肥氨挥发损失特征研究[J]. 水土保持学报, 23 (1): 198-201.

邱琛, 韩晓增, 陈旭, 等, 2021. CT 扫描技术研究有机物料还田深度对黑土孔隙结构影响[J]. 农业工程学报, 37 (14): 98-107.

任洪利, 张婷, 张沁怡, 等, 2022. 秸秆还田与土壤微生物组健康[J]. 福建师范大学学报 (自然科学版), 38 (5): 79-85.

尚兴甲, 王梅芳, 付宝余, 2001. 运用同位素^{15}N研究冬小麦不同时期追施尿素的效果及氮肥的利用率[J]. 土壤肥料 (6): 9-11, 20.

盛明，龙静泓，雷琬莹，等，2020. 秸秆还田对黑土团聚体内有机碳红外光谱特征的影响[J]. 土壤与作物，9（4）：355-366.
石吕，张新月，孙惠艳，等，2019. 不同类型水稻品种稻米蛋白质含量与蒸煮食味品质的关系及后期氮肥的效应[J]. 中国水稻科学，33（6）：541-552.
宋添星，彭显龙，刘元英，等，2007. 实地氮肥管理对寒地水稻品质的影响[J]. 东北农业大学学报，38（5）：590-593.
宋燕燕，赵秀娟，张淑香，等，2017. 水肥一体化配合硝化/脲酶抑制剂实现油菜减氮增效研究[J]. 植物营养与肥料学报，23（3）：632-640.
苏俊，2011. 黑龙江玉米[M]. 北京：中国农业出版社.
孙磊，2009. 控释氮肥在水稻上的应用效果研究[J]. 作物杂志（2）：76-78.
孙锡发，涂仕华，秦鱼生，等，2009. 控释尿素对水稻产量和肥料利用率的影响研究[J]. 西南农业学报，22（4）：984-989.
孙志梅，刘艳军，梁文举，等，2005. 新型脲酶抑制剂 LNS 与双氰胺配合施用对菜田土壤尿素氮转化及蔬菜生长的影响[J]. 土壤通报，36（5）：803-805.
孙志梅，武志杰，陈利军，等，2007. 3，5-二甲基吡唑对尿素氮转化及 NO_3^--N 淋溶的影响[J]. 环境科学，28（1）：176-181.
孙志梅，武志杰，陈利军，等，2008. 硝化抑制剂的施用效果、影响因素及其评价[J]. 应用生态学报，19（7）：1611-1618.
索炎炎，张翔，司贤宗，等，2023. 施用石灰与生物炭对酸性土壤花生氮素吸收及产量的影响[J]. 中国油料作物学报，45（1）：148-154.
谭岑，窦森，靳亚双，等，2018. 秸秆深还对黑土耕层根区养分空间分布的影响[J]. 吉林农业大学学报，40（5）：603-609.
田芳谣，2015. 秸秆还田及配施化肥对黑土钾素营养性状的影响[D]. 长春：吉林农业大学.
田秀平，张之一，2015. 不同耕作制下白浆土 pH 变化规律研究[J]. 东北农业大学学报，46（3）：37-40.
佟玉欣，2018. 松嫩平原黑土区种植结构调整对 SOC、土壤 pH 和侵蚀的影响[D]. 北京：中国农业大学.
汪景宽，李双异，张旭东，等，2007. 20 年来东北典型黑土地区土壤肥力质量变化[J]. 中国生态农业学报，15（1）：19-24.
王成瑷，张文香，赵磊，等，2010. 氮磷钾肥料用量对水稻产量与品质的影响[J]. 吉林农业科学，35（1）：28-33.
王峻，薛永，潘剑君，等，2018. 耕作和秸秆还田对土壤团聚体有机碳及其作物产量的影响[J]. 水土保持学报，32（5）：121-127.
王莉，高淑青，李梦瑶，等，2015. 长期有机无机配施对黑土养分特征的影响[J]. 吉林农业科学，40（3）：54-58，91.
王玲莉，古慧娟，石元亮，等，2012. 尿素配施添加剂 NAM 对三江平原白浆土氮素转化和玉米产量的影响[J]. 中国土壤与肥料（2）：34-38.

王蒙，赵兰坡，王立春，等，2012. 氮素运筹对吉林超高产水稻的产量及氮效率的研究[J]. 吉林农业科学，37（6）：25-28，31.

王宁，李九玉，徐仁扣，2007. 土壤酸化及酸化土壤的改良和管理[J]. 安徽农学通报，13（23）：48-51.

王庆杰，曹鑫鹏，王超，等，2021. 东北黑土地玉米免少耕播种技术与机具研究进展[J]. 农业机械学报，52（10）：1-15.

王秋菊，刘峰，焦峰，等，2019. 秸秆粉碎集条深埋机械还田对土壤物理性质的影响[J]. 农业工程学报，35（17）：43-49.

王秋菊，新家宪，刘峰，等，2017. 长期秸秆还田对白浆土物理性质及水稻产量的影响[J]. 中国农业科学，50（14）：2748-2757.

王胜楠，邹洪涛，张玉龙，等，2015. 秸秆集中深还田对土壤水分特性及有机碳组分的影响[J]. 水土保持学报，29（1）：154-158.

王帅，朱涵宇，杨占惠，等，2022. 秸秆还田方式对不同土壤条件下玉米苗期生长发育的影响[J]. 生态学杂志，41（3）：479-486.

王宜伦，李潮海，谭金芳，等，2010. 超高产夏玉米植株氮素积累特征及一次性施肥效果研究[J]. 中国农业科学，43（15）：3151-3158.

王缘怡，李晓宇，王寅，等，2021. 吉林省农户玉米种植与施肥现状调查[J]. 中国农业资源与区划，42（9）：262-271.

王泽胤，2008. 不同配比控释尿素对水稻的影响[J]. 黑龙江农业科学（5）：63-64.

温延臣，张曰东，袁亮，等，2018. 商品有机肥替代化肥对作物产量和土壤肥力的影响[J]. 中国农业科学，51（11）：2136-2142.

翁建华，黄连芬，刘晓茹，等，2000. 土壤酸化及天然土壤溶液中铝的形态[J]. 中国环境科学，20（6）：501-505.

吴永成，王志敏，周顺利，2011. ^{15}N 标记和土柱模拟的夏玉米氮肥利用特性研究[J]. 中国农业科学，44（12）：2446-2453.

相浩龙，郑文魁，刘艳丽，等，2022. 化肥有机替代技术在我国小麦、玉米生产中的应用研究进展[J]. 山东农业科学，54（7）：157-163.

肖艳，陈清，王敬国，等，2004. 滴灌施肥对土壤铁、磷有效性及番茄生长的影响[J]. 中国农业科学，37（9）：1322-1327.

徐春梅，王丹英，陈丽萍，等，2013. 氮肥施用对杂交稻天优华占及其父母本产量与品质的影响[J]. 中国土壤与肥料（1）：59-63.

徐明岗，李冬初，李菊梅，等，2008. 化肥有机肥配施对水稻养分吸收和产量的影响[J]. 中国农业科学，41（10）：3133-3139.

徐明岗，李菊梅，李冬初，等，2009. 控释氮肥对双季水稻生长及氮肥利用率的影响[J]. 植物营养与肥料学报，15（5）：1010-1015.

徐年龙，于洪喜，叶仁宏，等，2018. 不同肥料种类及运筹对水稻产量和外观品质的影响[J]. 大麦与谷类科学，35（6）：35-39.

徐仁扣，COVENTRY D R，2002. 某些农业措施对土壤酸化的影响[J]. 农业环境保护，21（5）：385-388.
徐新朋，魏丹，李玉影，等，2016. 基于产量反应和农学效率的推荐施肥方法在东北春玉米上应用的可行性研究[J]. 植物营养与肥料学报，22（6）：1458-1460.
徐莹莹，孙士明，靳晓燕，等，2022. 不同耕作措施对土壤质构和玉米产量的影响[J]. 玉米科学，30（4）：97-106.
徐莹莹，王俊河，刘玉涛，等，2019. 秸秆还田方式对半干旱区春玉米生长特性、产量及水分利用效率的影响[J]. 江苏农业科学，47（21）：128-132.
徐子斌，李雷，王鸿斌，等，2022. 不同耕作方式对黑土团聚体及其有机碳分布特征的影响[J]. 吉林农业大学学报（网络首发）.
许仁良，戴其根，霍中洋，等，2005. 施氮量对水稻不同品种类型稻米品质的影响[J]. 扬州大学学报：农业与生命科学版，26（1）：66-84.
许中坚，刘广深，俞佳栋，2002. 氮循环的人为干扰与土壤酸化[J]. 地质地球化学，30（2）：74-78.
焉莉，高强，张志丹，等，2014. 自然降雨条件下减肥和资源再利用对东北黑土玉米地氮磷流失的影响[J]. 水土保持学报，28（4）：1-6，103.
闫雷，周丽婷，孟庆峰，等，2020. 有机物料还田对黑土有机碳及其组分的影响[J]. 东北农业大学学报，51（5）：40-46.
闫志浩，胡志华，王士超，等，2019. 石灰用量对水稻油菜轮作区土壤酸度、土壤养分及作物生长的影响[J]. 中国农业科学，52（23）：4285-4295.
严君，韩晓增，邹文秀，等，2022. 长期秸秆还田和施肥对黑土肥力及玉米产量的影响[J]. 土壤与作物，11（2）：139-149.
杨帆，董燕，徐明岗，等，2012. 南方地区秸秆还田对土壤综合肥力和作物产量的影响[J]. 应用生态学报，23（11）：3040-3044.
杨帆，李荣，崔勇，等，2011. 我国南方秸秆还田的培肥增产效应[J]. 中国土壤与肥料（1）：10-14.
杨国航，崔彦宏，刘树欣，2004. 供氮时期对玉米干物质积累、分配和转移的影响[J]. 玉米科学，12（S2）：104-106.
杨俊刚，安文博，连炳瑞，等，2023. 缓控释肥一次性施用后土壤氮素供应与损失特征研究[J]. 玉米科学，31（1）：135-142.
杨竣皓，骆永丽，陈金，等，2020. 秸秆还田对我国主要粮食作物产量效应的整合（Meta）分析[J]. 中国农业科学，53（21）：4415-4429.
杨志臣，吕贻忠，张凤荣，等，2008. 秸秆还田和腐熟有机肥对水稻土培肥效果对比分析[J]. 农业工程学报，24（3）：214-218.
叶东靖，高强，何文天，等，2010. 施氮对春玉米氮素利用及农田氮素平衡的影响[J]. 植物营养与肥料学报，16（3）：552-558.
于舒函，龚振平，马春梅，等，2017. 秸秆还田与施氮肥对松嫩平原玉米氮素吸收及产量的影响[J]. 玉米科学，25（4）：129-134.
于天一，逄焕成，李玉义，等，2013. 红壤旱地长期施肥对春玉米光合特性和产量的影响[J]. 中国农业大学学报，18（2）：17-21.
于天一，王春晓，路亚，等，2018. 不同改良剂对酸化土壤花生钙素吸收利用及生长发育的影响[J]. 核农学报，32（8）：1619-1626.
袁金华，徐仁扣，2012. 生物质炭对酸性土壤改良作用的研究进展[J]. 土壤，44（4）：541-547.
曾廷廷，蔡泽江，王小利，等，2017. 酸性土壤施用石灰提高作物产量的整合分析[J]. 中国农业科学，50（13）：2519-2527.
展文洁，陈一昊，曾子豪，等，2022. 不同氮肥施用方式下春玉米根系时空分布特征[J]. 中国土壤与肥料（1）：16-24.
张福锁，王激清，张卫峰，等，2008. 中国主要粮食作物肥料利用率现状与提高途径[J]. 土壤学报，45（5）：915-924.
张海楼，娄春荣，刘慧颖，等，2008. 控释尿素对水稻生长的影响[J]. 安徽农业科学，36（34）：15063-15065，15131.
张洪程，王秀芹，戴其根，等，2003. 施氮量对杂交稻两优培九产量、品质及吸氮特性的影响[J]. 中国农业科学，36（7）：800-806.
张杰，金梁，李艳，等，2022. 不同施肥措施对黑土区玉米氮效率及碳排放的影响[J]. 植物营养与肥料学报，28（3）：414-425.
张敬昇，李冰，王昌全，等，2017. 控释氮肥与尿素掺混比例对作物中后期土壤供氮能力和稻麦产量的影响[J]. 植物营养与肥料学报，23（1）：110-118.
张久明，迟凤琴，宿庆瑞，等，2014. 不同有机物料还田对土壤结构与玉米光合速率的影响[J]. 农业资源与环境学报，31（1）：56-61.
张均华，刘建立，张佳宝，等，2010. 施氮量对稻麦干物质转运与氮肥利用的影响[J]. 作物学报，36（10）：1736-1742.
张苗苗，沈菊培，贺纪正，等，2014. 硝化抑制剂的微生物抑制机理及其应用[J]. 农业环境科学学报，33（11）：2077-2083.
张士秀，贾淑霞，常亮，等，2022. 保护性耕作改善东北农田黑土土壤生物多样性及其生态功能[J]. 地理科学，42（8）：1360-1369.
张姝，袁宇含，苑佰飞，等，2021. 玉米秸秆深翻还田对土壤及其团聚体内有机碳含量和化学组成的影响[J]. 吉林农业大学学报（网络首发）.
张文学，孙刚，何萍，等，2013. 脲酶抑制剂与硝化抑制剂对稻田氨挥发的影响[J]. 植物营养与肥料学报，19（6）：1411-1419.
张文学，王少先，刘增兵，等，2021. 基于土壤肥力质量综合指数评价化肥与有机肥配施对红壤稻田肥力的提升作用[J]. 植物营养与肥料学报，27（5）：777-790.
张喜林，周宝库，孙磊，等，2008. 黑龙江省耕地黑土酸化的治理措施研究[J]. 东北农业大学学报，39（5）：48-52
张晓平，李文凤，梁爱珍，等，2008. 中层黑土不同耕作方式下玉米和大豆产量及经济效益分析[J]. 中国生态农业学报，16（4）：858-864.
张新帅，张红宇，黄凯，等，2022. 石灰与生物炭对矿山废水污染农田土壤的改良效应[J]. 农业环境科学学报, 41 (3): 481-491.

张兴义, 李健宇, 郭孟洁, 等, 2022. 连续 14 年黑土坡耕地秸秆覆盖免耕水土保持效应[J]. 水土保持学报, 36 (3): 44-50.

张玉革, 李甜, 冯雪, 等, 2022. 尿素氮添加对黑钙土酸化速率及酸中和容量的影响[J]. 土壤通报, 53 (1): 172-180.

张泽慧, 吴帅, 翟成, 等, 2019. 耕作措施与不同秸秆还田方式对黑土物理指标及固定态铵的影响[J]. 玉米科学, 27 (3): 102-107.

赵家煦, 2017. 东北黑土区秸秆还田深度对土壤水分动态及土壤酶、微生物 C、N 的影响[D]. 哈尔滨: 东北农业大学.

赵兰坡, 张志丹, 王鸿斌, 等, 2008. 松辽平原玉米带黑土肥力演化特点及培育技术[J]. 吉林农业大学学报, 30 (4): 511-516.

赵营, 同延安, 赵护兵, 2006. 不同施氮量对夏玉米产量、氮肥利用率及氮平衡的影响[J]. 土壤肥料, 15 (2): 30-33.

赵自超, 韩笑, 石岳峰, 等, 2016. 硝化和脲酶抑制剂对华北冬小麦-夏玉米轮作固碳减排效果评价[J]. 农业工程学报, 32 (6): 254-262.

中国科学院. 东北黑土地白皮书 (2020) [R/OL]. (2021-07-09). https: //www. cas. cn/cm/202107/t20210712_ 4798122. shtml? from=timeline.

中华人民共和国农业农村部. 东北黑土地保护规划纲要 (2017—2030 年) [OL]. http: //www. moa. gov. cn/nybgb/2017/dqq/201801/t20180103_6133926. htm.

周晶, 2017. 长期施氮对东北黑土微生物及主要氮循环菌群的影响[D]. 北京: 中国农业大学.

周卫, 丁文成, 2023. 新阶段化肥减量增效战略研究[J]. 植物营养与肥料学报, 29 (1): 1-7.

周旋, 吴良欢, 戴锋, 2015. 生化抑制剂组合对黄泥田土壤尿素态氮转化的影响[J]. 水土保持学报, 29 (5): 95-100, 123.

周旋, 吴良欢, 戴锋, 2017. 生化抑制剂组合与施肥模式对黄泥田水稻产量和经济效益的影响[J]. 生态学杂志, 36 (12): 3517-3525.

朱兆良, 1998. 我国氮肥的使用现状、问题和对策[C] //李庆逵, 朱兆良, 于天仁. 中国农业持续发展中的肥料问题. 南京: 江苏科学技术出版社: 38-51.

朱兆良, 金继运, 2013. 保障我国粮食安全的肥料问题[J]. 植物营养与肥料学报, 19 (2): 259-273.

祝英, 王治业, 彭轶楠, 等, 2015. 有机肥替代部分化肥对土壤肥力和微生物特征的影响[J]. 土壤通报, 46 (5): 1161-1167.

邹文秀, 韩晓增, 陆欣春, 等, 2018. 玉米秸秆混合还田深度对土壤有机质及养分含量的影响[J]. 土壤与作物, 7 (2): 139-147.

邹文秀, 韩晓增, 严君, 等, 2020. 耕翻和秸秆还田深度对东北黑土物理性质的影响[J]. 农业工程学报, 36 (15): 9-18.

AHMAD I, KAMRAN M, YANG X, et al., 2019. Effects of applying uniconazole alone or combined with manganese on the photosynthetic efficiency, antioxidant defense system, and yield in wheat in semiarid regions[J]. Agricultural Water Management, 216: 400-414.

AMANULLAH H, MARWAT K B, SHAH P, et al., 2009. Nitrogen levels and its time of application influence leaf area, height and biomass of maize planted at low and high density[J]. Pakistan Journal of Botany, 41 (2): 761-768.

BALIGAR V C, FAGERIA N K, HE Z L, 2001. Nutrient use efficiency in plants[J].Communications in Soil Science and Plant Analysis, 32 (7-8): 921-950.

BOCKMAN O C, KAARSTAD O, LIE O H, et al., 2015. Agriculture and Fertilizers[M]. Scientific Publishers.

CHEN Y L, XIAO C X, WU D L, et al., 2015. Effects of nitrogen application rate on grain yield and grain nitrogen concentration in two maize hybrids with contrasting nitrogen remobilization efficiency[J]. European Journal of Agronomy, 62: 79-89.

CHEN Z M, LI Y, XU Y H, et al., 2021. Spring thaw pulses decrease annual N_2O emissions reductions by nitrification inhibitors from a seasonally frozen cropland[J]. Geoderma, 403: 115310.

COOKSON W R, CORNFORTH I S, 2002. Dicyandiamide slows nitrification in dairy cattle urine patches: effects on soil solution composition, soil pH and pasture yield[J]. Soil Biology and Biochemistry, 34: 1461-1465.

DI H J, CAMERON K C, 2005. Reducing environmental impacts of agriculture by using a fine particle suspension nitrification inhibitor to decrease nitrate leaching from grazed pastures[J]. Agriculture, Ecosystems & Environment, 109: 202-212.

FAN J, HAO M D, 2003. Nitrate accumulation in soil profile of dry land farmland[J]. Journal of Agro-Environment Science, 22 (3): 263-266.

Food and Agriculture Organization of the United Nations (FAO). FAO Statistical pocketbook: World food and agriculture 2015[DB/OL]. (2016-12-10). https://www.fao.org/3/i4691e/i4691e.pdf.

Food and Agriculture Organization of the United Nations (FAO). FAOSTAT database collections[DB/OL]. (2020-10-12) https://www.fao.org/faostat/en/#data/RFN.

GARCÌA-GIL J C, CEPPI S B, VELASCO M I, et al., 2004. Long-term effects of amendment with municipal solid waste compost on the elemental and acidic functional group composition and pH-buffer capacity of soil humic acids[J]. Geoderma, 121 (1-2): 135-142.

GRANT C A, WU R, SELLES F, et al., 2012. Crop yield and nitrogen concentration with controlled release urea and split applications of nitrogen as compared to non-coated urea applied at seeding[J]. Field Crops Research, 127: 170-180.

HAN M Z, WANG M M, ZHAI G Q, et al., 2022. Difference of soil aggregates composition, stability, and organic carbon content between eroded and depositional areas after adding exogenous organic materials[J]. Sustainability, 14 (4): 2143.

HAVLIN J H, TISDALE S L, NELSON W L, et al., 2005. Soil Fertility and Fertilizers: an Introduction to Nutrient Management[M]. New Delhi: Pearson Education: 17-116.

HIREL B, GOUIS J L, NEY B, et al., 2007. The challenge of improving nitrogen use efficiency in crop plants: towards a more central role for genetic variability and quantitative genetics within integrated approaches[J]. Journal of Experimental Botany, 58 (9): 2369-2387.

HUANG T T, YANG N, LU C, et al., 2021. Soil organic carbon, total nitrogen, available nutrients, and yield under different straw returning methods[J]. Soil and Tillage Research, 214: 105171.

JU X T, KOU C L, CHRISTIE P, et al., 2007. Changes in the soil environment from excessive application of fertilizers and manures to two contrasting intensive cropping systems on the North China Plain[J]. Environmental Pollution, 145: 497-506.

JU X T, XING G X, CHEN X P, et al., 2009. Reducing environmental risk by improving N management in intensive Chinese agricultural systems[J]. Proceedings of the National Academy of Sciences of United States of America, 106: 3041-3046.

JU X, CHRISTIE P, 2011. Calculation of theoretical nitrogen rate for simple nitrogen recommendations in intensive cropping systems: a case study on the North China Plain[J]. Field Crops Research, 124 (3): 450-458.

KOBAYASHI A, FUJISAWAE, HANYU T, 1997. A mechanism of nutrient release from resin-coated fertilizer and its estimation by Kinetic methods. 1: effect of water vapor pressure on nutrient release[J]. Japanese Journal of Soil Science and Plant Nutrition, 68 (1): 8-13.

LADHA J K, PATHAK H, KRUPNIK T J, et al., 2005. Efficiency of fertilizer nitrogen in cereal production: retrospects and prospects[J]. Advances in Agronomy, 87: 85-156.

LAM S K, SUTER H, MOSIER A R, et al., 2017. Using nitrification inhibitors to mitigate agricultural N_2O emission: a double-edged sword? [J]. Global Change Biology, 23: 485-489.

LARKIN R P, 2008. Relative effects of biological amendments and crop rotations on soil microbial communities and soilborne diseases of potato[J]. Soil Biology and Biochemistry, 40: 1341-1351.

LIU M Q, HU F, CHEN X Y, et al., 2009. Organic amendments with reduced chemical fertilizer promote soil microbial development and nutrient availability in a subtropical paddy field: the influence of quantity, type and application time of organic amendments[J]. Applied Soil Ecology, 42: 166-175.

LIU X, PENG C, ZHANG W J, et al., 2022. Subsoiling tillage with straw incorporation improves soil microbial community characteristics in the whole cultivated layers: a one-year study[J]. Soil and Tillage Research, 215: 105-188.

LIU Z J, XIE J G, ZHANG K, et al., 2011. Maize growth and nutrient uptake as influenced by nitrogen management in Jilin province[J]. Plant Nutrition and Fertilizer Science, 17 (1): 38-47.

LONERAGAN J F, 1997. Plant nutrition in the 20th and perspective for the 21st century[J]. Plant and Soil, 196: 163-174.

MARTINS M R, SANT'ANNA S A C, ZAMAN M, et al., 2017. Strategies for the use of urease and nitrification inhibitors with urea: impact on N_2O and NH_3 emissions, fertilizer-^{15}N recovery and maize yield in a tropical soil[J]. Agriculture, Ecosystems & Environment, 247: 54-62.

MOHAMMED Y A, CHEN C C, JENSEN T, 2016. Urease and nitrification inhibitors impact on winter wheat fertilizer timing, yield, and protein content [J]. Agronomy Journal, 108: 905-912.

MOSHARROF M, UDDIN M K, JUSOP S, et al., 2021. Integrated use of biochar and lime as a tool to improve maize yield and mitigate CO_2 emission: a review[J]. Chilean Journal of Agricultural Research, 81 (1): 109-118.

REN K, XU M, LI R, et al., 2022. Optimizing nitrogen fertilizer use for more grain and less pollution[J]. Journal of Cleaner Production, 360: 132180.

RODGERS G A, PENNY A, HEWITT M V, 1985. Effects of nitrification inhibitors on uptakes of mineralised nitrogen and on yields of winder cereals grown on sandy soil after ploughing old grassland [J]. Journal of the Science of Food and Agriculture, 36: 915-924.

RUKSHANA F, BUTTERLY C R, BALDOCK J A, et al., 2011. Model organic compounds differ in their effects on pH changes of two soils differing in initial pH[J]. Biology and Fertility of Soils, 47 (1): 51-62.

SHI R, HONG Z, LI J, et al., 2018. Peanut straw biochar increases the resistance of two Ultisols derived from different parent materials to acidification: a mechanism study[J]. Journal of Environmental Management, 210: 171-179.

SPACKMAN J A, FERNANDEZ F G, COULTER J A, et al., 2019. Soil texture and precipitation influence optimal time of nitrogen fertilization for corn[J]. Agronomy Journal, 111 (4): 2018-2030.

SUN H J, ZHANG H L, POWLSON D, et al., 2015. Rice production, nitrous oxide emission and ammonia volatilization as impacted by the nitrification inhibitor 2-chloro-6-(trichloromethyl)-pyridine[J]. Field Crops Research, 173: 1-7.

TANG C X, WELIGAMA C, SALE P, 2013. Subsurface soil acidification in farming systems: its possible causes and management options[J]. Molecular Environmental Soil Science: 389-412.

TANG C, YU Q, 1999. Chemical composition of legume residues and initial soil pH determine pH change of a soil after incorporation of the residues[J]. Plant and Soil, 215: 29-38.

TAO R, LI J, GUAN Y, et al., 2018. Effects of urease and nitrification inhibitors on the soil mineral nitrogen dynamics and nitrous oxide (N_2O) emissions on calcareous soil[J]. Environmental Science & Pollution Research International, 25: 9155-9164.

WANG J, SUN N, XU M G, et al., 2019. The influence of long-term animal manure and crop residue application on abiotic and biotic N immobilization in an acidified agricultural soil[J]. Geoderma, 337: 710-717.

WANG L, BUTTERLY C R, TIAN W, et al., 2016. Effects of fertilization practices on aluminum fractions and species in a wheat soil[J]. Journal of Soils and Sediments, 16 (7): 1933-1943.

WEISKE A, BENCKISER G, OTTOW J C G, 2001. Effect of the new nitrification inhibitor DMPP in comparison to DCD on nitrous oxide (N_2O) emissions and methane (CH_4) oxidation during 3 years of repeated applications in field experiments[J]. Nutrient Cycling in Agroecosystems, 60: 57-64.

XU J, TANG C, CHEN Z L, 2006. Chemical composition controls residue decomposition in soils differing in initial pH[J]. Soil Biology and Biochemistry, 38 (3): 544-552.

XU K, CHAI Q, HU F L, et al., 2021. N fertilizer postponing application improves dry matter translocation and increases system productivity of wheat/maize intercropping[J]. Scientifc Reports, 11: 22825.

YANG L L, HU C S, 2003. Effects of fertilization on nitrate leach in soil profile and accumulation in crops and yield response in north China[J]. Chinese Journal of Applied and Environmental Biology, 9 (5): 501-505.

YU Q G, CHEN Y X, YE X Z, et al., 2007. Evaluation of nitrification inhibitor 3, 4-dimethyl pyrazole phosphate on nitrogen leaching in undisturbed soil columns[J]. Chemosphere, 67: 872-878.

ZAMAN M, BLENNERHASSETT J D, 2010. Effects of the different rates of urease and nitrification inhibitors on gaseous emissions of ammonia and nitrous oxide, nitrate leaching and pasture production from urine patches in an intensive grazed pasture system[J]. Agriculture, Ecosystems & Environment, 136 (3-4): 236-246.

ZHENG W K, LIU Z G, ZHANG M, et al., 2017. Improving crop yields, nitrogen use efficiencies, and profits by using mixtures of coated controlled-released and uncoated urea in a wheat-maize system[J]. Field Crops Research, 205 (6): 106-115.

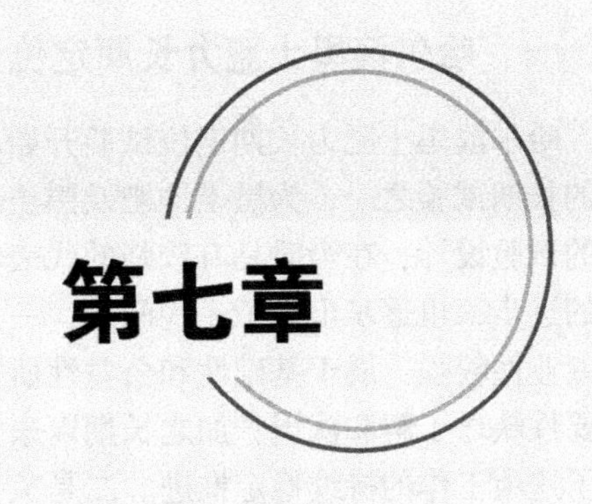

第七章

研究展望

一、哈尔滨黑土肥力长期定位试验存在的主要问题及展望

哈尔滨黑土肥力长期定位试验开始于1979年，距现在已有44 a，属于我国较早建立的长期试验之一，为黑土培肥及黑土地保护利用提供了强有力的理论和科技支撑。相关的试验设计，在当时具有较强的代表性、前瞻性和创新性，但是随着时间的推移和科技的进步，也逐步出现了一些问题。一是重视程度不足。由于土壤肥力长期定位试验学科专业性较强，属于基础性和公益性研究，各级部门和广大群众对这项工作的重要性、必要性缺乏了解和认识，加之长期以来宣传不够，导致对定位试验的重视程度不高，影响了这项工作的持续稳定推进。二是工作力量薄弱。目前哈尔滨黑土肥力长期定位试验挂靠在研究室，未设置对应的实验站，缺乏专业的管理和维护人员，观测技术人员不稳定、力量薄弱，且缺乏稳定的经费支持，导致研究人员因短期内难以出成果而不愿意从事这项工作，影响监测工作高质量开展及定位试验的可持续发展。三是试验设置落后于时代发展。农机农艺相结合的问题、轮作制度变化的问题、作物品种变化的问题、未设置秸秆还田处理的问题等，与农业生产上产生了脱节，因此需要进一步调整和完善。四是数据资料利用率较低。44 a来，哈尔滨黑土肥力长期定位试验积累了大量的试验数据，但是部分资料开发利用不足，试验成果没有得到充分转化与应用，产出的成果相对较少，对农业生产的指导作用还未完全体现。未来，还需要加强以下4方面的工作。

（一）加强长期肥力定位试验组网研究

黑土区农田生态系统分布广、类型多样，单一的长期定位试验无法满足国家对粮食生产和环境功能的需求，且土壤属性的变化是一个非常缓慢的过程，对黑土属性变化的描述需要长期试验证明，因此特别需要组建农业长期试验网。下一步，借鉴发达国家和相关领域的做法，连点成线、聚线成面，逐步建立区域统一的农业长期观测试验研究网络，统筹协调、增加投入、资源共享；制定统一的数据采集指标体系、采集规范，构建基于全生命周期的数据管理工作流程和管理规范，制定统一的开放共享管理制度；利用现代信息技术，开发网上试验基地共享平台和数据融汇治理平台，实现数据的实时汇聚、管理、分析和共享，满足各基地数据资源、科研实景、监控影像的远程实时访问、查询查看等业务需求，促进实验基地、仪器、设备、科学数据等资源整合与开放使用。

（二）加强跨学科间的交叉

哈尔滨黑土肥力长期定位试验，不仅仅局限于土壤肥料方面的研究，与作物品种、植保、耕作栽培、农业机械等农业管理措施密切相关，载体——土壤与大气、水循环领域的交互作用也十分密切。此外，开发利用数学和计算机模型，基于现有的气象监测数据和土壤基础数据等建立数据库，预测未来气候模式下大尺度土壤有机质和土壤肥力的动态变化，为“双碳”目标的实现及国家战略需求和粮食储备提供必要的数据支持和预警。

（三）深入分析黑土质量演变的内在机制

基于新兴和原位监测技术，将微观与宏观相结合，侧重于量化和原位监测，全面阐述不同尺度土壤团聚体中矿物-有机质-生物的耦合作用及其呈现的特有功能，并探讨单一及复合环境因子对黑土团聚体影响的差异性及其机制。基于同位素示踪技术、同步

辐射技术、热化学分析技术、基因芯片技术等先进的测试方法，深入分析土壤有机质形成和稳定过程及影响机制，明确土壤有机碳的长期保存机制、来源和环境调控作用，利用碳循环模型（Century、RothC、DNDC 等）模拟土壤有机碳动态和预测土壤有机碳对气候变化的响应，为黑土地有机质提升和碳循环提供理论依据。利用分子生物学技术，如变性梯度凝胶电泳和高通量测序技术等，分析土壤中微生物群落演变特征，明确土壤微生物多样性及群落结构多样性以及与碳、氮循环的相互关系。深入研究不同耕作、轮作、有机替代和秸秆还田技术对土壤生物、物理、化学性质和土壤肥力的影响，因地制宜地优化出最适合黑土区的农田管理方式，提升黑土耕地质量，提高黑土地综合生产能力。

（四）强化政策和经费支持

坚持哈尔滨黑土肥力长期定位试验的公益性、基础性、长期性，发挥政府作用，加大财政投入力度。结合国家和省市级黑土保护项目、黑土试点县项目和高标准农田建设等渠道，支持采取工程和技术相结合的综合措施，加强长期定位试验基础设施、长期观测科研样地等重点场所的观测监测设备建设，推进观测设施、设备更新维护，着力加强基地安全监控、物联网建设；建立农业长期定位试验经费和管理人员的稳定资助机制，采取按照学科叠加任务和经费的方式，设立长期定位试验科技人员的人才激励政策，适当予以倾斜，以干代训，加快专业化、专门化人才培养。

二、黑土地保护的对策与建议

（一）充分发挥政府统筹和管理职能

一是加强统筹协调。设置农业、发展改革、财政、国土资源、环境保护、水利等部门负责同志组成的黑土地保护推进落实机制，加强协调指导，明确工作责任，推进措施落实，细化各部门职责，将计划目标和任务逐级分解，落实到相关地市、部门；进一步设置市、县黑土保护利用办公室，实现集中领导和统一指挥。二是制定针对性强、可操作的黑土保护利用政策。通过建立经济补偿和市场化驱动机制，激发黑土保护内生动力，形成政府主导推动、部门协作、市场驱动、社会参与的稳定运行机制。三是建立规范科学的责任考核机制。把黑土地保护利用工作作为绩效考核的重要标准，细化工作分工，明确工作责任，确保落实到人。四是加强监管责任，建立考核问责制度。开展黑土地保护利用重点考核和总体评价，对不能按时保质保量完成任务的，进行督导，通报批评，核减补助资金。

（二）加强资金和政策支持

一是加大中央和地方财政和政策支持，设定黑土地保护利用专项资金。《中华人民共和国黑土地保护法》第二十四条明确指出，国家鼓励粮食主销区通过资金支持、与四省区建立稳定粮食购销关系等经济合作方式参与黑土地保护，建立健全黑土地跨区域投入保护机制。建议政府部门对超额完成耕地保护任务的地区给予生态保护补偿，这种补偿可以通过直接给予肥料补偿，也可以通过按当年相应的肥料价格折算成货币的形式给予补偿。强化和细化现有的农业补贴和最低价收购政策，为土地流转、种植结构调整和保护性耕作的具体落实起到引导作用，实现国家和农户双赢、生产和生态兼顾的多重目标。创建“补贴+奖励”机制，对于黑土地保护利用完成较好的主体或个人，给予优先补贴和奖励，发挥激励作用。二是对社会资本、企业参与投资保护黑土地给予大力支持，建立多元化优惠政策，从金融贷款、用地、水电、税收、环保等多方面积极引导和支持。探索建立中央指导、地方组织、各类新型农业经营主体承担建设任务的项目实施机制，构建政府、企业、社会共同参与的多元化投入机制。

（三）强化科技支撑

一是破解黑土耕层“变瘦、变薄、变硬”的科学机理问题，加强黑土地退化过程与驱动机制科学研究。二是推进科技创新，组织科研单位开展技术攻关，重点开展黑土保育、土壤养分平衡、节水灌溉、旱作农业、保护性耕作、水土流失治理等技术攻关，特别要集中攻关秸秆低温腐熟技术，即秸秆肥料化利用，因地制宜开展秸秆粉碎深翻还田、覆盖免耕还田、过腹转化还田，持续提升耕地地力。坚持用养结合、综合施策，要求采取工程、农艺、农机、生物等措施，加强黑土地农田基础设施建设，完善黑土地质量提升措施，保护黑土地的优良生产能力。加强黑土地治理修复，要求采取综合性措施，开展侵蚀沟治理，加强农田防护林建设，开展沙化土地治理，加强林地、草原、湿地保护修复，改善和修复农田生态环境。三是推进集成创新，结合优良作物品种、农机装备研发、生物绿色技术等开展绿色高产高效创建和模式攻关，集成组装一批黑土地保护技术模式。四是构建黑土地监测评价体系。利用互联网、物联网技术、天-空-地一体化监测技术体系获取高时空分辨率黑土地农业资源环境、农机农艺、技术模式等农业大数据，实现多源异构农业大数据的融合分析，掌握作物生长、自然灾害、土壤质量等农业生产全过程的时空变化规律。结合第三次全国土壤普查等工作，建立黑土耕地质量监测网络，与科研教学推广机构、监测体系对接，构建覆盖面广、代表性强、功能完备的耕地质量监测网络。建立质量评价指标体系，摸清黑土耕地质量家底，为黑土地保护利用提供坚实数据支撑。五是加强黑土保护利用创新团队建设，成立黑土保护利用技术创新体系，建立由属地科研教育和技术推广单位组成的专家服务团队，加快黑土保护利用技术创新推广。

（四）加强宣传引导

一是充分发挥新闻媒体的引导作用，充分利用电视、广播、报纸、互联网、手机等手段，积极宣传有关黑土保护利用的国家、省、市重大政策文件、先进活动和典型案例，积极纠正传统观念，转变农民思想。二是通过举办培训班和现场会、设立示范区和典型示范户、发放书籍资料、举办科普活动等方式，多方面宣传黑土保护利用对耕地保护的重要性和相关扶持政策，不断提升农民群众的思想认识和主动参与的意识。

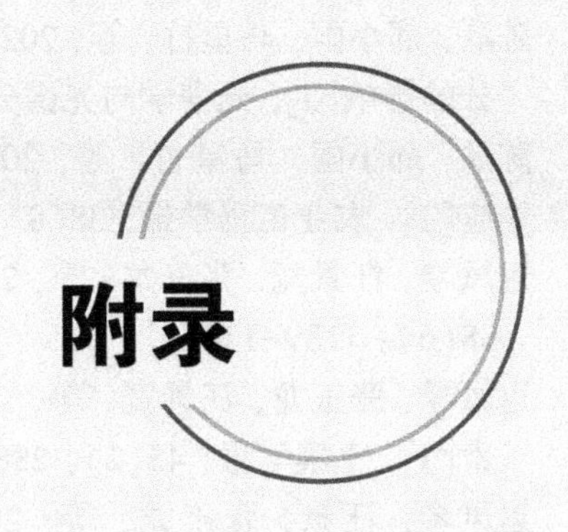

附录

依托哈尔滨黑土肥力长期定位试验发表的论文

陈磊，郝小雨，马星竹，等，2022. 长期不同施肥处理对黑土根际土壤有机碳结构组分的影响[J]. 光谱学与光谱分析，42(12)：3883-3888.

陈磊，郝小雨，马星竹，等，2022. 黑土根际土壤有机碳及结构对长期施肥的响应[J]. 农业工程学报，38(8)：72-78.

迟凤琴，汪景宽，张玉龙，等，2007. 黑土有效硫含量状况及其评价[J]. 土壤通报，38(6)：1189-1173.

迟凤琴，张玉龙，汪景宽，等，2008. 东北黑土有机硫矿化动力学特征及其影响因素[J]. 土壤学报，45(2)：288-295.

迟凤琴，汪景，张玉龙，等，2011. 东北 3 个典型黑土区土壤无机硫的形态分布[J]. 中国生态农业学报，19(3)：511-515.

迟凤琴，孙炜，匡恩俊，等，2014. 黑土长期定位原状土壤搬迁对土壤物理性质的影响[J]. 黑龙江农业科学(6)：30-34.

迟凤琴，蔡姗姗，匡恩俊，等，2014. 长期施肥对黑土有机无机复合度及结合态腐殖质的影响[J]. 东北农业大学学报，45(8)：20-26.

迟凤琴，刘晶鑫，匡恩俊，等，2015. 黑土长期定位试验原状土搬迁对土壤微生物性质的影响[J]. 东北农业大学学报，46(7)：28-34.

迟凤琴，刘晶鑫，匡恩俊，等，2015. 黑土长期定位试验原状土搬迁对土壤细菌群落多样性的影响[J]. 土壤通报，46(6)：1420-1427.

迟凤琴，匡恩俊，张久明，等，2016. 黑土长期定位试验原状土搬迁对土壤胡敏酸荧光性质的影响[J]. 中国土壤与肥料(3)：19-29.

迟凤琴，刘晶鑫，匡恩俊，等，2016. 黑土长期定位试验原状土搬迁对土壤真菌群落多样性的影响[J]. 中国土壤与肥料(6)：41-50.

丁建莉，姜昕，关大伟，等，2016. 东北黑土微生物群落对长期施肥及作物的响应[J]. 中国农业科学，49(22)：4408-4418.

丁建莉，姜昕，马鸣超，等，2017. 长期有机无机配施对东北黑土真菌群落结构的影响[J]. 植物营养与肥料学报，23(4)：914-923.

关大伟，李力，姜昕，等，2015. 长期施肥对黑土大豆根瘤菌群体结构和多样性的影响[J]. 生物多样性，23(1)：68-78.

郝小雨，周宝库，马星竹，等，2015. 长期不同施肥措施下黑土作物产量与养分平衡特征[J]. 农业工程学报，31(16)：178-185.

郝小雨，周宝库，马星竹，等，2015. 长期施肥下黑土肥力特征及综合评价[J]. 黑龙江农业科学(11)：23-30.

郝小雨，马星竹，高中超，等，2015. 长期施肥下黑土活性氮和有机氮组分变化特征[J]. 中国农业科学，48(23)：4707-4716.

郝小雨，马星竹，周宝库，等，2016. 长期不同施肥措施下黑土有机碳的固存效应[J]. 水土保持学报，30(5)：316-321.

郝小雨，马星竹，周宝库，2018. 长期单施有机肥黑土大豆产量和土壤理化性质演变特征[J]. 土壤与作物，7(2)：222-228.

郝小雨，马星竹，周宝库，2018. 长期试验下黑土基础地力演变特征与肥料效应[J]. 河北农业大学学报，41(3)：37-41，48.
胡晓婧，刘俊杰，魏丹，等，2018. 东北黑土区不同纬度农田土壤真菌分子生态网络比较[J]. 应用生态学报，29(11)：3802-3810.
胡晓婧，刘俊杰，于镇华，等，2020. 东北黑土 nirS 型反硝化细菌群落和网络结构对长期施用化肥的响应[J]. 植物营养与肥料学报，26(1)：1-9.
焦晓光，隋跃宇，魏丹，2011. 长期施肥对薄层黑土酶活性及土壤肥力的影响[J]. 中国土壤与肥料(1)：6-9.
焦晓光，隋跃宇，魏丹，等，2011. 长期施肥对农田黑土酶活性及土壤肥力的影响[J]. 农业系统科学与综合研究，26(4)：443-447.
焦晓光，魏丹，2009. 长期培肥对农田黑土土壤酶活性动态变化的影响[J]. 中国土壤与肥料(5)：23-27.
焦晓光，魏丹，隋跃宇，2010. 长期培肥对农田黑土土壤微生物量碳、氮的影响[J]. 中国土壤与肥料(3)：1-3.
焦晓光，魏丹，隋跃宇，2011. 长期施肥对黑土和暗棕壤土壤酶活性及土壤养分的影响[J]. 土壤通报，42(3)：698-703.
匡恩俊，迟凤琴，宿庆瑞，等，2015. 黑土长期定位原状土搬迁对土壤腐殖质结合形态的影响[J]. 黑龙江农业科学(6)：35-38.
匡恩俊，迟凤琴，张久明，等，2018. 黑土肥料长期定位试验冻土分割搬迁后土壤融合效果评价[J]. 土壤，50(1)：148-154.
李佳琪，孙凤霞，孙楠，等，2023. 黑土累积磷的释放动力学特征及主要影响因素[J]. 植物营养与肥料学报，29(2)：253-263.
李玲，孙彦坤，周宝库，2010. 黑龙江省黑土区不同施肥制度对土壤肥力影响分析[J]. 东北农业大学学报，41(4)：53-58.
李书玲，魏丹，周宝库，等，2012. 长期定位施肥黑土水溶性有机物组分组成特性研究[J]. 东北农业大学学报，43(2)：103-107.
李艳平，魏丹，周宝库，等，2011. 黑土长期定位施肥土壤富里酸的荧光特性研究[J]. 光谱学与光谱分析，31(10)：2758-2762.
刘晶鑫，迟凤琴，徐修宏，等，2015. 长期施肥对农田黑土微生物群落功能多样性的影响[J]. 应用生态学报，26(10)：3066-3072.
刘丽，周连仁，苗淑杰，2009. 长期施肥对黑土水溶性碳含量和碳矿化的影响[J]. 水土保持研究，16(1)：59-62.
刘妍，周连仁，苗淑杰，2010. 长期施肥对黑土酶活性和微生物呼吸的影响[J]. 中国土壤与肥料(1)：7-10.
刘艳军，张喜林，高中超，等，2011. 长期施肥对哈尔滨黑土土壤线虫群落的影响[J]. 土壤通报，42(5)：1112-1115.
刘艳军，张喜林，高中超，等，2011. 长期施肥对土壤线虫群落结构的影响[J]. 中国农学通报，27(21)：287-291.

刘颖，周连仁，苗淑杰，等，2009. 长期施肥对黑土活性有机质的影响[J]. 水土保持通报，29(3)：133-136.
骆坤，胡荣桂，张文菊，等，2013. 黑土有机碳、氮及其活性对长期施肥的响应[J]. 环境科学，34(2)：676-684.
马星竹，周宝库，郝小雨，2016. 长期不同施肥条件下大豆田黑土酶活性研究[J]. 大豆科学，35(1)：96-99.
马星竹，周宝库，郝小雨，等，2018. 小麦-大豆-玉米轮作体系长期不同施肥黑土磷素平衡及有效性[J]. 植物营养与肥料学报，24(6)：1672-1678.
马星竹，陈利军，周宝库，等，2020. 长期施肥对黑土脲酶活性和动力学特性的影响[J]. 黑龙江农业科学，318(12)：49-53.
孟红旗，刘景，徐明岗，等，2013. 长期施肥下我国典型农田耕层土壤 pH 演变[J]. 土壤学报，50(6)：1109-1116.
苗淑杰，周连仁，乔云发，等，2009. 长期施肥对黑土有机碳矿化和团聚体碳分布的影响[J]. 土壤学报，46(6)：1068-1075.
秦杰，姜昕，周晶，等，2015. 长期不同施肥黑土细菌和古菌群落结构及主效影响因子分析[J]. 植物营养与肥料学报，21(6)：1590-1598.
王慧颖，徐明岗，周宝库，等，2018. 黑土细菌及真菌群落对长期施肥响应的差异及其驱动因素[J]. 中国农业科学，51(5)：914-925.
王连峰，蔡延江，张喜林，等，2009. 长期不同施肥制度下的黑土热水提取态有机碳的变化[J]. 土壤通报，40(2)：262-266.
王英，王爽，李伟群，等，2007. 长期定位施肥对土壤微生物区系的影响[J]. 东北农业大学学报，38(5)：632-636.
王英，王爽，李伟群，等，2008. 长期定位施肥对土壤生理转化菌群的影响[J]. 生态环境，17(6)：2418-2420.
魏自民，赵富阳，魏丹，等，2012. 长期定位施肥黑土富里酸与 Cu(Ⅱ)配位能力的研究[J]. 东北农业大学学报，43(11)：50-54.
息伟峰，徐新朋，赵士诚，等，2021. 长期施肥下三种旱作土壤有机碳含量及其矿化势比较研究[J]. 植物营养与肥料学报，27(12)：2094-2104.
徐宁，周连仁，苗淑杰，2012. 长期施肥对黑土有机质及其组成的影响[J]. 中国土壤与肥料(6)：14-16, 33.
解惠光，李庆荣，李秀南，1992. 黑土肥力监测及肥效定位试验研究[J]. 黑龙江农业科学(5)：1-7.
徐香茹，骆坤，周宝库，等，2015. 长期施肥条件下黑土有机碳、氮组分的分配与富集特征[J]. 应用生态学报，26(7)：1961-1968.
张久明，迟凤琴，韩锦泽，等，2017. 长期不同施肥黑土团聚体有机碳分布特征[J]. 土壤与作物，6(1)：49-54.
张久明，迟凤琴，周宝库，等，2015. 黑土长期定位试验原状土搬迁对土壤腐殖质组分数量及光学特性的影响[J]. 黑龙江农业科学(8)：35-38.

张久明, 周宝库, 魏丹, 等, 2019. 有机无机肥配施黑土胡敏酸结构光谱学特征[J]. 光谱学与光谱分析, 39(3): 845-850.

张久明, 刘亦丹, 张一雯, 等, 2020. 黑土长期不同施肥处理土壤 Hu 的光谱学特征[J]. 光谱学与光谱分析, 40(7): 2194-2199.

张喜林, 2011. 长期施肥对黑土线虫群落结构影响的研究[D]. 北京: 中国农业科学院.

张喜林, 周宝库, 孙磊, 等, 2008. 长期施用化肥和有机肥料对黑土酸度的影响[J]. 土壤通报, 39(5): 1221-1223.

郑铁军, 1998. 黑土长期施肥对土壤磷的影响[J]. 土壤肥料(1): 39-41.

周宝库, 张喜林, 李世龙, 等, 2004. 长期施肥对黑土磷素积累及有效性影响的研究[J]. 黑龙江农业科学(4): 5-8.

周宝库, 张喜林, 2005. 长期施肥对黑土磷素积累、形态转化及其有效性影响的研究[J]. 植物营养与肥料学报, 11(2): 143-147.

周宝库, 张喜林, 2005. 黑土长期施肥对农作物产量的影响[J]. 农业系统科学与综合研究, 21(1): 37-39.

周晶, 姜昕, 周宝库, 等, 2016. 长期施用尿素对东北黑土中氨氧化古菌群落的影响[J]. 中国农业科学, 49(2): 294-304.

CAI Y J, DING W X, ZHANG X L, et al., 2010. Contribution of heterotrophic nitrification to nitrous oxide production in a long-term N-fertilized arable black soil[J]. Communications in Soil Science and Plant Analysis, 41(19): 2264-2278.

DING J L, JIANG X, GUAN D W, et al., 2017. Influence of inorganic fertilizer and organic manure application on fungal communities in a long-term field experiment of Chinese Mollisols[J]. Applied Soil Ecology, 111: 114-122.

DING J L, JIANG X, MA M C, et al., 2016. Effect of 35 years inorganic fertilizer and manure amendment on structure of bacterial and archaeal communities in black soil of northeast China[J]. Applied Soil Ecology, 105: 187-195.

HAN Z Q, ZHANG X L, QIAO Y J, et al., 2011. Alkaline ameliorants increase nitrous oxide emissions from acidified black soil in Northeastern China[J]. Journal of Environmental Sciences, 23(Supplement): S45-S48.

HAN Z Q, ZHANG X L, WANG L F, 2010. CO_2 Emission from Acidified Black Soils Amended with Alkaline Ameliorants of Lime and Plant Ash[M]//Proceedings of Conference on Environmental Pollution and Public Health, Wuhan: Scientific Research Publishing (SRP), Inc., USA.

MIAO S J, QIAO Y F, ZHOU L R, 2009. Aggregation stability and microbial activity of China's black soils under different long-term fertilisation regimes[J]. New Zealand Journal of Agricultural Research, 52 (1): 57-67.

WANG L F, HAN Z Q, SUN X, et al., 2010. Nitrous Oxide Flux from Long-term Fertilized Black Soils in a Snowfall Process[M]. Chengdu: IEEE International Conference:

Environmental Pollution and Public Health, EPPH2010.

WANG L F, HAN Z Q, ZHANG X L, 2010. Effects of soil pH on CO_2 emission from long-term fertilized black soils in Northeastern China[C]//Proceedings of Conference on Environmental Pollution and Public Health, Wuhan, Sept. 10-12, 2010.

WANG L F, QIAO Y J, ZHANG X L, 2011. Effects of mineral fertilizers and organic manure long-term application on carbon dioxide emissions from black soils in Harbin, China[J]. Advanced Materials Research, 255-260: 2925-2929.

WEI D, YANG Q, ZHANG J Z, et al., 2008. Bacterial community structure and diversity in a black soil as affected by long-term fertilization[J]. Pedosphere, 18(5): 582-592.

ZHANG J M, AN T T, CHI F Q, et al., 2019. Evolution over years of structural characteristics of humic acids in Black Soil as a function of various fertilization treatments[J]. Journal of Soils and Sediments, 19: 1959-1969.

ZHANG J, WEI D, ZHOU B K, et al., 2021. Responses of soil aggregation and aggregate-associated carbon and nitrogen in black soil to different long-term fertilization regimes[J]. Soil and Tillage Research, 213: 105157.

ZHOU J, GUAN D W, ZHOU B K, et al., 2015. Influence of 34-years of fertilization on bacterial communities in an intensively cultivated black soil in northeast China[J]. Soil Biology and Biochemistry, 90: 42-51.

ZHOU J, JIANG X, ZHOU B K, et al., 2016. Thirty four years of nitrogen fertilization decreases fungal diversity and alters fungal community composition in black soil in northeast China[J]. Soil Biology and Biochemistry, 95: 135-143.